北京理工大学“双一流”建设精品出版工程

物理光学基础教程

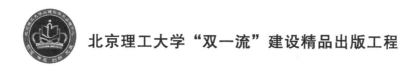

Fundamental Concepts of Physics Optics

刘 娟 胡 滨 周 雅 ◎ 编著

北京理工大学出版社
BEIJING INSTITUTE OF TECHNOLOGY PRESS

内 容 简 介

本书的主要内容为波动光学和量子光学基础。重点叙述了光的电磁波理论基础、光的干涉、光的衍射和光的偏振，也简述了半经典的量子理论和激光器的基本原理。

本书可作为高等院校光电工程类专业的基础课教材，也可供相关专业的师生或科研人员阅读。

图书在版编目（CIP）数据

物理光学基础教程 / 刘娟，胡滨，周雅编著. —北京：北京理工大学出版社，2017.2（2023.1重印）

ISBN 978-7-5682-3567-9

Ⅰ. ①物…　Ⅱ. ①刘…　②胡…　③周…　Ⅲ. ①物理光学-高等学校-教材　Ⅳ. ①O436

中国版本图书馆 CIP 数据核字（2016）第 317562 号

出版发行 / 北京理工大学出版社有限责任公司
社　　址 / 北京市海淀区中关村南大街 5 号
邮　　编 / 100081
电　　话 /（010）68914775（总编室）
（010）82562903（教材售后服务热线）
（010）68944723（其他图书服务热线）
网　　址 / http://www.bitpress.com.cn
经　　销 / 全国各地新华书店
印　　刷 / 廊坊市印艺阁数字科技有限公司
开　　本 / 787 毫米×1092 毫米　1/16
印　　张 / 21.5
字　　数 / 502 千字
版　　次 / 2017 年 2 月第 1 版　2023 年 1 月第 3 次印刷
定　　价 / 52.00 元

责任编辑 / 李秀梅
文案编辑 / 杜春英
责任校对 / 周瑞红
责任印制 / 王美丽

前言

PREFACE

物理光学是揭示光波的本性和规律及其应用和造福于人类的一门学科。物理光学在近代科学的发展中起到了重要作用，是很多现代光学仪器设计和应用的基础，在光纤通信、微纳制造、高密度集成芯片、信息获取和处理、三维显示、高容量光学存储、激光器和发光二极管器件、绿色太阳能电池、量子通信、量子加密等领域都有广泛应用，其将进一步推动科学的发展并改变人类的生活。

物理光学是光电类专业基础课，该课程的教学目的是使学生能够掌握并熟练应用现代光学理论及方法，分析并处理光波传播过程中发生的各种光学现象，掌握其规律，为学习其他相关专业课及进一步深造打下坚实的理论基础。为了帮助不同基础的使用者在有限的时间内尽快掌握知识脉络和重要知识点，建立初步的物理光学模型，本教材是编者在现有教材基础上，根据多年教学经验和学生反馈情况进行凝练整理而成的。内容主要包括波动光学和量子光学基础两部分。波动光学主要讨论光呈现波动性质时所产生的现象及其规律，包括干涉、衍射、偏振等；量子光学主要讨论光呈现量子性质时所产生的各种现象及其规律，包括光电效应、物质发光等。全书包括 6 部分。绪论主要介绍人们对光本性认识的简史；第 1 章主要介绍光波的基本性质，包括电磁波理论基础、波函数和折反射定律等；第 2 章讨论光的干涉性质，包括干涉基本理论、分波面、分振幅干涉、多光束干涉及它们的应用；第 3 章讨论光的衍射性质，从点源和面源两个角度来讨论衍射积分公式及其简化形式，并介绍了衍射光学元件的设计方法；第 4 章讨论光的偏振，包括晶体光学基础，偏振光的产生、转换和检验等内容；第 5 章介绍量子光学，包括光的量子特性和激光器等内容。编者在各章中也增加了针对难点和重点的典型例题和分析。

本书由北京理工大学刘娟、胡滨、周雅编著，绪论、第 1 章和第 3 章由刘娟执笔，第 2 章由周雅执笔，第 4 章和第 5 章由胡滨执笔。

编者感谢在编写过程中参与文字录入和校对的同学们。感谢谢敬辉教授在本书编写过程中给予的帮助和指导。因时间仓促和水平所限，书中难免存在欠妥和错误之处，敬请读者批评指正。

编　者

目录
CONTENTS

绪　论

光本性认识简史

光学是一门古老的学科。光不仅可以为人类提供视觉信息，而且可以为人类提供无限的能源。2015 年 7 月 29 日，联合国教科文组织将 2015 年定为“国际光年”。光是什么呢？光的本性问题是贯穿在光学发展中的一个根本问题。可以毫不夸张地说，人类对光的认识一直伴随着人类文明的进步和发展。正是这种对光的本性的探讨有力地推动了光学乃至整个人类社会的进步和发展。人类对光的本性的认识，从光的“触觉论”“发射论”“微粒说”“波动说”到光的“以太论”“波粒二象性”。几千年来，人类对光的本性进行了不懈的探索。

0.1　17 世纪中叶之前

0.1.1　对光的早期认识

早在公元前 5 世纪，人们已经认真考虑过视觉是如何产生的问题。当时古希腊人提出了两种假设。一种假设可称为“触觉论”。它认为与用手去触摸物体获知硬、软、冷、暖等感觉一样，人们在观察物体时，从眼睛中伸出一根无形的触须，去“触摸”物体的亮、暗、颜色等性质。虽然这种假设形象地描绘了视觉过程，但是它不能说明为何在黑暗中不能看见物体这样的简单事实，更无法解释为什么当物体移近篝火时能由不可见变为可见。另一种假设称为“发射论”。它认为可见的物体能发射一种被称为“光”的东西，视觉由光的刺激产生。这种观点是人类对光认识的第一次飞跃。虽然它十分粗糙，没有涉及光的本性，也未阐明产生光的原因和条件，但是它能解释当时遇到的多数视觉现象。经过长期的考验，“发射论”终于在公元 10 世纪前后完全取代了“触觉论”。

0.1.2　几何光学规律的发现

根据光的发射论，光自物体发射到人眼接收之间应该经历一个传播过程。

公元前 4 世纪的我国战国时期，墨翟（公元前 468—公元前 376）及其弟子在《墨经》中记录了光的直线传播、阴影形成，光的反射和凹凸面镜反射成像等规律。公元前 3 世纪，古希腊的欧几里得（Euclid，公元前 330—公元前 260）也发现了光的直线传播和镜面反射定律。从那时开始直到公元 17 世纪，虽然陆续出现了眼镜、透镜和“成像暗箱”等光学器件，我国北宋时代的沈括（1031—1095）还在《梦溪笔谈》中描述了天文仪器，但总的说来光学的发展相当缓慢。例如几何光学的基本定律之一——折射定律直到 17 世纪前期才由荷兰的斯涅耳（W.Snell，1591—1626）和法国的笛卡儿（R.Descartes，1596—1650）归纳成解析表达式。而几何光学的普适原理——费马（P.de Fermat，1601—1665）原理则到17 世纪中叶才提出。

0.1.3 波动光学现象的发现

17 世纪 50 年代，意大利的格里马第（F.M.Grimaldi，1618—1663）首次注意到衍射现象。他发现光在通过细棒等障碍物时违背了直线传播的规律，在物体阴影的边缘出现了亮、暗交替的或彩色变化的条纹。后来，英国的胡克（R.Hoke，1635—1727）研究了薄膜的彩色图样，认为这是由薄膜前后表面的反射光互相作用——干涉所致。牛顿（I.Newton，1642—1727）也研究了薄膜的干涉现象，丹麦的巴塞林（E.Bartholin，1625—1698）发现了光经过方解石时的双折射现象。17 世纪 70 年代，荷兰的惠更斯（C.Huygens，1629—1695）进一步发现了光的偏振性质。至此，反映光的波动性质的各种基本现象都已被揭示，但由于历史条件的限制，人类对光本性的认识并不统一。

0.1.4 光的传播速度

在研究光的传播规律的同时，人们也在研究光的传播速度问题。起初，谁也不能确定，光速是无限大还是虽然很大但却有限。1607 年，伽利略（G.Galilei，1564—1621）试图测定光从一个山峰传播到另一个山峰所需的时间。他让站在第一个山峰上的人打开手中所持灯的遮光罩，作为发光的开始。又命第二个山峰上的人看到对方的灯光后立即打开手持灯的遮光罩。这样，测定第一个山峰上的人自发出光信号到看到对方灯光的时间间隔，便得到光在两个山峰间来回一次所需的时间。但是，由于人的反应及动作时间远大于光传播所需的时间，伽利略的实验没有成功。

1676 年，丹麦的罗麦（O.Römer，1644—1710）利用天文观察首次成功地测定了光速，肯定了光速是有限的。罗麦认为，木星的卫星客观上以固定的周期 T_0 环绕木星旋转。如果光速无限，则不论地球如何转动，观察到的木卫蚀现象也该有同样的确定周期 T_0。然而，观察到的事实是，木卫蚀的周期不固定，当地球在其轨道上远离木星运动时，周期变长；反之周期变短。罗麦用光速有限解释这一现象：木卫蚀这一信息是由光传递到地球的。随着地球的远离，光传递第二个蚀的信息比传递第一个蚀的信息需要走更多的路程，因此需要更长的时间，使得地球上测得的两个蚀的时间间隔大于 T_0。地球迎着木星运动时，情况与上述相反。假定在地球远离木星运动的半年内，观察到 N 次木卫蚀，总共经历的时间为 t_1，则 t_1 与 $(N-1)T_0$ 之差应该是光经过地球轨道直径 D 所需的时间 D/c（其中 c 是假设的光速），即 $t_1-(N-1)T_0=D/c$。类似地，在另外半年的时间内，假定也观察到 N 次木卫蚀，总共经历的时间为 t_2，则有 $(N-1)T_0-t_2=D/c$。由以上两式得到：

$$c=\frac{2D}{t_1-t_2}$$

当时已知地球轨道直径约为 2.84×10^8 km，实际测得的 t_1-t_2 约为 2 640 s，由此算出光速 c 约为 2.15×10^5 km/s（2.15×10^8 m/s）。虽然与近代数据比较，这个数值有近 30%的误差，但这毕竟是第一次成功地测量了光速。

0.2　17 世纪中叶至 19 世纪光的微粒说和波动说

0.2.1　微粒说与波动说之争

光能够温暖万物，能够点燃草木，因而必定携带能量。鉴于 17 世纪的认识水平，人们只能把光与两种传递能量的机械运动相类比，分别提出了关于光本性的两种学说：微粒说和波动说。光的微粒说由笛卡儿提出，并得到牛顿的支持。该学说认为，光是由光源发射的一种微粒流。由此很容易解释直线传播定律和反射定律，也可以借助媒质对光微粒有作用力的假定去解释折射定律，得到光在折射率较大的媒质中传播速度较快的结论。同时，人们由经验发现的通过冰洲石的光束会分裂成两束折射光的现象，也可以借助微粒说得以解释。然而，微粒说对干涉、衍射、偏振等现象的解释相当勉强，以致牛顿不得不在微粒说中添加了“振动”的因素，认为光微粒在传播途中会受到媒质振动的影响。另一方面，与牛顿同时代的惠更斯综合了胡克等人的思想，于 1678 年比较系统地提出了光的波动说。该学说认为，光是一种特殊媒质——“以太”的波动。通过与机械波类比，波动说很容易定性地说明干涉和衍射现象；如果加上惠更斯所作的“子波假设”，它也能定量地解释反射定律和折射定律。不过，由此导出的结论与微粒说的相反，认为光在折射率较大的媒质中传播速度较慢。因为当时还不能在地面上测量光速，一时无法判断哪个结论正确。尽管总的来说波动说比微粒说显得更合理一些，但一方面由于牛顿在科学界的威望，另一方面波动说当时还不能定量地说明干涉和衍射现象，甚至不能圆满地解释直线传播规律，多数科学家在 17 世纪和 18 世纪倾向于微粒说。

0.2.2　波动说的胜利

19 世纪初，一系列决定性的发现导致人们普遍接受波动理论。托马斯·杨和菲涅尔等人的实验和理论工作把光的波动理论大大向前推进，解释了光的干涉、衍射现象，初步测定了光的波长，并根据光的偏振现象确定光是横波。到 19 世纪中叶，光的波动说战胜了微粒说，波动理论在比较坚实的基础上建立起来。

19 世纪初，英国的杨氏（T.Young，1773—1829）首次完成了著名的“杨氏干涉实验”，提出“干涉原理”，并成功地解释了牛顿环的彩色。他甚至利用牛顿的实验数据确定了各种颜色光的波长。尽管如此，杨氏的学说仍然遭到强大的微粒说坚持者们的反对。这时，法国的菲涅尔（A.J.Fresnel，1788—1827）意识到，要使波动说在这场争论中取得胜利，必须使用数学工具予以定量论证。1815 年，他把惠更斯的子波假设和杨氏的干涉原理相结合，提出后人所谓的“惠更斯—菲涅尔原理”。该原理用波动理论圆满地解释了光的直线传播规律，定量地给出了圆孔等衍射图形的强度分布。当时，微粒说的支持者泊松（S.D.Poisson，1781—1840）根据菲涅尔的理论，导出圆屏的阴影中央将出现亮斑的结论。他认为这个结论是荒谬的，试图以此否定波动说。然而，阿喇戈（D.F.Arago，1786—1853）却很快用实验证明了该亮斑确实存在，使菲涅尔理论获得了意外的强力支持。1817 年，杨氏明确指出，光波是一种横波（在此之前，惠更斯、菲涅尔等人也曾有此设想），使一度被牛顿视为波动说障碍之一的偏振现象转化为波动说的一个佐证。至此，波动说的优势已十分明显。

光是横波和偏振光干涉进一步推动了波动说。1808 年，法国工程师和物理学家马吕斯（Etienne Louts Mains，1775—1812）用冰洲石晶体来看落日在玻璃上的反射现象时，惊奇地发现只出现一个太阳的像，而不是一般双折射时的两个像。1851 年，英国的布儒斯特（David Brewster，1781—1868）发现发生这一现象的入射角的正切等于折射光束所在介质的折射率与入射光束所在介质的折射率之比。马吕斯引入了“光的偏振”，并证明了寻常光线和非寻常光线在互相垂直的平面内偏振。1816 年，菲涅尔和阿喇戈一起研究了偏振光的干涉。1819 年，阿喇戈和菲涅尔在《化学与物理学年刊》上联名发表了题为《关于偏振光线的相互作用》的论文，概括了杨氏干涉实验所得的“美妙的结果”，并引入了光程的概念，详细地描述了他们所做的一系列偏振光干涉的实验。

给（古典的）微粒说压上最后一根稻草的是 1850 年阿喇戈首先建议，由法国的傅科（J.B.L.Foucault，1819—1868）、斐索（A.H.L.Fizeau，1819—1896）和布雷格特（L.Breguet）设计的实验室测量光速装置。该装置的原理如图 0-1 所示。点光源 S 发出的光被透镜 L 经过反射镜 M_1 成像在 S_1 处，球心位于 M_1 镜面上的 I 点，半径为 r 的凹球面反射镜 M_2 使会聚到其上 S_1 点的光束返回。如果 M_1 静止不动，则从 S_1 返回的光束经过 M_1 反射后将被 L 成像在光源 S 处。如果令 M_1 以很大的角速度 ω（如 1 000 rad/s）绕一个通过 I 点并垂直于图面的轴旋转，并且在某一时刻反射镜 M_1 恰好转至图 0-1 所示位置，则 S 的像点仍将位于 S_1。但因光从 I 点射到 S_1 处再从 S_1 处返回到 I 点需要一段时间 $\Delta t = 2r/v$（其中 v 为光速），所以当光返回到 I 点时，M_1 已转过了一个角度 $\theta = \omega\Delta t$，从而使返回光被处于新角位置的 M_1 反射，使 S_1 相对于 M_1 的镜像位置发生了变化，变化的距离等于 $2r\theta$。结果，对于返回光来说，L 的“物点”在“物面”上移动了 $2r\theta$，于是其“像点” S'（见图 0-1）将偏离光源 S 一个偏移量 $\overline{S'S} = 2r\theta \times$像距/物距$= 2r\theta \cdot l(r+p) = 4r^2\omega l/[(r+p)v]$。这样，测出上式中各个长度量便可由已知的 ω 求得 v。当整个装置（主要是反射镜 M_1 与 M_2 之间的部分）位于真空中时，测得的 v 就是真空光速。如果在 M_1 与 M_2 之间的光路上加入一个长度为 $d(d<r)$ 的水槽，那么上述的 Δt 将变成 $\Delta t' = 2(r-d)/v + 2d/v'$，其中 v' 是水中的光速。从而 θ 变成 $\theta' = \omega\Delta t'$，$\overline{S'S}$ 也将发生相应的变化，于是根据已测得的 v 便可以导出 v'。傅科于 1850 年公布了上述实验的结果，表明即使考虑了实验中的各种误差，也可以确定光在水（其折射率较大）中的传播速度要小于其在真空或空气（其折射率较小）中的传播速度，从而否定了微粒说的推论。

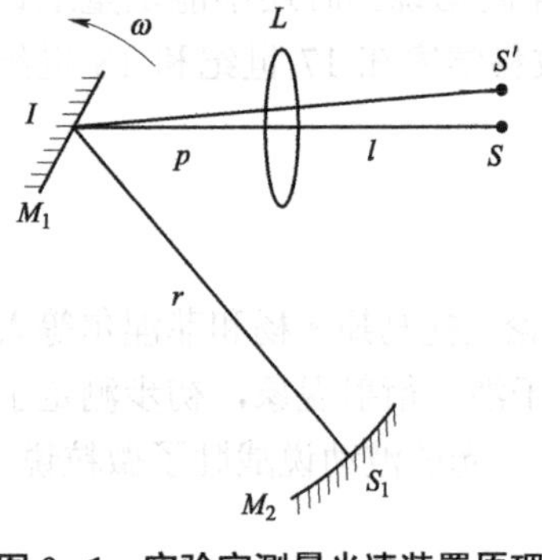

图 0-1　实验室测量光速装置原理

0.2.3　光是电磁波的发现

虽然到 19 世纪中叶时波动说已被普遍接受，但人们对光波动实质的认识存在着两个错误。错误之一是，无论是惠更斯还是杨氏、菲涅尔，都认为光波是一种机械波，伴随着某种实物的机械振动。错误之二是，认为光波必须依赖假想媒质“以太”才能传播。尽管两个错误有明显的因果关系，但是作为“原因”的前一种错误随电磁波理论的建立而很快得到了纠正，而作为“结果”的后一种错误却继续存在了一段时间。

1873 年，英国的麦克斯韦（J.C.Maxwell，1831—1879）在总结法拉第（M.Faraday，

1791—1867）等人对电磁作用研究的基础上加入了自己的假设，发表了“电磁论”，提出了后人所称的“麦克斯韦电磁方程组”。根据该方程组，麦克斯韦预言，电磁场可以向外发射、传播，形成电磁波。他利用由电磁学方法测到的数据，计算出电磁波的传播速度，发现在误差范围内该速度与实测的光速相同。以此为主要依据，麦克斯韦认为光波是一种电磁波。这就是光的电磁波理论。1888 年，德国的赫兹（H.R.Hertz，1857—1894）发现了射频范围内的电磁波（波长约 10 m）的传播速度与光速相同，并证明它和光一样，能产生反射、折射、衍射、干涉和偏振等现象。这样，麦克斯韦的理论由于得到实验的有力支持而被广泛接受。

光的电磁波理论是人们对光本性认识的又一次飞跃。光振动不再是某种媒质分子的机械振动，而是电磁场这个物理量的振动。麦克斯韦电磁方程组给出了惠更斯—菲涅尔原理的理论依据，除了极微弱的光波之外，它几乎可以解释光波的一切宏观传播规律。

电磁波理论也有其局限性。首先，在它形成的初期，由于不知道电磁波本身是物质的一种形式，为了说明电磁波能在真空中传播，仍然需要借助以太假设，认为电磁波是在无所不在的以太中传播的。其次，该理论不能解释光在反射过程和吸收过程中的许多现象。第三，它也不能说明极微弱光的干涉、衍射现象。

以太假设是惠更斯机械波动说的必然要求，后来麦克斯韦“借用”了以太的概念，作为传播电磁波的载体。

为了解释各种光学现象，人们被迫赋予以太许多奇特的性质。例如，以太应该充斥整个空间，渗入一切透光物质之中，它必须十分稀薄，不阻碍物体的运动。这种类似于气体的性质，使惠更斯最初认为光波像声波一样，是一种纵波。当偏振现象使人们认识到光是横波以后，又不得不给以太加上了类似于固体的性质。例如它不能被压缩，同时具有很大的切变模量，因为只有这样才会不传递纵波，只传递快速、高频的横波。尽管很难想象这种具有气体、固体双重性质的“物质”，但还不能说它不可能存在。

以太假设的根本困难出现在回答下述问题的时候，即以太与运动媒质之间究竟有无相对的运动？

由英国的布拉德雷（J.Bradley，1692—1762）在 18 世纪 20 年代所发现的“光行差”现象可以推断，以太是“绝对静止”的，地球及其上的大气不能带动以太运动。

19 世纪前期，菲涅尔依据机械波模型推导了光波折、反射过程的振幅关系（“菲涅尔公式”）。

1851 年，斐索在光通过静止水柱和流动水柱两种情形下，测定了干涉条纹的位移量。

19 世纪后期的迈克耳逊—莫雷（A.A.Michelson，1852—1931，E.W.Morley，1838—1923）实验却导出了完全相反的结果：不能察觉地球与以太之间的任何相对运动，以太被地球完全曳引。1879 年，麦克斯韦去世前不久，建议用干涉方法测定地球与以太的相对速度。为此，美国的迈克耳逊设计了著名的“迈克耳逊干涉仪”。

迈克耳逊—莫雷实验似乎说明，以太几乎完全被地球大气曳引，地球与以太之间基本上没有相对运动。该结论与当时流行的“雨滴模型”完全相反，同时也与部分曳引公式矛盾。

以上事实揭示，已流行一个多世纪的以太假设含有内在矛盾。1900 年，法国的邦加（J.H.Poincare，1854—1912）终于提出疑问：“我们的以太真的存在吗？”

0.3 20世纪光的波粒二象性

19世纪末到20世纪初，光学的研究深入到光的发生、光和物质相互作用的微观机构中，在解释光电效应现象时，近代物理学革命的先锋爱因斯坦（Albert Einstein，1879—1955）提出了光量子假设。

20世纪初期，物理学发生了一系列的突破和革命，相继出现了相对论、量子力学以及相对论量子力学和量子场论等新理论，可以说，这些理论的诞生无一不受到光学研究的推动和刺激；反之，它们的建立又解决了光学中的许多困难和疑问，加深了人们对光本性的认识。

为了解释迈克耳逊—莫雷实验的结果，洛伦兹（H.A.Lorentz，1853—1928）在否定存在绝对坐标系和绝对时间概念的基础上，导出了两个相对运动坐标系之间的变换公式——洛伦兹变换。该变换公式与我们在推导前述各计算公式时所使用的经典变换公式（伽利略变换）有着根本的差别。例如，洛伦兹变换认为在不同的坐标系中时间变量也是不同的。利用洛伦兹变换可以导出，在选定的参考系中，运动物体的长度在运动方向上有所缩短，小于静止时的长度，也即存在著名的“洛伦兹缩短”。据此可以求得，光波在迈克耳逊干涉仪的两支光路中所经历的时间是相同的，因此不应观察到干涉条纹的位移。

1905年，爱因斯坦推广了洛伦兹变换，对牛顿经典力学加以修正，提出“狭义相对论”。该理论一方面重申洛伦兹变换的一些结果，例如“洛伦兹缩短”和“光速不变原理”（在任何惯性坐标系中，真空中的光速都相同）；另一方面给出了“质能公式”：

$$E = mc^2$$

指出任何质量都与一定的能量相联系，任何能量也一定与某个惯性质量相联系。这种联系使人们认识到，具有能量的电磁波自身就是一种物质，它的传播不需要任何其他媒质的支持。因此，以太假设不仅是不合理的，而且变得不必要，被人们彻底摒弃。至此，经典的电磁波理论已经完全改善。

然而，即使是“完善”的电磁波理论，也不能保证光的波动本性不受到新的挑战。19世纪末至20世纪初，发现了一系列与电磁波理论矛盾的现象，如黑体辐射的规律、光电效应、原子的分立光谱和康普顿（A.H.Compton，1892—1962）散射规律等。为了解释这些现象，人们不得不做出一些与电磁波理论相对立的假设。1900年，德国的普朗克（M.Planck，1858—1947）提出了“量子化假设”，认为物体的发光过程是量子化的，即发射的能量必然是某一单元能量的整数倍，单元能量的大小正比于所发射光波的频率ν，比例系数是一个普适常数h——普朗克常数。量子化假设能够很好地说明黑体且光在传播途径中以及在与物质作用时也是量子化的。换言之，电磁场本身是量子化的，“一束光波”实际上是由大量具有能量和动量的“辐射能量子”组成的。爱因斯坦称此辐射能量子为光子。该理论不仅解释了光电效应的种种规律，而且还定量地说明了康普顿散射现象。1913年，丹麦的玻尔（N.Bohr，1885—1962）结合原子的行星模型和普朗克假设，提出“玻尔原子模型”，成功地说明了氢原子的分立光谱线。

面对这些事实，人们不得不再次接受光的“微粒”性质，并认真考虑如何统一波动和微粒这两种看起来矛盾的特性。对此问题的探讨，加速了量子力学的诞生。1923年，法国的德布罗意（L.V.de Broglie，1892—1987）在光有双重性质的启发下，提出“物质波”假定：电子等实物粒子也有波动性质。该假定后来被电子衍射实验所证实。在此基础上，奥地利的薛定谔（E.Schrödinger，1887—1961）建立了“薛定谔方程”，奠定了量子力学的基础。因为该方程实质上是物质波的波动方程，所以量子力学又称为“波动力学”。量子力学从微观粒子的“波、粒”两重性出发，建立了用“波函数”描述微粒运动状态的体系，给出了在外力作用下求解波函数的方法，沟通了“粒子性参量”（如位置、动量等）与“波动性参量”（如波长、频率等）的联系。例如，它认为微粒处在某一地点的概率与该点的波强度成正比；微粒的动量与波的频率成正比。量子力学以这种方式确立了微观粒子的波粒二象性。

随着量子力学的发展，狄拉克（P.Dirac，1902—1984）把量子力学思想应用于电磁场，通过对电磁场的量子化，逐步形成了量子理论，“自然地”引入了电磁场的量子——光子。这样，电磁场和光也与其他微观粒子相似，具有波粒二象性。

为了对光的波粒二象性有一个直观的认识，下面用海森堡（W.K.Heisenberg，1901—1976）提出的量子力学基本原理之一——“不确定关系”（又称“测不准原理”）来解释单缝衍射现象。不确定关系说，微观粒子的某两个粒子性参量，如位置和动量，不能同时具有精确确定的数值。就 x 方向的分量而言，动量的不确定量 Δp_x 和位置的不确定量 Δx 满足以下关系：

$$\Delta p_x \cdot \Delta x \approx h = 6.626\times10^{-34}\ \mathrm{J\cdot s}$$

式中，h 为普朗克常数。现在用这个关系来研究表面上“纯属”粒子性质的一个实验现象。图 0-2（a）中的 Π 是一块挡光屏，其上有一条宽度为 a 的狭缝。一束能量和方向都完全相同的光子自左方垂直射向 Π。在遇到屏 Π 之前，每个光子的动量 p_0 都完全相同并完全确定，其 x 分量 p_x 恒为零，因而 $\Delta p_x = 0$。由上式，任意一个光子的 x 坐标值将完全不确定，或者说具有任一个 x 值的概率都相等。这就是波动观点中的“均匀平面波”。这束光子射向屏时，大部分被吸收或反射，只有那些 x 值恰好在缝宽 a 范围内的光子能射向屏的右方。这些光子在 Π 处的 x 不确定值不再是无限大，而是 a。因而它们的动量不确定值也不再为零，而是 $\Delta p_x = h/a$。这样，穿过狭缝的光子可能具有 x 方向的动量分量，从而偏离了原先的 p_0 方向。由图 0-2（b）可以看出，最大的偏离角 θ 满足下式：

$$\sin\theta = \frac{\Delta p_x}{|p|} = \frac{h}{a}\frac{1}{|p|}$$

根据量子力学中粒子动量与波长的关系 $|p| = h/\lambda$，上式变为 $\sin\theta = \lambda/a$。这些结论不仅说明了光在通过狭缝后将偏离原先的传播方向，即发生“衍射”，而且上面最后一式的结果与用“纯”波动理论计算得到的衍射中央亮斑的半角宽相同。通过这个例子可以看到，描述物质粒子性的参量的不确定关系“隐含”着物质的波动性质。

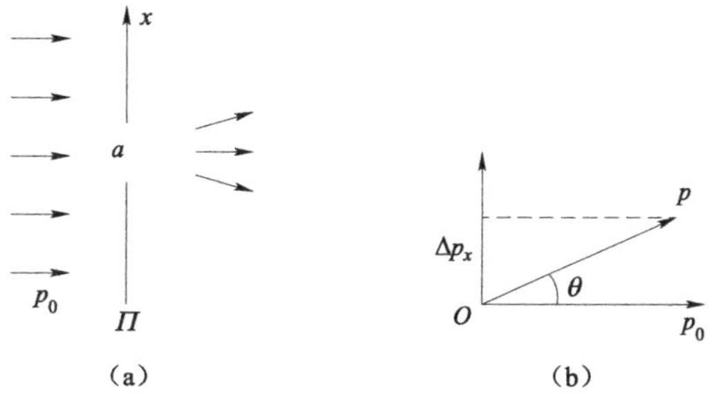

图 0-2　用光子概念和不确定关系说明单缝衍射

以上对波粒二象性的描述仍是初步的，但是从中可以看出，二象性中的波和粒子的概念与经典物理学中的有很大差别，因此我们不能囿于经典模型来理解波粒二象性。然而，就通常的精度要求而言，我们还是可以用经典的模型去处理大多数的光学问题。例如，对于光与物质微粒相互作用的过程，可以使用粒子的模型；对于光的传播过程，可以使用波动的模型。

光的波粒二象性是人们对光本性认识的最近一次飞跃，但绝不是最后一次飞跃。随着高能物理的发展，已经观察到了光子和正、负电子对相互转化的现象，表明光子与电子之间存在着某种联系。光子是否像原子和分子那样具有内部结构？近来又有迹象表明，电磁作用力与原子核内的弱相互作用力有相同的实质。这些事实说明，人类对光的本性的认识还远远没有完结，新的物理现象和新的规律仍有待于人们去进一步探索。

第1章

光波的基本性质

1873 年，麦克斯韦总结当时已经得出的电磁学基本定律和实验成果，提出了光的电磁波理论。按照这一理论，“光是一种以场的形式按照电磁定律传播的电磁扰动”。因此，光应当具有电磁波的各种属性。本章从麦克斯韦电磁波理论出发，研究光波在传播过程中的一般性质和规律。这些知识将是进一步研究各种具体波动现象的基础。

1.1 光的电磁波理论基础

1.1.1 麦克斯韦方程（Maxwell's Equations）

相互作用和交变的电场和磁场的总体，称为电磁场。交变的电磁场按照电磁定律传播就形成了**电磁波**。描述在真空中传播的电磁波可用电场强度 $\boldsymbol{E}$ 和磁感应强度 $\boldsymbol{B}$；而为了描述电磁波与媒质的相互作用，则还需引入电位移 $\boldsymbol{D}$ 和磁场强度 $\boldsymbol{H}$ 两个矢量。光的电磁波理论可归纳为一组与四个矢量 $\boldsymbol{E}$、$\boldsymbol{B}$、$\boldsymbol{D}$、$\boldsymbol{H}$ 有关的方程，即**麦克斯韦方程组**。它描述了这四个矢量随空间和时间的变化关系及规律，大多数与光的传播和叠加有关的现象都可以从这一理论出发得到解释。

麦克斯韦方程组的公式是在当时的法拉第电磁感应定律、电磁场高斯定律、安培定律等基础上总结和发展起来的，本教程只给出对方程组的说明和有关结论。麦克斯韦方程组有积分和微分两种形式，本教程采用有理化 MKSA 制单位。

1. 积分形式的麦克斯韦方程组

$$\oint_C \boldsymbol{E}\cdot \mathrm{d}l = -\iint_A \frac{\partial \boldsymbol{B}}{\partial t}\cdot \mathrm{d}S \tag{1-1}$$

$$\oiint_A \boldsymbol{D}\cdot \mathrm{d}S = \iiint_V \rho \mathrm{d}V \tag{1-2}$$

$$\oiint_A \boldsymbol{B}\cdot \mathrm{d}S = 0 \tag{1-3}$$

$$\oint_C \boldsymbol{H}\cdot \mathrm{d}l = \iint_A \left(\boldsymbol{J} + \frac{\partial \boldsymbol{D}}{\partial t}\right)\cdot \mathrm{d}S \tag{1-4}$$

式（1–1）是**法拉第电磁感应定律**的积分形式。公式右端给出了通过空间任一曲面 A 的磁通量随时间变化的速率，公式左端对电场沿曲面周边 C 的环线积分表示感应电动势。该式的意义是：变化的磁场可以产生电场。式中的负号表示感应电动势具有阻碍磁场变化的趋势。

式（1–2）是**电场高斯定律**的常用形式。式中右端对电荷密度 ρ 的积分表示体积 V 内总的自由电荷，左端对电位移$\boldsymbol{D}$的面积分表示流过闭合曲面A的电通量。该式表示自体积V内部通过闭合曲面A向外流出的电通量等于A包围的空间中自由电荷的总数。当A包围的总电荷为负时，表示电通量自外界流入体积V。

式（1–3）是**磁场高斯定律**。它表示通过闭合曲面A流出和流入的磁通量相等，磁场没有起止点。

式（1–4）称为**麦克斯韦—安培定律**。恒稳电流的安培定律描述了电荷的流动会在周围产生环形磁场，它没有式（1–4）右端第二项$\dfrac{\partial \boldsymbol{D}}{\partial t}$，这是麦克斯韦的贡献。麦克斯韦考虑到，既然磁场的变化能感生电场，则电场的变化$\dfrac{\partial \boldsymbol{D}}{\partial t}$也应感生出磁场，于是在安培定律右端加入了$\dfrac{\partial \boldsymbol{D}}{\partial t}$一项，将安培定律改造成适合于高频交变电磁场的形式。式中$\boldsymbol{J}$为电流密度矢量，$\iint_A \boldsymbol{J}\cdot \mathrm{d}S$表示流过曲面$A$的传导电流强度。麦克斯韦从感生磁场的意义出发，将电场的变化$\dfrac{\partial \boldsymbol{D}}{\partial t}$看作一种电流，$\dfrac{\partial \boldsymbol{D}}{\partial t}$为位移电流密度，积分$\iint_A \dfrac{\partial \boldsymbol{D}}{\partial t}\cdot \mathrm{d}S$表示通过曲面$A$的位移电流强度。因此式（1–4）又称为全电流定律。后来人们在实验中利用平板电容器测到了由位移电流产生的环形磁场，证实了麦克斯韦的假设。

综上所述，麦克斯韦的创造性贡献在于归纳总结和发展了电磁场定律，一方面，他将前人总结出的一个个独立的电磁学定律联结成为一个整体；另一方面，引入了位移电流的概念，将静电学和关于低频电磁场的电磁学定律改造成适合高频电磁场的定律，指出交变的电场和磁场可以相互感生，从而预言了电磁波的存在。

2. 微分形式的麦克斯韦方程组

在涉及求解空间某给定点的电磁场矢量问题时，一般使用微分形式的麦克斯韦方程组。利用数学中的格林定理和斯托克斯定理可推出微分形式的**麦克斯韦方程组**如下：

$$\nabla\times\boldsymbol{E}=-\frac{\partial \boldsymbol{B}}{\partial t} \tag{1-5}$$

$$\nabla\cdot\boldsymbol{D}=\rho \tag{1-6}$$

$$\nabla\cdot\boldsymbol{B}=0 \tag{1-7}$$

$$\nabla\times\boldsymbol{H}=\boldsymbol{J}+\frac{\partial \boldsymbol{D}}{\partial t} \tag{1-8}$$

式中，∇为哈米尔顿算符，其表达式为$\nabla=\dfrac{\partial}{\partial x}\hat{\boldsymbol{e}}_x+\dfrac{\partial}{\partial y}\hat{\boldsymbol{e}}_y+\dfrac{\partial}{\partial z}\hat{\boldsymbol{e}}_z$，它是一个矢量微分算符。它和矢量$\boldsymbol{E}$的“标量积”$\nabla\cdot\boldsymbol{E}$称为$\boldsymbol{E}$的**散度**，空间某点的散度描述了矢量场$\boldsymbol{E}$从该点发散或会聚于该点的性质。$\nabla$和$\boldsymbol{E}$的“矢量积”$\nabla\times\boldsymbol{E}=\begin{pmatrix}\hat{\boldsymbol{e}}_x & \hat{\boldsymbol{e}}_y & \hat{\boldsymbol{e}}_z\\ \dfrac{\partial}{\partial x} & \dfrac{\partial}{\partial y} & \dfrac{\partial}{\partial z}\\ E_x & E_y & E_z\end{pmatrix}$称为$\boldsymbol{E}$的**旋度**，空间某点的

旋度描述了矢量 $\boldsymbol{E}$ 在该点附近的旋转性质。

在微分形式的麦克斯韦方程组中，式（1–5）表示空间某一点磁通密度的变化会在周围产生一个环形电场。式（1–6）表示电位移矢量是由正电荷所在点向外发散或向负电荷所在点会聚。式（1–7）表示磁场是无源场，没有起止点。式（1–8）的解释是：环形磁场可由传导电流产生，也可由位移电流产生。

3. 物质方程

为了描述电磁场的普遍规律，除了利用上述涉及 $\boldsymbol{E}$ 、$\boldsymbol{D}$ 、$\boldsymbol{B}$ 、$\boldsymbol{H}$ 、$\boldsymbol{J}$ 各矢量关系的麦克斯韦方程组的四个等式外，还要结合一组与电磁场所在空间媒质有关的方程，即**物质方程**。对于一般物质，电磁场与物质相互作用的关系为

$$\boldsymbol{D}=\varepsilon\boldsymbol{E} \tag{1–9}$$

$$\boldsymbol{H}=\frac{1}{\mu}\boldsymbol{B} \tag{1–10}$$

$$\boldsymbol{J}=\sigma\boldsymbol{E} \tag{1–11}$$

式（1–9）描述了电位移矢量 $\boldsymbol{D}$ 和电场强度矢量 $\boldsymbol{E}$ 之间大小和方向的关系。该式可进一步表示为

$$\boldsymbol{D}=\varepsilon_0\boldsymbol{E}+\boldsymbol{P} \tag{1–12}$$

式中，$\varepsilon_0\approx\dfrac{1}{4\pi\times9\times10^9}\,\mathrm{F/m}$，是真空介电常数；$\boldsymbol{P}$ 称为**电极化强度矢量**，它表示在电场 $\boldsymbol{E}$ 作用下，单位体积媒质中分子电偶极矩的矢量和。当电场 $\boldsymbol{E}$ 符合“微扰原理”时，有

$$\boldsymbol{P}=\varepsilon_0[\chi]\boldsymbol{E} \tag{1–13}$$

式中，$[\chi]$ 称为媒质的电极化率，是二阶张量，$[\chi]$ 的表达式为 $\begin{pmatrix}\chi_{11} & \chi_{12} & \chi_{13}\\ \chi_{21} & \chi_{22} & \chi_{23}\\ \chi_{31} & \chi_{32} & \chi_{33}\end{pmatrix}$。对于玻璃、空气一类媒质，$[\chi]$ 各元素为相同常数，可简化为标量 χ_0，说明 $\boldsymbol{P}$ 是与 $\boldsymbol{E}$ 方向相同、大小成比例的矢量，这类媒质称为各向同性媒质。对于各向同性媒质，物质方程（1–12）可表示为

$$\boldsymbol{D}=\varepsilon_0(1+\chi_0)\boldsymbol{E}=\varepsilon_0\varepsilon_\mathrm{r}\boldsymbol{E} \tag{1–14}$$

式中，$\varepsilon_\mathrm{r}=1+\chi_0$，称为“相对介电常数”。式（1–14）表明，对各向同性媒质，相对介电常数 ε_r 和介电常数 $\varepsilon=\varepsilon_0\varepsilon_\mathrm{r}$（$\varepsilon_\mathrm{r}=n^2$，$n$ 为媒质的折射率）均是与电场 $\boldsymbol{E}$ 方向无关的标量，因而 $\boldsymbol{D}$ 和 $\boldsymbol{E}$ 方向相同，大小成比例。

对于以晶体为代表的一类媒质，$[\chi]$ 是含有九个元素的二阶张量。由式（1–13）看出，如果媒质中的 $\boldsymbol{P}$ 方向和大小均与 $\boldsymbol{E}$ 有关，这类媒质称为**各向异性媒质**。对各向异性媒质，物质方程（1–12）成为

$$\boldsymbol{D}=\varepsilon_0[\varepsilon_\mathrm{r}]\boldsymbol{E}=[\varepsilon]\boldsymbol{E} \tag{1–15}$$

由于相对介电常数 $[\varepsilon_\mathrm{r}]$ 和介电常数 $[\varepsilon]$ 都是二阶张量，因而在通常情况下，$\boldsymbol{D}$ 和 $\boldsymbol{E}$ 的方向不同。一般情况下，$\boldsymbol{D}=\begin{pmatrix}\varepsilon_{11} & \varepsilon_{12} & \varepsilon_{13}\\ \varepsilon_{21} & \varepsilon_{22} & \varepsilon_{23}\\ \varepsilon_{31} & \varepsilon_{32} & \varepsilon_{33}\end{pmatrix}\boldsymbol{E}$。对于晶体可简化，$\boldsymbol{D}=\begin{pmatrix}\varepsilon_x & 0 & 0\\ 0 & \varepsilon_y & 0\\ 0 & 0 & \varepsilon_z\end{pmatrix}\boldsymbol{E}$，对于单轴

晶体$\varepsilon_x=\varepsilon_y\neq\varepsilon_z$或$\varepsilon_x=\varepsilon_z\neq\varepsilon_y$。

物质方程（1–10）描述了磁场强度$\boldsymbol{H}$和磁感应强度$\boldsymbol{B}$之间的关系。式中μ称为磁导率，$\mu=\mu_0\mu_r$。对于非铁磁性媒质（一般光学介质$\mu_r\approx1$），μ值十分接近真空的磁导率：

$$\mu_0=4\pi\times10^{-7}\ \mathrm{H/m}$$

物质方程（1–11）给出了媒质中电流密度$\boldsymbol{J}$和电场强度$\boldsymbol{E}$之间的关系。式中σ称为电导率，也是一个量纲不为 1 的标量物质常数，单位是西门子每米（S/m）。真空的电导率$\sigma_0=0$。

一般来说，σ、μ、ε不仅与媒质的性质有关，还与电磁场的时间频率（波长）有关，因而是有“色散”的。

4. 电磁场的边界条件

电磁波在介质中传播时满足麦克斯韦方程组，当电磁波从一种介质进入另一种介质时，由于界面两侧的介质常数ε、μ不同，那么，不同介质中的电磁场在界面上的边界条件为

$$\boldsymbol{u}\times(\boldsymbol{E}_2-\boldsymbol{E}_1)=0 \tag{1-16}$$

$$\boldsymbol{u}\cdot(\boldsymbol{B}_2-\boldsymbol{B}_1)=0 \tag{1-17}$$

$$\boldsymbol{u}\cdot(\boldsymbol{D}_2-\boldsymbol{D}_1)=\rho_s \tag{1-18}$$

$$\boldsymbol{u}\times(\boldsymbol{H}_2-\boldsymbol{H}_1)=\boldsymbol{J}_s \tag{1-19}$$

式中，$\boldsymbol{u}$表示界面的法线方向，下标1或2表示在界面两侧介质中的电磁场，ρ_s和$\boldsymbol{J}_s$表示界面上的电荷面密度和电流面密度。

式（1–16）表示电场强度$\boldsymbol{E}$的边界条件：在界面两侧，电场强度$\boldsymbol{E}$的切向分量连续。式（1–17）表明磁感应强度$\boldsymbol{B}$的边界条件：磁感应强度$\boldsymbol{B}$在界面两侧的法向分量是连续的。式（1–18）描述电位移矢量$\boldsymbol{D}$的边界条件：当ρ_s=0时，电位移矢量$\boldsymbol{D}$在界面两侧的法向分量是连续的。式（1–19）为磁场强度$\boldsymbol{H}$的边界条件：当$\boldsymbol{J}_s$=0时，磁场强度$\boldsymbol{H}$在界面两侧的切向分量连续。

1.1.2 电磁波的产生及传播

根据麦克斯韦电磁波理论，可以得出产生电磁波的简单物理模型。当波源处存在振荡偶极子或其他变速的带电粒子时，由于偶极子内正负电荷的振动造成了随时间不断变化的电场，按照麦克斯韦电磁波理论，它会在周围空间产生随时间变化的磁场，后者又会在周围产生变化的电场。变化的电场和磁场相互依存、交替产生，循环往复，便形成了以一定速度由近及远传播的电磁波。

图 1–1 给出了一个简单的例子，可以描绘电磁波产生及传播的物理过程。图中由电池V、开关 K 和平板电容器C组成了一个充放电电路。合上 K，电容器C的两极板间某一点M将从无到有地建立起一个电场$\boldsymbol{E}$，开始时显然有$\dfrac{\partial \boldsymbol{E}}{\partial t}>0$。由麦克斯韦方程组（1–4）可知，在$M$点周围$N$处会从无到有建立起一个环形磁场，如图 1–1 中$\boldsymbol{B}$。在$N$处的磁场建立之初，必然有$\dfrac{\partial \boldsymbol{B}}{\partial t}>0$，根据式（1–1)，又会在更远的$P$点处产生环形电场$\boldsymbol{E}_1$。$\boldsymbol{E}_1$随时间变化又会

在 Q 点处产生环形磁场 $\boldsymbol{B}_1$……。上述过程往复不已，于是在合上 K 的瞬间，一个“电磁脉冲”便从电容器极板间发生，向周围空间传播出去。日常生活中，天空的闪电和日光灯起辉器的断开都会发出这种脉冲，而收音机发出的“卜卜”声和电视机荧光屏上的干扰，就是电磁波通过空间传播到接收天线的结果。

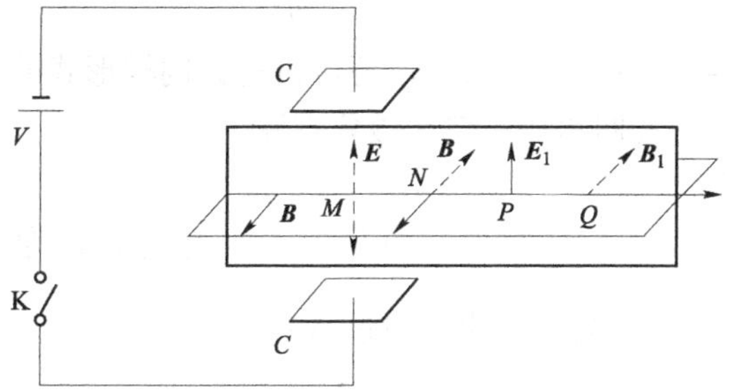

图 1-1　电磁波的传播

1.1.3　电磁波的波动微分方程及传播速度

1. 电磁波的波动微分方程

从麦克斯韦方程组出发，可以证明电磁场的传播具有波动性，通过计算电磁波的传播速度，并找出其与光速的关系，进而证明光与电磁波的统一。为简单起见，我们讨论**电磁波在无限扩展的均匀、各向同性、透明、无源媒质中传播**的情形，即在空气或真空中传播的情形。

“均匀”和“各向同性”意味着 σ 、μ 、ε 等物质常数均是与位置无关的标量；“透明”意味着 $\sigma=0$ 和 $\boldsymbol{J}=0$，否则电磁场在媒质中的交变会引起电流，消耗电磁波能量，媒质不可能“透明”；“无源”意味着 $\rho=0$。对于空气、玻璃、塑料、水等常见的光学媒质，可近似认为满足上述条件。在这种情形下，麦克斯韦方程组具有下面的形式：

$$\nabla\times\boldsymbol{E}=-\frac{\partial\boldsymbol{B}}{\partial t} \tag{1-20}$$

$$\nabla\times\boldsymbol{B}=\mu\varepsilon\frac{\partial\boldsymbol{E}}{\partial t} \tag{1-21}$$

$$\nabla\cdot\boldsymbol{E}=0 \tag{1-22}$$

$$\nabla\cdot\boldsymbol{B}=0 \tag{1-23}$$

将式（1-21）两端对时间求导数并交换左端的求导次序，可得

$$\nabla\times\left(\frac{\partial\boldsymbol{B}}{\partial t}\right)=\mu\varepsilon\frac{\partial^2\boldsymbol{E}}{\partial t^2}$$

利用式（1-20）及二重矢积公式 $\nabla\times(\nabla\times\boldsymbol{E})=\nabla(\nabla\cdot\boldsymbol{E})-\nabla^2\boldsymbol{E}$，注意到式（1-22），于是得到关于 $\boldsymbol{E}$ 的方程：

$$\nabla^2\boldsymbol{E}=\mu\varepsilon\frac{\partial^2\boldsymbol{E}}{\partial t^2} \tag{1-24}$$

式中，∇^2 为拉普拉斯算符，$\nabla^2 \boldsymbol{f}=\dfrac{\partial^2 \boldsymbol{f}}{\partial x^2}+\dfrac{\partial^2 \boldsymbol{f}}{\partial y^2}+\dfrac{\partial^2 \boldsymbol{f}}{\partial z^2}$，这是一个二阶标量微分算符。

按照同样的方法步骤，从式（1–20）~式（1–23）中消去 $\boldsymbol{E}$，可导出关于 $\boldsymbol{B}$ 的方程：

$$\nabla^2 \boldsymbol{B} = \mu\varepsilon \frac{\partial^2 \boldsymbol{B}}{\partial t^2} \tag{1–25}$$

利用物质方程式（1–9）和式（1–10），还可以得到同样形式的关于 $\boldsymbol{D}$ 和 $\boldsymbol{H}$ 的方程。式（1–24）和式（1–25）就是我们熟知的**波动微分方程**。

2. 电磁波的传播速度

为了简化问题，以沿 z 方向传播的一维形式的电场矢量 $\boldsymbol{E}$ 为例，式（1–24）可写为 $\dfrac{\partial^2 \boldsymbol{E}(z,t)}{\partial z^2}=\mu\varepsilon\dfrac{\partial^2 \boldsymbol{E}(z,t)}{\partial t^2}$，其通解为（证明见附录 A）

$$\boldsymbol{E}(z,t) = \boldsymbol{E}_1\left(z - \frac{t}{\sqrt{\mu\varepsilon}}\right) + \boldsymbol{E}_2\left(z + \frac{t}{\sqrt{\mu\varepsilon}}\right) \tag{1–26}$$

式中，$\boldsymbol{E}_1$ 和 $\boldsymbol{E}_2$ 是分别以 $\xi = z - \dfrac{t}{\sqrt{\mu\varepsilon}}$ 和 $\eta = z + \dfrac{t}{\sqrt{\mu\varepsilon}}$ 为变量的任意一元函数。

首先分析特解 $\boldsymbol{E}_1\left(z-\dfrac{t}{\sqrt{\mu\varepsilon}}\right)$。设电场 $\boldsymbol{E}$ 在 $z=0$ 处，$t=0$ 时刻的波形为 $\boldsymbol{E}_1(0)$；经过时间 t 后，$\boldsymbol{E}_1(0)$ 的波形传播到 z 处，$\xi = z-\dfrac{t}{\sqrt{\mu\varepsilon}}=0$，$z=\dfrac{t}{\sqrt{\mu\varepsilon}}$，即 $\boldsymbol{E}_1(0)$ 波形沿 z 方向以速度 $v=\dfrac{1}{\sqrt{\mu\varepsilon}}$ 传到了 $z=\dfrac{t}{\sqrt{\mu\varepsilon}}$ 处。这就是由于电场 $\boldsymbol{E}$ 的扰动在空间传播所形成的一维波动。由上面的分析可知，$\boldsymbol{E}_1\left(z-\dfrac{t}{\sqrt{\mu\varepsilon}}\right)$ 真实地反映了一维电场 $\boldsymbol{E}_1$ 沿 z 方向以速度 $v=\dfrac{1}{\sqrt{\mu\varepsilon}}$ 传播的过程。

按同样的方法分析可知，$\boldsymbol{E}_2\left(z+\dfrac{t}{\sqrt{\mu\varepsilon}}\right)$ 表示一个以速度 $v=\dfrac{1}{\sqrt{\mu\varepsilon}}$ 沿 $-z$ 方向传播的一维波。求解磁场 $\boldsymbol{B}$ 的波动微分方程式（1–25），可以得出相同形式磁场波的解。

上面的分析表明，交变的电场和磁场是以波动的形式在物质常数为 μ 和 ε 的媒质中传播的，传播速度为

$$v = \frac{1}{\sqrt{\mu\varepsilon}} \tag{1–27}$$

根据真空中物质常数 μ_0 和 ε_0 的值，可知电磁波在真空中的传播速度为

$$c = \frac{1}{\sqrt{\mu_0\varepsilon_0}} = 2.997\,94\times10^8\ \mathrm{m/s}$$

这个数值与实验中测定的真空中的光速十分接近。在历史上，麦克斯韦曾以此作为重要依据之一，提出了光的电磁波理论并预言光是一种电磁波。

3. 光波与电磁波的统一

根据麦克斯韦电磁波理论导出的这些结论，为后来的实验所证实。1889 年，赫兹在

实验中得到了波长为 60 cm 的电磁波，并观察了该射频波在金属镜面上的反射及在石蜡棱镜中的折射，同时证明它和光波一样具有干涉、衍射和偏振等现象。

现在已经知道，除了光波和无线电波以外，X 射线和 γ 射线也是波长更短的电磁波，我们将电磁波按照波长或频率排列，称为电磁波谱，如表 1–1 所示。可以看出，光谱区包括红外辐射、可见光和紫外辐射，可见光谱只是电磁波谱中波长范围从 0.4 μm 到 0.7 μm 的一个很窄的波段。

表 1–1　电磁波谱

<table>
<tr><th></th><th>辐射名称</th><th>波长范围</th><th>频率范围/Hz</th><th>量子能量/eV</th><th colspan="2">产生手段</th><th>能级跃迁机制</th><th>检测手段</th></tr>
<tr><td rowspan="2">射线区</td><td>γ 射线</td><td><0.03 nm</td><td>$>10^{19}$</td><td>$>4\times10^{4}$</td><td colspan="2">加速器</td><td>原子核</td><td>盖格计数器</td></tr>
<tr><td>X 射线</td><td>0.03～30 nm</td><td>$10^{16}\sim10^{19}$</td><td>$40\sim4\times10^{4}$</td><td colspan="2">X 射线管</td><td>内层电子</td><td>底片离子室</td></tr>
<tr><td rowspan="3">光谱区</td><td>紫外</td><td>0.03～0.4 μm</td><td>$7.5\times10^{14}\sim10^{16}$</td><td>2.3～40</td><td>汞灯</td><td rowspan="3">激光器</td><td>外层电子</td><td>底片光电倍增管</td></tr>
<tr><td>可见</td><td>0.4～0.7 μm</td><td>$4.3\times10^{14}\sim7.5\times10^{14}$</td><td>1.7～2.3</td><td>热体、电弧、灯</td><td>外层电子</td><td>眼、底片、光敏元件</td></tr>
<tr><td>红外</td><td>0.7～300 μm</td><td>$10^{12}\sim4.3\times10^{14}$</td><td>$4\times10^{-3}\sim1.7$</td><td>热体、火花</td><td>分子转动、分子振动</td><td>热敏元件</td></tr>
<tr><td rowspan="2">波区</td><td>微波</td><td>0.3～300 mm</td><td>$10^{9}\sim10^{12}$</td><td>$4\times10^{-6}\sim4\times10^{-3}$</td><td colspan="2">行波管、速调管</td><td>核自旋、电子自旋</td><td>晶体</td></tr>
<tr><td>无线电波</td><td>>300 mm</td><td>$<10^{9}$</td><td>$<4\times10^{-6}$</td><td colspan="2">电子线路</td><td>（电磁振荡）</td><td>电子线路</td></tr>
</table>

1.1.4　电磁波的通解形式及其矢量性

1. 电磁波的通解形式

方程（1–24）的解有很多形式，如平面波、球面波和柱面波及其叠加形式，这里先讨论其通解形式。

电磁波在三维空间传播，确定考察点位置坐标需要三个坐标变量，最常用的是位置矢量 $\boldsymbol{r}$ 在直角坐标系中的三个分量 x、y、z：

$$\boldsymbol{r} = x\hat{\boldsymbol{e}}_x + y\hat{\boldsymbol{e}}_y + z\hat{\boldsymbol{e}}_z \tag{1–28}$$

电场分布

$$\boldsymbol{E} = E_x\hat{\boldsymbol{e}}_x + E_y\hat{\boldsymbol{e}}_y + E_z\hat{\boldsymbol{e}}_z \tag{1–29}$$

描述了电场在空间的振动方向，将其代入波动微分方程（1–24），可得在$\hat{\boldsymbol{e}}_x$、$\hat{\boldsymbol{e}}_y$、$\hat{\boldsymbol{e}}_z$三个方向上的波动微分方程为

$$\begin{cases}\dfrac{\partial^2 E_x}{\partial x^2}+\dfrac{\partial^2 E_x}{\partial y^2}+\dfrac{\partial^2 E_x}{\partial z^2}=\dfrac{1}{v^2}\dfrac{\partial^2 E_x}{\partial t^2}\\ \dfrac{\partial^2 E_y}{\partial x^2}+\dfrac{\partial^2 E_y}{\partial y^2}+\dfrac{\partial^2 E_y}{\partial z^2}=\dfrac{1}{v^2}\dfrac{\partial^2 E_y}{\partial t^2}\\ \dfrac{\partial^2 E_z}{\partial x^2}+\dfrac{\partial^2 E_z}{\partial y^2}+\dfrac{\partial^2 E_z}{\partial z^2}=\dfrac{1}{v^2}\dfrac{\partial^2 E_z}{\partial t^2}\end{cases} \tag{1–30}$$

用ψ代替$E_p(p=x,y,z)$应用拉普拉斯算符，上式改写为

$$\nabla^2\psi(x,y,z,t)=\frac{1}{v^2}\frac{\partial^2\psi}{\partial t^2} \tag{1–31}$$

考虑时谐场$\psi(x,y,z,t)=\psi(x,y,z)\exp(\mathrm{j}\omega t)$，可以证明，三维波动微分方程（1–31）的通解形式可为

$$\begin{aligned}\psi(x,y,z,t)&=\psi(k_x x+k_y y+k_z z-kvt)\\&=\psi_0(x,y,z)\exp[\mathrm{j}(\boldsymbol{k}\cdot\boldsymbol{r}-\omega t+\varphi_0)]\end{aligned} \tag{1–32}$$

式中，k_x，k_y，k_z为矢量$\boldsymbol{k}$的三个直角坐标分量：

$$\boldsymbol{k}=k_x\hat{\boldsymbol{e}}_x+k_y\hat{\boldsymbol{e}}_y+k_z\hat{\boldsymbol{e}}_z \tag{1–33}$$

如果定义矢量$\boldsymbol{k}$的方向余弦为$\cos\alpha$，$\cos\beta$，$\cos\gamma$，其中α、β和γ为$\boldsymbol{k}$与三个坐标轴的夹角，则有

$$|\boldsymbol{k}|=k=\sqrt{k_x^2+k_y^2+k_z^2} \tag{1–34}$$

$$\boldsymbol{k}=k(\cos\alpha\hat{\boldsymbol{e}}_x+\cos\beta\hat{\boldsymbol{e}}_y+\cos\gamma\hat{\boldsymbol{e}}_z) \tag{1–35}$$

和

$$k_x=k\cos\alpha, k_y=k\cos\beta, k_z=k\cos\gamma \tag{1–36}$$

矢量$\boldsymbol{k}$称为三维波的**波矢**（wavevector）或**传播矢**（propagation vector），三维波的传播方向完全由波矢$\boldsymbol{k}$来决定，其大小$|\boldsymbol{k}|=\dfrac{2\pi}{\lambda}$，其中$\omega=\dfrac{2\pi}{\lambda}\cdot v$，则三维波的波函数可以写为简洁的形式：

$$\begin{aligned}\boldsymbol{E}(\boldsymbol{r},t)&=E_x(\boldsymbol{k}\cdot\boldsymbol{r}-kvt)\hat{\boldsymbol{e}}_x+E_y(\boldsymbol{k}\cdot\boldsymbol{r}-kvt)\hat{\boldsymbol{e}}_y+E_z(\boldsymbol{k}\cdot\boldsymbol{r}-kvt)\hat{\boldsymbol{e}}_z\\&=E_{x0}\exp[\mathrm{j}(\boldsymbol{k}\cdot\boldsymbol{r}-\omega t+\varphi_{0x})]\hat{\boldsymbol{e}}_x+E_{y0}\exp[\mathrm{j}(\boldsymbol{k}\cdot\boldsymbol{r}-\omega t+\varphi_{0y})]\hat{\boldsymbol{e}}_y+E_{z0}\exp[\mathrm{j}(\boldsymbol{k}\cdot\boldsymbol{r}-\omega t+\varphi_{0z})]\hat{\boldsymbol{e}}_z\end{aligned} \tag{1–37}$$

一般地

$$\varphi=\boldsymbol{k}\cdot\boldsymbol{r}-kvt+\varphi_0 \tag{1–38}$$

称为三维波的**位相**，φ_0称为三维波在坐标原点处的**初位相**。

2. 电磁波的矢量性

波动是振动在空间的传播和分布。光波是电磁波，是高频振动的电场$\boldsymbol{E}$（或$\boldsymbol{D}$）和磁场$\boldsymbol{B}$（或$\boldsymbol{H}$）在空间的传播，因此可以用振动物理量$\boldsymbol{E}$和$\boldsymbol{B}$来描述。一般而言，把描述光波动

的物理量 $\boldsymbol{E}$ 和 $\boldsymbol{B}$ 随空间和时间变化的函数称为**波函数**。波函数的取值则称为光波在该时该空间的扰动值。

在均匀透明的各向同性介质中，由式（1–37）可以看出，电磁波是矢量波，其矢量性包含以下两个方面含义：

（1）电磁波各点的振动具有矢量性。在任意一点的振动矢量性可由式（1–29）分析，一般地，对任一点的电场 $\boldsymbol{E}=E_x\hat{\boldsymbol{e}}_x+E_y\hat{\boldsymbol{e}}_y+E_z\hat{\boldsymbol{e}}_z$，电场 $\boldsymbol{E}$ 振动方向与 x 轴夹角 θ 的余弦值为 $\cos\theta=\dfrac{E_x}{\sqrt{E_x^2+E_y^2+E_z^2}}$，与 y 轴夹角 φ 的余弦值为 $\cos\varphi=\dfrac{E_y}{\sqrt{E_x^2+E_y^2+E_z^2}}$，与 z 轴夹角 ψ 的余弦值为 $\cos\psi=\dfrac{E_z}{\sqrt{E_x^2+E_y^2+E_z^2}}$，该点电场大小为 $\sqrt{E_x^2+E_y^2+E_z^2}$；同样，任一点磁场 $\boldsymbol{B}=B_x\hat{\boldsymbol{e}}_x+B_y\hat{\boldsymbol{e}}_y+B_z\hat{\boldsymbol{e}}_z$，磁场 $\boldsymbol{B}$ 的方向与 x 轴夹角 θ' 的余弦值为 $\cos\theta'=\dfrac{B_x}{\sqrt{B_x^2+B_y^2+B_z^2}}$，与 y 轴夹角 φ' 的余弦值为 $\cos\varphi'=\dfrac{B_y}{\sqrt{B_x^2+B_y^2+B_z^2}}$，与 z 轴夹角 ψ' 的余弦值为 $\cos\psi'=\dfrac{B_z}{\sqrt{B_x^2+B_y^2+B_z^2}}$，该点磁场大小为 $\sqrt{B_x^2+B_y^2+B_z^2}$。

（2）电磁波的传播具有矢量性。其矢量性可由式（1–33）看出，任一时间电磁波的传播方向：波矢 $\boldsymbol{k}=k_x\hat{\boldsymbol{e}}_x+k_y\hat{\boldsymbol{e}}_y+k_z\hat{\boldsymbol{e}}_z$，传播方向与 x 轴夹角 α 的余弦值为 $\cos\alpha=\dfrac{k_x}{\sqrt{k_x^2+k_y^2+k_z^2}}$，与 y 轴夹角 β 的余弦值为 $\cos\beta=\dfrac{k_y}{\sqrt{k_x^2+k_y^2+k_z^2}}$，与 z 轴夹角 γ 的余弦值为 $\cos\gamma=\dfrac{k_z}{\sqrt{k_x^2+k_y^2+k_z^2}}$，其大小为 $\sqrt{k_x^2+k_y^2+k_z^2}=k=\dfrac{2\pi}{\lambda}$。

电磁波的振动矢量和传播矢量具有一定的关联性，下节主要讲这些矢量的关系。

1.2　平面电磁波的性质

平面电磁波是一般电磁波的基本成分。本节将应用光的电磁波理论，以平面电磁波为对象，讨论光波，即光频范围电磁波的一些基本性质。

1.2.1　电磁波的横波性

波的振动方向与传播方向一致的波叫作纵波，如声波。振动方向与传播方向垂直的波叫作**横波**。后面将进一步证明，电磁波是横波。

早在麦克斯韦电磁波理论建立之前，人们通过一系列实验现象，已经开始认识到光波具有横波性质。17 世纪 60 年代末，丹麦的巴塞林发现了光经过方解石晶体的双折射。随后，荷兰的惠更斯又发现了光的偏振现象。特别是 1809 年，马吕斯完成了一系列光的偏振实验，这些实验现象无不说明，光波本身存在着与传播方向垂直的不同振动分量。这种在垂直于传播方向的平面内具有不同振动方向的波动只能是横波，也说明光波是横波。直到麦克斯韦电磁波理论建立之后，光的横波性质才从理论上得到圆满的解释。

1. 光波的矢量性及其简化

通常情况下，光波电场 $\boldsymbol{E}$ 和磁场 $\boldsymbol{B}$ 的振动方向随空间坐标和时间坐标而变化，因而描述光波的物理量 $\boldsymbol{E}$（或 $\boldsymbol{D}$）和 $\boldsymbol{B}$（或 $\boldsymbol{H}$）是矢量，也就是说，光波在本质上是矢量波，$\boldsymbol{E}=E_x\hat{\boldsymbol{e}}_x+E_y\hat{\boldsymbol{e}}_y+E_z\hat{\boldsymbol{e}}_z$，当光波矢量只沿一个方向振动时，即 $E_x=E_y=0$，此时，光波电场 $\boldsymbol{E}$ 和磁场 $\boldsymbol{B}$ 的振动方向均不随空间和时间而变化（如后面将要讨论的各向同性介质中的线偏振波），电场 $\boldsymbol{E}$ 和磁场 $\boldsymbol{B}$ 可简化为标量形式处理。一般地，当涉及光波在均匀各向同性媒质中传播和叠加的问题时，由于矢量波总可以分解为直角坐标系中的三个分量，每一个分量波的振动方向都不随空间和时间坐标而变化，因此每一个分量波都可以简化为标量形式来处理。这种将矢量波简化为标量形式处理的方法可大大简化分析和运算过程，在讨论光波的干涉和衍射问题时将得到应用。

2. 电磁波是横波

一般地，光波在三维空间中传播时，考察点位置坐标应在三维空间取值，一般称此光波为三维波。当光波传播只沿一维方向变化时，考察点空间位置坐标只需沿一维方向取值，可简化光波为一维波。当光波传播沿二维方向随时空变化时，可简化为二维波处理。

光波的简化一般和坐标系的选取有关。例如平面波，当选取直角坐标系且坐标轴与波传播方向平行时，成为一维波；当二者不平行时，成为三维波。又如球面波，在直角坐标系中描述时，它是三维波，但在球坐标系中则简化为一维波形式。柱面波在直角坐标系中描述为三维波，在柱坐标系中描述时，可简化为一维波。

式（1–20）左端的分量表达式：

$$(\nabla\times\boldsymbol{E})_x=\frac{\partial E_z}{\partial y}-\frac{\partial E_y}{\partial z}=E'_z k_y-E'_y k_z=(\boldsymbol{k}\times\boldsymbol{E}')_x$$

式中各参量的上标撇号表示对 $\xi=\boldsymbol{k}\cdot\boldsymbol{r}-kvt$ 求导数。例如 E'_z 表示 E_z 对 $\xi=\boldsymbol{k}\cdot\boldsymbol{r}-kvt$ 的一阶导数。同理可求出 $\nabla\times\boldsymbol{E}$ 的 y、z 分量。于是，式（1–20）左端可表示为：$\nabla\times\boldsymbol{E}=\boldsymbol{k}\times\boldsymbol{E}'$；式（1–20）右端可写成：$\dfrac{\partial\boldsymbol{B}}{\partial t}=(-kv)\boldsymbol{B}'$。于是由式（1–20）可得出，$\boldsymbol{k}\times\boldsymbol{E}'=kv\boldsymbol{B}'$。

类似地，利用式（1–21）可得出

$$\boldsymbol{k}\times\boldsymbol{B}=-\varepsilon\mu kv\boldsymbol{E}'$$

对上面两式求积分，即可得出 $\boldsymbol{E}$、$\boldsymbol{B}$、$\boldsymbol{k}$ 之间的关系。由于在研究波动过程时，对不随 $\xi=\boldsymbol{k}\cdot\boldsymbol{r}-kvt$ 变化的场不感兴趣，所以可取积分常数为零，得到

$$\boldsymbol{k}\times\boldsymbol{E}=kv\boldsymbol{B} \tag{1-39}$$

$$\boldsymbol{k}\times\boldsymbol{B}=-\varepsilon\mu kv\boldsymbol{E} \tag{1-40}$$

由式（1–39）可看出 $\boldsymbol{B}\perp\boldsymbol{E}$，$\boldsymbol{B}\perp\boldsymbol{k}$，由式（1–40）可看出 $\boldsymbol{E}\perp\boldsymbol{B}$，$\boldsymbol{E}\perp\boldsymbol{k}$，即 $\boldsymbol{E}$、$\boldsymbol{B}$、$\boldsymbol{k}$ 三个矢量互相垂直，并且按此顺序组成右手坐标系，如图 1–2 所示。由于 $\boldsymbol{E}$、$\boldsymbol{B}$ 均与波传播方向 $\boldsymbol{k}$ 垂直，所以无论电场波 $\boldsymbol{E}$ 还是磁场波 $\boldsymbol{B}$ 都是横波。

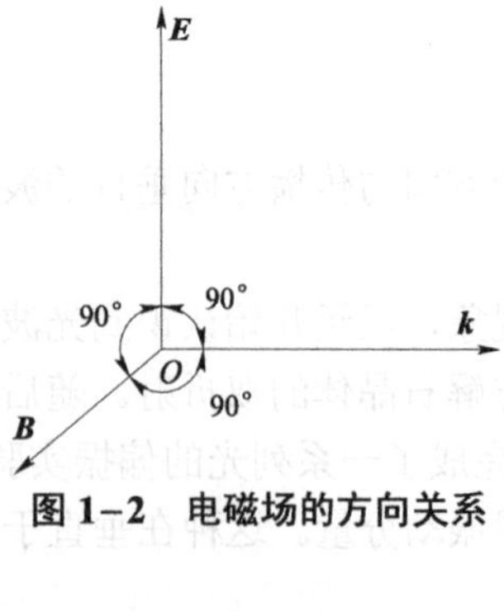

图 1–2　电磁场的方向关系

1.2.2　电磁波的宏观偏振性

电磁波是由高频振动的电场波 $\boldsymbol{E}$ 和磁场波 $\boldsymbol{B}$ 按一定的规律随空间坐标 $\boldsymbol{r}$ 和时间 t 传播而形成的。电磁波的波函数描述了 $\boldsymbol{E}$、$\boldsymbol{B}$ 随 $\boldsymbol{r}$、t 的变化规律。一般情形下，$\boldsymbol{E}$、$\boldsymbol{B}$ 的大小和方向均随 $\boldsymbol{r}$、t 的变化而变化。由于电磁波的横波性质，$\boldsymbol{E}$、$\boldsymbol{B}$ 的大小和方向的变化总是发生在垂直于波传播方向的平面内，因此 $\boldsymbol{E}$、$\boldsymbol{B}$（也包括 $\boldsymbol{D}$、$\boldsymbol{H}$）等电磁物理量必须用矢量来表示，即电磁波是矢量波。

对于矢量波，可用它在直角坐标系中的分量来表示。如果用电场矢量 $\boldsymbol{E}$ 表示电磁波，以平面电磁波为例，取波矢 $\boldsymbol{k}$ 的方向为 z 坐标轴，由于电磁波的横波性，则任意空间位置 $\boldsymbol{r}$ 和时间 t 的电矢量 $\boldsymbol{E}$ 都可以分解为

$$\begin{cases} E_x(z,t) = E_{x0}\exp[\mathrm{j}(kz - kvt + \varphi_{x0})] \\ E_y(z,t) = E_{y0}\exp[\mathrm{j}(kz - kvt + \varphi_{y0})] \end{cases} \tag{1-41}$$

对于普通光源发出的光波，光源包含大量彼此独立的发光原子，每个原子的发光过程是间断的，持续时间极短，且各次发出的光波振动的振幅、振动方向和初位相都在随机变化。也就是说，任意两个不同的发光原子，或同一原子任意两次发出光波的 x 分量和 y 分量在振幅和位相上都不存在关联性，并且在任意一段可实现的观察时间内，光波扰动在垂直于 $\boldsymbol{k}$ 的任意方向上的振幅相等，不存在占优势的方向，这样的光波称为**自然光**或**非偏振光**。如果将光波的电矢量投影到垂直于波传播方向的平面上（称为振动平面），则自然光在振动平面上的振动图可用图 1–3（a）表示。

如果使自然光经历某种各向异性过程，使光矢量两个分量的振幅 E_{x0}、E_{y0} 和初位相 φ_{x0}、φ_{y0} 之间产生某种关联性，即

$$\begin{cases} \dfrac{E_{y0}(t)}{E_{x0}(t)} = 常数 \\ \varphi_{y0}(t) - \varphi_{x0}(t) = 常数 \end{cases} \tag{1-42}$$

这样的光波 $\boldsymbol{E}$ 矢量的矢端必定沿某种规则曲线运动，并且其扰动在某些情况下还存在一个占优势的方向，这样的光波称为偏振光或完全偏振光。根据 $\boldsymbol{E}$ 矢量端点的运动轨迹是直线、圆还是椭圆，对应的光波分别称为**线偏振光**、**圆偏振光**和**椭圆偏振光**。图 1–3（b）（c）（d）分别画出了这三种偏振光在振动平面的振动图。由于简谐平面波的两个正交矢量 $\boldsymbol{E}_x$ 和 $\boldsymbol{E}_y$ 具有确定不变的振幅和初位相，即 E_{x0}、E_{y0}、φ_{x0}、φ_{y0} 均和时间 t 无关，因此简谐平面波一定是单色偏振波。

介于自然光和完全偏振光之间，还存在一类**部分偏振光**。它可以看作同向传播的偏振光和自然光叠加的结果。由于包含自然光成分，所以部分偏振光电矢量 $\boldsymbol{E}$ 的振幅和振动方向将随时间 t 的变化而随机变化；又由于包含完全偏振光成分，所以部分偏振光存在一个占优势的振动方向。图 1–3（e）画出了由线偏振光和自然光叠加产生的部分偏振光电矢量 $\boldsymbol{E}$ 的振动图。

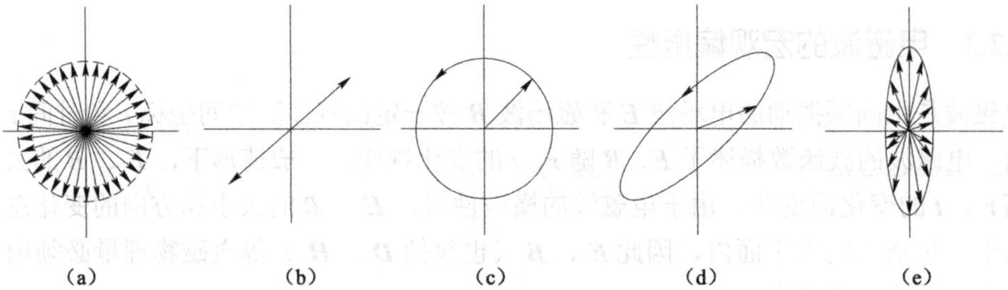

图 1–3　各种光波电矢量振动示意图

1.2.3　电场波和磁场波的关系

1. 电场 $\boldsymbol{E}$ 与磁场 $\boldsymbol{B}$ 的关系

对平面电磁波，$\boldsymbol{E}$、$\boldsymbol{B}$、$\boldsymbol{k}$ 方向两两相互垂直。由式（1–39）可得出 $\boldsymbol{E}$ 和 $\boldsymbol{B}$ 的大小关系：

$$E = vB = \frac{1}{\sqrt{\varepsilon\mu}}B = \frac{c}{n}B \qquad (1\text{–}43)$$

上式说明，在涉及光与物质带电粒子的相互作用（如感光、光电效应、荧光等）时，起主要作用的是电场 $\boldsymbol{E}$，而不是磁场 $\boldsymbol{B}$，这一结论在人们所熟知的维纳实验中得到了证实。所以，人们习惯将电场矢量 $\boldsymbol{E}$ 称为光矢量。

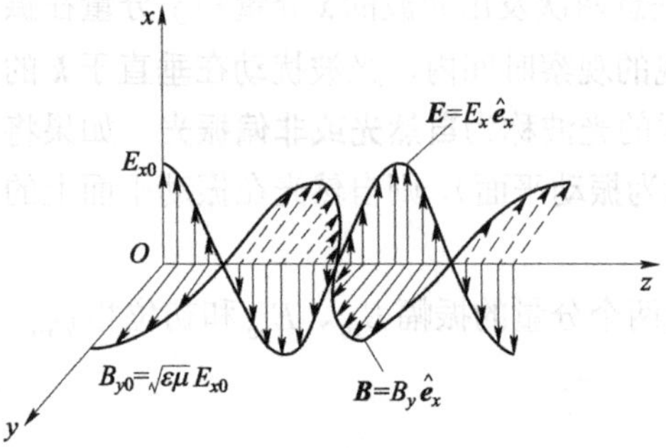

图 1–4　电磁波波形图 ($t = 0, E = E_x\hat{e}_x$)

2. 位相关系

式（1–43）还可以写成

$$\boldsymbol{E}(\boldsymbol{k}\cdot\boldsymbol{r} - kvt) = v\boldsymbol{B}(\boldsymbol{k}\cdot\boldsymbol{r} - kvt) \qquad (1\text{–}44)$$

上式对任何 $\boldsymbol{r}$ 和 t 都成立，所以当 $\boldsymbol{E}$ 是简谐波时，$\boldsymbol{B}$ 也是简谐波，且两者的位相相同，即波形相同。图 1–4 画出了 $\boldsymbol{E}$、$\boldsymbol{B}$ 均为线偏振波时电磁波的波形图。

1.2.4　平面电磁波的能量传播特性

光是电磁波，光源发光就是发光物质向外辐射电磁波的过程。由于电磁场具有确定的能量，所以在光波传播过程中，一定伴随着电磁能量的传递，太阳能的利用就是一个例子。本节讨论平面电磁波能量传递的各种特性。

1. 能流密度矢量

由电磁学可知，在各向同性媒质中，电场 $\boldsymbol{E}$ 和磁场 $\boldsymbol{B}$ 的能量密度分别是

$$u_{\mathrm{E}} = \frac{1}{2}ED = \frac{1}{2}\varepsilon E^2 (\mathrm{J/m^3})$$

$$u_{\mathrm{M}} = \frac{1}{2}HB = \frac{1}{2\mu}B^2 (\mathrm{J/m^3})$$

对于电磁波，由于 $E = vB$，所以电磁波的总能量密度是

$$u = u_{\mathrm{E}} + u_{\mathrm{M}} = \varepsilon E^2 = \frac{1}{\mu}B^2 (\mathrm{J/m^3}) \qquad (1\text{–}45)$$

因为电磁波以速度 v 沿 $\boldsymbol{k}$ 方向传播，所以单位时间内穿过与 $\boldsymbol{k}$ 垂直的单位面积的能量为

$$S = uv = \frac{1}{\mu}EB = \sqrt{\frac{\varepsilon}{\mu}}E^2 \quad [\mathrm{J/(s \cdot m^2)}] \tag{1-46}$$

考虑到能量流动的方向，可以定义一个矢量 $\boldsymbol{S}$：

$$\boldsymbol{S} = \frac{1}{\mu}\boldsymbol{E} \times \boldsymbol{B} \tag{1-47}$$

$\boldsymbol{S}$ 称为**能流密度矢量或坡印亭矢量**。它的大小表示电磁波所传递的能流密度，它的方向代表能量流动的方向或电磁波传播的方向。

2. 电磁场的能量定律

电磁波在均匀各向同性媒质中传播时，在考察区域内，电磁场的能量必须满足一定的关系。由微分形式的麦克斯韦方程式（1–5）和式（1–8）可得

$$\boldsymbol{E} \cdot \nabla \times \boldsymbol{H} - \boldsymbol{H} \cdot \nabla \times \boldsymbol{E} = \boldsymbol{E} \cdot \boldsymbol{J} + \boldsymbol{E} \cdot \boldsymbol{D}' + \boldsymbol{H} \cdot \boldsymbol{B}' \tag{1-48}$$

式中，$\boldsymbol{D}'$ 和 $\boldsymbol{B}'$ 分别表示 $\boldsymbol{D}$、$\boldsymbol{B}$ 矢量对时间 t 的一阶导数，利用矢量公式：

$$\boldsymbol{E} \cdot \nabla \times \boldsymbol{H} - \boldsymbol{H} \cdot \nabla \times \boldsymbol{E} = -\nabla \cdot (\boldsymbol{E} \times \boldsymbol{H})$$

而

$$\boldsymbol{E} \cdot \boldsymbol{D}' + \boldsymbol{H} \cdot \boldsymbol{B}' = \frac{\partial}{\partial t}\left(\frac{1}{2}\boldsymbol{E} \cdot \boldsymbol{D} + \frac{1}{2}\boldsymbol{H} \cdot \boldsymbol{B}\right) = \frac{\partial}{\partial t}\left(\frac{1}{2}ED + \frac{1}{2}HB\right) = \frac{\partial}{\partial t}(u_{\mathrm{E}} + u_{\mathrm{M}}) \tag{1-49}$$

上式推导过程中应用了各向同性媒质中 $\boldsymbol{E}$ 和 $\boldsymbol{D}$，$\boldsymbol{B}$ 和 $\boldsymbol{H}$ 振动方向相同的性质，于是式（1–48）可写成

$$-\frac{\partial}{\partial t}(u_{\mathrm{E}} + u_{\mathrm{M}}) = \boldsymbol{E} \cdot \boldsymbol{J} + \nabla \cdot (\boldsymbol{E} \times \boldsymbol{H})$$

将上式对考察范围的体积 V 求积分，并利用数学上的高斯定理，最后得出

$$-\frac{\partial}{\partial t}\iiint_V (u_{\mathrm{E}} + u_{\mathrm{M}})\,\mathrm{d}V = \iiint_V (\boldsymbol{E} \cdot \boldsymbol{J})\mathrm{d}V + \oint\!\!\oint_S (\boldsymbol{E} \times \boldsymbol{H})\,\mathrm{d}S$$

或

$$-\frac{\partial W}{\partial t} = \iiint_V (\boldsymbol{E} \cdot \boldsymbol{J})\mathrm{d}V + \oint\!\!\oint_S (\boldsymbol{E} \times \boldsymbol{H})\,\mathrm{d}S \tag{1-50}$$

上式左端表示考查范围体积 V 内电磁场总能量随时间的减少率；右边第一项表示因媒质 $\sigma \neq 0$，体积 V 内单位时间转化为焦耳热所损失的能量；右边第二项表示单位时间内通过包围 V 的闭合面 S 向外辐射的能流量。上式称为**电磁场的能量定律**，它是能量守恒定律的具体表达形式，即在电磁波传播的空间中，任一封闭面内电磁场能量的减少，恒等于在此封闭面内消耗的焦耳热和从此封闭面流出的能流量。能量定律是电磁波传递能量过程中必须遵循的基本定律。值得注意的是，对于透明介质，因 $\sigma = 0$ 和 $\boldsymbol{J} = 0$，式（1–50）右边第一项为零。

3. 光强 I

由于 $\boldsymbol{E}$、$\boldsymbol{B}$ 等电磁场量随时间快速变化，所以 $\boldsymbol{S}$ 也随时间快速变化。对可见光波来说，$\boldsymbol{S}$ 的变化频率高达 10^{15} Hz 数量级，迄今为止，任何接收器都无法探测到 $\boldsymbol{S}$ 的瞬时值。为了把电磁波传递的能量与接收器结合起来，使其成为一个可供测量和评价的物理量，引入了一个

新的物理量——电磁波的强度。对于光波而言，则称为光强。

电磁波强度（光强）的定义是：能流密度S在接收器可分辨的时间间隔（即响应时间）τ内的时间平均值，表示为

$$I=\langle S\rangle=\frac{1}{\tau}\int_0^\tau S\mathrm{d}t \tag{1-51}$$

由定义式可知，I的量纲和S的量纲相同，常用单位是$\mathrm{J/(s\cdot m^2)}$或$\mathrm{W/m^2}$。

下面以线偏振平面波为例，导出光强的计算公式。设光波沿z方向传播，振动方向沿x方向，电场$\boldsymbol{E}$的波函数的实部为

$$\boldsymbol{E}=E_x\hat{\boldsymbol{e}}_x=E_{0x}\cos(kz-\omega t+\varphi_0)\hat{\boldsymbol{e}}_x \tag{1-52}$$

根据式（1-39），可知磁场$\boldsymbol{B}$的波函数为

$$\begin{aligned}\boldsymbol{B}&=B_y\hat{\boldsymbol{e}}_y=\sqrt{\mu\varepsilon}E_x\hat{\boldsymbol{e}}_y\\&=\sqrt{\mu\varepsilon}E_{0x}\cos(kz-\omega t+\varphi_0)\hat{\boldsymbol{e}}_y\end{aligned} \tag{1-53}$$

于是，能流密度矢量为

$$\boldsymbol{S}=\frac{1}{\mu}\boldsymbol{E}\times\boldsymbol{B}=\sqrt{\frac{\varepsilon}{\mu}}E_{0x}^2\cos^2(kz-\omega t+\varphi_0)\boldsymbol{k} \tag{1-54}$$

由于在可见光范围内，任何探测器的响应时间τ都远远大于光波的振动周期T，按照统计学原理，一个大样本的时间平均值近似等于一个周期的时间平均值，所以在求取光强时，可以在光波的时间周期$T=\dfrac{2\pi}{\omega}$内对S取平均。于是光强I等于：

$$I=\frac{1}{T}\int_0^T S\mathrm{d}t=\frac{1}{T}\int_0^T\sqrt{\frac{\varepsilon}{\mu}}E_{0x}^2\cos^2(kz-\omega t+\varphi_0)\mathrm{d}t=\frac{1}{2}\sqrt{\frac{\varepsilon}{\mu}}E_{0x}^2 \tag{1-55}$$

由此得出一个结论，在均匀透明媒质中，平面电磁波的强度（光强）正比于电场振幅的平方。在许多光学问题中，由于只对光强的相对分布感兴趣，因此可直接用电场振幅的平方表征光强。特别是，当波函数采用复指数形式时，相对光强的计算具有特别简单的形式：

$$I=\boldsymbol{E}\cdot\boldsymbol{E}^*=|\boldsymbol{E}|^2 \tag{1-56}$$

4. 辐照度L

光强是用来表征光源辐射强度的物理量。为了表示接收器所接收的能流密度大小，定义了另一个物理量——**辐照度L**。

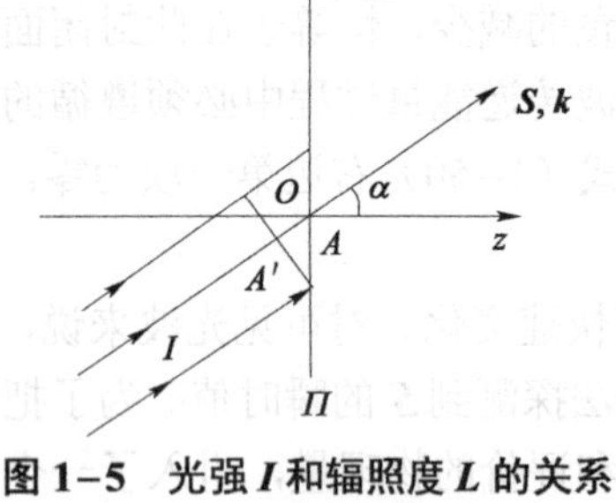

图1-5　光强I和辐照度L的关系

辐照度L的定义是：接收器上单位面积在单位时间内接收到的电磁波平均辐射能。

由定义可知，辐照度和光强具有相同的量纲。值得注意的是，光强I定义在与$\boldsymbol{k}$垂直的面上。而辐照度L则不限定接收屏的方向，所以L的大小不但与I有关，还与屏的方向有关。如图1-5所示，平面波光强为I，传播方向$\boldsymbol{k}$与接收屏Π的法线夹角为α。由于流过面积A'的能流量全部落在面积A上，

按照定义，Π 面上的辐照度 L 为

$$L=\frac{IA't}{At}=I\cos\alpha \tag{1-57}$$

1.3 光波的波函数

1.3.1 三维简谐平面波

1. 三维平面波

首先引入波面或等相面的概念。通常把某一时刻具有相同位相值 φ 的点的位置轨迹（或集合）称为光波的**波面**或**等相面**。等相面为平面且等相面上各点的扰动大小时刻相等的光波，称为**平面波**。

当 $\boldsymbol{k}$ 、$\boldsymbol{v}$ 为常量时，式（1–37）表示的三维波是平面波，因为等相面的方程

$$\boldsymbol{k}\cdot\boldsymbol{r}-kvt=\text{常数} \tag{1-58}$$

是平面的点法式方程，而等相面 Π 是垂直于波矢 $\boldsymbol{k}$ 的一系列平面，如图 1–6 所示。

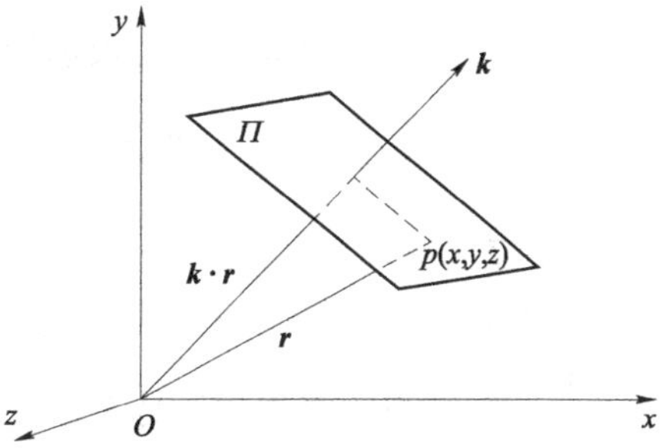

图 1–6　三维平面波的等相面

2. 三维简谐平面波

波函数取余弦或正弦形式的三维平面波称为**三维简谐平面波**，它的波函数可以表示为

$$E(\boldsymbol{r},t)=E_0\cos(\boldsymbol{k}\cdot\boldsymbol{r}-\omega t+\varphi_0) \tag{1-59}$$

（1）时间参量。

① **时间周期**。

式（1–59）表明，三维简谐平面波具有时间周期性。波的时间周期即空间任一点振动一周所需时间。常用符号 T 表示，T 的单位是 s。根据式（1–59）有

$$T=\frac{\lambda}{|v|} \tag{1-60}$$

② **时间频率**。

时间频率是时间周期的倒数，表示单位时间内波振动的次数。用符号 ν 表示，单位为 s^{-1}。

$$\nu=\frac{1}{T} \tag{1-61}$$

对于简谐波而言，T 和 ν 具有唯一确定的值。在可见光范围内，一个时间频率对应一种颜色，所以简谐波又称为单色波。

③ **时间角频率**。

它在数值上等于 ν 的 2π 倍，表示在任一考察点，单位时间内振动位相变化的弧度数。常用符号 ω 表示，单位为 rad/s。

$$\omega=2\pi\nu=\frac{2\pi}{T} \tag{1-62}$$

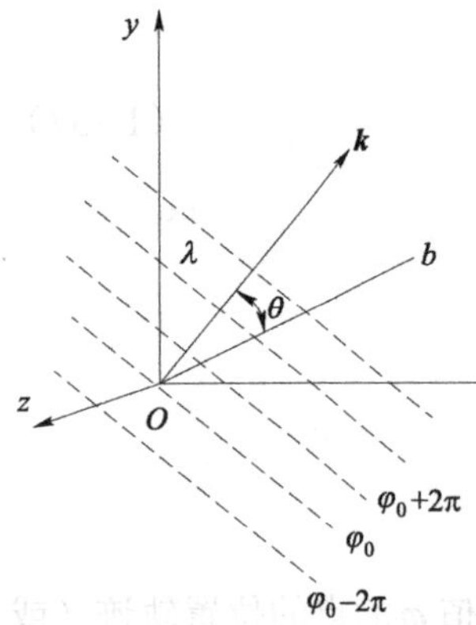

图 1-7　三维简谐平面波的空间参量

（2）空间参量。

① **空间周期**。

图 1-7 所示为波矢为 $\boldsymbol{k}$ 的三维简谐平面波，虚线画出了一系列位相相差 2π 的等相面。**空间周期**的定义是：位相差 2π 的两个相邻等相面在某指定方向上的距离，如果考虑沿波矢 $\boldsymbol{k}$ 方向的空间周期，一般为 λ，它就是三维简谐平面波的波长，也称为**固有空间周期**。

按照空间周期的定义，三维简谐波在不同的考察方向上具有不同的空间周期。如图 1-7 所示，所考察方向 $\overrightarrow{Ob}$ 与波矢 $\boldsymbol{k}$ 的夹角为 θ，由简单的几何关系可求出 $\overrightarrow{Ob}$ 方向的空间周期为

$$T_s(\theta)=\frac{\lambda}{\cos\theta} \tag{1-63}$$

当 $\theta<\dfrac{\pi}{2}$ 时，$T_s(\theta)>0$；当 $\theta>\dfrac{\pi}{2}$ 时，$T_s(\theta)<0$。特别是如果 $\boldsymbol{k}$ 的方向角为 α、β、γ，则沿三个坐标轴方向的空间周期可表示为

$$T_s(x)=\frac{\lambda}{\cos\alpha},T_s(y)=\frac{\lambda}{\cos\beta},T_s(z)=\frac{\lambda}{\cos\gamma} \tag{1-64}$$

② **空间频率**。

三维简谐平面波的空间频率定义为空间周期的倒数。三维简谐平面波的固有空间频率 $f=\dfrac{1}{\lambda}$。三维波的空间频率是考察方向的函数，且与 $T_s(\theta)$ 同号。因此，沿 $\overrightarrow{Ob}$ 方向考察的三维简谐平面波的空间频率为

$$f(\theta)=\frac{1}{T_s(\theta)}=\frac{\cos\theta}{\lambda} \tag{1-65}$$

特别是沿三个坐标轴方向的空间频率可表示为

$$f_x=\frac{\cos\alpha}{\lambda},f_y=\frac{\cos\beta}{\lambda},f_z=\frac{\cos\gamma}{\lambda} \tag{1-66}$$

f_x、f_y、f_z 又称为三维简谐波固有空间频率 f 的坐标轴分量。由于

$$f_x^2+f_y^2+f_z^2=\frac{1}{\lambda^2}=f^2 \tag{1-67}$$

所以空间频率的三个坐标轴分量不是完全独立的，当波长 λ 确定后，则可由任意两个已知分量求出第三个分量。式（1-66）还表明，光波的空间频率分量反映了波传播的方向，所以完全可以根据光波的波长和空间频率分量写出三维波的波函数：

$$E(\boldsymbol{r},t)=E_0\cos[2\pi(f_x x+f_y y+f_z z)-kvt+\varphi_0] \tag{1-68}$$

按照式（1-68），令 $z=0$，很容易给出三维简谐平面波在 (x,y) 平面的分布：

$$E(x,y,t)=E_0\cos[2\pi(f_x x+f_y y)-kvt+\varphi_0] \tag{1-69}$$

反之，已知平面波在 (x,y) 平面的分布，根据式（1−67），立即可以写出平面波在整个三维空间的波函数。上述处理方法在涉及光波在自由空间传播和衍射问题时，将得到广泛的应用。

③ **波矢 $\boldsymbol{k}$**。

波矢 $\boldsymbol{k}$ 是矢量，它的方向代表三维波的传播方向，可用 $\boldsymbol{k}$ 矢量的方向余弦来表征。三维简谐平面波的波矢 $\boldsymbol{k}$ 的大小为

$$|\boldsymbol{k}| = k = \frac{2\pi}{\lambda} \tag{1-70}$$

④ **位相速度**。

对于某一个确定的光波，某固定考察点某时刻的扰动值完全由位相 φ 唯一确定，波的传播实际是位相的传播，波的传播速度实际就是位相的传播速度，将某一确定位相值在空间传播的速度称为位相速度。在各向同性介质中，假设光波沿着 z 轴方向传播，利用公式

$$\varphi(\boldsymbol{r},t) = \boldsymbol{k}\cdot(\boldsymbol{r}-\boldsymbol{v}t)+\varphi_0 \tag{1-71}$$

和图 1−8，可求出该简谐波的位相速度 v_φ。设 $\boldsymbol{r}$ 处 t 时刻的位相值为 $\varphi(\boldsymbol{r},t)$，经过 $\mathrm{d}t$ 时间后这个位相值沿 $\boldsymbol{r}$ 方向传播到了 $\boldsymbol{r}+\mathrm{d}\boldsymbol{r}$ 处，即

$$\varphi(\boldsymbol{r},t) = \varphi(\boldsymbol{r}+\mathrm{d}\boldsymbol{r},t+\mathrm{d}t)$$

代入式（1−71），可得

$$\mathrm{d}\varphi = \boldsymbol{k}\cdot(\mathrm{d}\boldsymbol{r}-\boldsymbol{v}\mathrm{d}t) = 0$$

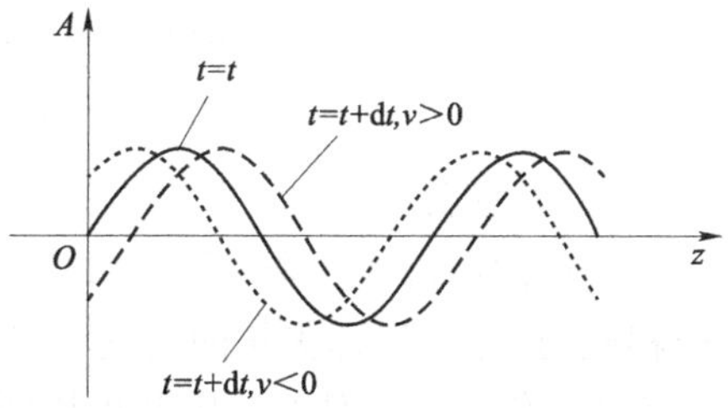

图 1−8　波的传播

由此可得出沿 $\boldsymbol{r}$ 方向的位相速度：

$$\boldsymbol{v}_\varphi = \left.\frac{\mathrm{d}\boldsymbol{r}}{\mathrm{d}t}\right|_{\mathrm{d}\varphi=0} = \boldsymbol{v} \tag{1-72}$$

上式说明，波的传播即位相的传播，波的传播速度即位相的传播速度（相速度）。

另外，除相速度外，还有描述宽光谱光波传播快慢的群速度等。

3. 三维简谐平面波的复指数表示和矢量表示

1）简谐波的复指数表示和复振幅

根据欧拉公式，可将简谐波的波函数表示为复指数函数取实部的形式：

$$\begin{aligned}\boldsymbol{E}(\boldsymbol{r},t) &= \boldsymbol{E}_0\cos(\boldsymbol{k}\cdot\boldsymbol{r}-\omega t+\varphi_0)\\ &= \mathrm{Re}\{\boldsymbol{E}_0\exp[\mathrm{j}(\boldsymbol{k}\cdot\boldsymbol{r}-\omega t+\varphi_0)]\}\end{aligned} \tag{1-73}$$

为简单起见，可以省去取实部符号“Re”而直接用复指数函数表示简谐波的波函数：

$$\boldsymbol{E}(\boldsymbol{r},t) = \boldsymbol{E}_0\exp[\mathrm{j}(\boldsymbol{k}\cdot\boldsymbol{r}-\omega t+\varphi_0)] \tag{1-74}$$

由于只有式（1−74）的实部才代表实际的扰动，所以对运算的最后结果取实部就可得出和余弦函数表示相同的结果。

用复指数函数代替余弦函数具有许多优越性。首先，引入复指数概念可将波函数中与空间坐标有关的因子和与时间坐标有关的因子分离开来，即

$$\boldsymbol{E}(\boldsymbol{r},t) = \boldsymbol{E}_0\exp[\mathrm{j}(\boldsymbol{k}\cdot\boldsymbol{r}+\varphi_0)]\exp(-\mathrm{j}\omega t) \tag{1-75}$$

其中

$$\boldsymbol{E}(\boldsymbol{r})=\boldsymbol{E}_0\exp[\mathrm{j}(\boldsymbol{k}\cdot\boldsymbol{r}+\varphi_0)] \tag{1-76}$$

称为波的复振幅，**复振幅**描述了波动随空间坐标的变化。在研究同频率光波的叠加和分解等问题时，由于波在空间各处随时间变化的规律相同，运算时可不考虑波函数的时间因子 $\exp(-\mathrm{j}\omega t)$，而直接用复振幅代替波函数。其次，引入复指数函数表示可以简化运算，这方面的优点将在处理多光束干涉和衍射，计算光强度，描述衍射屏对入射波的位相调制等问题时体现出来。

总之，三维简谐平面波的波函数可以用复指数波函数来表示：

$$\boldsymbol{E}(\boldsymbol{r},t)=\boldsymbol{E}_0\exp[\mathrm{j}(\boldsymbol{k}\cdot\boldsymbol{r}-\omega t+\varphi_0)] \tag{1-77}$$

复振幅是

$$\boldsymbol{E}(\boldsymbol{r})=\boldsymbol{E}_0\exp[\mathrm{j}(\boldsymbol{k}\cdot\boldsymbol{r}+\varphi_0)] \tag{1-78}$$

三维简谐平面波在二维 (x,y) 平面的波函数和复振幅则表示为

$$E(x,y,t)=E_0\exp\{\mathrm{j}[2\pi(f_x x+f_y y)-\omega t+\varphi_0]\} \tag{1-79}$$

$$E(x,y)=E_0\exp\{\mathrm{j}[2\pi(f_x x+f_y y)+\varphi_0]\} \tag{1-80}$$

2）矢量表示和相辐矢量

简谐波波函数完全由振幅和位相两个要素决定。复平面上起始于原点的矢量恰好也有两个相应的自由度，即矢量的长度和矢量与某一起始轴的夹角（辐角）。前者可以编码波的振幅，后者可以编码波的位相。因此可用图 1-9（a）中的矢量 $\overrightarrow{OP}$ 代表简谐波波函数 $\boldsymbol{E}$，规定辐角 φ 以“$\mathrm{Re}(\boldsymbol{E})$”轴为起始方向转到 $\overrightarrow{OP}$，逆时针方向为正，$\overrightarrow{OP}$ 在“$\mathrm{Re}(\boldsymbol{E})$”轴上的投影即实际的波函数或复数波函数的实部。

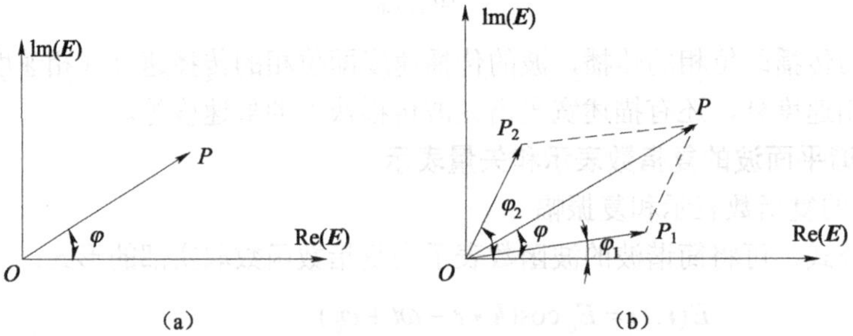

图 1-9　简谐波波函数的矢量表示

（a）相辐矢量；（b）用相辐矢量求波的叠加

因为位相 φ 包含 $(-\omega t)$ 项，所以矢量 $\overrightarrow{OP}$ 以角速度 ω 顺时针方向旋转，矢端 P 点在实轴上的投影形象地反映了考察点的简谐振动。然而，采用矢量表示法的主要意图是：利用矢量求和法则，简单而直观地解决任意地点波的叠加问题。如果两个波的频率不同，则代表扰动的两个矢量将以不同的角速度旋转，矢量求和变得十分复杂，失去了该方法的简单直观性。当两个波的频率相同时，时间位相因子成为公共因子，不必参与运算。所以为了简化起见，图 1-9（a）中的矢量 $\overrightarrow{OP}$ 不再代表整个波函数，仅仅代表式（1-76）所示的复振幅。

为了避免与表示振动方向的矢量和表示波传播方向的矢量相混淆，把表示复振幅的矢量

叫作**相辐矢量**。

利用简谐波的相辐矢量表示，可以形象而直观地处理同频率简谐波的叠加问题。如图 1–9（b）所示，若两个同频率简谐波在空间相遇，相辐矢量分别为$\overrightarrow{OP_1}$和$\overrightarrow{OP_2}$，利用矢量求和法则，很容易求得合成波在该点的相辐矢量$\overrightarrow{OP}$，即$\overrightarrow{OP}=\overrightarrow{OP_1}+\overrightarrow{OP_2}$。这个计算方法的正确性不难从投影操作的线性性质和叠加原理得到证明。

值得注意的是，相辐矢量的概念和矢量求和的方法虽然是在讨论两个一维波叠加时提出来的，但更广泛地用在处理两个或多个三维简谐波的叠加。此外，上述方法不仅可以处理位相值分离的同频简谐波的叠加，而且可以处理位相值连续变化的同频简谐波的叠加。

1.3.2　球面波

考虑在真空或均匀各向同性介质中的O点放置一个“点状”光源，从O点发出的光波将以相同的速度向各个方向传播。经过一段时间之后，振动状态或位相相同的点将构成一个以O点为球心的球面。这种等相面为球面且等相面上振幅处处相等的波称为**球面波**。平面波可看作球面波传播到无穷远考察面时的特殊情形。

严格的“点状”光源是不存在的，因而不存在理想意义下的球面波或平面波。但是，当考察距离远远大于光源尺寸时，对应的光波可近似作为球面波处理。

1. 球坐标中的波动微分方程

由于球面波具有严格的对称性，只需研究从点源O出发的任一方向上波传播的规律，就可以了解球面波在整个三维空间的分布，因此可以在以光源O为原点的球坐标系中进行讨论。在球坐标系中，坐标参量r、θ、φ与直角坐标的关系是（图 1–10）：

$$\begin{cases} x = r\cos\varphi\sin\theta \\ y = r\sin\varphi\sin\theta \\ z = r\cos\theta \end{cases} \tag{1-81}$$

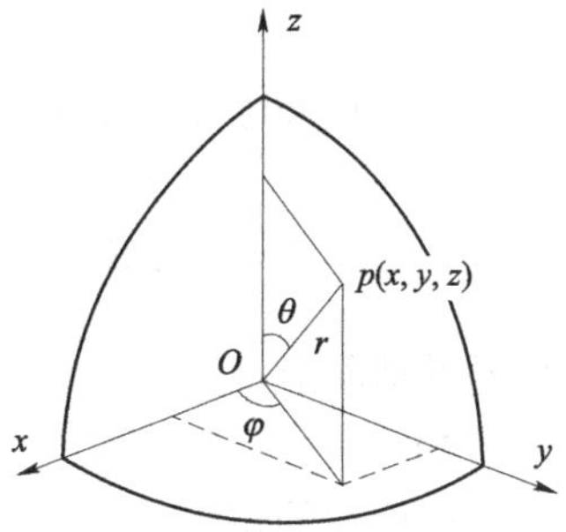

图 1–10　球坐标系的位置参数

由于具有球对称性，球面波的波函数只与r有关，与θ和φ无关，因此波函数可表示为$E(r,t)$。上面的分析表明，球面波波函数具有三维波的实质和一维波的形式，因此它必然满足式（1–24）所示的一维波动微分方程：

$$\nabla^2 E(r,t) = \frac{1}{v^2}\frac{\partial^2 E(r,t)}{\partial t^2} \tag{1-82}$$

应用拉普拉斯算符∇^2的运算法则可以证明，球面波的波函数$E(r,t)$满足

$$\nabla^2 E(r,t) = \frac{1}{r}\frac{\partial^2}{\partial r^2}[rE(r,t)] \tag{1-83}$$

代入式（1–83），得到球面波在球坐标系中的波动微分方程为

$$\nabla^2 [rE(r,t)] = \frac{1}{v^2}\frac{\partial^2 [rE(r,t)]}{\partial t^2} \tag{1-84}$$

方程（1–84）的通解是

$$rE(r,t) = B_1(r - vt) + B_2(r + vt)$$

或

$$E(r,t)=\frac{1}{r}B_1(r-vt)+\frac{1}{r}B_2(r+vt) \tag{1-85}$$

式中，B_1 和 B_2 分别是以 $(r-vt)$ 和 $(r+vt)$ 为自变量的任意函数，和前面一样，如果规定用速度 v 的正负号来表示波的传播方向，则球面波的波函数可以一般地表示为

$$E(r,t)=\frac{1}{r}B(r-vt) \tag{1-86}$$

2. 简谐球面波

当波函数为余弦函数形式时，对应的球面波称为**简谐球面波**，波函数表示为

$$E(r,t)=\frac{E_0}{r}\cos[k(r-vt)+\varphi_0] \tag{1-87}$$

其复指数表达式为

$$E(r,t)=\frac{E_0}{r}\exp[\mathrm{j}(kr-kvt+\varphi_0)] \tag{1-88}$$

复振幅表示为

$$E(r)=\frac{E_0}{r}\exp[\mathrm{j}(kr+\varphi_0)] \tag{1-89}$$

3. 简谐球面波参量的特点

1）振幅

式（1–89）表明，球面波的振幅为 $\frac{E_0}{r}$，E_0 为一常量，代表 r=1 处的振幅。球面波的振幅和传播距离 r 成反比，在无损耗增益介质中，根据能量守恒定律 $\iint|E(r)|^2\,\mathrm{d}S$ 为常数，故在 r 相同的球面上，振幅仍然是相等的。

2）位相

球面波的位相为

$$\varphi=kr-kvt+\varphi_0 \tag{1-90}$$

根据式（1–72）给出的位相速度的定义，可知球面波沿径向 r 传播的位相速度等于 v，当 $v>0$ 时，等相面自球心向外传播，称为“**发散球面波**”；当 $v<0$ 时，等相面向球心会聚，称为“**会聚球面波**”。

位相项中的参量 k 称为传播数，并写成

$$k=\pm\frac{2\pi}{\lambda}$$

k 的正负号分别对应发散和会聚球面波。由于当 r 变化 λ 时，位相改变 $\pm2\pi$，波函数的余弦项或复指数项数值不变，说明球面波沿 r 方向具有 2π 周期性，λ 即空间周期，称为球面波的波长。应当指出，由于球面波振幅随 r 增大而衰减，所以球面波不具有严格的空间周期性，特别是当考察方向偏离 r 方向时，这一结论更为明显。

球面波的时间参量 T、ν、ω 与三维平面波的情形相同。

3）球面波的空间周期和空间频率

前面谈到，球面波不具有严格的空间周期性。只有沿球面波的径向 r 方向考察时，在位

相的空间变化或等相面的空间分布意义上才具有空间周期性，此时球面波的空间周期即波长 λ，对应的空间频率为球面波的固有空间频率，表示为 $f=1/\lambda$。

为了定量研究球面波在传播过程中各考察点的波动规律，可以从极限的意义上引入球面波沿不同考察方向的空间周期和空间频率的概念。如图 1–11 所示，原点 O 发出的球面波沿矢径 r 方向传播，现在需要求出和点源相距 r_0 的考察点 $O'(x_0, z_0)$ 处沿 $O'x'$ 方向 ($O'x' \parallel Ox$) 的空间周期和空间频率。为此，首先给出球面波位相随空间坐标 (x', z') 变化的关系式：

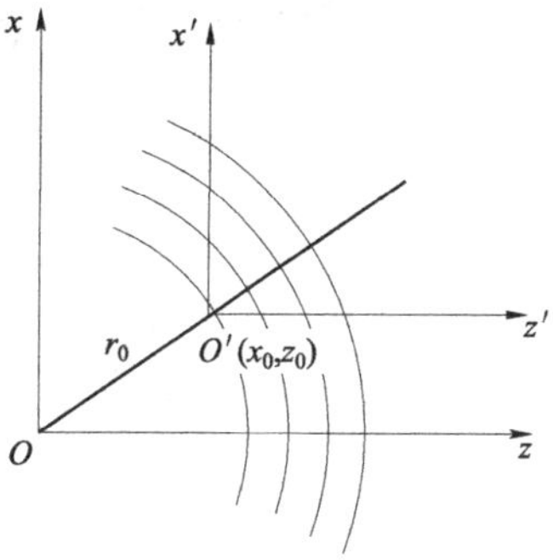

图 1–11　球面波的空间频率

$$\varphi_r = k r + \varphi_0 = k\sqrt{(x'+x_0)^2+(z'+z_0)^2} + \varphi_0$$

按照空间周期的定义，即沿着某一考察方向，位相变化 2π 所对应的空间变化，得出 O' 点附近沿 $O'x'$ 方向的**空间周期** $T_{sx'}$ 满足

$$\frac{2\pi}{T_{sx'}} = \lim_{\Delta x'\to 0}\frac{\Delta\varphi_r}{\Delta x'}$$

故得空间周期 $T_{sx'}$ 为

$$T_{sx'} = \lim_{\Delta x'\to 0} 2\pi \left.\frac{\Delta x'}{\Delta\varphi_r}\right|_{x'=z'=0}$$

或写成

$$T_{sx'} = \left.\frac{2\pi}{\partial\varphi_r/\partial x'}\right|_{x'=z'=0} \tag{1–91}$$

相应地，O' 点附近沿 $O'x'$ 方向的空间频率为

$$f_x = \frac{1}{T_{sx'}} = \left.\frac{1}{2\pi}\frac{\partial\varphi_r}{\partial x'}\right|_{x'=z'=0} \tag{1–92}$$

式（1–91）和式（1–92）可看作球面波沿任意考察方向的空间周期和空间频率的定义式。例如，当 $O'x'$ 和 Ox 轴不平行时，可以通过坐标平移和旋转求出位相 φ_r 与坐标 (x', z') 之间的函数关系 $\varphi_r(x', z')$，应用式（1–91）和式（1–92），仍然可以求出 O' 点附近沿 $O'x'$ 方向的空间周期和空间频率。

4）简谐球面波在平面上的表达式

在以后讨论光波的空间传播和衍射问题时，常常需要给出三维波在某一确定平面上的表达式。对平面波，式（1–69）和式（1–80）已经给出了问题的答案；而对于球面波，则必须作合理的近似，才能得出有实际意义的结果。值得注意的是，源点是光源的起始点坐标，如图 1–12 中的 (x_0,y_0,z_0)；原点是坐标轴的物理原点坐标，一般为(0,0,0)。

作为一个实例，图 1–12 给出了对问题的说明。设光波从左向右传播，选定直角坐标系 $Oxyz$ 的 $z=0$ 平面为考察平面，点光源位于 $S(x_0, y_0, z_0)$，当 $z_0<0$ 时，S 为实际光源，发出发散球面波；当 $z_0>0$ 时，S 为虚光源，到达 Oxy 平面的光波为会聚于 S 点的会聚球面波。对于 $z=0$ 的考察平面上任一考察点 $P(x, y)$，球面波的传播距离为

$$r = [(x-x_0)^2+(y-y_0)^2+{z_0}^2]^{1/2} \tag{1–93}$$

代入式（1–89），并设光源 S 处初位相 $\varphi_0=0$，得到球面波在 Oxy 平面的复振幅分布为

$$E(x,y)=\frac{E_0}{[(x-x_0)^2+(y-y_0)^2+z_0{}^2]^{1/2}}\exp\{\mathrm{j}k[(x-x_0)^2+(y-y_0)^2+z_0{}^2]^{1/2}\} \quad (1-94)$$

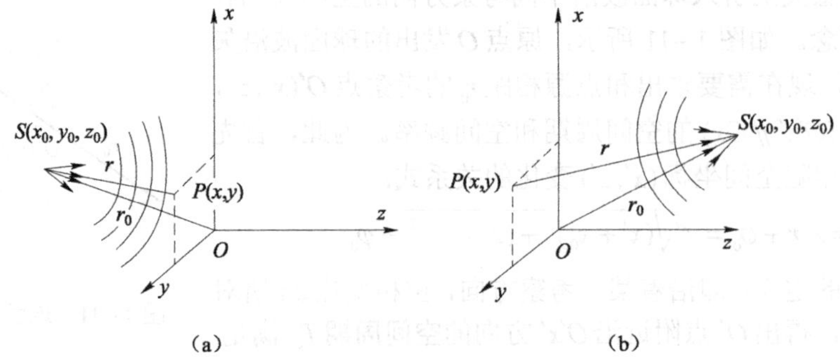

图 1–12 球面波的坐标规定

（a）$z_0<0$；（b）$z_0>0$

下面讨论对式（1–94）的近似处理，为此，将球面波传播距离 r 作泰勒级数展开：

$$r=|z_0|+\frac{(x-x_0)^2+(y-y_0)^2}{2|z_0|}-\frac{[(x-x_0)^2+(y-y_0)^2]^2}{8|z_0|^3}+\cdots \quad (1-95)$$

当 Oxy 平面上考察范围和距离 $|z_0|$ 相比很小，且考察范围还包括点 $(x_0,y_0,0)$ 时，展开式的第二项满足

$$\frac{(x-x_0)^2+(y-y_0)^2}{2|z_0|}<1$$

于是球面波振幅部分的分母 r 可用 $|z_0|$ 来近似，这一近似也称为傍轴近似。采用傍轴近似后，球面波在 Oxy 平面的振幅成为常量 $\dfrac{E_0}{|z_0|}$。

但上述近似不适合于球面波的位相因子。由式（1–94）看出，球面波的位相以 2π 为空间周期，所以位相部分的近似必须以保持球面波的 2π 空间周期性为条件。如果以 $|z_0|$ 代替 r，将使 Oxy 平面的位相部分成为常数，显然是不合理的。基于这样的考虑，可以对式（1–95）的泰勒展开式取更严的近似。即认为，当在整个考察范围内，由式（1–95）第三项引起的位相延迟远小于 2π 时，可用展开式的前两项代替位相因子中的传播距离 r，这种近似称为菲涅尔近似。将上述近似结果代入式（1–94），球面波在 Oxy 平面上的复振幅可表示为

$$E(x,y)=\frac{E_0}{|z_0|}\exp(-\mathrm{j}k|z_0|)\exp\left\{-\mathrm{j}\frac{k}{2|z_0|}[(x-x_0)^2+(y-y_0)^2]\right\}$$

考虑到符号规定，对于发散球面波有 $k>0, z_0<0$；对于会聚球面波有 $k<0, z_0>0$。于是可将球面波在 Oxy 平面的复振幅写成下面的一般形式：

$$E(x,y)=\frac{E_0}{|z_0|}\exp(-\mathrm{j}kz_0)\exp\left\{-\mathrm{j}\frac{k}{2z_0}[(x-x_0)^2+(y-y_0)^2]\right\}$$

$$= \frac{E_0}{|z_0|}\exp(-\mathrm{j}kz_0)\exp\left[-\mathrm{j}\frac{k}{2z_0}(x^2+y^2)\right]\exp\left[-\mathrm{j}\frac{k}{2z_0}(x_0^2+y_0^2)\right]\cdot$$

$$\exp\left[\mathrm{j}\frac{k}{z_0}(xx_0+yy_0)\right] \tag{1-96}$$

在式（1-96）中，$k=\frac{2\pi}{\lambda}$，只用 z_0 的正负来表示球面波是发散还是会聚的性质。从式（1-96）看出，球面波复振幅的特点是：二次项系数相等，不含有交叉项 xy，线性位相因子 $\exp\left[\mathrm{j}\frac{k}{z_0}(x_0x+y_0y)\right]$ 表示波面的倾斜，特别是，当 $x_0=y_0=0$ 时，球面波对考察面 Oxy 成为正入射，等相面与考察面的交迹成为一组同心圆环。根据上述特点，可以判断给出的波函数是否代表球面波，并且根据式（1-96），很容易求出光源的位置坐标(x_0, y_0, z_0)及光源处的初位相φ_0。

1.3.3 柱面波

柱面波的波面具有无限长圆柱形状，在光学中，常用单色平面波照明一个细长狭缝来获得近似理想的柱面波，也可采用无限长线光源发出的柱面波（图 1-13）。与球面波类似，容易证明柱面波的复振幅为

$$E(r)=\frac{A_1}{\sqrt{r}}\exp(\mathrm{j}kr) \tag{1-97}$$

式中，A_1 为离光源单位距离处柱面波的振幅值，k 为波数。

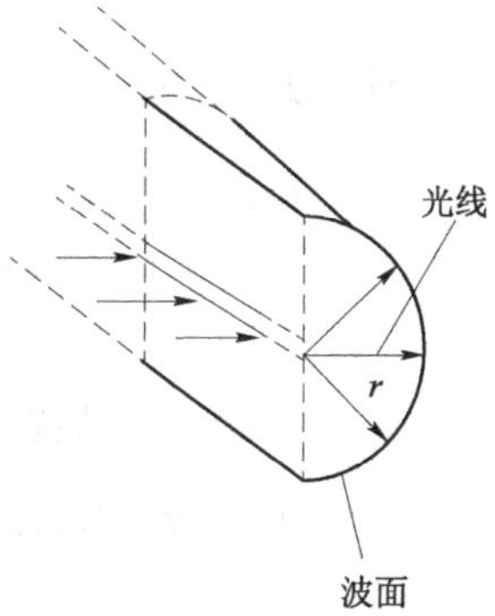

图 1-13 柱面波

1.3.4 共轭光波

共轭光波又称为**位相共轭光波**，是指波函数互为共轭复数的两个光波。光波 $\boldsymbol{E}(\boldsymbol{r},t)$ 的共轭光波表示为 $\boldsymbol{E}^*(\boldsymbol{r},t)$。当用复指数函数表示光波的波函数时，共轭“*”在数学上相当于一个算子符号，用它作用于光波 $\boldsymbol{E}(\boldsymbol{r},t)=\boldsymbol{E}_0\exp[\mathrm{j}\varphi(\boldsymbol{r},t)]$ 之后，得到它的复共轭 $\boldsymbol{E}^*(\boldsymbol{r},t)=\boldsymbol{E}_0\exp[-\mathrm{j}\varphi(\boldsymbol{r},t)]$。从上述定义可知，共轭光波 $\boldsymbol{E}^*(\boldsymbol{r},t)$ 只不过是原光波 $\boldsymbol{E}(\boldsymbol{r},t)$ 在空间和时间上的反演。

例 1.1 有一频率为 ν_0 的一维简谐波沿 z 方向传播（图 1-14）。已知 OB 段媒质与 BC 段媒质性质不同：在 OB 段，波速为 v_1(cm/s)，波长为 λ_1(cm)，振幅为 E_{10}；在 BC 段，波速为 v_2(cm/s)，振幅为 E_{20}。假设 $t=0$ 时，O 点处的位相为零，在 B 点处位相连续，试求 OB 段和 BC 段的波函数表达式。

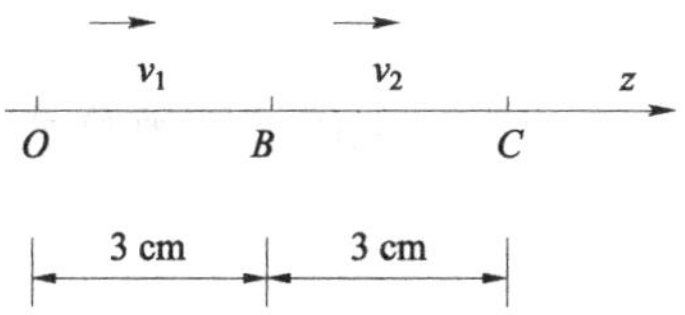

图 1-14 例 1.1 图

解：设 OB 段和 OC 段的波函数为

$$E_{OB}=E_{10}\cos\left[2\pi\left(\frac{z}{\lambda_1}-\frac{t}{T}\right)+\varphi_{10}\right]$$

$$E_{BC}=E_{20}\cos\left[2\pi\left(\frac{z-3}{\lambda_2}-\frac{t}{T}\right)+\varphi_{20}\right]$$

由$v_1=\dfrac{\lambda_1}{T}$，得$T=\dfrac{\lambda_1}{v_1}$。

$t=0$时，O点处位相为0，可得φ_{10}=0，因此

$$E_{OB}=E_{10}\cos\left[\frac{2\pi}{\lambda_1}(z-v_1t)\right]$$

根据$\dfrac{v_1}{\lambda_1}=\dfrac{v_2}{\lambda_2}$，得到$\lambda_2=\dfrac{v_2\lambda_1}{v_1}$。

由$t=0$时，B点处位相连续，$z=3$处，$\dfrac{2\pi}{\lambda_1}\times 3=\varphi_{20}$，得到

$$E_{BC}=E_{20}\cos\left[\frac{2\pi v_1}{\lambda_1 v_2}(z-3)-\frac{2\pi}{\lambda_1}v_1t+\frac{6\pi}{\lambda_1}\right]$$

例 1.2 一电磁波为$E(z,t)=100\cos\left[\pi\times 10^{14}\left(t-\dfrac{z}{c}\right)+\dfrac{\pi}{2}\right]$，求：

（1）电磁波的振幅和原点初位相。

（2）电磁波的时间角频率、时间频率和时间周期。

（3）波长、空间频率和传播数。

（4）电磁波的传播速度。

解：（1）由题可得电磁波振幅为100 V/m；位相部分为$\varphi=\pi\times 10^{14}\left(t-\dfrac{z}{c}\right)+\dfrac{\pi}{2}$，当$\mathrm{d}\varphi=0$时，$z$随$t$的增大而增大，故该电磁波沿$z$轴正方向传播，即$k>0$。电磁波波函数应改写为$E(z,t)=100\cos\left[\pi\times 10^{14}\left(\dfrac{z}{c}-t\right)-\dfrac{\pi}{2}\right]$；原点初位相为$-\dfrac{\pi}{2}$。

（2）由电磁波波函数可知时间角频率$\omega=\pi\times 10^{14}$ rad/s，故时间频率$\nu=\dfrac{\omega}{2\pi}=\dfrac{\pi\times 10^{14}}{2\pi}=0.5\times 10^{14}$ (Hz)，时间周期$T=\dfrac{1}{\nu}=\dfrac{1}{0.5\times 10^{14}}=2\times 10^{14}$ (s)。

（3）由电磁波波函数易知传播数$k=\dfrac{\pi\times 10^{14}}{c}=1.05\times 10^{6}\ \mathrm{m^{-1}}$，故波长$\lambda=\dfrac{2\pi}{k}=\dfrac{2\pi}{\dfrac{\pi\times 10^{14}}{c}}=6\times 10^{-6}$ m，空间频率$f=\dfrac{1}{\lambda}=1.667\times 10^{5}\ \mathrm{m^{-1}}$。

（4）电磁波的传播速度大小为$v=\dfrac{\omega}{k}=3\times 10^{8}$ m/s，传播方向沿z轴正向。

例 1.3　已知一简谐电磁波可能达到的最大值为50，真空中波长为500 nm，在折射率为1.5的玻璃中沿 z 正向传播，在原点处的初位相为 $\dfrac{\pi}{8}$，写出该简谐电磁波的波函数和复振幅。

解：设该简谐电磁波的波函数为 $E(z,t)=E_0\cos(kz-\omega t+\varphi_0)$，由题可知，$E_0=50$，$\varphi_0=\dfrac{\pi}{8}$，该电磁波在真空中传播时，波长为 $\lambda_0=500\text{ nm}$，故当电磁波在玻璃中传播时，速度 $v=\dfrac{c}{n}=2\times10^8\text{ m/s}$，波长为 $\lambda=\dfrac{\lambda_0}{n}=\dfrac{1}{3}\times10^{-6}\text{ m}$，则有 $k=\dfrac{2\pi}{\lambda}=6\pi\times10^6\text{ m}^{-1}$，$\omega=kv=12\pi\times10^{14}\text{ rad/s}$，故该简谐电磁波的波函数为 $E(z,t)=50\cos\left(6\pi\times10^6 z-12\pi\times10^{14}t+\dfrac{\pi}{8}\right)$，复振幅为 $E(z)=50\exp\left[\mathrm{j}\left(6\pi\times10^6 z+\dfrac{\pi}{8}\right)\right]$。

例 1.4　三束波长为 λ 的单色平面波，入射波矢分别为 $\boldsymbol{k}_1$、$\boldsymbol{k}_2$ 和 $\boldsymbol{k}_3$，如图 1–15 所示，它们在 O 处的初位相均为0，它们的传播方向平行于 Oxy 平面，与 y 轴夹角依次为 β、0、$-\beta$，振幅依次为 $\dfrac{A_0}{2}$、A_0、$\dfrac{A_0}{2}$。

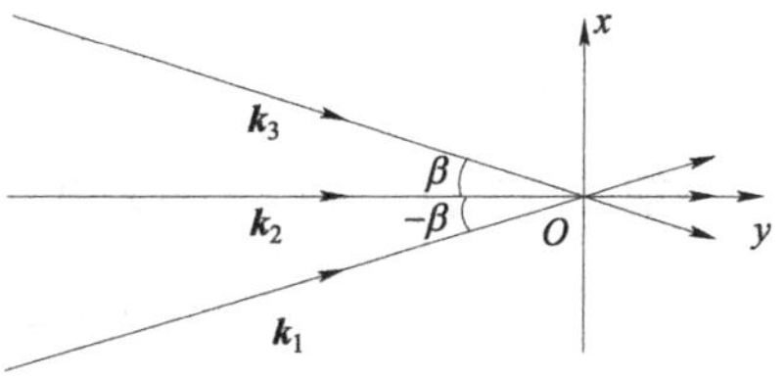

图 1–15　例 1.4 图

（1）请写出这三束平面波在真空中的波函数和复振幅表达式。

（2）分别写出这三束单色平面波在 Oxz 平面上的复振幅表达式。

解：（1）$\varphi_1=\boldsymbol{k}\cdot\boldsymbol{r}+\varphi_0=k_1x\sin\beta+k_1y\cos\beta$

$$\varphi_2=\boldsymbol{k}\cdot\boldsymbol{r}+\varphi_0=k_2x\sin0^\circ+k_2y\cos0^\circ=k_2y$$

$$\varphi_3=\boldsymbol{k}\cdot\boldsymbol{r}+\varphi_0=k_3x\sin(-\beta)+k_3y\cos(-\beta)=-k_3x\sin\beta+k_3y\cos\beta$$

$$\omega=2\pi\frac{c}{\lambda}$$

则波函数分别为

$$E_1(\boldsymbol{r},t)=\frac{A_0}{2}\exp[\mathrm{j}(k_1x\sin\beta+k_1y\cos\beta)]\cdot\exp(-\mathrm{j}\omega t)$$

$$E_2(\boldsymbol{r},t)=A_0\exp[\mathrm{j}(k_2y-\omega t)]$$

$$E_3(\boldsymbol{r},t)=\frac{A_0}{2}\exp[\mathrm{j}(-k_3x\sin\beta+k_3y\cos\beta-\omega t)]$$

复振幅分别为

$$E_1(\boldsymbol{r})=\frac{A_0}{2}\exp[\mathrm{j}(k_1x\sin\beta+k_1y\cos\beta)]$$

$$E_2(\boldsymbol{r})=A_0\exp(\mathrm{j}k_2y)$$

$$E_3(\boldsymbol{r})=\frac{A_0}{2}\exp[\mathrm{j}(-k_3x\sin\beta+k_3y\cos\beta)]$$

（2）Oxz 平面上，$y=0$，则有

$$E_1(\boldsymbol{r})=\frac{A_0}{2}\exp(\mathrm{j}k_1x\sin\beta)$$

$$E_2(\boldsymbol{r})=A_0$$

$$E_3(\boldsymbol{r})=\frac{A_0}{2}\exp(-\mathrm{j}k_3x\sin\beta)$$

例 1.5 一个三维简谐平面波在真空中的复振幅表示为 $E(x,y,z)=E_0\exp\{\mathrm{j}[2\pi\times10^3(\sqrt{2}x+y+z)+\varphi_0]\}$（单位：mm）。

（1）求出此三维简谐平面波的波长 λ。

（2）求出此三维简谐平面波沿 x、y、z 坐标轴的空间频率 f_x、f_y、f_z。

（3）求出此三维简谐平面波传播方向与 x、y、z 坐标轴的方向角 α、β、γ。

（4）若位相 $\varphi_0(x=0,y=0,t=0)=\frac{\pi}{4}$，写出此时三维简谐平面波在 Oxy 平面的波函数表达式 $E(x,y,t)$。

解：（1）由于 $\boldsymbol{k}\cdot\boldsymbol{r}=2\pi\times10^3(\sqrt{2}x+y+z)$，故

$$k=2\pi\times10^3\sqrt{(\sqrt{2})^2+1^2+1^2}=4\pi\times10^3$$

由 $k=\frac{2\pi}{\lambda}$，故 $\lambda=\frac{2\pi}{k}=5\times10^{-4}\text{ mm}=0.5\,\mu\text{m}$。

（2）$\boldsymbol{k}\cdot\boldsymbol{r}=2\pi f_x x+2\pi f_y y+2\pi f_z z$，知

$$2\pi f_x=2\pi\times10^3\sqrt{2}\Rightarrow f_x=\sqrt{2}\times10^3\text{ mm}^{-1}$$

$$2\pi f_y=2\pi\times10^3\Rightarrow f_y=1\times10^3\text{ mm}^{-1}$$

$$2\pi f_z=2\pi\times10^3\Rightarrow f_z=1\times10^3\text{ mm}^{-1}$$

$$f_x=\frac{\cos\alpha}{\lambda}\Rightarrow\cos\alpha=\frac{\sqrt{2}}{2}\Rightarrow\alpha=45^\circ$$

$$f_y=\frac{\cos\beta}{\lambda}\Rightarrow\cos\beta=\frac{1}{2}\Rightarrow\beta=60^\circ$$

$$f_z=\frac{\cos\gamma}{\lambda}\Rightarrow\cos\gamma=\frac{1}{2}\Rightarrow\gamma=60^\circ$$

（3）$\omega=2\pi\frac{c}{\lambda}=\frac{2\pi\times3\times10^8}{5\times10^{-7}}=\frac{6}{5}\pi\times10^{15}\text{ (rad/s)}$

在 Oxy 平面上，$\boldsymbol{k}\cdot\boldsymbol{r}=2\pi\times10^3(\sqrt{2}x+y)$，故波函数

$$E(x,y,t)=E_0\exp\left\{\mathrm{j}\left[2\pi\times10^6(\sqrt{2}x+y)+\frac{\pi}{4}-\frac{6}{5}\pi\times10^{15}t\right]\right\}\text{（单位 m）}$$

例 1.6 一个平面电磁波在某种介质中传输，其波函数为

$E_x = 2\cos\left[2\pi\times10^{14}\left(\frac{z}{0.67c}-t\right)+\frac{\pi}{2}\right], E_y = 2\cos\left[2\pi\times10^{14}\left(\frac{z}{0.67c}-t\right)+\frac{\pi}{2}\right], E_z = 0$，求：

（1）电磁波的频率、波长、振幅及 $z=0$ 处初位相。

（2）该种介质的折射率。

（3）电磁波电矢量的振动方向、磁场 $\boldsymbol{B}$ 的表达式及电磁波的传播方向。

解：（1）$\omega = 2\pi\times10^{14} = 2\pi\nu \Rightarrow \nu = 10^{14}\ \text{s}^{-1}$

由 $k = 2\pi\times10^{14}/(0.67c) = \frac{2\pi}{\lambda}$，得 $\lambda = 2.01\times10^{-6}$ m 。

$$E_0 = \sqrt{2^2+2^2} = 2\sqrt{2}$$

$z=0, t=0$ 时，$\varphi_0 = \frac{\pi}{2}$

（2）$n = \frac{c}{0.67c} \approx 1.5$。

（3）$E_{x0} = 2$，$E_{y0} = 2$，$E_0 = 2\sqrt{2}$

$$\theta = \cos^{-1}\left(\frac{E_{x0}}{E_{y0}}\right) = 45°$$

由矢量振动方向垂直于 z 轴且与 x 轴成 $45°$，磁场 $\boldsymbol{B}$ 的振动方向如图 1–16 所示。

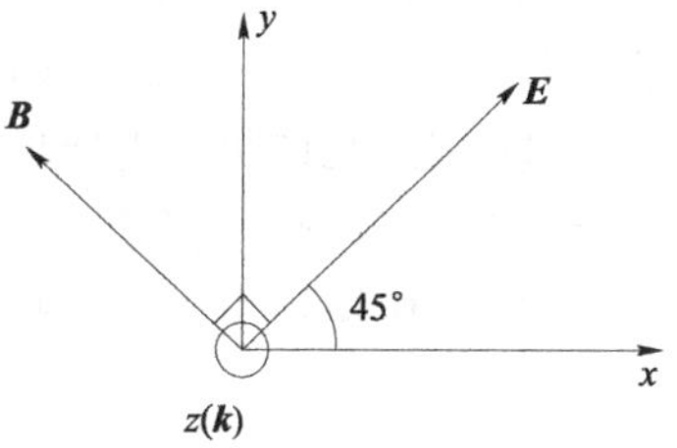

图 1–16　例 1.6 图

$$v = 0.67c = 2\times10^8\ \text{m/s}$$

B 的大小为

$$B_{x0} = \frac{E_{y0}}{v} = 10^{-8}\ \text{T}$$

$$B_{y0} = \frac{E_{x0}}{v} = 10^{-8}\ \text{T}$$

故磁场 $\boldsymbol{B}$ 的波函数为

$$\boldsymbol{B} = -10^{-8}\cos\left[2\pi\times10^{14}\left(\frac{z}{0.67c}-t\right)+\frac{\pi}{2}\right]\hat{\boldsymbol{e}}_x + 10^{-8}\cos\left[2\pi\times10^{14}\left(\frac{z}{0.67c}-t\right)+\frac{\pi}{2}\right]\hat{\boldsymbol{e}}_y$$

由 $\boldsymbol{k}\cdot\boldsymbol{r} = 2\pi\times10^{14}\cdot\frac{z}{0.67c}$，可知 $\boldsymbol{k}$ 沿 z 轴方向传播。

例 1.7　一个沿着 z 轴方向传输且振动与 x 轴成 $60°$ 角的线偏振电磁波矢量为 $\boldsymbol{E} = E_x\hat{\boldsymbol{e}}_x + E_y\hat{\boldsymbol{e}}_y$，其中 $E_x = 2\cos\left[2\pi\times10^{14}\left(\frac{z}{0.67c}-t\right)+\frac{\pi}{2}\right]$，问 E_y 的表达式及磁场 $\boldsymbol{B}$ 的表达式。

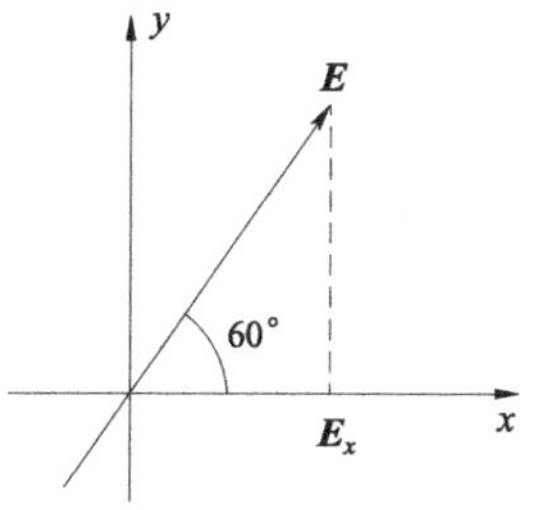

图 1–17　例 1.7 图

解：如图 1–17 所示，$\tan 60° = \frac{E_y}{E_x} \Rightarrow E_y = E_x\tan 60° = 2\sqrt{3}$ 。

由于是线偏振光，振动在第一、三象限，故 E_x 与 E_y 位相相同，可得

$$E_y = 2\sqrt{3}\cos\left[2\pi\times10^{14}\left(\frac{z}{0.67c}-t\right)+\frac{\pi}{2}\right]$$

$$\boldsymbol{B} = \frac{2\sqrt{3}}{0.67c}\cos\left[2\pi\times10^{14}\left(\frac{z}{0.67c}-t\right)+\frac{\pi}{2}\right]\hat{\boldsymbol{e}}_x - \frac{2}{0.67c}\cos\left[2\pi\times10^{14}\left(\frac{z}{0.67c}-t\right)+\frac{\pi}{2}\right]\hat{\boldsymbol{e}}_y$$

即

$$\boldsymbol{B} = 1.73\times10^{-8}\cos\left[2\pi\times10^{14}\left(\frac{z}{0.67c}-t\right)+\frac{\pi}{2}\right]\hat{\boldsymbol{e}}_x - 10^{-8}\cos\left[2\pi\times10^{14}\left(\frac{z}{0.67c}-t\right)+\frac{\pi}{2}\right]\hat{\boldsymbol{e}}_y$$

例 1.8 （1）一简谐平面波在 Ox' 轴上的复振幅分布为 $\boldsymbol{E}(x') = \exp(2\mathrm{j}\pi f_{x'}x')$，试求该波在 Ox 轴上的复振幅表达式［参见图 1−18（a）］。假设 $f_{x'}\lambda$ 和 β 都很小，试将结果简化。

（2）图 1−18（b）中 S 为一点源，试分别写出由 S 发出的球面波在 Ox' 和 Ox'' 轴上复振幅的表达式（取菲涅尔近似），并比较它们的异同点。

（3）由以上两个小题可以看出，位相中的一次项表示等相面（线）对考察面（线）的倾斜程度。当倾斜角小时，倾斜角≈一次项系数/k。

① 试由此说明，为何顶角很小的薄棱镜［见图 1−18（c）］可使波面形状任意的波发生偏折，但不改变其波面形状。

② 若棱镜顶角为 α，折射率为 n，试问波面偏折角为多大？

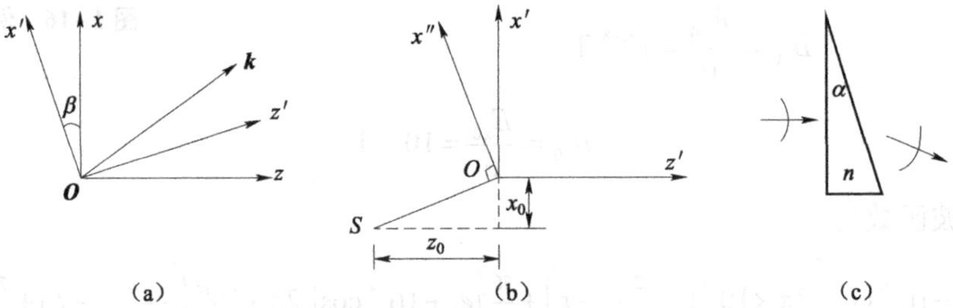

图 1−18　例 1.8 图 1

解：（1）

$$\begin{aligned}E_0(x) &= \exp(\mathrm{j}k\cos\alpha x)\\ &= \exp[\mathrm{j}k\cos(\alpha+\beta-\beta)x]\\ &= \exp\{\mathrm{j}k[\cos(\alpha+\beta)\cos\beta+\sin(\alpha+\beta)\sin\beta]x\}\end{aligned}$$

由于 $f_x'\lambda=\cos(\alpha+\beta)$ 和 β 都很小，所以 $\sin(\alpha+\beta)\sin\beta\approx\beta$，$x\approx x'$，则

$$k\cos(\alpha+\beta)\cos\beta x = \frac{2\pi}{\lambda}f_x'\lambda x' = 2\pi f_x' x'$$

即

$$E_0(x) = \exp(2\mathrm{j}\pi f_x' x')\exp(\mathrm{j}k\beta x) = E_0(x')\exp(\mathrm{j}k\beta x)$$

（2）由图 1–18（b）可知，在 $x'Oz'$ 点源坐标为 $(-x_0, 0, -z_0)$，所以在 Ox' 轴上的表达式为

$$E(x') = \frac{E_0}{|z_0|}\exp(-jkz_0)\exp\left[-j\frac{k}{2z_0}(x'-x_0)^2\right]$$
$$= \frac{E_0}{|z_0|}\exp(-jkz_0)\exp\left(-j\frac{kx'^2}{2z_0}\right)\exp\left(-j\frac{kx_0^2}{2z_0}\right)\exp\left(j\frac{kx'x_0}{z_0}\right)$$
$$= \frac{E_0}{|z_0|}\exp(-jkz_0)\exp\left(-j\frac{kx'^2}{2z_0}\right)\exp\left(-j\frac{kx_0^2}{2z_0}\right)\exp(jk\sin\beta x')$$

由图 1–18（b）可知，在 $Ox''z$ 点源坐标为 $(0, 0, -r_0)$，在 Ox'' 轴上的表达式为

$$E(x'') = \frac{a}{|r_0|}\exp(-jkr_0)\exp\left(-j\frac{k}{2r_0}x''^2\right)$$

其中 $r_0 = \sqrt{x_0^2 + z_0^2}$。

（3）由于倾斜角 ≈ 一次项系数/k，即可知顶角小的薄棱镜与位相的关系为线性的，薄棱镜的位相因子：

$$E_p = \exp(jknh_0)\exp(-jk\beta x)$$

其中，$h_0 = l\alpha$，为棱镜底边长，使得等相面倾斜，即有波发生偏折，而波面形状不变（见图 1–19）。

由折射定律可知，$\dfrac{\sin\alpha}{\sin(\alpha+\beta)} = \dfrac{1}{n} \approx \dfrac{\alpha}{\alpha+\beta}$，得 $\beta = (n-1)\alpha$。

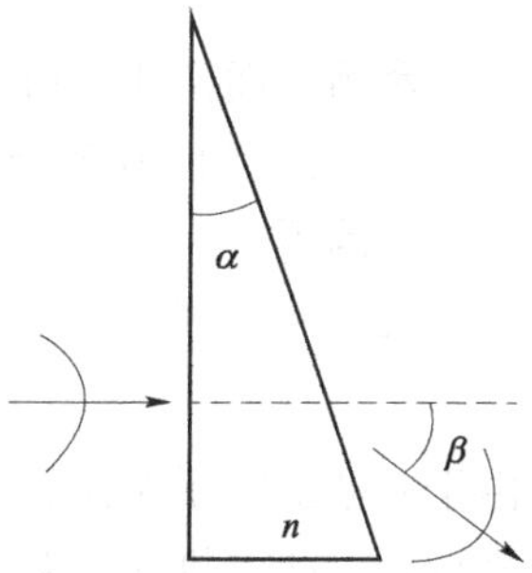

图 1–19　例 1.8 图 2

1.4　电磁波在两种均匀各向同性透明媒质界面上的反射和折射

光在两种均匀透明媒质界面上的反射和折射，本质上是光波电磁场与物质相互作用的过程，当光波入射到两种媒质的界面上时，组成物质的原子和分子成为振荡电偶极子而辐射出次波，它们是相干波。要精确地研究光的反射、折射、色散和散射等现象，必须考虑次波的干涉，计算过程相当复杂，已超出了本节的范围，这一节将采用比较简单的方法，不考虑个别带电粒子的性质，而用媒质的物质常数 ε、μ、σ 等表示大量带电粒子的场的作用，根据麦克斯韦电磁波理论，以简谐平面波为例，来讨论光的反射和折射问题。

1.4.1　折、反射定律

一束简谐平面波 $\boldsymbol{E}_i$ 自媒质 1 射向媒质 1、2 的界面，入射波在界面上将分成一个反射波 $\boldsymbol{E}_r$ 和一个折射波 $\boldsymbol{E}_t$，如图 1–20 所示。假定界面为无限扩展的平面，则可以推测，$\boldsymbol{E}_r$ 和 $\boldsymbol{E}_t$ 均为简谐平面波，波函数分别表示为

$$\boldsymbol{E}_i = \boldsymbol{E}_{i0}\exp[j(\boldsymbol{k}_i \cdot \boldsymbol{r} - \omega_i t)] \tag{1–98}$$
$$\boldsymbol{E}_r = \boldsymbol{E}_{r0}\exp[j(\boldsymbol{k}_r \cdot \boldsymbol{r} - \omega_r t)] \tag{1–99}$$
$$\boldsymbol{E}_t = \boldsymbol{E}_{t0}\exp[j(\boldsymbol{k}_t \cdot \boldsymbol{r} - \omega_t t)] \tag{1–100}$$

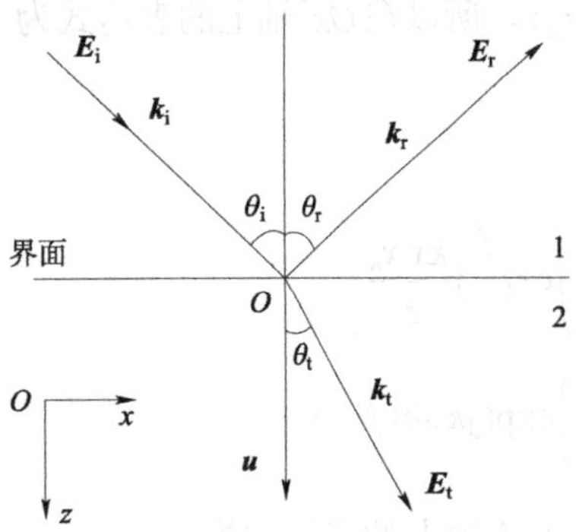

图 1-20　入射、反射和折射波

式中，E_{i0}、E_{r0}和E_{t0}为常矢量，其模值表示波的振幅，其辐角表示三个波经过界面时可能产生的位相变化。为简单起见，可将位置矢量r选取在界面内，于是E_{i0}、E_{r0}、E_{t0}的辐角表示三个波在$r=0$处的初位相。界面两侧的总电场为

$$E_1=E_i+E_r, E_2=E_t$$

应用电场的边界条件式（1-16），可得

$$u\times E_{i0}\exp[j(k_i\cdot r-\omega_i t)]+u\times E_{r0}\exp[j(k_r\cdot r-\omega_r t)]$$
$$=u\times E_{t0}\exp[j(k_t\cdot r-\omega_t t)] \tag{1-101}$$

欲使上式对任意时间t和界面上任意r均成立，则必有

$$\omega_i=\omega_r=\omega_t=\omega \tag{1-102}$$

和

$$k_i\cdot r=k_r\cdot r=k_t\cdot r \tag{1-103}$$

利用上面两式，可导出以下结果：

（1）式（1-102）说明，电磁波的时间频率ω是入射波的固有特性，它不因媒质而异，也不会因折、反射而发生变化。

（2）利用式（1-103），可得出

$$(k_r-k_i)\cdot r=0, (k_t-k_i)\cdot r=0$$

由于r可在界面内选取不同方向，上式实际上意味着矢量(k_r-k_i)和(k_t-k_i)均与界面法线u平行。由此可推知，k_i、k_r、k_t与u共面，该平面称为入射面。上述结论也可表述为：反射波和折射波均在入射面内。

（3）将式（1-103）写成标量形式：

$$k_i\cos\left(\frac{\pi}{2}-\theta_i\right)=k_r\cos\left(\frac{\pi}{2}-\theta_r\right)=k_t\cos\left(\frac{\pi}{2}-\theta_t\right) \tag{1-104}$$

由于$k_i=n_1\omega/c, k_r=n_1\omega/c, k_t=n_2\omega/c$，于是可得出

$$\theta_r=\theta_i，\quad n_1\sin\theta_i=n_2\sin\theta_t \tag{1-105}$$

结论（2）和（3）的叙述即著名的折、反射定律。入射波、反射波和折射波的关系总结如表 1-2 所示。

表 1-2　入射波、反射波和折射波的关系

波矢及位置关系	频率关系	反射定律	折射定律
$k_i\cdot r=k_r\cdot r=k_t\cdot r$	$\omega_i=\omega_r=\omega_t$	$\theta_i=\theta_r$	$n_1\sin\theta_i=n_2\sin\theta_t$

1.4.2　菲涅尔公式（Fresnel Equations）

折、反射定律给出了反射波、折射波和入射波传播方向之间的关系。下面进一步研究反射波、折射波和入射波在振幅和位相上的定量关系，这一关系可用一组利用电磁场边界条件导出的波动光学基本公式——**菲涅尔公式**来描述。为简单起见，只推导反射波、折射波和入射波电场E的菲涅尔公式，其他场矢量的关系很容易据此导出。

1. 菲涅尔公式的推导

电场 $\boldsymbol{E}$ 是矢量，按照矢量的处理方法，可将 $\boldsymbol{E}$ 分解为一对正交的电场分量，即一个振动方向垂直于入射面的“s”分量和一个振动方向平行于入射面的“p”分量，通过分别研究入射波 $\boldsymbol{E}_\mathrm{i}$ 中“s”分量和“p”分量在折、反射时振幅和位相的变化规律，最后利用叠加原理可求出反射波 $\boldsymbol{E}_\mathrm{r}$ 和折射波 $\boldsymbol{E}_\mathrm{t}$。上述分解方法的根本依据是：在折、反射系统中，光波、界面以及界面两侧的媒质均以入射面作为对称平面，垂直于入射面的振动（s 分量）和平行于入射面的振动（p 分量）是系统的本征振动，这两种本征振动经过系统时，其振动状态不变，即当入射波为 s 分量时，反射波和折射波也是 s 分量，不会出现 p 分量；当入射波为 p 分量时，反射波和折射波只能是 p 分量，不会出现 s 分量。上述结论很容易从式（1–16）的电场边界条件得到证明，因为当入射波只有 s（或 p）分量时，无论折、反射波全是 p（或 s）分量还是其中一个成为 p（或 s）分量，都将违背电场 $\boldsymbol{E}$ 切向分量连续的基本条件。所以当入射光波是既有 s 分量又有 p 分量的非本征振动时，最可行的方法是将其分解为一对正交的本征振动的叠加，这样得出的关于本征振动的公式即可用于处理任何复杂的非本征振动入射的情形。一般地，光波矢量的振动方向与入射面的夹角定义为**振动方位角** β，故有

$$|\boldsymbol{E}_s| = |\boldsymbol{E}|\sin\beta,\quad |\boldsymbol{E}_p| = |\boldsymbol{E}|\cos\beta$$

设 $E_{\mathrm{i}0s}$、$E_{\mathrm{r}0s}$、$E_{\mathrm{t}0s}$ 分别为 s 分量的入射、反射和折射波的复振幅，$E_{\mathrm{i}0p}$、$E_{\mathrm{r}0p}$、$E_{\mathrm{t}0p}$ 分别为 p 分量的入射、反射和折射波的复振幅，则 s 分量和 p 分量的**反射系数**为

$$r_s = \frac{E_{\mathrm{r}0s}}{E_{\mathrm{i}0s}} = \left|\frac{E_{\mathrm{r}0s}}{E_{\mathrm{i}0s}}\right| \exp[\mathrm{j}(\varphi_{\mathrm{r}0s} - \varphi_{\mathrm{i}0s})]$$

$$r_p = \frac{E_{\mathrm{r}0p}}{E_{\mathrm{i}0p}} = \left|\frac{E_{\mathrm{r}0p}}{E_{\mathrm{i}0p}}\right| \exp[\mathrm{j}(\varphi_{\mathrm{r}0p} - \varphi_{\mathrm{i}0p})]$$

s 分量和 p 分量的**透射系数**为

$$t_s = \frac{E_{\mathrm{t}0s}}{E_{\mathrm{i}0s}} = \left|\frac{E_{\mathrm{t}0s}}{E_{\mathrm{i}0s}}\right| \exp[\mathrm{j}(\varphi_{\mathrm{t}0s} - \varphi_{\mathrm{i}0s})]$$

$$t_p = \frac{E_{\mathrm{t}0p}}{E_{\mathrm{i}0p}} = \left|\frac{E_{\mathrm{t}0p}}{E_{\mathrm{i}0p}}\right| \exp[\mathrm{j}(\varphi_{\mathrm{t}0p} - \varphi_{\mathrm{i}0p})]$$

$\left|\dfrac{E_{\mathrm{r}0s(p)}}{E_{\mathrm{i}0s(p)}}\right|$，$\left|\dfrac{E_{\mathrm{t}0s(p)}}{E_{\mathrm{i}0s(p)}}\right|$ 表示界面两侧振幅的变化，$\exp[\mathrm{j}(\varphi_{\mathrm{r}0s(p)} - \varphi_{\mathrm{i}0s(p)})]$，$\exp[\mathrm{j}(\varphi_{\mathrm{t}0s(p)} - \varphi_{\mathrm{i}0s(p)})]$ 表示界面两侧位相的变化。

1）s 分量的菲涅尔公式

首先必须规定电场和磁场的方向。本书规定，电场和磁场的 s 分量垂直于纸面，向外为正，向里为负；p 分量则按其在界面上的投影方向，向右为正，向左为负。当入射波电场只有 s 分量时，反射波和折射波也只有 s 分量，且方向均为正（图 1–21），然后根据 $\boldsymbol{E}$、$\boldsymbol{H}$、$\boldsymbol{k}$ 组成右手坐标系原则可确定三个波的磁场方向。将 $\boldsymbol{E}$ 和 $\boldsymbol{H}$ 的边界条件式（1–16）和式（1–19）写成标量形式，由电磁场切向

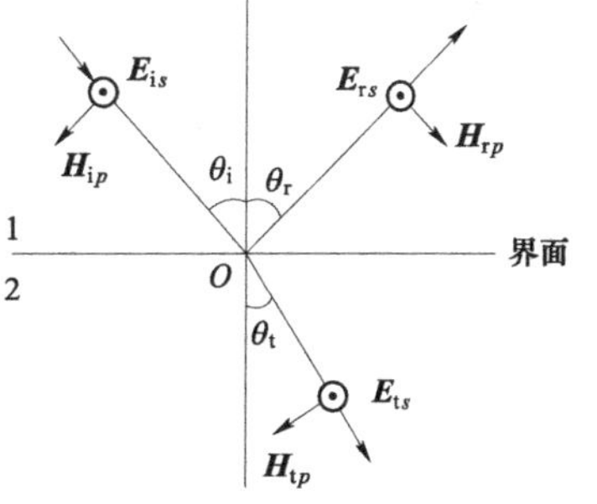

图 1–21　$\boldsymbol{E}_\mathrm{i}$ 只含 s 分量时正向规定

连续，有

$$E_{i0s}+E_{r0s}=E_{t0s} \tag{1-106}$$

$$-H_{i0p}\cos\theta_i+H_{r0p}\cos\theta_r=-H_{t0p}\cos\theta_t \tag{1-107}$$

利用非磁性各向同性介质中H和E的数值关系：

$$H=\frac{1}{\mu_0}B=\frac{n}{\mu_0 c}E \tag{1-108}$$

考虑到$\boldsymbol{E}$和$\boldsymbol{H}$正交的关系，可由式（1-107）得出$\boldsymbol{E}$场的另一个关系式：

$$-n_1E_{i0s}\cos\theta_i+n_1E_{r0s}\cos\theta_r=-n_2E_{t0s}\cos\theta_t \tag{1-109}$$

联立式（1-106）和式（1-109），可得出电场$\boldsymbol{E}$的s分量的反射系数r_s和透射系数t_s：

$$r_s\equiv\frac{E_{r0s}}{E_{i0s}}=\frac{n_1\cos\theta_i-n_2\cos\theta_t}{n_1\cos\theta_i+n_2\cos\theta_t} \tag{1-110}$$

$$t_s\equiv\frac{E_{t0s}}{E_{i0s}}=\frac{2n_1\cos\theta_i}{n_1\cos\theta_i+n_2\cos\theta_t} \tag{1-111}$$

2）p分量的菲涅尔公式

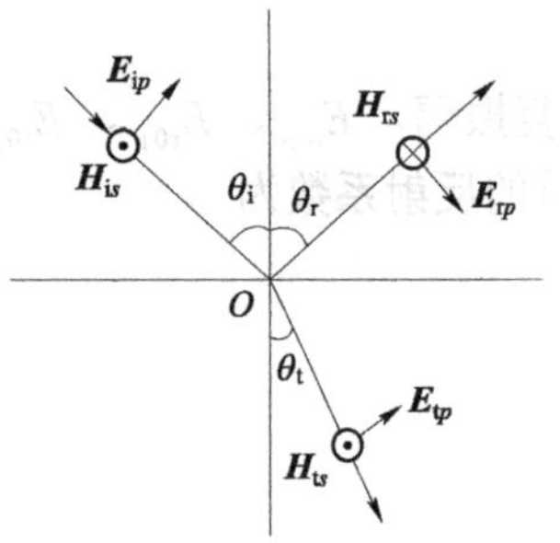

图1-22　E_i只含p分量时的正向规定

p分量菲涅尔公式的推导方法与s分量完全相同，只不过各个场矢量的正方向规定应按图1-22所示。首先电场$\boldsymbol{E}$的p分量的正方向规定是基于下述考虑：当入射角θ_i趋于零时，s分量和p分量的差别应该消失。由于图1-15中三个波的s分量正方向始终一致，所以图1-16中三个波的p分量的正方向也应一致，即p分量的切向分量一致向右，然后根据$\boldsymbol{E}$、$\boldsymbol{H}$、$\boldsymbol{k}$组成右手螺旋系的法则来确定$\boldsymbol{H}$的正方向。利用$\boldsymbol{E}$和$\boldsymbol{H}$的边界条件，经过相同的推导，最后得到电场$\boldsymbol{E}$的p分量的反射系数r_p和透射系数t_p：

$$r_p\equiv\frac{E_{r0p}}{E_{i0p}}=\frac{-n_2\cos\theta_i+n_1\cos\theta_t}{n_2\cos\theta_i+n_1\cos\theta_t} \tag{1-112}$$

$$t_p\equiv\frac{E_{t0p}}{E_{i0p}}=\frac{2n_1\cos\theta_i}{n_2\cos\theta_i+n_1\cos\theta_t} \tag{1-113}$$

可以看出，对于透明无损介质n_1、n_2，$r_{s(p)}$为实数，故位相变化只能取0、π。

式（1-110）～式（1-113）称为菲涅尔公式。利用折射定律，菲涅尔公式可改写为不显含折射率的形式：

$$r_s=-\frac{\sin(\theta_i-\theta_t)}{\sin(\theta_i+\theta_t)} \tag{1-114}$$

$$r_p=-\frac{\tan(\theta_i-\theta_t)}{\tan(\theta_i+\theta_t)} \tag{1-115}$$

$$t_s=\frac{2\cos\theta_i\sin\theta_t}{\sin(\theta_i+\theta_t)} \tag{1-116}$$

$$t_p=\frac{2\cos\theta_i\sin\theta_t}{\sin(\theta_i+\theta_t)\cos(\theta_i-\theta_t)} \tag{1-117}$$

2. 反射波和折射波的性质

下面利用菲涅尔公式来具体讨论反射波和折射波的振幅、光强度、位相以及偏振等特性。

（1）$n_1 < n_2$ 的情形：光学中称为由光疏媒质入射到光密媒质的情形。图 1–23 利用菲涅尔公式，画出了 $n_2/n_1 = 1.5$ 时，r_s、r_p、t_s、t_p 随入射角 θ_i 变化的曲线，从中可得出如下结论：

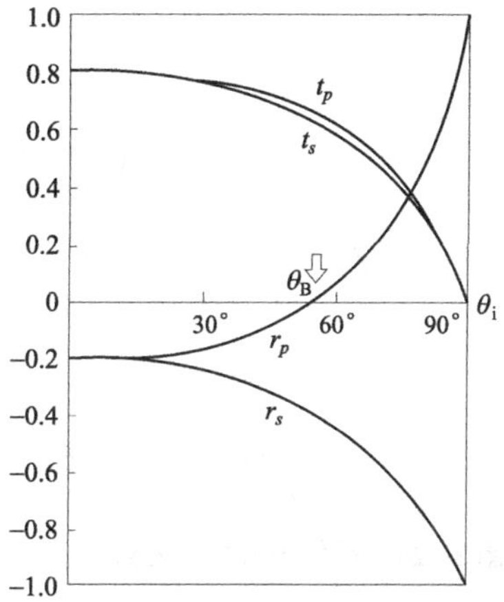

图 1–23　r、t 和 θ_i 的关系曲线（$n_1 = 1$，$n_2 = 1.5$）

① 振幅变化规律。

由定义式可知，反射系数和透射系数的绝对值表示反射波和折射波相对于入射波的振幅之比。对于折射波，无论是 s 分量还是 p 分量，其振幅都随 θ_i 的增大而单调减小，在掠入射（$\theta_i = 90°$）时趋于零。对于反射波，s 分量的振幅随 θ_i 的增大而单调递增，掠入射时达到最大值 1。对于 p 分量，当 $\theta_i < \theta_B$ 时，振幅缓慢减小；当 $\theta_i = \theta_B$ 时，p 分量的振幅减小为零；当 $\theta_i > \theta_B$ 时，振幅单调递增，掠入射时达到最大值 1。

正入射是又一种特殊情形，此时 $\theta_i = \theta_t = 0$，s 分量和 p 分量的差别消失，菲涅尔公式具有下述简单的形式：

$$r_0 = \frac{n_1 - n_2}{n_1 + n_2} \tag{1–118}$$

$$t_0 = \frac{2n_1}{n_1 + n_2} \tag{1–119}$$

上式可用来近似估算 $\theta_i < 10°$ 时的反射系数和透射系数。

② 偏振性质和布儒斯特定律（Brewster's Law）。

当入射光为自然光时，可将每一时刻 t 的入射光矢量 $\boldsymbol{E}_i$ 分解为一个 s 分量 E_{is} 和一个 p 分量 E_{ip}。由于 $\boldsymbol{E}_i$ 的振幅和振动方向随时间 t 随机变化，所以 s 分量和 p 分量的振幅之比 $\left|\frac{E_{i0s}}{E_{i0p}}\right|$ 将随时间 t 随机变化，但其时间平均值恒为 1。并且，反射光 s 分量和 p 分量的振幅比 $\left|\frac{E_{r0s}}{E_{r0p}}\right|$ 也会随时间 t 随机变化。但是，按照菲涅尔公式（1–114）和式（1–115），s 分量和 p 分量的反射系数 r_s 和 r_p 随入射角 θ_i 的变化规律不同，因此，在时间平均的意义上，反射光中 s 分量和 p 分量的振幅比 $\left|\frac{E_{r0s}}{E_{r0p}}\right|$ 和强度比 $\left|\frac{I_{rs}}{I_{rp}}\right|$ 将随入射角 θ_i 变化。在一般情况下，存在一个占优势的方向，因而反射光是部分偏振光。部分偏振光的**偏振度**定义为

$$p = \left|\frac{I_{rs} - I_{rp}}{I_{rs} + I_{rp}}\right| \tag{1–120}$$

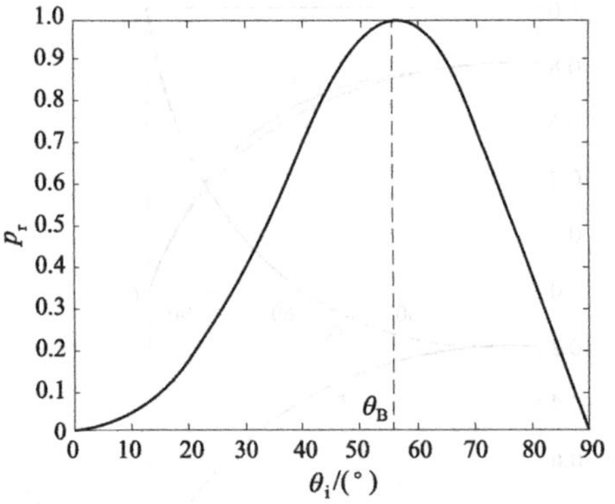

图 1–24　反射光偏振度曲线

式中，I_{rs} 和 I_{rp} 分别表示反射光中 s 分量和 p 分量的光强度。由于入射光中 $I_{is}=I_{ip}$，利用菲涅尔公式（1–114）和式（1–115），可导出反射光偏振度的计算公式：

$$p_r=\left|\frac{r_s^2-r_p^2}{r_s^2+r_p^2}\right|=\left|\frac{\cos^2(\theta_i-\theta_t)-\cos^2(\theta_i+\theta_t)}{\cos^2(\theta_i-\theta_t)+\cos^2(\theta_i+\theta_t)}\right| \tag{1-121}$$

图 1–24 画出了自然光入射到空气—玻璃界面时，反射光的偏振度曲线（取玻璃折射率 $n_2=1.5$）。该曲线说明，在一般情况下，反射光是部分偏振光，其偏振度在 0 和 1 之间变化。其中，有两个特殊情况值得注意：

当入射角 θ_i 趋于 0° 和 90° 时，偏振度 p_r 趋于 0，反射光接近于自然光。

当入射角 $\theta_i=\theta_B$ 时，偏振度 $p_r=1$，反射光成为线偏振光。

由图 1–24 可进一步看出，当入射角 $\theta_i=\theta_B$ 时，p 分量反射系数 $r_p=0$，此时，不论入射波电矢量 $\boldsymbol{E}_i$ 的振动状态如何，反射波 $\boldsymbol{E}_r$ 的 p 分量振幅始终为零，反射波成为只含有 s 分量的线偏振波。这一结论称为**布儒斯特定律**。上述的特定入射角 θ_B 称为**布儒斯特角**（Brewster angle）。从 p 分量的反射系数公式（1–115）可知，使 $r_p=0$ 的入射角应满足 $\theta_B+\theta_t=90°$，再利用折射定律，即可求出布儒斯特角的计算公式：

$$\theta_B=\arctan(n_2/n_1) \tag{1-122}$$

按同样的分析方法可知，在自然光入射情况下，透射光也是部分偏振光。特别是，当入射角 $\theta_i=\theta_B$ 时，由于入射光中的 s 分量部分反射、部分透射，而 p 分量则全部投射，所以透射光成为 p 分量占优势的部分偏振光，但偏振度恒小于 1。

③ 位相变化规律。

由定义式（1–110）～式（1–113）可知，反射系数和透射系数的符号反映了反射波、折射波相对于入射波的位相变化。

对于折射波，始终有 $t_s>0$，$t_p>0$，说明在界面处折射波和入射波位相相同。

对于反射波，情况要复杂一些。

首先考虑 s 分量的反射波。由 $r_s<0$，表示在界面上任何位置，反射波电场的 s 分量与入射波电场的 s 分量振动方向相反，或者说 s 分量的反射波相对于 s 分量的入射波发生了π 的位相变化。这种现象称为π 位相跃变或半波损失。

再考虑 p 分量。虽然当 $\theta_i<\theta_B$ 时，$r_p<0$，存在π 位相跃变，$\theta_i>\theta_B$ 时无π 位相跃变，但是在通常情况下，入、反射波 p 分量的振动方向不平行，因此不能像 s 分量那样，简单地由π 位相跃变判断这两个 p 分量是“同向”还是“反向”。不过，从图 1–22 和图 1–23 可知，只有在正入射（$\theta_i=0°$）和掠入射（$\theta_i=90°$）两种特殊情形，E_{rp} 和 E_{ip} 的振动才完全反向。

④ 反射率和透射率。

为了研究反射波和折射波从入射波获取能量的大小，定义了**反射率** R 和**透射率** T。设入射波单位时间投射到界面上的平均辐射能为W_{i}，同一时间同一界面上反射波和折射波从入射波获得的平均辐射能分别为W_{r}和W_{t}，则反射率R和透射率T的定义为

$$R=\frac{W_{\mathrm{r}}}{W_{\mathrm{i}}},T=\frac{W_{\mathrm{t}}}{W_{\mathrm{i}}} \tag{1-123}$$

下面利用图 1–25 来推导R和T的计算公式。设入射波电场只有s分量，入射波光强为$I_{\mathrm{i}s}$，光束截面积为A_{i}，入射波投射到界面上的光斑的面积为A_0；反射波光强为$I_{\mathrm{r}s}$，光束截面积A_{r}与入射光束截面积A_{i}相同；折射波光强为$I_{\mathrm{t}s}$，光束截面积为A_{t}。由于光强I表示单位时间流过垂直于波矢$\boldsymbol{k}$的单位面积的平均辐射能，所以有

$$W_{\mathrm{i}s}=I_{\mathrm{i}s}A_{\mathrm{i}},W_{\mathrm{r}s}=I_{\mathrm{r}s}A_{\mathrm{i}},W_{\mathrm{t}s}=I_{\mathrm{t}s}A_{\mathrm{t}}$$

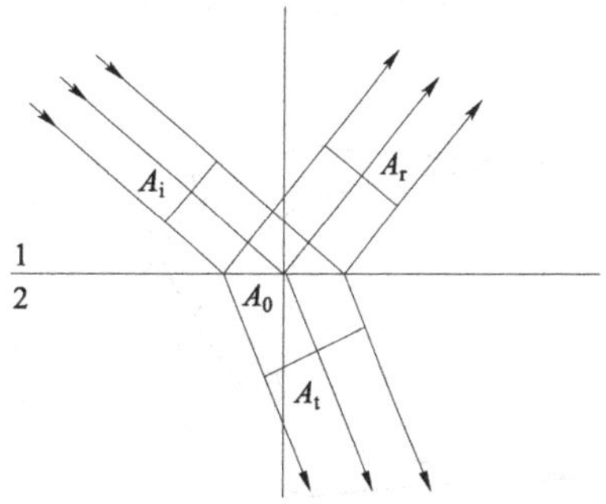

图 1–25　波的横截面积与投影面积间的关系

根据式（1–55）可知：

$$I_{\mathrm{i}s}=\frac{1}{2}\sqrt{\frac{\varepsilon_1}{\mu_1}}\left|E_{\mathrm{i}0s}\right|^2=\frac{n_1}{2\mu_1 c}\left|E_{\mathrm{i}0s}\right|^2=\frac{n_1}{2\mu_0 c}\left|E_{\mathrm{i}0s}\right|^2$$

$$I_{\mathrm{r}s}=\frac{n_1}{2\mu_0 c}\left|E_{\mathrm{r}0s}\right|^2$$

$$I_{\mathrm{t}s}=\frac{n_2}{2\mu_0 c}\left|E_{\mathrm{t}0s}\right|^2$$

上式推导过程中利用了非铁磁性物质的假设，即$\mu_1=\mu_2=\mu_0$。考虑到

$$A_{\mathrm{i}}=A_0\cos\theta_{\mathrm{i}},A_{\mathrm{r}}=A_0\cos\theta_{\mathrm{r}}=A_0\cos\theta_{\mathrm{i}},A_{\mathrm{t}}=A_0\cos\theta_{\mathrm{t}}$$

将以上关系式代入式（1–123）的定义式，于是有

$$R_s=\frac{W_{\mathrm{r}s}}{W_{\mathrm{i}s}}=\left|\frac{E_{\mathrm{r}0s}}{E_{\mathrm{i}0s}}\right|^2=\left|r_s\right|^2 \tag{1-124}$$

$$T_s=\frac{W_{\mathrm{t}s}}{W_{\mathrm{i}s}}=\frac{n_2\cos\theta_{\mathrm{t}}}{n_1\cos\theta_{\mathrm{i}}}\left|\frac{E_{\mathrm{t}0s}}{E_{\mathrm{i}0s}}\right|^2=\frac{n_2\cos\theta_{\mathrm{t}}}{n_1\cos\theta_{\mathrm{i}}}\left|t_s\right|^2 \tag{1-125}$$

类似地可导出入射波只有p分量时的反射率和透射率：

$$R_p=\left|r_p\right|^2 \tag{1-126}$$

$$T_p=\frac{n_2\cos\theta_{\mathrm{t}}}{n_1\cos\theta_{\mathrm{i}}}\left|t_p\right|^2 \tag{1-127}$$

当入射波同时含有s分量和p分量时，可以定义：

$$R=\frac{W_{\mathrm{r}s}+W_{\mathrm{r}p}}{W_{\mathrm{i}s}+W_{\mathrm{i}p}},T=\frac{W_{\mathrm{t}s}+W_{\mathrm{t}p}}{W_{\mathrm{i}s}+W_{\mathrm{i}p}} \tag{1-128}$$

如果已知入射波中s分量和p分量的光强之比为α，很容易导出：

$$R=\frac{1}{1+\alpha}(\alpha R_s+R_p) \qquad (1-129)$$

$$T=\frac{1}{1+\alpha}(\alpha T_s+T_p) \qquad (1-130)$$

但无论哪一种情形，总可以证明：

$$R+T=1 \qquad (1-131)$$

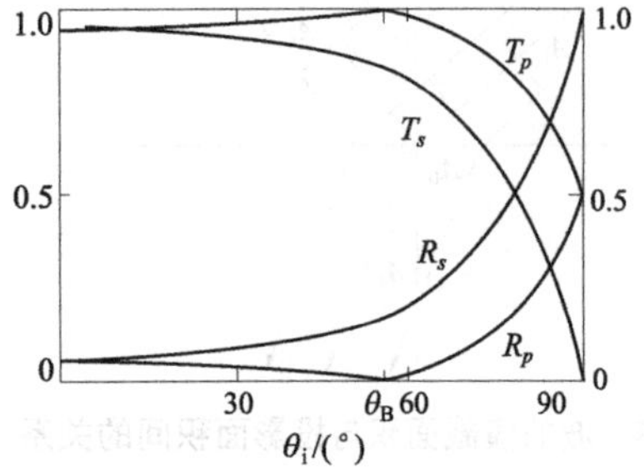

图 1-26　反射率和透射曲线

这是在均匀透明介质中满足电磁波能量守恒定律的必然结果。图 1-26 画出了 $n_2/n_1=1.5$ 时，R 和 T 随 θ_i 的变化曲线。

（2）$n_1>n_2$ 的情形：由光密媒质入射到光疏媒质的情形。由折射定律可知，此时 $\theta_i<\theta_t$。我们把 $\theta_t=90^\circ$ 对应的入射角称为全反射临界角，用 θ_c 表示，有

$$\sin\theta_c=\frac{n_2}{n_1} \quad 或 \quad \theta_c=\arcsin\left(\frac{n_2}{n_1}\right) \qquad (1-132)$$

下面分两种情况来讨论：

① 当 $\theta_i\leqslant\theta_c$ 时，$\theta_t\leqslant 90^\circ$，可直接应用菲涅尔公式来讨论反射波和折射波的性质，分析方法与 $n_1<n_2$ 的情形完全相同。图 1-27 左半部分画出了当 $n_1/n_2=1.5$ 时反射系数 r_s、r_p 和透射系数 t_s、t_p 相对于入射角 θ_i 的关系曲线。分析该曲线可得出如下结论：

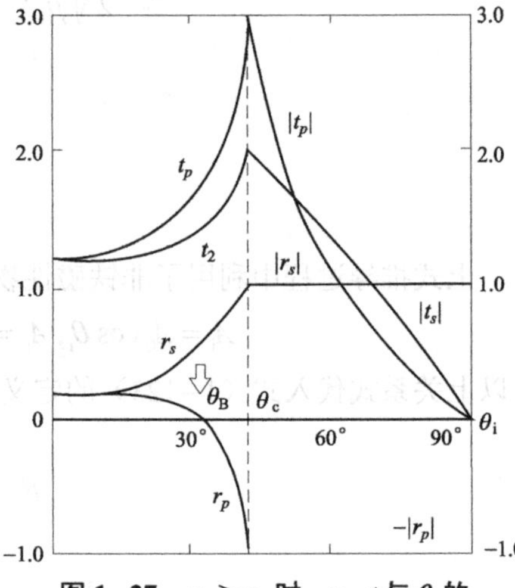

图 1-27　$n_1>n_2$ 时，r、t 与 θ_i 的关系曲线（$n_1/n_2=1.5$）

a. r_s 和 r_p 的符号与 $n_1<n_2$ 的情形（图 1-23）相反，说明 s 分量不再存在π位相跃变。

b. 当 $\theta_i=\theta_B$ 时，$r_p=0$，说明布儒斯特定律仍然有效，并且计算布儒斯特角 θ_B 的公式（1-135）在这里也可以使用。同时，通过比较式（1-121）和式（1-122），可得

$$\sin\theta_c=\tan\theta_B=n_2/n_1$$

所以必然有 $\theta_B<\theta_c$，这就是说，无论 $n_1<n_2$ 还是 $n_1>n_2$，布儒斯特定律总是成立的。此外，应用简单的几何关系很容易证明：如果在折射率 n_1 的媒质中放置一块折射率 n_2 的平行平板，当平面波在平行平板上表面的入射角为布儒斯特角时，折射波在平行平板下表面的入射角也是布儒斯特角。

c. t_s 和 t_p 均大于 1，且随 θ_i 的增大而增大。从式（1-125）和式（1-127）看出，透射率 T 除了和 $|t|^2$ 成正比，还和小于 1 的系数 $\dfrac{n_2\sin\theta_t}{n_1\sin\theta_i}$ 成正比，且 $T\leqslant 1$ 恒成立。

② 当 $\theta_i>\theta_c$ 时，由于 $\sin\theta_t>1$，θ_t 在实数范围内不存在。不过我们可以将有关的参量扩展到复数领域，在形式上使用折射定律和菲涅尔公式来讨论反射和折射波的性质。这样扩展的正确性最终可以通过实验来验证。

由于 θ_i 始终是实数，因而形式上有

$$\sin\theta_t = \frac{n_1}{n_2}\sin\theta_i \tag{1-133}$$

$$\cos\theta_t = (1-\sin^2\theta_t)^{1/2} = j\left[\left(\frac{n_1}{n_2}\right)^2 \sin^2\theta_i - 1\right]^{1/2} = j\Gamma \tag{1-134}$$

其中 Γ 是一个实数。

$$\Gamma = \left[\left(\frac{n_1}{n_2}\right)^2 \sin^2\theta_i - 1\right]^{1/2} \tag{1-135}$$

利用菲涅尔公式（1–110）和式（1–112），可导出复数形式的反射系数：

$$r_s = \frac{n_1\cos\theta_i - jn_2\Gamma}{n_1\cos\theta_i + jn_2\Gamma} = |r_s|\exp(j\varphi_{rs}) \tag{1-136}$$

$$r_p = -\frac{n_2\cos\theta_i - jn_1\Gamma}{n_2\cos\theta_i + jn_1\Gamma} = |r_p|\exp(j\varphi_{rp}) \tag{1-137}$$

反射系数的模值 $|r_s|$、$|r_p|$ 仍然可以理解为反射波与入射波对应分量的振幅之比，它们的位相 φ_{rs} 和 φ_{rp} 可以理解为反射波和入射波对应分量在界面处的位相跃变。图 1–27 右半部分画出了上述情形下的反射系数曲线。由图 1–27 看出，此时 $|r_s|=|r_p|=1$，因而有 $R=R_s=R_p=1$。所以，当 $\theta_i > \theta_c$ 时，入射波的能量全部被反射回到 n_1 媒质，这种现象称为**全反射或全内反射**。s 波和 p 波的反射系数和透射系数变化情况如表 1–3 所示。

表 1–3　s 波和 p 波的反射系数和透射系数变化情况

参数 ＼ 条件	光疏到光密		光密到光疏	
	$\theta_i > \theta_B$	$\theta_i < \theta_B$	$\theta_i > \theta_B$	$\theta_i < \theta_B$
r_s	−	−	+	+
r_p	+	−	−	+
t_s	+	+	+	+
t_p	+	+	+	+
注：“+”表示无位相跃变；“−”表示位相跃变为 π。				

1.4.3　全反射的性质及其应用

1. 全反射时反射波的位相跃变

从上节的分析和式（1–136）、式（1–137）可得出，当入射波发生全反射时，反射波中的 s 分量和 p 分量之间的位相跃变分别为

$$\varphi_{rs} = -2\arctan\left(\frac{n_2\Gamma}{n_1\cos\theta_i}\right) \tag{1-138}$$

$$\varphi_{rp} = \pi - 2\arctan\left(\frac{n_1 \Gamma}{n_2 \cos\theta_i}\right) \tag{1-139}$$

s 分量和 p 分量位相跃变之差为

$$\varphi_{rp} - \varphi_{rs} = 2\operatorname{arccot}\left(\frac{n_2 \Gamma \cos\theta_i}{n_1 \sin^2\theta_i}\right) \tag{1-140}$$

注意，上式中反正切函数只取主值。全反射时，反射波中 s 分量和 p 分量之间的位相差将引起入射波偏振态的变化，通过对反射波偏振态的检验，可以反过来测量全反射引入的 s 分量和 p 分量的位相差。菲涅尔最早设计了用作消色差波片的菲涅尔棱镜，用以改变入射波的偏振态，它的成功应用也证明了式（1-140）表示的位相差的存在。第 6 章将对此作深入的讨论。

2. 全反射时第二媒质中的电磁波

从全反射的定义出发，似乎在第二媒质中不存在任何折射波。但是如果把菲涅尔公式（1-124）和式（1-126）也推广到复数领域，通过计算将会发现，t_s 和 t_p 都不为零。图 1-27 右半部分画出了 $|t_s|$ 和 $|t_p|$ 随 θ_i 变化的曲线。虽然计算结果表明第二媒质中的电磁波振幅不为零，但从能量定律考虑，全反射时折射波肯定不能深入第二媒质内部，它的出现只可能是一种界面现象。下面来具体讨论这种特殊折射波的性质。

1）第二媒质中折射波的波函数

既然已经证明全反射时第二媒质中仍有折射波存在，不妨在形式上将其波函数表示为

$$\boldsymbol{E}_t = \boldsymbol{E}_{t0} \exp[j(\boldsymbol{k}_t \cdot \boldsymbol{r} - \omega t)] \tag{1-141}$$

只不过现在 $\boldsymbol{k}_t$ 成为一个复矢量。按照图 1-22 的坐标系和边界条件，可得出以下关系：

$$k_{tx} = k_t \sin\theta_t = k_i \sin\theta_i = k_{ix}$$

$$k_{tz} = k_t \cos\theta_t = \left(\frac{n_2}{n_1} k_i\right)(j\Gamma) = j\frac{n_2}{n_1} k_i \Gamma$$

$$\boldsymbol{k}_t \cdot \boldsymbol{r} = k_{tx} x + k_{tz} z = k_i \sin\theta_i x + j\frac{n_2}{n_1} k_i \Gamma z$$

于是第二媒质中折射波的波函数可表示为

$$\begin{aligned}\boldsymbol{E}_t &= \boldsymbol{E}_{t0} \exp\left(-k_i \frac{n_2}{n_1} \Gamma z\right) \exp[j(k_i \sin\theta_i x - \omega t)] \\ &= \boldsymbol{E}_{t0} \exp\left[-k_i \left(\sin^2\theta_i - \frac{n_2^2}{n_1^2}\right)^{1/2} z\right] \exp[j(k_i \sin\theta_i x - \omega t)]\end{aligned} \tag{1-142}$$

上式所表示的全反射时第二媒质中的电磁波称为**倏逝波或瞬逝波**（evanescent wave）。下面从波函数出发来讨论它的各种性质。

2）倏逝波的性质

倏逝波的波函数仍由振幅项和位相项组成，它的位相项为

$$\exp[j(k_i \sin\theta_i x - \omega t)]$$

这表明倏逝波仍具有行波的特点，它的位相的空间分布只与 x 坐标有关，等位相面垂直于 x

轴，且沿 x 方向传播。与一维波的位相表达式类比，可知倏逝波的波长为

$$\lambda^* = \frac{2\pi}{k_i \sin\theta_i} = \frac{\lambda_i}{\sin\theta_i} \tag{1-143}$$

波的时间圆频率仍为 ω。波的位相速度可按定义求出：

$$v_\varphi^* = \left.\frac{dx}{dt}\right|_{d\varphi=0} = \frac{\omega}{k_i \sin\theta_i} = \frac{v_i}{\sin\theta_i} \tag{1-144}$$

式中，v_i 为入射波在第一媒质中的位相速度。此外，还可以证明倏逝波一般不再是横波，因为它的电场可能具有 x 方向的分量。

倏逝波的振幅项为

$$\boldsymbol{E}_{t0} \exp\left[-k_i\left(\sin^2\theta_i - \frac{n_2^2}{n_1^2}\right)^{1/2} z\right]$$

式中，$\boldsymbol{E}_{t0}$ 为一复数，它的辐角表示折射波在界面处的位相跃变，这里不详细讨论。振幅项表明，倏逝波的振幅随着 z 的增大而按指数函数衰减，等振幅面与界面平行。表 1-4 给出了对倏逝波振幅衰减系数 $E_t(z)/E_{t0}$ 的定量计算结果。可以看出，当倏逝波离开界面 $2\lambda_i$ 时，振幅已接近消失。所以倏逝波又称为表面波（surface wave）或爬行波（creeping wave），因为它只沿着界面传播，不会深入第二媒质内部。图 1-28 定性地画出了它的有关性质和特点。

表 1-4　倏逝波振幅衰减系数

θ_i/(°) \ $E_t(z)/E_t(0)$ \ z	$\frac{\lambda_i}{8}$	$\frac{\lambda_i}{4}$	$\frac{\lambda_i}{2}$	λ_i	$2\lambda_i$	$10\lambda_i$
45	0.83	0.69	0.48	0.23	0.05	3.7×10^{-7}
60	0.65	0.42	0.18	0.03	0.001	8×10^{-16}

3. 全反射的应用

由于全反射具有反射率高、存在倏逝波及 s 分量和 p 分量具有不同位相跃变等特性，因此在光学技术中得到了广泛的应用。

1）高反射率应用

利用全内反射时光能无损耗的特性，人们设计了各种全反射棱镜，用以改变光束传播方向和实现某种成像性能，对此，在应用光学课程有详细的介绍。

在光学测量中，利用全反射现象可以测量透明媒质的折射率，阿贝折射计就是基于这种原理设计的。

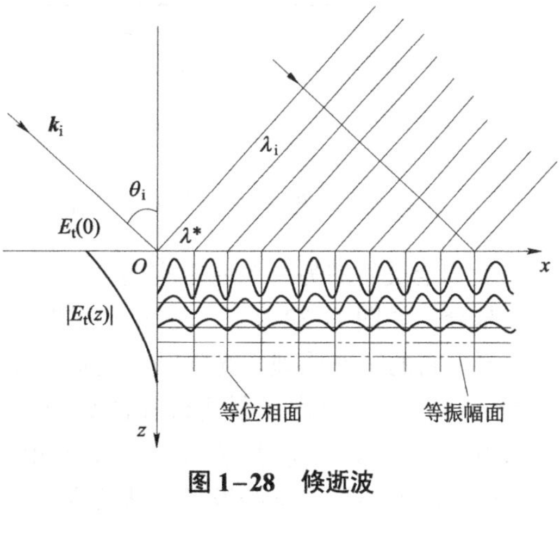

图 1-28　倏逝波

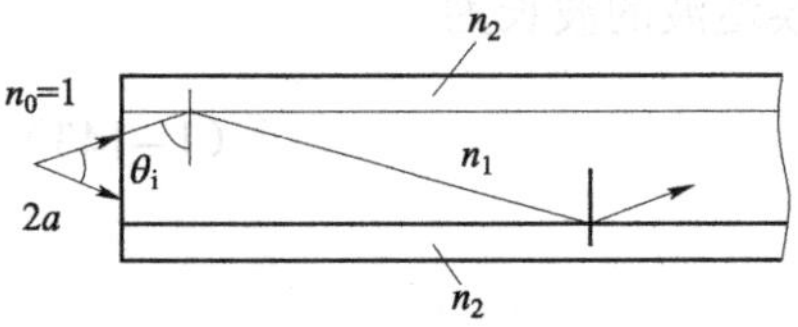

图 1–29　光学纤维

全反射的另一个应用是反射型光学纤维。如图 1–29 所示，光学纤维由内外两层不同折射率的材料制成，内层由高折射率 n_1 的透明材料制成，称为芯线；外层为低折射率 n_2 的透明材料制成的包层。整个线体的直径仅为 50～100 μm，故称为光学纤维。用光纤耦合器将光束引入芯线中，并使其在 n_1—n_2 界面发生全反射，则光束可在光学纤维内传输相当长的距离而不明显减弱。为了保证在界面上全反射，光束自光学纤维端面入射时的入射角不得大于某一极限值 α_0，由图 1–29 可算出：

$$\alpha_0 = \arcsin\sqrt{n_1^2 - n_2^2} \tag{1-145}$$

通常把 α_0 称作光学纤维的接纳角或输入孔径角。值得注意的是，当光学纤维弯曲时，接纳角 α_0 将减小。

2）倏逝波的应用

虽然倏逝波是一种非均匀表面波，存在于第二种媒质的界面附近，但仍然可以利用“受抑全反射”原理将其引出来，转化为均匀波。图 1–30 所示为受抑全反射原理，图中 n_1 和 n_3 是高折射率媒质层，n_2 是低折射率媒质层。当 n_1 媒质层中光束入射角 θ_i 大于临界角 θ_c 时，n_2 媒质层中将形成沿虚线箭头方向传播的倏逝波。由于 n_2 媒质层极薄，以致倏逝波在 n_2—n_3 媒质的界面处仍有较大的振幅。根据光路可逆原理，既然光波能从 n_1 媒质进入 n_2 媒质形成倏逝波，则 n_2 媒质中的倏逝波也能进入 n_3 媒质转变为均匀波。由于光波进入了 n_3 媒质，在上界面处就不再发生“全”反射，所以将上述现象称为受抑全反射或全反射失效。

应用受抑全反射可以设计可调分束比的分束器。如图 1–31 所示，由于直角棱镜 P_1 和 P_2 之间有一层极薄的空气层，因而光束在 P_1 和空气层的界面处全反射失效，于是一部分光由 P_1 反射，一部分光经 P_2 透射。通过调节空气层的厚度，就可以改变反射光和透射光强度比值，即分束比。

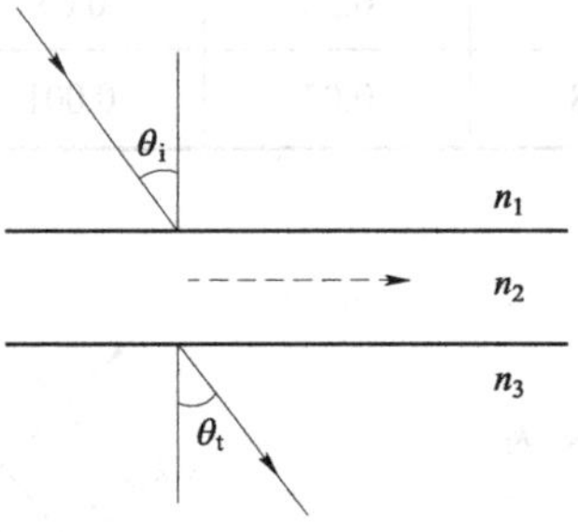

图 1–30　受抑全反射

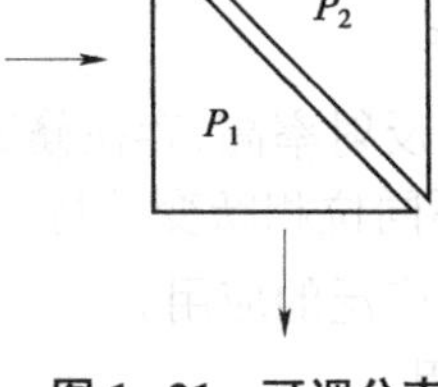

图 1–31　可调分束器

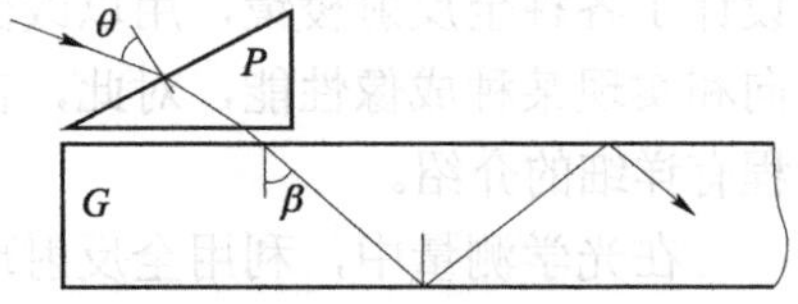

图 1–32　平面波导耦合器

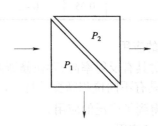

受抑全反射的另一个应用实例是“光学平面波导”的输入耦合，如图 1–32 所示。透明平行平板 G 代表一块平面波导，它的工作原理与光学纤维类似，光波可以通过在 G 板上下表面的全内反射实现在波导内部传输。如果希望被传输的光波接近于平面波，即等相面的面积比较大，则光波不能像光学纤维那样从波导的端面输入。应用

图 1–32 所示的耦合棱镜 P 成功地解决了上述问题。棱镜 P 的底面和波导 G 的上表面之间有一层厚度为 $\frac{\lambda}{8}\sim\frac{\lambda}{2}$ 的空气层，入射光波以大于临界角的入射角射向棱镜的底面，在空气层中产生倏逝波。波导 G 作为第三种媒质使全反射失效，于是部分光波将进入波导，并满足折射角 β 大于波导的全内反射临界角，从而实现了光波在波导内部的传输。应用同样的方法，在波导的输出端放置另一块棱镜，也可以把光波从波导中引出来。

3）反射波位相跃变的利用

从前面的分析可知，全反射时反射波的 s 分量和 p 分量的位相跃变 φ_{rs} 和 φ_{rp} 通常是不相等的，它们的差值与入射角 θ_i 和媒质的折射率有关。第 6 章将要介绍，φ_{rs} 和 φ_{rp} 的差值会使反射波的偏振态不同于入射波的偏振态。所以，利用全反射的位相跃变，可以改变入射波的偏振态；反之，也可以通过对反射光偏振态的测量来计算媒质的折射率。

例 1.9　一束 S 波以 $60°$ 从空气入射到某介质中，反射率为 0.20 。求：

（1）介质的折射率。

（2）S 波的透射系数。

解：（1）利用式（1–123），并注意到光从光密到光疏反射系数为负，可以得到 S 波的反射系数为

$$r_S=-\sqrt{R_S}=-\sqrt{0.2}=-0.45$$

利用式（1–104）可以得到

$$n_2\sin\theta_2=n_1\sin\theta_1$$

利用式（1–109）可以得到

$$n_2\cos\theta_2=\frac{1-r_S}{1+r_S}n_1\cos\theta_1$$

上两式相除得到

$$\tan\theta_2=\frac{1+r_S}{1-r_S}\tan\theta_1=\frac{1-0.45}{1+0.45}\tan 60°\approx 0.66$$

因此得到 θ_2=33.3°，再利用式（1–104）得到介质的折射率为

$$n_2=\frac{n_1\sin\theta_1}{\sin\theta_2}=\frac{1\times\sin 60°}{\sin 33.3°}\approx 1.58$$

（2）利用式（1–110）可以得到 S 波的透射系数

$$t_S=\frac{2n_1\cos\theta_1}{n_1\cos\theta_1+n_2\cos\theta_2}=\frac{2\times1\times\cos 60°}{1\times\cos 60°+1.58\times\cos 33.3°}=0.549$$

例 1.10　一束光波入射到玻璃—空气界面，若玻璃的折射率为 1.52 ，求：

（1）布儒斯特角。

（2）全反射临界角。

（3）该光波入射到空气—玻璃界面时布儒斯特角是多少？

解：（1）根据式（1–121），有

$$\tan\theta_B = n_2/n_1 = 1/1.52 \Rightarrow \theta_B = 33.34^\circ$$

（2）根据式（1–131），有

$$\sin\theta_c = n_2/n_1 = 1/1.52 \Rightarrow \theta_c = 41.14^\circ$$

（3）根据式（1–121），有

$$\tan\theta_B = n_2/n_1 = 1.52/1 \Rightarrow \theta_B = 56.66^\circ$$

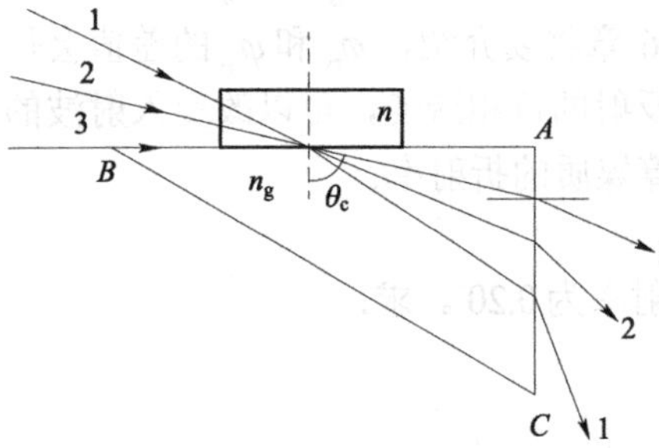

图1–33　例1.11图

例1.11　浦尔弗里许（Pulfrich）折射计的原理如图1–33所示。会聚光照明载有待测介质的折射面 AB，用望远镜从棱镜的另一侧 AC 进行观测。由于 $n_g > n$，所以在棱镜中将没有折射角大于 θ_c 的光线，由望远镜观察到的视场是半明半暗的，中间的分界线与折射角为 θ_c 的光线相应。

（1）试证明 n 与 n_g 和 θ 的关系为 $n = \sqrt{n_g^2 - \sin^2\theta}$。

（2）棱镜的折射率 $n_g = 1.6$，对某种被测介质测出 $\theta = 30^\circ$，问该介质的折射率等于多少？

解：（1）对于光线3在 AB 面上的折射，有

$$n\sin 90^\circ = n_g \sin\theta_c$$

或者

$$n = n_g \sin\theta_c$$

该光线在 AC 面上的折射关系为

$$n_g \sin(90^\circ - \theta_c) = \sin\theta$$

或者

$$\cos\theta_c = \frac{\sin\theta}{n_g}$$

因此

$$n = n_g\sin\theta_c = n_g\sqrt{1-\cos^2\theta_c} = n_g\sqrt{1-\frac{\sin^2\theta}{n_g^2}} = \sqrt{n_g^2 - \sin^2\theta}$$

（2）因为 $n_g = 1.6$，$\theta = 30^\circ$，所以被测介质的折射率为

$$n = \sqrt{1.6^2 - \sin^2 30^\circ} = \sqrt{2.56 - 0.25} = 1.52$$

习　题

1.1　光自真空进入金刚石（$n_d = 2.4$）中，若光在真空中的波长 $\lambda_0 = 600\,\text{nm}$，试求该光波在金刚石中的波长和传播速度。

1.2　（1）试证明下述各函数均是波动微分方程的解：

$$A_1(z,t)=a\cos(hz-\omega t+\varphi_0)$$

$$A_2(z,t)=a\cos^2\left[2\pi\left(\frac{t}{T}+\frac{z}{\lambda}\right)\right]$$

$$A_3(z,t)=a(Bz-ct)^2$$

（2）试确定上述各波的传播方向和传播速度。

1.3　有一个一维简谐波沿 z 方向传播。已知其振幅 $a=20\ \text{mm}$，波长 $\lambda=30\ \text{mm}$，波速 $v=20\ \text{mm/s}$，初位相 $\varphi_0=\pi/3$。

（1）求波矢。

（2）写出该简谐波的波函数。

（3）指出波的传播方向。

1.4　已知一个一维简谐波在 $t=0$ 时刻的波函数为

$$A(z,0)=a\cos\left(\frac{2\pi}{\lambda}z+\varphi_0\right)$$

设 $A(0,0)=10, A(1,0)=-10\sqrt{3}, A(2,0)=-10$，并有 $a>0, \lambda>2, 0<\varphi_0<2\pi$。

（1）试求 a,λ,φ_0。

（2）画出 $t=0$ 时刻的波形图。

1.5　试求一维简谐波 $\boldsymbol{E}(z,t)=\boldsymbol{E}_0\cos[\pi(3\times10^6z+9\times10^{14}t)]$ 的相速度。问该波的传播方向为何？（z 和 t 的单位分别为 m 和 s）

1.6　有两个简谐波，其波函数分别为

$$E_1(z,t)=\exp\left[\mathrm{j}\left(kz-\omega t+\frac{\pi}{6}\right)\right], E_2(z,t)=\exp\left[\mathrm{j}\left(kz-\omega t+\frac{\pi}{2}\right)\right]$$

（1）试用相幅矢量法求合成波的振幅和初位相。

（2）写出合成波的波函数。

1.7　已知一简谐波的波函数为 $E=E_0\exp(\mathrm{j}\varphi)$，试问当该波的位相作如下变化时：

（1）增加或减少 $2m\pi$（m 取整数）；

（2）增加或减少 $(2m+1)\pi$；

（3）增加或减少 $(2m+1)\dfrac{\pi}{2}$。

其波函数形式如何？

1.8　试证明 $\boldsymbol{k}$ 是一常矢量时，由 $\boldsymbol{k}\cdot\boldsymbol{r}=C$（$C$ 是一常数）规定的矢量 $\boldsymbol{r}$ 的端点位于同一平面上，并指出 $\boldsymbol{k}$ 和该平面法线方向的关系。

1.9　有一个波长为 λ 的简谐平面波，其波矢 $\boldsymbol{k}$ 与 y 轴垂直，与 z 轴的夹角为 α（图 1-34）。试求这个波的各个空间频率分量及在 $z=0$ 平面上的复振幅表达式。

1.10　一个三维简谐平面波在 $z=0$ 平面上的波函数为

$$E(r,t)=E_0\cos(2\pi f_y y-kvt)$$

已知 $f_y=0.15\ \text{mm}^{-1}, \lambda=4\ \text{mm}$。试求空间频率分量 f_z 及波矢 $\boldsymbol{k}$ 的方向。

1.11 已知一简谐平面波的波长$\lambda = 10\ \mathrm{mm}$，相速$v = 10^3\ \mathrm{mm/s}$，在$t = 0$时刻的三个等相面（与$y$轴平行）如图1–35所示。试求该波的空间频率分量$f_z$和在$z = 0$平面上的波函数表达式。

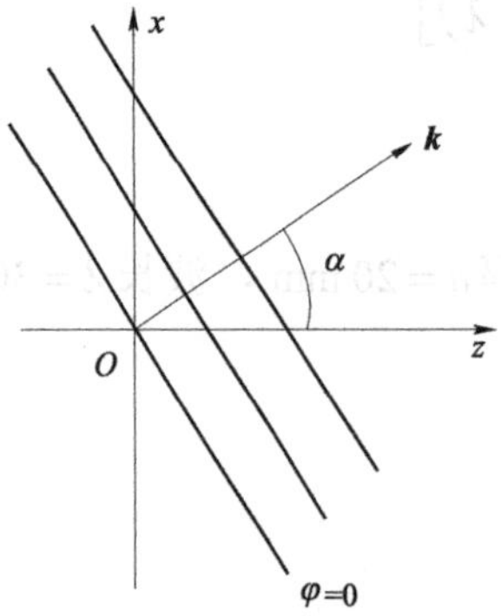

图1–34　题1.9图

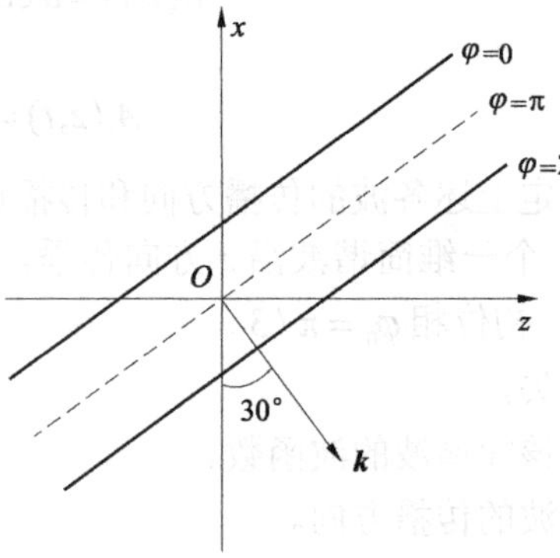

图1–35　题1.11图

1.12 有一波长为λ的简谐平面波沿z方向传播，如图1–36所示，假设在原点O处位相$\varphi_0 = \pi/2$，试求该波在下述各方向上的位相分布：

（1）沿x轴的位相分布$\varphi(x)$；

（2）沿y轴的位相分布$\varphi(y)$；

（3）沿z轴的位相分布$\varphi(z)$；

（4）沿$\boldsymbol{r}$方向（见图1–36）的位相分布$\varphi(\boldsymbol{r})$。

1.13 有一简谐平面波，其波面与y轴平行，波矢$\boldsymbol{k}$与z轴的夹角为θ，如图1–37所示，并设$\varphi_0 = 0$。

（1）写出该平面波在Oxy平面上的复振幅$\boldsymbol{E}(x,y)$的表达式。

（2）写出该平面波的共轭波在Oxy平面上的复振幅$\boldsymbol{E}^*(x,y)$的表达式。

（3）画出共轭波$\boldsymbol{E}^*(x,y,z)$的波矢$\boldsymbol{k}'$的方向（要求$0 \leqslant \gamma \leqslant \pi/2$，$\gamma$是$\boldsymbol{k}'$与$z$轴的夹角）。

1.14 自点源S发出一简谐球面波（图1–38），假设在$z = 0$平面上复振幅的近似表达式为

$$\boldsymbol{E}(x,y) = \frac{E_0}{d}\exp(\mathrm{j}kd)\exp\left\{\mathrm{j}\frac{\pi}{\lambda d}[(x-x_0)^2 + (y-y_0)^2]\right\}$$

（1）写出其共轭波$\boldsymbol{E}^*(x,y)$的表达式。

（2）说明$\boldsymbol{E}^*(x,y)$也是球面波，并求其球心位置。

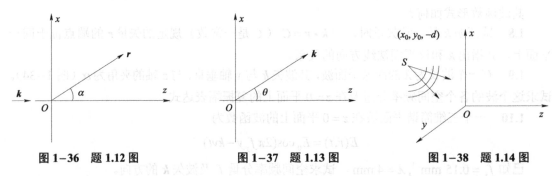

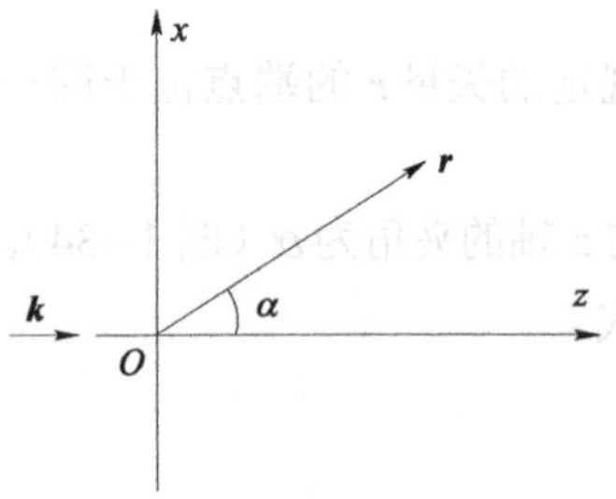

图1–36　题1.12图

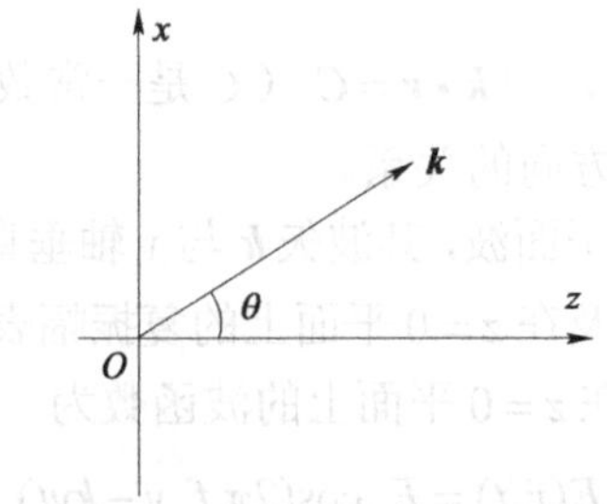

图1–37　题1.13图

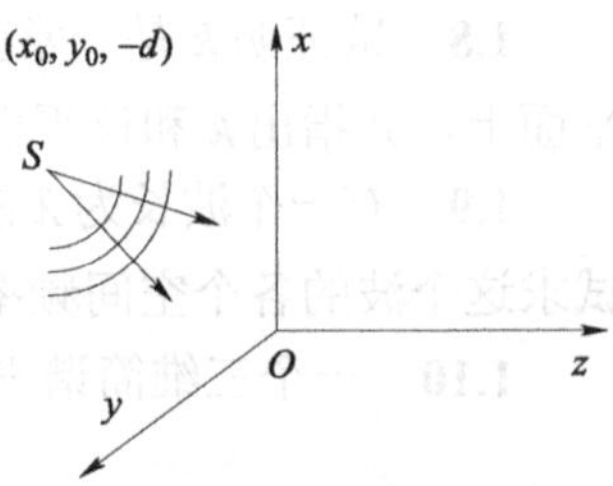

图1–38　题1.14图

1.15 已知一波长 $\lambda = 5\times10^{-4}$ mm 的简谐球面波在 Oxy 平面上的复振幅为下述形式：

$$\boldsymbol{E}(x,y) = E_0\exp\left[\mathrm{j}\frac{\pi}{4}(8x^2 - 4x + 8y^2 + 2y)\right]$$

式中，E_0 为一实常数，长度单位为 mm。试求此球面波的球心位置和在原点处的初位相值。

1.16 设一简谐平面电磁波电矢量的三个分量（采用 MKSA 单位）分别为

$$\begin{cases} E_x = E_z = 0 \\ E_y = 2\exp\left\{\mathrm{j}\left[2\pi\times10^{14}\left(\dfrac{x}{c} - t\right) + \dfrac{\pi}{4}\right]\right\} \end{cases}$$

（1）试求该电磁波的频率、波长、振幅和初位相，并指出其振动方向和传播方向。

（2）写出这个波的磁感应强度 $\boldsymbol{B}$ 的分量表达式。

1.17 有一简谐平面电磁波在玻璃内传播，已知其波函数为

$$\begin{cases} B_x = B_y = 0 \\ B_z = B_0\exp\left\{\mathrm{j}\left[\pi\times10^{15}\left(\dfrac{x}{0.65c} - t\right)\right]\right\} \end{cases}$$

（1）试求该波的频率、波长和传播速度，并求出玻璃的折射率。

（2）指出其振动方向和传播方向。

（3）写出这个波的电强度 E 的分量表达式。

1.18 一个三维简谐平面波在折射率为 1.5 的介质中的复振幅表示为

$$E(x,y,z) = 4\exp\left\{\mathrm{j}\left[-\frac{\pi}{2}\times10^3(x - y - \sqrt{2}z) + \varphi_0\right]\right\} \quad \text{（单位：mm）}$$

（1）求出此三维简谐平面波的波长 λ。

（2）求出此三维简谐平面波沿 x、y、z 坐标轴的空间频率 f_x、f_y、f_z。

（3）求出此三维简谐平面波传播方向与 x、y、z 坐标轴的方向角 α、β、γ。

（4）若初位相 $\varphi_0(x=0, y=0, t=0) = \dfrac{\pi}{3}$，写出此时三维简谐平面波在 Oxy 平面的波函数表达式 $E(x,y,t)$。

1.19 已知一平面电磁波在真空中沿 z 方向传播，振动方向 $\boldsymbol{E} /\!/ x, t = T/4$ 时刻的波形如图 1–39 所示，试写出该电磁波的电场 $\boldsymbol{E}$ 和磁场 $\boldsymbol{B}$ 的表达式。

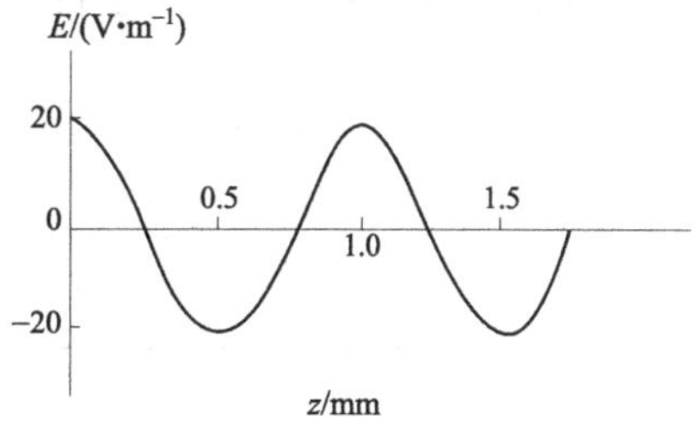

图 1–39 题 1.19 图

1.20 夏日正午垂直射向地球表面的太阳光光强 I 高达 $1.2\times10^3\ \mathrm{W/m^2}$，若把太阳光看作取平均波长的简谐平面波，试问其电场强度为何值？（采用 MKSA 单位）

1.21 一个点光源在真空中向四周均匀辐射，如果在距点光源 10 m 处电场的振幅为 10 V/m，试求该点光源的辐射功率。

1.22 一束平面光波以布儒斯特角射到一透明平行平板上，试证明在平板上下表面反射

的光波都是线偏振光。

1.23 有一束线偏振光入射到两媒质（折射率分别为 n_1 和 n_2）的分界面上。设入射角为 θ_i，振动方位角（振动方向与入射面的夹角）为 β_i。

（1）试求反射光和折射光的振动方位角 β_r 和 β_t 的表达式。

（2）设 $n_1=1.0, n_2=1.5, \beta_i=45°$，试求 $\theta_i=0°$ 和 $\theta_i=30°$ 时 β_r 和 β_t 的大小。

1.24 试证明对于任何入射角 θ_i，总有

$$\left.\begin{aligned}R_s+T_s=1\\R_p+T_p=1\end{aligned}\right\}\text{成立}$$

1.25 根据式（1–129）和式（1–130）证明：

（1）当入射光为线偏振光、振动方位角为 β 时，有

$$R=R_s\sin^2\beta+R_p\cos^2\beta$$

$$T=T_s\sin^2\beta+T_p\cos^2\beta$$

（2）当入射光为自然光时，有

$$R=\frac{1}{2}(R_s+R_p)$$

$$T=\frac{1}{2}(T_s+T_p)$$

1.26 一束平行光以布儒斯特角入射到空气—玻璃（$n_2=1.5$）界面上，试对下述两种情况求反射率 R 和透射率 T 的值：

（1）设入射光为线偏振光，振动方位角 $\beta=30°$；

（2）设入射光为自然光。

1.27 一玻璃平行平板（$n=1.5$）置于空气中，设一束振幅为 E_0、强度为 I_0 的平行光垂直射到玻璃表面上，试求前三束反射光 R_1、R_2、R_3 和前三束透射光 T_1、T_2、T_3（图 1–40）的振幅和强度。

1.28 有一棱镜式双筒望远镜，其光路如图 1–41 所示，若棱镜和透镜的折射率均为 1.5，试问入射光能量因反射损失了百分之几？

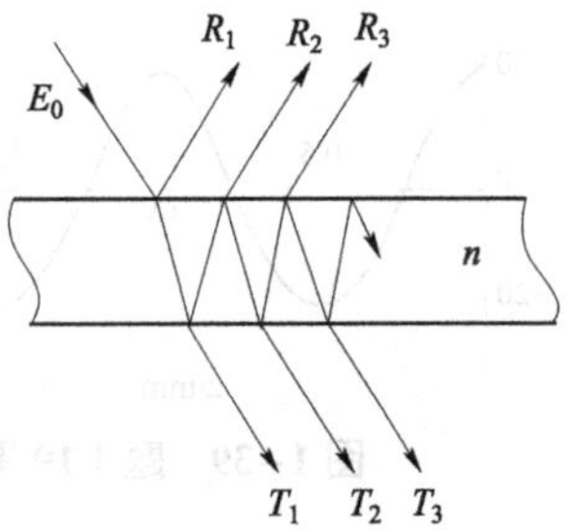

图 1–40 题 1.27 图

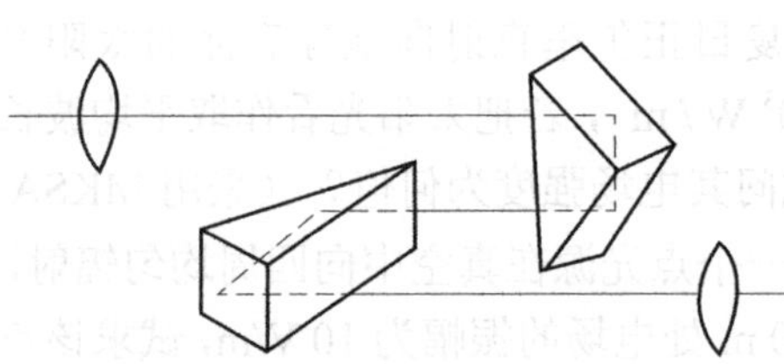

图 1–41 题 1.28 图

1.29 一束振动方向平行于入射面的平行光以布儒斯特角射到玻璃棱镜（$n=1.5$）的侧

面 AB 上，如图 1–42 所示，欲使入射光通过棱镜时没有反射损失，问棱镜顶角 A 应为多大？

1.30 已知一入射平面波在两种媒质（折射率分别为 n_1、n_2）分界面上的复振幅表达式为

$$\boldsymbol{E}_{\mathrm{i}} = \boldsymbol{E}_{\mathrm{i}0s} \exp\left(2\mathrm{j}\pi \frac{\sin\theta_i}{\lambda_1} x\right)$$

试求折、反射波在界面（即 $z=0$ 平面，见图 1–43）上的复振幅表达式。

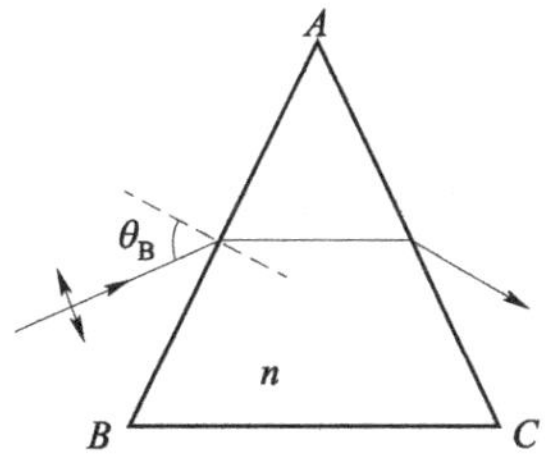

图 1–42　题 1.29 图

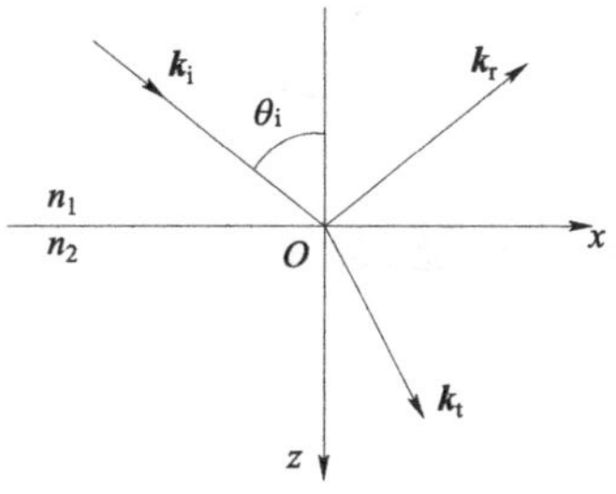

图 1–43　题 1.30 图

1.31 有一波长为 λ_1 的简谐平面波，以 θ_i 角入射到两媒质（折射率分别为 n_1 和 n_2）分界面上并发生全反射。假设波函数为

$$\boldsymbol{E}_{is} = \exp\{\mathrm{j}[2\pi(f_{ix}x + f_{iz}z) - \omega t]\}$$

并取界面为 $z=0$ 平面。试求：

（1）折射波的空间频率分量 f_{tx} 和 f_{tz}（设 $f_{tx}^2 + f_{ty}^2 + f_{tz}^2 = \dfrac{1}{\lambda_2^2}$ 仍成立）；

（2）折射波的位相（不计初位相）。

1.32 如图 1–44 所示，一直角棱镜（$n=1.5$）置于空气中，试问为了保证在棱镜斜面上发生全反射，最大入射角 α_{max} 为何值？

1.33 （1）试证明：在全反射时，如果入射角满足

$$\cos\theta_{\mathrm{i}} = \sqrt{\frac{n_1^2 - n_2^2}{n_1^2 + n_2^2}}$$

则 $\varphi_{rp} - \varphi_{rs}$ 达到极小值。

（2）设 $n_1 = 1.51, n_2 = 1.0$，试求上述 θ_i 值及 $\varphi_{rp} - \varphi_{rs}$ 的大小。

1.34 全反射时，通常把 n_2 媒质中 $E_t(z)/E_t(0) = 1/e$ 所对应的 z 值称为倏逝波的“穿透深度”，并用 d_0 表示。试求 $n_1 = 1.5, n_2 = 1.0, \theta_i = 60°, \lambda_i = 0.63\ \mu\mathrm{m}$ 时的 d_0 值。

1.35 有一根光学纤维如图 1–45 所示。其中 AB 段为直线，BC 段被弯曲成圆弧形，内径为 R。其他有关几何量已在图上标出。

（1）若 n_1、n_2、R、d 已知，试求此光纤的接纳角 α_0。（提示：欲使全部进入光纤的光线在圆弧段都能全反射，必须使图中所示光线在圆弧段的入射角不小于 θ_c。）

（2）若 $n_1 = 1.62, n_2 = 1.52, d = 50\ \mu\mathrm{m}$，试求 R 分别等于 1 mm，5 mm，10 mm 和 ∞ 时的 α_0 值。

（3）若要求 $\alpha_0 = 25^\circ$，试问 R 的最小值为何值？

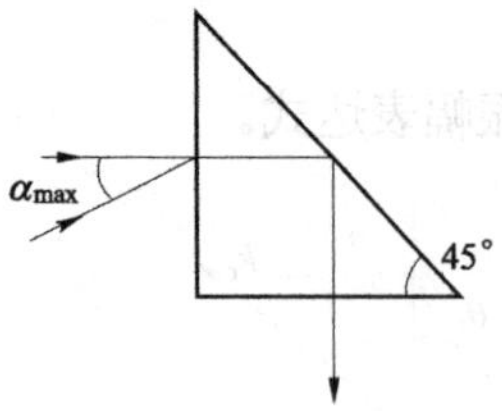

图 1-44　题 1.32 图

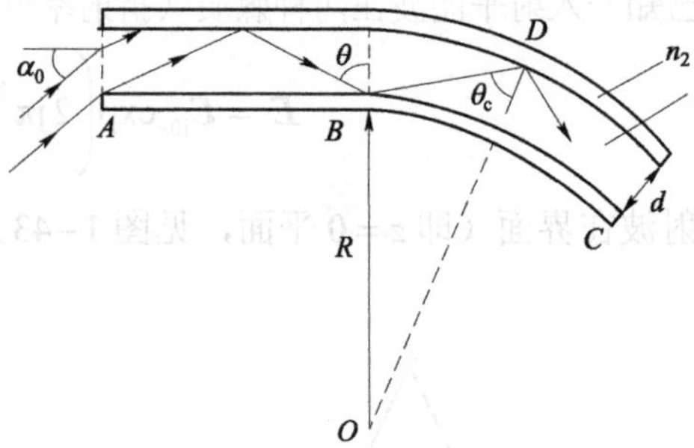

图 1-45　题 1.35 图

第2章 光的干涉

干涉是一种重要的波动现象，光的干涉及其应用是物理光学的一个重要研究内容。一方面，对干涉现象的研究促进了波动光学理论的发展；另一方面，光的干涉作为一种重要的检测手段，在生产实践和科学研究中得到了广泛的应用。

干涉是光波动性的体现，是研究光波衍射和偏振现象的基础，在薄膜理论、几何量高精度测量、光谱测量、全息技术等领域有极为重要的应用。

按照波动光学的观点，光的干涉是指两个或者多个光波在同一空间域叠加时，若该空间域的光能量密度分布不同于各个分量波单独存在时的光能量密度之和，即 $I(\boldsymbol{r}) \neq I_1(\boldsymbol{r}) + I_2(\boldsymbol{r})$，则称光波在该空间域发生了干涉。各分量波相互叠加并且发生了干涉的空间域称为干涉场；若在三维干涉场中放置一个二维的观察屏，屏上出现的稳定的辐照度分布图形则称为干涉条纹或干涉图形。

通常，干涉问题包含三个要素，即光源、干涉装置和干涉图形。干涉问题就是研究三个要素之间的关系，即从已知的两个要素求第三个要素的问题。干涉基本理论是从已知光源和干涉装置出发，研究干涉图形的分布规律；大多数干涉测量的任务，则是根据光源和干涉图形分布，研究干涉装置中待测物体引入的光程差或位相差变化；由干涉装置和干涉图形出发，研究光源的空间和时间分布性质，则是光谱学和天文观测的重要手段。

本章从干涉基本理论出发，推导出光波干涉的基本条件，在分析平面波和球面波等简单基元光波干涉的基础上，深入讨论分波面和分振幅双光束干涉的典型光路，干涉场位相差和强度分布特性以及求解方法，并对分振幅多光束干涉的分析方法和典型应用进行讨论。

2.1 干涉基本原理

2.1.1 波的叠加原理和平面标量波光波叠加综述

1. 波的叠加原理

光的干涉、衍射等波动现象是光波叠加的必然结果。叠加原理是波动光学的基本原理之一，也是解决光的干涉、衍射、偏振等波动问题的理论基础。波的叠加原理是以波的独立传播原理为前提的。

波的独立传播原理：光源 A 和光源 B 发出的两列光波在同一空间区域传播时，互不干扰，每列波按照各自的传播规律独立进行。

波的独立传播原理是一个由实验得出的原理。当从光源 A 和光源 B 发出的两列光波在同一空间区域传播时，它们之间互不干扰，每列波如何传播都按各自的规律独立进行，完全不受另一列波存在的影响。这就是波的独立传播原理。这一原理不仅对光波成立，而且是一切波动的共同性质。但是和一切实验定律一样，波的独立传播是有条件的。在真空中，波的独立传播原理是普遍成立的；但在其他媒质中则只有波的扰动比较小时，独立传播原理才能成立。

波的叠加原理：两列波在同一空间区域传播时，空间每一点将受到各分量波作用，在波叠加的空间区域，每一点扰动将等于各个分量波单独存在时该点的扰动之和。

当光波在媒质中传播时，必然引起空间各点的扰动。当两个或多个光波同时在同一空间区域传播时，空间每一点都将同时受到各分量波的作用，如果波的独立传播原理成立，则在它们叠加的空间区域内，每一点的扰动将等于各个分量单独存在时各点扰动之和，这就是波的叠加原理。这里所指的扰动，对机械弹性波来说，是指某质点振动的瞬时值；对光波来说，则是某考察点处电矢量振幅的瞬时值。所以波的叠加，即求考察点处合扰动的问题。当各分量波为标量波时，合扰动等于各分量波在该点扰动的标量和 $E=\sum_{i=1}^{N}E_i$ ；当各分量波为矢量波时，合扰动等于各分量波扰动的矢量和 $\boldsymbol{E}=\sum_{i=1}^{N}\boldsymbol{E}_i$ 。

式（1–24）所示的波动微分方程的线性性质表明，如果基元光波 $E_1(r,t)$ 和 $E_2(r,t)$ 都是波动微分方程的解，则 $E_1(r,t)$ 和 $E_2(r,t)$ 的线性叠加也是该方程的解，并构成一个复杂波。上述波动微分方程解的叠加性，构成了波的叠加原理的数学基础。但是，与波的独立传播原理一样，波的叠加原理也是根据大量实验结果总结出来的，应用波的叠加原理作出的对衍射、干涉等波动现象的正确解释才是波的叠加原理成立的真正依据。

波的叠加原理的成立也是有条件的，其条件和波的独立传播原理成立的条件相同，即波的叠加原理和独立传播原理是相容的。具体来说，只有在真空中传播，或者光波电磁场与媒质的相互作用满足线性条件时才能成立。按照经典理论，光波电磁场与媒质中带电粒子（主要是指原子的外层电子）相互作用，将产生一个新的极化电磁场，叠加在原来的电磁场上。只有当上述过程是线性时，叠加原理才能成立。原子核在外层电子处产生的电场强度为 10^{10} V/m 数量级，而地球表面直射阳光的电场强度仅 10^3 V/m 左右，所以普通光源发出的光波对媒质的作用只是一种“微扰”，波的叠加原理能够成立。但是对于电场强度接近和超过 10^{10} V/m 的强激光，光波与媒质的相互作用不再满足线性性。我们将波在其中传播时服从叠加原理和独立传播原理的媒质称为“线性媒质”，与此相反的媒质为“非线性媒质”。违背光的叠加原理和独立传播原理的光学现象称为“非线性效应”，研究光的非线性效应的学科称为“非线性光学”。本章只研究光波在“线性媒质”中传播的各种波动现象。

2. 平面标量波光波叠加综述

一般情况下，当两个或多个光波在空间相遇时，总会发生光波的叠加现象；当参与叠加的各个分量波的传播方向、振动方向或时间频率关系不同时，叠加的结果也不相同。本节仅限于讨论振动方向相同的光波，即标量波的叠加问题；对于矢量波的叠加问题，将在第 4 章讨论。并且为了简化分析过程，本节只限于讨论两个平面波的叠加问题。

1）同频同向传播标量波叠加

设两个分量波是时间频率为 ω，沿 z 轴方向传播，振幅分别为 E_{10} 和 E_{20}，初位相分别为 φ_{10}

和 φ_{20} 的简谐平面波，表示为

$$\begin{cases} E_1(z,t) = E_{10}\exp[\mathrm{j}(kz-\omega t+\varphi_{10})] \\ E_2(z,t) = E_{20}\exp[\mathrm{j}(kz-\omega t+\varphi_{20})] \end{cases} \tag{2-1}$$

合成波可以表示为

$$\begin{aligned} E(z,t) &= E_{10}\exp[\mathrm{j}(kz-\omega t+\varphi_{10})] + E_{20}\exp[\mathrm{j}(kz-\omega t+\varphi_{20})] \\ &= [E_{10}\exp(\mathrm{j}\varphi_{10}) + E_{20}\exp(\mathrm{j}\varphi_{20})]\exp[\mathrm{j}(kz-\omega t)] \\ &= E_0\exp[\mathrm{j}(kz-\omega t)] \end{aligned} \tag{2-2}$$

说明合成波仍然是与分量波时间频率相同，传播方向相同，其他空间、时间参量及位相速度都没有变化的简谐平面波。只是有了新的振幅和初位相，由

$$\begin{aligned} E_0 &= E_{10}\exp(\mathrm{j}\varphi_{10}) + E_{20}\exp(\mathrm{j}\varphi_{20}) \\ &= (E_{10}\cos\varphi_{10} + E_{20}\cos\varphi_{20}) + \mathrm{j}(E_{10}\sin\varphi_{10} + E_{20}\sin\varphi_{20}) \\ &= |E_0|\exp(\mathrm{j}\varphi_{10}) \end{aligned} \tag{2-3}$$

可求出合成波的振幅 $|E_0|$ 和初位相 φ_0

$$\begin{cases} |E_0| = [{E_{10}}^2 + {E_{20}}^2 + 2E_{10}E_{20}\cos(\varphi_{20}-\varphi_{10})]^{1/2} \\ \varphi_0 = \arctan\left(\dfrac{E_{10}\sin\varphi_{10} + E_{20}\sin\varphi_{20}}{E_{10}\cos\varphi_{10} + E_{20}\cos\varphi_{20}}\right) \end{cases} \tag{2-4}$$

说明合成波的振幅和初位相均取决于分量波的振幅和初位相。当 $E_{10} = E_{20}$ 时，有

$$E(z,t) = 2E_{10}\cos\left(\frac{\varphi_{20}-\varphi_{10}}{2}\right)\exp\left[\mathrm{j}\left(kz-\omega t+\frac{\varphi_{20}+\varphi_{10}}{2}\right)\right] \tag{2-5}$$

合成波的初位相等于两分量波初位相的平均值，其振幅取决于分量波的位相差，特别是当 $\varphi_{20} = \varphi_{10}$ 时，合成波与分量波振动状态完全相同，只是振幅增大一倍。当 $\varphi_{20} - \varphi_{10} = \pm\pi$ 时，两分量波位相相反，合振幅时时处处为零。图 2–1 画出了 $\varphi_{20} - \varphi_{10} = \dfrac{\pi}{2}$ 时，分量波 E_1、E_2 和合成波 E 的波形图。

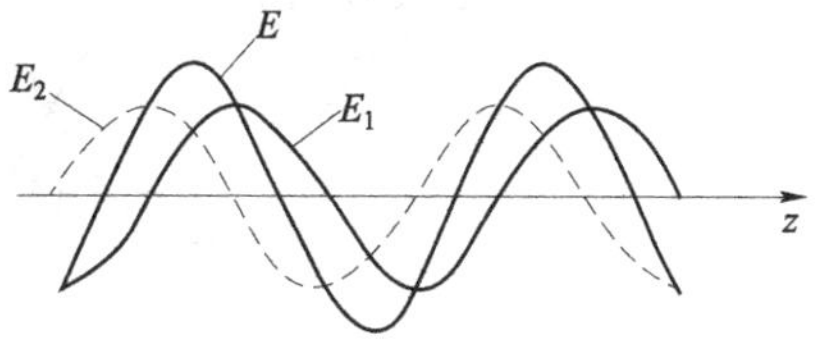

图 2–1　位相差为 $\dfrac{\pi}{2}$ 的分量波和合成波的波形图

2）同频反向传播标量波叠加

为了突出反向传播时光波叠加的主要特征，假定两分量波振幅相等，表示为

$$\begin{cases} E_1(z,t) = E_0\exp[\mathrm{j}(kz-\omega t+\varphi_{10})] \\ E_2(z,t) = E_0\exp[\mathrm{j}(-kz-\omega t+\varphi_{20})] \end{cases} \tag{2-6}$$

合成波为

$$\begin{aligned} E(z,t) &= E_0\exp[\mathrm{j}(kz-\omega t+\varphi_{10})] + E_0\exp[\mathrm{j}(-kz-\omega t+\varphi_{20})] \\ &= 2E_0\cos\left(kz-\frac{\varphi_{20}-\varphi_{10}}{2}\right)\exp\left[-\mathrm{j}\left(\omega t-\frac{\varphi_{20}+\varphi_{10}}{2}\right)\right] \end{aligned} \tag{2-7}$$

上式表明，合成波上各点都按圆频率 ω 做简谐振动。仔细分析可以发现，这个波与式（2–5）或图 2–1 描述的合成波有很大的差别。

首先，合成波的振幅不是常数，而是与位置坐标 z 有关，由式（2–7）可知，在满足

$$kz-\frac{\varphi_{20}-\varphi_{10}}{2}=m\pi \quad (m\ 为整数) \tag{2-8}$$

的考察点，振幅为最大值 $2E_0$，这些点称为波腹。在满足

$$kz-\frac{\varphi_{20}-\varphi_{10}}{2}=\left(m+\frac{1}{2}\right)\pi \quad (m\ 为整数) \tag{2-9}$$

的考察点，振幅始终为零，这些点称为波节。式（2–8）和式（2–9）说明，相邻波腹或相邻波节之间的距离为 $\frac{\lambda}{2}$，而相邻波腹和波节之间的距离为 $\frac{\lambda}{4}$。

其次，合成波的位相因子与空间位置坐标 z 无关，这表明式（2–7）所描述的波不会在 z 方向上传播，因此将这个波称为驻波。与此相对应，式（2–5）所描述的以位相速度 v_φ 沿 z 方向传播的波则称为行波。

驻波的位相因子与 z 无关，似乎说明合成波上任意考察点处的振动同位相，但是，由于 $\cos\left(kz-\frac{\varphi_{20}-\varphi_{10}}{2}\right)$ 可能取正值或负值，所以在取正值的区域和取负值的区域之间存在 π 的位相差。也就是说，在每一个波节两边的点，其振动是反向的。

图 2–2（a）给出了在 $\varphi_{20}=\varphi_{10}$ 的条件下，不同时刻 t 的波形图；图 2–2（b）可看作对驻波波形长时间曝光的"照片"，阴影部分表示各点的振动范围。

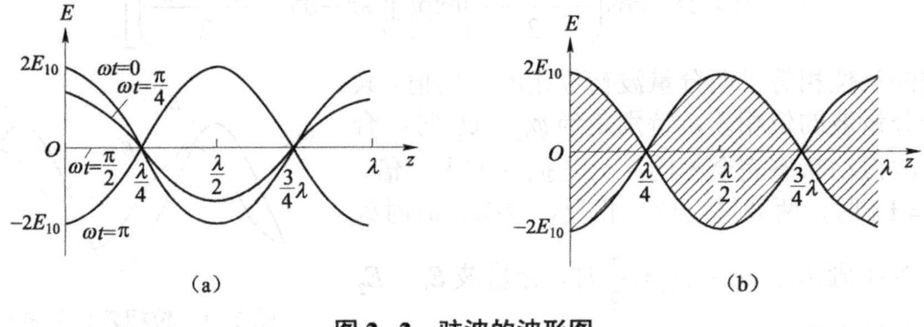

图 2–2 驻波的波形图

（a）不同时刻的波形图；（b）驻波的照片

值得注意的是，当两个分量波的振幅不相等时，例如 $E_{10}=E_{20}+\Delta E$，采用和前面相同的方法，很容易导出合成波的波函数为

$$E(z,t)=2E_{20}\cos\left(kz-\frac{\varphi_{20}-\varphi_{10}}{2}\right)\exp\left[-\mathrm{j}\left(\omega t-\frac{\varphi_{20}+\varphi_{10}}{2}\right)\right]+\Delta E\exp[\mathrm{j}(kz-\omega t+\varphi_{10})] \tag{2-10}$$

这是一个驻波和一个行波之和，因此合成波在波节处振幅不再为零，波节处的振动完全是由行波引起的，其他考察点的振幅则是由行波和驻波共同引起的，并且由于有行波存在，将会有能量的传播。

驻波具有稳定的周期性强度分布，这一强度分布不仅和空间位置 z 有关，而且和两分量

波的波长和初位相差有关。通过对驻波场的分析和测量，可以获得相关信息，如著名的维纳（Otto Wiener）实验和弗罗姆（Froome）利用驻波场测量电磁波位相速度的实验，都是成功应用驻波特性的典型事例。

驻波现象在光学中相当普遍，例如，全反射中入射光和反射光传播方向垂直于界面的分量相互叠加，在 z 方向形成驻波，而它们平行于界面的分量相互叠加则在 x 方向形成行波，如图 2-3 所示。

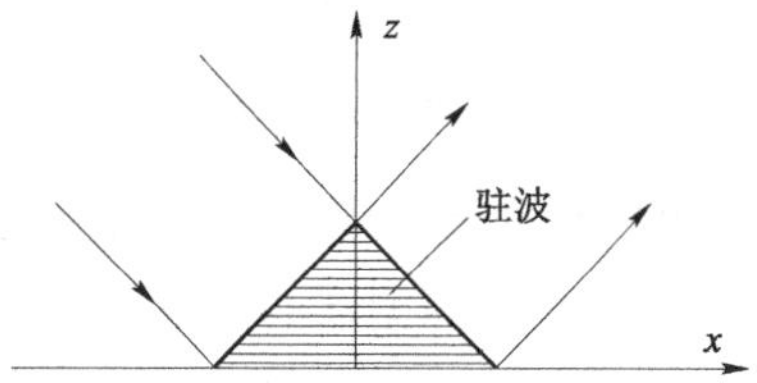

图 2-3　全反射时入射光与反射光的叠加

3）两个同频率沿任意方向传播的平面波叠加

这是两个平面波干涉的问题。虽然前面讨论的两束光同向传播的叠加也是一种干涉现象，但大多数干涉问题是研究非同向传播的两束光或多束光的叠加。对这一类问题，将在本章后面各节中展开深入讨论。

4）不同频率标量波的叠加——拍频

一般来说，由不同频率简谐波叠加而成的合成波，在空间和时间上的变化规律都相当复杂，本节只介绍一些特殊的，然而却是十分有用的特例。

考虑下述两个同向传播、振幅相等的简谐平面波叠加问题：

$$\begin{cases} E_1(z,t) = E_{10}\exp[\mathrm{j}(k_1 z - \omega_1 t + \varphi_{10})] \\ E_2(z,t) = E_{10}\exp[\mathrm{j}(k_2 z - \omega_2 t + \varphi_{20})] \end{cases} \tag{2-11}$$

合成波的波函数可以表示为

$$\begin{aligned} E(z,t) &= E_1(z,t) + E_2(z,t) \\ &= 2E_{10}\cos\left(\frac{\Delta k}{2}z - \frac{\Delta\omega}{2}t + \frac{\Delta\varphi_0}{2}\right)\exp[\mathrm{j}(\bar{k}z - \bar{\omega}t + \bar{\varphi}_0] \end{aligned} \tag{2-12}$$

其中

$$\Delta k = k_2 - k_1,\quad \bar{k} = \frac{k_1 + k_2}{2}$$

$$\Delta\omega = \omega_2 - \omega_1,\quad \bar{\omega} = \frac{\omega_1 + \omega_2}{2}$$

$$\Delta\varphi_0 = \varphi_{20} - \varphi_{10},\quad \bar{\varphi}_0 = \frac{\varphi_{10} + \varphi_{20}}{2}$$

这是一个振幅受调制的行波，两分量波和行波的波形图如图 2-4 所示。

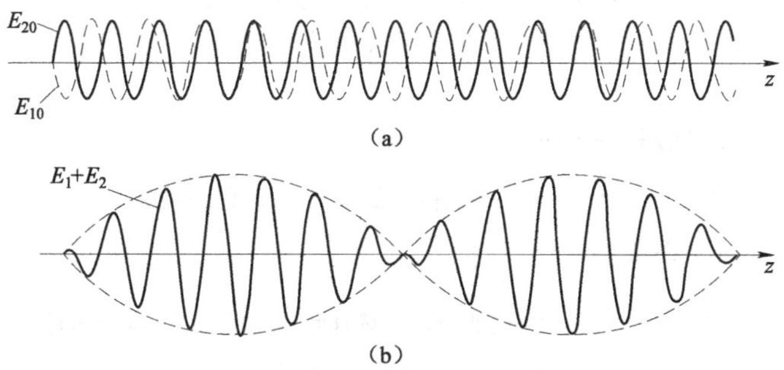

图 2-4　拍频现象的产生

（a）分量波的波形图；（b）合成波的波形图

应用电子学的术语，式（2-12）中复指数因子 $\exp[\mathrm{j}(\bar{k}z-\bar{\omega}t+\bar{\varphi}_0)]$ 表示的波叫作“载波”，它的传播数 $\bar{k}$、时间圆频率 $\bar{\omega}$、初位相 $\bar{\varphi}_0$ 均等于两分量波对应参量的平均值，图 2-4（b）中用实线描绘的高频振荡曲线即“载波”的波形图。式（2-12）中余弦因子 $\cos\left(\frac{\Delta k}{2}z-\frac{\Delta\omega}{2}t+\frac{\Delta\varphi_0}{2}\right)$ 也表示沿 z 方向传播的行波，称为“调制波”。它的时间圆频率等于 $\frac{\Delta\omega}{2}$，图 2-4（b）用虚线描绘的低频包络曲线即“调制波”的波形图。实际上，当 $\omega_2\approx\omega_1$ 时，$\Delta\omega$ 可能小到无线电波频率范围之内，从而可以直接用仪器测出调制波的振动。由于载波频率 ω 远远高于探测器的响应频率，所以仪器所测量的仍然是探测器在响应时间间隔 τ 内的平均能流密度 I，只要 $\frac{2\pi}{\Delta\omega}>>\tau>>\frac{2\pi}{\bar{\omega}}$，则有

$$I\propto E\bullet E^*=2E_{10}^2[1+\cos(\Delta kz-\Delta\omega t+\Delta\varphi_0)] \tag{2-13}$$

图 2-5 画出了探测器输出的光强信号曲线。可以看出，输出信号的时间圆频率为 $\Delta\omega$，等于两个分量波的圆频率之差，这个频率称为“拍频”。这种由两个交变物理量叠加产生一个差频物理量的现象称为“拍频现象”。从前面的分析可知，探测到的拍频信号 I 虽然是低频的强度分布，但它包含了原分量波的频率差 $\Delta\omega$ 和位相差 $\Delta\varphi_0$。所以，通过拍频技术，可以将高频信号的频率信号和位相信息转移到差频信号中，从而可以利用较为成熟的低频信号检测技术来测量，这正是拍频现象的应用价值。目前广泛应用于长度和振动精密测量方面的激光外差干涉仪正是基于这一原理设计的。

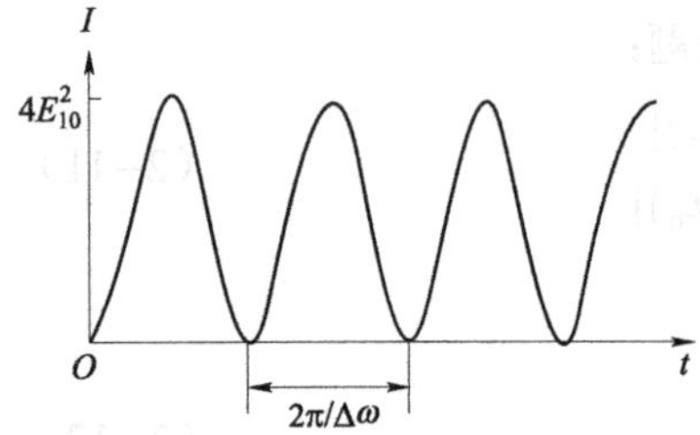

图 2-5　拍频信号曲线

例 2.1　试利用复数表示法求下述两个波的合成波函数，并说明该合成波的主要特点：

$$E_1=3\cos(-kz-\omega t)$$
$$E_2=-3\cos(kz-\omega t)$$

解题思路及提示：本题所用到的知识点是标量光波的叠加问题。与第 1 章光波的数学描述之间具有一个承上启下的作用，既复习应用了第 1 章的波函数相关知识，又巩固了波的叠加原理，为深入研究光波的干涉打下基础。解题关键是利用第 1 章波函数的相关知识写出波函数的复指数表示形式，再利用波的叠加原理求解合成波波函数，并学会根据波函数分析波的特点。

解：将两个分量波写成复指数形式：

$$E_1=3\exp[\mathrm{j}(-kz-\omega t)]\text{；}\quad E_2=3\exp[\mathrm{j}(kz-\omega t+\pi)]$$

根据波的叠加原理，合成波的复振幅

$$E=E_1+E_2=3\exp[\mathrm{j}(-kz-\omega t)]+3\exp[\mathrm{j}(kz-\omega t+\pi)]$$
$$=6\cos\left(kz+\frac{\pi}{2}\right)\exp\left[-\mathrm{j}\left(\omega t-\frac{\pi}{2}\right)\right]$$

由合成波波函数可以看出，合成波的位相因子与空间位置坐标 z 无关，不会在 z 方向传播，合成波是一个驻波。合成波上各点都按圆频率 ω 做简谐振动，但合成波的振幅不是常数，而是与位置坐标 z 有关，在满足 $kz+\frac{\pi}{2}=m\pi$ 的考察点，振幅为最大值 6，为波腹；在满足 $kz+\frac{\pi}{2}=\left(m+\frac{1}{2}\right)\pi$ 的考察点，振幅始终为零，为波节。

2.1.2　双光束干涉的基本条件

除了油膜和肥皂泡上的彩色条纹，自然界中的干涉现象并不多见，这是因为干涉必须满足一定条件，即相干条件。本节从光波干涉的定义出发，讨论干涉的基本条件。

1. 干涉场强度

如前所述，干涉问题包含光源、干涉装置和干涉图形三个要素，下面首先来讨论如何描述干涉图形的性质和特征。

根据光的干涉定义，干涉装置中光能量密度的空间分布是干涉现象是否存在的判据。考虑到在光和物质相互作用过程中起主要作用的是光波的电场，而电场能量密度 ω_e 正比于考察点电场强度的平方，并随时间 t 快速变化，探测器所能反映的只是 ω_e 的时间平均值，表示为

$$\langle\omega_e\rangle=\frac{\varepsilon}{2}\langle\boldsymbol{E}^2\rangle=\frac{\varepsilon}{2}\langle\boldsymbol{E}\cdot\boldsymbol{E}^*\rangle \tag{2-14}$$

式中，ε 为介电常数，$\boldsymbol{E}$ 为电场强度。在干涉问题中，$\boldsymbol{E}$ 表示任一考察点 $P(\boldsymbol{r})$ 处，各个分量波叠加的瞬时合电场强度。通常情况下，有意义的是干涉场中光能量密度的相对分布，因此可以用 $\langle\omega_e\rangle$ 的相对分布来描述一个干涉图形，定义为干涉场强度，并表示为 $I(\boldsymbol{r})$：

$$I(\boldsymbol{r})=\langle\boldsymbol{E}\cdot\boldsymbol{E}^*\rangle \tag{2-15}$$

空间干涉场强度 $I(\boldsymbol{r})$ 的单位是 $\mathrm{J}/(\mathrm{s}\cdot\mathrm{m}^3)$。如果在三维干涉场中放置一个二维观察屏，屏上的辐照度正比于对应点的干涉场强度 $I(\boldsymbol{r})$，于是观察屏上 $I(\boldsymbol{r})$ 的单位为 $\mathrm{J}/(\mathrm{s}\cdot\mathrm{m}^2)$。

2. 干涉项和干涉基本条件

以两个单色平面波叠加为例，分析干涉基本条件。设在空间一点 $P(\boldsymbol{r})$ 叠加的两个平面波 $\boldsymbol{E}_1$ 和 $\boldsymbol{E}_2$ 的波函数分别为

$$\begin{aligned}\boldsymbol{E}_1(\boldsymbol{r},t)&=\boldsymbol{E}_{10}\cos(\boldsymbol{k}_1\cdot\boldsymbol{r}-\omega_1 t+\varphi_{10})\\ \boldsymbol{E}_2(\boldsymbol{r},t)&=\boldsymbol{E}_{20}\cos(\boldsymbol{k}_2\cdot\boldsymbol{r}-\omega_2 t+\varphi_{20})\end{aligned} \tag{2-16}$$

应用波的叠加原理，可知 t 时刻，$P(\boldsymbol{r})$ 点处的合扰动为

$$\boldsymbol{E}(\boldsymbol{r},t)=\boldsymbol{E}_1(\boldsymbol{r},t)+\boldsymbol{E}_2(\boldsymbol{r},t) \tag{2-17}$$

代入式（2-15），干涉场的强度为

$$\begin{aligned}I(\boldsymbol{r})&=\langle(\boldsymbol{E}_1+\boldsymbol{E}_2)\cdot(\boldsymbol{E}_1+\boldsymbol{E}_2)^*\rangle\\&=\langle\boldsymbol{E}_1\cdot\boldsymbol{E}_1^*\rangle+\langle\boldsymbol{E}_2\cdot\boldsymbol{E}_2^*\rangle+\langle\boldsymbol{E}_1\cdot\boldsymbol{E}_2^*\rangle+\langle\boldsymbol{E}_1^*\cdot\boldsymbol{E}_2\rangle\\&=I_1(\boldsymbol{r})+I_2(\boldsymbol{r})+2\langle\boldsymbol{E}_1\cdot\boldsymbol{E}_2\rangle\end{aligned} \tag{2-18}$$

式中，$I_1(\boldsymbol{r})$ 和 $I_2(\boldsymbol{r})$ 是 $\boldsymbol{E}_1$ 和 $\boldsymbol{E}_2$ 单独存在时 $P(\boldsymbol{r})$ 处的强度。按照光的干涉的定义

$I(\boldsymbol{r}) \neq I_1(\boldsymbol{r}) + I_2(\boldsymbol{r})$，只有当 $2\langle \boldsymbol{E}_1 \cdot \boldsymbol{E}_2 \rangle$ 不为零时，才说明该处发生了光的干涉，因此称 $2\langle \boldsymbol{E}_1 \cdot \boldsymbol{E}_2 \rangle$ 为两束光干涉的干涉项。不难看出，干涉项的出现是光波叠加的结果。下面具体分析干涉项不为零的条件。

将 $\boldsymbol{E}_1$ 和 $\boldsymbol{E}_2$ 的波函数代入干涉项的表示式，可得

$$2\langle \boldsymbol{E}_1 \cdot \boldsymbol{E}_2 \rangle = \boldsymbol{E}_{10} \cdot \boldsymbol{E}_{20} \{ \langle \cos[(\boldsymbol{k}_2 + \boldsymbol{k}_1) \cdot \boldsymbol{r} - (\omega_2 + \omega_1)t + (\varphi_{20} + \varphi_{10})] \rangle + \langle \cos[(\boldsymbol{k}_2 - \boldsymbol{k}_1) \cdot \boldsymbol{r} - (\omega_2 - \omega_1)t + (\varphi_{20} - \varphi_{10})] \rangle \} \tag{2-19}$$

式中，第一项为和频项，由于其时间周期 $\dfrac{2\pi}{\omega_2 + \omega_1}$ 远小于探测器时间 τ，所以第一项的时间平均值为零；第二项为差频项，只有当时间周期满足 $\dfrac{2\pi}{\omega_2 - \omega_1} >> \tau$ 时，其时间平均值才不为零。迄今所知响应最快的探测器的响应时间 τ 也大于 10^{-9} s，这就要求 $\omega_2 - \omega_1 << 2\pi \times 10^9 / \mathrm{s}$ 才能保证差频项的时间平均值不为零，这个频率差只有 ω_1 和 ω_2 的百万分之一。当 ω_2 和 ω_1 的差值满足上述条件时，虽然可以探测到由干涉项产生的时间拍频信号，但正如前面所分析的，该信号不能形成稳定的干涉强度的空间分布，只能借助于无线电频率检测或位相检测技术来探测。所以在光的干涉问题中，为了获得稳定的干涉强度空间分布，首先必须满足的条件是

$$\omega_1 = \omega_2 \tag{2-20}$$

由式（2-19）看出，干涉项不为零的第二个条件是

$$\boldsymbol{E}_{10} \cdot \boldsymbol{E}_{20} \neq 0 \tag{2-21}$$

上式表明，只有两个分量波的振动方向不正交时才能产生干涉。实际情况经常是两个分量波的振动方向既不正交又不平行，这时可将其分解为相互平行和相互垂直的振动分量，只有平行分量才能产生干涉。

保证干涉不为零的第三个条件是

$$\varphi_{20} - \varphi_{10} = 常数 \tag{2-22}$$

即要求两分量波的初位相差恒定，因为只有当 $\varphi_{20} - \varphi_{10}$ 不随时间 t 变化时，式（2-19）第二项的时间平均值才不为零。

根据干涉项不为零的条件，可以推导出光波干涉问题中获得稳定强度空间分布的条件，即光波的干涉条件或相干条件：

$$\omega_2 = \omega_1，\ \boldsymbol{E}_{10} \cdot \boldsymbol{E}_{20} \neq 0，\ \varphi_{20} - \varphi_{10} = 常数$$

上述三个条件称为干涉条件或相干条件，完全满足这三个条件的光波称为“相干光波”。实际上，上述三个条件并非处于同等的地位，其中条件一式（2-20）是任何波发生干涉必须满足的基本条件，当该条件满足时，对于严格的单色光波而言，条件三式（2-22）自然得到满足。然而在光波波段不存在严格意义的单色波，因为普通光源上各个原子发光都是间断的，每次发光的持续时间不会大于 10^{-8} s。因此，不同发光原子，或同一原子在不同时刻发射的光波在位相上是互不关联的，即 $\varphi_{20} - \varphi_{10}$ 是随时间 t 变化的，变化频率也在 $10^8/\mathrm{s}$ 量级。这样，式（2-19）第二项的时间平均值仍将为零，或至少是不稳定的，所以式（2-22）是得到稳定干涉场的一个必要条件。

3. 干涉装置

由前面相干条件的讨论，一般情况下，只有来自同一光源（例如同一个发光原子）的两个或几个光波才可能干涉，因为不同原子发出的光，其频率、偏振初始状态和位相都是随机的，不能满足相干条件。因此干涉现象的发生，一般都需要干涉装置来实现。

干涉装置的作用可以概括为三个方面，即产生两个或多个相干光波；引入被测对象；改变各相干光波的传播方向或波形，并使其叠加，产生干涉。

第一个作用又被称为“分光”功能，根据分光方法的不同，干涉装置基本上可分为两类。第一类称为分波面干涉装置，它在光源发出的光波波面上划分出两个或多个空间区域，并使各区域的光波叠加产生干涉；第二类称为分振幅干涉装置，它利用折、反射或衍射，将入射光波按振幅比例分为两束或多束，并使各相干光束叠加产生干涉。在现代光学中，还有另一类分光方法，称为时间分割法，它是利用全息术的波前记录和再现原理，将不同时间的波面存储在同一全息图上，然后通过衍射再现，使其叠加产生干涉。

2.1.3　两个平面波的干涉

平面波和球面波是构成复杂波的基元成分，掌握对简单基元光波干涉的分析方法，是解决一般干涉问题的基础。本节和下节将分析讨论这两种基元光波的干涉。

1. 干涉场强度公式

为了简化运算，下面用复指数函数来表示各相干光波。设两个相干平面波的波函数为

$$\begin{aligned}\boldsymbol{E}_1(\boldsymbol{r},t)&=\boldsymbol{E}_{10}\exp\left[\mathrm{j}(\boldsymbol{k}_1\bullet\boldsymbol{r}-\omega t+\varphi_{10})\right]\\\boldsymbol{E}_2(\boldsymbol{r},t)&=\boldsymbol{E}_{20}\exp\left[\mathrm{j}(\boldsymbol{k}_2\bullet\boldsymbol{r}-\omega t+\varphi_{20})\right]\end{aligned}\tag{2-23}$$

代入干涉场强度公式（2–18），得到两个平面波干涉的强度公式为

$$\begin{aligned}I(\boldsymbol{r})&=\left\langle(\boldsymbol{E}_1+\boldsymbol{E}_2)\bullet(\boldsymbol{E}_1^*+\boldsymbol{E}_2^*)\right\rangle\\&=\left\langle\boldsymbol{E}_1\bullet\boldsymbol{E}_1^*\right\rangle+\left\langle\boldsymbol{E}_2\bullet\boldsymbol{E}_2^*\right\rangle+\left\langle\boldsymbol{E}_1\bullet\boldsymbol{E}_2^*\right\rangle+\left\langle\boldsymbol{E}_1^*\bullet\boldsymbol{E}_2\right\rangle\\&=\left|\boldsymbol{E}_{10}\right|^2+\left|\boldsymbol{E}_{20}\right|^2+2\boldsymbol{E}_{10}\bullet\boldsymbol{E}_{20}\cos\left[(\boldsymbol{k}_2-\boldsymbol{k}_1)\bullet\boldsymbol{r}+(\varphi_{20}-\varphi_{10})\right]\end{aligned}\tag{2-24}$$

若两平面波为振动方向相同的平面偏振波，即两光波叠加时振动分量相互平行，则上式可写为

$$I(\boldsymbol{r})=I_1(\boldsymbol{r})+I_2(\boldsymbol{r})+2\sqrt{I_1(\boldsymbol{r})I_2(\boldsymbol{r})}\cos(\Delta\varphi)\tag{2-25}$$

式中，$I_1=\left|\boldsymbol{E}_{10}\right|^2$，$I_2=\left|\boldsymbol{E}_{20}\right|^2$，分别表示两个平面波单独存在时考察点 $P(\boldsymbol{r})$ 处的强度，第三项余弦函数项为干涉项。式（2–24）和式（2–25）表明，两个平面波干涉，干涉场的强度按余弦函数规律变化，余弦函数的位相

$$\Delta\varphi=(\boldsymbol{k}_2-\boldsymbol{k}_1)\bullet\boldsymbol{r}+(\varphi_{20}-\varphi_{10})\tag{2-26}$$

表示两相干光波从光源出发到达考察点 $P(\boldsymbol{r})$ 时的位相差，干涉场的强度分布完全由位相差分布唯一确定。式（2–24）中，余弦项的系数 $2\boldsymbol{E}_{10}\bullet\boldsymbol{E}_{20}$ 称为干涉场的调制幅度，当 $\boldsymbol{E}_1$ 和 $\boldsymbol{E}_2$ 的振动方向平行时，点积改写为标量积，调制幅度为 $2E_{10}E_{20}$；当 $\boldsymbol{E}_1$ 和 $\boldsymbol{E}_2$ 的振动方向既不平行，也不正交时，点积 $\boldsymbol{E}_{10}\bullet\boldsymbol{E}_{20}$ 表示两分量波中只有振动方向平行的成分能产生干涉。

2. 干涉强度分布特点

按照式（2–24），可以分析两个平面波干涉的三维干涉场强度分布以及二维观察屏上强度分布特点。

1）等强度面

由式（2–24）可知，三维干涉场中等强度面即等位相差面，或者说是位相差相等的考察点的集合。因此等强度面的方程可表示为

$$\Delta\varphi=(\boldsymbol{k}_2-\boldsymbol{k}_1)\cdot\boldsymbol{r}+(\varphi_{20}-\varphi_{10})=C'(\text{常数}) \tag{2–27}$$

或者

$$(\boldsymbol{k}_2-\boldsymbol{k}_1)\cdot\boldsymbol{r}=\Delta\boldsymbol{k}\cdot\boldsymbol{r}=C(\text{常数}) \tag{2–28}$$

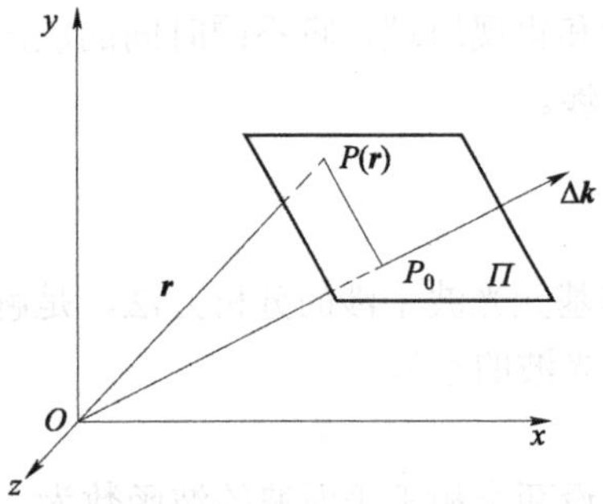

图 2–6　两平面波干涉的等强度面

式（2–28）是以 C 为参数的平面点法式方程，如图 2–6 所示，垂直于 $\Delta\boldsymbol{k}$ 的平面 Π 上任意点 $P(\boldsymbol{r})$ 均满足式（2–28）的方程。由此可知，两个平面波干涉的等强度面是三维空间一系列平行平面，等强度面法线方向为 $\Delta\boldsymbol{k}=\boldsymbol{k}_2-\boldsymbol{k}_1$ 的方向，等强度面的位置由方程（2–28）确定。

2）峰值强度面

由式（2–24）看出，最大强度面满足的条件是

$$\Delta\varphi=(\boldsymbol{k}_2-\boldsymbol{k}_1)\cdot\boldsymbol{r}+(\varphi_{20}-\varphi_{10})=2m\pi\ （m\text{ 为整数}） \tag{2–29}$$

干涉强度的极大值

$$I_{\mathrm{M}}=|\boldsymbol{E}_{10}|^2+|\boldsymbol{E}_{20}|^2+2\boldsymbol{E}_{10}\cdot\boldsymbol{E}_{20}\cos(2m\pi)=|\boldsymbol{E}_{10}+\boldsymbol{E}_{20}|^2 \tag{2–30}$$

最小强度面满足的条件是

$$\Delta\varphi=(\boldsymbol{k}_2-\boldsymbol{k}_1)\cdot\boldsymbol{r}+(\varphi_{20}-\varphi_{10})=(2m+1)\pi\ （m\text{ 为整数}） \tag{2–31}$$

干涉强度的极小值为

$$I_{\mathrm{m}}=|\boldsymbol{E}_{10}|^2+|\boldsymbol{E}_{20}|^2+2\boldsymbol{E}_{10}\cdot\boldsymbol{E}_{20}\cos[(2m+1)\pi]=|\boldsymbol{E}_{10}-\boldsymbol{E}_{20}|^2 \tag{2–32}$$

这一结果表明，干涉是光波波动性的必然结果。当两相干光波 $\boldsymbol{E}_1$ 和 $\boldsymbol{E}_2$ 叠加时，在位相差 $\Delta\varphi$ 等于 2π 整数倍的那些点，发生了相长干涉，干涉强度取极大值；在位相差 $\Delta\varphi$ 等于 π 的奇数倍的那些点，发生了相消干涉，干涉强度取极小值。于是在三维干涉场中出现了一系列周期排列的强度极大和极小的面。由 $I_{\mathrm{M}}+I_{\mathrm{m}}=2(I_1+I_2)$ 可知，干涉过程符合能量守恒定律，当 $\boldsymbol{E}_1$ 和 $\boldsymbol{E}_2$ 离开叠加区域，仍将按原来的振幅和位相规律传播。

式（2–29）中的整数 m 称为干涉级，实际上，m 为整数时，代表最大强度面的干涉级。但在以后的叙述中，干涉级 m 也可以取小数，在这种情况下，m 表示任意等强面的干涉级。在这个意义上，m 也可以表示两相干光波的位相差 $\Delta\varphi=2m\pi$，或者光程差 $\Delta=m\lambda$。

3）干涉强度的空间频率和空间周期

由于干涉场强度 $I(\boldsymbol{r})$ 呈空间周期性分布，因此可以用空间频率的概念来描述强度 $I(\boldsymbol{r})$ 周期性变化的速率。定义 $I(\boldsymbol{r})$ 的空间频率 $\boldsymbol{f}$ 为一个矢量，$\boldsymbol{f}$ 的方向即考察方向，其模值 $|\boldsymbol{f}|$ 表示 $I(\boldsymbol{r})$ 在考察方向上单位距离之内变化的周期数。首先考察沿 $I(\boldsymbol{r})$ 最大强度面法线方向（即

$\Delta\boldsymbol{k}$ 方向）的空间频率，为此，将最大强度面的方程（2–29）写成标量形式：

$$\left|(k_2-k_1)r\right|+(\varphi_{20}-\varphi_{10})=2m\pi$$

两边微分：

$$\left|k_2-k_1\right|\left|\mathrm{d}r\right|=2\pi\mathrm{d}m$$

于是空间频率可表示为

$$\left|\boldsymbol{f}\right|=\frac{\mathrm{d}m}{\mathrm{d}r}=\frac{\left|\boldsymbol{k}_2-\boldsymbol{k}_1\right|}{2\pi} \tag{2–33}$$

设两个相干平面波的波矢量 $\boldsymbol{k}_1$ 和 $\boldsymbol{k}_2$ 之间夹角为 θ（见图 2–7），由于

$$\left|\boldsymbol{k}_1\right|=\left|\boldsymbol{k}_2\right|=\frac{2\pi}{\lambda}$$

可得出

$$|\boldsymbol{f}|=\frac{|\boldsymbol{k}_1|}{\pi}\sin\frac{\theta}{2}=\frac{2\sin\dfrac{\theta}{2}}{\lambda} \tag{2–34}$$

空间频率 $\left|\boldsymbol{f}\right|$ 的倒数称为空间周期 P，它表示在 $\boldsymbol{f}$ 方向上，两个相邻的最大（或最小）强度面之间的距离，由式（2–34）可知：

$$P=\frac{1}{\left|\boldsymbol{f}\right|}=\frac{\lambda}{2\sin\dfrac{\theta}{2}} \tag{2–35}$$

4）二维观察平面上的强度分布——干涉图形

在三维干涉场中放置一个二维的观察屏，屏上将出现强度变化的干涉图形，这实际上是峰值强度面和观察平面的交线，因此又称为干涉条纹。对于两个平面波干涉的情形，峰值强度面是强度按余弦规律变化的平行等距平面，因此，Π 平面上的干涉条纹应是一组平行等距的直线形条纹，条纹的方向及空间频率（或空间周期）与观察屏 Π 的方向有关。图 2–8 给出了几种不同的情形。

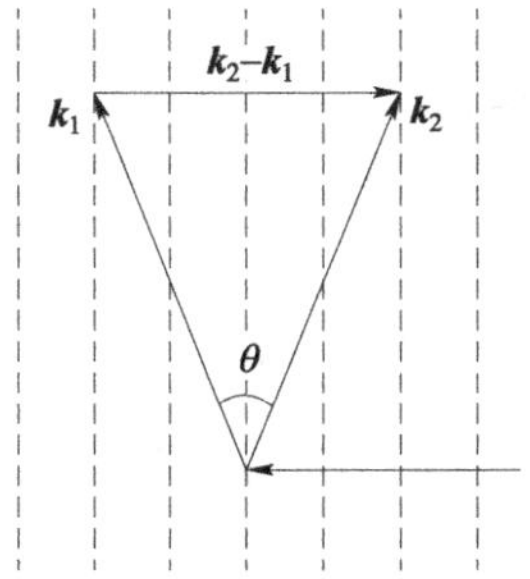

图 2–7　空间频率与 θ 的关系

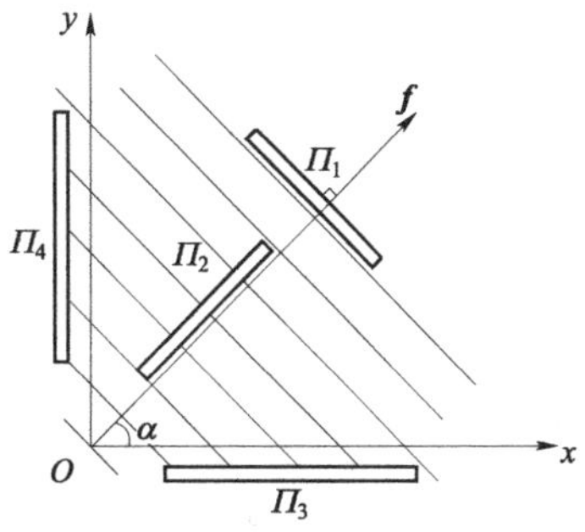

图 2–8　二维观察屏上的干涉条纹

Π_1 垂直于 $\boldsymbol{f}$，干涉条纹空间频率 $\left|\boldsymbol{f}_1\right|=0$，为无限宽条纹。

Π_2 平行于 $\boldsymbol{f}$，条纹空间频率 $\left|\boldsymbol{f}_2\right|=\dfrac{2\sin(\theta/2)}{\lambda}$，为平行等距直条纹。

Π_3 平行于 x 轴，条纹空间频率 $|\boldsymbol{f}_3|=|\boldsymbol{f}_2|\cos\alpha=\dfrac{2\sin(\theta/2)\cos\alpha}{\lambda}$，为平行等距直条纹。

Π_4 平行于 y 轴，空间频率 $|\boldsymbol{f}_4|=|\boldsymbol{f}_2|\sin\alpha=\dfrac{2\sin(\theta/2)\sin\alpha}{\lambda}$，也是平行等距直条纹。

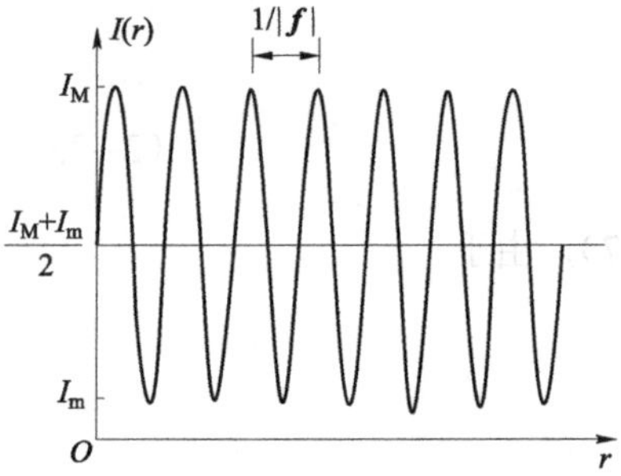

图 2-9　强度分布曲线

5）干涉条纹的反衬度

设考察方向平行于 $(\boldsymbol{k}_2-\boldsymbol{k}_1)$，则式（2-24）表示的干涉强度分布如图 2-9 所示。干涉条纹的清晰度不仅与强度的大小有关，而且与背景强度的大小有关，因此定义反衬度（对比度）V 来定量地描述干涉条纹的清晰度。

$$V=\frac{I_M-I_m}{I_M+I_m} \tag{2-36}$$

利用式（2-30）和式（2-32），可得到两束平面波干涉的条纹反衬度公式：

$$V=\frac{|\boldsymbol{E}_{10}+\boldsymbol{E}_{20}|^2-|\boldsymbol{E}_{10}-\boldsymbol{E}_{20}|^2}{|\boldsymbol{E}_{10}+\boldsymbol{E}_{20}|^2+|\boldsymbol{E}_{10}-\boldsymbol{E}_{20}|^2}=\frac{2|\boldsymbol{E}_{10}\cdot\boldsymbol{E}_{20}|}{|\boldsymbol{E}_{10}|^2+|\boldsymbol{E}_{20}|^2} \tag{2-37}$$

由图 2-9 看出，$I_m=|\boldsymbol{E}_{10}-\boldsymbol{E}_{20}|^2\geqslant 0$，因此 $|\boldsymbol{E}_{10}|^2+|\boldsymbol{E}_{20}|^2\geqslant 2|\boldsymbol{E}_{10}\cdot\boldsymbol{E}_{20}|$，这表明，条纹的反衬度总是在区间(0, 1)内变化。设两相干平面波 $\boldsymbol{E}_1$ 和 $\boldsymbol{E}_2$ 的强度比（又称光束比）$I_2/I_1=\varepsilon$，振动方向之间夹角为 ψ，则有

$$|\boldsymbol{E}_{10}\cdot\boldsymbol{E}_{20}|=|E_{10}E_{20}\cos\psi|,\quad |\boldsymbol{E}_{20}|=\sqrt{\varepsilon}|\boldsymbol{E}_{10}|$$

代入式（2-37），最后可得

$$V=\frac{2\sqrt{\varepsilon}}{1+\varepsilon}|\cos\psi| \tag{2-38}$$

图 2-10 画出了干涉条纹反衬度 V 随 ε 和 ψ 的变化曲线。不难看出，当 $\varepsilon=1$，$\psi=0°$ 时，$V=1$，条纹最清晰，称为全对比。当 $\varepsilon=0$ 或 $\psi=90°$ 时，$V=0$，屏上将不再出现干涉条纹。

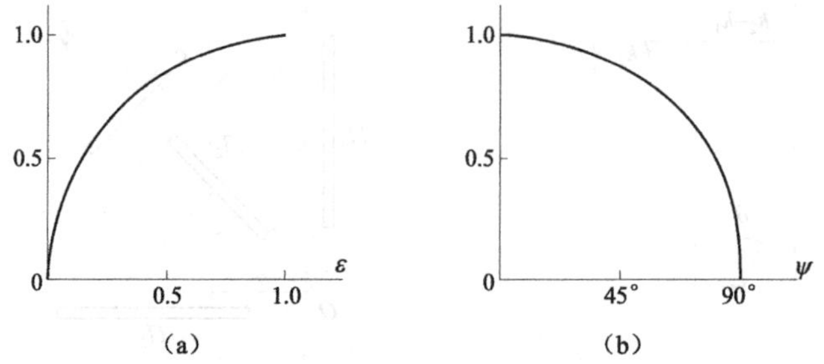

图 2-10　ε 和 ψ 对反衬度 V 的影响

例 2.2　有两个波面与 y 轴平行的单色平面波分别以 α_1 和 α_2 射向观察屏 Π（z=0 平面），如图 2-11 所示。已知两光波的振幅均为 E_0，振动方向平行于 Oxz 平面，波长 λ=500 nm，初位相分别为 φ_{10}=0°，φ_{20}=30°。

（1）试求沿 x 轴的光强分布表达式。

（2）试问距离 O 点最近的光强极大值位置。

（3）设 $\alpha_1=20°$，$\alpha_2=30°$，求 x 方向光强分布（即条纹）的空间频率和空间周期，并计算干涉条纹的反衬度。

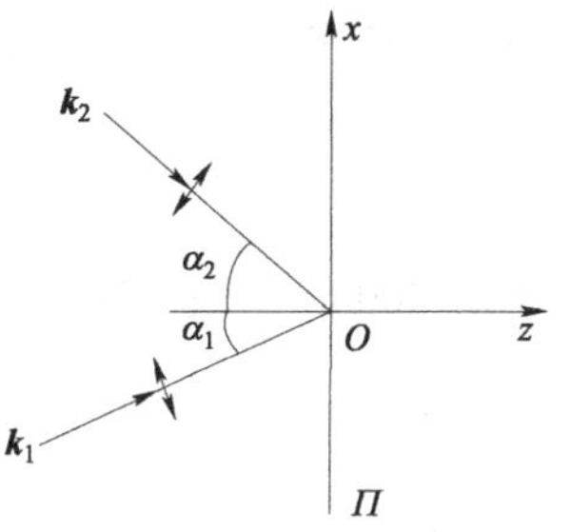

图 2-11　例 2.2 图

解题思路及提示：本题所用到的知识点是干涉问题的基础及两个平面波干涉的情况。运用平面波干涉的干涉场强度公式和反衬度公式可解决这个问题。

解：首先分别写出两个相干平面波的波函数复振幅表达式：

$$\boldsymbol{E}_1(x,y,z)=\boldsymbol{E}_{10}\exp[\mathrm{j}(k_x x+k_y y+k_z z+\varphi_{10})]$$

$$=\boldsymbol{E}_{10}\exp\left[\mathrm{j}\left(\frac{2\pi}{\lambda}\sin\alpha_1\cdot x+\frac{2\pi}{\lambda}\cos\alpha_1\cdot z\right)\right]$$

$$\boldsymbol{E}_2(x,y,z)=\boldsymbol{E}_{20}\exp[\mathrm{j}(k_x x+k_y y+k_z z+\varphi_{20})]$$

$$=\boldsymbol{E}_{20}\exp\left[\mathrm{j}\left(-\frac{2\pi}{\lambda}\sin\alpha_2\cdot x+\frac{2\pi}{\lambda}\cos\alpha_2\cdot z+\frac{\pi}{6}\right)\right]$$

（1）由两平面波干涉场强度公式 $I(\boldsymbol{r})=I_1+I_2+2\boldsymbol{E}_{10}\cdot\boldsymbol{E}_{20}\cos(\Delta\varphi)$，干涉场的强度分布完全由位相差 $\Delta\varphi=(\boldsymbol{k}_2-\boldsymbol{k}_1)\cdot\boldsymbol{r}+(\varphi_{20}-\varphi_{10})$ 决定。要求解本题中干涉场强度沿 x 轴的分布，可求解出位相差沿 x 的分布，从而得到强度分布。

$$\Delta\varphi_x=\varphi_{2x}-\varphi_{1x}=\left(-\frac{2\pi}{\lambda}\sin\alpha_2-\frac{2\pi}{\lambda}\sin\alpha_1\right)x+(\varphi_{20}-\varphi_{10})$$

$$=\left(-\frac{2\pi}{\lambda}\sin\alpha_2-\frac{2\pi}{\lambda}\sin\alpha_1\right)x+\frac{\pi}{6}$$

$$I(x)=2|E_0|^2+2\boldsymbol{E}_{10}\cdot\boldsymbol{E}_{20}\cos(\Delta\varphi_x)$$

$$=2|E_0|^2+2|E_0|^2\cos\psi\cos\left[\frac{2\pi}{\lambda}(\sin\alpha_2+\sin\alpha_1)x-\frac{\pi}{6}\right]$$

（2）干涉场强度极大值条件 $\Delta\varphi=2n\pi$，x 轴上的光强极大值出现在 $\Delta\varphi_x$ 为 2π 整数倍的位置：

$$\Delta\varphi_x=\frac{2\pi}{\lambda}(\sin\alpha_2+\sin\alpha_1)x-\frac{\pi}{6}=2n\pi\qquad(n\text{ 为整数})$$

可以求得 x 轴上的强度极大值点：$x=\dfrac{\left(n+\dfrac{1}{12}\right)\lambda}{\sin\alpha_2+\sin\alpha_1}$。

n 取 0 时，x 有最小绝对值，故 x 轴上距离 O 点最近的光强极大值出现在

$$x=\frac{\lambda}{12(\sin\alpha_2+\sin\alpha_1)}$$

（3）x 方向光强分布（即条纹）的空间频率和空间周期可以由 x 轴的干涉场强度分布公式或位相差公式求解。

x 轴上光强极大值位置 $\Delta\varphi_x=\dfrac{2\pi}{\lambda}(\sin\alpha_2+\sin\alpha_1)x-\dfrac{\pi}{6}=2n\pi$，相邻极大值之间的距离即 x

方向光强分布的空间周期 e 和空间频率 f 分别为

$$e=\Delta x=\frac{\lambda}{\sin\alpha_2+\sin\alpha_1}\ ,\quad f=\frac{1}{e}=\frac{\sin\alpha_2+\sin\alpha_1}{\lambda}$$

将λ=500 nm，α_1=20°，α_2=30°代入，可以求出 $e=5.938\,1\times10^{-4}$ mm，$f=1\,684$ / mm。

平面波干涉的条纹反衬度公式为 $V=\dfrac{2\sqrt{\varepsilon}}{1+\varepsilon}|\cos\psi|$，其中 ε 为两相干平面波的强度比，ψ 为它们振动方向之间的夹角。本题中，ε=1，ψ=50°，代入公式可以求得 $V=0.64$。

2.1.4 两个球面波的干涉

1. 两球面波干涉的干涉场强度分布

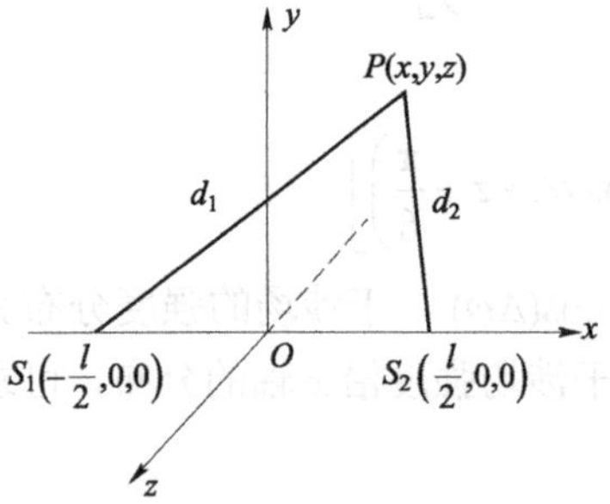

图 2-12 两个球面波的干涉

取图 2-12 所示的坐标系，$S_1\left(-\dfrac{l}{2},0,0\right)$ 和 $S_2\left(\dfrac{l}{2},0,0\right)$ 是两个相距 l 的相干点光源，发射波长为 λ 的球面波。$P(x,y,z)$ 是与光源 S_1、S_2 相距 d_1 和 d_2 的任意考察点。设两球面波在 P 点的电场振动方向相同，表示为

$$E_1(P)=\frac{E_{10}}{d_1}\exp[\mathrm{j}(kd_1-\omega t+\varphi_{10})]$$

$$E_2(P)=\frac{E_{20}}{d_2}\exp[\mathrm{j}(kd_2-\omega t+\varphi_{20})]$$

式中，E_{10} 和 E_{20} 分别为点光源 S_1 和 S_2 在 $d=1$ 处的振幅，k 为光波在折射率为 n 的媒质中的传播数。令光波在真空中的传播数为 k_0，则有 $kd_1=k_0nd_1=k_0L_1$，$kd_2=k_0nd_2=k_0L_2$。其中 $L_1=nd_1$ 和 $L_1=nd_1$ 分别是从光源 S_1 和 S_2 到 P 点的光程，其意义是：光波通过光程 L 所引入的位相延迟等同于光波在折射率为 n 的媒质中传播距离 d 所引入的位相延迟。于是，两球面波在 P 点的电场扰动可以用光程表示为

$$\begin{cases}E_1(P)=\dfrac{E_{10}}{d_1}\exp[\mathrm{j}(k_0L_1-\omega t+\varphi_{10})]\\[2ex] E_2(P)=\dfrac{E_{20}}{d_2}\exp[\mathrm{j}(k_0L_2-\omega t+\varphi_{20})]\end{cases}\tag{2-39}$$

在实际干涉装置中，光波将通过多种折射率不同的媒质传播，用光程表示位相延迟，可以将波函数表示为不显含折射率的公式。将式（2-39）代入式（2-18），P 点的强度可表示为

$$I(P)=\left\langle\left|\frac{E_{10}}{d_1}\exp[\mathrm{j}(k_0L_1-\omega t+\varphi_{10})]+\frac{E_{20}}{d_2}\exp[\mathrm{j}(k_0L_2-\omega t+\varphi_{20})]\right|^2\right\rangle \tag{2-40}$$

$$=I_1(P)+I_2(P)+2\sqrt{I_1(P)I_2(P)}\cos[k_0\varDelta+(\varphi_{20}-\varphi_{10})]$$

式中，$I_1(P)=\left(\dfrac{E_{10}}{d_1}\right)^2$ 和 $I_2(P)=\left(\dfrac{E_{20}}{d_2}\right)^2$ 分别是由光源 S_1 和 S_2 单独照射时 P 点的强度，$\varDelta=L_2-L_1=n(d_2-d_1)$ 表示由 S_1 和 S_2 发出的球面波传播到 P 点的光程差。在考察点远离光源的情况

下，$I_1(P)$ 和 $I_2(P)$ 可近似作为常量处理，于是三维干涉场的等强度面即等光程差面。按照图 2–12 的光路布置，等光程差面的方程可以表示为

$$\varDelta = n(d_2 - d_1) = n\left[\sqrt{\left(x+\frac{l}{2}\right)^2 + y^2 + z^2} - \sqrt{\left(x-\frac{l}{2}\right)^2 + y^2 + z^2}\right] \tag{2-41}$$

上式可化简为

$$\frac{x^2}{[\varDelta/(2n)]^2} - \frac{y^2+z^2}{(l/2)^2 - [\varDelta/(2n)]^2} = 1 \tag{2-42}$$

由于 $l^2 \geqslant (\varDelta/n)^2$，所以式（2–42）是一组以 $\varDelta$ 为参数，以 x 为轴的空间回转双曲面方程，图 2–13（a）画出了等强度面在 xy 平面的截线图。

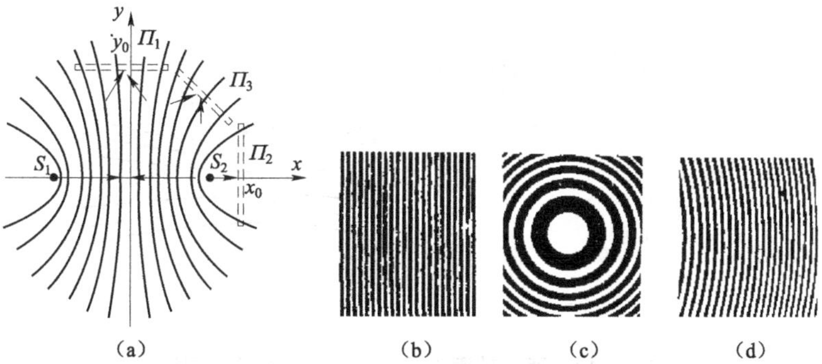

图 2–13　两个球面波干涉的等强度面及屏上的干涉图形

2. 干涉强度分布特点

1）峰值强度面

式（2–40）说明，两个球面波干涉，峰值强度面的条件与两个平面波干涉的情况相同，即满足

$$\Delta\varphi = k_0\varDelta + (\varphi_{20} - \varphi_{10}) = 2m\pi \quad (m \text{ 为整数}) \tag{2-43}$$

的点具有强度极大值 I_M。而满足

$$\Delta\varphi = k_0\varDelta + (\varphi_{20} - \varphi_{10}) = (2m+1)\pi \tag{2-44}$$

的点具有强度极小值 I_m。这里整数 m 仍表示最大强度面的干涉级。图 2–13（a）中的一组双曲线即代表最大强度面在 xy 平面的截线。

2）干涉强度分布的空间频率

式（2–40）或图 2–13（a）均说明，对于两个球面波干涉，干涉场强度分布不再具有严格的空间周期性。但是，干涉强度与位相差 $\Delta\varphi$ 或光程差 $\varDelta$ 之间仍然存在着周期性，因此可以从极限的意义上定义干涉强度分布的局部空间频率：

$$f = \frac{\mathrm{grad}\varDelta}{\lambda_0} = \frac{\mathrm{grad}(\Delta\varphi)}{2\pi} \tag{2-45}$$

式中，$\mathrm{grad}\varDelta$ 和 $\mathrm{grad}(\Delta\varphi)$ 分别表示光程差和位相差的梯度。因此由式（2–45）定义的空间频率 $\boldsymbol{f}$ 的方向平行于干涉强度梯度方向（即等位相差面或等强度面的法线方向），其模值 $|\boldsymbol{f}|$ 表

示沿该方向考察时，单位距离干涉强度变化的周期数。由此式出发，不难得出沿坐标轴 x、y、z 方向的空间频率计算公式：

$$|f_x|=\left|\frac{\partial\Delta}{\lambda_0\partial x}\right|,\quad |f_y|=\left|\frac{\partial\Delta}{\lambda_0\partial y}\right|,\quad |f_z|=\left|\frac{\partial\Delta}{\lambda_0\partial z}\right| \tag{2-46}$$

3）二维观察平面上干涉条纹的性质

在三维干涉场中放置二维观察屏，可观察到明暗相间的干涉条纹。正如前面所言，干涉条纹实际是干涉最大（或最小）强度面与二维观察平面的截线，所以干涉条纹的形状和性质不仅取决于干涉强度分布，而且与二维观察屏的位置有关。图 2-13 画出了三个不同位置观察屏 Π_1、Π_2、Π_3 及相应的干涉条纹（见图 2-13（b）（c）（d））。

其中 Π_1 位于 $y=y_0$ 位置，此时二维观察平面与回转双曲面的截线示意图如图 2-14 所示。

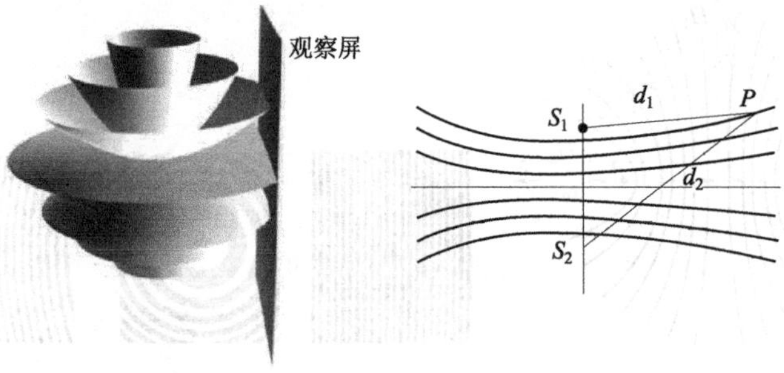

图 2-14　两个球面波干涉 Π_1 屏上的干涉图形

当 $y_0>>l$ 及 x,z 坐标时，式（2-41）可近似为

$$\Delta\approx\frac{nl}{y_0}x \tag{2-47}$$

Π_1 面上的等强度线（即等光程差线）就是等 x 值线，所以干涉条纹应是一组平行于 z 轴的平行等距直条纹。按照式（2-46），干涉条纹沿 x 轴方向的空间频率为

$$|f_x|=\left|\frac{\partial\Delta}{\lambda_0\partial_x}\right|=\frac{nl}{\lambda_0 y_0} \tag{2-48}$$

该直线条纹的性质将在下节杨氏实验中详细分析。

屏 Π_2 位于 $x=x_0$，此时式（2-42）的等强度面与 Π_2 平面的截线方程为

$$y^2+z^2=\rho^2=\left[\left(\frac{l}{2}\right)^2-\left(\frac{\Delta}{2n}\right)^2\right]\left[\frac{x_0^2}{\left(\frac{\Delta}{2n}\right)^2}-1\right] \tag{2-49}$$

这是一组圆心位于 S_1S_2 连线上的同心圆环状条纹。由于光程差 Δ 沿径向 ρ 变化最快，所以干涉强度的梯度是沿极径 ρ 的方向。利用式（2-45）和式（2-49），可求出沿 ρ 方向的空间频率：

$$f=\frac{\mathrm{d}\Delta}{\lambda_0\mathrm{d}\rho}=-\frac{nl}{\lambda_0 x_0^2}\rho \tag{2-50}$$

上式说明，f 与 ρ 成正比，与 x_0^2 成反比。x_0 越大，条纹越稀；当 x_0 确定时，Π_2 屏上条纹是

内疏外密的同心圆环状条纹。这类条纹的性质，将在平行平板的等倾干涉中作更深入的讨论。

观察屏位于 Π_3 位置时，得到一组弯曲条纹，这是典型的离轴全息图结构。

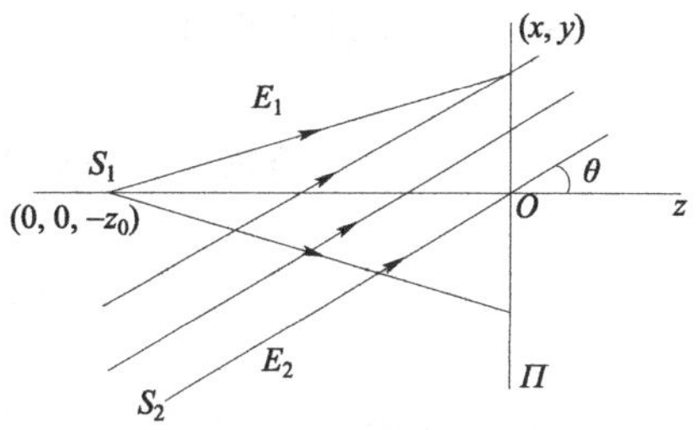

图 2−15 例 2.3 图

例 2.3 两个振动方向垂直于纸面的相干点光源 S_1 和 S_2，波长都是 λ。如图 2−15 所示，S_1 位于（0，0，$-z_0$），发出球面波 E_1，传播距离为 1 处的振幅为 E_{10}。S_2 位于 Oxz 平面内无穷远处的轴外点上，发出平面波 E_2，振幅为 E_{20}，传播方向与 z 轴夹角为 θ，两束光在原点处同位相。两束光波在空间相遇。

（1）分别写出两束光波在 Oxy 平面的复振幅分布。

（2）求 Oxy 平面上的干涉强度分布，并描述干涉条纹的性质。

（3）求出 Oxy 平面上干涉条纹空间频率表达式，说明空间频率最大值和最小值出现的方向。

解题思路及提示：本题是在本节知识基础上的一个综合例题，是两种简单基元光波的叠加及平面波与球面波的干涉问题。所用到的知识点仍然是干涉问题的基础、波的叠加原理和干涉场强度公式。

解：（1）首先分别写出两个相干光波的波函数复振幅表达式。位于（0，0，$-z_0$）的点光源 S_1 发出球面波，菲涅尔近似下，在坐标平面 Oxy 平面上的复振幅表达式为

$$E_{S_1}(x,y)=\frac{E_{10}}{z_0}\exp(\mathrm{j}kz_0)\exp\left[-\mathrm{j}\frac{k}{2z_0}(x^2+y^2)\right]\rightarrow$$

无穷远处的点光源 S_2 发出平面波，在坐标平面 Oxy 平面上的复振幅表达式为

$$E_{S_2}(x,y)=E_{20}\exp\left[\mathrm{j}\left(\frac{2\pi}{\lambda}\sin\theta\bullet x+\varphi_0\right)\right]$$

两束光在原点处同位相，故有 $\varphi_0=kz_0$，因而可以写出 Oxy 平面上两束光的复振幅分布和位相分布：

光源 S_1：$E_{S_1}(x,y)=\dfrac{E_{10}}{z_0}\exp(-\mathrm{j}kz_0)\exp\left[-\mathrm{j}\dfrac{k}{2z_0}(x^2+y^2)\right]$，$\varphi_{S_1}(x,y)=-\dfrac{k}{2z_0}(x^2+y^2)+kz_0$

光源 S_2：$E_{S_2}(x,y)=E_{20}\exp\left[\mathrm{j}\left(\dfrac{2\pi}{\lambda}\sin\theta\bullet x+\dfrac{2\pi}{\lambda}z_0\right)\right]$，$\varphi_{S_2}(x,y)=\dfrac{2\pi}{\lambda}\sin\theta\bullet x+\dfrac{2\pi}{\lambda}z_0$

（2）求解干涉场强度分布问题可以有两种方法：解法一是利用光波叠加原理推导的干涉基本公式，如课本中平面波干涉公式和球面波干涉公式的推导；解法二是利用干涉场强度与位相差的关系，找出 $\Delta\varphi$，从而求解干涉场强度分布。本例也可以用这两种方法来解。

［解法一］ 利用波的叠加原理，$\boldsymbol{E}=\boldsymbol{E}_1+\boldsymbol{E}_2$，$I(\boldsymbol{r})=\langle\boldsymbol{E}\bullet\boldsymbol{E}\rangle$，根据上一步求解出来的两个光波的复振幅表达式，代入下面两式求解，这里不做详细讨论。

$$E(x,y)=E_{S_1}(x,y)+E_{S_2}(x,y)$$

$$I(x,y)=E(x,y)\bullet E^*(x,y)$$

［解法二］ 由双光束干涉干涉场强度公式 $I(P)=I_1(P)+I_2(P)+2\sqrt{I_1(P)I_2(P)}\cos\Delta\varphi$，干涉场的强度分布完全由位相差 $\Delta\varphi$ 决定。求解 $\Delta\varphi$ 是解决干涉问题的关键。

由上一步求解出的 Oxy 平面上两束光波的位相分布表达式 $\varphi_{S_1}(x,y)$ 和 $\varphi_{S_2}(x,y)$，可以求得

$$\Delta\varphi(x,y)=\varphi_{S_2}(x,y)-\varphi_{S_1}(x,y)=\frac{2\pi}{\lambda}\left(\frac{x^2}{2z_0}+\frac{y^2}{2z_0}-x\sin\theta\right)$$

$$I(x,y)=\frac{E_{10}^2}{z_0^2}+E_{20}^2+2\frac{E_{10}E_{20}}{z_0}\cos\Delta\varphi(x,y)$$

干涉条纹是干涉场强度空间分布被二维观察屏所截取的等强度线，本质是等位相差线。因此只要分析出观察平面上位相差的分布情况，就可以得出干涉条纹的性质。本例中的位相差分布可以写成

$$\Delta\varphi=\frac{2\pi}{\lambda}\left(\frac{x^2}{2z_0}+\frac{y^2}{2z_0}-x\sin\theta\right)=\frac{\pi}{z_0\lambda}\left[(x-z_0\sin\theta)^2+y^2-z_0^2\sin^2\theta\right]$$

这是一个圆心在 $(z_0\sin\theta,0)$ 的圆方程，由此可见干涉条纹为一系列圆心在 $(z_0\sin\theta,0)$ 的同心圆环，圆心处位相差为 $\dfrac{\pi z_0\sin^2\theta}{\lambda}$，零级条纹方程为 $(x-z_0\sin\theta)^2+y^2=z_0^2\sin^2\theta$。

2.2 分波面干涉

上节介绍了干涉的基本概念、基本理论，以及处理两束光干涉的基本方法，以下各节将结合一些典型干涉装置，更深入地讨论光的干涉现象的规律及应用。

本节讨论分波面干涉，典型的分波面干涉装置有杨氏实验装置、各种菲涅尔型分波面装置（如双面镜、双棱镜、洛埃镜等）以及光栅。本节以杨氏实验为例介绍分波面双光束干涉。

2.2.1 杨氏实验

图 2–16 所示为杨氏实验装置示意图。取光源平面坐标为 (ξ,ζ)，S_0 为位于该平面中心的单色点光源。在与光源平面相距 a 的 (x_0,z_0) 平面放置一个开有小孔 S_1 和 S_2 的光栏 Σ，S_1 和 S_2 的距离为 l。在与光栏 Σ 相距为 d 的平面 Oxz 上放置观察屏 Π。由小孔 S_1 和 S_2 截取 S_0 发出的球面波波面上两个小面元，形成一对相干的球面子波波源，由 S_1 和 S_2 发出的球面子波在 Σ 后面的空间叠加，产生分波面的双光束干涉。当 S_1、S_2 的面积足够小，且距观察屏 Π 的距离 d 满足式（2–47）要求的近似条件时，观察屏 Π 上的干涉图形将和图 2–13 中 Π_1 屏上的分布相同，为一组平行于 z 轴的平行等距直条纹，称为杨氏条纹。下面针对光源 S_0 的不同特点，具体讨论干涉强度的计算方法和杨氏条纹的性质。

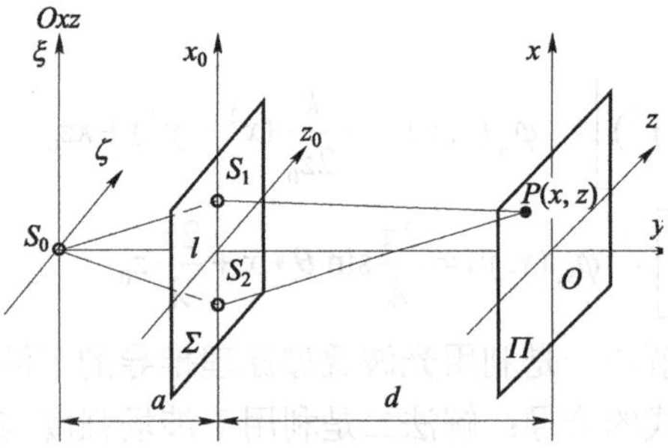

图 2–16 杨氏实验装置示意图

1. 理想光源

理想光源是指严格的单色点光源。当 S_0 是理想光源时，Π 屏上杨氏条纹的强度分布可用式（2–40）计算。下面讨论光源 S_0 处于不同位置的情形。

1）光源 S_0 位于 y 轴上的情形

如图 2–17 所示，此时整个系统以 Oyz 平面为对称平面，两束相干光波的光程差 Δ 和初

位相差可分别表示为

$$\Delta=n[S_2P-S_1P]=n\left[\sqrt{\left(x+\frac{l}{2}\right)^2+z^2+d^2}-\sqrt{\left(x-\frac{l}{2}\right)^2+z^2+d^2}\right]\approx\frac{nl}{d}x \qquad (2-51)$$

$$\varphi_{20}-\varphi_{10}=n[S_0S_2-S_0S_1]=0 \qquad (2-52)$$

在对式（2−51）做最后一步近似时，已假设杨氏干涉光路满足菲涅尔近似，即 $d>>l$ 和 Δx（Δx 为 Π 面上考察区域的线度）。将式（2−51）及式（2−52）代入式（2−40），并设 S_1 和 S_2 在 P 点的强度均等于 I_0，于是，杨氏条纹的强度分布可表示为

$$I(x)=2I_0\left[1+\cos\left(2\pi\frac{nl}{\lambda_0 d}x\right)\right]=4I_0\cos^2\left(\pi\frac{nl}{\lambda_0 d}x\right) \qquad (2-53)$$

正如前面所分析的，Π 面上的干涉图形是一组强度按余弦函数分布，方向和 z 轴平行的平行等距直条纹。这种条纹形状与两个平面波干涉图形基本相同。其原因是，当观察条件符合菲涅尔近似时，通过 Π 平面中心点 O 的两个球面波具有相等的曲率半径，且曲率半径远远大于 Π 面上的考察范围 Δx，在这样相对小的考察范围内，两个相叠加的球面波可由分别与它们相切于 O 点的平面波来近似。

按照式（2−53），图 2−18 画出了杨氏条纹的强度分布曲线，据此可以得出杨氏条纹的基本特性。

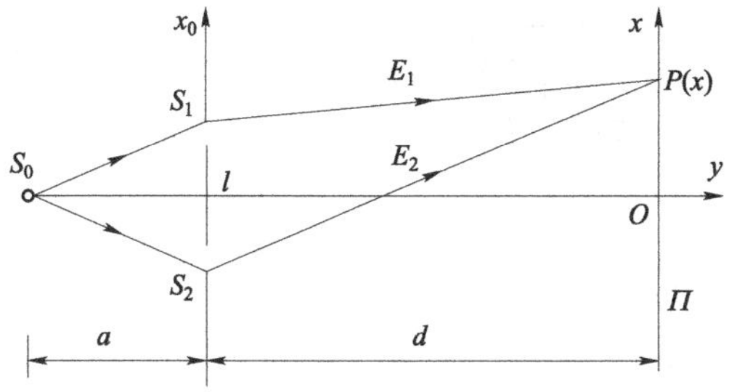

图 2−17　光源 S_0 位于 y 轴上的情形

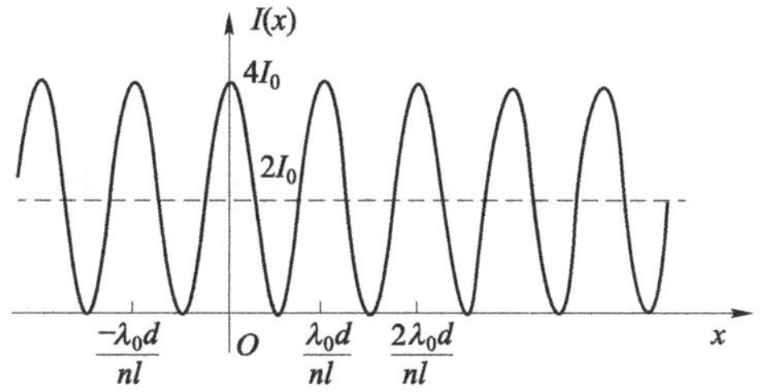

图 2−18　杨氏条纹的强度分布

引入干涉级 m，则亮纹条件为

$$2\pi\frac{nl}{\lambda_0 d}x=2m\pi \qquad (2-54)$$

暗纹条件为

$$2\pi\frac{nl}{\lambda_0 d}x=(2m+1)\pi \qquad (2-55)$$

第 m 级亮纹位置坐标为

$$x=\frac{\lambda_0 d}{nl}m \qquad (2-56)$$

特别是，当 $m=0$ 时，对应 $x=0$，说明零级亮纹位于观察屏中心。此外，由式（2−51）或式（2−53）还可以求出杨氏条纹沿 x 方向的空间频率 $|f|$ 和空间周期（条纹间距）e：

$$|f| = \frac{\mathrm{d}\Delta}{\lambda_0 \mathrm{d}x} = \frac{nl}{\lambda_0 d} \tag{2-57}$$

$$e = \frac{1}{|f|} = \frac{\lambda_0 d}{nl} \tag{2-58}$$

最后，假设S_1和S_2发出的光波强度相等，振动方向相同（当考察区域很小时，这一条件可近似满足），按照式（2-38）可得出杨氏条纹的反衬度$V=1$。并且从上面的分析计算可知，只要观察距离d满足菲涅尔近似，在d等于不同值的平面上，杨氏条纹的分布相似（d的改变只影响条纹间距e），反衬度不变（$V\equiv 1$）。这种反衬度V不随考察点位置变化的干涉条纹称为非定域条纹。在使用单色光源的情况下，分波面双光束干涉条纹属于非定域条纹。

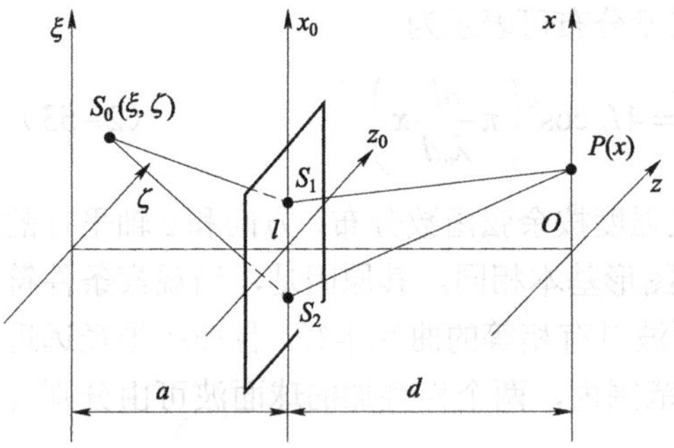

图 2-19　光源 S_0 偏离 Oyz 平面的情形

2）光源偏离Oyz平面的情形

如图 2-19 所示，设光源S_0的位置坐标为(ξ,ζ)。在这种情形，两相干光束的光程差Δ仍然可用式（2-51）表示，但在光源空间，由于S_0偏离了干涉装置的对称平面（Oyz平面），所以初位相差不为零，可由下式计算：

$$\begin{aligned}\varphi_{20} - \varphi_{10} &= k_0 n[S_0S_2 - S_0S_1] \\ &= k_0 n\left[\sqrt{\left(\xi + \frac{l}{2}\right)^2 + \zeta^2 + a^2} - \sqrt{\left(\xi + \frac{l}{2}\right)^2 + \zeta^2 + a^2}\right]\end{aligned} \tag{2-59}$$

设$a >> \xi,\zeta,l$，应用菲涅尔近似，上式可简化为

$$\varphi_{20} - \varphi_{10} \approx 2\pi \frac{nl}{\lambda_0 a}\xi \tag{2-60}$$

式（2-60）中不含光源S_0的ζ坐标，可见光源沿ζ轴方向平移（即在干涉装置的对称面内平移）不改变S_1和S_2的初位相差。将式（2-51）和式（2-60）代入式（2-40），可得杨氏条纹的强度分布：

$$I(x) = 2I_0\left\{1 + \cos\left[2\pi\frac{nl}{\lambda_0}\left(\frac{x}{d} + \frac{\xi}{a}\right)\right]\right\} \tag{2-61}$$

这仍然是一组强度按余弦函数分布的干涉条纹，条纹的形状、方向、空间频率及反衬度均与光源S_0位于y轴上的情形（见图 2-17）相同，唯一的差别是整组杨氏条纹沿x轴方向发生了平移，平移量的大小和方向可通过对两种情况零级条纹位置的比较得出。由式（2-61）可知，当光源S_0位于(ξ,ζ)时，零级条纹位置应满足

$$2\pi\frac{nl}{\lambda_0}\left(\frac{x}{d} + \frac{\xi}{a}\right) = 0 \tag{2-62}$$

因此零级杨氏条纹的位置坐标为

$$x_0 = -\frac{d}{a}\xi \quad (2-63)$$

综合以上分析，可得出以下几点结论：

① 当光源 S_0 是位于 y 轴上的理想光源时，杨氏条纹是一组强度余弦函数分布，全对比，平行于 z 轴的平行等距直条纹，条纹在 x 方向空间周期（条纹间距）$e=\frac{\lambda_0 d}{nl}$。零级条纹位于 $x=0$ 处。

② 当光源 S_0 在干涉装置的对称面内平移（沿 ζ 方向平移）时，不改变光源空间的对称性，不影响 S_1 和 S_2 的初位相差，因此杨氏条纹不变。

③ 当光源 S_0 偏离干涉装置的对称平面，即沿 ξ 轴平移一段距离 ξ 时，将使 S_1 和 S_2 之间产生 $\Delta\varphi = 2\pi\frac{nl}{\lambda_0 a}\xi$ 的初位相差，引起整组杨氏条纹向光源 S_0 移动相反的方向平移，移动量 $x=-\frac{d}{a}\xi$。

例 2.4 在杨氏实验装置的一个小孔 S_1 后面放置一块 n=1.5，厚度 h=0.01 mm 的薄玻璃片，如图 2–20 所示。请问与放玻璃片之前相比，屏 Π 上干涉条纹将向哪个方向移动？移动多少个条纹间距？（设光源波长 λ_0=500 nm）

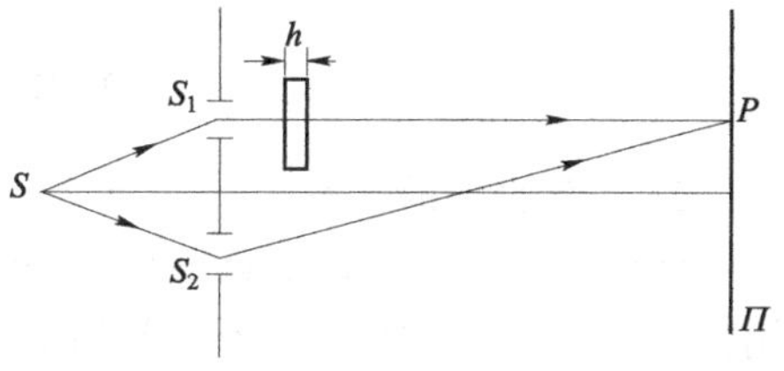

图 2–20 例 2.4 图

解题思路及提示：本题是杨氏干涉典型问题。$\Delta\varphi$ 表示两相干光波从光源出发到达考察点 P 时的位相差，干涉场强度分布完全由位相差分布唯一确定。光路中放置玻璃片后，相当于对发生干涉的两束光之一引入了一个附加的光程差，$\Delta\varphi$ 分布会发生变化，找到这个变化，干涉条纹的变化就可以求解。参考公式：

$$I(P) = I_1(P) + I_2(P) + 2\sqrt{I_1(P)I_2(P)}\cos[k_0\varDelta + (\varphi_{20} - \varphi_{10})]$$

解：杨氏实验装置是一个典型的分波面干涉装置，本题是一个光源位于对称平面的杨氏装置。到达观察平面上的两束相干光波，初位相差为 $\varphi_{20}-\varphi_{10}=k_0 n[SS_2 - SS_1]=0$。放入玻璃片之前，两相干光波到达观察屏上 x 点的光程差 $\varDelta = S_2P - S_1P \approx \frac{l}{d}x$，观察屏 Π 上的干涉场强度分布为

$$I(x) = 2I_0\left[1+\cos\left(2\pi\frac{l}{\lambda_0 d}x\right)\right]$$

条纹间距为 $e=\frac{\lambda d}{l}$，零级条纹位于 $x=0$ 处。

加入玻璃片后，两相干光波到达观察屏上的光程差变为

$$\varDelta = S_2P - [S_1P + (n-1)h] \approx \frac{l}{d}x - (n-1)h$$

观察屏 Π 上干涉场强度分布

$$I(x) = 2I_0\left\{1+\cos\left[\frac{2\pi}{\lambda_0}\left(\frac{l}{d}x-(n-1)h\right)\right]\right\}$$

条纹间距不变，仍为$e=\frac{\lambda d}{l}$，零级条纹位于$x=\frac{(n-1)h\cdot d}{l}=\frac{(n-1)h}{\lambda}e$处。由零级条纹的移动可以得出，条纹整体向$x$轴正方向移动，移动了$\frac{(n-1)h}{\lambda}=10$个条纹间距。

在球面波干涉情况的讨论中我们分析过，两个点光源发出的两球面波干涉，干涉场强度分布的等强度面为一系列以点光源连线为回转轴的空间回转双曲面。并且近似认为光栅上的开孔S_1和S_2的面积足够小，因而当观察条件符合菲涅尔近似时，杨氏实验观察屏Π上的干涉图形可以用图 2–13 中Π_1平面的情况来描述。由杨氏装置的分光原理可以看出，杨氏干涉在分割波面产生相干光的过程中，只用到了波面上的两个点，光能利用率较低，实际上如果使用点光源照明杨氏干涉装置，得到的干涉图形如图 2–21 所示。

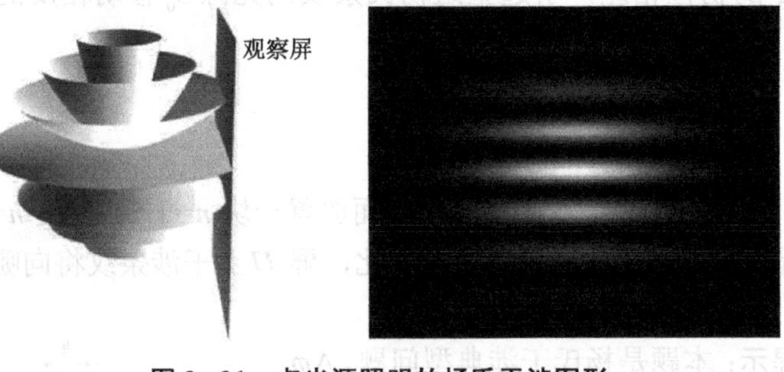

图 2–21　点光源照明的杨氏干涉图形

2. 实际光源的情形

实际光源在空间域上总是具有一定的几何尺寸和辐射功率密度分布，即空间域扩展，可用其空间辐射功率密度函数$S(\xi,\zeta)$来表示；在时间域上，光源发射的光波包含不止一个时间频率或波长，即其时间域的扩展，时间特性可用光波电场的振动函数$E(t)$或功率谱$S'(\nu)$来描述。下面分别讨论光源的空间分布特性和时间分布特性对杨氏条纹的强度分布的影响。

1）光源空间分布的影响

前面假设杨氏实验中的光源几何尺寸为零，是理想点光源。设光源具有有限几何尺寸，由很多理想点光源组成，各个点光源之间是互不相干的，但每一个点光源发出的球面波通过S_1和S_2以后产生的两个球面波都是相干的。每一个点光源都在观察屏Π上产生一组$V=1$的条纹。根据式（2–61），这些空间位置各不相同的点光源产生的干涉条纹中心点（即零光程差点）不重合，各自按照点光源空间位置错开。

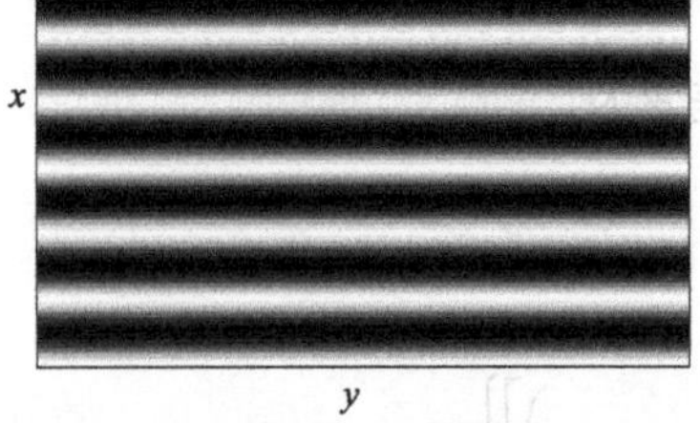

图 2–22　y方向扩展光源照明的杨氏干涉图形

若光源沿y轴扩展，各组条纹沿y轴方向移动，合成光强仍是随x轴变化的干涉条纹，对比度不变，但条纹范围扩大，如图 2–22 所示，所以y扩展光源有利于条纹观察。在实际的杨氏干涉观察装置中，为了提高干涉光能量，常采用的方法之一就是把点光源换成线光源，线光源的扩展方向沿y轴，同时把两个小孔换成两个狭缝，扩展方向也沿y轴，于是杨氏干涉变成双缝干涉，中心点附近的条纹将保持形状不变，同时强度提高。

若光源在 xz 面内扩展，不同点光源产生的条纹中心在 xy 面内相互错开，所有这些条纹组叠加在一起，虽然条纹分布规律不变，但条纹反衬度会降低，形成反衬度 $V<1$ 的合成条纹。图 2–23 给出了光源沿 x 轴扩展时多组干涉条纹叠加的示意图。

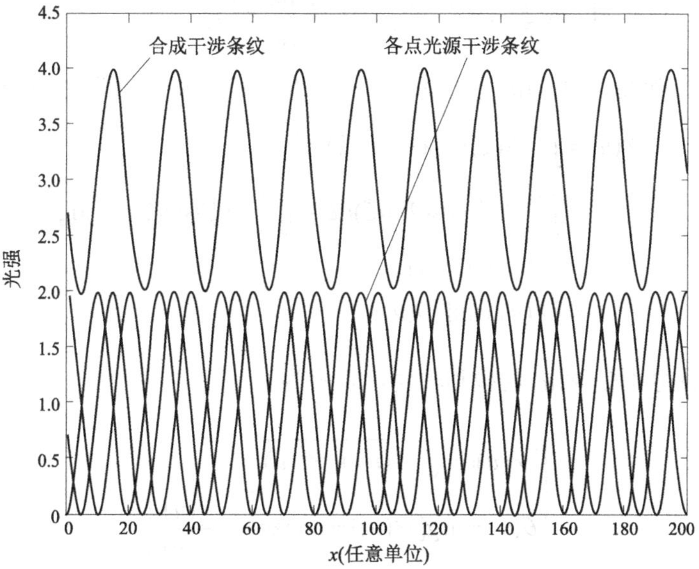

图 2–23　多组干涉条纹的叠加

下面定量分析光源扩展对干涉条纹反衬度的影响。

如图 2–24 所示，当光源 S_0 是单色扩展面光源时，由于光源沿 ζ 方向的展宽对杨氏条纹的强度分布没有影响，因此可以只讨论光源沿 ξ 方向展宽的情形。为此，设光源 S_0 在 ζ 方向是均匀的，在 ξ 方向的辐射功率密度分布为 $S(\xi)$，由式（2–61）可知，位于 ξ 、宽度为 $\mathrm{d}\xi$ 的一条线状光源产生的杨氏条纹的强度可表示为

$$\mathrm{d}I(x)=cS(\xi)\mathrm{d}\xi\left\{1+\cos\left[2\pi\frac{nl}{\lambda_0}\left(\frac{x}{d}+\frac{\xi}{a}\right)\right]\right\} \tag{2-64}$$

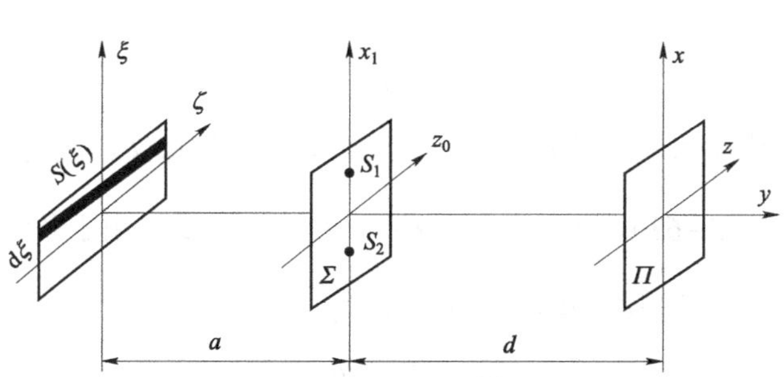

图 2–24　采用单色面光源的情形

则整个面光源产生的合成杨氏条纹强度是

$$
\begin{aligned}
I(x) &= c\int_{-\infty}^{\infty} S(\xi)\left\{1+\cos\left[2\pi\frac{nl}{\lambda_0}\left(\frac{x}{d}+\frac{\xi}{a}\right)\right]\right\}\mathrm{d}\xi \\
&= c\int_{-\infty}^{\infty} S(\xi)\mathrm{d}\xi + c\int_{-\infty}^{\infty} S(\xi)\cos\left(\frac{2\pi nl}{\lambda_0 d}\xi\right)\cos\left(\frac{2\pi nl}{\lambda_0 a}\xi\right)\mathrm{d}\xi - \\
&\quad c\int_{-\infty}^{\infty} S(\xi)\sin\left(\frac{2\pi nl}{\lambda_0 d}\xi\right)\sin\left(\frac{2\pi nl}{\lambda_0 a}\xi\right)\mathrm{d}\xi
\end{aligned} \tag{2-65}
$$

设 $S(\xi)$ 的傅里叶变换为 $\mathscr{S}(u)$，其余弦和正弦傅里叶变换分别为 $\mathscr{S}_{\mathrm{c}}(u)$ 和 $\mathscr{S}_{\mathrm{s}}(u)$，即

$$
\begin{aligned}
\mathscr{S}(u) &= \int_{-\infty}^{\infty} S(\xi)\exp(-2\mathrm{j}\pi u\xi)\mathrm{d}\xi \\
&= \int_{-\infty}^{\infty} S(\xi)\cos(2\pi u\xi)\mathrm{d}\xi - \mathrm{j}\int_{-\infty}^{\infty} S(\xi)\sin(2\pi u\xi)\mathrm{d}\xi \\
&= \mathscr{S}_{\mathrm{c}}(u) - \mathrm{j}\mathscr{S}_{\mathrm{s}}(u) \\
&= |\mathscr{S}(u)|\exp[\mathrm{j}\theta(u)]
\end{aligned} \tag{2-66}
$$

其中 $|\mathscr{S}(u)|$ 和 $\theta(u)$ 分别是 $\mathscr{S}(u)$ 的模和辐角，表示为

$$
\begin{cases}
|\mathscr{S}(u)| = \sqrt{\mathscr{S}_{\mathrm{c}}^2(u) + \mathscr{S}_{\mathrm{s}}^2(u)} \\
\theta(u) = \arg[\mathscr{S}(u)] = \arctan\left[-\dfrac{\mathscr{S}_{\mathrm{s}}(u)}{\mathscr{S}_{\mathrm{c}}(u)}\right]
\end{cases} \tag{2-67}
$$

利用式（2-66）和式（2-67）的关系，并令其中参数 $u=\dfrac{nl}{\lambda_0 a}$，于是式（2-65）可以简化为

$$
\begin{aligned}
I(x) &= c\int_{-\infty}^{\infty} S(\xi)\mathrm{d}\xi + c\cos\left(\frac{2\pi nl}{\lambda_0 d}x\right)\int_{-\infty}^{\infty} S(\xi)\cos\left(\frac{2\pi nl}{\lambda_0 a}\xi\right)\mathrm{d}\xi - \\
&\quad c\sin\left(\frac{2\pi nl}{\lambda_0 d}x\right)\int_{-\infty}^{\infty} S(\xi)\sin\left(\frac{2\pi nl}{\lambda_0 a}\xi\right)\mathrm{d}\xi \\
&= c\mathscr{S}(0) + c\cos\left(\frac{2\pi nl}{\lambda_0 d}x\right)\mathscr{S}_{\mathrm{c}}(u) - c\sin\left(\frac{2\pi nl}{\lambda_0 d}x\right)\mathscr{S}_{\mathrm{s}}(u) \\
&= c\left\{\mathscr{S}(0) + |\mathscr{S}(u)|\cos\left[\frac{2\pi nl}{\lambda_0 d}x - \theta(u)\right]\right\}
\end{aligned} \tag{2-68}
$$

在上面公式推导中引入的参数 u 实际上具有空间频率的意义。因为当点光源沿 ξ 方向移动距离 $\mathrm{d}\xi$ 时，按照式（2-63），杨氏条纹的移动量 $x=-\dfrac{d}{a}\mathrm{d}\xi$，由于条纹间距 $e=\dfrac{\lambda_0 d}{nl}$，所以通过某一固定观察点的杨氏条纹干涉级次的变化为

$$
\mathrm{d}M = \left|\frac{x}{e}\right| = \frac{nl}{\lambda_0 a}\mathrm{d}\xi \tag{2-69}
$$

于是有

$$\frac{\mathrm{d}M}{\mathrm{d}\xi}=\frac{nl}{\lambda_0 a}=u \tag{2-70}$$

这说明，u 表示光源沿 ξ 方向移动单位距离时，观察面上某固定观察点处杨氏条纹干涉级次的变化量，即代表空间频率。式（2–68）表明，当光源在 ξ 方向扩展时，每个宽度为 $\mathrm{d}\xi$ 的线光源形成一组杨氏条纹，各组杨氏条纹按强度叠加，合成杨氏条纹仍然是一组平行等距的直线条纹，其方向和空间频率都和理想点光源情况相同，但二者之间也存在明显的区别。

首先，从式（2–68）看出，零级条纹的位置为

$$x_0=\frac{\lambda_0 d}{2\pi nl}\theta(u) \tag{2-71}$$

但是，当光源辐射频率功率密度函数 $S(\xi)$ 具有偶对称性时，$\mathscr{S}(u)$ 成为实函数，于是 $\theta(u)=0$，$x=0$，零级条纹的位置和位于 y 轴上的理想点光源情形相同。

此外，由式（2–68）还可以求出合成杨氏条纹的反衬度为

$$V=\frac{\left[\mathscr{S}(0)+|\mathscr{S}(u)|\right]-\left[\mathscr{S}(0)-|\mathscr{S}(u)|\right]}{\left[\mathscr{S}(0)+|\mathscr{S}(u)|\right]+\left[\mathscr{S}(0)-|\mathscr{S}(u)|\right]}=\frac{|\mathscr{S}(u)|}{\mathscr{S}(0)} \tag{2-72}$$

利用式（2–72），当已知光源的辐射功率密度分布 $S(\xi)$ 时，通过傅里叶变换，即可求出合成杨氏条纹的反衬度，它的一个重要应用就是根据杨氏条纹的反衬度来确定相应的光源空间尺寸。

例如，设杨氏干涉装置中采用宽度为 b 的狭缝面光源，其辐射功率密度表示为

$$S(\xi)=\mathrm{rect}(\xi/b) \tag{2-73}$$

它的傅里叶变换为

$$\mathscr{S}(u)=b\,\mathrm{sinc}(bu)=b\,\mathrm{sinc}\left(\frac{bl}{\lambda a}\right)\quad\left(\lambda=\frac{\lambda_0}{n}\right) \tag{2-74}$$

代入式（2–72），合成杨氏条纹的反衬度为

$$V=|\mathrm{sinc}\,(bu)|=\left|\mathrm{sinc}\left(\frac{bl}{\lambda a}\right)\right|=\left|\mathrm{sinc}\left(\frac{b\omega_s}{\lambda}\right)\right| \tag{2-75}$$

式中，$\omega_s=l/a$ 称为干涉孔径角。利用式（2–75），根据对杨氏条纹反衬度 V 的要求，即可算出允许的最大光源尺寸 b、允许相干区尺寸 l 或者允许相干角度 ω_s。例如，对于宽度为 b 的狭缝光源，若要求条纹反衬度 $V\geqslant 0.9$，则需要 $bu=\dfrac{bl}{\lambda a}\leqslant\dfrac{1}{4}$。根据参数 u 的物理意义，bu 表示扩展光源边缘两点形成两组杨氏条纹在观察面上一点处的干涉级差。$bu\leqslant\dfrac{1}{4}$ 则意味着上述两组杨氏条纹在观察面上一点的光程差 $\varDelta\leqslant\dfrac{\lambda_0}{4}$ 或位相差 $\Delta\varphi\leqslant\dfrac{\pi}{2}$，按照这一条件，即可求出允许最大光源宽度 b、相干区尺寸 l 和相干角度 ω_s，即

$$b\leqslant\frac{1}{4}\frac{\lambda a}{l} \tag{2-76}$$

$$l\leqslant\frac{1}{4}\frac{\lambda a}{b} \tag{2-77}$$

$$\omega_s \leqslant \frac{1}{4}\frac{\lambda}{b} \tag{2-78}$$

这是十分苛刻的条件，假定$\frac{a}{l}=100$，当要求$V\geqslant 0.9$时，b不能大于25λ；如果降低对反衬度的要求，令$V\geqslant 0.65$，则b的最大尺寸可放宽到50λ。

下面，抛开具体光源的辐射功率密度分布$S(\xi,\zeta)$，仅从扩展光源杨氏条纹合成的一般原理出发，也可以导出对光源最大尺寸的限制条件。

设光源在ξ方向扩展，该方向上的光源尺寸为b。根据式（2-63）可知，光源上边缘两点形成的杨氏条纹在x方向上错开的距离为

$$|\Delta x|=\frac{d}{a}b \tag{2-79}$$

根据式（2-58），杨氏条纹的间距

$$e=\frac{\lambda d}{l}$$

当光源边缘两点形成的两组杨氏条纹错开的距离$|\Delta x|$等于条纹间距e时，这两组杨氏条纹完全重合。但在任意两个相邻的极大值之间，连续分布着由光源中间各个点产生的杨氏条纹的极大值，于是合成强度成为均匀分布，反衬度V下降为零。利用条件$|\Delta x|\leqslant e$，即可求出使干涉条纹反衬度不等于零所允许的光源尺寸：

$$b\leqslant\frac{\lambda a}{l} \tag{2-80}$$

如果采用更严的限制，要求$V=0.9$，按照前面的分析，即要求$|\Delta x|\leqslant\frac{e}{4}$，由此可以导出式（2-76）的结论。

2）光源光谱组成的影响

在讨论光源光谱组成的影响时，可假定光源S_0是位于y轴上的多色点光源。由于不同波长的光波是不相干的，所以多色光源杨氏干涉的强度分布应是光源中各种频率成分产生的杨氏条纹的非相干叠加（强度叠加）。不难想象，由于各组条纹都是平行于z轴的直条纹，合条纹也应是同样取向的直条纹。但是由于条纹间距与波长成比例（式（2-58）），所以，合条纹强度分布不再具有余弦函数的规律，并且光源的光谱组成不同，合条纹强度分布也不同。

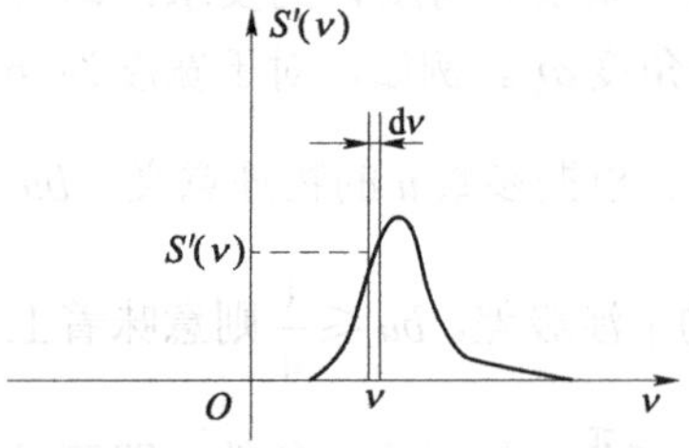

图 2-25　光源的功率谱函数

设光源的功率谱为$S'(\nu)$，是光源时间频谱$e(\nu)$的模的平方，表示在以频率ν为中心的无限窄的频带$\mathrm{d}\nu$内，光源辐射功率为$S'(\nu)\mathrm{d}\nu$，如图 2-25 所示。

根据式（2-53），光源中中心频率为ν，带宽为$\mathrm{d}\nu$的成分所形成的杨氏条纹的强度可表示为

$$\mathrm{d}I(x)=c'S'(\nu)\mathrm{d}\nu\left[1+\cos\left(\frac{2\pi nl}{\lambda_0 d}x\right)\right]=c'S'(\nu)\mathrm{d}\nu\left[1+\cos\left(\frac{2\pi nl}{cd}\nu\right)\right] \tag{2-81}$$

式中，c' 为常数，c 为真空中的光速。于是合成杨氏条纹的强度为

$$I(x)=c'\int_{-\infty}^{\infty}S'(\nu)\left[1+\cos\left(\frac{2\pi nlx}{cd}\right)\right]\mathrm{d}\nu \tag{2-82}$$

令 $\frac{nlx}{cd}=\frac{\varDelta_{sp}}{c}=\tau$ 表示两束相干光分别经 S_1 和 S_2 到达 $P(x)$ 点的时间差，由此可知，两束相干光从光源 S_0 到达 $P(x)$ 点位相差为

$$\Delta\varphi_{sp}=\frac{2\pi}{\lambda_0}\varDelta_{sp}=2\pi\frac{c}{\lambda_0}\tau=2\pi\nu\tau$$

设 $S'(\nu)$ 的傅里叶变换和余弦傅里叶变换分别为 $\mathscr{S}'(\tau)$ 和 $\mathscr{S}_c'(\tau)$，应用与前面导出式（2–68）相同的方法，可将合成杨氏条纹的强度表示为

$$I(x)=c'\left[\mathscr{S}'(0)+\mathscr{S}_c(\tau)\right] \tag{2-83}$$

上式表明，当采用非单色光源时，合成杨氏条纹的强度分布不再具有简单的余弦函数形式。利用式（2–83），一方面可以根据光源的时间频率特性来分析干涉条纹的强度分布规律，另一方面可以通过对干涉条纹分布的测量反过来分析光源的时间频率特性。

例 2.5　在图 2–26 所示的杨氏干涉装置中，S_1 和 S_2 为 ξ 轴上对称的双孔，两孔间距为 l；两个距离为 a 的非相干点光源 A、B，光强都是 I_0，波长为 λ，对称分布在 z 轴两侧，与狭缝平面距离为 c；观察面 $\varPi$ 距离双孔为 d，所处空间介质折射率为 n。

（1）不考虑单缝宽度，导出观察面上沿 x 轴的光强分布，并给出亮纹条件和条纹间距公式。

（2）设狭缝间距 l 可调整，问当 l 满足什么样的关系时，条纹反衬度分别为最大 1 和最小 0？

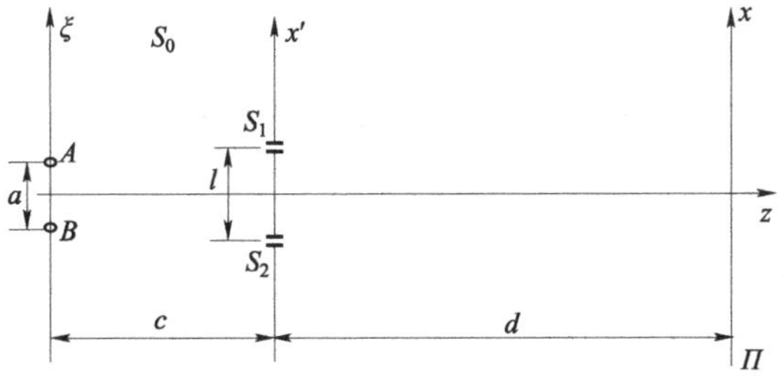

图 2–26　例 2.5 图

解题思路及提示：本题是双点光源照明下的杨氏干涉，是杨氏干涉使用实际光源照明的简化情形。目的是从简化情况出发，帮助大家理解光源的空间扩展对干涉图形的影响，即光源的空间相干性问题。参考公式：

$$I(x)=2I_0\left\{1+\cos\left[2\pi\frac{nl}{\lambda_0}\left(\frac{x}{d}+\frac{\xi}{a}\right)\right]\right\}$$

解：这是一个双点光源照明的杨氏干涉实验。非相干点光源 A 和 B 分别在观察屏上产生一组杨氏干涉条纹，两组条纹强度叠加。

（1）点光源 A 发出球面波，被两小孔 S_1 和 S_2 分别截取波面面元，形成相干子波源。两子

波源发出相干光波，产生分波面的双光束干涉，在其后的观察屏上形成杨氏干涉条纹，沿 x 轴干涉场强度分布：

$$I_A(x)=2I_0\left\{1+\cos\left[2\pi\frac{nl}{\lambda_0}\left(\frac{x}{d}+\frac{a}{2c}\right)\right]\right\}$$

点光源 B 发出球面波，被两小孔 S_1 和 S_2 分别截取波面面元，形成相干子波源。两子波源发出相干光波，产生分波面的双光束干涉，在其后的观察屏上形成杨氏干涉条纹，沿 x 轴干涉场强度分布：

$$I_B(x)=2I_0\left\{1+\cos\left[2\pi\frac{nl}{\lambda_0}\left(\frac{x}{d}-\frac{a}{2c}\right)\right]\right\}$$

两点光源 A 和 B 为非相干光源，发出的光波在初位相上无关，在观察屏上两组杨氏条纹强度叠加，$I(x)=I_A(x)+I_B(x)$，可求出观察面上沿 x 轴的光强分布：

$$\begin{aligned}I(x)&=4I_0+2I_0\left\{\cos\left[2\pi\frac{nl}{\lambda_0}\left(\frac{x}{d}+\frac{a}{2c}\right)\right]+\cos\left[2\pi\frac{nl}{\lambda_0}\left(\frac{x}{d}-\frac{a}{2c}\right)\right]\right\}\\&=4I_0+4I_0\cos\left(\frac{2\pi nl}{\lambda_0}\frac{x}{d}\right)\cos\left(\frac{2\pi nl}{\lambda_0}\frac{a}{2c}\right)\end{aligned}$$

由 x 轴上强度分布表达式可以看出，干涉图形仍然是平行等距杨氏干涉条纹，亮纹条件 $\frac{2\pi nlx}{\lambda_0 d}=2m\pi$，条纹间距 $e=\frac{\lambda_0 d}{nl}$。

（2）由上一步导出的观察面上沿 x 轴的光强分布可以看出，双光源照明下的杨氏干涉条纹虽然仍然是平行等距直条纹，但其强度分布还与双光源的空间距离有关系。由干涉条纹反衬度定义式可以求出

$$V=\frac{I_{\mathrm{M}}-I_{\mathrm{m}}}{I_{\mathrm{M}}+I_{\mathrm{m}}}=\left|\cos\left(\frac{2\pi nl}{\lambda_0}\frac{a}{2c}\right)\right|$$

由反衬度表达式可以得出，$l=\frac{m\lambda_0 c}{na}$ 时，$V=1$；$l=\frac{(2m+1)\lambda_0 c}{2na}$ 时，$V=0$，其中 n 为整数。

2.2.2 光波的相干性

在前面讨论光波的干涉叠加问题时，我们简单地将光波分为相干光波和非相干光波两种类型，并且通过对两束平面波叠加的干涉项分析，得出了只有从原始光源同一点发射的单一时间频率的光波才能产生两束或多束完全相干光波的结论；而从光源上不同点发射的光波或者从光源发射的不同时间频率的光波，则是完全不相干的，称为非相干光波。但是实际光源发出的光波远比上述情形复杂，不能这样截然划分。根据对杨氏条纹的研究发现，只有从理想光源发出的两束或多束光波才能完全满足干涉条件，得到全对比的干涉条纹，因而是完全相干的；对于一切实际光源，由于空间和时间域的扩展，由它产生的各束光波中既有来自光源上同一点的同频率成分，又有来自光源上不同点的不同频率成分，既有相干光波，又有非相干光波，因此称为部分相干光波。由这些光波叠加形成的干涉图形，其反衬度小于 1，并

且反衬度随考察点的空间位置而变化，是一种定域条纹。

光波的相干性，就是讨论由实际光源产生的光波干涉叠加的性质。由于光波相干性是由光源在空间域和时间域的扩展引起的，所以又可分为空间相干性和时间相干性来讨论。对光波相干性的全面解析分析，要应用部分相干理论。本书仅结合对杨氏条纹的计算结果，给出对光波相干性的定性描述。

1. 光波的空间相干性

光波的空间相干性是指单色扩展光源照明的空间两点 S_1 和 S_2 作为次波源时的相干性或位相关联性。这种相干性或位相关联性的程度可用 S_1 和 S_2 发出的次波的干涉强度分布来衡量，具体来说，可用干涉条纹的反衬度 V 来衡量。

以杨氏干涉为例，图 2-27 中 S_A 和 S_B 是单色扩展光源 S_0 上的任意两个点光源，S_A 和 S_B 发出的光波 E_A 和 E_B 是不相干的。但由 S_A 和 S_B 共同照射的 Σ 平面上两点 S_1 和 S_2 发出的次波具有部分相干性。如图 2-27 所示，S_1 和 S_2 发出的次波有 E_{A1}、E_{A2}、E_{B1}、E_{B2}，其中 E_{A1} 和 E_{A2}，E_{B1} 和 E_{B2} 是相干的，而 E_{A1} 和 E_{B1}，E_{A1} 和 E_{B2}，E_{A2} 和 E_{B2}，E_{B1} 和 E_{A2} 则是非相干的。根据式（2-15）和式（2-61），合成杨氏条纹的强度可表示为

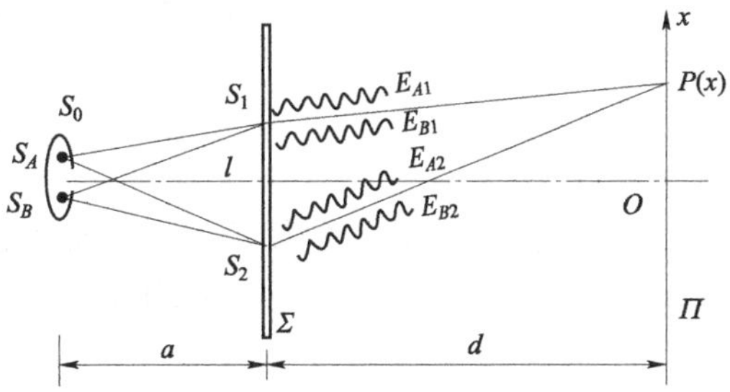

图 2-27 空间相干性

$$\begin{aligned}I(x) &= \langle (E_{A1}+E_{A2}+E_{B1}+E_{B2})\cdot(E_{A1}+E_{A2}+E_{B1}+E_{B2})\rangle \\ &= 4I_0\left[1+\cos\left(\frac{2\pi nl}{\lambda_0 d}+\frac{\Delta\varphi_{OA}+\Delta\varphi_{OB}}{2}\right)\cos\left(\frac{\Delta\varphi_{OA}-\Delta\varphi_{OB}}{2}\right)\right]\end{aligned} \quad (2-84)$$

式中，I_0 为单独一个次波在 $P(x)$ 点的强度，$\Delta\varphi_{OA}$ 和 $\Delta\varphi_{OB}$ 分别表示 S_A 和 S_B 发出的光波到达 S_1 和 S_2 时的位相差：

$$\begin{cases}\Delta\varphi_{OA}=k_0\{[S_AS_2]-[S_AS_1]\}\\ \Delta\varphi_{OB}=k_0\{[S_BS_2]-[S_BS_1]\}\end{cases} \quad (2-85)$$

显然，式（2-84）表示的干涉强度是受余弦函数 $\cos\left(\frac{\Delta\varphi_{OA}-\Delta\varphi_{OB}}{2}\right)$ 调制的余弦条纹，条纹的反衬度为

$$V=\left|\cos\left(\frac{\Delta\varphi_{OA}-\Delta\varphi_{OB}}{2}\right)\right| \quad (2-86)$$

这个例子清楚地说明，虽然不同空间位置的点光源 S_A 和 S_B 发出的光波在初位相是无关的，因而是非相干波，但是由 S_A 和 S_B 共同照射的次级光源 S_1 和 S_2 之间却具有确定的初位相差 $\Delta\varphi_0=\Delta\varphi_{OA}-\Delta\varphi_{OB}$，并且 $\Delta\varphi_0$ 决定了由 S_A 和 S_B 形成的两组杨氏条纹在某考察点处的干涉级差，从而也决定了合成杨氏条纹的反衬度。当 $\Delta\varphi_0=2N\pi$ 时，S_1 和 S_2 是完全相干的，$V=1$；当 $\Delta\varphi=(2N+1)\pi$ 时，S_1 和 S_2 是非相干的，$V=0$；当 $\Delta\varphi_0$ 介于上述两种情况之间时，S_1 和 S_2 是部分相干的，$V<1$。

一般情形，当光源的辐射功率密度分布为 $S(\xi,\zeta)$ 时，S_1 和 S_2 是受空间复杂波照明，此

时，合成杨氏条纹的强度分布 $I(x)$ 和反衬度 V 分别由式（2-68）和式（2-72）表示，正如前面分析的，公式中的空间频率参量 u 表示光源上具有单位距离的两点 S_A 和 S_B 产生的两组杨氏条纹在固定观察点处的干涉级差，从而也可以代表距离 l 的杨氏干涉对 S_1 和 S_2 之间的初位相差（$\Delta\varphi_0 = 2\pi u$），而 S_1 和 S_2 之间的关联程度或相干程度则由 $S(\xi,\zeta)$ 空间频谱的模 $|\mathscr{S}(u)|$ 来体现，最终表现为干涉条纹反衬度 V 的变化。

定量描述光波的空间相干性，除了用干涉条纹的反衬度 V 之外，还可以用下述几种常用的物理量。

（1）相干区范围。

当讨论空间扩展光源照明的一维方向上的两点 S_1 和 S_2 之间的相干性时，可用允许的 S_1 和 S_2 之间的距离 l，即相干区线度来描述。根据式（2-80），当光源的尺寸为 b 时，相干区线度为

$$l \leqslant \frac{\lambda a}{b} \tag{2-87}$$

当讨论二维平面上的杨氏干涉对 S_1 和 S_2 之间的空间相干性时，可用相干面积来描述。如果扩展光源在 ξ 和 ζ 方向的尺寸均为 b，则相干面积为

$$l^2 \leqslant \left(\frac{\lambda a}{b}\right)^2 \tag{2-88}$$

（2）相干角度。

用允许的干涉孔径角表示的空间相干性称为相干角度，由于干涉孔径角 $\omega_s = \dfrac{l}{a}$，所以相干角度为

$$\omega_s \leqslant \frac{\lambda}{b} \tag{2-89}$$

相干区线度 l 和相干角度 ω_s 均与光源尺寸 b 成反比，这就是空间相干性的反比公式。

2. 时间相干性

大部分光源是原子发光，可用电偶极子模型描述。当电偶极子持续不断地简谐振动时，辐射出无限延续的单色波。实际光源中，原子间的碰撞、辐射场的阻尼等因素使得电偶极子的振动经常中断，发出的光波断断续续。从光波的时间频率分布的功率谱来看，单色光只有一个频率，是时间和空间域里无限延伸的简谐振动。如果单色光辐射受到限制，例如断续辐射的光波，光波就不再是单色了，会出现其他频率成分，即时间上的展宽。

时间相干性讨论是光源时间展宽引起的相干性问题。本质上，它是指点光源不同时刻扰动之间在位相上的关联性，而表观上，它表现为该点光源产生的两个光波干涉叠加时，使反衬度不为零的最大光程差或传播时间差。所以又将空间相干性称为横向相干性，而将时间相干性称为纵向相干性。

仍以杨氏干涉为例。假设光源发射有限长度的余弦波列，即在 $-\dfrac{\theta}{2} \leqslant t \leqslant \dfrac{\theta}{2}$ 期间发射频率为 $\bar{\nu}$ 的“单色波”，其余时间不发射光波，其电场振动曲线如图 2-28（a）所示，表示为

$$E(t) = \exp(-2\mathrm{j}\pi\bar{\nu}t)\,\mathrm{rect}\left(\frac{t}{\theta}\right) \tag{2-90}$$

它的时间频谱 $e(\nu)$ 和功率谱 $S'(\nu)$ 分别为

$$e(\nu)=\theta\operatorname{sinc}[(\nu-\bar{\nu})\theta] \tag{2-91}$$

$$S'(\nu)=\left|e(\nu)\right|^2=\theta^2\operatorname{sinc}^2[(\nu-\bar{\nu})\theta] \tag{2-92}$$

利用式（2–83），求出合成杨氏条纹强度分布为

$$I(x)=c'\theta\left[1+\operatorname{tri}\left(\frac{nlx}{cd\theta}\right)\cos\left(\frac{2\pi nl\bar{\nu}}{cd}x\right)\right] \tag{2-93}$$

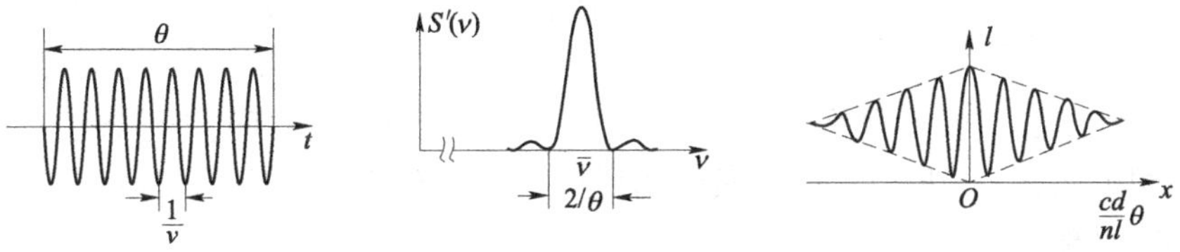

（a） （b） （c）

图 2–28 光源发射“光脉冲”的情形

（a）光脉冲的振动图；（b）功率谱图；（c）干涉图形强度分布

当光源发射频率为 $\bar{\nu}$、持续时间为 θ 的波列时，通过时间域傅里叶变换可知，照射次波源 S_1、S_2 的是一个复杂波，其功率谱 $S'(\nu)$ 由图 2–28（b）表示，频带宽度 $\Delta\nu=\dfrac{1}{\theta}$，合成杨氏条纹强度由图 2–28（c）表示，这是一组受三角函数调制的余弦条纹，条纹的方向、空间频率都与理想光源的情况相同，只是条纹的反衬度为

$$V=\left|\operatorname{tri}\left(\frac{nl}{cd\theta}x\right)\right|=\left|\operatorname{tri}\left(\frac{\varDelta_{sp}}{c}\Delta\nu\right)\right|=\left|\operatorname{tri}\left(m\frac{\Delta\nu}{\bar{\nu}}\right)\right| \tag{2-94}$$

只有当两束光的光程差 $\varDelta_{sp}\leqslant c\theta$，或者两束光从光源传到考察点 P 的时间差 $\tau_0=\dfrac{\varDelta_{sp}}{c}\leqslant\theta$ 时，才能形成反衬度不为零的干涉条纹。也就是说，光源在不同时刻发出的两列波之间，在位相上毫无关联，因而是非相干的；只有由同一波列分出的两束或多束光波叠加才能形成反衬度不为零的干涉条纹。当 $\theta\to\infty$ 时，$\Delta\nu\to 0$，这时 $\tau_0\leqslant\theta$ 的条件对任何干涉装置均能满足，所以由这样的光源产生的两束光是完全相干的，条纹反衬度为 1；当 θ 为有限值时，如果 $\tau_0<\theta$，产生的两束光是部分相干的，条纹反衬度 $0<V<1$；当 $\tau_0>\theta$ 时，条纹的反衬度为零。

光源的单色性越好，光谱宽度 $\Delta\lambda$ 越小，波列长度 $c\theta$ 越大，光源的相干性也越好。如图 2–29 所示，设光速为 c，点光源 S 每次发出长度为 $2L=c\theta$ 的波列，光波在两个狭缝上分成两束时，每一束都含有原子在各次发光时发出的波列，上面一束里有 a_1、b_1 和 c_1，下面一束里有 a_2、b_2 和 c_2。其中，a_1 和 a_2，b_1 和 b_2，c_1 和 c_2 是同一波列分出的子波列，因此是相干的，其他的波列组合则是不相干的。当两光束在 P 点相遇时，如果光程差不大，a_1 开始到达和 a_2 开始到达的时间差不大，a_1 和 a_2 在 P 点叠加，同样 b_1 和 b_2，c_1 和 c_2 也在 P 点叠加，所有这些波列的位相差只由光程差决定，因此形成稳定的干涉条纹。随着光程差的增加，a_1 开始到达和 a_2 开始到达的时间差变大，相干叠加的程度下降，条纹对比度也下降。

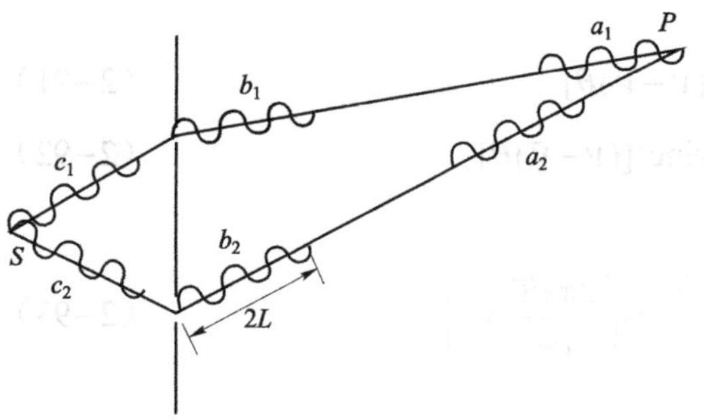

图 2-29　时间相干性示意图

当光程差大于等于波列长度时，只有来自不同波列的子波列叠加，它们的初始位相、振动方向都不相同，并快速变化，互相之间完全不相干，对比度为零。因此，能产生干涉的最大光程差就是波列长度。

由于干涉条纹的反衬度V既和光源的持续发光时间即波列长度θ有关，又和两束相干光的传播时间差τ_0有关，也就是说，即使时间相干性很差的光源，只要在干涉装置中使两束相干光的传播时间差τ_0（或光程差）尽量小，也可以获得反衬度较好的干涉条纹。所以在描述光波的时间相干性时，一般不用干涉条纹的反衬度V，而是采用下述几种物理量。

（1）相干光程。

相干光程用$\varDelta_0$表示，它是指使用非单色光源时，使干涉条纹反衬度V刚好不为零的两束光的最大光程差。按前面分析，它应等于光源发射的波列长度，即

$$\varDelta_0 = c\theta = \frac{c}{\Delta\nu} \tag{2-95}$$

（2）相干时间。

相干时间用τ_0表示，它是指使用非单色光源时，使干涉条纹的反衬度V刚好不为零时，两束光的最大传播时间差。由式（2-95）可得

$$\tau_0 = \frac{\varDelta_0}{c} = \theta = \frac{1}{\Delta\nu} \tag{2-96}$$

（3）最大干涉级。

最大干涉级用m_0表示，它是指使用非单色光源时，观察到的反衬度不为零的干涉条纹的最大干涉级，它等于

$$m_0 = \frac{\varDelta_0}{\bar{\lambda}} = \frac{\bar{\nu}}{\Delta\nu} \approx \left|\frac{\bar{\lambda}}{\Delta\lambda}\right| \tag{2-97}$$

式（2-95）~式（2-97）表明，相干光程$\varDelta_0$、相干时间τ_0和最大干涉级m_0均和光源频带宽度$\Delta\nu$成反比，所以这些公式又称为时间相干性反比公式。

从式（2-95）~式（2-97）还可以看出，光波的时间相干性可通过双光束干涉来测量，只要测出干涉条纹的最大干涉级m_0，就可依据这组公式算出相干光程$\varDelta_0$和相干时间τ_0。

表 2-1 列出了几种光源的时间相干性指标。

表 2-1　几种光源的时间相干性指标

光源	$\bar{\lambda}$/nm	$\Delta\lambda$/nm	$\varDelta_0$/mm	τ_0/s	m_0
镉灯（Cd）	643.8	0.001 3	320	1.1×10^{-9}	5×10^{5}
氪灯（K_r^{86}）	605.8	0.005 5	67	2.2×10^{-10}	1.1×10^{5}
汞灯（Hg）	546.1	5	0.06	2×10^{-13}	109
氖灯（Ne）	632.8	0.002	200	6.7×10^{-10}	3.2×10^{5}
白炽灯	550	300	0.001	0.3×10^{-14}	2

对于实际的光源，总是同时存在着空间相干性和时间相干性的问题，在这种情况下，光波的相干性可用相干体积的概念来描述，它等于相干面积和相干光程的乘积。

此外，在许多光学问题中，还常常使用准单色波的概念。所谓准单色波，是指产生的干涉效果与理想单色波十分接近的光波，或者说能使干涉条纹反衬度趋近于 1 的光波。由式（2−97）可知，要求反衬度 V 趋近于 1，则必须满足

$$m << m_0 \tag{2-98}$$

或者

$$\Delta\nu << \frac{\bar{\nu}}{m_0} \tag{2-99}$$

上面两个公式表明，准单色波是由光源的频谱分布（$\Delta\nu$）和观察条件（m）共同决定的。式（2−98）指出，当光源确定（$\Delta\nu$ 一定）时，只有在足够小的观察范围内（干涉级 m 足够小），光波才能认为是准单色的；式（2−99）则表明，当观察范围确定（m 一定）时，只有光源的 $\Delta\nu$ 足够小时，光波才能看作是准单色的。

2.2.3　分波面干涉的应用

1. 瑞利干涉仪（Rayleigh interferometer）

瑞利干涉仪是根据杨氏实验原理设计的一种分波面干涉装置，主要用途是精确测量液体和气体的折射率，其光路如图 2−30 所示。

其中 S 是垂直于图平面的狭缝光源，发出的准单色光波经 L_1 准直后照明狭缝 S_1 和 S_2，A 和 B 是两个长度为 d 用于储存被测气体（或液体）的容器，C_1 和 C_2 是一对位相补偿板，它们转动时引起的光程差可直接读出。在透镜 L_2 的后焦面上产生双缝杨氏干涉条纹，条纹的方向平行于狭缝。由于条纹间距 e 极小，故必须通过高倍数的放大镜来观察。

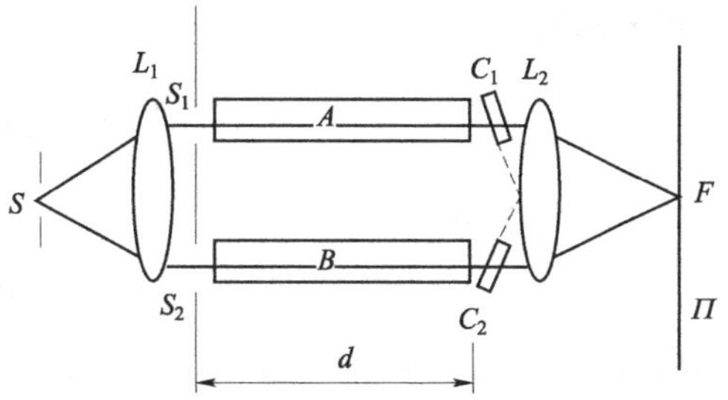

图 2−30　瑞利干涉仪

测量的第一步是将容器 A 和 B 都抽成真空，通过调节补偿板 C_1、C_2 的角度将零级条纹调到视场中心。第二步是分别在容器 A 和 B 中充入折射率为 n_A 和 n_B 的气体，则在两支光路中将引入光程差 $\varDelta$：

$$\varDelta = d(n_A - n_B)$$

于是整组杨氏条纹将向光程增大的方向移动，条纹的移动量 Δx 和移动的条纹数 Δm 分别为

$$\Delta x = e\frac{\varDelta}{\lambda_0}$$

$$\Delta m = \frac{\Delta x}{e} = \frac{\varDelta}{\lambda_0}$$

只要测出移动的条纹数 Δm，即可求出光程差 $\varDelta$ 和折射率差（$n_A - n_B$），并由已知折射率 n_A 算出被测气体的折射率 n_B：

$$n_B = \frac{\lambda_0}{d}\Delta m + n_A \tag{2-100}$$

在实际测量中，Δm 是通过位相补偿板 C_1、C_2 来测出的。只要通过转动补偿板使零级条纹精确复位，根据转动角度即可确定 Δ 和 Δm。

2. 迈克耳逊天体干涉仪（Michelson stellar interferometer）

迈克耳逊天体干涉仪是由迈克耳逊在 1890 年设计的一部改进的杨氏干涉装置，主要用来测量两个靠近的“点”状星体之间的角距离或者均匀圆形星体的角直径。图 2-31 画出了这种干涉仪的示意图。其中 M_1 和 M_2 是一对距离 3 m 左右并且可以对称移动的反射镜，用于收集来自遥远恒星发出的光波，并且起到了图 2-16 中用于分波面的“小孔” S_1、S_2 的作用。反射镜 M_3 和 M_4 固定不动，把 M_1 和 M_2 收集的光波送入望远物镜 O，在屏 Π 上将出现一组杨氏干涉条纹。调整 M_1 和 M_2 之间的距离 l，可以改变杨氏条纹的反衬度 V。利用条纹反衬度 V 和光源辐射功率密度函数 $S(\xi)$ 的频谱 $\mathscr{S}(u)$ 的关系式（2-72），就可以研究光源的空间分布特性。

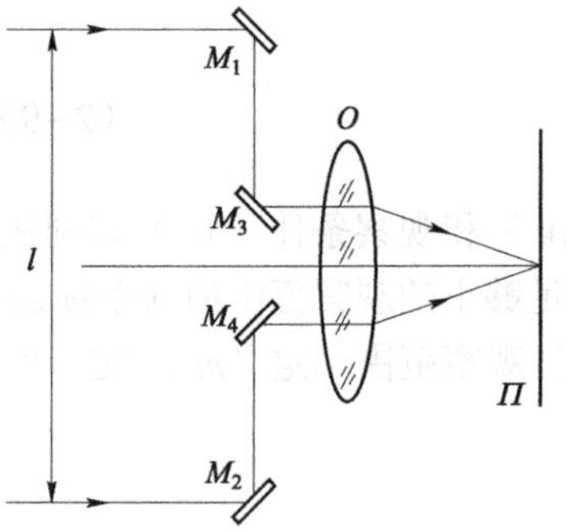

图 2-31　迈克耳逊天体干涉仪示意图

1）测量双星的角间距

设测量对象是两个相距 ξ_0 的等强度“点”状星体，到干涉仪的距离为 a，其辐射功率密度可表示为

$$S(\xi) = \delta\left(\xi - \frac{\xi_0}{2}\right) + \delta\left(\xi + \frac{\xi_0}{2}\right)$$

其傅里叶变换为

$$\mathscr{S}(u) = 2\cos(\pi\xi_0 u)，\quad \mathscr{S}(0) = 2$$

利用式（2-70）和式（2-72），得出条纹反衬度为

$$V = \left|\cos(\pi\xi_0 u)\right| = \left|\cos\left(\pi\frac{nl\xi_0}{\lambda_0 a}\right)\right| \tag{2-101}$$

调整 M_1 和 M_2 的距离，使 l 从很小值开始增大，条纹反衬度将逐渐降低，当观测到条纹反衬度第一次为零时，测出对应的 M_1、M_2 之间的距离 l_m，则有

$$\pi\frac{nl_m\xi_0}{\lambda_0 a} = \frac{\pi}{2}$$

从而可确定双星的角距离

$$\Delta\theta = \frac{\xi_0}{a} = \frac{\lambda_0}{2nl_m} \tag{2-102}$$

2）测均匀圆形星体的角直径

设被测对象是半径为 r_0、距离为 a 的均匀圆形星体，其辐射功率密度表示为

$$S(\rho) = \mathrm{circ}\left(\frac{\rho}{r_0}\right)$$

其中 $\rho=\sqrt{\xi^2+\zeta^2}$。

根据圆域函数傅里叶变换公式，$S(\rho)$ 的傅里叶变换为

$$\mathscr{S}(u,v)=(\pi r_0^2)\left[\frac{2J_1\left(2\pi r_0\sqrt{u^2+v^2}\right)}{2\pi r_0\sqrt{u^2+v^2}}\right]$$

式中，u，v 分别表示光源在 ξ、ζ 两个方向扩展时，杨氏条纹在对应方向移动的空间频率。根据 2.2.1 节的分析可知，当光源在 ζ 方向扩展时，杨氏条纹位置不变，因此有 $v\equiv 0$，于是 $S(\rho)$ 的傅里叶变换为

$$\mathscr{S}(u)=(\pi r_0^2)\left[\frac{2J_1(2\pi r_0 u)}{2\pi r_0 u}\right]=(\pi r_0^2)\left\{\frac{2J_1[2\pi r_0 nl/(\lambda_0 a)]}{2\pi r_0 nl/(\lambda_0 a)}\right\}$$

$$\mathscr{S}(0)=\pi r_0^2$$

于是杨氏条纹的反衬度可表示为

$$V=\frac{|\mathscr{S}(u)|}{\mathscr{S}(0)}=\left|\frac{2J_1[2\pi r_0 nl/(\lambda_0 a)]}{2\pi r_0 nl/(\lambda_0 a)}\right|$$

当移动 M_1、M_2，使 l 值从很小开始增大时，同样观察到条纹反衬度下降的现象。使反衬度第一次下降为零的反射镜间距 l_{m} 满足

$$\frac{2r_0 nl_{\mathrm{m}}}{\lambda_0 a}=1.22$$

于是被测星体的角半径为

$$\Delta\theta'=\frac{r_0}{a}=0.61\frac{\lambda_0}{nl_{\mathrm{m}}} \tag{2-103}$$

1920 年 12 月，用上述方法第一次测量了参宿四（猎户 α 星），当调到 $l_{\mathrm{m}}=121$ in（3.07 m）时，杨氏条纹第一次消失，取平均波长 $\bar{\lambda}=570$ nm，算出该恒星的角直径为 0.047″。

2.2.4 其他分波面装置

只有从同一光源发出的光波能满足相干条件，分光装置把从同一光源发出的光分成若干束，再让它们叠加干涉。分波面干涉装置在光源发出的光波波面上划分出两个或多个空间区域，并使各区域的光波叠加产生干涉。杨氏干涉将点光源发出的光波波面分割出两个部分，是典型的分波面干涉。杨氏干涉在分割波面的过程中，只用到了波面上的两个点，波面上其他部分的能量没有利用。为了提高干涉能量，可以采用两个办法，一是把点光源换成线光源，线光源的扩展方向沿 y 轴，同时把两个小孔换成两个狭缝，扩展方向也沿 y 轴，于是杨氏干涉变成双缝干涉，中心点附近的条纹将保持形状不变，同时强度提高。第二个办法是采用不同于杨氏干涉的其他分波面干涉装置。本节介绍几种较常见的分波面装置。

1. 菲涅尔双面镜（Fresnel's bimirror）

菲涅尔双面镜由两块夹角很小的反射镜 M_1 和 M_2 构成，如图 2-32 所示。由点光源 S 发出的光波受不透明屏 Σ 的阻挡，不能直接照射到观察屏 Π 上，光波只能照射到双面镜 M_1 和 M_2 上，并被分割成两束相干光波。这两束光波可以看成是从 S 在双面镜中形成的两个虚像点

S_1和S_2发出的，因而S_1和S_2相当于一对相干光源，它们发出的光波在双面镜后有所重叠（图中阴影部分），在Π上就可形成干涉条纹。

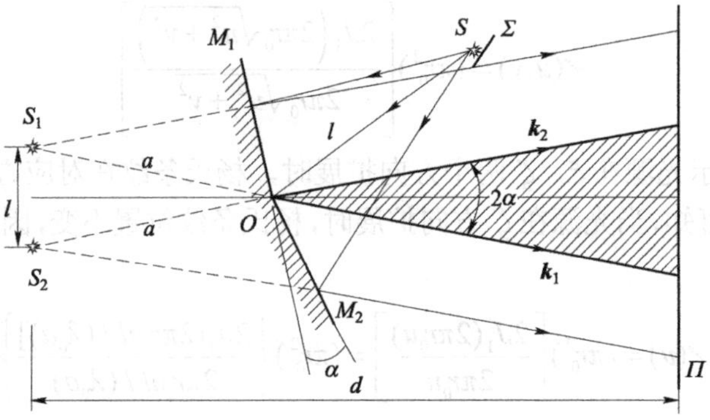

图 2–32　菲涅尔双面镜

虽然菲涅尔双面镜的分光原理与杨氏干涉实验不完全一样，但由图 2–32 可以看出，其原理仍然是分波面干涉，并且可以等效于由光源S的两个反射像S_1和S_2发出的两个等强度球面波的干涉，Π上干涉场强度分布仍然和图 2–13（b）的分布一致。因此其干涉场强度公式仍然可以用杨氏干涉强度公式（2–53）表示，并且由图中几何关系可以近似推出$l=2a\sin\alpha$。

2. 菲涅尔双棱镜（Fresnel's biprism）

如图 2–33 所示，菲涅尔双棱镜由两个相同的棱镜构成。两个棱镜的折射角α很小，一般为 30′。从点光源S发出的光束经双棱镜折射后分成两束，形成两个虚像S_1和S_2，两个折射光等效于从S_1和S_2发出，因而是相干的，它们在图中阴影部分重叠，在Π上形成干涉条纹。

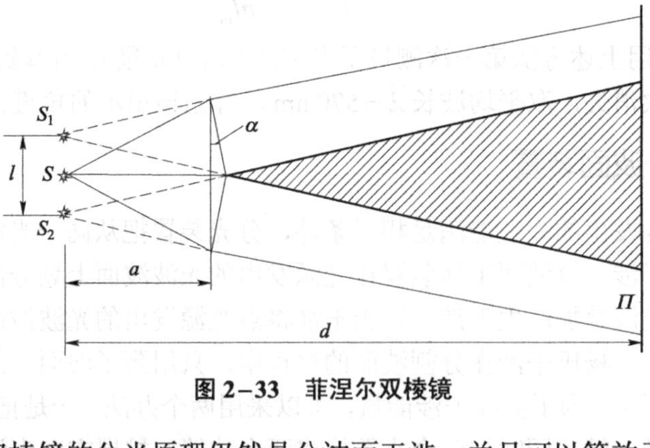

图 2–33　菲涅尔双棱镜

同样，菲涅尔双棱镜的分光原理仍然是分波面干涉，并且可以等效于由光源S的两个折射像S_1和S_2发出的两个等强度球面波的干涉，Π上干涉场强度分布仍然可以用杨氏干涉强度公式（2–53）表示，并且由图中几何关系可以近似推出S与S_1和S_2共面，且$l=2a(n-1)\alpha$。

3. 洛埃镜（Lloyd's mirror）

洛埃镜的结构如图 2–34 所示，将点光源的直射光束与反射镜M反射的光束相叠加形成干涉，其结构比菲涅尔双面镜和双棱镜更简单。观察屏Π上叠加区域的光都来自点光源S_1和它的镜像S_2，因为同属一个光源，所以它们是相干的。

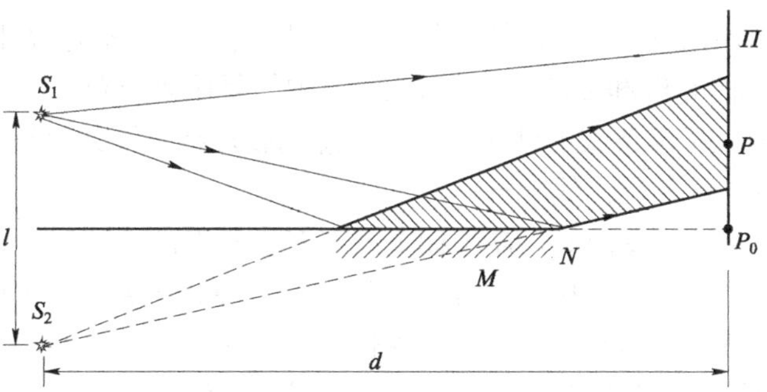

图 2–34　洛埃镜

由于入射角很大，反射光的传播方向很靠近镜面，为掠入射。假定反射镜 M 简单地由空气—玻璃界面构成，反射光是从光疏介质到光密介质，在掠入射情况下产生的，相对于直射光而言，S 分量反射光有 π 位相变化，即反射引起了“半波损失”。计算观察屏 Π 上某点对应的两束相干光的光程差时，必须考虑半波损失引起的附加光程差 $\lambda/2$。这是洛埃镜与前两个装置的主要不同点。

4. 比累对切透镜（Billet’s split lens）

比累对切透镜把一块凸透镜沿直径方向剖开成两半，垂直于剖开方向拉开一定距离，留出的空挡用挡光材料填充，如图 2–35 所示。点光源由对切透镜形成两个实像 S_1 和 S_2。S_1 和 S_2 是一对相干光源，它们发出的球面光波在后续叠加阴影区域发生干涉，在观察屏 Π 上可观察到干涉图形。Π 上干涉场强度分布仍然可以用杨氏干涉强度公式（2–51）表示。两个相干点光源之间的距离可由几何成像关系求出：$l_{S_1-S_2}=a(l+l')/l$。

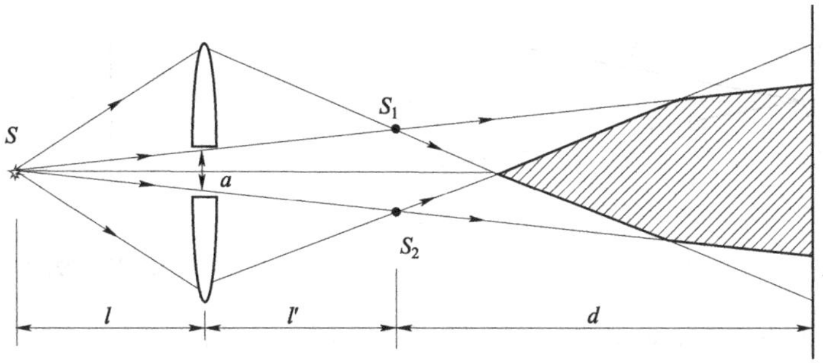

图 2–35　比累对切透镜

时间相干性方面，上述四种典型分波面干涉仪与杨氏干涉仪相同，即非单色点光源发出的光波中，单独一个频率的光波是相干的，它经由 S_1 和 S_2 分光的相干光在观察屏上形成杨氏干涉条纹，条纹间隔随波长变化。不同频率的光波不相干，在观察屏上各频率成分光强叠加后，条纹对比度 V 与光程差 Δ 的关系与前面讨论的相同，最大光程差等于波列长度。

在空间相干性方面，四种典型分波面干涉仪与杨氏干涉仪存在差异，因为杨氏干涉仪的光源 S 扩展时，两个相干次光源 S_1 和 S_2 并不扩展；然而，在四种典型分波面干涉仪中，如果 S 扩展，S_1 和 S_2 也扩展。

例 2.6　图 2–36 中所示为菲涅尔双棱镜干涉装置。设棱镜顶角 $\alpha=10^\circ$，折射率 $n=1.5$，

用波长 $\lambda=0.5\ \mu\text{m}$ 的单色平面波正入射照明，在距离棱镜为 $l=2\ \text{m}$ 的 Π 平面上观察。

（1）写出两相干光波 E_1 和 E_2 在 Π 平面上沿 x 轴的复振幅分布。

（2）描述 Π 平面上干涉条纹的性质，如欲用感光胶片将干涉条纹记录下来，感光胶片的分辨率不能低于多少？（单位：线/mm）

（3）假设棱镜的尺寸不受限制，Π 平面上共有多少条干涉条纹？

解题思路及提示： 菲涅尔双棱镜是分波面干涉的一种分光装置。入射平面波经菲涅尔双棱镜后被分成两束光波，分别向不同方向发生偏折，但棱镜不改变其波面形状，出射的光波仍然是平面波。两束平面波在棱镜后面的空间相遇发生干涉。

解：（1）棱镜顶角为 α，光波经过棱镜后偏折角度为 β（见图 2-37），根据折射定律有

$$n\sin i = n\sin\alpha = \sin i',\quad \beta = i' - \alpha = 5°$$

光波 E_1 为波矢方向（$\sin\beta$，0，$\cos\beta$）的简谐平面波，可以写出光波的复振幅：

$$E_1(x,y,z) = E_0\exp\left[\mathrm{j}\left(\frac{2\pi}{\lambda}\sin\beta\cdot x + \frac{2\pi}{\lambda}\cos\beta\cdot z + \varphi_0\right)\right]$$

Π 平面上光波 E_1 沿 x 轴的复振幅分布为

$$E_1(x) = E_0\exp\left[\mathrm{j}\left(\frac{2\pi}{\lambda}\sin\beta\cdot x + \varphi_0\right)\right]$$

同理 Π 平面上光波 E_2 沿 x 轴的复振幅分布为

$$E_2(x) = E_0\exp\left[\mathrm{j}\left(-\frac{2\pi}{\lambda}\sin\beta\cdot x + \varphi_0\right)\right]$$

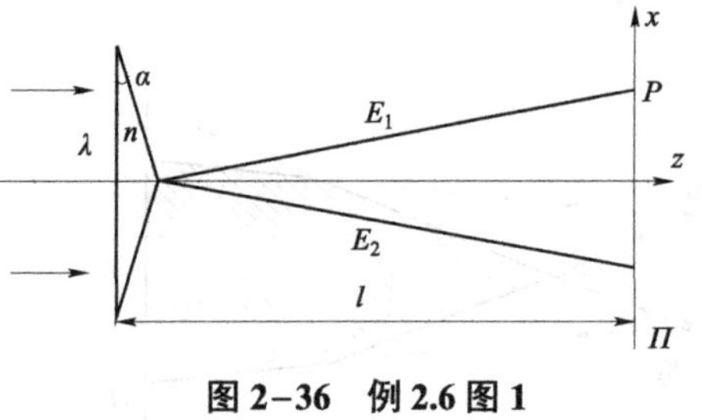

图 2-36　例 2.6 图 1

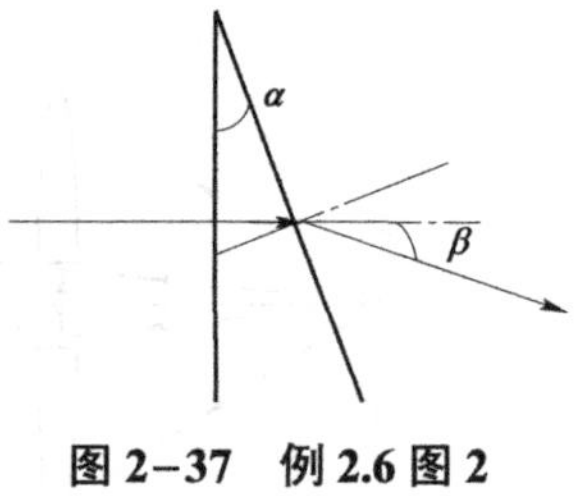

图 2-37　例 2.6 图 2

（2）棱镜之后的空间中，两束波矢方向夹角为 2β 的平面光波相互叠加形成干涉，叠加干涉 $E = E_1 + E_2$，$I(\boldsymbol{r}) = \langle \boldsymbol{E}\cdot\boldsymbol{E}\rangle$，干涉条纹为垂直于 x 轴的平行等距直条纹。条纹空间频率为

$$f = \frac{2\sin(\theta/2)}{\lambda} = \frac{2\sin\beta}{\lambda} = 349/\text{mm}$$

要用感光介质记录干涉条纹，则要求记录条纹的感光介质分辨率大于等于条纹空间频率，即感光胶片的分辨率不能低于 349 线/mm。

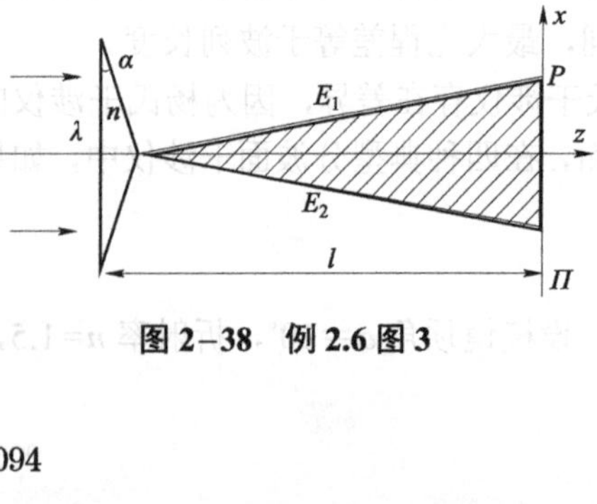

图 2-38　例 2.6 图 3

（3）两束光发生干涉，干涉区域为两束光的交叠区域。假设棱镜的尺寸不受限制，即两相干光波口径无限，则干涉区域为如图 2-38 所示的三角形区域，Π 平面上可观察到干涉条纹的区域为三角形的底边 $\Delta x = 2l\cdot\sin\beta$，能够看到的条纹数为 $N = \Delta x\cdot f = 121\,669$。

2.3　分振幅干涉

对杨氏实验的分析可知，为了获得高反衬度的干涉条纹，分波面干涉对光源尺寸 b 和干涉孔径角 ω_s 有很严格的限制。对光源尺寸的限制影响干涉条纹的辐照度，对干涉孔径角的限制则不利于在干涉装置中引入被测物体。下面介绍的分振幅干涉装置则完全克服了上述缺点。首先分振幅干涉允许使用准单色的扩展光源，而且由分振幅元件产生的两相干光束之间可以分开任意角度，便于在任何一支光路中引入被测物体。因此，大多数现代干涉仪器都采用分振幅原理。

分振幅干涉装置中，常用的分振幅元件（或分光元件）有平行平板、楔形板、薄膜、棱镜等。无论采用何种分光元件，其分振幅原理都可以借助平板的折、反射来说明。如图 2–39 所示，一束振幅为 E_0 的单色光经透明平板的两个界面 A 和 B 的反射和折射，可以产生一系列反射光 $E_{r1},E_{r2},E_{r3}\cdots$，和一系列透射光 E_{t1},E_{t2}，$E_{t3}\cdots$。只要入射光波的相干光程足够长，这些光束就是相干光。各光束的振幅和强度可利用菲涅尔公式求出，而各光束的位相则可由光束传播中经历的光程以及在界面上的位相跃变来计算。表 2–2 利用正入射菲涅尔公式计算了 n=1.5，界面 A 和 B 的反射率为不同值时前几束反射光和透射光的强度。

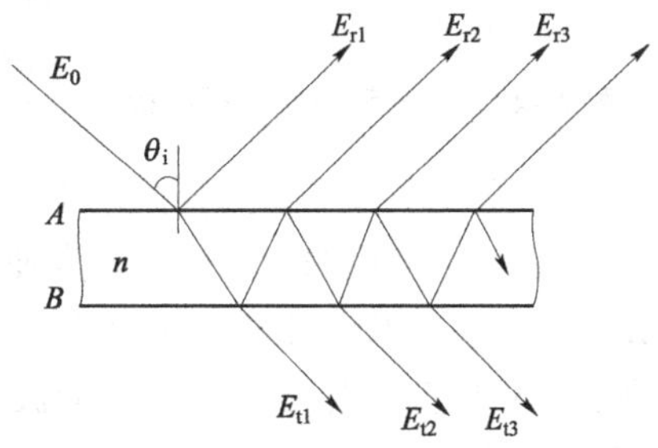

图 2–39　平板的分光作用

表 2–2　玻璃平板产生的多束反射光和透射光的强度
（设入射光强 $I_0=1$，平板折射率 $n=1.5$）

界面反射率	I_{r1}	I_{r2}	I_{r3}	I_{r4}	I_{t1}	I_{t2}	I_{t3}	I_{t4}
0.04（未镀膜）	0.04	0.037	6×10^{-5}	9×10^{-8}	0.92	1.5×10^{-3}	2.4×10^{-6}	3.4×10^{-9}
0.9（镀高反射膜）	0.9	9×10^{-3}	7.3×10^{-3}	5.9×10^{-3}	0.01	8.1×10^{-3}	6.6×10^{-3}	5.3×10^{-3}

计算结果表明，当平板表面未镀膜时，只有 E_{r1} 和 E_{r2} 的强度比较接近，可以产生反衬度较高的双光束干涉条纹；而当平板两界面都镀高反射膜时，除了 E_{r1} 之外，各反射光束和透射光束的强度都比较接近，可以产生反衬度很好的反射光多光束干涉和透射光多光束干涉。

对杨氏实验的分析说明，当采用单色扩展光源时，分波面干涉的条纹反衬度 V 与考察面位置无关。这种反衬度基本不随考察点的位置而变化的干涉条纹称为非定域条纹。而对于分振幅干涉，当采用单色扩展光源时，条纹的反衬度将随考察点的位置而变化。这种反衬度与考察点位置有明显关系的干涉条纹称为定域条纹。具有最大反衬度的观察面称为定域面。因此，在讨论分振幅干涉时，首先必须研究干涉条纹的定域性质。研究的目的在于：一方面，通过对干涉条纹反衬度变化规律的分析，确定具有最大反衬度的观察面，即条纹定域面；另一方面，根据对条纹反衬度的要求，确定对光源空间尺寸的限制。

2.3.1 干涉条纹的定域性质

1. 分振幅干涉条纹的定域性质

考虑图 2-40 所示的透明平行平板，由单色点光源 S 照明。经平行平板上下两个表面的反射，得到 S 的两个虚像 S_1 和 S_2，S 发出的球面波经平行平板反射后，等效于 S_1 和 S_2 发出的两个球面波。根据前面的分析，这两个球面波完全空间相干，能在平行平板上半空间中的任意一点 P 重叠，形成如图 2-13 所描述的 V=1 的干涉条纹。由于整个平板上半空间处处可得清晰干涉条纹，这种条纹为非定域条纹。

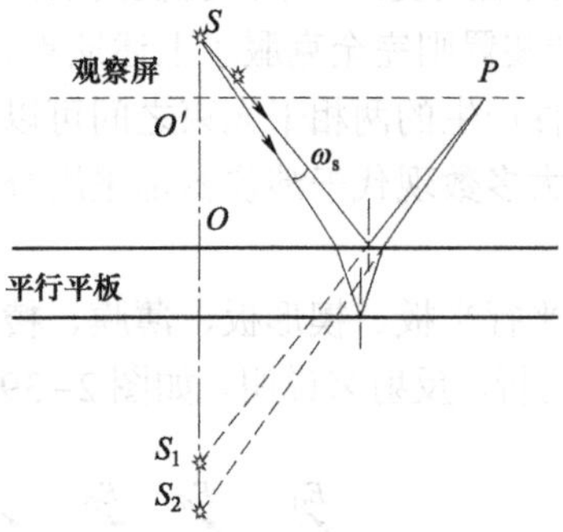

图 2-40 点光源照明平行平板

如果在图 2-40 所示的位置放置观察屏，则由结构的对称性可知，在观察屏上看到的干涉条纹是以 O'为中心的同心圆环组（如图 2-13（c）屏 Π_2 上所观察到的图形），而 O'是通过 S 的平板法线与观察屏的交点。

下面以平行平板的分振幅干涉为例，来研究干涉条纹的定域性质。如图 2-41 所示，A 和 B 是平行平板的两个界面，为使问题简化，可假定平板的折射率和周围媒质相同，即由 A、B 构成一个“虚”平板。S 是准单色扩展光源，S_A 和 S_B 是 S 经界面 A 和 B 反射所成的虚像。因此，S 上任一点 M 发出的球面波经界面 A 和 B 的反射，均可看作是从对应虚像点 M_A 和 M_B 发出。于是，由点源 M 产生的两束反射光的干涉，可看作点源 M_A 和 M_B 发出的两个球面波的干涉，干涉条纹是一组中心在 M_BM_A 连线与观察面 Π 交点 M' 的同心圆环。

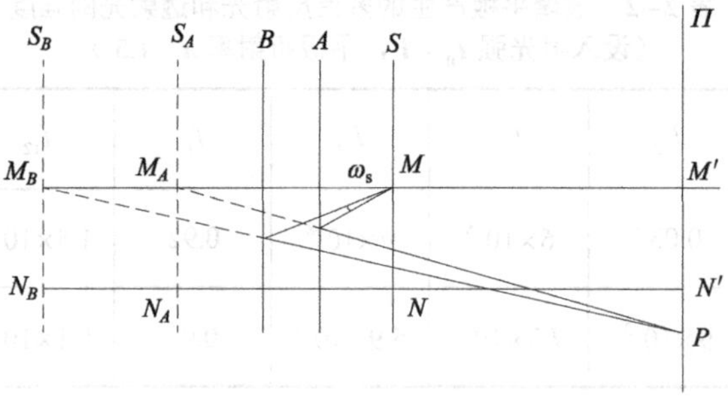

图 2-41 分振幅条纹的定域问题

同样道理，光源 S 边缘一点 N 产生的干涉条纹则是一组中心位于 N' 的同心圆环。Π 平面上的干涉强度分布则是扩展光源 S 上各面元产生的相互错开的圆环条纹的强度相加，必然会引起合成条纹反衬度的下降。当观察面 Π 距平板较近时，按照式（2-50），圆环条纹的空间频率 f 较大，或条纹的间距 e 较小，而各组圆环条纹错开的线距是一定的（只与点光源之间的距离 MN 有关），因而对任一考察点 P 来说，相叠加的各组条纹的干涉级差较大，使得合成条纹的反衬度较低。反之，当观察面 Π 距离较远时，按照同样的推理分析，在 P 点叠加的各组条纹的干涉级差小，合成条纹的反衬度高。总而言之，当观察面 Π 位于无穷远时，由于圆环条纹间距 e 趋于无穷大，实际上各组圆环条纹完全重合，条纹的反衬度将不受光源扩展的影响，始终为 1。图 2-42 画出了观察屏 Π 位于无穷远的情形，由于 A、B 面互相平行，所

以到达 P 点的两条反射光线必然是由 M 点发出的同一条光线分振幅产生的，即一定是干涉孔径角 ω_s 等于零的相干光束对。又因 M_A 和 M_B 是 M 的镜像，所以由 M 点产生的两束反射光可看成是由 M_A 和 M_B 发出的，其光程差可表示为

$$\Delta_{MP}=\overline{M_BC}=2d\cos\gamma \text{（已设} n=1\text{）} \tag{2-104}$$

上式进一步说明，P 点的光程差 Δ_{MP} 只与平板厚度 d 和 P 点方位角 γ 有关，而与 M 点的位置无关，因而光源上各面元在 Π 面上形成的干涉条纹完全重合，反衬度为 1。同时也说明，无穷远的理想定域面是所有对应零干涉孔径角的观察点的集合。

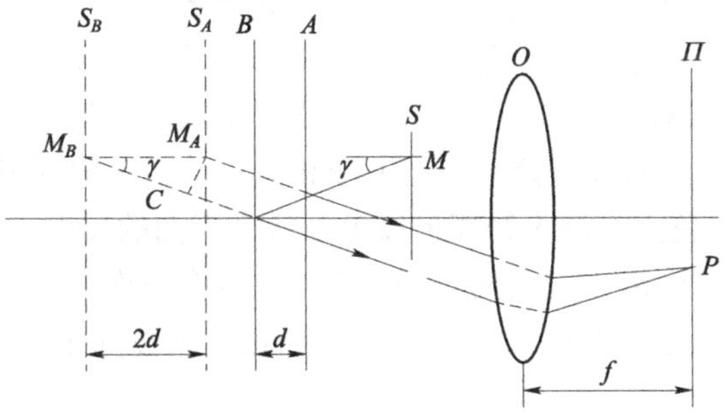

图 2-42　无穷远定域面

2. 确定干涉条纹定域面的方法

在分振幅干涉中，使用单色扩展光源照明时，干涉条纹为定域条纹。为了便于对干涉条纹进行观察测量，通常将观察面取在定域面附近的平面上。

定域面是干涉条纹反衬度 V 最大的考察点集合。在图 2-43 中，I_M 代表干涉仪，$S(\xi,\zeta)$ 是准单色扩展光源，S_0、S_1 分别是光源的中心点和边缘点，$P(x,y,z)$ 是干涉场中任一考察点。由前面分析可知，P 点处条纹反衬度取决于光源上各面元在 P 点的干涉条纹错开程度或干涉级差，或者说取决于不同位置点光源产生的相干光束对的光程差变化。根据这一原理，可以导出确定干涉条纹定域面的解析方法。对于确定的干涉光路和单色扩展光源 S，可将光程差表示为光源坐标 (ξ,ζ) 和考察点坐标 (x,y,z) 的函数 $\Delta(\xi,\zeta,x,y,z)$，反衬度最大的点集（即定域面）即可通过求 $\dfrac{\partial\Delta}{\partial\xi}$ 和 $\dfrac{\partial\Delta}{\partial\zeta}$ 取极小值的条件得出。利用多元函数求极值的法则，原则上可得出定域面的解，但结果是十分复杂的。

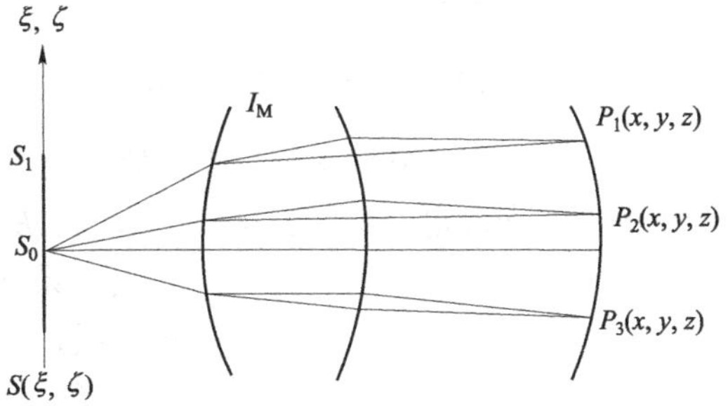

图 2-43　确定条纹定域面的方法

下面给出一种利用图解确定干涉条纹定域面的近似方法。这一方法的依据是，由图 2-41 和图 2-42 的分析可知，观察点 P 处干涉条纹的反衬度与会聚于 P 点的一对相干光束在光源空间的干涉孔径角 ω_s 有关，当光源宽度确定时，ω_s 越小，光波的空间相干性越好，P 点条纹的反衬度越高；当 $\omega_s=0$ 时，P 点反衬度最好。因此可以认为，定域面即对应于零干涉孔径角的观察点的集合。根据这一原则，即可大致确定各种干涉装置的定域面。如图 2-43 所示，

从扩展光源中心 S_0 出发，向干涉仪的入射光瞳作一系列光线，每条光线经干涉仪分光后，形成一对具有零干涉孔径角的相干光束，所有这些相干光束对在干涉场中的交点即构成了定域面。

图 2-44 即用上述方法确定平行平板定域面的方法。图中平行平板的折射率为 n_2，置于折射率为 n_1 的环境中，令 $\omega_s=0$，得到图 2-44 所示的光路情况。经上下两表面反射的两条光线平行出射，在无限远处叠加，因此，平行平板的定域面就在无限远处。如果把观察屏设置在透镜 L 的后焦面处，后焦面就是定域面，只能在定域面附近看到干涉条纹，其中，定域面上的条纹最为清晰。

3. 楔形板等厚干涉条纹的定域面和对光源尺寸的限制

两个不平行表面构成的透明板是非平行板，楔形板是最简单的非平行板，其上下表面是平面，但互相夹一个角度 α，一般非平行板可看成 α 不同的楔形板的组合。楔形板是由两个夹角 α 很小的反射平面构成的分振幅双光束干涉装置，也属于定域干涉。

如图 2-45 所示，单色点光源 S 经楔形板上下两个表面的反射，得到两个虚像 S_1 和 S_2，S 发出的球面波等效于 S_1 和 S_2 发出的两个球面波，这两个球面波完全空间相干，能在楔形板上半空间中的任意一点 P 形成 $V=1$ 的干涉条纹。所以，条纹非定域。

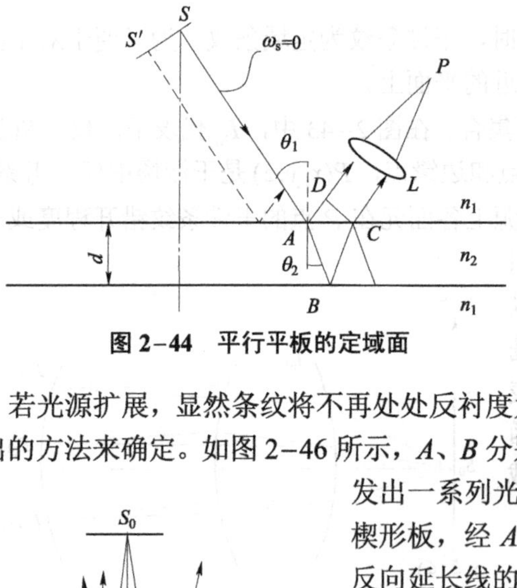

图 2-44　平行平板的定域面

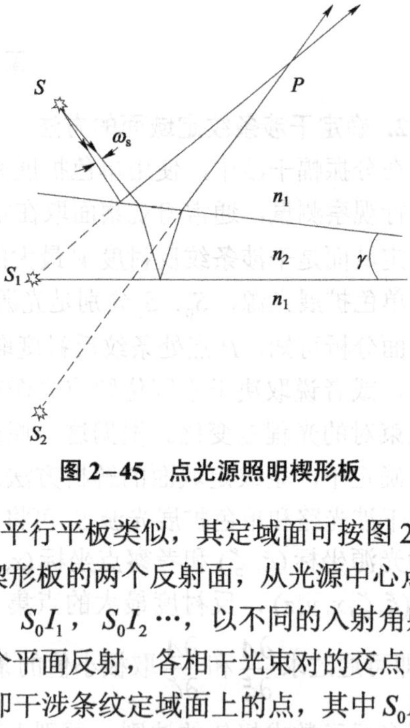

图 2-45　点光源照明楔形板

若光源扩展，显然条纹将不再处处反衬度为 1。与平行平板类似，其定域面可按图 2-43 给出的方法来确定。如图 2-46 所示，A、B 分别表示楔形板的两个反射面，从光源中心点 S_0 发出一系列光线 S_0I_0，S_0I_1，$S_0I_2\cdots$，以不同的入射角射向楔形板，经 A、B 两个平面反射，各相干光束对的交点（或反向延长线的交点）即干涉条纹定域面上的点，其中 S_0I_0 正入射到楔形板上 I_0 点，两束反射光的交点在楔形板下表面的 P_0 点，这是定域面上的一个点。光线 S_0I_1 以入射角 i_1 射向楔形板上 I_1 点，反射相干光束对交于 P_1 点，这点附近的定域面是“实”的。光线 S_0I_2 以入射角 i_2 射向楔形板上 I_2 点，反射相干光束对的交点为 P_2，这附近的定域面是“虚”的。如果光源面积和楔形板的考察区域面积相对于光源距离很小，射向楔形板的光线入射角范围很小，在这种情况下定域面可用

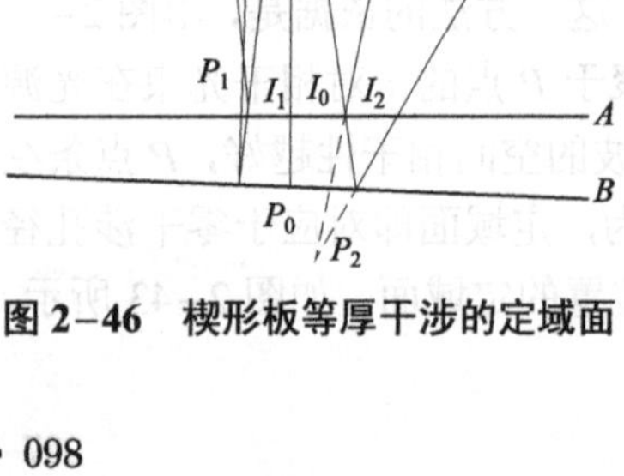

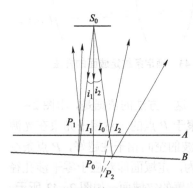

图 2-46　楔形板等厚干涉的定域面

一个平面来近似，并且该平面与楔形板十分接近。因此，在研究楔形板的分振幅干涉时，可直接将楔形板的一个表面作为定域面进行观测和分析。

由于楔形板分振幅干涉的定域面在有限距离，并且即使在定域面上，由扩展光源上不同面元产生的条纹互不重合，是非理想定域面，所以光源的空间扩展必然带来条纹反衬度的下降，因此要根据反衬度要求确定对光源扩展程度的限制。

在实际的干涉装置中，往往不直接限制光源的尺寸，而通过限制观察系统的光瞳直径同样可以达到上述目的。在用人眼直接观察干涉条纹时，人眼作为观察系统同样可以起到对光源入射角限制的作用，利用大面积光源，只需要移动眼睛就可以在相似的观察条件下比较楔形板不同区域的干涉条纹。

2.3.2 分振幅干涉——等倾干涉和等厚干涉

分振幅干涉，通常由两种介质界面的折射和反射各产生一束相干光，然后让这两束光叠加干涉。分振幅干涉装置中，常用的分振幅元件（或分光元件）有平行平板、楔形板、薄膜、棱镜等。本节分别以平行平板和楔形平板两种典型分振幅装置为例，讨论等倾和等厚两种分振幅干涉的强度分布和条纹特点。

1. 平行平板的等倾干涉

由前一节的分析可知，未镀膜的透明平行平板可以产生反射光的双光束干涉。按照图 2−42 的分析及图 2−43 给出的方法，很容易确定平行平板反射的双光束干涉定域面在无穷远处。此定域面为理想定域面，干涉条纹反衬度不受光源尺寸的影响，因此可用单色扩展光源。在实验室观察这种干涉条纹，可以采用图 2−47（a）或（b）的装置，即用透镜将无穷远定域面上的条纹成像到后焦面Π上观察。

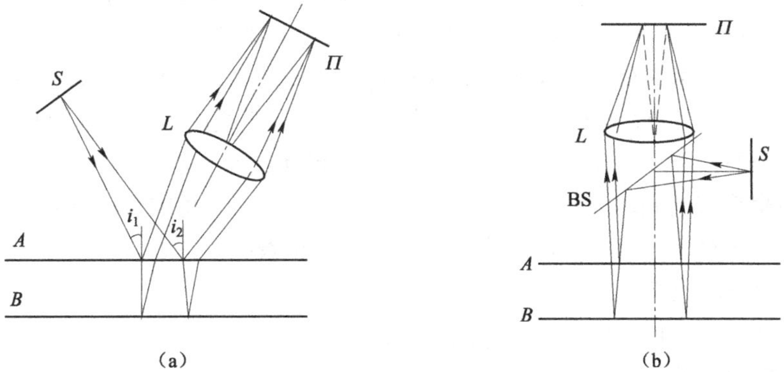

图 2−47 平行平板等倾条纹观察装置

为了计算平行平板双光束干涉的强度，首先需要计算两相干光束到达定域面上考察点的光程差。如图 2−48 所示，平行平板折射率为n_2，厚度为d，平板两侧的折射率分别为n_1和n_3。从扩展光源上一点S发出的光线SA以入射角i_1射向平板，经平板的上下表面反射，产生一对相干光束E_{r1}和E_{r2}，并在无穷远定域面上叠加干涉。从C点向E_{r1}作垂线CD，则两束反射光到达定域面上考察点的光程差可表示为

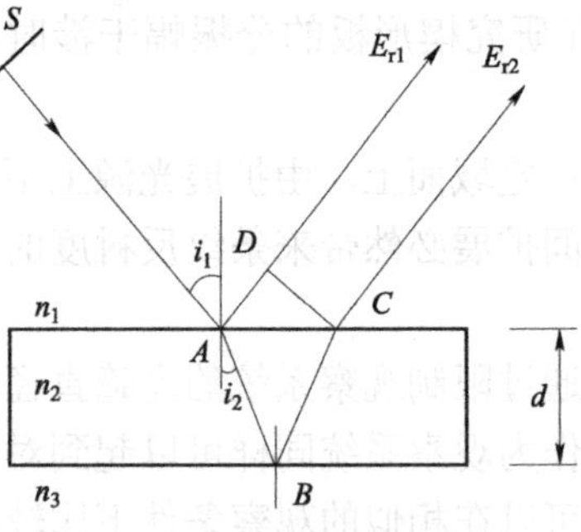

图 2-48 平行平板的光程差

$$\varDelta_R=[ABC]-[AD]=n_2(\overline{AB}+\overline{BC})-n_1\overline{AD} \quad (2-105)$$

其中［ABC］和［AD］分别表示光线 E_{r2} 从 A 点到达 C 点和光线 E_{r1} 从 A 点到达 D 点的光程：$\overline{AB}$、$\overline{BC}$、$\overline{AD}$ 则表示相应的几何路程。利用折射定律和图 2-48 的几何关系，很容易得出

$$\varDelta_R=2n_2d\cos i_2=2d\sqrt{n_2^2-n_1^2\sin^2 i_1} \quad (2-106)$$

考虑 E_{r1} 和 E_{r2} 之间可能出现的相对位跃变，两束反射光之间的位相差为

$$\Delta\varphi_R=\begin{cases}\dfrac{4\pi}{\lambda_0}d\sqrt{n_2^2-n_1^2\sin^2 i_1} & (n_1>n_2>n_3\text{或}n_1<n_2<n_3)\\ \dfrac{4\pi}{\lambda_0}d\sqrt{n_2^2-n_1^2\sin^2 i_1}-\pi & (n_2>n_1,n_3\text{或}n_2<n_1,n_3)\end{cases} \quad (2-107)$$

常见的情形是 $n_1=n_3$，如放置在空气中的透明介质平板或由两块透明介质平板构成平行空气层，这时应该采用第二个等式。另外有一种特殊情形，平行平板可以是由一个实的反射镜 M_1 和另一个反射镜 M_2 的镜像 M_2' 构成的“虚”空气平板，后面要讨论到的迈克耳逊干涉仪就属于这种情形。这时有 $n_1=n_2=n_3=1$，应当用式（2-107）的第一个等式。

将式（2-107）的位相差 $\Delta\varphi_R$ 代入式（2-25），即可求得干涉场的强度分布 $I(r)$。根据干涉基本理论，干涉场的等强度线即等位差线，即 $\Delta\varphi_R$ 为常数的点的集合。在平行平板两束光干涉的情形，由于 d 和 n_1、n_2 均为常数，只要式（2-107）中入射角 i_1 相等，位相差 $\Delta\varphi_R$ 就相等，对应考察点的干涉强度也相等。因此可以得出结论，从扩展光源 S 上发出的凡是入射角 i_1 为同一个值的全部光线在定域面上形成同一级干涉条纹（见图 2-47），所以将这一类干涉条纹称为“等倾条纹”。能产生等倾条纹的干涉装置称为等倾干涉装置。

在图 2-47（a）的等倾干涉装置中，由于观察透镜的光轴与平行平板的法线不平行，而扩展光源 S 发出的入射角 i_1 为常数的光线组成一个以平行平板的法线为轴的光锥，观察透镜 L 只能接收光锥中的部分反射光，因此定域面 Π 上的干涉条纹是一组弯曲条纹。而在图 2-47（b）的装置中，观察系统的光轴与平行平板的法线平行，同一个 i_1 角的反射光锥的全部光线均能进入观察系统，在 Π 平面上干涉，形成一组同心圆环状条纹。

2. 楔形平板的等厚干涉

与前面处理平行平板等倾干涉的方法相同，为了求出楔形板分振幅干涉的强度分布，首先必须求出两束相干光从光源 S_0 到达考察面上任意点 P 的光程差 $\varDelta_{S_0P}$。考察面的选取是基于这样的考虑，在楔形板的楔角和厚度以及入射角范围 Δi 都很小的条件下，楔形板的下表面 B 和定域面很接近，为方便观察，通常选择楔形板下表面 B 作为观察面进行讨论。

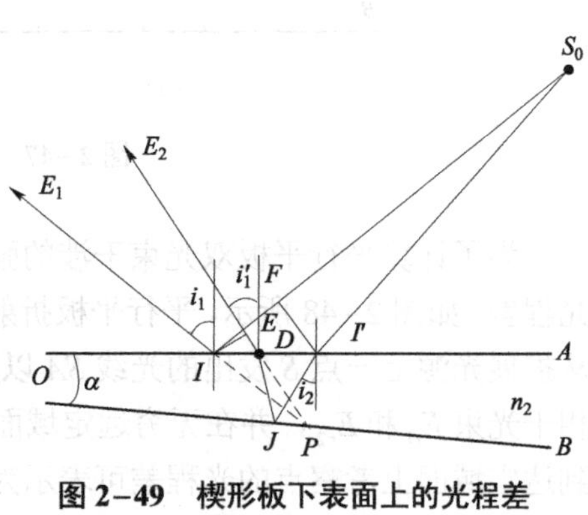

图 2-49 楔形板下表面上的光程差

如图 2-49 所示，自光源中心点 S_0 发出的两条光线 $\overline{S_0I}$ 和 $\overline{S_0I'}$ 射向放置在空气中的楔形板（折射率

n_2），经上下表面反射，产生的两束相干光 E_1 和 E_2 相交于观察面 B 上的 P 点，于是光程差表示为

$$\Delta_{S_0P}=([S_0I'JD]-[DP])-([S_0I]-[IP])$$

由于 P 点在定域面附近，干涉孔径角 $\angle IS_0I'$ 和干涉会聚角 $\angle IPD$ 都很小，可以从 I' 向 S_0I 作垂线 $I'F$，于是近似有 $[S_0I']=[S_0F]$，并且由 I 向 PD 作垂线 IE，近似有 $[IP]=[PE]$，于是

$$\begin{aligned}\Delta_{S_0P}&=([S_0I'JD]-[S_0I])+([IP]-[DP]\\&=[I'JD]-[FI]+[DE]\\&=n_2(\overline{I'J}+\overline{JD})-(\overline{FI}-\overline{DE})\end{aligned} \tag{2-108}$$

由图 2-49 可知

$$\begin{aligned}(\overline{FI}-\overline{DE})&=\overline{II'}\sin i_1-\overline{ID}\sin i_1'\\&\approx(\overline{II'}-\overline{ID})\sin i_1=\overline{I'D}\sin i_1\end{aligned} \tag{2-109}$$

其中，i_1 和 i_1' 分别是两条反射光线离开楔形板上表面 A 时与其法线的夹角，它们的差值等于干涉会聚角，因楔角 α 很小故可以忽略。此外还有

$$\begin{cases}\overline{I'D}\approx 2d\tan i_2\\(\overline{I'J}+\overline{JD})\approx\dfrac{2d}{\cos i_2}\end{cases} \tag{2-110}$$

式中，d 为 P 点附近楔形板的厚度，i_2 为光线 $\overline{S_0I'}$ 在 A 面的折射角。将式（2-109）和式（2-110）代入式（2-108），并再次利用干涉会聚角很小的条件，将折射角定律写成

$$n_2\sin i_2\approx\sin i_1$$

便得到最后结果：

$$\Delta_{S_0P}=2dn_2\cos i_2=2d\sqrt{n_2^2-\sin^2 i_1} \tag{2-111}$$

上式是在楔角 α 很小时的近似结果，它和平行平板在无穷远定域面的光程差公式（2-106）有相同的形式，但对于楔形板来说，厚度 d 是一个变量。考虑到两束相干光之间的相对位相跃变，位相差可以表示为

$$\Delta\varphi_{S_0P}=\frac{4\pi}{\lambda_0}d\sqrt{n_2^2-\sin^2 i_1}-\pi \tag{2-112}$$

由于干涉强度完全由位相差 $\Delta\varphi_{S_0P}$ 决定，等强度线即等位相差线。可是，当楔形板采用扩展光源照明时，尽管从条纹反衬度要求出发对光源宽度进行了限制，但光线的入射角 i_1 仍然有一个变化范围，这样位相差公式（2-112）中，就不仅有楔形板厚度 d 的变化，同时还存在入射角 i_1 的变化，这会给测量带来困难。为了避免上述问题，在楔形板的分振幅干涉中，一般采用平行光照明，或者在观察装置中严格控制入射角 i_1 的变化范围，使 i_1 近似为常数。这就保证了楔形板上厚度 d 相同的点具有相同的位相差，即具有相同的干涉强度，对应于同一级干涉条纹。满足上述条件的一类干涉条纹被称为等厚条纹。

值得注意的是，在前面的叙述中，我们将楔形板看作由均匀介质制成，即认为 n_2 是常数，因此等厚条纹对应着 d 值相等的点的轨迹。但是当楔形板的折射率 n_2 不均匀时，“等厚条纹”对应的则是值 (n_2d) 为常数的点的轨迹，条纹的分析将变得十分复杂。下面结合均匀楔形板的

例子，具体分析等厚条纹的特点。

设两束反射光强度相等，即 $I_1 = I_2 = I_0$，存在 π 的相对位相跃变，利用式（2–25），楔形板等厚条纹的强度分布为

$$I(P) = 2I_0\left[1-\cos\left(\frac{4\pi}{\lambda_0}d\sqrt{n_2^2-\sin^2 i_1}\right)\right] \tag{2-113}$$

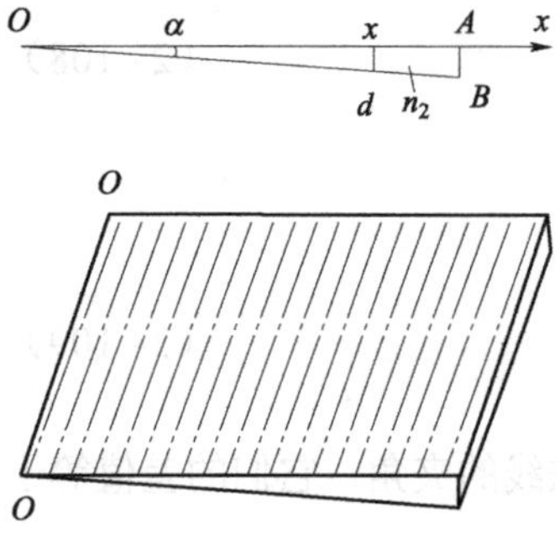

图 2–50　楔形板的等厚条纹

对于图 2–50 所示的均匀楔形板，如果楔角 α 不是很大，取 OA 方向为 x 坐标轴，则有

$$d = \alpha x$$

于是干涉条纹的强度分布为

$$I(x) = 2I_0\left[1-\cos\left(\frac{4\pi}{\lambda_0}\alpha\sqrt{n_2^2-\sin^2 i_1}\,x\right)\right] \tag{2-114}$$

亮纹的条件为

$$\frac{4\pi}{\lambda_0}\alpha\sqrt{n_2^2-\sin^2 i_1}\,x = (2m+1)\pi \tag{2-115}$$

亮纹位置

$$x = \frac{(2m+1)\lambda_0}{4\alpha\sqrt{n_2^2-\sin^2 i_1}} \quad (m\ 为整数) \tag{2-116}$$

式（2–116）表明，楔形板的厚度条纹是一组和楔形 $\overline{OO}$ 平行的等间距直条纹，在 $x=0$ 处，干涉级 $m=-1/2$，对应一条暗纹。由式（2–114）可求出条纹的空间频率 $|f|$ 和条纹间距 e：

$$|f| = \frac{2\alpha}{\lambda_0}\sqrt{n_2^2-\sin^2 i_1} \tag{2-117}$$

$$e = \frac{1}{|f|} = \frac{\lambda_0}{2\alpha\sqrt{n_2^2-\sin^2 i_1}} \tag{2-118}$$

当采用平行光正入射照明时，$i_1 = 0$，条纹间距具有十分简单的形式：

$$e = \frac{\lambda_0}{2\alpha n_2} \tag{2-119}$$

利用上述公式，通过计数干涉条纹，可以测量楔形板的厚度 d 或角度 α，并由此引申出许多与测量 d、α 有关的应用。

例 2.7　图 2–51 所示为一个利用干涉法测细丝直径的装置示意图。两块平板玻璃一端接触，另一端夹有一根直径为 Φ 的细丝，构成一个空气楔形板。当用 λ=589 nm 的钠黄光垂直照明时，可观察到 10 个条纹，试求细丝直径 Φ 的大小。

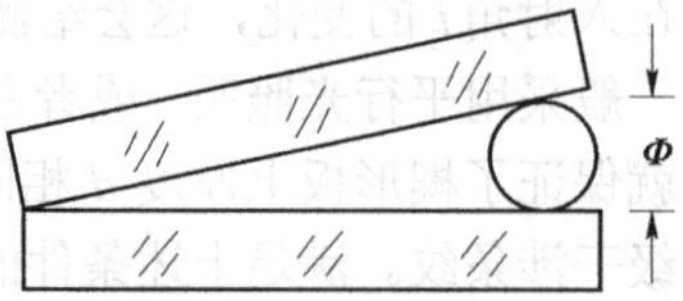

图 2–51　例 2.7 图

解题思路及提示：本题是分振幅等厚干涉的基本问题，基本解题思路是求解楔形板干涉条纹和空气层厚度的关系。注意半波损失。参考公式：

$$\Delta\varphi=\frac{4\pi}{\lambda_0}d\sqrt{n_2^2-n_1^2\sin^2 i_1}-\pi$$

解： 图 2−51 中，一端接触，另一端夹有一根直径为 d 细丝的两块平板玻璃，构成一个空气楔形板。设细丝直径均匀，平面波垂直入射时，在空气楔上表面反射的光波和下表面反射的光波成为一对相干光波，在楔形板下表面附近定域面上可观察到平行等距的等厚干涉条纹。

由于空气楔上下表面的反射存在相对半波损失，由式（2−112），正入射时空气平板中的位相差与空气层厚度的关系为

$$\Delta\varphi=\frac{4\pi}{\lambda_0}d-\pi\text{，}\quad d=(\Delta\varphi+\pi)\frac{\lambda_0}{4\pi}$$

由题意，在整个玻璃平板区域内共观察到 10 个条纹，可以理解为在玻璃板右端，空气层厚度约等于细丝直径处，条纹对应的是 $m=10$ 级干涉级，即对应的位相差为 $\Delta\varphi_{d=\Phi}=2\pi\cdot m=20\pi$，因此有

$$d=(\Delta\varphi_{d=\Phi}+\pi)\frac{\lambda_0}{4\pi}=\frac{21\pi\times 589\ \text{nm}}{4\pi}=3.092\ \mu\text{m}$$

2.3.3　分振幅干涉的应用

由于分振幅干涉允许使用准单色的扩展光源，而且便于引入被测物体，因此大多数现代干涉仪器都采用分振幅原理。本节以几种常用的典型分振幅干涉仪为例，讨论分振幅干涉的应用。

1. 典型等倾干涉装置——海定格（Haidinger）干涉仪

海定格干涉仪是最常用的等倾干涉装置，主要功能是测量光学平晶的平面度误差。通常使用放置在空气中的透明介质平板或由两块介质平板构成的平行空气层来实现分振幅分光。采用平行空气层实现分光的干涉仪结构如图 2−52（a）所示。其中 B 是标准平晶，它的下表面是平面度高于 $\frac{\lambda}{20}$ 的标准平面，上下表面之间有一个小的楔角，目的是将上表面的反射光反射到干涉仪视场之外。A 是待测平晶，由 B 的下表面和 A 的上表面（待测面）构成一个空气平行平板。分束镜 BS 和扩展光源 S 提供了对称于仪器光轴 OF 且入射角 i_1 不同的照明光束，于是，在透镜 L 的后焦面 Π 上可观察到同心圆环状的等倾条纹，如图 2−52（b）所示。

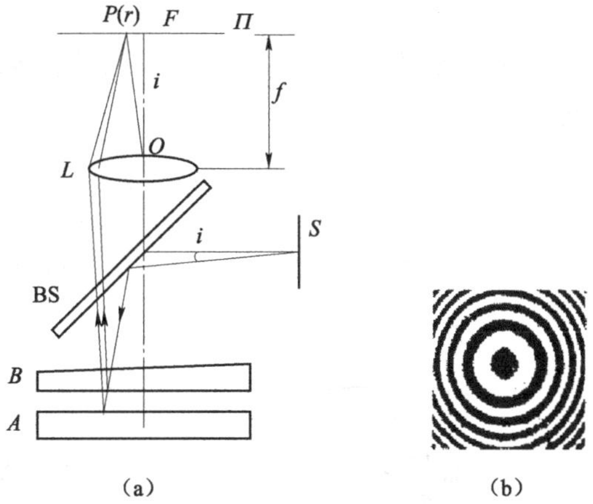

图 2−52　海定格干涉仪及等倾条纹

下面以这种结构的海定格干涉仪为例，应用干涉基本理论，对海定格条纹的性质进行定量分析。

在平行空气层平板分光的海定格干涉仪中，由于空气平板折射率 $n_2=1$，且两侧透明介质的折射率均为 n_1，因而两束相干光波的位相差表示为

$$\Delta\varphi_R = \frac{4\pi}{\lambda_0} d\sqrt{1-n_1^2 \sin^2 i_1} - \pi \tag{2-120}$$

式中，i_1 为光线在透明介质平板内的入射角，它和光线在空气中的入射角 i 之间满足折射定律 $n\sin i_1 = \sin i$，于是位相差成为

$$\Delta\varphi_R = \frac{4\pi}{\lambda_0} d\cos i - \pi \tag{2-121}$$

设入射角为 i 的相干光束对形成的条纹干涉级为 $m(i)$，由于 $\Delta\varphi_R = 2\pi m(i)$，于是有

$$m(i) = \frac{2d}{\lambda_0}\cos i - \frac{1}{2} \tag{2-122}$$

在图 2-52（a）中，设观察透镜的焦距为 f，入射角为 i 的相干光束对在 Π 面上形成的海定格条纹是以 F 为中心，半径为 r 的圆环，环半径 $r = f\tan i$。从式（2-122）看出，i 越小，对应的圆环条纹半径 r 越小，干涉级 $m(i)$ 越高；在圆环中心 F 处，$i=0$，$r=0$，对应的条纹干涉级最高，表示为

$$m(0) = \frac{2d}{\lambda_0} - \frac{1}{2} \tag{2-123}$$

为了计数条纹方便，定义自圆环中心向外计数的“条纹序号”为 p。

$$p = m(0) - m(i) = \frac{2d}{\lambda_0}(1-\cos i) \approx \frac{d}{\lambda_0} i^2 \approx \frac{d}{\lambda_0}\left(\frac{r_p}{f}\right)^2 \tag{2-124}$$

式（2-124）推导过程中已假定 i 很小，即只观察圆环中心附近的条纹，如果由式（2-123）得出的 $m(0)$ 是整数，则表示中心为一亮纹，亮纹序号 p 也是整数；如果 $m(0)$ 是小数，则各条亮纹序号也是小数。由式（2-124），可得出序号为 p 的条纹的环半径为

$$r_p = \sqrt{\frac{\lambda_0}{d}} f\sqrt{p} \tag{2-125}$$

设 $m(0)$ 为整数，于是各级亮纹序号皆为整数，用 N 表示，则第 1 条和第 N 条亮纹半径分别为

$$r_1 = \sqrt{\frac{\lambda_0}{d}} f, \quad r_N = \sqrt{\frac{\lambda_0}{d}} f\sqrt{N}$$

相邻两条亮纹的间距为

$$e_N = r_{N+1} - r_N = \frac{r_1}{\sqrt{N+1}+\sqrt{N}} \tag{2-126}$$

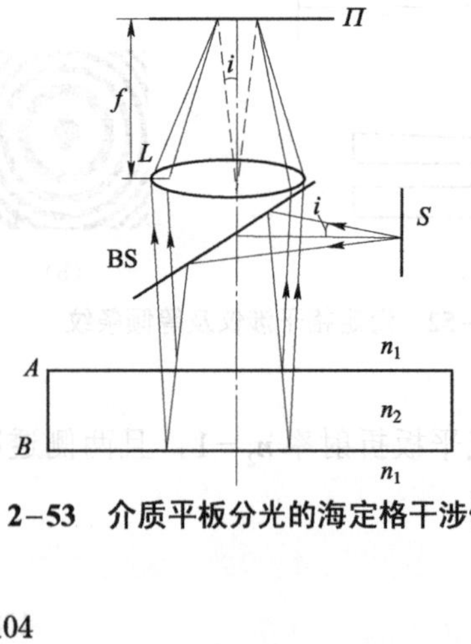

图 2-53　介质平板分光的海定格干涉仪

同样，在图 2-53 所示放置在空气中的透明介质平板实现分光的海定格干涉仪中，也可以做出类似的分析推导。

此时介质平板折射率为 n_2，且两侧的空气折射率 $n_1 = 1$，i 是光线在空气中的入射角，i_2 是光线在介质平板内的入射角，它们满足折射定律 $\sin i = n_2 \sin i_2$，根据式（2-107），两束相干光波的位相差表示为

$$\Delta\varphi_R = \frac{4\pi}{\lambda_0} d\sqrt{n_2^2 - n_1^2 \sin^2 i} - \pi = \frac{4\pi}{\lambda_0} n_2 d \cos i_2 - \pi \tag{2-127}$$

设入射角为 i 的相干光束对形成的条纹干涉级为 $m(i)$ 为

$$m(i) = \frac{\Delta\varphi_R}{2\pi} = \frac{2n_2 d}{\lambda_0}\cos i_2 - \frac{1}{2} \tag{2-128}$$

仍然设观察透镜的焦距为 f，入射角为 i 的相干光束对在 Π 面上形成的海定格条纹仍然是以 F 为中心，半径为 r 的圆环，环半径 $r = f\tan i$。与空气平板分光的海定格干涉仪一样，仍然是 i 越小，对应的圆环条纹半径 r 越小，干涉级 $m(i)$ 越高；在圆环中心 F 处，$i=0$，$r=0$，对应的条纹干涉级最高，表示为

$$m(0) = \frac{2n_2 d}{\lambda_0} - \frac{1}{2} \tag{2-129}$$

同样可以定义自圆环中心向外计数的“条纹序号”为 p:

$$p = m(0) - m(i) = \frac{2n_2 d}{\lambda_0}(1-\cos i_2) \approx \frac{n_2 d}{\lambda_0} i_2^2 \approx \frac{d}{n_2\lambda_0}\left(\frac{r_p}{f}\right)^2 \tag{2-130}$$

同样的，如果 $m(0)$ 是整数，则表示中心为一亮纹，亮纹序号 p 也是整数；如果 $m(0)$ 是小数，则各条亮纹序号也是小数。由式（2–130），可得出序号为 p 的条纹的环半径为

$$r_p = \sqrt{\frac{n_2\lambda_0}{d}} f\sqrt{p} \tag{2-131}$$

亮纹间距的计算方法与前面式（2–126）类似。

根据以上分析，对海定格条纹的特点归纳如下：

对于图 2–52（a）和图 2–53 所示的同轴观察系统，海定格条纹是图 2–52（b）所示的一组同心圆环状干涉条纹，由式（2–126）看出，条纹具有内疏外密的特点。

海定格条纹的中心具有最大干涉级 $m(0)$，它和平行平板的厚度 d 有关。当 d 连续变化时，$m(0)$ 连续变化，条纹系统中心点的强度也随之变化。

此外，当用眼睛观察海定格条纹时，如果 d 改变，条纹半径 r 也将随之变化，可观察到圆环条纹收缩或扩大的现象。由于眼睛直接跟踪的是某一确定干涉级 m 的亮纹或暗纹（因为条纹的强度恒定），而不是特定序号 p 的条纹（因为 d 改变时，定 p 值条纹的干涉级 m 变化，其条纹强度也随之变化），所以讨论条纹半径 r 随 d 的变化只能用式（2–122）和式（2–128），而不能用式（2–125）和式（2–131）。按照式（2–122）和式（2–128），当 d 增大时，观察点处条纹干涉级 m 增大，靠近中心的高级条纹将移过来取代低级条纹，于是出现圆环条纹扩大的现象。

利用海定格条纹，可以检验图 2–52 中被测平晶 A 的平面度误差。用眼睛替代图中的观察透镜 L，调焦到无穷远，由于瞳孔的限制，眼睛只能观察到由平行平板的一小部分产生的等倾条纹。眼睛左右移动，如果被测试件为理想平面，空气平板厚度 d 不变，圆形条纹半径也不变。如果被测试件为高光圈（中心凸），当眼睛从试件中心向边缘移动时，空气平板厚度 d 连续增大，将观察到条纹扩大；反之，如果被测试件为低光圈（中心凹），则摆头时将观察到条纹收缩。

2. 几种等厚条纹的观察装置

1）牛顿（Newton）干涉仪

牛顿干涉仪是光学车间用来检验透镜曲率半径和表面质量的仪器，其光路如图 2–54 所

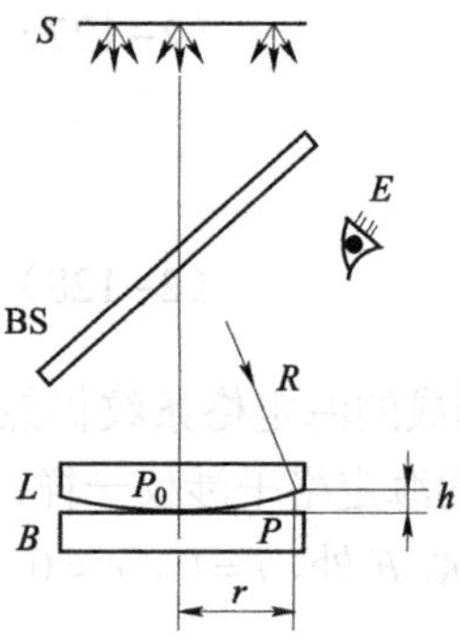

图 2-54　牛顿干涉仪

示。S 为准单色扩展光源，分束器 BS 的作用是实现接近正入射方向的照明和观察。对照明光束入射角范围 Δi_1 的限制是借助观察系统口径，例如入眼瞳孔 E 来实现的。L 为被测透镜，B 是标准平晶，二者在 P_0 点相切，在半径为 R 的被测球面和标准平面之间形成厚度随透镜口径 r 变化的空气楔，由该空气楔产生的同心圆环状等厚条纹称为牛顿环。在接近正入射的条件下，空气楔上厚度为 h 的 P 点处两束反射光的光程差近似为

$$\Delta = 2h \approx r^2/R \tag{2-132}$$

由于空气楔上下表面的反射存在相对半波损失，所以 P 点处条纹干涉级 m 与光程差的关系为

$$m = \frac{\Delta}{\lambda_0} - \frac{1}{2} = \frac{r^2}{\lambda_0 R} - \frac{1}{2} \tag{2-133}$$

在 P_0 点处，$\Delta = 0$，对应的干涉级 $m_0 = -1/2$，说明牛顿环中心为暗纹。令从中心向外计数的暗纹序号为 K，$K = m + 1/2$（中心暗纹 $K = 0$），只要测出第 K 条暗纹的环半径 r_K，则可由式（2-133）求出被测球面的半径：

$$R = \frac{r_K^2}{K\lambda_0} \tag{2-134}$$

在实际测量中，被测球面的曲率半径 R 往往不太大，使牛顿环过分密集而难以测量，这时必须借助“样板”（曲率半径 R_0 与被测曲面半径名义值接近但符号相反的标准球面），这时光程差为

$$\Delta \approx r^2\left(\frac{1}{R} - \frac{1}{R_0}\right) \tag{2-135}$$

等厚干涉强度分布仍然是同心圆环状的牛顿环，R 和 R_0 的差别可由视场内干涉条纹数 N（即光圈数）来推断，N 越大，R 和 R_0 的差别越大。被测球面的局部误差可由对应点处条纹偏离圆形的程度来推算，偏离量与条纹间距 e 的比值称为局部光圈 ΔN，$\Delta N = 1$ 意味着局部厚度误差为 $\lambda_0/2$。

例 2.8　有一牛顿环装置如图 2-55 所示。图中玻璃平板由两部分组成：左一半是冕牌玻璃（n_1=1.50），右一半是火石玻璃（n_2=1.70），在玻璃平板上放一冕牌玻璃透镜，透镜与平板玻璃之间充满折射率 n_3=1.60 的折射液，试问：

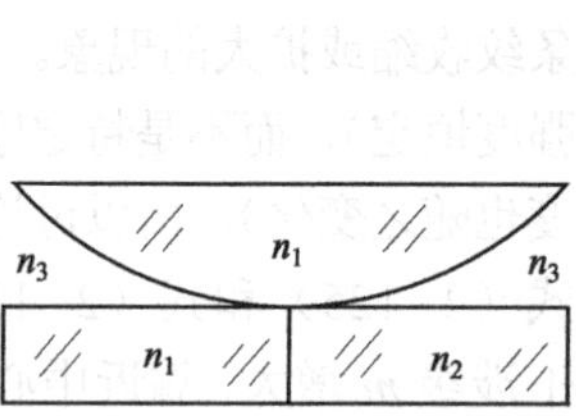

图 2-55　例 2.8 图

（1）牛顿环中央斑点有何特征？

（2）若透镜曲率半径 R=5 m，照明光波波长 λ_0=550 nm，则左半部和右半部的第 10 条和第 50 条暗环半径各为多大？

解题思路及提示： 本题是分振幅等厚干涉的基本问题，基本解题思路是求解干涉条纹和介质层厚度的关系。注意本题装置中，干涉介质层不是空气而是折射液，由于装置材料不同，装置两边有不同的情况，考虑半波损失是否发生。参考公式：

$$\Delta_{S_0P} = 2dn_2\cos i_2 = 2d\sqrt{n_2^2 - n_1^2\sin^2 i_1}$$

$$\Delta\varphi_R=\begin{cases}\dfrac{4\pi}{\lambda_0}d\sqrt{n_2^2-n_1^2\sin^2 i_1} & (n_1>n_2>n_3\text{或}n_1<n_2<n_3)\\ \dfrac{4\pi}{\lambda_0}d\sqrt{n_2^2-n_1^2\sin^2 i_1}-\pi & (n_2>n_1,n_3\text{或}n_2<n_1,n_3)\end{cases}$$

解：图 2–55 所示的牛顿环干涉装置，透镜和底部玻璃平板之间填充了 n_3=1.60 的折射液，形成了由透镜下表面和玻璃平板上表面构成的介质楔板。平面波垂直入射时，在介质楔上表面反射的光波和下表面反射的光波成为一对相干光波，在楔板下表面附近定域面上可观察到等厚干涉条纹。介质楔板不同位置处的光程差可参考式（2–111）确定。

与图 2–54 的装置不同的是，图 2–55 中底部的玻璃板左右材质不同，由折射液构成的介质楔折射率 n_3=1.60，左半介质楔两边均为 n_1=1.50 的冕牌玻璃，折射率中间大两边小，符合式（2–107）中第二个等式的情况，即介质楔上下表面的反射存在相对半波损失；而右半 n_3=1.60 的介质楔两端分别为 n_1=1.50 的冕牌玻璃和 n_2=1.70 的火石玻璃，折射率顺序排列，符合式（2–107）中第一个等式的情况，即介质楔上下表面的反射不存在相对半波损失。

采用与图 2–54 中牛顿干涉仪类似的分析方法，正入射情况下，由厚度为 h 的 P 点处两束反射光的光程差近似为 $\varDelta=2n_3h\approx n_3 r^2/R$，分别对干涉装置左半和右半区域进行分析。

左半区域，正入射情况时，厚度为 h 的 P 点处对应的位相差和干涉级为

$$\Delta\varphi_{\text{Left}}=\frac{2\pi}{\lambda_0}\varDelta-\pi\text{，}\quad m_{\text{Left}}=\frac{\Delta\varphi_{\text{Left}}}{2\pi}=\frac{n_3r^2}{\lambda_0R}-\frac{1}{2}$$

右半区域，正入射情况时，厚度为 h 的 P 点处对应的位相差和干涉级为

$$\Delta\varphi_{\text{Right}}=\frac{2\pi}{\lambda_0}\varDelta\text{，}\quad m_{\text{Right}}=\frac{\Delta\varphi_{\text{Right}}}{2\pi}=\frac{n_3r^2}{\lambda_0R}$$

（1）牛顿环中央斑点即 $r=0$ 处干涉场强度情况。由上面分析，$r=0$ 时，$m_{\text{Left}|r=0}=-\dfrac{1}{2}$，$m_{\text{Right}|r=0}=0$，左半中央干涉级为 1/2 的奇数倍，干涉场强度分布满足暗纹条件，为暗纹；右半中央干涉级为整数，干涉场强度分布满足亮纹条件，为亮纹。因此图 2–55 的牛顿环装置中，中央亮斑左暗右亮。

（2）图 2–55 的牛顿干涉装置，中心 O 光程处对应最小干涉级，由内往外干涉级逐渐增大，牛顿环暗环对应 1/2 奇数倍的干涉级。不管左半还是右半，第 10 条暗环对应干涉级 $m=9.5$，第 50 条暗环对应干涉级 $m=49.5$，于是可计算得：

左半暗环半径：$r_{\text{Left}}=\sqrt{\left(m_{\text{Left}}+\dfrac{1}{2}\right)\dfrac{\lambda_0R}{n_3}}$。

第 10 条 $r_{\text{Left10}}=4.15\text{ mm}$，第 50 条 $r_{\text{Left50}}=9.27\text{ mm}$。

右半暗环半径：$r_{\text{Right}}=\sqrt{m_{\text{Right}}\dfrac{\lambda_0R}{n_3}}$。

第 10 条 $r_{\text{Right10}}=4.04\text{ mm}$，第 50 条 $r_{\text{Right50}}=9.224\text{ mm}$。

2）菲索（Fizeau）干涉仪

菲索干涉仪也是一种光学车间进行光学零件面形测量的等厚干涉仪器。和牛顿干涉仪相

比，它有两个显著的优点：其一，它属于非接触测量，因而测量中不必像牛顿干涉仪那样仔细清洁零件表面以防止划伤，同时也排除了接触测量中由样板自重引起的测量误差；其二，采用平行光照明，$i_1=0$，不存在因i_1变化而引起的原理误差。在测量中，菲索干涉仪的标准样板面和被测面之间间隔较大，为了提高条纹的反衬度，扩大使用范围，一般采用激光光源。

图 2-56（a）所示为用于检验光学平面的激光菲索干涉仪光路图。激光束经过扩束镜L_0、针孔滤波器D_1和准直透镜L之后成为平行光束，对参考平面M_1和被测平面M_2之间的空气层提供正入射的照明。由空气层反射的两束相干光再经准直透镜和分束镜 BS 反射，会聚于小孔光栅D_2处。人眼通过D_2并调焦在M_2平面上，即可观察到一组等厚条纹。如果被测平面有面形误差，则会出现各种不等间隔或偏离直线的干涉条纹，通过对干涉条纹的判读，可测出平面面形的误差。

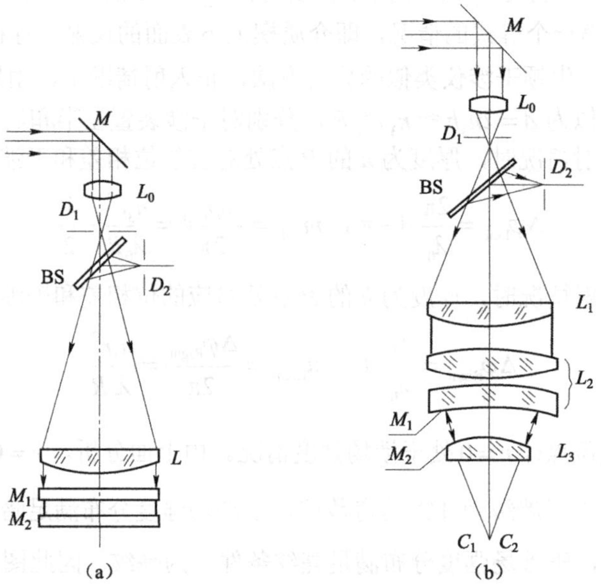

图 2-56　菲索干涉仪

图 2-56（b）所示为检验球面的菲索干涉仪光路图，与平面菲索干涉仪不同的是，当被测对象是透镜L_3的球面M_2时，要用标准物镜组L_2产生一个理想的会聚球面波，该球面波一部分从标准物镜组的最后一个球面——参考球面M_1反射，一部分透射后在被测球面M_2反射，形成一对相干光束。测量时要求参考球面M_1的球心C_1与被测球面M_2的球心C_2重合，使得参考光波和测试光波都能按自准直光路返回干涉仪，产生的等厚干涉条纹则反映了被测球面的面形误差。如果被测透镜表面是凹面，则只需要将被测透镜移动到标准物镜产生的发散球面波光路中，仔细调节使凹球面的球心C_2与参考球面的球心C_1重合，以下的测量方法与检验平面完全相同。

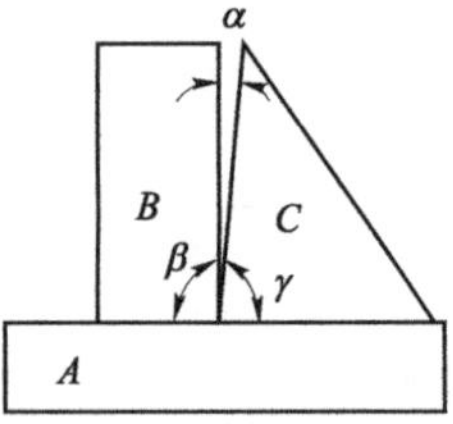

图 2-57　玻璃角规

3）玻璃角规

图 2-57 所示为用于检验棱镜角度误差的玻璃角规示意图。其中 A

为标准平晶，B 为标准玻璃角度块，其底面和右侧面为标准平面，β 已精确测定，C 为被测棱镜，γ 为待测角度。由 B 和 C 的相邻表面构成一个空气楔，用单色平面波从左向右照射，产生等厚干涉条纹，应用式（2−119）可得出 α，并进而算出角度 γ。

3. 薄膜的等厚干涉和白光干涉色的应用

对于厚度在微米数量级的透明介质薄膜，虽然其厚度不均匀，表面通常也不是平面，但总可以把它看作由一系列微小的楔形板构成，当光源足够远时，仍然可以在薄膜上产生等厚干涉条纹，只不过不再是平行等距的直条纹，而是与薄膜光学厚度 $(n_2 d)$ 分布对应的干涉花纹。

由于薄膜的厚度 d 及厚度的变化 δd 均很小，对应的光程差 $\varDelta$ 很小，因此，当用单色光照射时，在整个观察范围内只有很少的干涉级，特别是当干涉级 m 小于 1 时，看不到亮暗相间的条纹，只有干涉强度的变化，在这种情况下，无法通过计数干涉条纹来测量薄膜的光学厚度 $(n_2 d)$，但是却可以利用下面介绍的白光干涉仪进行测量。

1）白光彩色条纹的形成

当用非单色光照射薄膜时，由式（2−118）可知，在某一观察点 P，由于光源中不同波长成分的条纹间距 $e(\lambda)$ 不同，合条纹的反衬度将会降低。其变化规律与杨氏条纹相同。在光程差 $\varDelta$ 较大的区域，由于有众多波长同时满足干涉极值条件，合条纹将成为白色，反衬度为零。但在 $\varDelta$ 较小的区域，每个 $\varDelta$ 值只有少数几种波长能满足干涉极值条件，并且在 $\varDelta$ 值不同的点满足干涉极值条件的波长成分也各不相同，加之光源中不同波长的辐射功率密度 $S'(\lambda)$ 也不同，因此，强度叠加的结果是不同光程差 $\varDelta$ 处将呈现不同的干涉色。例如，根据表 2−1 的计算，对于白光光源，相干光程 $\varDelta_0 \approx 1\,\mu\mathrm{m}$，最大的干涉级 $m_0 \approx 2$，即在零相干光程的区域，人眼可以观察到零级条纹周围1～2 级彩色条纹。

2）白光干涉色

根据式（2−82），当白光光源的辐射功率密度为 $S'(\lambda)$，两相干光源的光程差为 $\varDelta$ 时，合成条纹的强度为

$$I_A(\varDelta)=C\int_\lambda S'(\lambda)\left[1+\cos\left(\frac{2\pi}{\lambda_0}\varDelta\right)\right]\mathrm{d}\lambda \tag{2−136}$$

$$I_B(\varDelta)=C\int_\lambda S'(\lambda)\left[1-\cos\left(\frac{2\pi}{\lambda_0}\varDelta\right)\right]\mathrm{d}\lambda \tag{2−137}$$

其中 $I_A(\varDelta)$ 和 $I_B(\varDelta)$ 分别对应两相干光无或者有 π 相对位相跃变的情形。选定某种标准光源，根据其光谱辐射功率密度 $S'(\lambda)$ 和色度学公式，可以定量计算白光合成条纹的干涉色与光程差 $\varDelta$ 之间的对应关系。表 2−3 列出了对色温 2 848 K 的标准 A 光源计算的结果。由于最初是对牛顿环进行计算的，所以又称为牛顿色序。计算中假定两相干光束强度相同，干涉序按波长 555 m 计算。其中按式（2−136）计算的牛顿色序称为“白色中心色序”，或“A 型干涉色”，对应于两相干光波无 π 相对位相跃变的情形，即在 $\varDelta=0$ 处，各光谱成分的干涉极大值准确重合，合条纹为白色亮纹；按式（2−137）计算的牛顿色序称为“黑色中心序”，或“B 型干涉色”，对应于两相干光波存在 π 相对位相跃变的情形，即在 $\varDelta=0$ 处，各光谱成分的干涉极小值重合，合条纹为暗纹。

表 2–3 白光干涉时的牛顿色序

干涉序	1													
光程差/nm	0	40	158	218	234	259	275	306	332	430	505	536	551	565
白色中心色序	白	白	鹅黄	黄褐	褐	淡红	暗红褐	靛蓝	蓝	灰蓝	蓝绿	浅绿	黄绿	淡绿
黑色中心色序	黑	金灰	灰蓝	淡灰	灰绿	灰	浅麦黄	黄	亮黄	褐黄	红橙	火红	暗红	紫红

干涉序	2								3							
光程差/nm	575	589	664	728	747	843	910	998	1 101	1 128	1 151	1 258	1 312	1 400	1 503	1 550
白色中心色序	绿黄	金黄	橙	棕橙	洋红	紫红	靛蓝	绿蓝	绿	黄绿	土黄	肉色	淡紫红	淡蓝	淡蓝绿	淡黄绿
黑色中心色序	紫	靛蓝	天蓝	绿蓝	绿	黄绿	纯黄	亮红橙	深紫红	亮绿紫	靛蓝	浅蓝绿	淡绿	淡绿黄	淡红	淡紫红

从式（2–136）和式（2–137）看出，对任意光程差Δ，如果一个波长λ满足 A 型干涉的强度极大值条件，则必然同时满足 B 型干涉的强度极小值条件，A 型干涉和 B 型干涉的强度之和为

$$I_A(\Delta)+I_B(\Delta)=2C\int_{\lambda}S'(\lambda)\mathrm{d}\lambda=2I_0 \tag{2–138}$$

即 A 型干涉色与 B 型干涉色之和构成与光源相同的白色。换言之，表 2–3 中任一光程差Δ处的两种干涉色是互补色。

利用表 2–3 的关系和人眼颜色分辨本领高于灰度分辨本领的特点，就可以通过观察白光干涉色，直接测量光程差Δ，并进一步计算引入这一光程差的物理量，如薄膜厚度 d、折射率n_2或各向异性介质的双折射等。

3）沟槽光谱

在 A 型干涉中，干涉强度的极值条件是：

极大值条件：

$$\Delta=m\lambda_0\ （m\text{ 为整数}） \tag{2–139}$$

极小值条件：

$$\Delta=\left(m+\frac{1}{2}\right)\lambda_0 \tag{2–140}$$

而 B 型干涉的强度极值条件刚好与此相反。当用白光作为光源时，对于光程差较小的观察区域，如同前面分析的，由于在可见光波段只有很少几种波长满足强度极大值条件，因而可以观察到彩色条纹。但在光程差增大到 3 000～4 000 nm 时，在可见光波段，会有一系列的波长$\lambda_1,\lambda_2,\lambda_3,\cdots,\lambda_i$满足强度极大值条件，同时会有另外一系列波长$\lambda_1',\lambda_2',\lambda_3',\cdots,\lambda_i'$满足强度极小值条件，这些波长分布在整个可见光波段范围内，使得干涉场上每个点都存在各种可见波长的极大值，合成的干涉色称为“白色”。为了区分具有连续光谱的普通白色，人们把这种由 4～5 条或以上线状光谱合成的白色称为“高级白色”。对这种“高级白色”的光谱分析表明，

它们的光谱是由一系列规则排列的亮线和暗线组成的。对于 A 型干涉，凡是满足式（2–139）的波长成分，在光谱中呈现为一系列亮线；而满足式（2–140）的波长成分，则在光谱中呈现为暗线。对同一光源的 B 型干涉，也会呈现类似的光谱分布，只是亮线位置和暗线位置与前一情形对调。具有上述特点的光谱被形象地称为“沟槽光谱”。表 2–4 列出了 A 型干涉在几个 Δ 不同点的沟槽光谱。

表 2–4　A 型干涉的沟槽光谱

λ / Δ/μm	亮纹波长 /nm	暗线波长 /nm
3	428，500，600	400，462，545，667
3.5	437，500，583，700	412，467，538，636
4	400，444，500，571，667	421，471，533，615
4.5	409，450，500，562，643	429，474，529，600，692
5	416，455，500，556，625	400，435，476，588，667

从表 2–4 的光谱分布看出，当以波长为横坐标时，沟槽光谱中的亮线和暗线是不等间隔的，但是如果以波数 $f=1/\lambda_0$ 作为横坐标排列，则沟槽谱线呈等间隔分布。实际上，由式（2–139）和式（2–140）可知，对于 A 型干涉，亮沟槽谱线和暗沟槽谱线的波数分别为

$$f=m/\Delta,\quad f=(m+1/2)/\Delta$$

以波数表示的沟槽间隔都等于 $\Delta f=1/\Delta$。通过测量沟槽光谱的沟槽间隔 Δf，不仅可以计算等厚干涉的光程差 Δ，还可以利用已知谱线波长标定周围位置谱线的波长。

4. 双臂式分振幅干涉仪及其应用

前面讨论的几种分振幅干涉仪器装置，都是利用介质或者空气薄层的上下表面分光产生相干光束的，因此也称为薄膜型干涉仪器。在薄膜型分振幅干涉仪中，两相干光束的位相差是由薄膜的光学厚度引入的，干涉孔径角和干涉会聚角都很小，薄膜器件本身既是分光元件，又是被测对象，这就限制了干涉仪的应用范围。本节介绍的双臂分振幅干涉仪，利用分束器和一对反射镜，使两束相干光互不重叠，可以在任何一束光中方便地引入被测元件。它的另一个特点是，可以通过调整反射镜的位置和方向控制定域面的位置，实现等倾或等厚干涉。

1）迈克耳逊干涉仪（Michelson interferometer）

迈克耳逊干涉仪是 19 世纪末为测量地球和以太之间的相对运动而设计的，现代各种双臂式干涉仪几乎都是它的发展和改型。图 2–58 所示为迈克耳逊干涉仪的光路图。扩展光源 S 发出的光波被分光镜 G 分成两路，构成互相垂直的两臂，其中一束光经反射镜 M_1 反射，透过分束镜 G 进入观察系统；另一束光线透过补偿板 C，经反射镜 M_2 反射后原路返回，再经 G 反射后进入观察系统，与第一束光干涉。如果画出 M_2 经 G 所成的镜像 M_2'，则上述干涉叠加可等效为由 M_1 和 M_2' 形成的空气薄膜的两束光干涉。观察透镜 L 的作用是将定域面上的干涉条纹成像投到投影屏 Π 上，以便于观察和测量。也可由人眼直接代替上述观察系统。图中

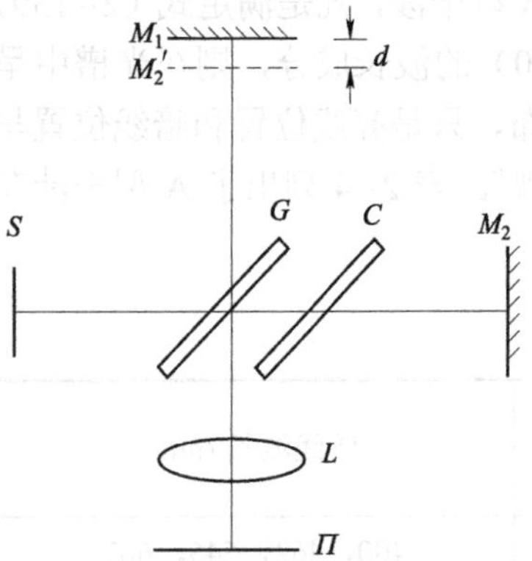

图 2-58　迈克耳逊干涉仪的光路图

补偿板 C 是一块与 G 的形状、厚度、材料和方向完全相同的透明玻璃板，只是后表面不镀反射膜，其作用是补偿两束光经过 G 时产生的附加光程差，因为不同入射角或不同波长的光波经 G 分光时产生的两束光程差各不相同，不能通过移动反射镜 M_1 或 M_2 来补偿，而只能利用 C 来补偿。

通过调节 M_1 或 M_2 的方向，可以使 M_1 和 M_2 构成一个"虚"的空气平行平板，在准单色扩展光源照明时，得到圆环状的等倾干涉条纹。平移 M_1 可改变空气平板的厚度 d，此时，根据圆环条纹是收缩还是扩大，是变密还是变疏，就可判断 M_1 相对于 M_2' 的移动方向。根据式（2-106）和式（2-107），两束相干光的位相差可表示为

$$\Delta\varphi = \frac{4\pi}{\lambda_0} d\cos i_1 + \Delta\varphi_0 \tag{2-141}$$

式中，$\Delta\varphi_0$ 为两相干光束在 G 上反射时的相对位相差，通常它既不为零也不为 π，可看作一个常数。在使用准单色光照明时，可以通过精确调整双臂长度对 $\Delta\varphi_0$ 进行补偿。干涉等强度线满足的条件是

$$\frac{4\pi}{\lambda_0} d\cos i_1 + \Delta\varphi_0 = 2m\pi \tag{2-142}$$

通过计数干涉级 m 的变化 Δm，可以精确测量 M_1 的移动量 Δd：

$$\Delta d = \frac{\lambda_0}{2\cos i_1}\Delta m \tag{2-143}$$

特别是当正入射时，$i_1 = 0$，上式具有非常简单的形式：

$$\Delta d = \frac{\lambda_0}{2}\Delta m \tag{2-144}$$

利用上述原理，可以精确测量介质薄膜的厚度、几何尺寸的长度、微小角度、光波波长以及光源的相干光程等。

通过调节 M_1 的方向和位置，还可以使 M_1 和 M_2' 相交，构成一个小角度的空气楔，并观察到空气楔产生的等厚干涉条纹。若用准单色光源，等厚条纹是一组与空气楔棱边平行的亮暗相间条纹；若用白光光源，在 M_1 和 M_2' 交线处，由于光程差为零，可以观察到一组彩色等厚干涉条纹，称为白光条纹。值得注意的是，由于分束器 G 引入的附加位相差 $\Delta\varphi_0$ 既不为零又不为 π，所以白光条纹的颜色分布规律与表 2-3 所列的两种色序均不同，不能用来测量光程差，但是它可以作为零光程差的指示，并以这一位置作为长度测量的基准。当 M_1 移动时，Δd 和 Δm 的关系仍然可用式（2-143）或式（2-144）表示，因此等厚条纹也可用于长度的精确测量。

在迈克耳逊干涉仪基础上发展起来的一种光学检验中常用的双臂式干涉仪称为泰曼格林干涉仪（Twyman-Green interferometer），图 2-59（a）和（b）是应用泰曼格林干涉仪检验棱镜 TP 和透镜 TL 的光路图。由于使用准单色平面波，所以无须使用补偿板 C，Π 平面上的等厚干涉条纹反映了被检零件的综合质量误差。

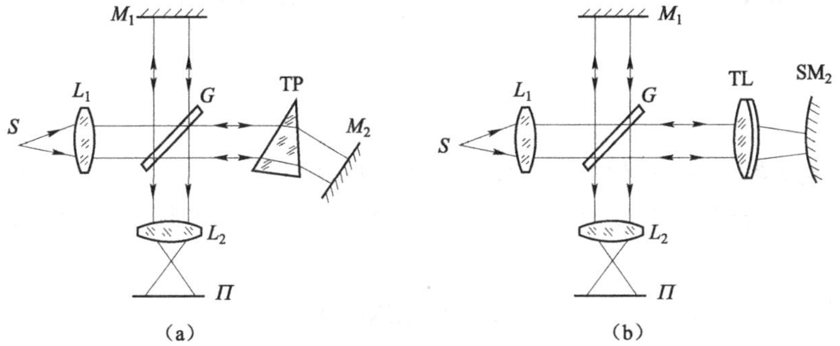

图 2-59　泰曼格林干涉仪

(a) 用于检验棱镜 TP；(b) 用于检验透镜 TL

2）迈克耳逊干涉仪的典型应用

（1）薄片厚度的测定。

采用白光光源照明迈克耳逊干涉仪，通过调节 M_1 的方向和位置使 M_1 和 M_2' 相交，构成一个小角度的空气楔。在 M_1 和 M_2' 交线处，由于光程差为零，可以观察到一组彩色等厚白光干涉条纹。此时如在 C 和 M_2 之间放入一待测透明薄片，位置和 M_2 平行，薄片折射率为 n，厚度为 h，则可证明，在光线入射角 i 足够小的条件下，由于薄片的加入所引起光束 2 的光程增量为

$$\delta L = 2(n-1)h \tag{2-145}$$

假定在放入薄片前，两束光的程差接近于零，可以看到白光的等厚条纹。加入薄片后，由于 δL 的出现，两束光的程差加大，白光条纹发生位移，甚至消失。这时如果平移 M_2，使 M_2 平移产生的程差增量 $\delta\Delta$ 与薄片产生的光程增量大小相等，符号相反，即 $\delta\Delta = -\delta L$，则两束光的程差重新取得放入薄片前的数值，于是白光的等厚条纹恢复至原来位置（以中央条纹位置定位），设此时 M_2 的位移量为 d，则当光线入射角 i 足够小时，有

$$\delta\Delta = 2d \tag{2-146}$$

由 $\delta\Delta = -\delta L$ 得到

$$\begin{gathered} |d| = (n-1)h \\ h = \frac{|d|}{n-1} \end{gathered} \tag{2-147}$$

薄片折射率 n 已给定，只要由仪器中读得 d，则可由上式求出薄片的厚度 h。

（2）相干光程的测量。

相干光程是产生可以分辨的干涉条纹的两相干光束间的最大光程差，它由光源的非单色性限定。

根据相干光程的意义，只要测得能够分辨的条纹的最高干涉级，即可得到相干光程。为此，首先利用白光等厚条纹的特点确定零级条纹（即白光干涉条纹的中央条纹，这里略去附加程差 δ），然后在白光光源前放入选定的滤光片，再平移反射镜 M_1，增大空气薄板厚度 d，于是原零级条纹所在的位置依次被 1 级、2 级……诸条纹所取代，设 m 级条纹在该位置出现时，条纹开始不能分辨，则 m 即能够分辨的最高干涉级。若所用滤光片的中

心波长为 λ，则此最高干涉级对应的最大光程差亦即相应于所用光源（加滤光片后的）的相干光程

$$l=m\lambda \tag{2-148}$$

例 2.9 将迈克耳逊干涉仪的两个反射镜 M_1 和 M_2 调成垂直，并用单色（λ=589.3 nm）宽光源照明，于是看到由 M_1 和 M_2'（M_2 的镜像）形成的假想空气薄板所产生的一组同心圆环条纹。

（1）移动 M_1，发现条纹向中心收缩，试说明这时 M_1 和 M_2' 的相对位置及 M_1 的移动方向。

（2）设在移动 M_1 过程中，共计数到 50 个条纹在中心消失，试求 M_1 移动的距离。

（3）若在移动 M_1 前，在视场中看到 11 个亮纹（且中心也是亮纹）；移动 M_1 后，看到从中心消失了 10 个条纹，同时视场中还有 6 个亮纹，试求 M_1 移动前后中心处的干涉级。

解题思路及提示：迈克耳逊干涉仪是双臂式分振幅干涉装置的基础，本题是利用迈克耳逊干涉仪观察等倾干涉的应用。基本解题思路是要求解出在定域面上相干光波的位相差，找到中心干涉级与介质平板厚度的关系，干涉场强度分布与入射角之间的关系，并厘清条纹序号、条纹半径与干涉仪视场之间的关系。参考公式：

$$\Delta\varphi=\frac{4\pi}{\lambda_0}d\cos i_1+\Delta\varphi_0\text{，}\quad \Delta d=\frac{\lambda_0}{2\cos i_1}\Delta m\text{，}\quad r_p=\sqrt{\frac{\lambda_0}{d}}f\sqrt{p}$$

解：迈克耳逊干涉仪是双臂式分振幅干涉装置的基础，使用迈克耳逊干涉仪，既可以观察等倾条纹又可以观察等厚条纹。将迈克耳逊干涉仪的两个反射镜 M_1 和 M_2 调成垂直时，由 M_1 和 M_2'（M_2 的镜像）形成假想平行空气薄板，产生一组等倾同心圆环条纹。

（1）迈克耳逊干涉仪观察同心圆环等倾条纹，根据等倾干涉位相差 $\Delta\varphi=\frac{4\pi}{\lambda_0}d\cos i_1+\Delta\varphi_0$，中央干涉级最大 $m(0)=\frac{2d}{\lambda_0}$，条纹收缩说明干涉级减小，厚度变小，$M_1$ 和 M_2' 相对靠近。

（2）由式（2–142），视场中心干涉级变化

$$\Delta d=\frac{\lambda_0}{2}\Delta m=\frac{589.3\times10^{-9}\times50}{2}=14.732\,5\,(\mu\text{m})$$

（3）本题使用准单色光照明时，可以通过精确调整双臂长度对 $\Delta\varphi_0=0$ 进行补偿，因此这里可设 $\Delta\varphi_0=0$。等倾干涉条纹内疏外密，$f=\frac{\partial\Delta}{\lambda_0\partial\rho}=-\frac{nl}{\lambda_0x_0^2}\rho$，厚度变小则条纹空间频率变小。移动前后两次位置，设空气层厚度分别为 d_1 和 d_2。

厚度为 d_1 时，中心干涉级 $m_1(0)=\frac{2d_1}{\lambda_0}$，视场内看到 11 个亮纹，视场半径 $R=r_{10}=\sqrt{\frac{\lambda_0}{d_1}}f\sqrt{10}$；

厚度为 d_2 时，中心干涉级 $m_2(0)=\frac{2d_2}{\lambda_0}$，视场内看到 6 个亮纹，视场半径 $R=r_5'=\sqrt{\frac{\lambda_0}{d_2}}f\sqrt{5}$；

联立方程 $\begin{cases}m_1(0)-m_2(0)=10\\ r_{10}=r_5'\end{cases}$，可解得 $\begin{cases}m_1(0)=20\\ m_2(0)=10\end{cases}$。

3）几种典型双臂式干涉仪

（1）傅里叶变换光谱仪。

傅里叶变换光谱仪又称为傅里叶干涉分光仪，它和传统的色散型光谱仪器不同，是通过对干涉条纹强度分布进行傅里叶分析来测量光源光谱组成的仪器。按照对干涉强度信号采集的方式，可以分为时间调制型和空间调制型两类，下面分别介绍其工作原理和应用。

① 时间调制型傅里叶变换光谱仪。

图 2-60 所示为时间调制型傅里叶变换光谱仪的原理，它的光学部分是一台泰曼格林干涉仪，S 是待测光源，反射镜 M_1 固定，M_2 由步进电动机驱动以改变两束相干光的光程差 Δ。PM 是光电探测器，它将干涉强度信号 $I(\Delta)$ 转变为电信号，经 A/D 转换送入计算机做数据处理。

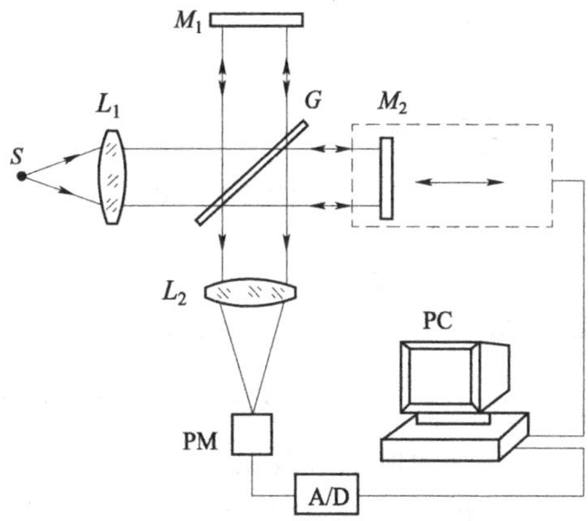

图 2-60　时间调制型傅里叶变换光谱仪原理

设光源 S 的光谱辐射功率密度为 $S'(\nu)$，根据式（2-82），当两束光强度相同，光程差为 Δ 时，干涉强度为

$$I(\Delta)=C'\int_0^{\infty}S'(\nu)\left[1+\cos\left(2\pi\frac{\nu}{c}\Delta\right)\right]\mathrm{d}\nu \tag{2-149}$$

式中，C' 为常数，为简单起见，公式中没有考虑分束器 G 引入的附加位相差 $\Delta\varphi_0$，并假定媒质折射率为 1。所以当两束相干光的路程差为 d 时，光程差 $\Delta=2d$。当 M_2 移动时，$I(\Delta)$ 随 Δ 按余弦规律变化，PM 将 $I(\Delta)$ 的变化线性地转变为光电流的相应变化。由式（2-149）可知，干涉强度极大值为

$$I(0)=2C'\int_0^{\infty}S'(\nu)\mathrm{d}\nu \tag{2-150}$$

定义

$$G(\Delta)=I(\Delta)-\frac{1}{2}I(0)=C'\int_0^{\infty}S'(\nu)\cos\left(2\pi\frac{\nu}{c}\right)\mathrm{d}\nu \tag{2-151}$$

因为 $I(\Delta)$ 和 $I(0)$ 都可以测出，因此 $G(\Delta)$ 可以求出，$G(\Delta)$ 的空间分布称作“干涉图”。对 $G(\Delta)$ 做逆傅里叶余弦变换，即可求出 $S'(\nu)$。

仪器的频率分辨本领原则上与 Δ 的最大变化量有关，对 Δ 采样的样本越大，分辨本领越高。因此傅里叶变换光谱仪可以在提高分辨本领的同时，基本保持进入仪器的辐射通量和功率不变。据测算，傅里叶变换光谱仪收集的待测光谱的能量可比色散型光谱仪高两个数量级，这是它的一个重要特点。此外，它的每次采样都包含所有光谱成分的信息（而色散型光谱仪每次只测量一个单一光谱成分），这有利于提高信噪比和测量精度。此外，因为它不使用棱镜、光栅之类的色散元件，所以适用波段很宽。上述特点使得它特别适合分析光源较弱而光谱结构复杂的气体光谱和远红外光谱。

② 空间调制型傅里叶变换光谱仪。

时间调制型傅里叶变换光谱仪的主要缺点是，在采集干涉强度信号时，测试反射镜 M_2 扫

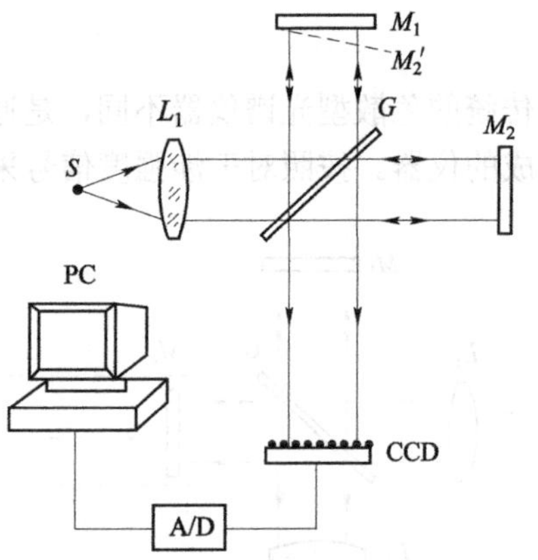

图 2-61　空间调制型傅里叶变换光谱仪原理

描需要一定的时间，因此无法测量瞬时光谱信号；其次，高精度的扫描机构也增加了仪器的复杂性。空间调制型傅里叶变换光谱仪则可以从根本上解决上述问题。

如图 2-61 所示，参考反射镜 M_1 和测试反射镜 M_2 都固定不动。调节 M_2 的方向，使 M_2 经分束器 G 所成虚像 M_2' 与 M_1 构成一个空气楔，产生双光束的等厚干涉。若光源的光谱辐射功率密度为 $S'(\nu)$，则干涉强度与光程差的关系由式（2-149）表示，由于空气楔不同厚度位置具有不同的光程差 Δ，所以干涉强度是按光程差 Δ 分布的空间调制图形。用一维线阵 CCD 摄像机接收干涉强度信号 $I(\Delta)$，即可采用和时间调制型傅里叶变换光谱仪类似的处理方法，求出光源的瞬间光谱辐射功率密度 $S'(\nu)$。

③ 傅里叶干涉成像光谱仪。

干涉成像光谱仪是 20 世纪 80 年代末发展起来的，是傅里叶干涉分光技术、成像光谱技术及遥感技术结合的产物。研究表明，当利用机载或星载系统进行高空观测时，所拍摄的物体往往包含复杂的光谱成分，且不同光谱成分携带着物体的不同特征信息。在普通的摄影中，这些有用的特征信息几乎全部丢失。干涉成像光谱技术可以通过一次拍摄，既获得物体的空间强度分布信息，又获得其多光谱特征信息。

图 2-62 所示为基于空间调制的干涉成像光谱仪光学原理。物镜 L 将远处物体的多光谱像成在入射狭缝 F 平面上，F 的方向与仪器光轴平面垂直，成像光波受狭缝限制，只有很窄一条进入空间调制型傅里叶变换光谱仪，并在 CCD 接收器的光敏面上形成多光谱等厚干涉条纹，条纹方向与狭缝 F 平行。通过对干涉强度的傅里叶分析，利用数字技术，即可显示出一系列按光谱排列的线状物像。让整个系统对物体沿垂直于狭缝 F 的方向作一维扫描，最终可综合出一系列按光谱排列的二维物体像。这种技术能够提供几乎连续采样的地物地貌多光谱图像，因此在军事侦察、环境监测和资源普查等领域具有重要的应用价值。

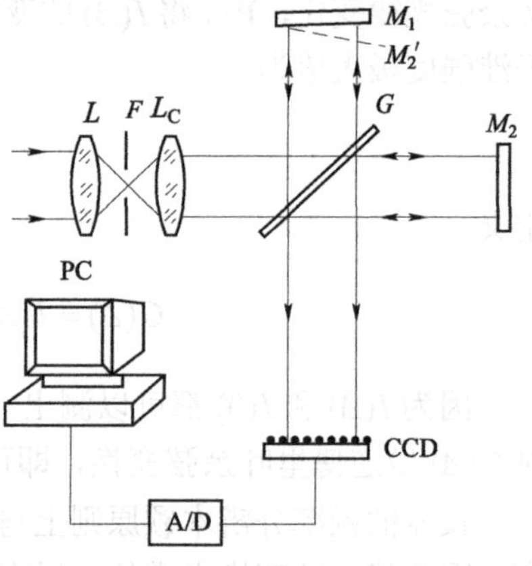

图 2-62　傅里叶干涉成像光谱仪光学原理

（2）科斯特干涉仪。

科斯特干涉仪主要用于测量量规的长度，又称为量规干涉仪，其光路如图 2-63 所示。多色点光源 S 发出的光波经准直透镜 L_1 后，射入色散棱镜 PR，由 PR 出射的单色平行光进入泰曼格林干涉仪。其中 M_2 为参考反射镜，M_1 为测试反射镜。在 M_1 上放置被测量规 T，T 的底面与 M_1 紧密接触，T 的顶面磨成镜面。测量时，调整 M_2 的位置和方向，使 M_2 经分束器 G 所成的镜像 M_2' 大致经过量规的中心。于是由 M_1 与 M_2' 产生一组等厚干涉条纹，称为参考条纹；由量规顶面与 M_2' 产生另一组，称为量规条纹。两组条纹相互平行且条纹间距 e 相同，但横向错开距离 Δe。设 M_2' 和 T 的顶面之间距离为 d_T，M_2' 和 M_1 之间的距离为 d_M，在定域面上某点，参考条纹的干涉级为 m_M，量规条纹的干涉级

为 m_T，两组条纹干涉级相差 Δm，于是量规的长度 d 可以表示为

$$d = d_M + d_T = \frac{\lambda}{2}(m_M - m_T) = \frac{\lambda}{2}\Delta m \qquad (2\text{–}152)$$

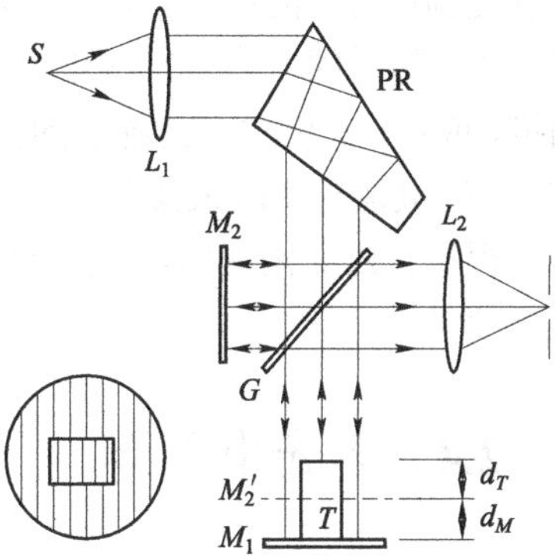

图 2–63　科斯特测长干涉仪

注意，由于 M_1 和 T 的顶面在 M_2' 两侧，所以 m_M 和 m_T 的符号相反，Δm 实际上表示两组条纹在某考察点的干涉级的绝对值之和。由式（2–152）看出，只要测出两组条纹干涉级差 Δm，即可算出量规的长度 d。

（3）移相干涉仪。

移相干涉仪又称为条纹扫描干涉仪，是 20 世纪 70 年代开始发展并日渐成熟的一种波面位相自动检测装置。传统的干涉测量技术，根据干涉条纹的变形量来计算波面位相，在判断干涉条纹变形量时，如果用目视法，判断精度不会高于 $\frac{\lambda}{10}$；如果采用照相法，判断精度也只能达到 $\frac{\lambda}{20}$ 左右。为了提高条纹判读精度，往往需要将干涉条纹间距调得很宽，这就无法获得条纹之间表面区域的波面位相信息。其次，传统的干涉测量方法无法消除干涉仪的系统误差及环境因素的影响，这就限制了测量精度的进一步提高。

移相干涉仪综合应用激光技术、光电技术、计算机技术和光学干涉检验技术，通过移相对干涉条纹强度引入时间调制，然后通过光电探测、数据采集和计算机信号处理实现了波面位相的实时监测和显示。这种技术具有相当高的位相分辨率和空间分辨率，并可通过实时数字信号处理，自动消除干涉系统误差和环境影响，实现高于 $\frac{\lambda}{100}$ 的测量精度。

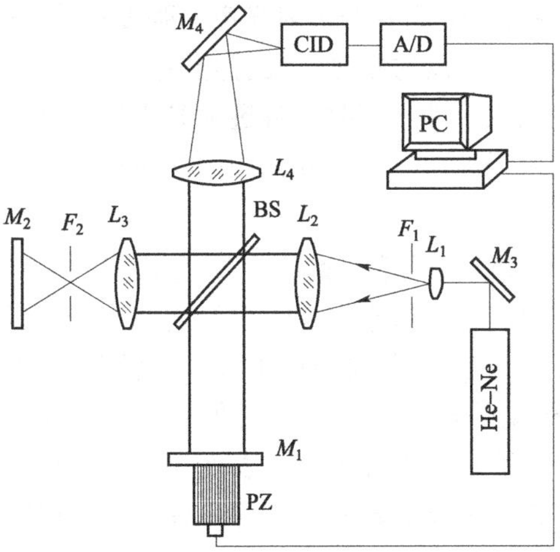

图 2–64　移相干涉仪

图 2–64 所示为移相干涉仪的光学原理。它的光学系统主体部分是一台激光泰曼格林干涉仪，其中 M_1 是参考反射镜，M_2 是被测光学表面。测量中，参考反射镜 M_1 受由计算机控制的压电晶体 PZ 的驱动，产生平移或振动。在初始状态时，设参考反射镜 M_1 和被检光学表面等光程。参考反射镜 M_1 相对于初始位置的瞬时位移为 l_t，被测光学表面的波差为 $w(x,y)$，于是参考光波和被检光波的复振幅可分别表示为

$$E_1 = E_{10}\exp(2\mathrm{j}k_0 l_t) \qquad (2\text{–}153)$$

$$E_2 = E_{20}\exp[2\mathrm{j}k_0 w(x,y)] \qquad (2\text{–}154)$$

式中，E_{10} 和 E_{20} 分别为参考波和被检光波的振幅，于是干涉条纹的瞬时强度为

$$I(x,y;l_t) = E_{10}^2 + E_{20}^2 + 2E_{10}E_{20}\cos\{2k_0[w(x,y) - l_t]\} \qquad (2\text{–}155)$$

上式说明，干涉场上任一点的强度都是随时间变化的位移量 l_t 的余弦函数，或者说干涉

强度受到信号 l_t 的调制。l_t 每变化 $\lambda_0/2$，两相干光束的位相差变化 2π，干涉条纹变化一个周期；当 l_t 随时间 t 作线性变化时，干涉条纹将以确定的时间频率对整个系统出射光瞳作线性扫描，或者说，出瞳面上各点的强度都将按确定的频率作余弦波动。用光电二极管列阵（CID）或 CCD 摄像机实时采集每一幅干涉图形的强度信号，经 A/D 转换，送入计算机进行处理，即可根据 l_t 的变化规律，应用通信理论的相关检测技术，从扫描干涉图形中获取被检波面的位相信息。

2.4 多光束干涉

多束相干光波在空间某区域相遇时，也会发生合强度不等于各个分量强度之和的现象，这就是多光束干涉。产生多光束干涉的物理基础与双光束干涉相同，即都是基于光波的叠加原理和强度与振幅之间的非线性关系。然而多光束干涉的强度分布有自己的特点，使得多光束干涉在干涉测量、激光谐振腔技术、薄膜光学和导波光学中得到了广泛的应用。

多光束干涉也可以分为分振幅干涉和分波面干涉两种类型，本节只介绍分振幅多光束干涉及其应用，对于分波面多光束干涉和衍射——衍射光栅，将放在第 3 章“光的衍射”中讨论。

2.4.1 平行平板的多光束干涉

1. 平行平板分光装置

透明平行平板是一种最常用的产生多光束干涉的分光装置。2.3 节图 2–39 说明了透明平行平板的分光原理。表 2–2 的计算数据表明，当透明平行平板表面未镀膜时，反射光中只有 E_{r1} 和 E_{r2} 的强度比较接近，可以产生反射光的双光束干涉，而各个透射光束的强度相差悬殊，没有明显的干涉现象。但是，当平行平板的两表面镀了高反射膜时，反射光中除了 E_{r1} 之外，各反射光束强度都比较接近，可以产生反射光的多光束干涉。同时，各透射光束的强度虽然比较弱，但也十分接近，也可以产生透射光的多光束干涉，后面将要介绍的法布里—珀罗干涉仪，就是透射光多光束干涉的典型例子。

为了观察到平行平板反射光的多光束干涉，必须设法消除第一束反射光 E_{r1}，应用图 2–65 所示的陆末—盖尔克板即可实现上述目的。它由一端有输入耦合棱镜 P 的玻璃（或石英）平行平板构成，一方面由于利用耦合棱镜 P 将入射光 E_0 耦合到平行平板中，消除了 E_0 在平板表面的第一束反射光；另一方面，控制耦合棱镜的角度，可使光束在平板内的入射角接近于全反射临界角，以实现高反射率。这样，无论是从平行平板上表面出射的光束，还是从平板下表面出射的光束，均可以产生多光束干涉。

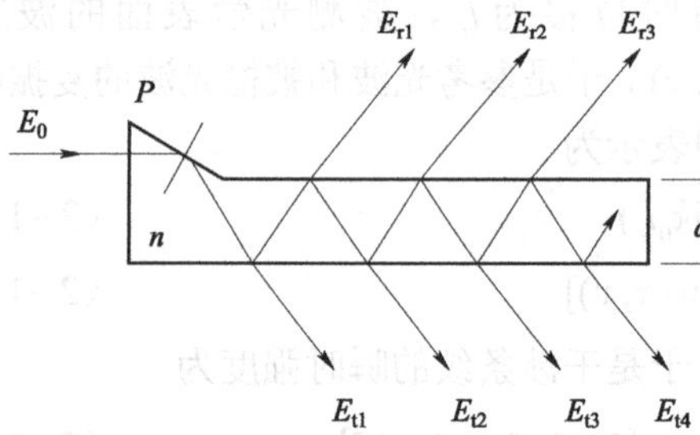

图 2–65 陆末—盖尔克板

对于多光束干涉，除了要求各相干光束强度相近，还必须保证相邻相干光束之间的位相差 $\Delta\varphi$ 为常数，否则，当光束数目很多时，容易出现相消干涉。利用图 2–66 的介质平行平板装置很容易导出相邻两束透射光的光程差：

$$\begin{aligned}\varDelta_{\mathrm{T}} &= 2n\overline{AB} - n_1\overline{DF} \\ &= 2nd\cos i' \\ &= 2d\sqrt{n^2 - n^2\sin^2 i'} \\ &= 2d\sqrt{n^2 - n_1^2\sin^2 i}\end{aligned}$$

式中，i 为照明光束入射角，n 为两平行平板中间介质的折射率。设空气折射率 $n_1 = 1$，则相邻透射光束的光程差为

$$\varDelta_{\mathrm{T}} = 2d\sqrt{n^2 - \sin^2 i} \tag{2-156}$$

对应的位相差为

$$\Delta\varphi = \frac{4\pi}{\lambda_0} d\sqrt{n^2 - \sin^2 i} \tag{2-157}$$

上式表明，当入射角 i 确定时，平行平板多光束干涉装置中，相邻相干光束的光程差和位相差为常数。

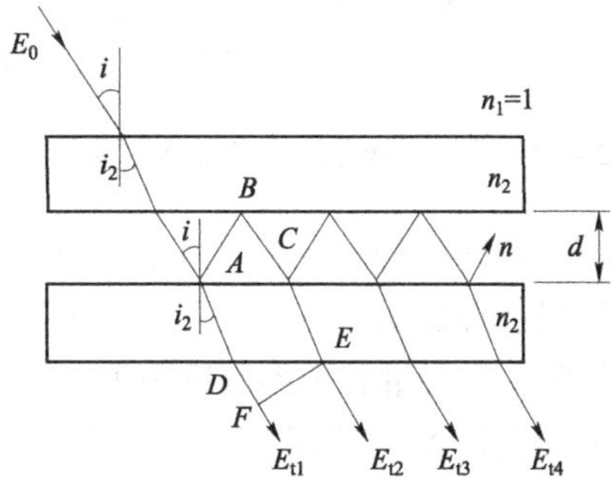

图 2-66　平行平板的光程差

2. 多光束干涉的强度分布

下面以平行平板为例，讨论透射光多光束干涉的强度分布。在图 2-66 中，设第一束光的复振幅 $E_{t1} = a_1$，初位相为零，光波在平板两内表面的反射系数为 r，由于光波在平板内传播引起的相邻相干光束的位相差为 $\Delta\varphi$，于是各透射光束的复振幅可表示为

$$\begin{aligned}&E_{t1} = a_1 \\ &E_{t2} = r^2 a_1 \exp(\mathrm{j}\Delta\varphi) \\ &E_{t3} = r^4 a_1 \exp(2\mathrm{j}\Delta\varphi) \\ &\ \vdots \\ &E_{tk} = r^{2(k-1)} a_1 \exp\{[(k-1)\mathrm{j}\Delta\varphi]\}\end{aligned}$$

由于各相干光束传播方向平行，因此干涉定域面在无穷远，必须在透镜后焦面上观察。注意到 $|r| < 1$，在干涉定域面上的合振幅为

$$E_{\mathrm{T}} = \sum_{k=1}^{\infty} E_{tk} = \frac{a_1}{1 - r^2\exp(\mathrm{j}\Delta\varphi)} \tag{2-158}$$

干涉场的强度为

$$I_{\mathrm{T}} = E_{\mathrm{T}} \cdot E_{\mathrm{T}}^* = \frac{a_1^2}{1 - 2r^2\cos\Delta\varphi + r^4} \tag{2-159}$$

式（2-159）中，设 $a_1^2 = I_1$，表示第一束透射光的强度。设光波在平板两内表面的透射率 $\tau_1 = \tau_2 = \tau$，于是 I_1 和入射光强度 I_0 之间的关系是 $I_1 = \tau^2 I_0$。再设平板内表面的反射率 $\rho = r^2$，在不计吸收损失时，有 $\rho + \tau = 1$，于是透射光的多光束干涉强度可表示为

$$I_{\mathrm{T}} = \frac{I_0(1-\rho)^2}{(1-\rho)^2 + 4\rho\sin^2(\Delta\varphi/2)} \tag{2-160}$$

在不考虑各种光能损失的前提下，利用反射光多光束干涉强度I_R和I_T的互补关系，可求得

$$I_R = I_0 - I_T = \frac{4\rho\sin^2(\Delta\varphi/2)I_0}{(1-\rho)^2 + 4\rho\sin^2(\Delta\varphi/2)} \tag{2-161}$$

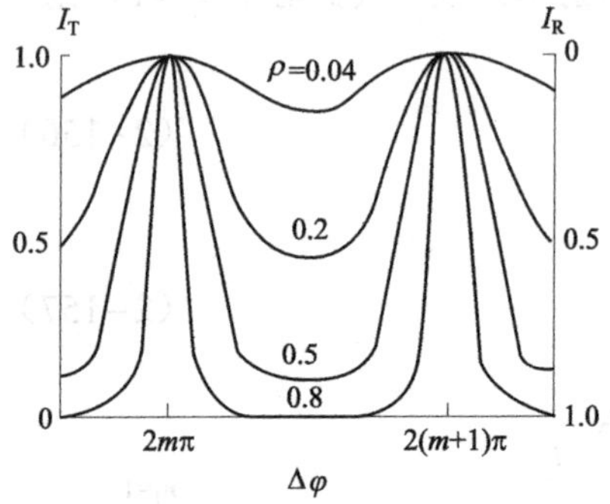

图 2-67　平行平板多光束干涉强度曲线

图 2-67 画出了反射率ρ分别等于 0.04，0.2，0.5，0.8 时，I_T和I_R随$\Delta\varphi$变化的曲线。由该图可以看出，I_T的分布为一组暗背景上的细亮纹，并且，随着ρ值增大，亮纹变得越来越锐；与此相反，I_R的分布是亮背景上一组细暗纹。

应用光波的相辐矢量表示法和波的叠加原理，很容易直观地解释上述多光束干涉强度分布特点。图 2-68 画出了 8 束相干光叠加的情形。图的上方是位相差$\Delta\varphi$为不同值时的相辐矢量叠加图，下方是干涉强度I随$\Delta\varphi$变化的曲线。由该图看出，当$\Delta\varphi=0$或2π的整数倍时，各相辐矢量同相相加，干涉强度取极大值；当$\Delta\varphi = 2\pi/8 = 45°$及其整数倍时（不等于$2k\pi$），各相辐矢量叠加组成封闭图形，合矢量为 0，干涉强度取极小值。但当$\Delta\varphi$取值在两个极小值点之间时，合矢量和干涉强度不为零，如$\Delta\varphi = 216°$就属于这种情形。上面的分析说明，多光束干涉强度是$\Delta\varphi$的周期函数，周期为2π。如果N束光干涉，当$\Delta\varphi = 2k\pi(k=0,1,2\cdots)$时，合矢量是每束光相辐矢量的$N$倍，合矢量和合强度是每束光强度的$N^2$倍，因此亮纹中心很亮。当$\Delta\varphi = 2k\pi + 2\pi/N$时，合矢量和合强度第一次下降为零（如图 2-68 中$\Delta\varphi$=45°的情形），因此$2\pi/N$代表了多光束干涉亮纹的位相宽度。当平行平板内表面的反射率ρ增大时，相干光束数目N随之增大，结果使得多光束干涉的亮纹更锐更亮。

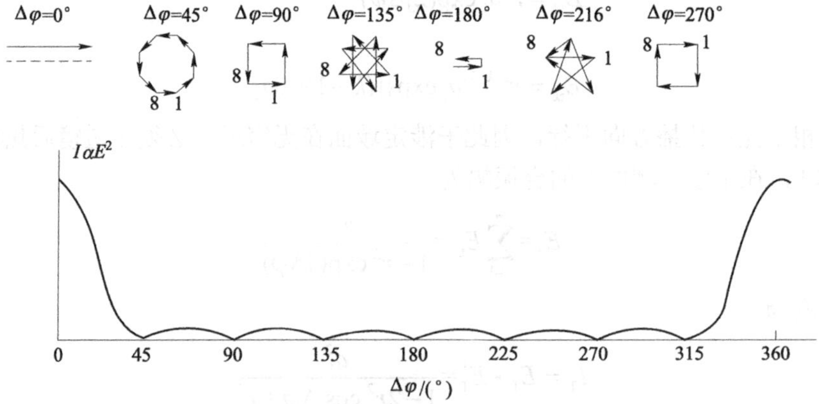

图 2-68　8 束光干涉的相辐矢量叠加图和干涉强度分布

2.4.2　法布里—珀罗干涉仪及条纹分布规律

1. 法布里—珀罗干涉仪（Fabry–Pérot interferometer）

图 2-69 画出了法布里—珀罗干涉仪（简称法—珀干涉仪）的光路图。它的核心部分 F–P

是两块略带楔角，内表面平行并镀有高反射膜的玻璃或石英平板，由它们构成一个具有高反射率表面的空气或介质平行平板。F−P 外表面倾斜是为了使反射光偏离透射光的视场，从而避免杂散光干扰。在实际仪器中，两块楔形板分别安装在可微调的镜框内，通过方位调节，以保证两平板内表面严格平行。此外，靠近光源 S 的一块平板可在精密导轨上平移，以改变两板间介质的厚度 d。在有些应用中，使用固定隔圈把两板间的距离固定，则称为法—珀标准具。F−P 由准单色扩展光源 S 和准直透镜 L_1 照明。透镜 L_2 将无穷远定域面上的干涉条纹成像到它的后焦面 Π 上，根据前面的分析，这样观察到的干涉条纹是一系列明暗相间同心圆环组成的多光束等倾干涉条纹，其强度分布可由式（2−160）表示。图 2−70 所示为法—珀干涉仪多光束等倾干涉条纹的照片，其中图（a）是透射光干涉条纹，图（b）是反射光干涉条纹。

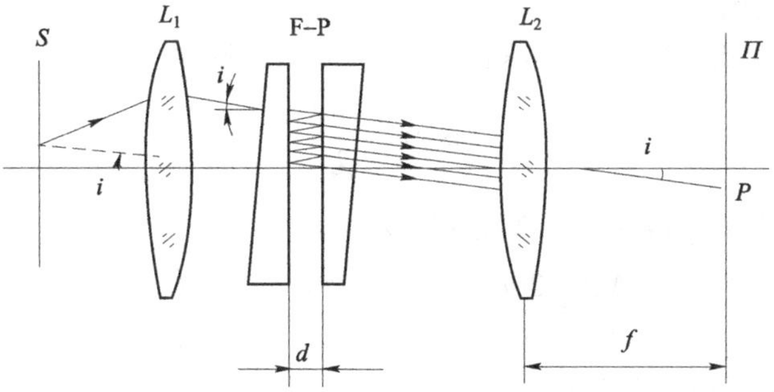

图 2−69　法—珀干涉仪

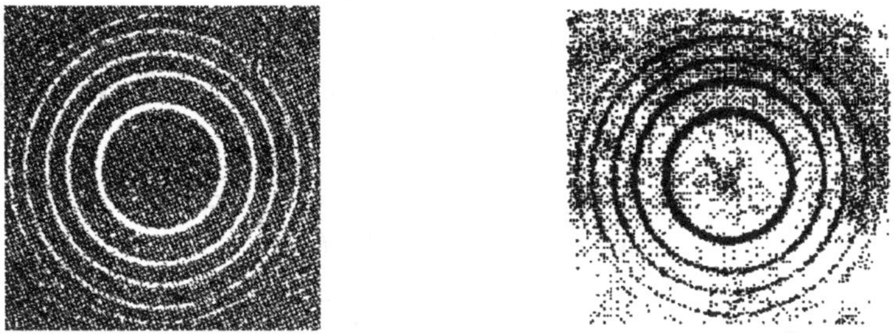

（a）　　　　　　　　　　（b）

图 2−70　法—珀干涉仪的等倾条纹

（a）透射光干涉条纹；（b）反射光干涉条纹

2. 干涉条纹强度分布规律

下面从式（2−157）和式（2−160）出发，讨论法—珀干涉仪多光束等倾干涉条纹的分布规律。

1）亮暗纹条件和强度

由式（2−160）可知，强度极大值，即亮纹出现在使 $\sin^2(\Delta\varphi/2)=0$ 的位置，所以亮纹条件为

$$\Delta\varphi_M = 2m\pi \quad (m=0,1,2,3\cdots) \tag{2-162}$$

其中整数 m 称为干涉级。将亮纹条件式（2−162）代入式（2−160），亮纹强度为

$$I_{TM} = I_0 \tag{2-163}$$

这说明，如果不考虑吸收损失，当入射角 i 满足亮纹条件时，光能量可全部透过干涉仪。按照同样的分析，强度极小值出现在使 $\sin^2(\Delta\varphi/2)=1$ 的位置，所以暗纹条件和暗纹强度分别为

$$\Delta\varphi_{\mathrm{m}}=(2m+1)\pi \tag{2-164}$$

$$I_{\mathrm{Tm}}=\frac{(1-\rho)^2}{(1+\rho)^2}I_0 \tag{2-165}$$

上式表明，当反射率 ρ 趋近于 1 时，I_{Tm} 趋近于零，条纹反衬度趋近于 1。

2）亮纹位置和间距

由于法—珀干涉仪的多光束等倾干涉条纹是一系列同心圆环条纹，联系图 2-69 的观察系统可以看出，各级亮纹的位置和间距最好用角坐标 i 表示，即用角半径表示亮纹位置，用角间距表示亮纹的间距。

由式（2-157）和式（2-162）可知，$i=0$ 对应的视场中心处的干涉级 $m(0)$ 为最大干涉级：

$$m(0)=\frac{2nd}{\lambda_0} \tag{2-166}$$

当入射角 i 较小时，任意 i 角处的干涉级 $m(i)$ 为

$$m(i)=\frac{\Delta\varphi}{2\pi}=\frac{2dn}{\lambda_0}\sqrt{1-\sin^2 i/n^2}\approx m(0)\left(1-\frac{i^2}{2n^2}\right) \tag{2-167}$$

于是第 m 级亮纹的角半径可表示为

$$i=\sqrt{\frac{n\lambda_0}{d}}\sqrt{m(0)-m(i)}=\sqrt{\frac{n\lambda_0}{d}}\sqrt{P(i)} \tag{2-168}$$

其中 $P(i)=m(0)-m(i)$ 表示第 $m(i)$ 级亮纹的序号。如果 $m(0)$ 是整数，则第 $m(i)$ 级亮纹的序号也是整数，如用整数 N 来表示，于是从中心向外计数的第 N 条和第 $N+1$ 条亮纹的角半径和角间距分别为

$$i_N=\sqrt{\frac{n\lambda_0}{d}}\sqrt{N},\quad i_{N+1}=\sqrt{\frac{n\lambda_0}{d}}\sqrt{N+1} \tag{2-169}$$

$$\Delta i_N=i_{N+1}-i_N=\sqrt{\frac{n\lambda_0}{d}}(\sqrt{N+1}-\sqrt{N})=\frac{i_1}{\sqrt{N+1}+\sqrt{N}} \tag{2-170}$$

上式表明，多光束等倾干涉条纹与双光束等倾干涉条纹有一点类似，即都是角半径 i_N 正比于 $\sqrt{N}$ 的内疏外密的同心圆环；不同的是，多光束等倾条纹的亮纹更亮更锐。

3）亮纹宽度

法—珀干涉仪多光束等倾干涉条纹亮纹宽度的定义是：亮纹中心两侧强度降低为最大强度一半的两点之间的间隔，用 b 表示。即 b 表示亮纹的强度半高点全宽度，如图 2-71 所示。为方便起见，b 用 $\Delta\varphi$ 来计算，称为亮纹的位相宽度。根据上述定义，应该有

$$\frac{I_0}{2}=\frac{I_0(1-\rho)^2}{(1-\rho)^2+4\rho\sin^2\left(\dfrac{2m\pi+b/2}{2}\right)}$$

因为 b 远小于 2π，可作近似：$\sin(b/4)\approx b/4$，可求得

$$b=\frac{2(1-\rho)}{\sqrt{\rho}} \tag{2-171}$$

可见ρ越接近于 1，b 越小，亮纹越细。这一结论与前面应用相辐矢量叠加得出的结论完全一致。

描述亮纹宽窄，还可以采用“细度”的概念。细度 F 的定义是：亮纹相对宽度的倒数，即

$$F=\frac{2\pi}{b}=\frac{\pi\sqrt{\rho}}{1-\rho} \tag{2-172}$$

可见ρ越大，F 越大，亮纹越窄。

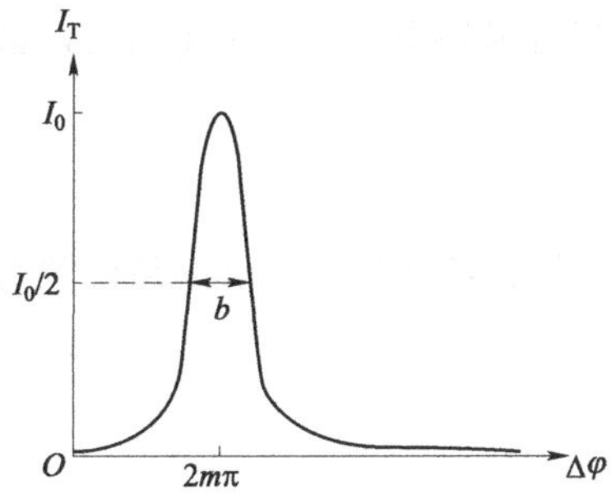

图 2−71　亮纹宽度的定义

2.4.3　法布里—珀罗干涉仪的应用

1. 研究光源的光谱精细结构

从式（2−168）可知，当光源含有各种不同波长时，不同波长 λ_0 的同一级亮纹角半径 i 不同，各自形成一组同心圆环条纹。由于在法—珀干涉仪的多光束干涉中，亮纹又亮又锐，且不同波长 λ_0 的条纹颜色各异，只要两种条纹的同一级亮纹错开一个亮纹宽度 b 的距离，就可以轻松地分辨两组亮纹的位置，因此应用法—珀干涉仪可以研究光源的光谱组成。在实际测量中，由于所观测条纹的序号 $P(i)$ 不容易确定，所以不可能利用式（2−168），通过测量圆环角半径 i 来计算波长 λ_0。一种常用的测量波长的方法是：通过移动 F−P 中靠近光源的平板，改变 F−P 中空气平行平板的厚度 d，同时观测视场中干涉级的变化。设空气平行平板厚度变化 Δd，靠近视场中心的观察点处条纹干涉级变化 Δm，利用式（2−157）和式（2−162），考虑到视场中心附近光束入射角 $i\approx 0$，通过求导，很容易得出

$$\lambda_0=2\frac{\Delta d}{\Delta m} \tag{2-173}$$

用法—珀干涉仪分析光源的光谱精细结构时，测量精度主要受仪器性能的限制。表征法—珀干涉仪性能的主要参数有色散、分辨本领和色散范围，下面分别进行讨论。

1）色散

色散是分光元件将光源中不同波长成分在空间分开程度的量度，通常用“角色散”和“线色散”来表示。角色散 D_A 的定义是：使具有单位波长差的两光谱成分在空间分开的角度，表示为

$$D_A=\frac{\mathrm{d}i}{\mathrm{d}\lambda} \tag{2-174}$$

根据图 2−69 和式（2−167），由 $m(i)=\dfrac{\Delta\varphi}{2\pi}=\dfrac{2d}{\lambda_0}\sqrt{n^2-\sin^2 i}$，对于第 m 级亮纹，有

$$n^2-\sin^2 i=\frac{m^2\lambda^2}{4d^2} \tag{2-175}$$

式（2−175）两边分别对 i 和λ求导，有

$$-2\sin i\cos i\mathrm{d}i=\frac{2m^2\lambda}{4d^2}\mathrm{d}\lambda \tag{2-176}$$

很容易导出，在波长 λ_1 附近，波长差为 $\mathrm{d}\lambda$ 的两种光波的第 m 级主亮纹在空间分开的角度为

$$|\mathrm{d}i| = \frac{m^2 \lambda_1 \mathrm{d}\lambda}{2d^2 \sin(2i)} \tag{2-177}$$

所以，法—珀干涉仪的角色散为

$$D_{\mathrm{A}} = \frac{\mathrm{m}^2 \lambda_1}{2d^2 \sin(2i)} \tag{2-178}$$

线色散 D_{L} 的定义是：具有单位波长差的两种光波在观察面上分开的线距离。设图 2–69 中观察透镜 L_2 的焦距为 f，则线色散表示为

$$D_{\mathrm{L}} = D_{\mathrm{A}} f = \frac{m^2 \lambda_1 f}{2d^2 \sin(2i)} \tag{2-179}$$

上式表明，减小空气层厚度 d 和增大干涉级 m（即利用靠近圆环中心的亮纹）是增大法—珀干涉仪色散的主要途径。

2）分辨本领

光谱仪器的分辨本领是用来表征光谱仪器能分辨波长差多小的两种光谱成分的能力，定义为

$$RP = \frac{\lambda}{\delta\lambda} \tag{2-180}$$

式中，λ 为两光谱成分名义波长或平均波长，$\delta\lambda$ 为法—珀干涉仪的最小可分辨波长差。

确定最小可分辨波长差 $\delta\lambda$ 必须规定一个刚可分辨的判据。对于法—珀干涉仪，当光源中包含波长 λ_1、λ_2 两种光谱成分时，如果 $\delta\lambda \ll \lambda_1, \lambda_2$，则两种波长的同一级主亮纹非常靠近（见图 2–72），二者的角间距 $|\delta i|$ 可由色散公式（2–177）给出。另一方面，两种波长成分主亮纹宽度 b 可认为是相同的，这个位相宽度 b 对应的角宽度 $|\delta' i|$ 也可由式（2–167）求出。同样由 $m(i) = \dfrac{\Delta\varphi}{2\pi} = \dfrac{2d}{\lambda_0}\sqrt{n^2 - \sin^2 i}$，对于式（2–175）两边，分别对 i 和 m 求导，有

$$-2\sin i \cos i \mathrm{d}i = \frac{2m\lambda^2}{4d^2} \mathrm{d}m \tag{2-181}$$

同时根据干涉级和位相宽度的定义关系，角宽度 $|\delta' i|$ 对应的干涉级差为 $\Delta m = \dfrac{b}{2\pi}$，代入式（2–181），可以求出波长 λ_1 附近，主亮纹角宽度为

$$|\delta' i| = \frac{mb\lambda_1^2}{4\pi d^2 \sin(2i)} \tag{2-182}$$

由图 2–73 可看出，当 $|\delta i| > |\delta' i|$ 时，两个主亮纹的合强度曲线（虚线）有两个峰值，很容易分辨；当 $|\delta i| = |\delta' i|$ 时，合强度曲线的中心凹陷消失，成为近似平顶分布，这种情况被认为是刚能分辨两个靠近主亮纹的临界状态。于是，将 $|\delta i| = |\delta' i|$ 作为法—珀干涉仪的分辨判据，而将符合上述判断的 $\delta\lambda$ 称为最小可分辨波长差。令式（2–177）和式（2–182）的右端相等，可求出

$$\delta\lambda = \frac{\lambda_1}{m} \frac{b}{2\pi} \tag{2-183}$$

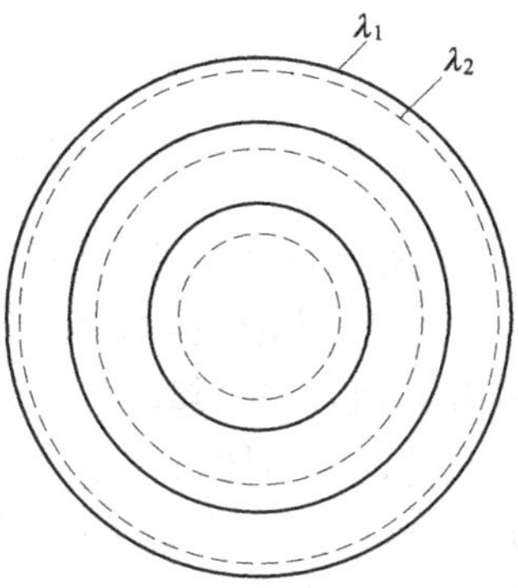

图 2-72 存在两个波长成分时的干涉条纹

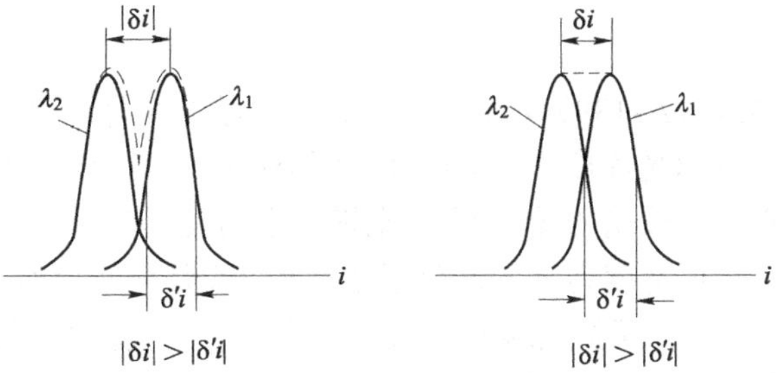

图 2-73 分辨本领的计算

于是，法—珀干涉仪的分辨本领为

$$RP = \frac{\lambda_1}{\delta\lambda} = \frac{2m\pi}{b} = mF \tag{2-184}$$

设一法—珀干涉仪的空气平板 $d = 10\ \text{mm}$ ， $\lambda = 632.8\ \text{nm}$ ， $n = 1$，则中心附近最大干涉级 $m(0) = \frac{2nd}{\lambda_0} \approx 3.16 \times 10^4$ ，当 $\rho = 0.95$ ， $F = 61.2$ 时， $RP = 1.9 \times 10^6$ ，最小可分辨波长差 $\delta\lambda = 0.000\,3\ \text{nm}$ 。

3）色散范围

当光源包含的光谱成分波长范围不大时，不同波长的亮环按干涉级 m 的顺序排列，不发生级间混叠，形成一个个按 m 分开的自由光谱区。但当光源包含的光谱成分波长范围较大时，长波成分的第 m 级主亮纹会和短波成分的第（$m-1$）级主亮纹重叠，表示为

$$\lambda_1(m-1) = (\lambda_1 + \Delta\lambda)m$$

利用这一条件，即可求出法—珀干涉仪的色散范围：

$$G = \Delta\lambda = \lambda_1 / m = F\delta\lambda \tag{2-185}$$

采用上例给出的数据，可求出法—珀干涉仪的色散范围 $G = 0.02\ \text{nm}$ 。大多数光源的光谱范围都超过了这个数值。因此在光谱分析中，需要将法—珀干涉仪与普通光谱仪级联。首先用普通光谱仪对光源作光谱分析，再从普通光谱仪的输出狭缝中取出光谱范围小于 G 的一部分，送入法—珀干涉仪进行精细分析。

2. 干涉滤光片

利用法—珀干涉仪的多光束干涉原理可以制作窄带干涉滤光片（滤色镜），其作用是让光源中某一窄带光谱范围的光波以尽可能高的透射率通过，而使其他光谱范围的光波衰减，以获得单色性良好的准单色光。

干涉滤光片的原理可用式（2-157）和式（2-162）表示的多光束干涉强度极大值条件来解释，即

$$\Delta\varphi_M = \frac{4\pi d}{\lambda}\sqrt{n^2 - \sin^2 i} = 2N\pi \quad (N=0, 1, 2, 3\cdots) \tag{2-186}$$

当相干光束数目很大时，对于确定的 n、d、i 值，光源中只有严格满足上述条件的波长成分才能基本无衰减地透过，微小偏离上述条件的波长成分将由于近似相消干涉而衰减，于是实

现了窄带滤波。当入射角$i=0$时，透射波长可表示为

$$\lambda_N=\frac{2dn}{N} \tag{2-187}$$

上式与式（2-139）本质相同，说明干涉滤光片透射光波的光谱也是一种“沟槽光谱”。

干涉滤光片按其结构可分为两类：第一类为全介质膜干涉滤光片，如图 2-74（a）所示，它是在保护玻璃 G 和 G'上分别镀一组高反射多层介质膜 H 和 H'，组合在一起，并让两组膜系之间形成宽度为 d 的间隔层 L；另一类是金属反射膜干涉滤光片，其结构如图 2-74（b）所示，它是在保护玻璃 G 上镀一层高反射率银膜 S，在 S 上镀一层光学厚度为 nd 的介质薄膜 F，然后再镀一层银膜 S'，最后加上保护玻璃 G'。上述两种结构原理相同，都可看作光学厚度很小的法—珀标准具。

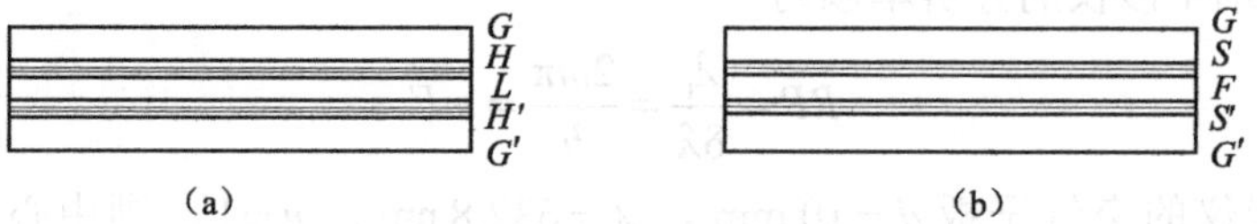

图 2-74　干涉滤光片

（a）全介质膜干涉滤光片；（b）金属反射膜干涉滤光片

表征干涉滤光片光学性能的参数主要有透射中心波长λ_N、透射光谱半宽度$\delta\lambda_N$和峰值透射率T_{M}。

（1）透射中心波长λ_N。

透射中心波长λ_N由式（2-187）确定，当干涉滤光片的间隔层光学厚度 nd 确定时，透射中心波长λ_N可能不止一个。例如当$nd=900\ \mathrm{nm}$时，在可见光范围内的透射中心波长有$\lambda_3=600\ \mathrm{nm}$（$N$=3）和$\lambda_4=450\ \mathrm{nm}$（$N$=4）。为了滤掉不需要的透射中心波长，得到窄带的准单色光，一个方法是减小间隔层的光学厚度 nd，使可见光范围内只有一个透射中心波长；另一个方法是将保护玻璃 G 和 G'换成有色玻璃，也可以达到同样的目的。

（2）透射光谱半宽度$\delta\lambda_N$。

干涉滤光片的光谱透射率曲线类似于图 2-71 的曲线，其透射光谱半宽度$\delta\lambda_N$用透射率下降到峰值的一半时对应的两波长差表示。利用式（2-157）和式（2-171），可求出以λ_N为中心的透射光谱半宽度：

$$\delta\lambda_N=\frac{\lambda_N^2}{2\pi \mathrm{d}n}\frac{1-\rho}{\sqrt{\rho}} \tag{2-188}$$

上式表明，透射光谱半宽度$\delta\lambda_N$随反射率ρ的增大而减少。值得注意的是，式（2-187）给出的透射中心波长λ_N和式（2-188）给出的透射半宽度$\delta\lambda_N$都是针对正入射（$i=0$）使用条件的，考虑到$\Delta\varphi$与入射角 i 的关系式（2-157），可以预料，当入射角 i 增大时，透射中心波长λ_N将变短，透射半宽度$\delta\lambda_N$将变宽。

（3）峰值透射率T_{M}。

T_{M}的定义是中心波长透过的最大光强度I_{TM}与入射光强度I_0的比值，即$T_{\mathrm{M}}=I_{\mathrm{TM}}/I_0$。由前面对法—珀干涉仪的分析可知，中心波长$\lambda_N$的透过强度极大值$I_{\mathrm{TM}}=I_0$，所以干涉滤光片峰值透射率的理论值$T_{\mathrm{M}}=1$。但实际上由于各层介质的吸收和散射损失，$T_{\mathrm{M}}$远小于 1。例如，

金属反射膜干涉滤光片的 T_M 一般不超过 30%，而全介质干涉滤光片的 T_M 也不超过 90%。

3. 激光谐振腔

谐振腔是激光器的基本组成部分，通常是由位于激光工作物质两端的一对具有高反射率的反射镜组成的。它的主要作用有两个：一是使沿谐振腔光轴方向传播的激光多次通过工作物质，产生光放大，形成方向性很好的强大的受激辐射；二是通过谐振腔内的多光束干涉，使受激辐射的频率集中在很窄的带宽范围内，保证输出的激光具有良好的单色性。

受激辐射在谐振腔内来回反射，形成多光束干涉，由强度极大值条件和式（2−187）可知，只有频率

$$\nu_N = \frac{cN}{2dn} \tag{2-189}$$

的受激辐射，才有可能不断加强，形成激光输出。所以，如果不考虑激光工作物质的增益特性，谐振腔输出的光强度 I 随频率 ν 的分布曲线应如图 2−75（a）所示，为一系列间距为 $\Delta\nu$，半宽度为 $\delta\nu$ 的“沟槽光谱”。习惯上把满足式（2−189）的每一个频率成分的受激辐射称为激光的一个纵模，$\Delta\nu$ 和 $\delta\nu$ 分别称为激光的纵模间距和纵模宽度。

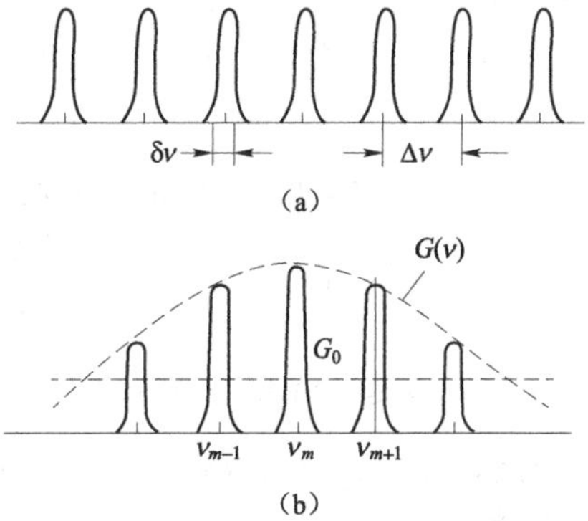

图 2−75　激光纵模

实际上，由于激光工作物质的光谱工作特性，不同频率受激辐射具有不同的增益。如图 2−75（b）所示，虚线 $G(\nu)$ 为激光工作物质的增益曲线，只有那些增益大于阈值 G_0（与吸收、散射、衍射等损耗有关）的才得到加强，最后形成激光输出。所以，普通激光器具有多纵模输出特性。

设激光器谐振腔长度为 d，激光工作物质折射率为 n，满足阈值条件的增益频带宽度为 g，端面反射镜的反射率为 ρ，由式（2−189）可得出纵模间距为

$$\Delta\nu = \frac{c}{2dn} \tag{2-190}$$

再利用式（2−188），可得出纵模宽度为

$$|\delta\nu| = \frac{c}{2\pi dn}\frac{1-\rho}{\sqrt{\rho}} \tag{2-191}$$

输出的纵模数

$$m = \frac{g}{\Delta\nu} - 1 = \frac{2dn}{c}g - 1 \tag{2-192}$$

为了实现单纵模输出，谐振腔应满足 $m \leqslant 1$，即

$$dn \leqslant \frac{c}{g} \tag{2-193}$$

例 2.10　有一干涉滤光片如图 2−76 所示，图中 A 为玻璃基底，B 为银膜，C 为氟化镁

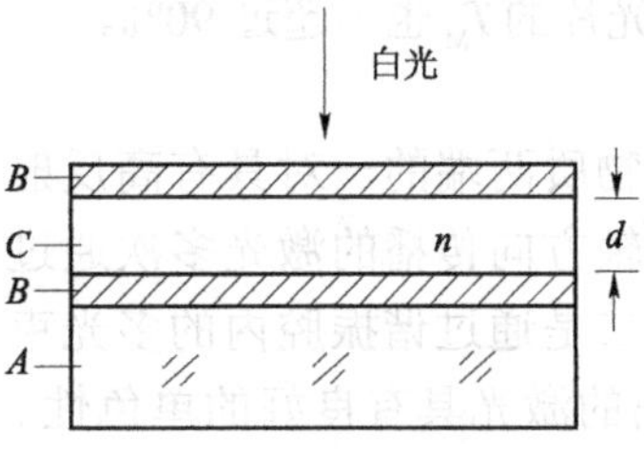

图 2-76　例 2.10 图

透明介质膜。假设白光（400～700 nm）接近于正入射照明，银膜反射率ρ=0.95，氟化镁膜层厚度 d=1 μm，折射率 n=1.38。

（1）试求透射光谱线的中心波长和谱线宽度。

（2）如何使该滤光片只透射绿色谱线？

解题思路及提示：干涉滤光片是分振幅多光束干涉的典型应用。本题的基本解题思路是根据多光束干涉强度极大值条件找到入射光中满足极大值条件的光谱成分。参考公式：

$$\Delta\varphi_M = \frac{4\pi}{\lambda_0} d\sqrt{n^2 - \sin^2 i} = 2N\pi, \quad \lambda_N = \frac{2dn}{N}, \quad \delta\lambda_N = \frac{\lambda_N^2}{2\pi dn}\frac{1-\rho}{\sqrt{\rho}}$$

解：图 2-76 所示为图 2-74（b）的金属反射膜干涉滤光片，其工作原理即式（2-186）表示的，当金属反射膜反射率 ρ 接近于 1 时，相干光束数目很大，对于确定的 n、d、i 值，光源中只有严格满足上述条件的波长成分才能基本无衰减地透过，微小偏离上述条件的波长成分将由于近似相消干涉而衰减，于是实现了窄带滤波。可通过波长成分也可由式（2-186）决定。在复色光正入射时，可透射中心波长和光谱宽度可由式（2-187）和式（2-188）求解。

（1）白光（400～700 nm）正入射照明，反射率ρ=0.95，膜层厚度 d=1 μm，折射率 n=1.38 时，可透射中心波长 $\lambda_N = \frac{2dn}{N}$，光谱宽度 $\delta\lambda_N = \frac{\lambda_N^2}{2\pi dn}\frac{1-\rho}{\sqrt{\rho}}$。由白光波长成分 $400\,\text{nm} \leqslant \lambda \leqslant 700\,\text{nm}$，可根据 $\frac{2\times1.38\times1\times10^{-6}}{700\times10^{-9}} \leqslant N \leqslant \frac{2\times1.38\times1\times10^{-6}}{400\times10^{-9}}$，计算出 N 的取值范围为3.9～6.9之间的整数。于是可求出，在白光谱段，此干涉滤光片的透射中心波长和对应光谱宽度为

$N=4$时，中心波长 $\lambda_4 = 0.69\,\mu\text{m}$，光谱宽度 $\delta\lambda_4 = 0.002\,82\,\mu\text{m}$；

$N=5$时，中心波长 $\lambda_5 = 0.552\,\mu\text{m}$，光谱宽度 $\delta\lambda_5 = 0.001\,8\,\mu\text{m}$；

$N=6$时，中心波长 $\lambda_6 = 0.46\,\mu\text{m}$，光谱宽度 $\delta\lambda_6 = 0.001\,25\,\mu\text{m}$。

（2）由上一问计算结果可知，对于白光入射的情况，该干涉滤光片可透射三个中心波长的谱线。三条透射谱线中，$N=4$时对应红色谱线，$N=5$时对应绿色谱线，$N=6$时对应蓝色谱线。

如果希望滤光片只透射绿色谱线，有两个方法：一是减小间隔层的光学厚度 nd，使可见光范围内只有一个透射中心波长；二是将滤光片两侧加入绿色保护玻璃，相当于加入了一个宽带滤光片进行一级滤光，限制入射光波光谱成分，再使用干涉滤光片进行窄带滤光。

对于减小光学厚度的方法，计算依据仍然是 $\lambda_N = \frac{2dn}{N}$，此时设计透射波长选定为绿色谱线 $\lambda = 0.552\,\mu\text{m}$，则介质膜层厚度 $d = \frac{N\lambda}{2n}$，可以得出 $N=1/2$，对应厚度 $d = 0.2/0.4\,\mu\text{m}$ 时，都可以使得该滤光片只透射绿色谱线。（如果继续增大厚度，例如取 $d=0.6\,\mu\text{m}$ 时，则白光光谱成分中将会有其他波长成分满足强度极大值条件透过滤光片。）

习　题

2.1　试利用复数表示法求下述两个波的合成波函数，并说明该合成波的主要特点：

$$E_1 = 5\cos\left(-kz - \omega t + \frac{\pi}{2}\right)$$

$$E_2 = -5\cos(kz - \omega t)$$

2.2　如图 2–77 所示的维纳实验装置中，M 是镀银平面发射镜，G 是感光胶片，G 和 M 之间构成约几分的夹角。E_i 和 E_r 分别是正入射和反射的简谐平面波。由 E_i 和 E_r 叠加的驻波场对底片曝光，在底片 G 上形成一组平行等距的干涉条纹。

（1）试分析驻波场中电场驻波和磁场驻波的波腹和波节位置。维纳实验结果显示，底片 G 和平面镜 M 的交线 P 处为一条亮纹（未感光），这一现象说明什么问题？

（2）设底片 G 和平面镜 M 的夹角为 $1'$，照明光波长 $\lambda = 500\ \text{nm}$，试求底片上干涉条纹的空间频率。

2.3　如图 2–78 所示，凸透镜前焦面上有三个相干点光源，位置坐标分别为 A（3，0），B（0，0），C（–3，0），凸透镜的焦距 $f = 3\sqrt{3}$（单位：cm），光波长 $\lambda = 500\ \text{nm}$。

（1）写出 A、B、C 发出的光波经透镜折射后，传播到透镜后焦面 Π' 上的复振幅分布。

（注：不考虑三个光波振幅的绝对值，为此，可假设三个光波的振幅都为 E_0，并设三个光波在 Π' 平面原点处的初位相为 0。）

（2）计算 Π' 平面上光场的复振幅和光强度分布。

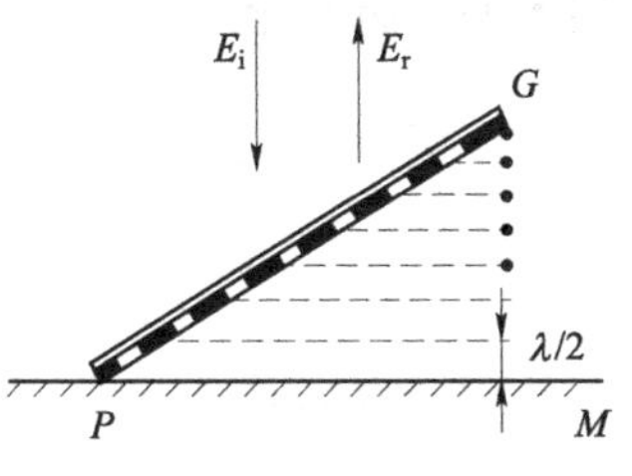

图 2–77　题 2.2 图

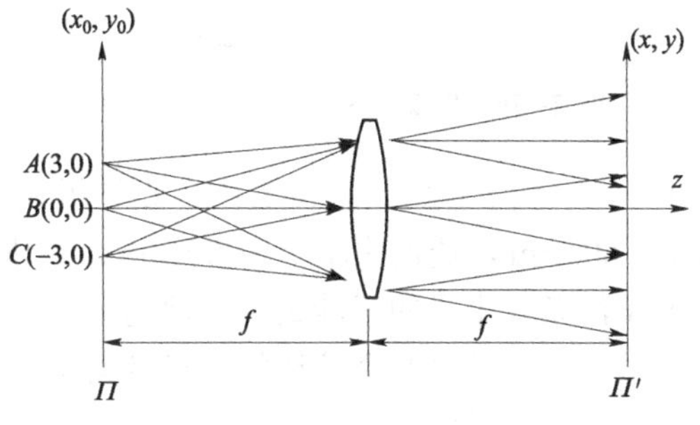

图 2–78　题 2.3 图

2.4　在图 2–19 所示的杨氏干涉装置中，设光源 S 是一个轴外点光源，位于 $\xi = 0.2\ \text{mm}$，$\zeta = 0$ 处，光源波长 $\lambda = 550\ \text{nm}$，已知双缝间距 $l = 1\ \text{mm}$，光源至双缝所在平面距离 $a = 100\ \text{mm}$，双缝所在平面至观察屏 Π 距离 $d = 1\ \text{m}$，试求：

（1）屏 Π 上的强度分布；

（2）零级条纹的位置；

（3）条纹间距和反衬度。

2.5　在图 2–24 所示的采用单色带状光源的杨氏实验中，设光源宽度 $b = 1\ \text{mm}$，光波长 $\lambda = 500\ \text{nm}$，$a = 100\ \text{mm}$，欲使观察面 Π 上杨氏条纹的反衬度 $V \geqslant 0.65$，求相干区范围 l 和

相干角度 ω_s 的最大值。

2.6 已知 He−Ne 激光器的波长 $\lambda = 633\ \text{nm}$，谱线宽度约为 $0.000\ 06\ \text{nm}$。若用它作为光源，求可观察干涉条纹的最高干涉级和相干光程各为多少？

2.7 假设图 2−79 所示菲涅尔双棱镜的折射率 $n = 1.5$，顶角 $\alpha = 0.5°$，光源 S 和观察屏 Π 至双棱镜的距离分别是 $a = 100\ \text{mm}$ 和 $d = 1\ \text{m}$。若测得屏 Π 上干涉条纹间距为 0.8 mm，试求所用光源波长的大小。

2.8 在上题的菲涅尔双棱镜干涉装置中（见图 2−33），如改用单色平面波正入射照明，光波长 $\lambda = 600\ \text{nm}$，其他条件不变，并假设双棱镜的口径不受限制。

（1）求出 Π 屏上的强度分布以及条纹的空间频率。

（2）计算 Π 屏上干涉条纹的数目、条纹间距和反衬度。

2.9 瑞利干涉仪可用来测量媒质折射率的大小，其光路如图 2−80 所示，T_1 和 T_2 是两个完全相同的玻璃管，对称放置在双缝 S_1 和 S_2 后的光路中。通过玻璃管的两束光被透镜 L_2 会聚在屏 Π 上产生干涉条纹。测量时，先在 T_1、T_2 管内充以相同气压的空气并开始观察干涉条纹；然后把 T_1 管逐渐抽成真空，与此同时计数到条纹向下移动了 49 条。其后，再向 T_1 管内充以相同气压的 CO_2 气体，观察到条纹回到原位后又向上移动 27 条。已知管长为 100 mm，光源波长为 589 nm，试求空气和 CO_2 气体的折射率大小。

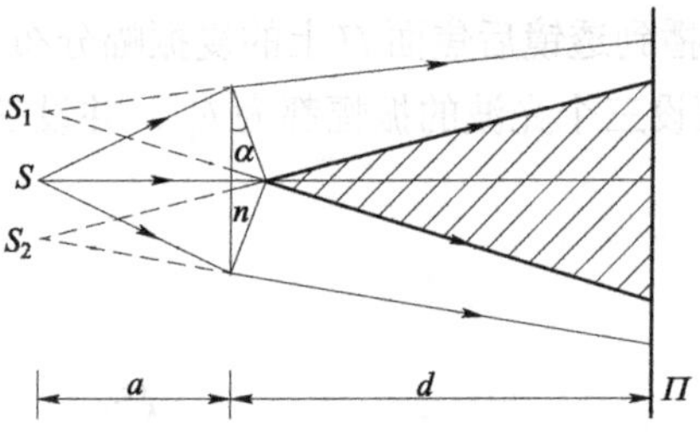

图 2−79 题 2.7 图

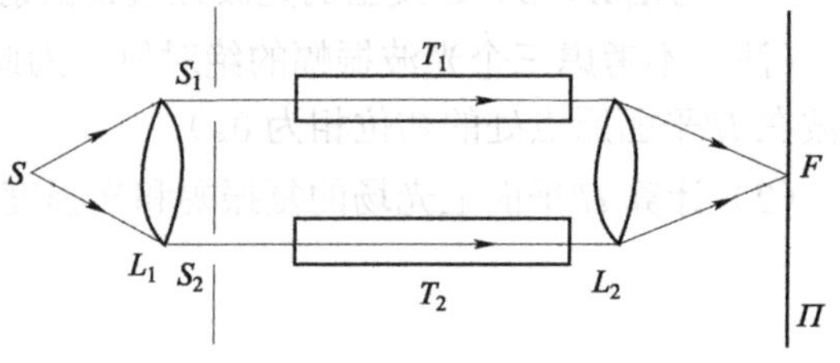

图 2−80 题 2.9 图

2.10 在介质平板海定格装置中，设平板玻璃折射率 $n = 1.5$，板厚 $d = 2\ \text{mm}$，宽光源 S 的波长 $\lambda = 600\ \text{nm}$，透镜焦距 $f = 300\ \text{mm}$，试求：

（1）干涉条纹中心的干涉级，并问是亮纹还是暗纹？

（2）从中心向外第 8 个暗环的半径及第 8 个和第 9 个暗环之间的条纹间距。

（3）条纹的反衬度。

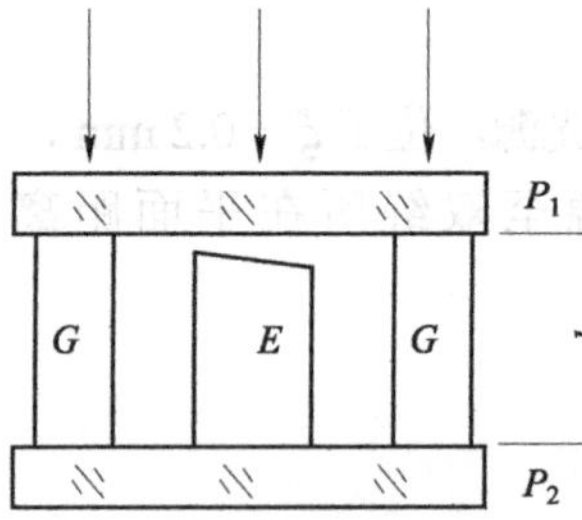

图 2−81 题 2.11 图

2.11 如图 2−81 所示干涉膨胀计，在标准平晶 P_1 和 P_2 之间有一石英环 G，待测元件 E 的顶端有一微小楔角，因而在 E 和 P_1 之间形成一组等厚条纹。当温度变化时，由于 G 和 E 的线膨胀系数不同，将引起条纹移动，根据 G 的线膨胀系数 α_g 和条纹移动量，即可算出被测元件的线膨胀系数 α_e。

（1）当温度升高时，条纹向右移动，判断 α_g 和 α_e 哪个更大？

（2）已知石英环 G 的高度 $h = 50\ \text{mm}$，$\alpha_g = 3.5 \times 10^{-7}\ /\text{K}$，光波长 $\lambda = 546\ \text{nm}$，当温度升高 $\Delta T = 100\ \text{K}$ 时，条纹向右移动了 50 条，求被测元件的线膨胀系数 α_e。

2.12 在用平凸透镜和平晶产生牛顿环的装置中，若已知透镜材料的折射率 $n = 1.5$，照

明光波波长 $\lambda=589\text{ nm}$，测得牛顿第 5 个暗环半径为 1.2 mm，求透镜焦距。

2.13　如图 2−58 所示迈克耳逊干涉仪的两束光干涉，可等效于由反射镜 M_1 和 M_2 的镜像 M_2' 构成的虚空气平板产生的两束光干涉。

（1）调节 M_1 和 M_2 的方向，使 M_1 和 M_2' 构成一个虚空气平行平板，在单色扩展光源照明时，可观察到圆环状等倾条纹。若平移 M_1 时，发现圆环条纹收缩并变疏，试判断 M_1 的移动方向（远离还是靠近 M_2'？）。

（2）调节 M_1，使 M_1 和 M_2' 相交，构成一个虚空气楔形板，可观察到等厚直线条纹。继续调节 M_1 时，发现条纹变密，且条纹数增多，试判断虚空气楔形板的楔角是增大还是减小？

2.14　在做迈克耳逊干涉仪实验时，若用钠灯作为光源，则在 M_1 镜移动过程中会看到条纹由清晰到模糊再到清晰的周期性变化。已知钠灯 D 线两波长为 589 nm 和 589.6 nm，试问在条纹相继两次消失之间，M_1 镜移动了多少？

2.15　设法—珀干涉仪两反射镜的距离 $d=2\text{ mm}$，准单色宽光源波长 $\lambda=546\text{ nm}$，透镜焦距 $f=320\text{ mm}$。试求从中心向外第 6 个亮纹的角半径、半径和条纹间距。

2.16　如图 2−82 所示，F−P 标准具的间距 $h=1\text{ cm}$，标准具放置在两个焦距同为 $f=15\text{ cm}$ 的透镜 L_1 和 L_2 之间，光源是波长 $\lambda=0.49\ \mu\text{m}$ 的单色扩展光源，光源直径 $d=1\text{ cm}$，位于 L_1 的前焦面，观察屏位于 L_2 的后焦面。

（1）求观察屏中心的干涉级。

（2）若在标准具中插入不透明屏，挡住标准具的一半，观察屏上条纹发生怎样的变化？

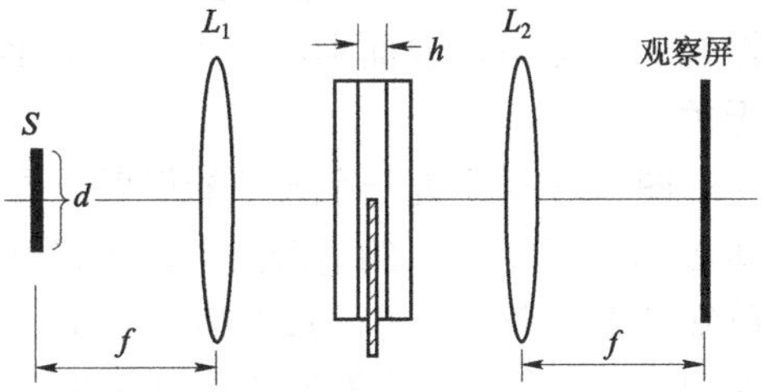

图 2−82　题 2.16 图

2.17　对于法—珀干涉仪，若要分辨两条光谱线 λ_1 和 λ_2（$\lambda_2-\lambda_1\ll\lambda_1,\lambda_2$），要求这两条谱线的角距离 δi 不小于谱线的角宽度 $\delta' i$。试根据这一判据求出法—珀干涉仪的分辨本领表达式。

2.18　汞的同位素 Hg^{198}、Hg^{200}、Hg^{202} 和 Hg^{204} 在绿光范围各有一条特征谱线，波长分别为 546.075 3 nm、546.074 5 nm、546.073 4 nm 和 546.072 8 nm。今用法—珀标准具（镜面反射率 $\rho=0.9$）分析这一精细结构，试问标准具的间隔 d 需满足什么条件？

2.19　有一氦－氖激光器，其平面谐振腔腔长 $d=1\text{ m}$，镜面反射率 $\rho=0.95$。假设在中心波长 $\lambda=633\text{ nm}$ 附近，增益大于 1 的频率范围 $g=1.5\times10^9\text{ Hz}$，试问：

（1）该激光器最少有几个纵模输出？

（2）为了得到单纵模输出，激光器的腔长不能超过多少？

第3章
光的衍射

3.1 标量衍射理论基础

3.1.1 衍射问题概述

光的衍射是光的波动性的主要现象之一。从衍射现象的波动本质出发，可将衍射定义为："光波在传播过程中，由于受到调制（即空间限制）所发生的偏离直线传播规律的现象。"因此，衍射是光传播过程中的普遍现象，衍射现象是否发生与光源的性质（如波长、振幅、偏振态、波面形状等）无关，也与障碍物的性质（如形状、尺寸或媒介的类型等）无关。

图3-1所示为一个典型的衍射装置，它包含三个基本要素：光源S发出的光波、衍射物体Σ和观察屏Π上的衍射图形。研究衍射问题，就是要建立上述三要素之间的定量关系，在已知其中两个要素时，求出第三个要素。从这一认识出发，发展了与衍射研究有关的广泛的应用领域。例如，光学设计中要计算光波通过光学系统的衍射像分布，光学制造和检验中需要通过对衍射图形的观测来确定光学元件或系统的像差或缺陷，X射线晶体学研究中可以通过衍射图形来确定晶体的晶格结构。在现代光学中，由已知光源发出的光波和衍射图形，求解衍射物分布的一类问题叫逆衍射问题。计算机全息图和二元光学元件的设计就是典型的例子。此外，光谱学研究则由已知衍射物体和衍射图形去研究光源的性质。本章主要介绍衍射的基本理论，即研究已知光源和衍射物体，获得衍射分布的一般规律。

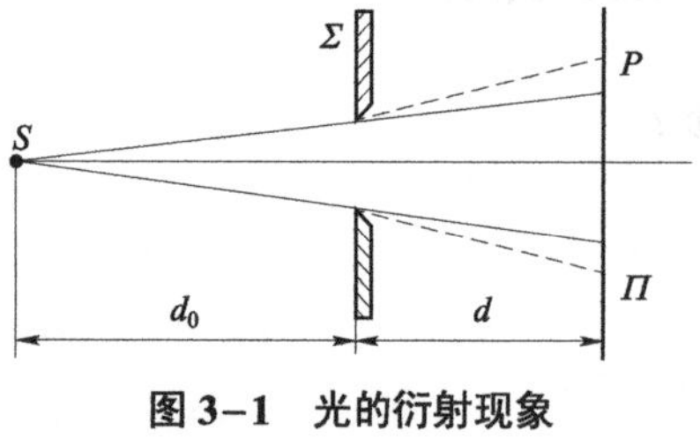

图3-1 光的衍射现象

衍射基本理论要解决的问题可描述为：如图3-1所示，由光源S发出的光波受到衍射物体Σ的限制后，在观察平面Π上造成的复振幅分布或辐照度分布。这一衍射过程可以分解为三个相对简单的子过程来处理，即光源S发出的光波在自由空间传播距离d_0到达衍射物体Σ的过程；衍射物体Σ对入射光波的限制（或调制）过程；离开衍射物体Σ的光波在自由空间传播距离d到达观察屏Π的过程。其中第二个子过程是很容易处理的，通过求解到达Σ平面的照明光波的复振幅与衍射物体的复振幅透射系数（或复振幅反射系数）的乘积，即可求出离开Σ的光波复振幅。第一和第三个子过程在物理原理上是完全相同的，都可归纳为光波在自由空间或均匀介质空间的传播问题，即由前一个平面的光分布求解距离d或d_0的后一个平面上光分布问题。这是衍射基本理论所要解决的根本问题。

历史上，最早应用波动光学原理成功地解释了衍射现象的是法国科学家菲涅尔。他把惠更斯在 17 世纪提出的惠更斯原理用干涉理论加以补充，发展为惠更斯—菲涅尔原理，从而较好地解释了光的衍射现象。在麦克斯韦电磁波理论出现之后，人们认识到光波是一种电磁波，光的衍射可以作为电磁场的边界问题来严格求解。但是这种严格解法相当复杂，很难得出解析结果。现在实际应用的衍射理论几乎都是近似解法。本章主要介绍在标量近似下的标量衍射理论。

3.1.2 基于球面波的衍射积分公式

3.1.2.1 惠更斯—菲涅尔原理（Huygens–Fresnel Principle）

1690 年，惠更斯在其著作《论光》中提出假设："波前上的每一个面元都可以看作一个次级扰动中心，它们能产生球面子波"，并且"后一时刻的波前位置是所有这些子波波前的包络面"。这里，"波前"即某一时刻光波的波面（等相面），"次级扰动中心"可看作一个点光源或称为子波源。

但惠更斯原理是建立在假设基础之上的，缺乏理论依据和定量分析，并且其后半部分关于"包络"的叙述基本是不准确的。它虽然能够说明衍射现象的必然性，但不能定量计算光波通过衍射物体后沿不同方向传播的规律，因而无法确定观察面上衍射图形的分布。菲涅尔认识到，如果不能对衍射现象做定量的描述，光的波动理论就不可能具有真正的说服力。为此，他对惠更斯原理做了重要的补充，提出了惠更斯—菲涅尔原理。

惠更斯—菲涅尔原理可以表述为："波前上任何一个未受阻挡的面元可看作一个子波源，发射与入射波频率相同的球面子波，在其后任一地点的光振动是所有子波叠加的结果。"菲涅尔的新贡献主要体现在两个方面：第一，他认识到子波和入射波频率（或波长）相同，因而各个子波是相干光波；第二，菲涅尔引入了干涉叠加原理，而抛弃了比较模糊的"包络"概念。所以说，惠更斯—菲涅尔原理实际是惠更斯的子波假设和干涉叠加原理结合的产物。根据惠更斯—菲涅尔原理，可以建立一个定量计算衍射问题的公式，来描述单色光波在传播途径中任意两个面（如衍射光栅面 Σ 和观察面 Π）上光振动分布之间的关系。

下面考虑图 3–2 中球面波经过孔径的衍射问题。图中 S 为单色光源，源强度为 A'，在通过衍射孔径中心点 O 的球面波波前 Ω 上划分子波源。令 $SO=r_0$，则 Ω 上入射波的复振幅可表示为

$$E(r_0)=A'\frac{\exp(\mathrm{j}kr_0)}{r_0}$$

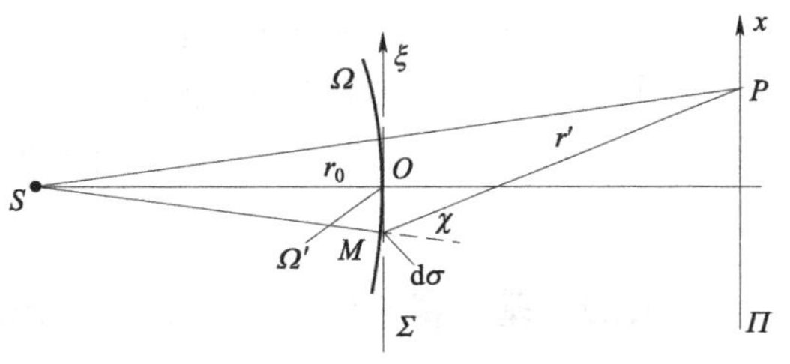

图 3–2 用惠更斯—菲涅尔原理解释衍射现象

设衍射屏 Σ 上有一开孔，开孔上未受阻挡的部分波前为 Ω'，将 Ω' 划为一系列小面元，位于任意点 M 处的面元为 $\mathrm{d}\sigma$，P 为观察屏 Π 上任一点，M 到 P 点的距离为 r'。按照惠更斯—菲涅尔原理，P 点的光振动是 Ω' 上所有小面元发出的球面子波干涉叠加的结果。菲涅尔认为，Ω' 上任一点 M 处小面元 $\mathrm{d}\sigma$ 发出的子波应该表示为

$$KD(\chi)E(r_0)\frac{\exp[\mathrm{j}(kr'-\omega t)]}{r'}\mathrm{d}\sigma$$

式中，K 为一个复系数，表示入射波振幅与子波源强度之间的关系。χ 为小面元 $\mathrm{d}\sigma$ 的外法线与连线 MP 之间的夹角，$D(\chi)$称为"方向因子"，表示子波在不同方向上的强弱关系。

菲涅尔曾假定 $D(\chi)$ 的取值在 0 和 1 之间，并且有 $D(0)=1$，$D\left(\frac{\pi}{2}\right)=0$，以避免出现倒退波。在单色波入射的情形下，由于各子波和入射波具有相同的频率ω，所以只考虑各子波对 P 点复振幅的贡献，于是 P 点的复振幅可以表示为

$$E(P)=K\frac{A'\exp(\mathrm{j}kr_0)}{r_0}\iint_{\Omega'}D(\chi)\frac{\exp(\mathrm{j}kr')}{r'}\mathrm{d}\sigma \tag{3-1}$$

上式就是惠更斯—菲涅尔原理的菲涅尔表达式（我们称为惠更斯—菲涅尔衍射公式）。在式（3-1）中，选取积分面为入射球面波通过孔径中心点 O 的波阵面 Ω'，使得入射球面波对积分面 Ω' 上各个子波源来说都是相同的复常数 $\frac{A'\exp(\mathrm{j}kr_0)}{r_0}$，但必须作曲面积分，增大了计算的难度。实际上，积分面也可以选取衍射孔径平面 Σ，这时，对不同位置的子波源来说，由于入射波的复振幅不同，因而有不同的源强度和初位相。设 S 发出的球面波在衍射孔径平面 Σ 上的复振幅分布为 $B(\xi,\eta)$，则菲涅尔公式又可以推广为

$$E(P)=K\iint_{\Sigma}D(\chi)B(\xi,\eta)\frac{\exp(\mathrm{j}kr')}{r'}\mathrm{d}\sigma \tag{3-2}$$

特别是，当用平面波正入射照明时，$B(\xi,\eta)=C$（常数），Σ 平面上各子波源具有相同的源强度和初位相，惠更斯—菲涅尔公式简化为

$$E(P)=KC\iint_{\Sigma}D(\chi)\frac{\exp(\mathrm{j}kr')}{r'}\mathrm{d}\sigma \tag{3-3}$$

值得说明的是，式（3-2）也适合复杂波照明的情形，此时 $B(\xi,\eta)$ 表示复杂波在 Σ 平面上的复振幅分布。这样，应用式（3-1）～式（3-3），原则上可以计算任意衍射物体的衍射问题。

惠更斯—菲涅尔衍射公式是建立在假设基础上的，公式中的复系数 K 和方向因子都不确定。到了 1882 年，基尔霍夫应用波动微分方程和数学上的格林定理才导出了一个求解衍射问题的比较严格的公式，并给出了惠更斯—菲涅尔衍射公式中没有确定的复系数 K 和方向因子 $D(\chi)$ 的具体形式。

3.1.2.2 基尔霍夫衍射积分公式（Kirchoff's Diffraction Formula）

1. 亥姆霍茨—基尔霍夫定理（Helmholtz–kirchoff Theorems）

当一个单色光波通过图 3-3 所示的闭合曲面 S 中的 P 点传播时，光波电磁场的任一分量（如电场 E）的复振幅 E 满足波动微分方程（1-30），也称亥姆霍茨方程：

$$\nabla^2E+k^2E=0 \tag{3-4}$$

基尔霍夫从这一方程出发，通过对封闭面 S 积分，并应用数学上的格林定理，求得空间上任一点 P 处的电磁场 $E(P)$可以用包围这一点的任意封闭面 S 上的电磁场 E 及其一阶法向偏

导数 $\dfrac{\partial E}{\partial n}$ 来表示，这个公式称作亥姆霍茨—基尔霍夫定理：

$$E(P)=\frac{1}{4\pi}\oiint_S\left\{\frac{\partial E}{\partial n}\left[\frac{\exp(\mathrm{j}kr)}{r}\right]-E\frac{\partial}{\partial n}\left[\frac{\exp(\mathrm{j}kr)}{r}\right]\right\}\mathrm{d}\sigma \tag{3-5}$$

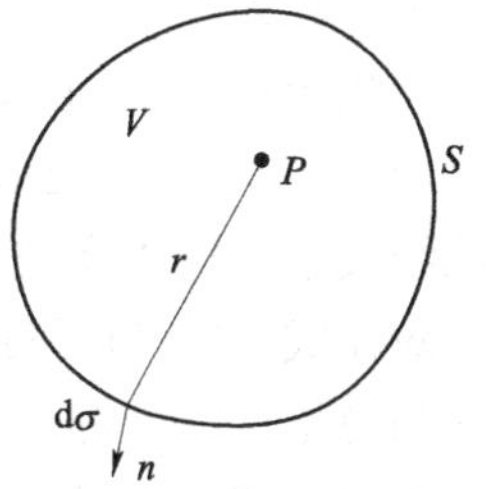

图 3-3　亥姆霍茨—基尔霍夫定理的物理模型

式中，S 为包围考察点 P 的一个任意封闭曲面；$\mathrm{d}\sigma$ 为 S 上的矢量积元，取外法向 n 为正；被积函数中 E 和 $\partial E/\partial n$ 分别表示封闭面 S 上的电场及其法向偏导数，可认为是由外部光源照射或由自发光面 S 产生的。基尔霍夫选取格林函数 $G=\dfrac{\exp(\mathrm{j}kr)}{r}$，它表示小面元 $\mathrm{d}\sigma$ 处发射的球面子波，子波的振幅大小由 $\mathrm{d}\sigma$ 处的电场 E 和 $\partial E/\partial n$ 来决定。

基尔霍夫处理上述问题时，没有考虑电磁场的其他直角坐标分量，只考虑了其中的电场分量，并且把 E 作为标量处理，实际上只考虑线偏光的情况，所以这样得出的理论称为标量衍射理论。例如，为了求出图 3-1 观察面上任一点 P 的电场 $E(P)$，可以选取一个包含衍射孔径 Σ 和 P 点在内的任意封闭曲面 S，从而把 Π 平面上的光场分布与衍射孔径上的光场分布联系起来。

2. 基尔霍夫衍射积分公式

虽然亥姆霍茨—基尔霍夫定理提供了解决衍射问题的基础，但要直接运用式（3-5）求解衍射问题仍然是困难的。按照基尔霍夫的方法，通过适当的近似，将上述定理进行化简。

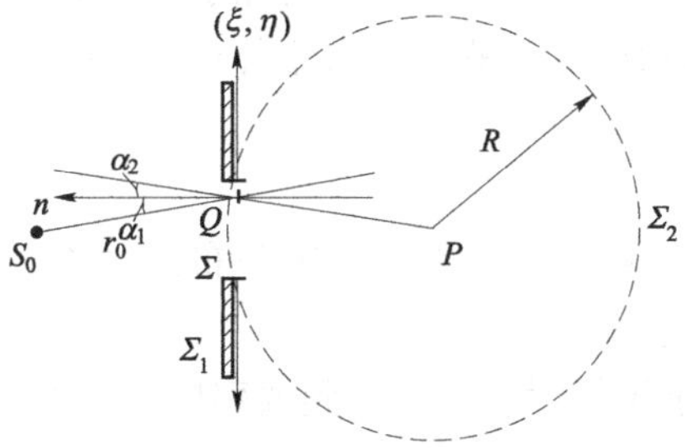

图 3-4　球面波照明开孔 Σ 的衍射

如图 3-4 所示，由单色点光源 S_0 发出的球面波照射一个无限大具有开孔 Σ 的不透明屏。假定开孔 Σ 的线度远大于光波长，但是远小于开孔到考察点 P 的距离。为了应用式（3-5）计算开孔 Σ 右边空间任意 P 处的场值，可以按照基尔霍夫的方法，选取图 3-4 所示的包围 P 点的闭合面 S，它由开孔 Σ、不透明屏 Σ_1 和一个以 P 为球心、半径 R 趋于无穷大的球面 Σ_2 三部分组成，即 $S=\Sigma+\Sigma_1+\Sigma_2$。于是式（3-5）的积分可表示为

$$E(P)=\frac{1}{4\pi}\iint_{\Sigma+\Sigma_1+\Sigma_2}\left\{\frac{\partial E}{\partial n}\left[\frac{\exp(\mathrm{j}kr)}{r}\right]-E\frac{\partial}{\partial n}\left[\frac{\exp(\mathrm{j}kr)}{r}\right]\right\}\mathrm{d}\sigma \tag{3-6}$$

为了确定这三个面上的电场 E 和 $\partial E/\partial n$，基尔霍夫作了如下假设：

（1）在屏的开孔 Σ 处，E 和 $\partial E/\partial n$ 由入射波的性质决定，完全不受屏 Σ_1 的影响。

（2）在不透明屏 Σ_1 处，E 和 $\partial E/\partial n$ 恒等于零，完全不受开孔 Σ_1 的影响。

上述假设通常称为基尔霍夫边界条件。应用这一边界条件和索末菲辐射条件（无穷远平面上光场积分为零，$\iint_{\Sigma_2}\left\{\frac{\partial E}{\partial n}\left[\frac{\exp(\mathrm{j}kr)}{r}\right]-E\frac{\partial}{\partial n}\left[\frac{\exp(\mathrm{j}kr)}{r}\right]\right\}\mathrm{d}\sigma=0$），式（3-6）可简化为下面的形式：

$$E(P)=\frac{1}{\mathrm{j}\lambda}\iint_{\Sigma}\frac{A\exp(\mathrm{j}kr_0)}{r_0}\frac{\exp(\mathrm{j}kr)}{r}\left(\frac{\cos\alpha_1+\cos\alpha_2}{2}\right)\mathrm{d}\sigma \tag{3-7}$$

上式称为基尔霍夫衍射积分公式。其中 $E = A\exp(jkr_0)/r_0$ 表示 S_0 发出的球面波在 Σ 面上的复振幅分布。格林函数 $G = A\exp(jkr)/r$ 仍然表示 Σ 上任意 Q 点处小面元 $d\sigma$ 发出的球面子波对 P 点的贡献量。$D(\alpha) = (\cos\alpha_1 + \cos\alpha_2)/2$ 为方向因子，方向角 α_1 和 α_2 分别表示积分面 Σ 的法线矢量与输入光波矢及与考察点连线所夹的角度。

对比式（3-7）和式（3-1），可以发现如果设复常数 $K = 1/(j\lambda)$，则基尔霍夫衍射积分公式与惠更斯—菲涅尔衍射积分公式具有相同的形式。值得注意的是，惠更斯—菲涅尔衍射积分公式是建立在惠更斯—菲涅尔原理及假设的基础上，式中的复常数 K、方向因子 $D(\chi)$ 的形式均不确定。而基尔霍夫衍射积分公式则是建立在更为坚实的数理基础之上，它不仅给出了各个参数的具体形式和物理意义，而且纠正了一些菲涅尔关于子波性质的错误假设。例如，当衍射孔径受平面波正入射照明时，$\alpha_1 = 0$，方向因子 $D(\alpha_2) = (1 + \cos\alpha_2)/2$，因此有 $D(0) = 1$，$D(\pi/2) = 1/2$，$D(\pi) = 0$，而菲涅尔则假设 $D(\pi/2) = 0$。

还应当指出，基尔霍夫边界条件存在着明显的不自洽性，它表现在，认为在不透明屏后面，电场 E 及其法向偏导数 $\partial E/\partial x$ 同时为零。按照势论中的基本定理：如果一个二维势函数及其法向偏导数沿任一有限的曲线段同时为零，那么这一势函数在整个平面上为零。推广到三维波的情形，就意味着衍射孔径后面的场恒等于零，这显然不符合实际的物理现象。更为严重的是，当考察点 P 靠近开孔 Σ 时，应用式（3-7）不可能重新给出在推导公式时所假设的电场值。尽管存在这样一些矛盾，应用基尔霍夫理论，在孔径相对较小，远距离的衍射问题中仍能得出和实验观察非常一致的结论。

后来，索末菲适当修改了基尔霍夫理论中格林函数 G 的形式，在理论上消除了基尔霍夫边界条件的不自洽性，导出了适用于近距离衍射计算的瑞利—索末菲衍射积分公式，其中索末菲最大的贡献是修正了方向因子 $D(\alpha)$。

3. 基尔霍夫衍射积分公式的化简和推广

式（3-7）是针对单个球面波照明，衍射物体的振幅透射系数一般为二维分布，对该式做进一步化简和推广，就可以用于计算更为普遍的衍射问题。

首先对衍射问题做傍轴近似。假设衍射孔径的线度远小于衍射孔径平面到观察屏的距离，并且光源和考察面的有效面积对衍射孔径中心的张角很小。对于大多数衍射问题，傍轴条件都能很好地满足，在傍轴近似条件下，可令方向因子 $D(\alpha) \approx 1$，则式（3-7）化简为

$$E(P) = K\iint_{\Sigma} \frac{A\exp(jkr_0)}{r_0}\frac{\exp(jkr)}{r}d\sigma \tag{3-8}$$

对于各种实际的衍射装置，照明衍射物体的光源可以是各不相同的，如照明光源可以是点光源、线光源、面光源或复杂光源。衍射物体对入射光波的调制特性也是各不相同的，可以是透射物体，也可以是反射物体；可以是振幅调制型物体，可以是位相调制型物体或复振幅型调制物体。为了使计算公式具有普遍性，下面定义各种和衍射问题有关的物理量，并规定统一的坐标系。在图 3-5 所示的衍射装置中取直角坐标系，衍射孔径平面 Σ 的坐标为 (ξ,η)，考察平面 Π 坐标为 (x,y)，衍射孔径平面 Σ 与考察平面 Π 平行，相距为 d。任意单色光源发出

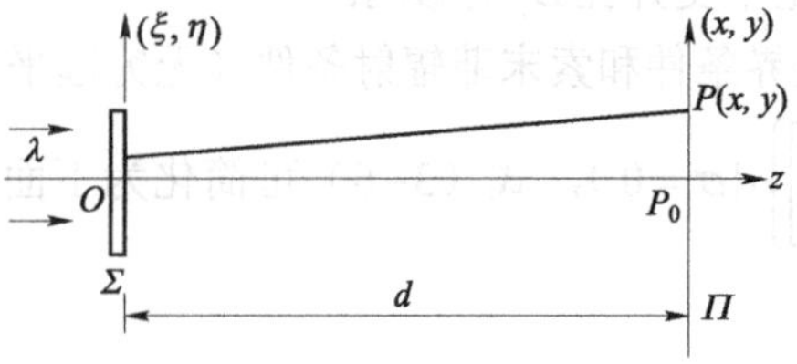

图 3-5　衍射问题模型

的光波到达衍射孔径平面 $\Pi(\xi,\eta)$ 时的复振幅分布为 $B(\xi,\eta)$。任意性质的衍射物体的复振幅透射系数为 $T(\xi,\eta)$（对于反射物体，$T(\xi,\eta)$ 表示复振幅反射系数）。当衍射物体的透射系数（或反射系数）只在有限的空间范围 Σ 内有非零值时，可以定义

$$T(\xi,\eta)=\begin{cases}|T(\xi,\eta)|\exp[\mathrm{j}\Phi_{\mathrm{T}}(\xi,\eta)] & (\xi,\eta)\subset\Sigma \\ 0 & \text{其他}\end{cases} \tag{3-9}$$

式中，$|T(\xi,\eta)|$ 和 $\Phi_{\mathrm{T}}(\xi,\eta)$ 分别表示衍射物体对入射光波的振幅调制和位相调制，则透过衍射物体（或从衍射物体反射）的光波复振幅可以表示为

$$A(\xi,\eta)=B(\xi,\eta)T(\xi,\eta) \tag{3-10}$$

将以上物理量代入式（3-8），最后得出直角坐标系中适用于任意照明条件和任意性质衍射物体的基尔霍夫积分公式：

$$E(x,y)=K\iint_{-\infty}^{\infty}A(\xi,\eta)\frac{\exp(\mathrm{j}kr)}{r}\mathrm{d}\xi\mathrm{d}\eta \tag{3-11}$$

其中复常数 $K=1/(\mathrm{j}\lambda)$。式（3-11）也是一个近似公式，它适用在观察点 P 不十分靠近衍射屏的傍轴近似条件下的衍射场分布的计算。

3.1.2.3　基于球面波的菲涅尔近似（Fresnel Approximation）与夫琅和费近似（Fraunhofer Approximation）

式（3-11）在形式上虽然并不复杂，但由于距离 r 的积分较为复杂，即使对简单的衍射物体，也很难得出解析的结果，因此，必须结合实际的衍射问题，对上式中的 r 进行化简。

考虑式（3-11）中的 $\dfrac{\exp(\mathrm{j}kr)}{r}$，可以看出分母 r 的变化一般对整个积分不敏感；对光波而言，$\exp(\mathrm{j}kr)$ 中指数项 $k\cdot r$ 中的 $k=\dfrac{2\pi}{\lambda}\in(10^6\sim10^7)\,\mathrm{m}^{-1}$，故 r 的微小变化会导致位相快速变化，因此主要考虑指数 $k\cdot r$ 在某种条件下的近似。

1. 菲涅尔近似和菲涅尔衍射

下面具体讨论图 3-6 所示的具体衍射装置。取衍射孔径中心点 O 为坐标原点，$M(\xi,\eta)$ 是衍射孔径 Σ 上的任一点，$P(x,y)$ 是考察面 Π 上的任一点，Σ 平面和 Π 平面平行，相距为 d。于是式（3-11）中由 $M(\xi,\eta)$ 点发出的球面子波传播到点 $P(x,y)$ 的距离 r 可表示为

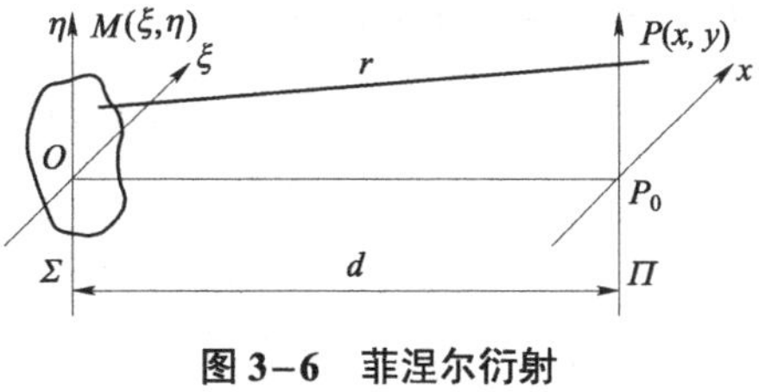

图 3-6　菲涅尔衍射

$$r=[(x-\xi)^2+(y-\eta)^2+d^2]^{1/2} \tag{3-12}$$

近似处理的前提条件类似于 1.3.2 节对球面波的傍轴近似，它要求

$$d\gg\xi,\eta,x,y\text{ 的最大值} \tag{3-13}$$

当满足上述条件时，可将式（3-12）的右端做二项式展开：

$$r=d+\frac{(x-\xi)^2+(y-\eta)^2}{2d}-\frac{[(x-\xi)^2+(y-\eta)^2]^2}{8d^3}+\cdots \tag{3-14}$$

近似的第一步将式（3-11）被积函数分母上的 r 直接用展开式第一项 d 来代替，这样引入的相对误差在满足式（3-13）的近似条件时可以忽略不计。但是被积函数复指数中的 r 却不能直接用 d 来近似，这是因为 kr 表示光波的位相延迟，由于 $k=2\pi/\lambda$，如果用 d 代替 r，即使式（3-13）的近似条件成立，引入的位相误差也是不能接受的。考虑到 r 展开式（3-14）右端各项的数值是递减的，本书规定，对复指函数近似的前提条件是：要求 r 展开式中第三项引入的位相误差小于 $\pi/2$，即

$$\frac{2\pi}{\lambda}\frac{[(x-\xi)^2+(y-\eta)^2]^2}{8d^3}\leqslant\frac{\pi}{2}$$

或者

$$d^3\geqslant\frac{1}{2\lambda}[(x-\xi)^2+(y-\eta)^2]^2 \tag{3-15}$$

在满足上述条件的前提下，复指数因子中的 r 可用式（3-14）展开式的前两项来代替，式（3-15）通常称为菲涅尔近似或菲涅尔条件。在菲涅尔近似下，基尔霍夫衍射积分公式可进一步化简为

$$\begin{aligned}E(x,y)&=\frac{1}{\mathrm{j}\lambda d}\iint_{-\infty}^{\infty}A(\xi,\eta)\exp(\mathrm{j}kd)\exp\left\{\mathrm{j}\frac{k}{2d}[(x-\xi)^2+(y-\eta)^2]\right\}\mathrm{d}\xi\mathrm{d}\eta\\&=\frac{1}{\mathrm{j}\lambda d}\exp\left[\mathrm{j}k\left(d+\frac{x^2+y^2}{2d}\right)\right]\iint_{-\infty}^{\infty}A(\xi,\eta)\exp\left[\mathrm{j}\frac{k}{2d}(\xi^2+\eta^2)\right]\cdot\\&\quad\exp\left[-\mathrm{j}\frac{k}{d}(x\xi+y\eta)\right]\mathrm{d}\xi\mathrm{d}\eta\end{aligned} \tag{3-16}$$

上式称为菲涅尔衍射积分公式。也可以理解为，菲涅尔衍射把衍射问题看作一系列球面波以不同的波面倾斜 $\exp\left[-\mathrm{j}\frac{k}{d}(x\xi+y\eta)\right]$ 在二维空间投影 $A(\xi,\eta)\exp\left[\mathrm{j}\frac{k}{2d}(\xi^2+\eta^2)\right]$ 的叠加。将满足式（3-15）菲涅尔近似条件的衍射称为菲涅尔衍射，满足式（3-15）的观察区域称为“菲涅尔衍射区”。如果在菲涅尔衍射区中放置一个二维观察屏，屏上显示的图形即物体的菲涅尔衍射图形。该衍射图形的分布可用辐照度 $L(x,y)$ 来表示，它等于菲涅尔衍射复振幅分布 $E(x,y)$ 的模的平方，即

$$L(x,y)=|E(x,y)|^2=E(x,y)\cdot E^*(x,y) \tag{3-17}$$

式（3-16）～式（3-17）是计算菲涅尔衍射的基本公式。“菲涅尔衍射区”的范围可按式（3-15）大致划分。例如，当光波波长 $\lambda=0.6\,\mu\mathrm{m}$，$(x-\xi)^2+(y-\eta)^2$ 的最大值为 $6\,\mathrm{mm}^2$ 时，按式（3-15）可以算出菲涅尔衍射区距衍射孔径的最近距离 $d_{\min}$=31mm。

2. 夫琅和费近似和夫琅和费衍射

如果衍射孔径的尺寸不变，而进一步增大观察平面 Π 到衍射孔径 Σ 的距离，则衍射图形将随之放大。这时，观察面上衍射图形的最大坐标值 (x,y) 虽然仍然符合式（3-13），即远小于距离 d，但却远远大于衍射物体孔径的最大坐标值 (ξ,η)。将式（3-14）展开有

$$r=d+\frac{x^2+y^2}{2d}-\frac{x\xi+y\eta}{d}+\frac{\xi^2+\eta^2}{2d}-\frac{[(x-\xi)^2+(y-\eta)^2]^2}{8d^3}+\cdots \tag{3-18}$$

当观察面的距离 d 超过某一值时，由衍射孔径坐标 (ξ,η) 的平方项引入的位相误差将小于 $\pi/2$，即

$$\frac{2\pi}{\lambda}\frac{(\xi^2+\eta^2)}{2d}\leqslant\frac{\pi}{2} \tag{3-19}$$

在这种情况下，可以忽略式（3–18）第四项中的$\dfrac{\xi^2+\eta^2}{2d}$，而将式（3–11）基尔霍夫衍射积分中复指数项的 r 进一步近似为

$$r\approx d+\frac{x^2+y^2}{2d}-\frac{x\xi+y\eta}{d} \tag{3-20}$$

这一近似称为夫琅和费近似。在夫琅和费近似下，基尔霍夫衍射积分公式进一步化简为

$$E(x,y)=\frac{1}{\mathrm{j}\lambda d}\exp\left[\mathrm{j}k\left(d+\frac{x^2+y^2}{2d}\right)\right]\iint_{-\infty}^{\infty}A(\xi,\eta)\exp\left[-\mathrm{j}\frac{k}{d}(x\xi+y\eta)\right]\mathrm{d}\xi\mathrm{d}\eta \tag{3-21}$$

上式称为夫琅和费衍射积分公式。将满足式（3–20）近似条件的衍射称为夫琅和费衍射，相应的观察区域称为“夫琅和费衍射区”。夫琅和费衍射图形的辐照度分布 $L(x,y)$ 可利用式（3–21）和式（3–17）来计算。同时，利用式（3–19）还可以得出“夫琅和费衍射区”的范围：

$$d\geqslant\frac{2}{\lambda}(\xi^2+\eta^2) \tag{3-22}$$

例如，设光波波长 $\lambda=0.6\,\mu\mathrm{m}$，衍射孔径的范围 $\xi^2+\eta^2=2\,\mathrm{mm}^2$，按式（3–22）可算出观察到夫琅和费衍射的最近距离 $d_{\min}=6.7\,\mathrm{m}$。

3.1.3　基于平面波的衍射积分公式

在第 1 章中，我们从传统波动光学的观点出发，讨论了光波的基本性质和波函数的描述。为了更深入理解光波的衍射现象，下面从傅里叶分析的观点来认识简单波和复杂波。

3.1.3.1　平面波基元函数分析方法

平面 (x,y) 上的任意复振幅分布 $A(x,y)$ 与其空间频谱函数 $a(f_x,f_y)$ 有如下逆傅叶变换关系：

$$a(f_x,f_y)=\iint_{-\infty}^{\infty}A(x,y)\exp[-2\mathrm{j}\pi(f_x x+f_y y)]\mathrm{d}x\mathrm{d}y \tag{3-23}$$

$$A(x,y)=\iint_{-\infty}^{\infty}a(f_x,f_y)\exp[2\mathrm{j}\pi(f_x x+f_y y)]\mathrm{d}f_x\mathrm{d}f_y \tag{3-24}$$

对比三维简谐平面波，积分式中 $a(f_x,f_y)\exp[2\mathrm{j}\pi(f_x x+f_y y)]$ 可理解为一个振幅为 $a(f_x,f_y)$、位相为 $2\pi(f_x x+f_y y)$ 的简谐平面波在 (x,y) 平面上的复振幅分布，这个简谐平面波的空间频率为 (f_x,f_y)，它们和波矢 $\boldsymbol{k}$ 的方向余弦 $(\cos\alpha,\cos\beta)$ 的关系为

$$f_x=\frac{\cos\alpha}{\lambda},\ f_y=\frac{\cos\beta}{\lambda} \tag{3-25}$$

因此，式（3–24）可以解释为：平面 (x,y) 上一个任意的光场复振幅分布 $A(x,y)$，可以表示为一系列空间频率为 (f_x,f_y)、振幅为 $a(f_x,f_y)$、位相为 $2\pi(f_x x+f_y y)$ 的简谐平面波的线性叠加。振幅函数 $a(f_x,f_y)$ 可通过 $A(x,y)$ 的二维傅里叶变换求出。

一般，当复振幅分布 $A(x,y)$ 为 (x,y) 的空间周期函数时，它的空间频谱 $a(f_x,f_y)$ 为离散函数，则 $A(x,y)$ 可以分解为空间频率 (f_x,f_y) 呈离散分布的一系列三维简谐平面波的线性叠加；当 $A(x,y)$ 为空间非周期函数时，它的空间频谱 $a(f_x,f_y)$ 是空间频率 (f_x,f_y) 的连续函数。于是 $A(x,y)$ 可以表示为空间频率 (f_x,f_y) 连续变化的一系列三维简谐平面波的组合。

三维简谐平面波可以认为是傅里叶分析中的基元波函数。这种以三维简谐平面波作为基元波函数的分析方法被称为平面波基元分析法或余弦基元分析法。选择简谐平面波作为傅里叶分析的基元函数不是偶然的。首先，作为基元光波，其波函数的形式及其传播规律应当是简单的，简谐平面波是一种定态光波，在传播过程中，它的时间频率不变，振幅为常数，位相随空间坐标和时间坐标线性变化，完全符合简单性的要求；其次，作为基元光波，对系统的复杂输入函数应易于进行分解。对于线性系统来说，简谐平面波的波函数是系统的本征函数，它通过系统传播时，波函数形式不变。

3.1.3.2 复杂波的分解

实际光源发出的光波通常是复杂波，即在时间参量上包含各种时间频率，在空间分布上，等相面具有复杂的形状。研究复杂波的一种有效方法是把它分解为一系列简谐平面波的线性组合，通过对各个简谐平面波成分传播规律的分析，最后综合出复杂波的传播规律。

对复杂波分解的理论依据是波动微分方程的线性性质和波的叠加原理。此外，由于简谐平面波波函数的集合构成了数学上的完备正交系，因此，凡是符合傅里叶变换存在条件的一切复杂波，都可以把傅里叶变换作为分解的手段。对复杂波分解的方法步骤是：首先将空间各考察点处的振动分解为各种时间频率的简谐振动的线性组合，同时进行空间域分解，最后将复杂波表示为一系列简谐平面波的线性组合。

1. 时间域分解

设 $A(x,y,z,t)$ 表示一个复杂波在空间考察点 (x,y,z) 处的振动函数，通过时间域的傅里叶变换，可求出该复杂振动的时间频谱 $\tilde{A}(x,y,z,\nu)$，即

$$\tilde{A}(x,y,z,\nu)=\int_{-\infty}^{\infty}A(x,y,z,t)\exp(2\mathrm{j}\pi\nu t)\mathrm{d}t \tag{3-26}$$

注意，由于简谐振动的位相因子是 $\exp(-2\mathrm{j}\pi\nu t)$，即位相 $\varphi(t)$ 随时间 t 的增大而减小，所以，虽然式（3-26）的形式为傅里叶逆变换，但实质仍然是从时间域 t 到频率域 ν 的傅里叶正变换。于是，按照傅里叶积分定理，可将复杂波表示为

$$A(x,y,z,t)=\int_{-\infty}^{\infty}\tilde{A}(x,y,z,\nu)\exp(-2\mathrm{j}\pi\nu t)\,\mathrm{d}\nu \tag{3-27}$$

上式表明，复杂波 $A(x,y,z,t)$ 可分解为一系列频率为 ν、振幅为 $\tilde{A}(x,y,z,\nu)$ 的简谐波的线性叠加。利用波动微分方程的线性性质很容易证明，如果复杂波 $A(x,y,z,t)$ 满足波动微分方程，则通过傅里叶分解得到的每一单频成分 $\tilde{A}(x,y,z,\nu)\exp(-2\mathrm{j}\pi\nu t)$ 仍然满足同一波动微分方程，构成一个波动，说明这种分解是合理的。

2. 空间域分解

经过时间域分解，将复杂波 $A(x,y,z,t)$ 分解成了一系列简谐波 $\tilde{A}(x,y,z,\nu)\exp(-2\mathrm{j}\pi\nu t)$ 的线性叠加，但在空间域考察，每个简谐波的等相面形状仍然是复杂的，可对每个简谐波作空间域的傅里叶分解，将其分解为一系列不同空间频率（即不同传播方向 α、β、γ）的简谐

平面波的线性叠加。设简谐波复振幅 $\tilde{A}(x,y,z,\nu)$ 的空间频谱为 $\tilde{\tilde{A}}(f_x,f_y,f_z,\nu)$，则有

$$\tilde{\tilde{A}}(f_x,f_y,f_z,\nu)=\iiint_{-\infty}^{\infty}\tilde{A}(x,y,z,\nu)\exp[-2\mathrm{j}\pi(f_x x+f_y y+f_z z)]\mathrm{d}x\mathrm{d}y\mathrm{d}z \tag{3-28}$$

和

$$\tilde{A}(x,y,z,\nu)=\iiint_{-\infty}^{\infty}\tilde{\tilde{A}}(f_x,f_y,f_z,\nu)\exp[2\mathrm{j}\pi(f_x x+f_y y+f_z z)]\mathrm{d}f_x\mathrm{d}f_y\mathrm{d}f_z \tag{3-29}$$

其中

$$f_x=\frac{\cos\alpha}{\lambda},f_y=\frac{\cos\beta}{\lambda},f_z=\frac{\cos\gamma}{\lambda}$$

上式表明，复杂波 $\tilde{A}(x,y,z,\nu)$ 被分解为一系列空间频率为 (f_x,f_y,f_z,ν)（即不同传播方向），振幅为 $\tilde{\tilde{A}}(f_x,f_y,f_z,\nu)$ 的简谐平面波的叠加。

在对复杂波进行空间分解时有两个要点值得注意。第一，作空间分解时，将 $\tilde{A}(x,y,z,\nu)$ 作为简谐波，即将 ν 作为常数，可以不考虑时间位相因子 $\exp(-2\mathrm{j}\pi\nu t)$。第二，对于任何复杂简谐波来说，三个空间频率分量并不独立，它们和时间频率之间满足下述约束关系：

$$f_x^2+f_y^2+f_z^2=\left(\frac{\nu}{c}\right)^2 \tag{3-30}$$

因此，在利用式（3-28）计算 $\tilde{A}(x,y,z,\nu)$ 的空间频谱 $\tilde{\tilde{A}}(f_x,f_y,f_z,\nu)$ 时，实际上只需进行二维的傅里叶变换。例如，已知复杂波在 (x,y) 平面的振幅分布 $\tilde{A}(x,y,\nu)$ 时，只需求出 $\tilde{\tilde{A}}(f_x,f_y,\nu)$，分解出各个空间频率为 (f_x,f_y) 的平面波分量即可。

综合上述两步时间和空间分解过程，可将复杂波表示为

$$A(x,y,z,t)=\iiiint_{-\infty}^{\infty}\tilde{\tilde{A}}(f_x,f_y,f_z,\nu)\exp[2\mathrm{j}\pi(f_x x+f_y y+f_z z)]\,\mathrm{d}f_x\mathrm{d}f_y\mathrm{d}f_z\mathrm{d}\nu \tag{3-31}$$

由以上分析可知，函数 $\tilde{\tilde{A}}$、$\tilde{A}$ 和 A 一样，能够描述同一个波动行为，只不过波函数 A 是在空间时间域描述波动；$\tilde{A}$ 是在空间域和时间频率域描述波动；$\tilde{\tilde{A}}$ 是在空间频率域和时间频率域描述同一波动。我们称 $\tilde{A}$ 为波函数 A 在确定的空间考察点(x, y, z)的时间频谱函数，$\tilde{\tilde{A}}$ 为波函数 A 的空间时间频谱函数。总之，A、$\tilde{A}$ 和 $\tilde{\tilde{A}}$ 这三个函数，知道其中任何一个，便可以通过傅里叶变换或逆变换求出其他两个。

3. 分解举例

有一个平面波以速度 v 沿 z 轴方向传播，在 $z=0$ 处的振动图如图 3-7 所示，振动函数为

$$A(t)=\mathrm{rect}\left(\frac{t}{\tau}\right)\exp(-2\mathrm{j}\pi\nu_0 t) \tag{3-32}$$

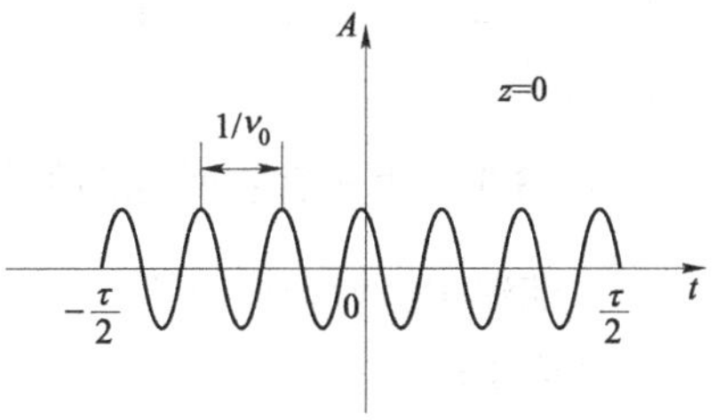

图 3-7　有限长余弦波列振动图

在 (x,y) 平面上有一个宽 Δx、高 Δy 的矩形光阑限制了波面的范围，使通过光阑的光波成为空间时间域的复杂波，其波函数可表示为

$$\begin{aligned}A(x,y,t)&=\mathrm{rect}\left(\frac{x}{\Delta x},\frac{y}{\Delta y}\right)A(t)\\&=\mathrm{rect}\left(\frac{x}{\Delta x},\frac{y}{\Delta y}\right)\mathrm{rect}\left(\frac{t}{\tau}\right)\exp(-2\mathrm{j}\pi\nu_0 t)\end{aligned} \tag{3-33}$$

下面对这个复杂波进行分解。首先求出它的时间频谱 $\tilde{A}$。

$$\tilde{A}(x,y,\nu)=\int_{-\infty}^{\infty}A(x,y,t)\exp(2\mathrm{j}\pi\nu t)\mathrm{d}t$$
$$=\tau\mathrm{rect}\left(\frac{x}{\Delta x},\frac{y}{\Delta y}\right)\mathrm{sinc}[(\nu-\nu_0)\tau] \tag{3-34}$$

于是复杂波 $A(x,y,t)$ 可以表示为一系列简谐波的线性叠加：

$$A(x,y,t)=\int_{-\infty}^{\infty}\tilde{A}(x,y,t)\exp(-2\mathrm{j}\pi\nu t)\mathrm{d}\nu$$
$$=\tau\mathrm{rect}\left(\frac{x}{\Delta x},\frac{y}{\Delta y}\right)\int_{-\infty}^{\infty}\mathrm{sinc}[(\nu-\nu_0)\tau]\exp(-2\mathrm{j}\pi\nu t)\mathrm{d}\nu \tag{3-35}$$

其中频率为 ν 的简谐成分的振幅为 $\tau\mathrm{sinc}[(\nu-\nu_0)\tau]$，其分布如图 3-8 所示。

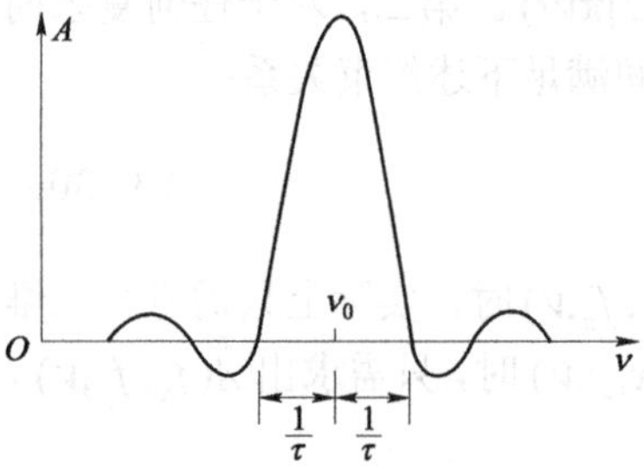

图 3-8　有限余弦波列的时间频谱

下面对任一简谐成分进一步作空间分解。首先求出 $\tilde{A}$ 的空间频谱函数 $\tilde{\tilde{A}}$，有

$$\tilde{\tilde{A}}(f_x,f_y,\nu)=\iint_{-\infty}^{\infty}\tilde{A}(x,y,z,\nu)\exp[-2\mathrm{j}\pi(f_xx+f_yy)]\mathrm{d}x\mathrm{d}y$$
$$=\tau\mathrm{sinc}[(\nu-\nu_0)\tau]\iint_{-\infty}^{\infty}\mathrm{rect}\left(\frac{x}{\Delta x},\frac{y}{\Delta y}\right)\cdot$$
$$\exp[-2\mathrm{j}\pi(f_xx+f_yy)]\mathrm{d}x\mathrm{d}y$$
$$=\tau\Delta x\Delta y\mathrm{sinc}[(\nu-\nu_0)\tau]\mathrm{sinc}(\Delta xf_x)\mathrm{sinc}(\Delta yf_y) \tag{3-36}$$

最后，复杂波 $A(x,y,t)$ 可以表示为一系列具有不同振幅和不同空间频率 (f_x,f_y)（即不同传播方向）的三维简谐平面波的线性叠加：

$$A(x,y,t)=\tau\Delta x\Delta y\iiint_{-\infty}^{\infty}\mathrm{sinc}[(\nu-\nu_0)\tau]\mathrm{sinc}(\Delta xf_x)\mathrm{sinc}(\Delta yf_y)\cdot$$
$$\exp[2\mathrm{j}\pi(f_x+f_y-\nu t)]\mathrm{d}f_x\mathrm{d}f_y\mathrm{d}\nu \tag{3-37}$$

式中，各简谐平面波分量虽然表示为二维的形式，但由于 (f_x,f_y,f_z) 满足式（3-30）的约束，所以实质上是三维简谐平面波。在以后讨论夫琅和费衍射时，将会接触到更多复杂波空间分解的例子。

3.1.3.3　计算衍射问题的傅里叶变换方法

在菲涅尔衍射积分公式（3-16）和夫琅和费衍射积分公式（3-21）中，都包含一个线性复指数因子：

$$\exp\left[-\mathrm{j}\frac{k}{d}(x\xi+y\eta)\right]=\exp\left[-2\mathrm{j}\pi\left(\frac{x}{\lambda d}\xi+\frac{y}{\lambda d}\eta\right)\right] \tag{3-38}$$

如果令

$$f_\xi=\frac{x}{\lambda d},\ f_\eta=\frac{y}{\lambda d}$$

上述复指数因子可表示为

$$\exp\left[-2\mathrm{j}\pi\left(\frac{x}{\lambda d}\xi+\frac{y}{\lambda d}\eta\right)\right]=\exp[-2\mathrm{j}\pi(f_\xi\xi+f_\eta\eta)] \tag{3-39}$$

不难看出，它代表一个空间频率为(f_ξ,f_η)的三维简谐平面波；而在傅里叶分析中，它正是二维傅里叶变换核。因此可以将衍射问题与物体的二维傅里叶变换运算联系起来。对于夫琅和费衍射公式（3-21），可改写为

$$E(x,y)=\frac{1}{\mathrm{j}\lambda d}\exp\left[\mathrm{j}k\left(d+\frac{x^2+y^2}{2d}\right)\right]\iint_{-\infty}^{\infty}A(\xi,\eta)\exp[-2\mathrm{j}\pi(f_\xi\xi+f_\eta\eta)]\mathrm{d}\xi\mathrm{d}\eta \tag{3-40}$$

其中

$$f_\xi=\frac{x}{\lambda d},\ f_\eta=\frac{y}{\lambda d} \tag{3-41}$$

即$A(\xi,\eta)$的二维傅里叶变换，令

$$a(f_\xi,f_\eta)=\iint_{-\infty}^{\infty}A(\xi,\eta)\exp[-2\mathrm{j}\pi(f_\xi\xi+f_\eta\eta)]\mathrm{d}\xi\mathrm{d}\eta \tag{3-42}$$

则$A(\xi,\eta)$的夫琅和费衍射$E(x,y)$就等于$a(f_\xi,f_\eta)$与一个复常数$g(x,y)$的乘积，即

$$E(x,y)=g(x,y)a(f_\xi,f_\eta) \tag{3-43}$$

其中复常数

$$g(x,y)=\frac{1}{\mathrm{j}\lambda d}\exp\left[\mathrm{j}k\left(d+\frac{x^2+y^2}{2d}\right)\right] \tag{3-44}$$

夫琅和费衍射图形的辐照度则可表示为

$$L(x,y)=\frac{1}{\lambda^2d^2}\left|a(f_\xi,f_\eta)\right|^2 \tag{3-45}$$

式（3-42）～式（3-45）即利用傅里叶变换方法计算夫琅和费衍射的基本公式。

对于式（3-16）表示的菲涅尔衍射，可以假设：

$$S(\xi,\eta)=A(\xi,\eta)\exp\left[\mathrm{j}\frac{k}{2d}(\xi^2+\eta^2)\right] \tag{3-46}$$

$$\begin{aligned}s(f_\xi,f_\eta)&=\mathcal{F}[S(\xi,\eta)]\\&=\iint_{-\infty}^{\infty}A(\xi,\eta)\exp\left[\mathrm{j}\frac{k}{2d}(\xi^2+\eta^2)\right]\exp\left[-2\mathrm{j}\pi(f_\xi\xi+f_\eta\eta)\right]\mathrm{d}\xi\mathrm{d}\eta\end{aligned} \tag{3-47}$$

于是菲涅尔衍射也可以表示为$S(\xi,\eta)$的傅里叶变换$s(f_\xi,f_\eta)$与一个复常数$g(x,y)$的积，即

$$E(x,y)=g(x,y)s(f_\xi,f_\eta) \tag{3-48}$$

应用傅里叶变换方法处理衍射问题，不仅可以借助傅里叶变换的性质和有关定理简化计算过程，而且可以用傅里叶分析的观点来解释衍射图形的形成，加深对衍射问题本质的认识。例如，在不考虑复常数$g(x,y)$的情况下，对于式（3-40）所示的夫琅和费衍射，可以将衍射物体出射面上的复振幅$A(\xi,\eta)$看作一个复杂波，这个复杂波在传播过程中分解为一系列空间频率为(f_ξ,f_η)、复振幅为$a(f_\xi,f_\eta)$的三维简谐平面波，当这些传播方向不同的简谐平面波到达夫琅和费衍射平面时，可以通过计算衍射物体透射（或反射）光波复振幅$A(\xi,\eta)$的傅里叶变换求得物体的夫琅和费衍射。

对于菲涅尔衍射，也可作类似的分析。此时透过衍射物体的复杂波可被分解为一系列球

心位置各不相同的简谐球面波，在菲涅尔衍射观察面上任意一点 $P(x,y)$ 的光波复振幅分布即各个球面波贡献量的相干叠加。

3.1.3.4 衍射问题的角谱分析方法

利用复杂波的傅里叶分解，可以在一个与基尔霍夫标量衍射理论稍微不同的理论框架内来处理衍射问题，这就是平面波角谱理论。

图 3–9 所示为用来说明角谱分析方法的简图，其中衍射孔径 Σ 在 $z=0$ 平面上的坐标为 $(\xi,\eta,0)$，由其出射的复振幅分布为 $A(\xi,\eta)$。观察平面 Π 与 Σ 平行，相距 z，取 Π 平面坐标为 (x,y,z)，求该平面上衍射场的复振幅分布 $E(x,y)$。

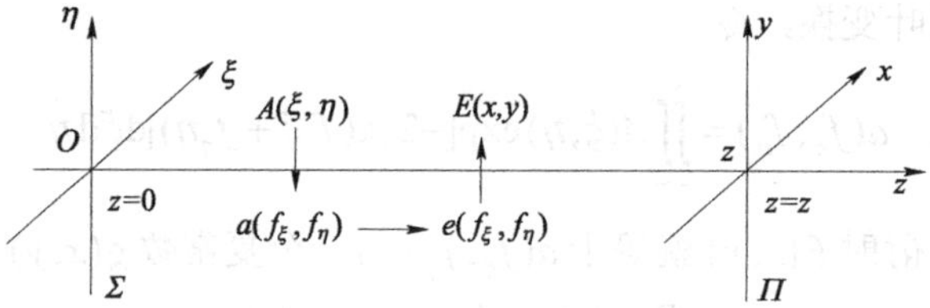

图 3–9 衍射的角谱分析方法

平面波角谱理论的基本思想是：

（1）对复振幅 $A(\xi,\eta)$ 做傅里叶变换，将其分解为一系列沿不同方向传播的三维简谐平面波，$A(\xi,\eta)$ 的空间频谱 $a(f_\xi,f_\eta)$ 正是空间频率为 (f_ξ,f_η) 的平面波成分的复振幅。

（2）由于平面波在自由空间传播过程中不改变其波面形状，唯一的变化是产生一个与传播距离有关的相位移，所以根据 $z=0$ 平面的频谱 $a(f_\xi,f_\eta)$ 就可以求出距离 z 的 (x,y,z) 平面上的频谱分布 $e(f_\xi,f_\eta)$。

（3）通过对 $e(f_\xi,f_\eta)$ 的反傅里叶变换，也即将传播到平面 Π 上，经历了不同位相延迟的所有平面波相加，就可以综合出 Π 平面上衍射图形的复振幅分布 $E(x,y)$。

从上述分析可知，应用平面波角谱理论解决衍射问题的关键是：根据 $z=0$ 平面的空间频谱 $a(f_\xi,f_\eta)$，求出观察面 Π 上的空间频谱 $e(f_\xi,f_\eta)$。

首先给出角谱的概念。设 $A(\xi,\eta)$ 的空间频谱为 $a(f_\xi,f_\eta)$，则有

$$A(\xi,\eta)=\iint_{\infty} a(f_\xi,f_\eta)\exp[\mathrm{j}2\pi(f_\xi\xi+f_\eta\eta)]\mathrm{d}f_\xi\mathrm{d}f_\eta \tag{3-49}$$

$a(f_\xi,f_\eta)$ 可看作复杂波 $A(f_\xi,f_\eta)$ 中空间频率为 (f_ξ,f_η) 的平面波成分的复振幅，空间频率 (f_ξ,f_η) 决定了该平面波的传播方向。设该平面波波矢的方向余弦为 $(\cos\alpha,\cos\beta,\cos\gamma)$，则有

$$f_\xi=\cos\alpha/\lambda,\ f_\eta=\cos\beta/\lambda,\ f_\zeta=\cos\gamma/\lambda \tag{3-50}$$

且

$$f_\zeta=\frac{1}{\lambda}\sqrt{1-\lambda^2f_\xi^2-\lambda^2f_\eta^2} \tag{3-51}$$

所以，$A(\xi,\eta)$ 的空间频谱 $a(f_\xi,f_\eta)$ 又可以表示为 $a\left(\dfrac{\cos\alpha}{\lambda},\dfrac{\cos\beta}{\lambda}\right)$，这种用平面波方向余弦表示的空间频谱 $a\left(\dfrac{\cos\alpha}{\lambda},\dfrac{\cos\beta}{\lambda}\right)$ 称为复杂波 $A(\xi,\eta)$ 的角谱。

式（3–49）表示，$z=0$ 平面的复杂波 $A(\xi,\eta)$ 被分解为一系列空间频率各不相同的三维

简谐平面波，其中空间频率为(f_ξ, f_η)的简谐平面波成分为

$$a(f_\xi, f_\eta)\mathrm{d}f_\xi \mathrm{d}f_\eta \exp[\mathrm{j}2\pi(f_\xi \xi + f_\eta \eta)] \tag{3-52}$$

式（3-52）所表示的平面波复振幅，实际上是空间频率为(f_ξ, f_η, f_ζ)的一个三维简谐平面波在$z=0$平面的表达式。该三维简谐平面波在自由空间传播过程中，其等相面始终是平面。当它从$(\xi,\eta,0)$平面传播距离z到达(x,y,z)平面时，按照第 1 章式（1-68），其复振幅应表示为

$$a(f_\xi, f_\eta)\mathrm{d}f_\xi \mathrm{d}f_\eta \exp[2\mathrm{j}\pi(f_\xi \xi + f_\eta \eta + f_\zeta \zeta)] \tag{3-53}$$

利用式（3-51），上式可改写为

$$a(f_\xi, f_\eta)\exp[\mathrm{j}kz\sqrt{1-\lambda^2 f_\xi^2 - \lambda^2 f_\eta^2}]\mathrm{d}f_\xi \mathrm{d}f_\eta \exp[2\mathrm{j}\pi(f_\xi x + f_\eta y)] \tag{3-54}$$

为了比较同一简谐平面波在$z=0$平面和传到z平面的复振幅分布，可将式（3-52）中的空间变量(ξ,η)设为(x,y)，以便和式（3-54）进行比较。通过对两式的比较可以看出，$z=0$平面的角谱$a(f_\xi, f_\eta)$在自由空间传播距离z之后，只是增加了一个和z有关的位相因子，因此z平面的角谱可以表示为

$$e(f_\xi, f_\eta) = a(f_\xi, f_\eta)\exp[\mathrm{j}kz\sqrt{1-\lambda^2 f_\xi^2 - \lambda^2 f_\eta^2}] \tag{3-55}$$

最后，对$e(f_\xi, f_\eta)$做反傅里叶变换，即可求出观察面Π上衍射场的复振幅：

$$\begin{aligned} E(x,y) &= \iint_\infty e(f_\xi, f_\eta)\exp[\mathrm{j}2\pi(f_\xi x + f_\eta y)]\mathrm{d}f_\xi \mathrm{d}f_\eta \\ &= \iint_\infty a(f_\xi, f_\eta)\exp[\mathrm{j}kz\sqrt{1-\lambda^2 f_\xi^2 - \lambda^2 f_\eta^2}]\exp[\mathrm{j}2\pi(f_\xi x + f_\eta y)]\mathrm{d}f_\xi \mathrm{d}f_\eta \end{aligned} \tag{3-56}$$

式（3-55）和式（3-56）就是应用平面波角谱理论求解衍射问题的基本公式。这组公式说明，平面波角谱理论的实质是傅里叶分解和综合的过程。即首先将输入函数$A(\xi,\eta)$分解为一系列简谐平面波，然后各个简谐平面波独立传播到输出平面，最后再将传播过程中经历了不同位相延迟的平面波成分相加，综合出输出面上衍射的复振幅。

下面对式（3-55）表示的角谱传播特性作进一步讨论。首先，考虑式（3-56）中，$1-\lambda^2 f_\xi^2 - \lambda^2 f_\eta^2 \geqslant 0$，即只有当$A(\xi,\eta)$所分解的平面波成分满足

$$f_\xi^2 + f_\eta^2 \leqslant \frac{1}{\lambda^2} \tag{3-57}$$

时，才能保证这些角谱成分以平面波的形式在自由空间传播；当式（3-57）的条件不满足时，对应的角谱成分成为倏逝波，迅速衰减。其次，如果用$H(f_\xi, f_\eta)$表示$e(f_\xi, f_\eta)$和$a(f_\xi, f_\eta)$的比值，即

$$H(f_\xi, f_\eta) = \frac{e(f_\xi, f_\eta)}{a(f_\xi, f_\eta)} = \exp(\mathrm{j}kz\sqrt{1-\lambda^2 f_\xi^2 - \lambda^2 f_\eta^2}) \tag{3-58}$$

可以看出，$H(f_\xi, f_\eta)$与输入函数$A(f_\xi, f_\eta)$的形式无关，表征了光波在自由空间传播的固有性质。如果把光波的空间传播过程看作一个线性不变系统，将$A(f_\xi, f_\eta)$和$E(f_\xi, f_\eta)$看作系统的“输入”和“输出”，那么$H(f_\xi, f_\eta)$就是该系统的传递函数。

3.1.3.5 基于平面波角谱理论的菲涅尔近似

利用角谱理论基本公式（3-55）和式（3-56）求解任意单色波在空间的传播问题。不过，

应用这组公式来求解衍射问题仍然是十分复杂的，很难得到解析形式的结果。为此，可结合具体的衍射问题作进一步近似。将式（3-58）表示的角谱传递函数按泰勒级数展开：

$$H(f_\xi,f_\eta)=\exp\left\{jkz\left[1-\frac{1}{2}(\lambda^2 f_\xi^2+\lambda^2 f_\eta^2)-\frac{1}{8}\left((\lambda^2 f_\xi^2+\lambda^2 f_\eta^2)^2\right)\right]\right\} \tag{3-59}$$

当式（3-15）的菲涅尔近似条件得到满足时，上式右端高于4次方的高阶位相因子的影响可忽略不计，于是菲涅尔近似条件下的角谱传递函数可表示为

$$H(f_\xi,f_\eta)=\exp(jkz)\exp[-j\pi\lambda z(f_\xi^2+f_\eta^2)] \tag{3-60}$$

将式（3-60）代入式（3-56），可得

$$\begin{aligned}E(x,y)&=\exp(jkz)\iint_{-\infty}^{\infty}a(f_\xi,f_\eta)\exp[-j\pi\lambda z(f_\xi^2+f_\eta^2)]\cdot\\&\qquad\exp[2j\pi(f_\xi^2+f_\eta^2)]\mathrm{d}f_\xi\mathrm{d}f_\eta\\&=\exp(jkz)\mathcal{F}^{-1}[a(f_\xi,f_\eta)]\otimes\mathcal{F}^{-1}\left\{\exp[-j\pi\lambda z(f_\xi^2+f_\eta^2)]\right\}\end{aligned} \tag{3-61}$$

上式最后一步应用了频域的卷积定理。又因

$$\mathcal{F}^{-1}[a(f_\xi,f_\eta)]=A(x,y) \tag{3-62}$$

$$\mathcal{F}^{-1}\left\{\exp[-j\pi\lambda z(f_\xi^2+f_\eta^2)]\right\}=\frac{1}{jkz}\exp\left[j\frac{k}{2z}(x^2+y^2)\right] \tag{3-63}$$

所以

$$\begin{aligned}E(x,y)&=\frac{1}{j\lambda z}\exp(jkz)A(x,y)\otimes\exp\left[j\frac{k}{2z}(x^2+y^2)\right]\\&=\frac{1}{j\lambda z}\exp(jkz)\iint_{-\infty}^{\infty}A(\xi,\eta)\exp\left\{j\frac{k}{2z}\left[(\xi-x)^2+(\eta-y)^2\right]\right\}\mathrm{d}\xi\mathrm{d}\eta\end{aligned} \tag{3-64}$$

这正是式（3-16）的菲涅尔衍射积分。同样的原理，如果对上式采用夫琅和费近似，忽略积分中与$(\xi^2+\eta^2)$有关的二次位相因子，则可以导出式（3-21）表示的夫朗和费衍射积分公式。

3.1.4 标量衍射积分公式的进一步讨论

考虑基尔霍夫衍射理论

$$E(P)=\frac{1}{j\lambda}\iint_\Sigma A(P_0)D(\chi)\frac{\exp(jkr)}{r}\mathrm{d}\sigma$$

令

$$h(P,P_0)=\frac{1}{j\lambda}D(\chi)\frac{\exp(jkr)}{r}$$

有

$$E(P)=\iint_{-\infty}^{\infty}A(P_0)h(P,P_0)\mathrm{d}\sigma \tag{3-65}$$

若孔径在(ξ,η)平面，而观察平面在(x,y)平面，上式可进一步表示为

$$E(x,y)=\iint_{-\infty}^{\infty}A(\xi,\eta)h(x,y;\xi,\eta)\mathrm{d}\xi\mathrm{d}\eta \tag{3-66}$$

即光波的传播现象可以看作一个线性系统，其中 $h(x,y;\xi,\eta)$ 称为系统的脉冲响应函数，令 $h(x,y;\xi,\eta)$ 的傅里叶变换 $H(\xi,\eta)$ 为系统的传递函数：

$$H(\xi,\eta)=\iint_{-\infty}^{\infty} h(x,y;\xi,\eta)\exp[-2\mathrm{j}\pi(\xi x+\eta y)]\mathrm{d}x\mathrm{d}y \tag{3-67}$$

在傍轴近似下，$D(\chi)\approx 1$，系统的脉冲响应函数可写为

$$h(x,y;\xi,\eta)=\frac{1}{\mathrm{j}\lambda}\frac{\exp(\mathrm{j}kr)}{r}=\frac{1}{\mathrm{j}\lambda}\frac{\exp[\mathrm{j}k\sqrt{z^2+(x-\xi)^2+(y-\eta)^2}]}{\sqrt{z^2+(x-\xi)^2+(y-\eta)^2}}$$

$$=h(x-\xi,y-\eta) \tag{3-68}$$

于是

$$E(x,y)=\iint_{-\infty}^{\infty} A(\xi,\eta)h(x-\xi,y-\eta)\mathrm{d}\xi\mathrm{d}\eta \tag{3-69}$$

可以看出脉冲响应函数具有空间不变的性质。

1. 菲涅尔衍射积分公式

菲涅尔衍射积分公式可采用傅里叶变换形式：

$$E(x,y)=\frac{1}{\mathrm{j}\lambda d}\exp\left[\mathrm{j}k\left(d+\frac{x^2+y^2}{2d}\right)\right]\iint_{-\infty}^{\infty} A(\xi,\eta)\exp\left[\mathrm{j}\frac{k}{2d}(\xi^2+\eta^2)\right]\exp\left[-\mathrm{j}\frac{k}{d}(x\xi+y\eta)\right]\mathrm{d}\xi\mathrm{d}\eta$$

$$=E_{20}(x,y)\mathcal{F}\left\{A(\xi,\eta)\exp\left[\mathrm{j}\frac{k}{2d}(\xi^2+\eta^2)\right]\right\} \tag{3-70}$$

式中

$$E_{20}(x,y)=\frac{1}{\mathrm{j}\lambda d}\exp\left[\mathrm{j}k\left(d+\frac{x^2+y^2}{2d}\right)\right]$$

也可以采用卷积形式

$$E(x,y)=\frac{K}{d}\exp(\mathrm{j}kd)\iint_{-\infty}^{\infty} A(\xi,\eta)\exp\left\{\mathrm{j}\frac{k}{2d}[(x-\xi)^2+(y-\eta)^2]\right\}\mathrm{d}\xi\mathrm{d}\eta$$

$$=\frac{1}{\mathrm{j}\lambda d}\exp(\mathrm{j}kd)A(x,y)\otimes\exp\left[\mathrm{j}\frac{k}{2d}(x^2+y^2)\right] \tag{3-71}$$

或采用脉冲响应函数形式

$$E(x,y)=\iint_{-\infty}^{\infty} A(\xi,\eta)h(x-\xi,y-\eta)\mathrm{d}\xi\mathrm{d}\eta$$

$$=A(x,y)\otimes h(x,y)$$

$$=\mathcal{F}^{-1}\left\{a(f_\xi,f_\eta)\cdot H(f_\xi,f_\eta)\right\} \tag{3-72}$$

其中菲涅尔衍射的脉冲响应函数为

$$h(x-\xi,y-\eta)=\frac{1}{\mathrm{j}\lambda d}\exp(\mathrm{j}kd)\exp\left\{\mathrm{j}\frac{k}{2d}[(x-\xi)^2+(y-\eta)^2]\right\} \tag{3-73}$$

传递函数为

$$H(f_\xi,f_\eta)=\exp(\mathrm{j}kz)\exp[-\mathrm{j}kz(f_\xi^2+f_\eta^2)] \tag{3-74}$$

式中
$$f_\xi=\frac{x}{\lambda d},f_\eta=\frac{y}{\lambda d}$$

2. 夫琅和费衍射积分公式

夫琅和费衍射一般采用傅里叶变换形式：

$$\begin{aligned}E(x,y)&=\frac{1}{\mathrm{j}\lambda d}\exp\left[\mathrm{j}k\left(d+\frac{x^2+y^2}{2d}\right)\right]\iint\limits_{-\infty}^{\infty}A(\xi,\eta)\exp\left[-\mathrm{j}\frac{k}{d}(x\xi+y\eta)\right]\mathrm{d}\xi\mathrm{d}\eta\\&=E_{20}(x,y)\mathcal{F}\{A(\xi,\eta)\}\end{aligned}\tag{3-75}$$

3. 基尔霍夫衍射理论和角谱理论的统一

由角谱理论可知：

$$E(x,y)=\iint\limits_{-\infty}^{\infty}a(f_\xi,f_\eta)\exp\left[\mathrm{j}kz\sqrt{1-\lambda^2f_\xi^{\ 2}-\lambda^2f_\eta^{\ 2}}\right]\exp[2\mathrm{j}\pi(f_\xi x+f_\eta y)]\mathrm{d}f_\xi\mathrm{d}f_\eta$$

$$h(x,y)=\mathcal{F}^{-1}\{H(f_\xi,f_\eta)\}=\iint\limits_{-\infty}^{\infty}\exp\left[\mathrm{j}kz\sqrt{1-\lambda^2f_\xi^{\ 2}-\lambda^2f_\eta^{\ 2}}\right]\exp[2\mathrm{j}\pi(f_\xi x+f_\eta y)]\mathrm{d}f_\xi\mathrm{d}f_\eta$$

当 z 远大于波长且远大于孔径和观察区域的最大线度时，系统的脉冲响应函数

$$h(x-\xi,y-\eta)=\frac{\exp[\mathrm{j}k\sqrt{z^2+(x-\xi)^2+(y-\eta)^2}]}{\mathrm{j}\lambda\sqrt{z^2+(x-\xi)^2+(y-\eta)^2}}\to\frac{\exp(\mathrm{j}kr)}{r}\tag{3-76}$$

系统输入输出关系

$$E(x,y)=\iint\limits_{-\infty}^{\infty}A(\xi,\eta)h(x-\xi,y-\eta)\mathrm{d}x\mathrm{d}h$$

该式与基尔霍夫衍射理论公式（3–69）一致。

结论：

（1）基于球面波的基尔霍夫衍射理论和基于平面波的角谱理论是完全统一的，它们都证明了光的传播现象可看作线性不变系统。

（2）基尔霍夫理论是在空间域讨论光的传播，是把孔径平面光场看作点源的集合，观察平面上的场分布则等于它们所发出的带有不同权重因子的球面子波的相干叠加，而球面子波在观察平面上的复振幅分布就是系统的脉冲响应。

（3）角谱理论是借助空间频率域讨论光的传播，是把衍射孔径光波分布看作一系列不同方向传播的平面波的线性组合，观察平面上光波分布仍然等于这些平面波在波面上的相干叠加，但每个平面波传播方向不同导致引入不同的相移。相移的大小取决于系统的传递函数，它是系统脉冲响应的傅里叶变换。

总之，计算标量波的衍射问题，既可以应用基于球面波的衍射积分公式（3–11），也可以应用以式（3–56）为基础的平面波角谱理论。类比于几何光学的光线追迹，可将这组基本公式称为波面追迹公式。

3.1.5 在有限距离观察夫琅和费衍射的方法

按照式（3–22）的计算，必须在距离衍射孔径相当远的平面上才能观察到夫琅和费衍射。

实际上，从基尔霍夫衍射公式的近似过程可以看出，只有在距离 $z=\infty$ 的平面上才能观察到准确的夫琅和费衍射。为了在实验室内有限距离上观察夫琅和费衍射，可以利用凸透镜的位相变换性质，在透镜后面菲涅尔衍射区内的某个适当的平面上也可以观察到物体准确的夫琅和费衍射。当在有限距离上观察夫琅和费衍射时，可借助于凸透镜会聚作用，实现不同空间频率平面波的空间分离，即将不同空间频率 (f_ξ, f_η) 的平面波成分会聚到后焦面上坐标 (x, y) 各不相同的 $P(x, y)$ 点上，该点的夫琅和费衍射复振幅正比于对应平面波的振幅 $a(f_\xi, f_\eta)$。下面利用菲涅尔衍射积分公式，分两种情况来推导满足上述要求的条件。

3.1.5.1 平面波照明的情形

首先考虑图 3–10（a）的衍射装置。设衍射物体复振幅透射系数为 $T(\xi,\eta)$，放置在凸透镜 L 之后的 Σ 平面上，用单位振幅的单色平面波正入射照明，按前面的规定可知 $B(\xi,\eta)=1$，为求出由衍射孔径 Σ 出射的光波复振幅 $A(\xi,\eta)$，首先必须求出凸透镜 L 对入射光波的作用。按照波动光学的观点，薄透镜只是一个位相变换元件，它对入射光波波前上的不同环带产生不同的位相延迟，从而实现波面变换。薄透镜对入射光波的位相变换作用，可以定义一个位相变换因子 $T_1(\xi,\eta)$ 来描述。$T_1(\xi,\eta)$ 也可以看作薄透镜的复振幅透射系数，它等于透镜出射平面的复振幅 $E_1'(\xi,\eta)$ 与到达透镜入射面的光波复振幅 $E_1(\xi,\eta)$ 之比值，即

$$T_1(\xi,\eta)=\frac{E_1'(\xi,\eta)}{E_1(\xi,\eta)} \tag{3-77}$$

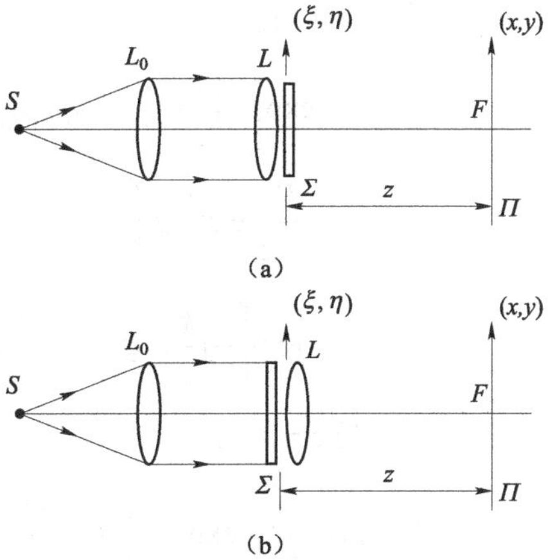

图 3–10 平面波照明的衍射装置

（a）衍射物体位于透镜之后；（b）衍射物体位于透镜之前

在图 3–10（a）的情形，由于到达透镜 L 的光波是正入射的平面波，$E_1(\xi,\eta)=1$，所以 $T_1(\xi,\eta)=E_1(\xi,\eta)$。如果不考虑透镜有限孔径对入射光波的限制，则凸透镜 L 的作用是将入射的平面波变换为出射的会聚球面波，会聚球面波的球心即凸透镜 L 的像方焦点，设凸透镜的焦距为 f，于是

$$E_1'(\xi,\eta)=E_{10}\exp\left[-\mathrm{j}\frac{k}{2f}(\xi^2+\eta^2)\right] \tag{3-78}$$

式中，E_{10} 为一复常数，表示通过透镜中心光线的位相延迟。最后得出凸透镜的位相变换因子为

$$T_1(\xi,\eta)=E_1'(\xi,\eta)=E_{10}\exp\left[-\mathrm{j}\frac{k}{2f}(\xi^2+\eta^2)\right] \tag{3-79}$$

式（3–79）表示了凸透镜对入射光波的作用。该式虽然是针对平面波正入射照明的特殊情形导出的，但公式与入射光波的性质无关，只反映透镜本身的位相变换特性，所以对任意性质的入射光波都是成立的。此外，从式（3–79）的推理过程可知，只要将薄透镜的焦距 f 作为一个带符号的参量，则该式也可以表示凹透镜的位相变换因子，即当 $f>0$ 时，表示凸

透镜；$f<0$ 时表示凹透镜。

对于图 3-10（a）的衍射装置，在已知入射光波复振幅 $B(\xi,\eta)=1$，透镜 L 的位相变换因子 $T_1(\xi,\eta)$，衍射物体复振幅透射系数 $T(\xi,\eta)$ 的条件下，立即可以写出由衍射孔径 Σ 出射的光波复振幅：

$$A'(\xi,\eta)=B(\xi,\eta)T_1(\xi,\eta)T(\xi,\eta)$$
$$=A(\xi,\eta)E_{10}\exp\left[-\mathrm{j}\frac{k}{2f}(\xi^2+\eta^2)\right] \tag{3-80}$$

其中 $A(\xi,\eta)$ 仍由式（3-10）给出。由于光波从 Σ 平面到 Π 平面的传播属于菲涅尔衍射，因此用 $A'(\xi,\eta)$ 代替式（3-16）中的 $A(\xi,\eta)$，立即可求出平面 Π 上的复振幅分布为

$$E(x,y)=\frac{E_{10}}{\mathrm{j}\lambda z}\exp\left[\mathrm{j}k\left(z+\frac{x^2+y^2}{2z}\right)\right]\iint_{-\infty}^{\infty}A'(\xi,\eta)\exp\left[\mathrm{j}\frac{k}{2z}(\xi^2+\eta^2)\right]\cdot$$
$$\exp\left[-\mathrm{j}\frac{k}{z}(x\xi+y\eta)\right]\mathrm{d}\xi\mathrm{d}\eta$$
$$=\frac{E_{10}}{\mathrm{j}\lambda z}\exp\left[\mathrm{j}k\left(z+\frac{x^2+y^2}{2z}\right)\right]\iint_{-\infty}^{\infty}A(\xi,\eta)\exp\left[\mathrm{j}\frac{k}{2}\left(\frac{1}{z}-\frac{1}{f}\right)(\xi^2+\eta^2)\right]\cdot$$
$$\exp\left[-\mathrm{j}\frac{k}{z}(x\xi+y\eta)\right]\mathrm{d}\xi\mathrm{d}\eta \tag{3-81}$$

不难看出，当 $z=f$ 时，式（3-81）简化为

$$E(x,y)=\frac{E_{10}}{\mathrm{j}\lambda f}\exp\left[\mathrm{j}k\left(f+\frac{x^2+y^2}{2f}\right)\right]\iint_{-\infty}^{\infty}A(\xi,\eta)\exp\left[-\mathrm{j}\frac{k}{f}(x\xi+y\eta)\right]\mathrm{d}\xi\mathrm{d}\eta \tag{3-82}$$

式（3-82）和式（3-21）的夫琅和费衍射积分公式具有完全相同的形式，这表明，应用图 3-10（a）的衍射装置，可以在凸透镜的后焦平面上观察到透过衍射物体的光波 $A(\xi,\eta)$ 的夫琅和费衍射，此时，衍射图形的空间扩展程度与透镜 L 的焦距 f 成正比。

与图 3-10（a）具有同样效果的观察装置如图 3-10（b）所示，和图 3-10（a）的区别是衍射物体放置在透镜 L 的入射平面上。按照相同的方法和步骤，仍然可以证明，在透镜 L 的后焦面上可以观察到物体透射光波 $A(\xi,\eta)$ 的夫琅和费衍射。

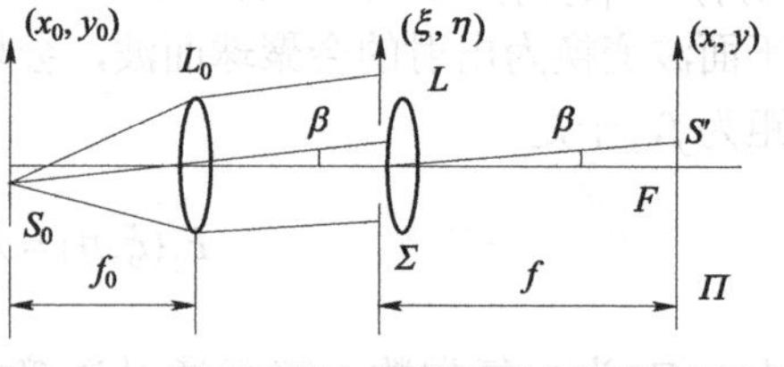

图 3-11　平面波斜入射的夫琅和费衍射装置

图 3-11 所示为用斜入射平面波照明的夫琅和费衍射观察装置。设平面波的方向角为 β，于是，照明光波的复振幅可以表示为

$$B(\xi,\eta)=\exp\left(2\mathrm{j}\pi\frac{\sin\beta}{\lambda}\xi\right) \tag{3-83}$$

在这种情形，衍射孔径平面 Σ 上各点具有线性分布的初位相，按照前面的分析，透镜后焦面 Π 上的复振幅分布仍然可表示为

$$E(x,y)=\frac{E_{10}}{\mathrm{j}\lambda f}\exp\left[\mathrm{j}k\left(f+\frac{x^2+y^2}{2f}\right)\right]\iint_{-\infty}^{\infty}A(\xi,\eta)\exp\left[-2\mathrm{j}\pi\left(\frac{x}{\lambda f}\xi+\frac{y}{\lambda f}\eta\right)\right]\mathrm{d}\xi\mathrm{d}\eta$$

式中

$$A(\xi,\eta)=B(\xi,\eta)T(\xi,\eta) \tag{3-84}$$

在上述几种应用平面波照明的夫琅和费衍射装置中，观察面都在透镜 L 的后焦面 Π 上，而该平面只不过是轴上无穷远点光源的共轭像面。因此可以说，在照明光源的共轭像面上可以观察到物体透射光波的夫琅和费衍射。

3.1.5.2 球面波照明的情形

应用菲涅尔衍射积分公式可以证明，当用球面波照明时，只要满足适当的条件，仍然可以在近距离上观察到物体的夫琅和费衍射。观察装置如图 3-12 所示。振幅透射系数为 $T(\xi,\eta)$ 的衍射孔径放置在透镜 L 的入射面上，用轴上点光源 S 发出的单色球面波照明。设光源 S 到透镜 L 的距离为 p，透镜 L 的焦距为 f，观察屏 Π 与透镜 L 之间的距离为 q。应用菲涅尔近似，S 发出的球面波在 Σ 平面的复振幅分布为

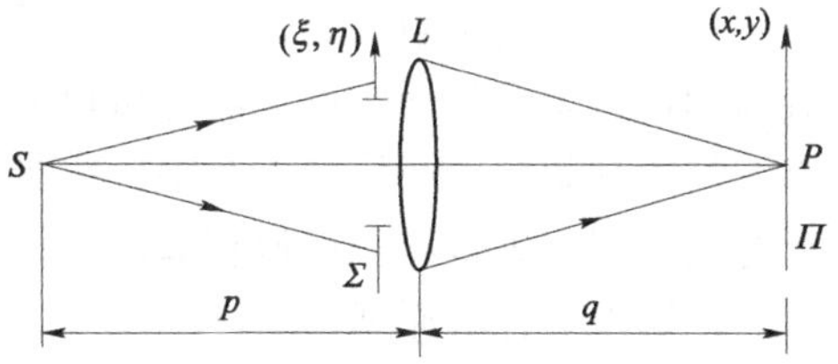

图 3-12 球面波照射的夫琅和费衍射装置

$$B(\xi,\eta)=B_0\exp\left[\mathrm{j}\frac{k}{2p}(\xi^2+\eta^2)\right] \tag{3-85}$$

式中，B_0 为球面波在物平面中心点的复振幅。按照前面的分析，透镜 L 出射平面上的复振幅分布为

$$\begin{aligned}A'(\xi,\eta)&=B(\xi,\eta)T(\xi,\eta)T_1(\xi,\eta)\\&=B_0E_{10}\exp\left[\mathrm{j}\frac{k}{2p}(\xi^2+\eta^2)\right]\exp\left[-\mathrm{j}\frac{k}{2f}(\xi^2+\eta^2)\right]T(\xi,\eta)\end{aligned} \tag{3-86}$$

代入菲涅尔衍射公式（3-16），可求得观察平面 Π 上的复振幅分布为

$$\begin{aligned}E(x,y)&=\frac{E_{10}}{\mathrm{j}\lambda q}\exp\left[\mathrm{j}k\left(q+\frac{x^2+y^2}{2q}\right)\right]\iint_{-\infty}^{\infty}A'(\xi,\eta)\exp\left[\mathrm{j}\frac{k}{2q}(\xi^2+\eta^2)\right]\cdot\exp\left[-\mathrm{j}\frac{k}{q}(x\xi+y\eta)\right]\mathrm{d}\xi\mathrm{d}\eta\\&=\frac{B_0E_{10}}{\mathrm{j}\lambda q}\exp\left[\mathrm{j}k\left(q+\frac{x^2+y^2}{2q}\right)\right]\iint_{-\infty}^{\infty}T(\xi,\eta)\cdot\\&\quad\exp\left[\mathrm{j}\frac{k}{2}\left(\frac{1}{p}+\frac{1}{q}-\frac{1}{f}\right)(\xi^2+\eta^2)\right]\exp\left[-\mathrm{j}\frac{k}{q}(x\xi+y\eta)\right]\mathrm{d}\xi\mathrm{d}\eta\end{aligned} \tag{3-87}$$

令复常数 $\frac{B_0E_{10}}{\mathrm{j}\lambda q}=E_0$，当满足关系式 $\frac{1}{p}+\frac{1}{q}=\frac{1}{f}$，即观察面 Π 位于点光源 S 的共轭像面时，上式化简为

$$E(x,y)=E_0\exp\left[\mathrm{j}k\left(q+\frac{x^2+y^2}{2q}\right)\right]\iint_{-\infty}^{\infty}T(\xi,\eta)\exp\left[-\mathrm{j}\frac{k}{q}(x\xi+y\eta)\right]\mathrm{d}\xi\mathrm{d}\eta \tag{3-88}$$

式（3−88）和式（3−82）本质相同，唯一的差别是，在形式上将被积函数由 $A(\xi,\eta)$ 换成了 $T(\xi,\eta)$。也就是说，当用单色球面波照明时，在点光源 S 的共轭像面 Π 上，可以观察到衍射物体复振幅透射系数 $T(\xi,\eta)$ 的夫琅和费衍射，并且衍射图形的空间扩展程度将由光源 S 的像距 q 来决定。

综合上述各种情形，可以得出一个具有普遍意义的重要结论：在应用薄凸透镜的衍射装置中，无论是用平面波照明还是用球面波照明，无论衍射孔径位于透镜的入射平面还是出射平面，在照明光源的共轭像面上，均可观察到衍射物体复振幅透射系数 $T(\xi,\eta)$ 的夫琅和费衍射。

3.1.6 屏的衍射——巴比内原理（Babinet's Principle）

前面讨论的衍射问题，都是由不透明屏幕上的开孔对入射光波的限制所引起的，对这一类问题，只要满足傍轴近似，都可以应用基尔霍夫衍射积分公式来解决。与此相反，如果对光波的限制是由一小块面积有限的挡光屏引起的，这时由于未受阻挡的光波波面可以扩展到无穷大范围，夫琅和费近似和菲涅尔近似都不再成立，对于这一类衍射问题，则需要应用下述的巴比内互补屏原理。

设衍射孔径 Σ 的复振幅透射系数为 $T(\xi,\eta)$，和它形状、大小相同的衍射屏 Σ' 的复振幅透射系数为 $T'(\xi,\eta)$，如果满足

$$T(\xi,\eta)+T'(\xi,\eta)=1 \tag{3-89}$$

则称 Σ' 是衍射孔径的互补屏。例如图 3−13 所示的一对形状、尺寸相同的矩形孔和矩形屏，就是较为简单的互补屏。

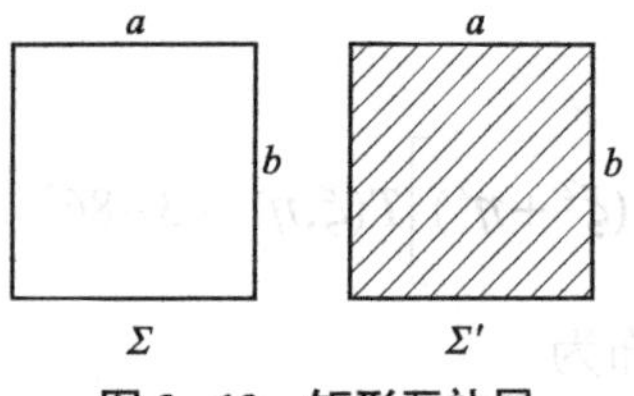

图 3−13 矩形互补屏

应用菲涅尔子波叠加原理，可以比较方便地分析互补屏的衍射问题。设衍射物体由单位振幅单色平面波正入射照明，当光波不受限制时，考察点 P 处的复振幅为 $E_{\infty}(P)$；当光波受到开孔 Σ 限制时，P 点的复振幅为 $E_{\Sigma}(P)$；当光波受到挡光屏 Σ' 限制时，P 点的复振幅为 $E_{\Sigma'}(P)$。由于 $E_{\Sigma}(P)$ 和 $E_{\Sigma'}(P)$ 均是由未受阻挡的光波波阵面上全部子波的贡献量叠加而成的，且 Σ 是 Σ' 的互补屏，因此显然有

$$E_{\Sigma}(P)+E_{\Sigma'}(P)=E_{\infty}(P) \tag{3-90}$$

这就是一般意义下的巴比内互补屏原理，利用这一原理，通过计算 $E_{\infty}(P)$ 和 $E_{\Sigma}(P)$，即可以求出屏的衍射。由于巴比内原理是从菲涅尔子波叠加原理出发导出的，因此不仅适用于夫琅和费衍射，也适用于菲涅尔衍射，只不过在处理屏的夫琅和费衍射时具有更为简单的形式罢了。

对于夫琅和费衍射问题，对式（3−89）两边做傅里叶变换，可得

$$E_{\Sigma}(P)+E_{\Sigma'}(P)=\delta(x,y) \tag{3-91}$$

公式右边的 δ 函数表示光波未受阻挡时 P 点的夫琅和费衍射 $E_{\infty}(P)$。根据 δ 函数的定义，$E_{\infty}(P)$ 只在 P 点的坐标 $x=y=0$ 处具有非零值。所以在夫琅和费衍射平面上，除了 F 点之外，恒有

$$E_{\Sigma'}(P)=-E_{\Sigma}(P) \tag{3-92}$$

或者

$$L_{\Sigma'}(P)=L_{\Sigma}(P) \tag{3-93}$$

上式表明，衍射孔 Σ 和它的互补屏 Σ' 的夫琅和费衍射，在除了中心点 F 之外的一切考察点上，复振幅的位相相差 π，辐照度则完全相同。这是由巴比内原理得出的一个重要结论。

在处理菲涅尔衍射时，式（3–90）仍然成立，只不过 $E_{\infty}(P)$ 不同于 δ 函数，必须通过别的方法来计算。

3.2 衍射理论的应用

本节我们讨论夫琅和费衍射。夫琅和费衍射的计算相对简单，特别是对于简单形状孔径的衍射，通常能够以解析式形式求出积分。夫琅和费衍射又是光学仪器中最常见的衍射现象，所以本节的讨论很有实用意义。

夫琅和费衍射实验装置示意图如图 3–14 所示的系统，单色点光源 S 发出的光波经过准直透镜 L_1 准直后垂直地透射到衍射物 Σ 平面上，孔径 Σ 的夫琅和费衍射在透镜 L_2 的后焦面 Π 上进行观察。

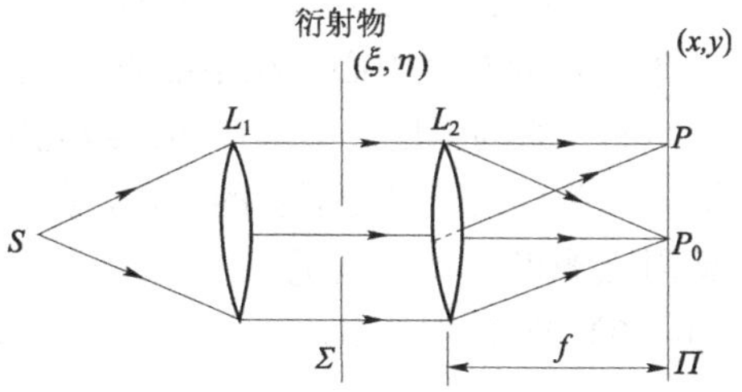

图 3–14 夫琅和费衍射实验装置示意图

3.2.1 单孔的夫琅和费衍射

我们首先讨论简单的单孔（包括单缝、矩孔、圆孔）的夫琅和费衍射。

3.2.1.1 单缝的夫琅和费衍射

单缝的夫琅和费衍射装置如图 3–15 所示，衍射物体为不透明屏 Σ 上一条方向平行于 η 轴、长度不限、宽度为 a_0 的狭缝。用轴上单色点光源 S 和准直透镜 C 产生的平行光正入射照明，在透镜 L 的后焦面 Π 上观察。在不考虑透镜 L 孔径大小的情况下，可认为光波在 η 方向不受限制，所以上述单缝衍射实际是一维的问题，只需要计算沿 x 方向的衍射。

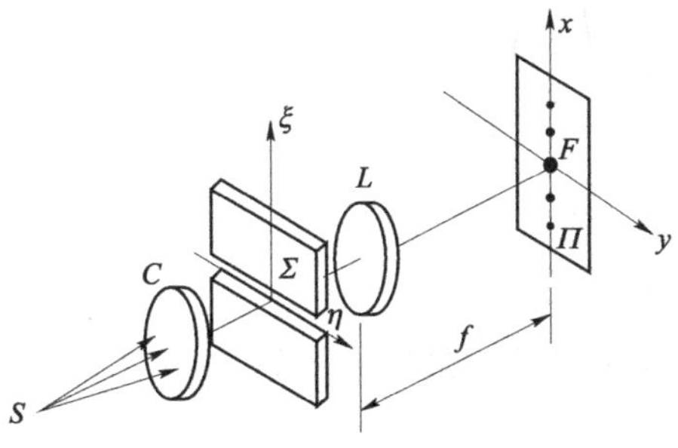

图 3–15 单缝的夫琅和费衍射装置

设衍射物体的复振幅透射系数 $T(\xi)=\mathrm{rect}\left(\dfrac{\xi}{a_0}\right)$，由于照明光波复振幅 $B(\xi)=1$，所以透过衍射物体的复振幅为

$$A(\xi)=B(\xi)T(\xi)=\mathrm{rect}\left(\frac{\xi}{a_0}\right)$$

应用式（4–75）可以直接计算 Π 平面衍射图形的复振幅 $E(x,y)$。为此，首先计算 $A(\xi)$ 的傅里叶变换 $a(f_{\xi})$：

$$\begin{aligned}a(f_{\xi})&=\int_{-\infty}^{\infty}A(\xi)\exp(-2\mathrm{j}\pi f_{\xi}\xi)\mathrm{d}\xi\\&=\int_{-\infty}^{\infty}\mathrm{rect}\left(\frac{\xi}{a_0}\right)\exp(-2\mathrm{j}\pi f_{\xi}\xi)\mathrm{d}\xi=a_0\mathrm{sinc}(a_0 f_{\xi})\end{aligned} \tag{3-94}$$

将$a(f_\xi)$代入式（3-21），并利用式（3-75）给出的空间频率(f_ξ, f_η)与频率平面空间坐标(x,y)的关系，可得出单缝夫琅和费衍射的复振幅分布为

$$E(x,y)=\frac{a_0}{\mathrm{j}\lambda f}\exp\left[\mathrm{j}k\left(f+\frac{x^2+y^2}{2f}\right)\right]\mathrm{sinc}\left(\frac{a_0 x}{\lambda f}\right)\delta\left(\frac{y}{\lambda f}\right) \tag{3-95}$$

最后，利用式（3-17），可计算观察面Π上衍射图形的辐照度分布为

$$L(x,y)=\frac{{a_0}^2}{\lambda^2 f^2}\mathrm{sinc}^2\left(\frac{a_0 x}{\lambda f}\right)\delta\left(\frac{y}{\lambda f}\right)=L(0,0)\mathrm{sinc}^2\left(\frac{a_0 x}{\lambda f}\right)\delta\left(\frac{y}{\lambda f}\right) \tag{3-96}$$

图 3-16 分别给出了单缝夫琅和费衍射的复振幅和辐照度分布曲线。计算和实验结果均说明，单缝的夫琅和费衍射图形沿着和单缝垂直的方向（x轴方向）扩展，并以光源S的几何像点F为对称中心。在中心点F处（即$x=0$点）有一个强度极大的中央亮斑，两侧对称分布着一系列强度逐渐减弱的次级亮斑，两亮斑之间为强度为零的暗区。图 3-15（a）（b）给出了单缝夫琅和费衍射的图片，其中图（a）是用平行于单缝的线光源照明的图形，图（b）是用点光源照明的图形。中央亮斑的宽度用两侧第一个暗斑之间的距离w表示，利用式（3-90）或式（3-96），可导出正入射条件下单缝夫琅和费衍射中央亮斑的宽度公式：

$$w=2\lambda f/a_0 \tag{3-97}$$

并且还可以证明，各个次级亮斑的宽度相等，都等于中央亮斑的半宽度。从式（3-97）不难看出，当单缝宽度a_0减小，光波长λ或者透镜焦距f增大时，中央亮斑及各次级亮斑的宽度增大，衍射图形更加扩展，说明衍射效应增强；反之，则衍射图形收缩，衍射效应减弱。

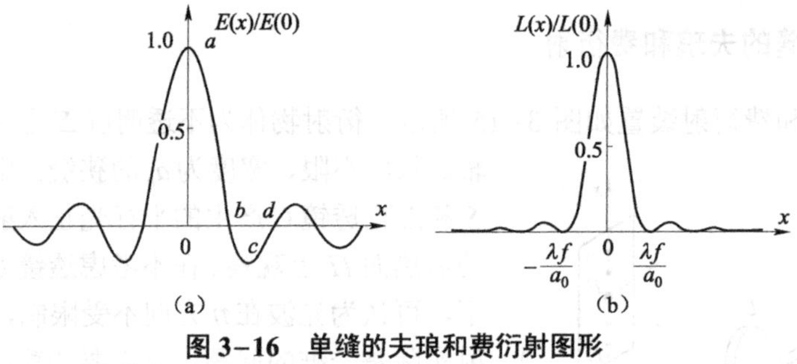

图 3-16　单缝的夫琅和费衍射图形

（a）相对复振幅分布；（b）辐照度分布

如果将图 3-15 单缝衍射的照明光波改为以β入射的倾斜平面波（图 3-11），根据式（3-83），从衍射孔径出射的光波复振幅可表示为

$$A(\xi)=\exp\left(2\mathrm{j}\pi\frac{\sin\beta}{\lambda}\xi\right)\mathrm{rect}\left(\frac{\xi}{a_0}\right) \tag{3-98}$$

它的傅里叶变换为

$$\begin{aligned}a(f_\xi)&=\mathcal{F}\left[\exp\left(2\mathrm{j}\pi\frac{\sin\beta}{\lambda}\xi\right)\right]\otimes\mathcal{F}\left[\mathrm{rect}\left(\frac{\xi}{a_0}\right)\right]\\&=a_0\mathrm{sinc}\left[a_0\left(f_\xi-\frac{\sin\beta}{\lambda}\right)\right]\end{aligned} \tag{3-99}$$

或写成

$$a\left(\frac{x}{\lambda f}\right)=a_0\mathrm{sinc}\left[\frac{a_0}{\lambda}(\sin\theta-\sin\beta)\right]$$

代入式（3-21），平面波斜入射照明条件下夫琅和费衍射的复振幅和辐照度为

$$E(x,y)=\frac{a_0}{\mathrm{j}\lambda f}\exp\left[\mathrm{j}k\left(f+\frac{x^2+y^2}{2f}\right)\right]\mathrm{sinc}\left[\frac{a_0}{\lambda}(\sin\theta-\sin\beta)\right]\delta\left(\frac{y}{\lambda f}\right) \tag{3-100}$$

$$L(x,y)=L(0,0)\mathrm{sinc}^2\left[\frac{a_0}{\lambda}(\sin\theta-\sin\beta)\right]\delta\left(\frac{y}{\lambda f}\right) \tag{3-101}$$

上式表明，平面波倾斜入射并不改变衍射图形分布形式，只是衍射中央亮斑的中心位置平移到了 $x=f\sin\beta$ 处。按照几何光学原理，这个位置正是照明光源的共轭像点位置。

3.2.1.2　矩孔的夫琅和费衍射

观察矩孔夫琅和费衍射的装置如图 3-17 所示。入射面 Σ 上有尺寸为 (a_0,b_0) 的透明矩形孔，用单位振幅的单色平面波正入射照明，在焦距为 f 的凸透镜 L 后焦面 Π 上，可观察到矩孔的夫琅和费衍射图形。显然，这是一个二维的衍射问题，需要对衍射物体沿 ξ 和 η 两个方向作积分。但是如果衍射物体的复振幅透射系数是二维可分离变量函数，则衍射图形的计算可化为两个一维的积分相乘。

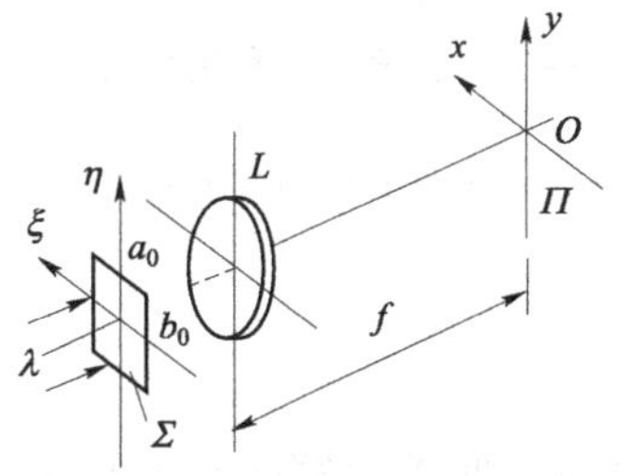

图 3-17　矩孔的夫琅和费衍射装置

矩孔的复振幅透射系数可用二维矩形函数表示：

$$T(\xi,\eta)=\mathrm{rect}\left(\frac{\xi}{a_0}\right)\mathrm{rect}\left(\frac{\eta}{b_0}\right) \tag{3-102}$$

由于照明光波的复振幅 $B(\xi,\eta)=1$，则透过衍射孔径 Σ 的复振幅分布 $A(\xi,\eta)=T(\xi,\eta)$。它的傅里叶变换为

$$a(f_\xi,f_\eta)=a_0b_0\mathrm{sinc}(a_0f_\xi)\mathrm{sinc}(b_0f_\eta)=a_0b_0\mathrm{sinc}\left(\frac{a_0x}{\lambda f}\right)\mathrm{sinc}\left(\frac{b_0y}{\lambda f}\right) \tag{3-103}$$

将 $a(f_\xi,f_\eta)$ 代入式（3-43）～式（3-45），即可算出矩孔夫琅和费衍射的复振幅 $E(x,y)$ 和辐照度分布 $L(x,y)$：

$$E(x,y)=\frac{K}{f}\exp\left[\mathrm{j}k\left(f+\frac{x^2+y^2}{2f}\right)\right]a_0b_0\mathrm{sinc}\left(\frac{a_0x}{\lambda f}\right)\mathrm{sinc}\left(\frac{b_0y}{\lambda f}\right) \tag{3-104}$$

$$\begin{aligned}L(x,y)&=\frac{K\cdot K^*}{f^2}a_0^2b_0^2\mathrm{sinc}^2\left(\frac{a_0x}{\lambda f}\right)\mathrm{sinc}^2\left(\frac{b_0y}{\lambda f}\right)\\&=L(0,0)\mathrm{sinc}^2\left(\frac{a_0x}{\lambda f}\right)\mathrm{sinc}^2\left(\frac{b_0y}{\lambda f}\right)\end{aligned} \tag{3-105}$$

其中 $L(0,0)=a_0^2b_0^2/(\lambda^2f^2)$，为观察面 Π 上中心点的辐照度。图 3-22（d）给出了矩孔夫琅和费衍射图形的照片。可以看出，衍射图形不仅沿 x 方向扩展，也沿 y 方向扩展，在观察面坐标原点处，有一明亮的中央亮斑，由式（3-105）可算出，中央亮斑沿 x 方向和 y 方

向的宽度为

$$w_x = 2\lambda f / a_0,\ w_y = 2\lambda f / b_0 \tag{3-106}$$

此外，图形上沿 x 和 y 轴还有一系列辐照度逐渐减弱的次亮斑，并且在轴外区域也存在一系列辐照度更弱的亮斑。

3.2.1.3　圆孔的夫琅和费衍射

图 3-18 所示为观察圆孔夫琅和费衍射的装置，衍射物体是不透明屏 Σ 上一个半径为 ε 的圆孔。

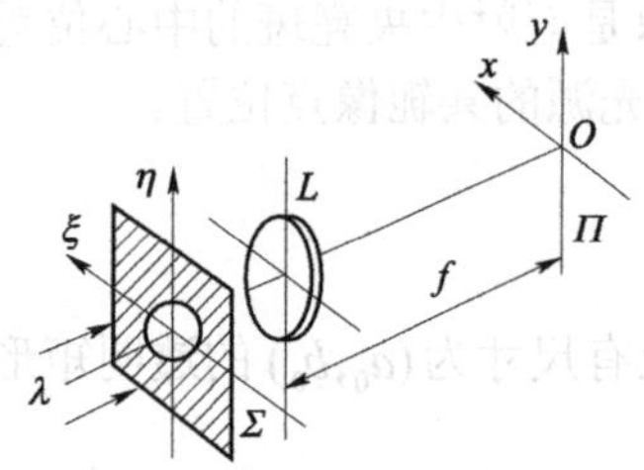

图 3-18　圆孔夫琅和费衍射装置

由于圆孔对照明光波的限制是圆对称的，观察系统也具有圆对称性，因此可以预料，衍射图形的辐照度分布也应是圆对称的。所以在应用傅里叶变换法计算衍射图形分布时，最好采用极坐标系统。

极坐标系中的二维傅里叶变换公式，可以直接由直角坐标系的二维傅里叶变换公式通过坐标变换导出。图 3-19 给出了直角坐标系和极坐标系的坐标变换关系，由此可得出由直角坐标到极坐标的坐标变换公式。衍射物体平面 Σ 上空间坐标变换公式为（图 3-19（a））

$$\begin{cases} \xi = \rho\cos\beta \\ \eta = \rho\sin\beta \end{cases} \quad \begin{cases} \rho = \sqrt{\xi^2 + \eta^2} \\ \tan\beta = \eta / \xi \end{cases} \tag{3-107}$$

观察平面 Σ 上空间坐标变换公式为（图 3-19（b））

$$\begin{cases} x = r\cos\omega \\ y = r\sin\omega \end{cases} \quad \begin{cases} r = \sqrt{x^2 + y^2} \\ \tan\omega = y / x \end{cases} \tag{3-108}$$

衍射波空间频率坐标变换公式为（图 3-19（c））

$$\begin{cases} f_\xi = f_\rho\cos u \\ f_\eta = f_\rho\sin u \end{cases} \quad \begin{cases} f_\rho = \sqrt{f_\xi^{\ 2} + f_\eta^{\ 2}} \\ \tan u = f_\eta / f_\xi \end{cases} \tag{3-109}$$

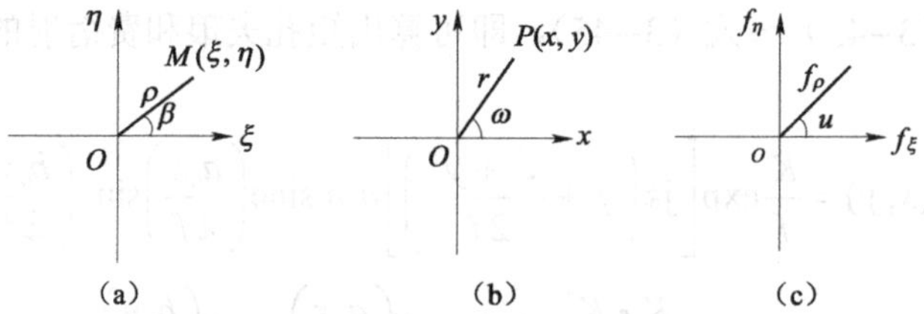

图 3-19　直角坐标和极坐标的变换关系

将这组坐标变换公式代入直角坐标系二维傅里叶变换和傅里叶反变换公式：

$$a(f_\xi, f_\eta) = \iint_{-\infty}^{\infty} A(\xi,\eta)\exp\left[-2\mathrm{j}\pi(f_\xi\xi + f_\eta\eta)\right]\mathrm{d}\xi\mathrm{d}\eta \tag{3-110}$$

$$A(f_\xi, f_\eta) = \iint_{-\infty}^{\infty} a(\xi,\eta)\exp[2\mathrm{j}\pi(f_\xi\xi + f_\eta\eta)]\mathrm{d}\xi\mathrm{d}\eta \tag{3-111}$$

即可得出极坐标系中二维傅里叶变换和反变换公式：

$$a(f_\rho,u)=\int_0^\infty\int_0^{2\pi}A(\rho,\beta)\exp[-2\mathrm{j}\pi\rho f_\rho\cos(u-\beta)]\rho\mathrm{d}\rho\mathrm{d}\beta \tag{3-112}$$

$$A(f_\rho,u)=\int_0^\infty\int_0^{2\pi}a(f_\rho,u)\exp[2\mathrm{j}\pi\rho f_\rho\cos(u-\beta)]f_\rho\mathrm{d}f_\rho\mathrm{d}u \tag{3-113}$$

值得指出的是，坐标变换并不会改变傅里叶变换的物理意义，复指数因子 $\exp\left[2\mathrm{j}\pi(f_\xi\xi+f_\eta\eta)\right]$ 和 $\exp\left[2\mathrm{j}\pi\rho f_\rho\cos(u-\beta)\right]$ 所表示的是同一个平面波基元成分，因而式（3−111）和式（3−113）都表示将同一个复振幅分布 $A(\xi,\eta)$（或 $A(\rho,\beta)$）分解为一系列空间频率各不相同的简谐平面波成分，而 $a(f_\xi,f_\eta)$（或 $a(f_\rho,u)$）只是相应空间频率成分的振幅密度。应用图 3−20 的几何关系不难理解上述结论。图中 $\boldsymbol{k}$ 为平面 Σ 上平面波 $\exp[2\mathrm{j}\pi(f_\xi\xi+f_\eta\eta)]$ 的波矢，平行的虚线代表一组相邻位相差为 2π 的等相面。由图可以看出，极坐标系的一个空间频率变量 f_ρ 代表该平面波的固有空间频率，即沿 $\boldsymbol{k}$ 方向的空间频率，另一个空间频率变量 u 为 $\boldsymbol{k}$ 方向与 ξ 轴之间的夹角，即描述了平面波的传播方向。当沿着与 ξ 轴成 β 角的 $\boldsymbol{\rho}$ 方向考察时，方向的空间频率为 $f_\rho\cos(u-\beta)$，这正好说明，该平面波在极坐标系 (ρ,β) 中应表示为 $\exp[2\mathrm{j}\pi\rho f_\rho\cos(u-\beta)]$。

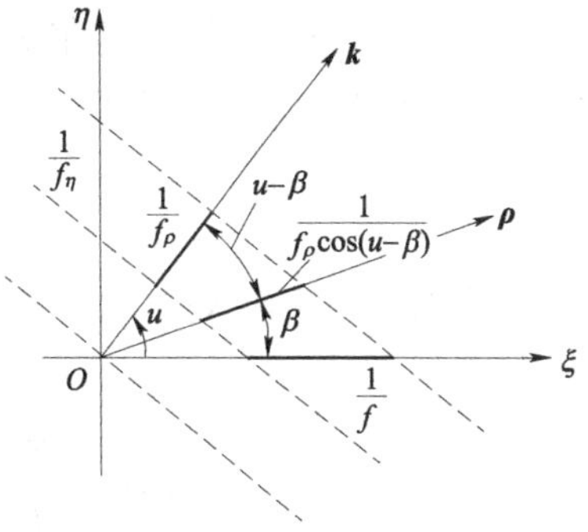

图 3−20　平面波在两种坐标系中的描述

当复振幅分布 $A(\rho,\beta)$ 具有圆对称性质时，A 的分布与 β 无关，因而可以写成 $A(\rho)$，式（3−107）表示的 $A(\rho)$ 傅里叶变换可以化简为单重积分的形式：

$$\begin{aligned}a(f_\xi)&=\int_0^\infty\rho A(\rho)\left\{\int_0^{2\pi}\exp[-2\mathrm{j}\pi\rho f_\rho\cos(u-\beta)]\mathrm{d}\beta\right\}\mathrm{d}\rho\\&=2\pi\int_0^\infty\rho A(\rho)J_0(2\pi\rho f_\rho)\mathrm{d}\rho\end{aligned} \tag{3-114}$$

其中零阶贝塞尔函数的积分性质式为（见附录 C）

$$J_0=\frac{1}{2\pi}\int_0^{2\pi}\exp(\mathrm{j}\omega\cos\theta)\mathrm{d}\theta$$

并且有 $J_0(-\omega)=J_0(\omega)$ 的关系。由于式（3−114）右端的积分与 u 无关，说明 $A(\rho)$ 的傅里叶变换也是圆对称的，因而公式左端写成 $a(f_\rho)$。

按照同样的方法步骤，可以证明，当函数 $a(f_\rho,u)$ 具有圆对称性时，它的反傅里叶变换也具有圆对称性，式（3−113）的反傅里叶变换可以化简为

$$A(\rho)=2\pi\int_0^\infty f_\rho a(f_\rho)J_0(2\pi\rho f_\rho)\mathrm{d}f_\rho \tag{3-115}$$

式（3−114）和式（3−115）称为傅里叶—贝塞尔变换和反变换（或称为零阶汉克尔变换和反变换）。

下面应用傅里叶—贝塞尔变换公式来计算圆孔的夫琅和费衍射。设圆孔半径为 ε，用单位振幅的单色平面波正入射照明，衍射孔径出射面上的复振幅分布为

$$A(\rho)=T(\rho)=\mathrm{circ}\left(\frac{\rho}{\varepsilon}\right) \tag{3-116}$$

将 $A(\rho)$ 代入式（3–114），并利用贝塞尔函数的性质：

$$\int_0^{\omega}\omega' J_0(\omega')\,\mathrm{d}\omega'=\omega J_1(\omega)$$

可以求得 $A(\rho)$ 的傅里叶变换：

$$a(f_\rho)=2\pi\int_0^{\varepsilon}J_0(2\pi\rho f_\rho)\rho\mathrm{d}\rho=\frac{\varepsilon}{f_\rho}J_1(2\pi\varepsilon f_\rho) \tag{3-117}$$

其中 $J_1(2\pi\varepsilon f_\rho)$ 为一阶贝塞尔函数。利用式（3–108）和式（3–109）以及关系 $f_\xi=x/(\lambda f)$，$f_\eta=y/(\lambda f)$，很容易得出 (f_ρ,u) 与 (r,ω) 之间的关系：

$$f_\rho=\frac{r}{\lambda f},u=\omega \tag{3-118}$$

将以上关系代入式（3–43）～式（3–45），即可求出圆孔夫琅和费衍射的复振幅和辐照度分布：

$$\begin{aligned}E(r)&=\frac{K}{f}\exp\left[\mathrm{j}k\left(f+\frac{r^2}{2f}\right)\right]\frac{\varepsilon\lambda f}{r}J_1\left(2\pi\frac{\varepsilon r}{\lambda f}\right)\\&=\frac{K}{f}\exp\left[\mathrm{j}k\left(f+\frac{r^2}{2f}\right)\right](\pi\varepsilon^2)\frac{2J_1\left(2\pi\frac{\varepsilon r}{\lambda f}\right)}{2\pi\frac{\varepsilon r}{\lambda f}}\end{aligned} \tag{3-119}$$

$$L(r)=\frac{K\bullet K^*}{f^2}(\pi\varepsilon^2)^2\left[\frac{2J_1\left(2\pi\frac{\varepsilon r}{\lambda f}\right)}{2\pi\frac{\varepsilon r}{\lambda f}}\right]^2 \tag{3-120}$$

不难证明，当 $r=0$ 时，$\dfrac{2J_1\left(2\pi\frac{\varepsilon r}{\lambda f}\right)}{2\pi\frac{\varepsilon r}{\lambda f}}=1$，所以衍射图形中心点的辐照度为

$$L(0)=\frac{K\bullet K^*}{f^2}(\pi\varepsilon^2)^2$$

于是圆孔夫琅和费的辐照度可表示为

$$L(r)=L(0)\left[\frac{2J_1\left(2\pi\frac{\varepsilon r}{\lambda f}\right)}{2\pi\frac{\varepsilon r}{\lambda f}}\right]^2(x,y) \tag{3-121}$$

或 $$L(\psi)=L(0)\left[\frac{2J_1(\psi)}{\psi}\right]^2，其中\psi=2\pi\frac{\varepsilon r}{\lambda f}$$

通常将具有上式辐照度分布的衍射图形称为“爱里（Airy）图形”，它是由一个集中了大

约 84%衍射光能量的中央亮斑（又称为爱里斑）和一系列逐渐减弱的亮暗相间的衍射圆环所构成，如图 3-21 所示。利用函数 $J_1(\psi)/\psi$ 的计算结果，可求得靠近中心的几个亮暗环的位置和相对辐照度，计算结果如表 3-1 所示。从表中数据可以求得爱里斑的半径 r_A（靠近中心第一暗环半径）和角半径 θ_A（r_A 对观察透镜 L 中心的张角）：

$$r_A = \frac{3.83}{2\pi}\frac{\lambda f}{\varepsilon} = 0.61\frac{\lambda f}{\varepsilon} \tag{3-122}$$

$$\theta_A = r_A / f = 0.61\lambda / \varepsilon \tag{3-123}$$

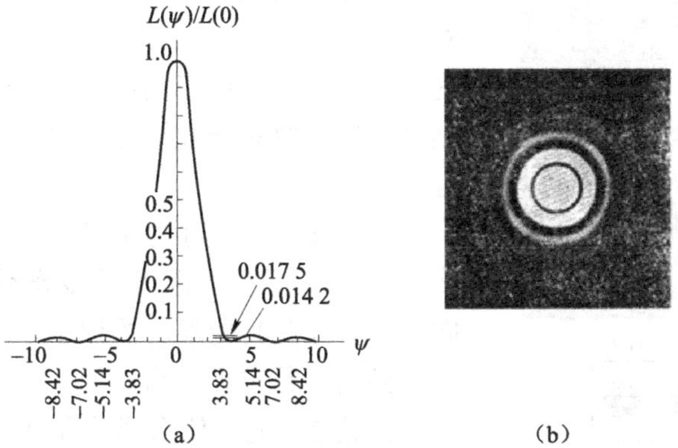

图 3-21 圆孔夫琅和费衍射图形

（a）辐照度曲线；（b）爱里图形照片

由于绝大多数光学仪器都具有圆形通光孔径，所以在光学仪器成像理论中，习惯将爱里图形作为衍射受限光学系统对点物所成的像。

表 3-1 爱里斑图形前几环计算结果

	ψ	r/f	$L(\psi)/L(0)$
中心点	0	0	1
第一暗环	3.83	$0.61\lambda/\varepsilon$	0
第一亮环	5.14	$0.82\lambda/\varepsilon$	0.018
第二暗环	7.02	$1.12\lambda/\varepsilon$	0
第二亮环	8.42	$1.34\lambda/\varepsilon$	0.004
第三暗环	10.17	$1.62\lambda/\varepsilon$	0

3.2.1.4 夫琅和费衍射图形的性质

前面应用标量衍射理论计算了几种典型孔径的夫琅和费衍射，通过这些分析计算，可以总结出衍射图形的基本性质，以及衍射三要素之间的关系，利用这些性质和规律，还可以分析更为复杂的衍射问题。

1. 光波受限制的方向与衍射图形之间的关系

衍射即光波在传播过程中受到限制（或调制）时所发生的光学现象，因此衍射图形分布与光波所受限制之间具有直接的关系。从前面几种衍射孔径的分析计算不难得出这样的结论：

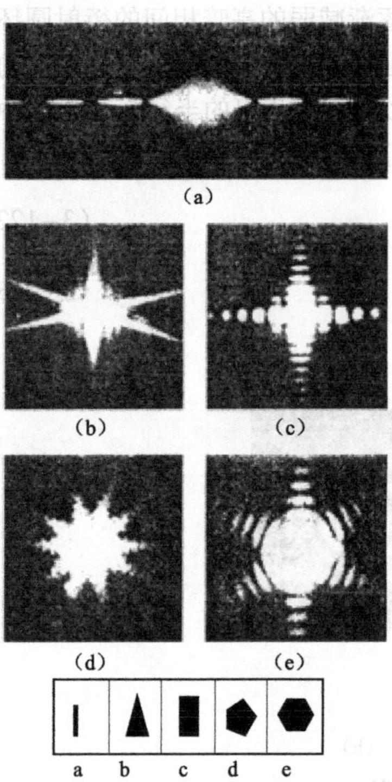

图 3-22　不同形状孔径的夫琅和费衍射

光波在什么方向受到限制，就会在什么方向发生衍射。特别是，衍射孔径的边缘形状对衍射图形的分布起着决定性的作用，可以认为，衍射总是出现在和衍射孔径边缘垂直的方向上。例如，单缝衍射发生在与缝垂直的方向；直边衍射虽然不出现衍射花纹，但在与直边垂直的方向上出现了辐照度的均匀衰减；矩孔可以看作两个正交的单缝叠加，因此衍射图形沿两个正交的方向扩展；圆孔对光波的限制具有圆对称性，因此衍射图形也是圆对称的爱里分布。图 3-22 给出了几种典型孔径及对应的夫琅和费衍射图形的照片，这些实验结果验证了上述结论。从上面的一般结论出发，还可以得出两个重要的推论：

推论 1：当衍射物体在自身平面内平移时，夫琅和费衍射图形不变。因为平移既不改变光波受限制的方向，也不改变其受限制的程度。这一推论可以应用傅里叶变换的平移定理严格证明。

推论 2：无论什么形状和性质的实数衍射物体，其夫琅和费衍射图形都具有中心对称性。也就是说，将衍射图形绕原点（轴上点光源的几何像点）旋转 180°，总能与原图形重合。这一推论可以利用极坐标系中的傅里叶变换公式（3-112）加以证明。因为式（3-112）中，衍射图形平面的辐角坐标 u 是以 $\cos(u-\beta)$ 的形式出现的，当辐角坐标改变 π 之后：

$$\begin{aligned}a(f_\rho,u+\pi)&=\int_0^\infty\int_0^{2\pi}A(\rho,\beta)\exp[2\mathrm{j}\pi\rho f_\rho\cos(u+\pi-\beta)]\rho\mathrm{d}\rho\mathrm{d}\beta\\&=\int_0^\infty\int_0^{2\pi}A(\rho,\beta)\exp[2\mathrm{j}\pi\rho f_\rho\cos(u-\beta)]\rho\mathrm{d}\rho\mathrm{d}\beta\\&=a_\mathrm{c}(f_\rho,u+\pi)+\mathrm{j}a_\mathrm{s}(f_\rho,u+\pi)\end{aligned}\tag{3-124}$$

其中 $a_\mathrm{c}(f_\rho,u+\pi)$ 和 $a_\mathrm{s}(f_\rho,u+\pi)$ 分别是观察面旋转 π 后 $A(\rho,\beta)$ 的余弦傅里叶变换和正弦傅里叶变换。如果将式（3-107）也写成余弦傅里叶变换和正弦傅里叶变换之和，则有

$$a(f_\rho,u)=a_\mathrm{c}(f_\rho,u)-\mathrm{j}a_\mathrm{s}(f_\rho,u)\tag{3-125}$$

由于衍射图形的辐照度 I 正比于 $A(\rho,\beta)$ 傅里叶变换的模的平方，从式（3-124）和式（3-125）不难证明：

$$\left|a(f_\rho,u+\pi)\right|^2=\left|a(f_\rho,u)\right|^2\tag{3-126}$$

所以有

$$I(f_\rho,u+\pi)=I(f_\rho,u)\tag{3-127}$$

这就是推论 2 的结论。

2. 光波受限制程度与衍射图形的关系

从前面的计算实例可以看出，夫琅和费衍射图形的扩展程度（或衍射效应的强弱）与衍射孔径的空间尺寸以及光波长的大小有关。如果用衍射中央亮斑的宽度来表示衍射图形的扩展程度，则存在下述的定量关系：

单缝衍射中央亮斑宽度

$$w = 2\lambda f / a_0$$

矩孔衍射中央亮斑宽度

$$w_x \cdot w_y = (2\lambda f / a_0) \cdot (2\lambda f / b_0)$$

圆孔衍射爱里斑直径

$$2r_{\mathrm{A}} = 1.22\lambda f / \varepsilon$$

由上述关系可以看出，衍射图形的扩展程度与 λ / a_0，λ / b_0 和 λ / ε 等系数成正比，这些系数越大（即衍射孔径的尺寸 a_0、b_0、ε 越小，或光波长 λ 越大），表示光波受限制程度越大，因而衍射图形越扩展，或者说衍射效应越强。反之，增大衍射孔径尺寸，或减小光波长，光波受限制程度减小，衍射图形扩展程度随之减小。简而言之，当开孔尺寸趋于无穷大，或者光波长 λ 趋于零时，光波在传播中将不受到限制，此时不再有衍射现象，光波将按几何光学的规律传播。上述结论很容易用傅里叶变换的缩放定理加以证明。

3. 光源与衍射图形的关系

1）单色点光源照明

从 3.1.5 节的分析可知，光源的共轭像面是物体的夫琅和费衍射平面，如果用轴上单色点光源 S 照明（图 3-14），则光源 S 的共轭像点 F 即衍射中央极大值的位置，也是衍射图形的对称中心。

当点光源由轴上点平移到轴外点时，夫琅和费衍射观察装置如图 3-11 所示，衍射图形的复振幅和辐照度分别由式（3-100）和式（3-101）给出。由公式可以看出，当点光源在垂直于光轴的方向有角位移 β 时，衍射图形仍然符合 $\mathrm{sinc}^2(\psi)$ 的分布，只是衍射中央亮斑的极大值平移到了 $x = f\sin\beta$ 处，由图 3-11 看出，这正是轴外点光源 S 的几何像点 S' 的位置。同时可以证明，衍射中央亮斑的宽度将变为 $w = 2\lambda f / (a_0 \cos^2\beta)$。

2）单色扩展光源照明

当光源在空间扩展时，可将扩展面光源细分为一系列点光源的集合，每个单色点光源都将产生一套各自的夫琅和费衍射图形。扩展光源的夫琅和费衍射图形的辐照度分布则是各点光源衍射辐照度的叠加。以图 3-23 所示用扩展面光源照明的单缝衍射为例，设单缝平行于 η 轴，缝宽为 a_0，位于准直透镜 L 前焦面的面光源辐射功率密度为 $\psi(x_0, y_0)$，透镜 L_0 和 L 的焦距均为 f，根据式（3-101）面光源位于 (x_0, y_0) 上，元面积为 $\mathrm{d}x_0\mathrm{d}y_0$ 的光源产生的夫琅和费衍射的辐照度可表示为

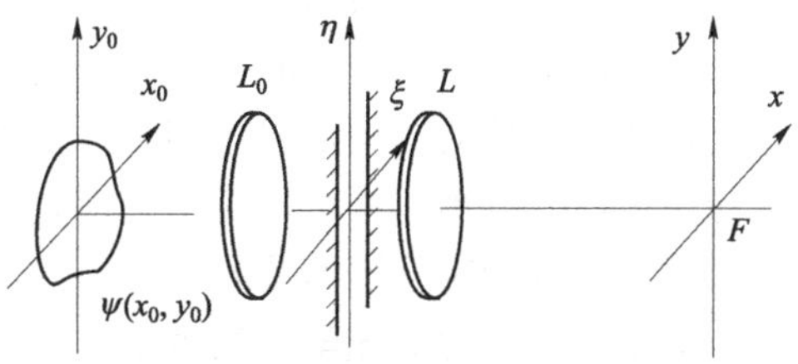

图 3-23　扩展面光源照明的单缝衍射

$$\mathrm{d}L(x, y) = L(0,0)\psi(x_0, y_0)\mathrm{sinc}^2\left[\frac{a_0}{\lambda f}(x - x_0)\right]\delta\left(\frac{y - y_0}{\lambda f}\right)\mathrm{d}x_0\mathrm{d}y_0 \qquad (3\text{-}128)$$

于是面光源衍射的辐照度分布为

$$L(x,y)=L(0,0)\iint_{-\infty}^{\infty}\psi(x_0,y_0)\mathrm{sinc}^2\left[\frac{a_0}{\lambda f}(x-x_0)\right]\delta\left(\frac{y-y_0}{\lambda f}\right)\mathrm{d}x_0\mathrm{d}y_0 \tag{3-129}$$

一般情况下，上式的积分只能得出数值计算的结果，但在某些特殊情形中，仍能得出解析解。例如，当应用平行于单缝方向的线光源时，$\psi(x_0,y_0)=\delta(x_0)$，代入式（3-129），于是

$$L(x,y)=L(0,0)\mathrm{sinc}^2\left(\frac{a_0x}{\lambda f}\right) \tag{3-130}$$

衍射图形在 x 方向的分布与轴上点光源照明的情形相同，在 y 方向的辐照度是均匀的，整个衍射图形呈现为一组平行于 y 轴的直条纹。

3）非单色点光源照明

当采用轴上白色点光源照明时，波长 λ 的夫琅和费衍射的辐照度可表示为 $L(x,y;\lambda)$，衍射图形总的辐照度将是各种波长衍射图形辐照度的叠加，于是衍射图形将呈现为彩色。下面仍以单缝衍射为例给出非单色点光源照明时的辐照度表达式。

设光源的光谱辐射功率密度为 $\psi(\lambda)$，于是中心波长为 λ，带宽为 $\mathrm{d}\lambda$ 的准单色成分形成的单缝夫琅和费衍射的辐照度可表示为

$$\mathrm{d}L(x,y;\lambda)=L(0,0)\psi(\lambda)\mathrm{sinc}^2\left(\frac{a_0x}{\lambda f}\right)\delta\left(\frac{y}{\lambda f}\right)\mathrm{d}\lambda \tag{3-131}$$

于是非单色点光源照明的单缝衍射辐照度为

$$L(x,y)=L(0,0)\int_{-\infty}^{\infty}\psi(\lambda)\mathrm{sinc}^2\left(\frac{a_0x}{\lambda f}\right)\delta\left(\frac{y}{\lambda f}\right)\mathrm{d}\lambda \tag{3-132}$$

上式积分结果依赖于 $\psi(\lambda)$ 的分布。由式（3-92）可知，衍射中央亮斑宽度 w 和光波长 λ 成正比，所以衍射图形中央亮斑的中心总是呈白色，而边缘则呈现红色。

3.2.2 单孔光学系统的分辨本领

光学系统的分辨本领，又称为分辨率或鉴别率，是用来评价光学系统分辨或识别两个靠近的点物或物体精细结构能力的指标。按照几何光学的特点，对于一个既无像差又不考虑衍射限制的理想光学系统，点物的像仍然是理想的点，因而可以分辨两个任意靠近的点，也就是说，分辨本领是无限的。但是对于一个实际的光学成像系统，一方面由于系统有限孔径对入射光波的衍射，另一方面由于像差的存在，点物的像实际是一个弥散斑，当两个点物足够靠近，或者物体的结构足够精细时，光学系统就可能无法分辨。对于像差比较大的实际光学成像系统，其分辨本领可以应用几何光学原理来计算；当光学系统的像差经过仔细校正时，衍射效应成为影响分辨本领的主要因素，称为衍射受限分辨本领。本章主要研究这种情形。

对于一个任意的光学成像系统，物点和像点之间总是满足物像共轭关系。按照 3.1.5 节的讨论，在光源的共轭像面上，可以观察到衍射孔径的夫琅和费衍射。因此可以认为，点物通过光学系统所成的像，就是光学成像系统有效孔径的夫琅和费衍射图形。

为了定量计算光学成像系统的分辨本领，必须确定一个分辨的判据。图 3-24 所示为一个衍射受限成像系统，S_1 和 S_2 是两个发光强度相同且十分靠近的点物，系统有效孔径是半径

为ε的圆。按照上节的分析，点物的像S_1'和S_2'应符合式(3–121)的分布，成为图 3–21 所示的爱里图形。图 3–25 画出了点物S_1和S_2之间的距离不同时，像的强度分布曲线。在图 3–25（a）的情形，S_1和S_2的距离较大，像的强度分布为两个峰，很容易分辨。图 3–25（b）中S_1和S_2之间距离的减小，使得像S_1'的中央强度极大值与S_2'的第一个强度极小值重合，合成强度曲线中心点的光强度下降为强度极大值的 73.5%，这时，大多数人眼尚能分辨这是两个点物的像。在图 3–25（c）中，S_1和S_2的距离进一步减小，像面上合成强度曲线成为单一的峰，这时，无论成像系统的放大倍率多高，也无法分辨这是两个点物的像，这种无助于提高分辨本领的高放大倍率称为无效倍率。

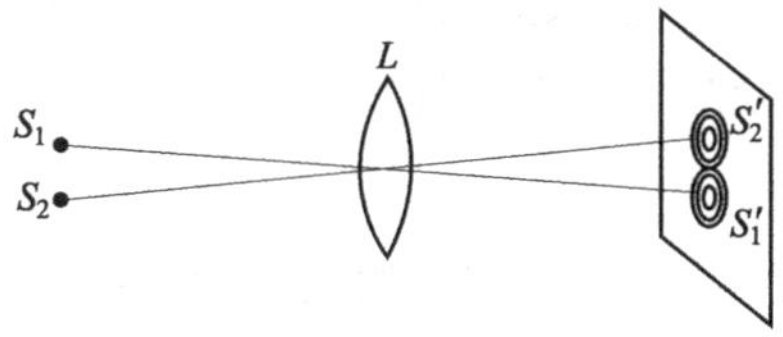

图 3–24 两个点物的衍射像

瑞利首先提出，将图 3–25（b）的情形，即一个物点爱里斑的中央极大值与另一个物点爱里斑的第一极小值重合，作为光学系统的衍射受限分辨极限，这一判据被称为瑞利判据。应用瑞利判据讨论光学系统分辨问题时，需要注意以下准则：首先，瑞利判据是针对两个等强度点光源得出的结果，如两个点光源强度不等，则实际最小分辨距离可能达不到瑞利极限；其次，瑞利判据是针对非相干成像系统得出的结果，如果是相干成像光学系统，由于像的分布是各点像复振幅的相干叠加，而不是强度叠加，系统的分辨本领将与两个靠近的点光源之间的初位相差有关；最后，实验证明，瑞利判据是一个比较严格的判据，更宽松的判据是斯派罗判据，它是以两点像的合成强度曲线成为平顶分布的情形作为衍射受限分辨极限。下面应用瑞利判据来讨论各类光学成像系统的分辨本领。

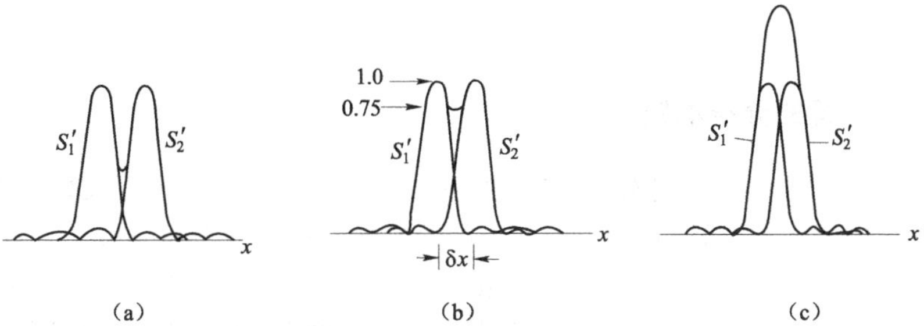

图 3–25 像的强度分布

3.2.2.1 望远镜的分辨本领

望远镜是对无穷远处物体成像的仪器，它的分辨本领用最小分辨角α来表示。如图 3–26 所示，S_1'和S_2'分别是无穷远处物点S_1和S_2的衍射像，当满足瑞利判据，即S_1'的中央极小值与S_2'的第一极小值重合时，S_1'和S_2'中心点对望远镜物镜L的张角α等于爱里斑的角半径θ_A，此时的张角α即望远镜的最小分辨角。显然，用最小分辨角α的大小来表示望远镜的分辨本领是合适的，并且，从望远镜的工作原理可知，最小分辨角α既表示望远镜的像方分辨本领，又表示其物方的分辨本领。

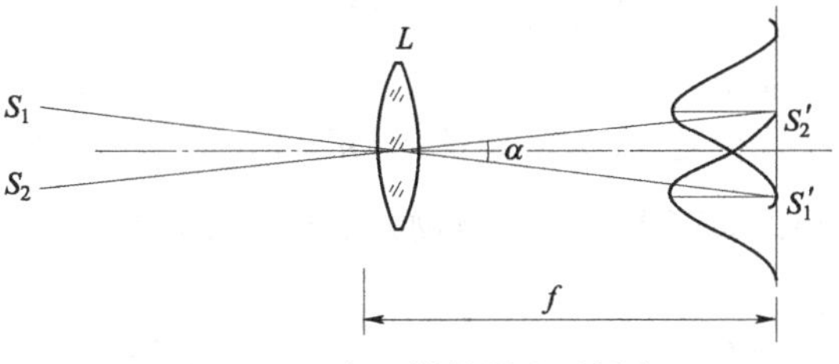

图 3–26 望远镜的最小分辨角

设望远镜物镜有效直径为D，焦距为f，光波长为λ，利用式（3-123），望远镜的最小分辨角可表示为

$$\alpha=\theta_{\mathrm{A}}=1.22\lambda/D \tag{3-133}$$

上式表明，增大望远镜物镜的有效孔径D，可以提高分辨本领，这就是天文望远镜采用直径达5～6 m物镜的主要原因。

由于望远镜的有效通光孔径D大于人眼瞳孔直径D_{e}，所以望远镜除了具有视角放大作用外，还可以提高人眼对物体的分辨本领，提高倍数为$\dfrac{\alpha_{\mathrm{e}}}{\alpha}=\dfrac{D}{D_{\mathrm{e}}}$。因此在设计望远镜时，为了充分利用望远镜的分辨本领，应该使望远镜具有足够高的视角放大率，使物镜的最小分辨角α经放大后正好等于人眼的最小分辨角α_{e}，即$M\alpha=\alpha_{\mathrm{e}}$，显然设计的系统视角放大率$M=\dfrac{\alpha_{\mathrm{e}}}{\alpha}=\dfrac{D}{D_{\mathrm{e}}}$。

3.2.2.2 照相物镜的分辨本领

由于照相物镜的记录面是物体的共轭像面，因此点物的像应是物镜孔径的夫琅和费衍射。设照相物镜有效孔径为D，焦距为f，光波长为λ，则它能分辨的底片上的最小距离为

$$\delta_x=1.22\lambda f/D \tag{3-134}$$

照相物镜的分辨本领定义为最小分辨距离的倒数，它表示在像面上每毫米能分辨的直线数N：

$$N=1/\delta_x=D/(1.22\lambda f) \tag{3-135}$$

3.2.2.3 显微镜的分辨本领

图3-27所示为显微镜的光路图。其中S_1和S_2是位于显微镜物镜L_1前焦面附近两个靠近的点物，S_1'和S_2'是位于显微镜目镜前焦面上的衍射像。根据前面的分析，S_1'和S_2'均是显微镜物镜孔径光阑的夫琅和费衍射。设显微镜物镜孔径光阑为直径D的圆孔，则S_1'和S_2'的强度分布为爱里分布，爱里斑的直径为

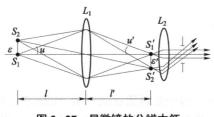

图3-27　显微镜的分辨本领

$$r_{\mathrm{A}}=1.22\lambda l'/D \tag{3-136}$$

式中，l'为像距。如果采用非相干光照明，按照瑞利判据，可得出显微镜物镜像方最小可分辨距离$\varepsilon'=r_{\mathrm{A}}=1.22\lambda l'/D$。但是，显微镜的分辨本领通常用物方最小可分辨距离$\varepsilon$来表示，为了由$\varepsilon'$求出$\varepsilon$，可利用显微镜物镜满足的Abbe正弦条件：

$$n\varepsilon\sin u=n'\varepsilon'\sin u' \tag{3-137}$$

式中，n、u和n'、u'分别是物方和像方的折射率和孔径角。在大多数情形，$n'=1$，由于$l'\gg D$，所以$\sin u'\approx u'\approx\dfrac{D}{2l'}$。将这些关系代入式（3-137），即可求出显微镜物方最小可分辨距离：

$$\varepsilon=\frac{\varepsilon'\sin u'}{n\sin u}=\frac{0.61\lambda}{n\sin u}=0.61\frac{\lambda}{NA} \tag{3-138}$$

这就是显微镜分辨本领的表示式。式中 $n\sin u = NA$ 称为显微镜的数值孔径。从上式可以看出，为提高显微镜的分辨本领，一方面可以减小光波长，另一方面可以增大物镜的数值孔径 NA。

减小波长的方法在显微术中得到了广泛的应用。一般的显微镜照明系统中都配有一块紫色滤光镜，其目的就是通过减小波长来提高分辨本领。采用波长为 200～250 nm 紫外光照明的紫外光显微镜，可使分辨本领提高一倍，但是这种显微镜要用石英或萤石等透紫外光材料制造，并且只能照相显示，不能目视观察。近代电子显微镜利用电子束的波动性来成像，在数百万伏加速电压下，电磁波的波长大约为10^{-3} nm 数量级，因此电子显微镜的分辨本领可比光学显微镜提高千倍以上。

增大显微镜数值孔径有两条途径，一是减小物镜的焦距，以增大物方孔径角 u，但物镜焦距减小使工作距离缩短，会对使用造成不便；二是使用浸液物镜，非浸液物镜的物方介质为空气，$n=1$，因此数值孔径 $NA<1$（最大为 0.9）。如果把成像物体浸没在高折射率的透明液体中，可使数值孔径提高到 1.2～1.4。对于一个 $NA=1.4$ 的油浸物镜，当 $\lambda=0.55\ \mu\text{m}$ 时，其分辨本领 $\varepsilon=0.24\ \mu\text{m}$（约 4 000 线/mm）。

3.2.2.4　棱镜分光仪的分辨本领

图 3-28 所示为棱镜分光仪的光路图。狭缝光源 S 位于准直透镜 L_1 前焦面，平行光以最小偏向角通过色散棱镜 P。设线光源 S 发出的光波包含波长为 λ_1 和 λ_2 两种单色成分。由于两种单色光波通过棱镜的偏向角不同，经透镜 L_2 成像到出射狭缝平面上不同位置 Q_1 和 Q_2，形成光源的光谱。按前面的分析，每一条光谱线都应是色散系统有效孔径的夫琅和费衍射。设色散系统在垂直于图面的方向不限制光波，在图面内的有效孔径宽度为 a，则该系统可作为一个单缝夫琅和费衍射装置来考虑，因此每一条光谱线的半角宽度为

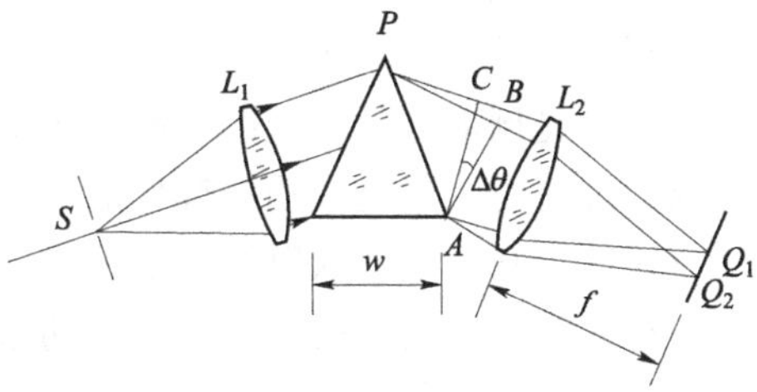

图 3-28　棱镜分光仪光路图

$$\theta_0=\frac{\bar{\lambda}}{a} \tag{3-139}$$

式中，$\bar{\lambda}$ 为平均波长。按照瑞利判据，当谱线 Q_1 和 Q_2 的角间距 $\Delta\theta \geqslant \theta_0$ 时，这两条谱线就可以分辨。

从棱镜 P 的顶点 A 分别向波长 λ_1 和 λ_2 的出射光束作垂线 AC 和 AB，则 AC 表示波长 λ_1 的出射光波波面，AB 表示 λ_2 的出射光波波面，夹角 $\angle CAB$ 正好等于谱线 Q_1 和 Q_2 的角间距 $\Delta\theta$，所以有 $\Delta\theta=\overline{BC}/a$。而 $\overline{BC}$ 等于波长为 λ_1 和 λ_2 的两束光通过棱镜底边时的光程差，若设棱镜底边长度为 w，两束光的折射率差为 Δn，于是 $\overline{BC}=\Delta n w$。最后，利用 λ_1 和 λ_2 刚可分辨的条件 $\Delta\theta=\theta_0$ 和式（3-139），可得出棱镜分光仪的分辨本领为

$$R=\frac{\bar{\lambda}}{\Delta\lambda}=w\frac{\Delta n}{\Delta\lambda} \tag{3-140}$$

式中，$\Delta n/\Delta\lambda$ 为色散棱镜材料的色散，对于选定的玻璃材料为一常数。所以，棱镜分光仪的分辨本领与色散棱镜的底边长度 w 成正比。在大型光谱仪器中，常常采用多棱镜级联的色散系统，但是其系统的分辨本领并不会比以多棱镜底边之和作为底边的一个大棱镜系统的分辨

本领更高，这是瑞利导出的一个著名结论。

3.2.3　衍射光栅

在讨论了单孔夫琅和费衍射规律的基础上，本节将介绍周期性分布物体——衍射光栅的夫琅和费衍射。所谓衍射光栅，是指在一定的空间范围内，具有空间周期性分布，能够按一定规律对电磁波进行振幅调制或（和）位相调制的物体或装置。对衍射光栅的分析，存在两种不同的观点：一种是将衍射光栅作为一个分波面的多光束干涉装置，应用 3.4 节的多光束干涉理论来计算；另一种是将光栅作为一个具有周期性结构的衍射物体，直接应用标量衍射理论进行分析计算。本书即采用后一种观点。在光学工程中，应用最广泛，也最有意义的是光栅的夫琅和费衍射，因此可以直接利用傅里叶变换的方法来研究。

对衍射光栅可以从不同的角度进行分类。

首先根据光栅对入射光波进行调制的空间范围，可以分为一维光栅、二维光栅和三维光栅。二维光栅的工作表面如果是平面，则称为平面光栅。如果平面光栅是由一组平行等距的直线条构成，又可称为“一维光栅”，而由两组方向互相垂直的平行等距直线条构成的平面光栅又称为“正交光栅”。如果二维光栅的工作表面是凹面的，又称为凹面光栅，它除了分割波面之外，还具有一定的聚焦能力。三维光栅又称为体积光栅，晶体的原子（或晶胞）在三维空间有规则地排列，对 X 射线起到了三维光栅的作用；用厚感光材料对三维干涉场进行记录，也能形成三维体积光栅。

根据光栅对入射光波的调制方式的不同，可以分为振幅光栅和位相光栅。振幅光栅通过吸收或反射对入射光波的振幅作周期性的调制；位相光栅对入射光波是“透明的”或者说均匀反射的，它只改变入射光波的位相。通过折射率周期性变化对入射光波进行位相调制的光栅，称为折射率调制型位相光栅；通过介质厚度呈周期性变化对入射光波进行位相调制的光栅，则称为浮雕型位相光栅。三维光栅必然对入射光波作位相调制，因而是一种位相光栅。严格来说，大多数实际光栅对入射光波都同时具有振幅调制和位相调制作用，因而是一种混合型光栅。

此外，还可以按照使用方式、制造方法和工作波段进行分类。例如，入射光波和衍射光波在光栅同侧的称为“反射光栅”，在异侧的称为“透射光栅”。由于反射光栅的衍射光不受光栅材料的吸收限制，因而在可见光以外的波段得到了广泛的应用。按照制造方法的不同，可以分为“刻划光栅”“全息光栅”和“复制光栅”等。按工作波段分类，除了用于可见光波段的光栅之外，尚有“红外光栅”“紫外光栅”等。

3.2.3.1　一维振幅光栅

1. 一维振幅光栅的衍射图形

观察一维振幅光栅的夫琅和费衍射可以采用图 3-29 所示的装置。光栅 G 位于 (ξ,η) 平面，用单位振幅单色平面波照明，在透镜 L 的后焦面 Π 上观察其夫琅和费衍射。由于一维光栅 G 只在 ξ 方向限制光波，故只在 ξ 方向发生衍射，因此只需研究 Π 平面上沿 x 轴的衍射辐照度分布即可。

首先，我们研究透射系数为矩形波分布的一维振幅光栅，设光栅缝宽为 a，缝距（光栅常数）为 d，缝数为 N，如图 3-30 所示。其复振幅透射系数可表示为

$$g(\xi)=\left[\frac{1}{d}\mathrm{rect}\left(\frac{\xi}{a}\right)\otimes\mathrm{comb}\left(\frac{\xi}{d}\right)\right]\mathrm{rect}\left(\frac{\xi}{Nd}\right) \tag{3-141}$$

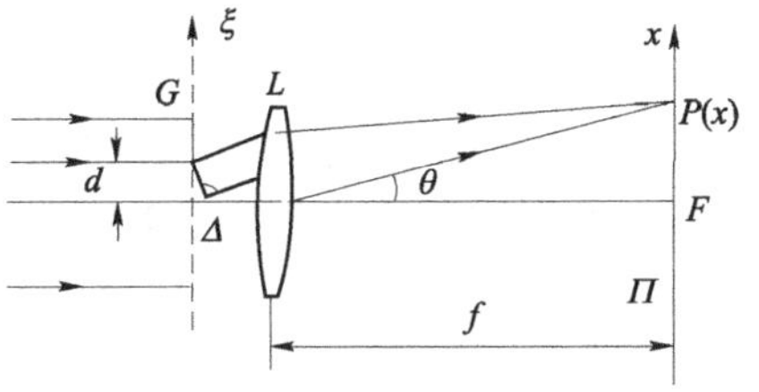

图 3-29　一维振幅光栅的衍射

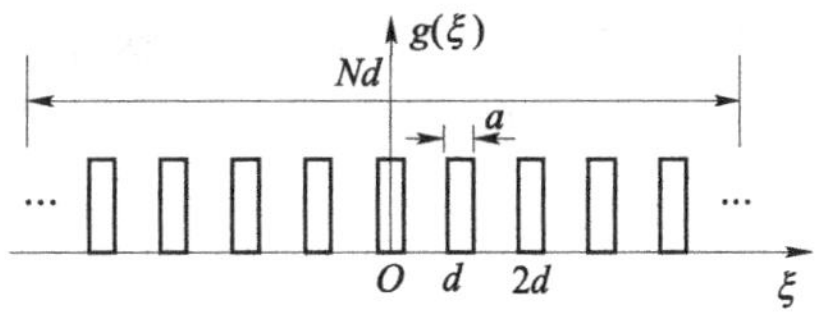

图 3-30　一维振幅光栅

它的傅里叶变换（见附录 D）为

$$\begin{aligned}G(f_\xi)&=adN\mathrm{sinc}(af_\xi)\mathrm{comb}(df_\xi)\otimes\mathrm{sinc}(Ndf_\xi)\\&=aN\mathrm{sinc}(af_\xi)\sum_{m=-\infty}^{\infty}\delta\left(f_\xi-\frac{m}{d}\right)\otimes\mathrm{sinc}(Ndf_\xi)\end{aligned} \tag{3-142}$$

式中，f_ξ 为光栅衍射的平面波分量的空间频率。由图 3-29 看出，如果某平面波分量的衍射角为 θ，则它的空间频率为 $f_\xi=\sin\theta/\lambda$，该平面波成分的振幅密度可通过测量 Π 平面上 $P(x)$ 点的复振幅获得。按照惠更斯—菲涅尔原理，$P(x)$ 点的复振幅应是光栅各栅缝发出的子波干涉叠加的结果和与相邻栅缝发出的子波干涉叠加的结果，与相邻栅缝发出的子波到达 $P(x)$ 点的光程差 $\varDelta$ 或位相差 $\Delta\varphi$ 有关。利用图 3-29 的几何关系，可得出

$$\begin{aligned}\varDelta&=d\sin\theta\\\Delta\varphi&=\frac{2\pi}{\lambda}\varDelta=\frac{2\pi}{\lambda}d\sin\theta\end{aligned} \tag{3-143}$$

利用空间频率 f_ξ 和衍射角 θ 的关系，立即可得出空间频率 f_ξ 和位相差 $\Delta\varphi$ 的关系：

$$f_\xi=\sin\theta/\lambda=\Delta\varphi/(2\pi d) \tag{3-144}$$

代入式（3-142），利用式（3-43）～式（3-45），最后可得出一维振幅光栅夫琅和费衍射的复振幅和辐照度分布为

$$\begin{aligned}E(P)&=CG(f_\xi)\\&=CaN\mathrm{sinc}\left(\frac{a}{d}\frac{\Delta\varphi}{2\pi}\right)\sum_{m=-\infty}^{\infty}\mathrm{sinc}\left[N\left(\frac{\Delta\varphi}{2\pi}-m\right)\right]\end{aligned} \tag{3-145}$$

$$\begin{aligned}L(p)&=|C|^2a^2N^2\mathrm{sinc}^2\left(\frac{a}{d}\frac{\Delta\varphi}{2\pi}\right)\left\{\sum_{m=-\infty}^{\infty}\mathrm{sinc}\left[N\left(\frac{\Delta\varphi}{2\pi}-m\right)\right]\right\}^2\\&=N^2I_0\mathrm{sinc}^2\left(\frac{a}{d}\frac{\Delta\varphi}{2\pi}\right)\left\{\sum_{m=-\infty}^{\infty}\mathrm{sinc}\left[N\left(\frac{\Delta\varphi}{2\pi}-m\right)\right]\right\}^2\end{aligned} \tag{3-146}$$

式中，C 为复常数，$I_0=|C|^2a^2$ 表示单个栅缝透过的光强，第一个因子 $\mathrm{sinc}^2\left(\frac{a}{d}\frac{\Delta\varphi}{2\pi}\right)$ 表示宽度为 a 的单缝夫琅和费衍射的辐照度分布，第二个因子 $\left\{\sum_{m=-\infty}^{\infty}\mathrm{sinc}\left[N\left(\frac{\Delta\varphi}{2\pi}-m\right)\right]\right\}^2$ 表示缝距为 d

的细缝光栅分波面多光束干涉的强度分布。所以一维振幅光栅的夫琅和费衍射图形可以看作分波面多光束干涉受单缝衍射调试的结果。下面从式（3–146）出发，讨论一维振幅光栅夫琅和费衍射图形的分布特点。

1）主极大值和主亮纹

将式（3–146）中多光束干涉因子的强度极大值称为光栅衍射图形的“主极大值”，以强度主极大值为中心的干涉亮纹称为“主亮纹”。由式（3–146）可知，获得强度主极大值的条件是

$$\frac{\Delta\varphi}{2\pi}-m=0$$

或

$$\Delta\varphi=2m\pi\text{（}m\text{ 为}(-\infty,\infty)\text{ 之间的整数）}\tag{3-147}$$

上式正好说明，主亮纹是多光束同相叠加的结果。利用式（3–146），上述条件也可表示为

$$d\sin\theta=m\lambda\text{（}m=0,\pm1,\pm2\cdots\text{）}\tag{3-148}$$

上式称为正入射照明条件的光栅方程，它确定了各个衍射主亮纹的位置，式中整数 m 称为主亮纹的“衍射级”或“干涉级”。

2）暗纹和次亮纹

从式（3–146）可知，当光栅缝数 N 有限时，由多光束干涉形成的主亮纹的强度呈 sinc 函数平方分布，很容易想到，在两个相邻的主亮纹之间会出现一系列由 sinc 函数旁瓣形成的强度起伏的波纹。实际上，利用式（3–146），立即可以得出强度为零值的条件：

$$N\left(\frac{\Delta\varphi}{2\pi}-m\right)=L$$

或

$$\Delta\varphi=2m\pi+\frac{2L\pi}{N}\text{（}L=1,2,3,\cdots,N-1\text{）}\tag{3-149}$$

上式说明，在两个主亮纹之间有 $N-1$ 个暗纹。此外，在相邻两个暗纹之间必定存在一个次亮纹，其位置大致在两个暗纹的中间，近似满足的条件是

$$N\left(\frac{\Delta\varphi}{2\pi}-m\right)=L+\frac{1}{2}$$

或

$$\Delta\varphi=2m\pi+\frac{(2L+1)\pi}{N}\tag{3-150}$$

这样的次亮纹共有 $N-2$ 个。由上面的分析可以想到，随着光栅缝数 N 增大，两个相邻主亮纹之间的波纹将越来越细，幅度越来越小，最后，当 $N\to\infty$ 时，波纹将消失。

3）主亮纹宽度

在 3.4 节分析多光束干涉时曾得出结论，多光束干涉主亮纹的宽度很窄，亮纹中心很亮。光栅夫琅和费衍射图形也符合这一点。为了定量分析光栅衍射图形的特点，我们定义光栅主亮纹的宽度为强度主极大值位置与相邻的第一个强度极小值位置之间的位相间隔。利用式（3–149），很容易得出第 m 级主极大值与相邻的第一个零极小值（取 $L=1$）之间的位相间隔为 $\delta\Delta\varphi=2\pi/N$。如果用 b 表示主亮纹的宽度，则有

$$b=2\pi/N\tag{3-151}$$

上式清楚地表明，光栅的缝数 N 越大，即相干光束数目越多，主亮纹就越窄、越亮，这正是多光束干涉的特点。同时也不难想到，当 $N \to \infty$ 时，各主亮纹宽度为零，一维振幅光栅的衍射图形由一系列暗背景上极锐的亮纹组成。

主亮纹的宽度，除了可用位相宽度 b 表示，还可以用角宽度 $\delta\theta'$ 表示，$\delta\theta'$ 代表主亮纹中心和相邻暗纹中心对观察透镜的张角。利用式（3−143）和式（3−151），很容易导出：

$$\delta\theta' = \frac{\lambda}{2\pi d \cos\theta}\delta\Delta\varphi = \frac{\lambda b}{2\pi d \cos\theta} = \frac{\lambda}{Nd \cos\theta} \tag{3-152}$$

此外，为了表示主亮纹的特点，还可以仿照法—珀干涉仪，采用细度的概念：

$$F = 2\pi / b = N \tag{3-153}$$

可见，光栅衍射主亮纹的细度等于光栅的缝数。

4）主亮纹的强度

可以用衍射图形辐照度的主极大值来表示主亮纹的强度，由式（3−146）可求出第 m 级主亮纹的强度为

$$L(m) = N^2 I_0 \mathrm{sinc}^2\left(\frac{a}{d}m\right) \tag{3-154}$$

其中零级主亮纹强度 $L(0) = N^2 I_0$ 为最大，第 m 级主亮纹的相对强度可表示为

$$\frac{L(m)}{L(0)} = \mathrm{sinc}^2\left(\frac{a}{d}m\right) \tag{3-155}$$

上式表明，各级主亮纹的相对强度受单缝衍射因子调制。特别是，当满足 $\left(\frac{a}{d}m\right)$ 为整数时，主亮纹强度为零，该衍射级成为缺级。所以缺级条件可表示为

$$\frac{a}{d}m = NN\ （NN 为整数） \tag{3-156}$$

由此可求出缺级的干涉纹：

$$m = \frac{d}{a}NN\ （m 和 NN 均为整数） \tag{3-157}$$

例如，设一维振幅光栅的占空比 $a/d = 2/5$，由上式可知 $m = 5,10,15,20\cdots$ 的衍射级将成为缺级。

由上面的讨论可知，在光栅常数 d 确定时，单缝衍射因子的分布主要受光栅缝宽的影响，当 $a \to 0$ 时，这种细缝光栅的单缝衍射因子恒等于 1，于是式（3−146）的衍射图形辐照度分布简化为

$$L(p) = N^2 I_0 \left\{ \sum_{m=-\infty}^{\infty} \mathrm{sinc}\left[N\left(\frac{\Delta\varphi}{2\pi} - m\right)\right]\right\} \tag{3-158}$$

上式表明，对于 $a \to 0$ 的细缝光栅来说，各级主亮纹的强度相等。

5）单缝衍射中央亮区的主亮纹数目

由式（3−146）可知，单缝衍射中央亮区的宽度（用位相差 $\Delta\varphi$ 来表示）为

$$w = 4\pi d / a \tag{3-159}$$

而主亮纹的位相间隔为$d_w = 2\pi$，所以单缝衍射中央亮区内的主亮纹数目为

$$N' = \frac{w}{d_w} - 1 = \frac{2d}{a} - 1 \tag{3-160}$$

上式说明，在光栅常数d一定时，缝宽a越小，衍射中央亮区越宽，中央亮区内主亮纹数越多，各级主亮纹的相对强度变化越小。

根据上述分析，图 3-31 画出了一个$d/a = 5$的一维振幅光栅衍射图形的相对辐照度分布曲线。从图中可以看出，一维振幅光栅的夫琅和费衍射具有周期性结构，当以位相差$\Delta\varphi$为自变量时，其空间周期为2π；当以$\sin\theta/\lambda$为自变量时，其空间周期为d。图 3-31（b）给出了缝数N分别等于 2,3,4,5,6 时，一维振幅光栅衍射图形的照片，其中左边的图形是用平面波照明的结果，右边的图形是用柱面波照明的结果。

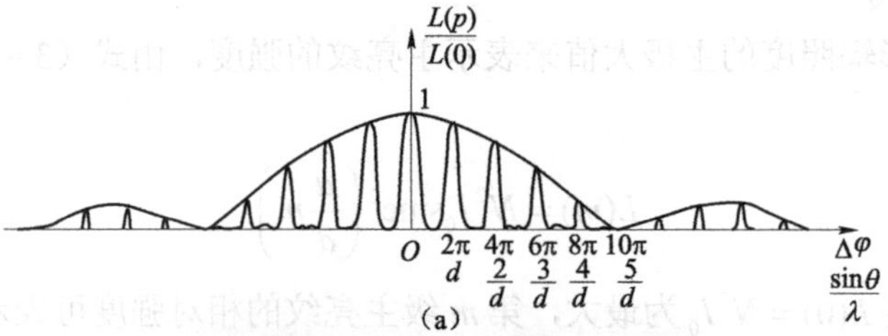

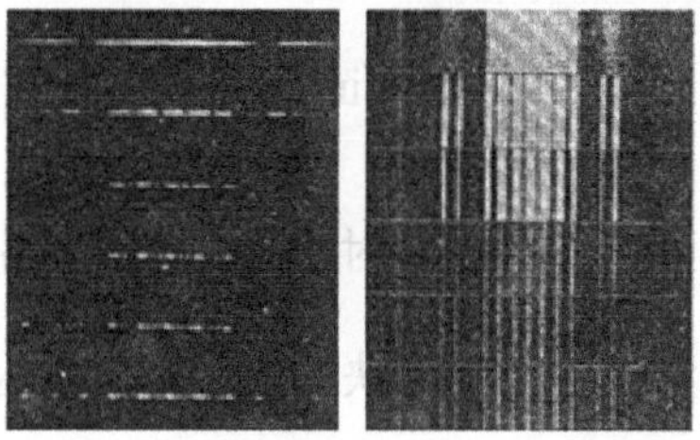

(b)

图 3-31　一维振幅光栅的衍射

（a）衍射图形的辐照度分布；（b）衍射图形的照片

2. 余弦振幅光栅

余弦振幅光栅是透射系数按余弦函数规律变化的振幅光栅，它一般只能用干涉法制作。

余弦振幅光栅的振幅透射系数可以表示为

$$g(\xi) = \frac{1}{2}\left(1 + \cos 2\pi \frac{1}{d}\xi\right) \tag{3-161}$$

式中，d为光栅常数，$1/d$为光栅的基频。$g(\xi)$的傅里叶变换为

$$G(f_\xi) = \frac{1}{2}\left[\delta(f_\xi) + \frac{1}{2}\delta\left(f_\xi - \frac{1}{d}\right) + \frac{1}{2}\delta\left(f_\xi + \frac{1}{d}\right)\right] \tag{3-162}$$

利用$f_\xi = \sin\theta/\lambda$的关系和式（3-146），上式可改写为

$$G(\Delta\varphi) = 2\pi d\left[\frac{1}{2}\delta(\Delta\varphi) + \frac{1}{4}\delta(\Delta\varphi_\xi - 2\pi) + \frac{1}{4}\delta(\Delta\varphi_\xi + 2\pi)\right] \tag{3-163}$$

由于衍射图形辐照度 $L(p)$ 正比于 $G(f_\xi)$ 的模的平方，所以由上式可以看出，余弦振幅光栅的衍射图形由三个分立的衍射级组成，分别称为零级、+1 级和 −1 级，各衍射级的分布如图 3−32 所示，其中零级衍射位于中心，归一化的振幅和辐照度分别为 $\dfrac{1}{2}$ 和 $\dfrac{1}{4}$；±1 级衍射分别位于 $\sin\theta=\pm\dfrac{\lambda}{d}$ 处，其归一化的振幅和辐照度分别为 $\dfrac{1}{4}$ 和 $\dfrac{1}{16}$。

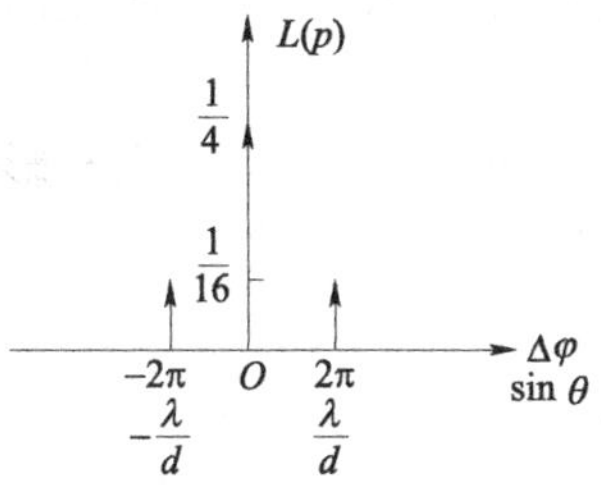

图 3−32　余弦振幅光栅的衍射图形分布

3. 一维振幅光栅的衍射效率

在光学工程中，常用衍射效率来评价衍射光学各个衍射级的能量分配关系。光栅第 m 级衍射效率的一个常用定义是：

$$\eta_m=\frac{\text{第}m\text{级衍射光栅的辐射功率}}{\text{入射光的辐射功率}} \tag{3-164}$$

对应图 3−30 的一维矩形波振幅光栅，当用振幅为 E_0 的单色平面波正入射照明时，按照傅里叶分析的观点，利用式（3−145），其 1 级衍射波可以表示为

$$\begin{aligned}E_1(\xi)&=E_0\mathrm{sinc}\left(\frac{a}{d}\right)\cos\left(2\pi\frac{1}{d}\xi\right)\\&=E_0\mathrm{sinc}\left(\frac{a}{d}\right)\left[\exp\left(2\mathrm{j}\pi\frac{1}{d}\xi\right)+\exp\left(-2\mathrm{j}\pi\frac{1}{d}\xi\right)\right]\end{aligned} \tag{3-165}$$

当光栅 $a=d/2$ 时，±1 级衍射波的振幅为

$$\frac{1}{2}E_0\mathrm{sinc}\left(\frac{1}{2}\right)=\frac{E_0}{\pi}$$

因此，按照式（3−164）的定义，矩形波振幅光栅的 1 级衍射效率为

$$\eta=1/\pi^2=10.13\%$$

对于余弦振幅光栅，按照式（3−158）或图 3−32，立即可求出其 1 级衍射效率为

$$\eta=1/16=6.25\%$$

可见，尽管矩形波光栅存在多级衍射，但是其 1 级衍射效率却高于余弦光栅。因此，在用干涉法制作衍射光栅时，常常采用非线性记录来提高光栅的衍射效率。

4. 一维振幅光栅的分光性能

在各种光谱仪器中，广泛使用衍射光栅作为分光元件，将由复杂光谱组成的入射光波分解为沿不同方向传播的单色波，以便取出光源中某些单色成分，或者对光源的功率谱进行测量分析。

光栅分光的原理可通过式（3−148）的光栅方程来说明。当光栅常数 d 和衍射级 m 确定时，衍射角 θ 的正弦与波长 λ 成正比，当用白光或非单色光照射光栅时，不同波长 λ 的同一级衍射波的衍射角 θ 不同，于是在图 3−27 的观察平面 Π 上形成按波长 λ 或颜色顺序排列的衍射图形，称为光谱。通过测量不同谱线的衍射角 θ，即可计算对应的光波长，从而分析光

源的光谱组成；如果同时测出各条谱线的相对强度，还可以得出光源的功率谱。

光栅作为分光元件，最重要的性能和评价指标有色散、分辨本领和色散范围，下面分别介绍这些性能指标的意义和影响因素。

1）光栅的色散

定义：分光元件将入射光中不同波长的单色成分在空间分开的程度称为分光元件的色散。根据量度单位的不同，可分为“角色散”和“线色散”。

角色散 D_A 表示具有单位波长差的两种单色成分在空间分开的角度：

$$D_A=\frac{d\theta}{d\lambda} \tag{3-166}$$

利用光栅方程（3-148），可导出角色散的计算公式：

$$D_A=\frac{m}{d\cos\theta} \tag{3-167}$$

上式表明，光栅常数 d 越小，所使用的衍射级 m 越大，则角色散越大。

线色散 D_L 表示具有单位波长差的两种单色成分在观察面上分开的线距离，应用图 3-29 的观察光路时，线色散的计算公式为

$$D_L=\left|\frac{dx}{d\lambda}\right|=f\sec^2\theta D_A=\frac{mf}{d\cos^3\theta} \tag{3-168}$$

2）光栅的分辨本领

当光栅用作光谱仪器的分光元件时，存在着区分两条波长十分接近的谱线的问题。由于光栅缝数 N 是有限的，因此主亮级有一定的宽度（b 或 $\delta\theta'$ 有限），两单色成分的波长越接近，对应的主亮纹间距 $\delta\theta$ 越小，当达到某一极限时，人眼将无法分辨这是两条谱线。在实际测量中，为了客观地评价光栅的分辨性能，必须确立一个分辨判据。图 3-33 画出了具有不同波长差的两个等强度单色成分的同级谱线强度叠加的情形，图中实线表示每个单色成分主亮纹的强度分布，虚线表示两条主亮纹非相干叠加的合强度曲线。图 3-33（a）的两个单色成分的波长差较大，合强度曲线具有两个分开的峰值，很容易分辨。图 3-33（d）的两个单色成分的波长差太小，合强度曲线成为单一的峰，因而不能分辨这是两条谱线。图 3-33（b）所示为波长差 $\delta\lambda$ 符合“瑞利判据”的情形，此时，一个单色成分的主极大值位置刚好与另一个单色成分的第一个零极小值位置重合，两条谱线叠加的结果，合强度曲线中心有一凹陷。利用式（3-158）可以算出，凹陷中心处的合强度为峰值强度的 $8/\pi^2$（81%）左右。瑞利认为，这是人眼刚可分辨两条靠近的等强度谱线的极限。图 3-33（c）所示为波长差 $\delta\lambda$ 符合斯派罗

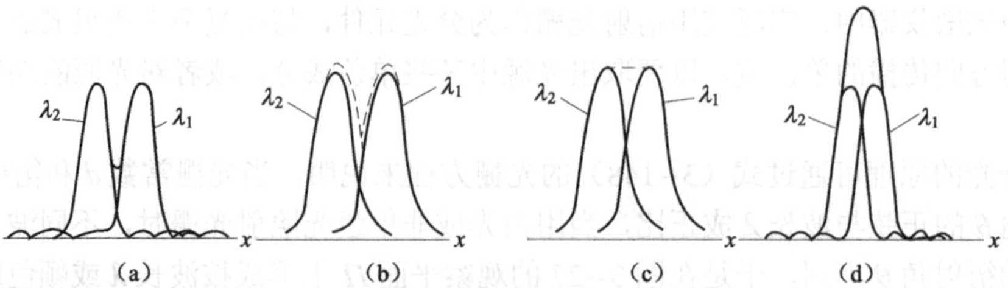

图 3-33　光栅的分辨判据

判据的情形，此时刚可分辨波长差$\delta\lambda$比瑞利判据的情形更小，合强度曲线成为“平顶分布”。由于两种判据计算结果相差不大，在讨论分辨问题时都能采用。

光栅分辨本领的定义是

$$RP = \lambda / \delta\lambda \tag{3-169}$$

式中，$\delta\lambda$为刚可分辨波长差，λ为两单色成分的平均波长。应用瑞利判据，很容易导出$\delta\lambda$和PR的计算公式。如果用$\delta\theta'$和$\delta\theta$分别表示主亮纹的角宽度和角间距，则瑞利判据确定的刚可分辨条件又可以表示为

$$\delta\theta' = \delta\theta \tag{3-170}$$

利用角色散公式（3-166）和式（3-167），可得出波长差为$\delta\lambda$的两种单色成分的主亮纹角间距为

$$\delta\theta = D_{\mathrm{A}}\delta\lambda = \frac{m\delta\lambda}{d\cos\theta} \tag{3-171}$$

将主亮纹角宽度的公式（3-152）和角间距公式（3-169）代入式（3-170），可求出刚可分辨波长差$\delta\lambda$的表示式：

$$\delta\lambda = \frac{\lambda}{mN} \tag{3-172}$$

最后，利用定义式（3-169），立即得出光栅的分辨本领为

$$RP = mN \tag{3-173}$$

上式表明，光栅分辨本领与主亮纹的衍射级m和光栅的缝数N成正比。这是因为光栅的色散随m的增大而增大，主亮纹的角宽度随N的增大而减小。由此可知，提高光栅的分辨本领有两种途径。其一是增大光栅缝数N，但这将受到技术条件的限制。对于刻划光栅来说，N值超过10^2将遇到许多技术上的困难。第二条途径是增大衍射级m，但是，由光栅方程（3-148）可知，在正入射条件下，衍射级$|m| \leqslant d/\lambda$。例如，当$d = 4\ \mu\mathrm{m}$时，在可见光范围内，m不超过10。不过，改用倾斜入射的照明方式可以突破这一限制。因为由强度主极大值条件式（3-147）可以看出，亮纹衍射级m正比于相邻栅缝的位相差$\Delta\varphi$。在正入射条件下，各栅缝发出的子波初位相相同，因此$\Delta\varphi$完全由子波传播的路程差决定。但在倾斜照明条件下，各个栅缝发出的子波具有不同的初位相，于是可以增大$\Delta\varphi$和m。如图3-34所示，设入射平面波倾斜角为β，相邻栅缝的初位相差为

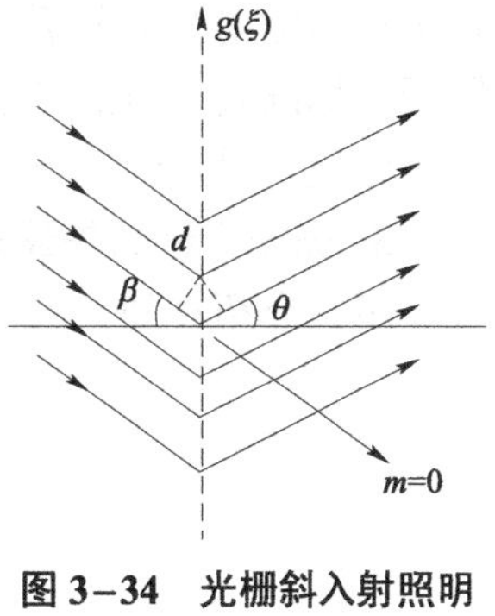

图3-34 光栅斜入射照明

$$\Delta\varphi_0 = \frac{2\pi}{\lambda} d\sin\beta$$

于是，向θ角方向衍射的相邻光束之间的位相差为

$$\Delta\varphi = \frac{2\pi}{\lambda} d(\sin\beta + \sin\theta)$$

利用强度极大值条件式（3-147），最后可得出斜入射条件下的光栅方程为

$$\sin\beta + \sin\theta = m\lambda \tag{3-174}$$

由上式可知，最大衍射级$|m|\leqslant 2d/\lambda$，比正入射情形增大了一倍。为使斜入射的光栅方程（3-174）具有普遍意义，可以规定：当入射光和衍射光在光栅法线同侧时，β和θ同号；当入射光和衍射光在光栅法线异侧时，β和θ异号。

3）光栅的色散范围

当入射光的波长范围$\Delta\lambda$较小时，不同波长的同一级主亮纹分布于同一空间区域，形成独立的自由光谱区，不发生级间交叉。但是，当入射光波长范围$\Delta\lambda$超过某一数值时，长波长的第m级主亮纹会和短波长的第$m+1$级主亮纹重叠，因而无法进行正确的光谱分析。

光栅的色散范围，即自由光谱区的最大宽度，可以定义为：刚好使波长为$\lambda+\Delta\lambda$的长波成分的第m级主亮纹与波长为λ的短波成分的第$m+1$级主亮级重叠的波长范围$\Delta\lambda$。与法—珀干涉仪类似，利用条件$m(\lambda+\Delta\lambda)=(m+1)\lambda$，可得出光栅的色散范围为

$$G=\Delta\lambda=\lambda/m \tag{3-175}$$

从以上的讨论可以看出，光栅和法—珀干涉仪在多光束干涉特性和用作高分辨本领的分光元件方面具有相同的性质，然而，由于两者的工作原理不同（光栅为分波面装置，法—珀干涉仪为分振幅装置），造成了两者在性能上的差异。在分辨本领方面，光栅的缝数N较大（可达10^5左右），但衍射级m很小（$|m|\leqslant 2d/\lambda$），由式（3-173）可知，光栅的分辨本领同时受N和m的限制，提高分辨本领比较困难。法—珀干涉仪的分辨本领受细度F和干涉级m的限制（式（3-214）），虽然法—珀干涉仪的细度F的值也不高（通常在10^2左右），但干涉级m可以很高，只要增大标准具的间隔d，不难使m值达到10^5以上，因而提高分辨本领比较容易。对于色散范围，由于光栅和法—珀干涉仪的色散范围计算公式相同（$G=\lambda/m$），但法—珀干涉仪的干涉级m远大于光栅的衍射级m，所以法—珀干涉仪的色散范围远小于光栅。因此光栅光谱仪可直接对宽光谱光源进行分析，而法—珀干涉仪则必须配合别的分光元件进行精细的光谱分析。最后，法—珀干涉仪是利用透射光的多光束干涉装置，适用光谱范围受到标准具材料的光谱吸收特性限制，而采用凹面反射光栅的光谱仪则不存在上述限制，适用波段可以从远红外、可见光到真空紫外。

5. 光栅方程的矢量表示

下面介绍一种方法，可以将入射光波、衍射光波和光栅本身用矢量来描述，这样得到的矢量光栅方程在求解复杂光栅的衍射问题时十分方便，可以直观地给出各级衍射光的方向。

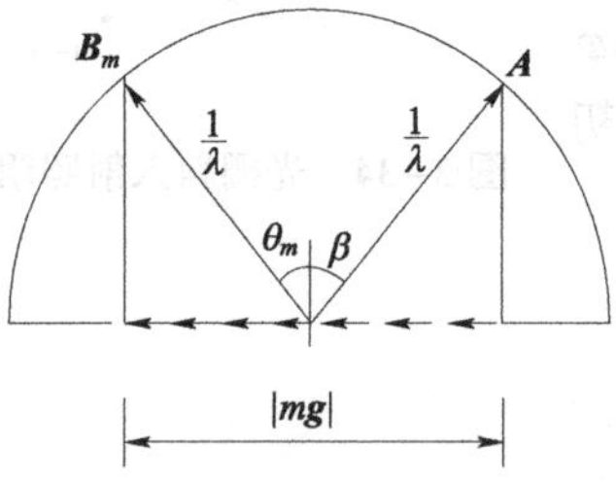

图 3-35　光栅方程的矢量表示

如图 3-35 所示，定义入射光矢量为$\boldsymbol{A}$，其大小$|\boldsymbol{A}|=1/\lambda$，其方向为入射光波的方向，用方向角$\beta$表示。定义光栅矢量为$\boldsymbol{g}$，$\boldsymbol{g}$的大小等于光栅的空间频率，$|\boldsymbol{g}|=1/d$，其方向垂直于光栅的缝长，正方向与$\boldsymbol{A}$在光栅平面的投影相反，并位于光栅平面内。定义第$m$级衍射光矢量为$\boldsymbol{B}_m$，其大小$|\boldsymbol{B}_m|=1/\lambda$，其方向为第$m$级衍射光的传播方向，用第$m$级衍射角$\theta_m$表示，并位于由$\boldsymbol{A}$和$\boldsymbol{g}$决定的平面内。于是式（3-174）的光栅方程可以用矢量表示为

$$\boldsymbol{A}\sin\beta+\boldsymbol{B}_m\sin\theta_m=m\boldsymbol{g} \tag{3-176}$$

上式可以解释为：第 m 级衍射光矢量 $\boldsymbol{B}_m$ 与入射光矢量 $\boldsymbol{A}$ 在光栅矢量 $\boldsymbol{g}$ 方向上的投影之差为 $m\boldsymbol{g}$。所以，如果已知入射光矢量 $\boldsymbol{A}$ 和光栅 $\boldsymbol{g}$，按照图 3−35 所示的各矢量之间的关系，很容易求出第 m 级衍射光矢量 $\boldsymbol{B}_m$ 。

6. 光栅的定向辐射和相控扫描原理

讨论光栅方程时发现，正入射照明时，最大衍射级 $|m| \leqslant d/\lambda$。因此，当 $d < \lambda$ 时，只存在 m=0 级衍射光。由于零级衍射的色散 D_A=0，所以当用光栅作为分光元件时不允许出现这种情形。但是，这种情形提供了一个产生方向性良好的电磁波束的方法。

单独一个点光源向周围空间辐射时，方向性很差。如果把 N 个相干点光源等距地排成一列，并使相邻点光源之间的距离 d 小于光波长 λ，当各个点光源的初位相相同时，其结果就如同一个正入射照明一维细缝光栅一样，会产生多光束干涉和衍射。又因为 $d < \lambda$，因此只存在 m=0 级衍射，各点光源的辐射都集中在 $\theta = 0$ 的方向上，辐射角宽度对应于干涉主亮纹的宽度 $b = 2\pi / n$ ，当点光源数目 N 很大时，就得到一束很强的定向辐射光束。如果再使相邻点光源之间产生恒定的初位相差 $\Delta\varphi_0 = \dfrac{2\pi}{\lambda} d \sin\beta$ ，并保证点光源之间的间隔 $d < \lambda / (\sin\beta + 1)$ ，则这一系列点光源就如同被倾斜角为 β 的平面波照明的一维光栅，将会在图 3−33 的 $m = 0$ 级方向上产生一束方向性很强的光束。改变各光源之间的初位相 $\Delta\varphi_0$ ，零级衍射方向也随之改变，于是就可以实现无机械运动光束定向扫描。上述设想是正在研究的“相干激光器阵列”的基础。目前实现这一技术的主要障碍在于如何保证 $d < \lambda / (\sin\beta + 1)$ 和各振元之间的相干性问题。不过，这一技术在无线电射频波段已得到了应用。用一系列射频发射天线代替点光源，构成一维光栅。对低于 10^8 Hz 的频率，可以将线状导体和一个高频信号发生器感应耦合起来，如果导体比相应波长短得多，导体的发射就如同一个赫兹偶极子一样，只要消耗的能量和维持振荡的能量得到补偿，则发射的正弦波可以任意长，使得各天线阵元之间具有很好的时间和空间相干性，能实现信号间的相干叠加。在此基础上，使相邻天线阵元发射的信号之间产生 $\Delta\varphi_0$ 的初位相差，得到多信号干涉的结果，就实现了沿 $\theta = \beta$ 方向的定向辐射；改变 $\Delta\varphi_0$ ，则可实现射频波束的定向扫描。反之，若把这组天线作为接收天线，并将接收到的信号加入 $\Delta\varphi_0$ 的位相延迟，通过相干叠加，就可从回波中检测出 $\theta = \beta$ 方向的信号，改变 $\Delta\varphi_0$ ，还可实现接收方向的空间扫描和搜索。这正是“相控阵雷达”和“相控阵射电望远镜”的原理。

3.2.3.2　二维振幅光栅

最简单的二维振幅光栅是平面正交光栅，可以把它看成沿 (ξ,η) 方向规则排列的二维矩孔阵列，也可以看成两个方向正交的一维振幅光栅的叠加。

下面直接把二维振幅光栅作为二维的衍射物体，利用傅里叶变换法来计算它的衍射图形分布。设二维振幅光栅沿 ξ 和 η 方向的缝宽、缝距（光栅常数）和缝数分别为 (a,b)，(d_ξ,d_η) ，(M,N) ，其复振幅透射系数可以表示为

$$g(\xi,\eta) = \left\{ \left[\frac{1}{d_\xi} \mathrm{comb}\left(\frac{\xi}{d_\xi}\right) \frac{1}{d_\eta} \mathrm{comb}\left(\frac{\eta}{d_\eta}\right) \right] \otimes \left[\mathrm{rect}\left(\frac{\xi}{a}\right) \mathrm{rect}\left(\frac{\eta}{b}\right) \right] \right\} \cdot$$

$$\left[\mathrm{rect}\left(\frac{\xi}{Md_{\xi}}\right)\mathrm{rect}\left(\frac{\eta}{Nd_{\eta}}\right)\right] \tag{3-177}$$

当用单位振幅单色平面波正入射照明时，其衍射图形的复振幅分布可用 $g(\xi,\eta)$ 的傅里叶变换 $G(f_{\xi},f_{\eta})$ 和一个复常数的乘积来表示。应用卷积定理可得

$$\begin{aligned}G(f_{\xi},f_{\eta}) &= abMNd_{\xi}d_{\eta}\left\{[\mathrm{comb}(d_{\xi}f_{\xi})\mathrm{comb}(d_{\eta}f_{\eta})][\mathrm{sinc}(af_{\xi})\mathrm{sinc}(bf_{\eta})]\right\}\otimes\\&\quad[\mathrm{sinc}(Md_{\xi}f_{\xi})\mathrm{sinc}(Nd_{\eta}f_{\eta})]\\&= abMN\sum_{m=-\infty}^{\infty}\mathrm{sinc}\left(\frac{am}{d_{\xi}}\right)\mathrm{sinc}\,[M(d_{\xi}f_{\xi}-m)]\bullet\\&\quad\sum_{n=-\infty}^{\infty}\mathrm{sinc}\left(\frac{bn}{d_{\eta}}\right)\mathrm{sinc}[N(d_{\eta}f_{\eta})-n]\end{aligned} \tag{3-178}$$

式中，$f_{\xi}=\sin\theta_x/\lambda$，$f_{\eta}=\sin\theta_y/\lambda$，表示衍射波中某平面波基元成分的空间频率，$\theta_x$ 和 θ_y 为该平面波分量在 xz 和 yz 平面的衍射角。上式表明，二维振幅光栅衍射图形的复振幅分布也是可分离变量的，它等于两个正交的一维光栅衍射图形复振幅分布的乘积。取式（3–178）的模的平方，即可求出衍射图形的辐照度分布。

从式（3–173）看出，二维振幅光栅的衍射图形具有以下特点。

1. 主亮斑的位置

衍射图形辐照度取极大值的条件是

$$\begin{cases}d_{\xi}f_{\xi}-m=0\\d_{\eta}f_{\eta}-n=0\end{cases} \tag{3-179}$$

或者

$$\begin{cases}d_{\xi}\sin\theta_x=m\lambda\\d_{\eta}\sin\theta_y=n\lambda\end{cases} \tag{3-180}$$

式（3–180）即二维振幅光栅的光栅方程。每一个满足此方程的点，其辐照度均取极大值，形成一个主亮斑，所有主亮斑构成了二维观察平面上的矩形点阵。第 m,n 级主亮斑的辐照度可表示为

$$L_{m,n}=|c|^2\,a^2b^2M^2N^2\mathrm{sinc}^2\left(\frac{am}{d_{\xi}}\right)\mathrm{sinc}^2\left(\frac{bn}{d_{\eta}}\right) \tag{3-181}$$

可见，各个主亮斑强度除了正比于 $a^2b^2M^2N^2$ 之外，还受二维矩孔夫琅和费衍射的强度分布函数调制。

2. 主亮斑的宽度

由于二维振幅光栅衍射图形的辐照度分布具有可分离变量的性质，所以它的主亮斑宽度可采用和一维振幅光栅相同的定义和计算公式。由式（3–178）不难导出，主亮斑沿 x 和 y 方向的位相宽度分别为

$$b_x=2\pi/m\,,\quad b_y=2\pi/n \tag{3-182}$$

如果用角宽度 $\delta\theta_x'$ 和 $\delta\theta_y'$ 来表示，则有

$$\delta\theta'_x = \frac{\lambda}{Md_\xi \cos\theta_x}, \quad \delta\theta'_y = \frac{\lambda}{Md_\eta \cos\theta_y} \tag{3-183}$$

3.2.3.3　凹面光栅

前面讨论的一维和二维光栅均是由平面片基上的平行等距栅缝构成的，在用于光谱仪器时，为保证入射角β为常数，必须采用准直的平行光照明。由于各级衍射光也是平行光，还必须用准直透镜或反射镜将各级光谱聚焦到出射狭缝上。上述准直和聚焦过程除增加了系统复杂性以外还会造成能量损失。投射平面光栅的另一个缺点是：由于光栅片基材料的光谱吸收作用，限制了某些波段的应用，例如采用普通玻璃片基透射平面光栅的光谱仪器，当波长λ<110 nm 时，仪器总透过率不超过 0.8%。1882 年，H・A・罗兰（R. A. Rowland）发明了将光栅刻制在凹球面上的凹面光栅，它既能完成分光，又能完成聚焦作用，最大限度避免了由准直和聚焦引起的能量损失。即罗兰圆充栅（Rowland Circle grating）此外，由于其在反射方式下工作，不受材料光谱吸收的限制，适用于从红外到紫外的整个波段。

罗兰证明，在凹球面上刻制凹面反射光栅，可以采用刻制平面光栅相同的刻线机。在这种情况下，凹球面上的光栅间距不是常数，但弦面上的光栅间距是常数。并且还证明，如果把一个点光源P放在罗兰圆上，在一级近似条件下，光栅衍射的像点Q也在罗兰圆上，这就是光谱仪器中罗兰装置的基本原理。下面通过罗兰装置聚焦方程的推导来说明它的工作原理。

在凹面光栅装置中，罗兰圆的定义是：一个和凹面光栅顶点A相切，直径R与光栅片基半径相等的圆（图 3-36）。在推导罗兰装置聚焦方程时，我们考虑凹面光栅球面顶点A处的一小块面积，并且仅限于讨论与光栅刻线方向垂直的平面（即图平面）的分布。也就是说，忽略光栅刻线长度的影响。在这种情形下，可近似将光栅表面看作罗兰圆的切平面。在图 3-36 中，C点是凹面光栅曲率中心，P是位于罗兰圆上的一个点光源，Q为衍射光波的聚焦点。光波在顶点A处的衍射可由光栅方程来描述：

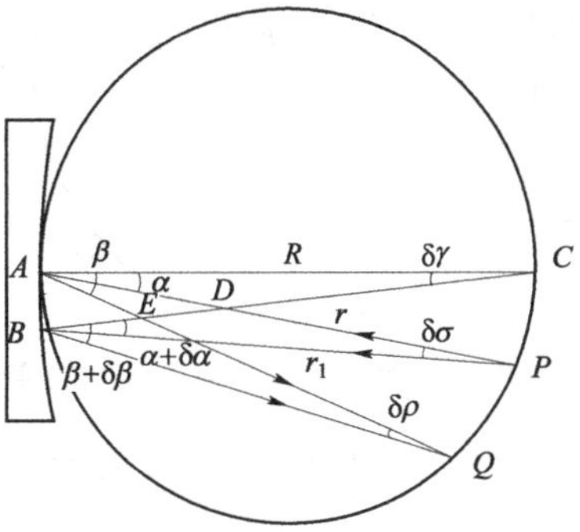

图 3-36　罗兰圆聚焦条件

$$d(\sin\alpha + \sin\beta) = m\lambda \tag{3-184}$$

式中，α和β分别为A点的入射角和衍射角。对上式微分可得

$$\cos\alpha\,\delta\alpha + \cos\beta\,\delta\beta = 0 \tag{3-185}$$

从图 3-36 看出，在$\triangle ACD$和$\triangle PBD$中有

$$\alpha + \delta\gamma = \alpha + \delta\alpha + \delta\sigma$$

因此有

$$\delta\alpha = \delta\gamma - \delta\sigma \tag{3-186}$$

同理，利用$\triangle ACE$和$\triangle QBE$的关系可得出

$$\delta\beta = \delta\gamma - \delta\rho \tag{3-187}$$

由于B点为A点的邻近点，故$\delta\alpha$、$\delta\beta$、$\delta\gamma$、$\delta\sigma$、$\delta\rho$均很小，于是有以下近似关系：

$$\begin{cases}\delta\gamma=\dfrac{AB}{R} & (R=AC)\\ \delta\sigma=\dfrac{AB\cos\alpha}{r} & (r=AP)\\ \delta\rho=\dfrac{AB\cos\beta}{r_1} & (r_1=AQ)\end{cases} \tag{3-188}$$

将式（3−186）～式（3−188）代入式（3−185），可得

$$\frac{\cos\alpha}{R}-\frac{\cos^2\alpha}{r}+\frac{\cos\beta}{R}-\frac{\cos^2\beta}{r_1}=0 \tag{3-189}$$

上式即 1 级近似条件下凹面光栅的聚焦方程式，此方程的一个解可通过令方程中 α 项和 β 项分别为零求出，解的形式为

$$r=R\cos\alpha,\ r_1=R\cos\beta \tag{3-190}$$

这正是 P 、Q 两点均在罗兰圆上的条件。

下面进一步讨论满足罗兰圆条件时对光栅表面上不同点沟槽间隔的要求。为简化光路并不失一般性，我们考虑图 3−37 中点源 P 位于光栅曲率中心时的衍射问题。设 AA' 和 BB' 是位于凹面光栅顶点和其邻近点的两条栅缝，该处的光栅间距分别为 d 和 d' ，衍射光聚焦于 Q 点，衍射角分别为 β 和 β' 。由于光源 P 位于凹面曲率中心，所以对各栅缝均满足正入射条件，于是到达 Q 点的衍射光满足光栅方程

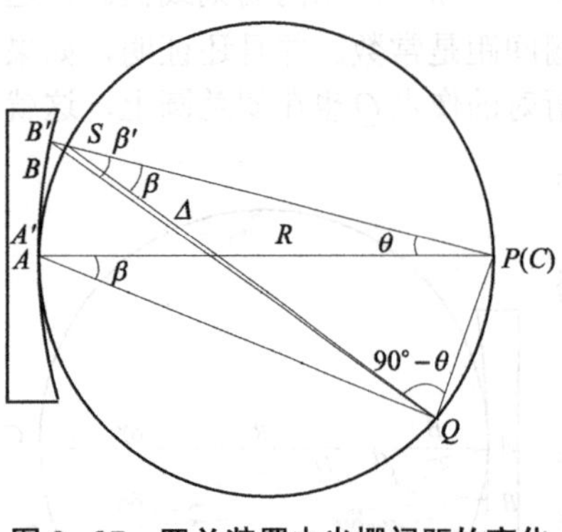

图 3−37　罗兰装置中光栅间距的变化

$$d\sin\beta=m\lambda,\quad d'\sin\beta'=m\lambda$$

所以有

$$d'=d\sin\beta/\sin\beta' \tag{3-191}$$

在△$PB'Q$ 中应用正弦定理：

$$\frac{\sin\beta'}{PQ}=\frac{\sin(90^\circ-\theta+\Delta)}{PB'}$$

其中 $PQ=R\sin\beta$ ，$PB'=R$ ，$\Delta=\beta-\beta'$ ，由于 Δ 很小，近似有 $\cos\Delta=1,\sin\Delta=\Delta$ ，上式简化为

$$\frac{\sin\beta}{\sin\beta'}=\frac{1}{\Delta\sin\theta+\cos\theta}=\frac{1}{\cos\theta}$$

上式最后一步忽略了 $\Delta\sin\theta$ 。最后，利用式（3−186）可得

$$d'=d/\cos\theta \tag{3-192}$$

这个结果说明，为满足罗兰圆条件，必须保证凹面光栅的光栅间距在光栅弦面上的投影相等，或者可以说，当凹面光栅的光栅间距在弦面的投影为常数时，罗兰圆条件得以满足。这也从理论上证明了罗兰利用平面光栅刻线机在凹球面片上刻制凹面光栅是合理的。

按照罗兰圆聚焦条件配置的光栅光谱仪器叫作罗兰装置，其结构如图 3−38 所示。将光栅 G 和照相干板 Q（出射狭缝）分别装在两条正交的导轨上，并用金属杆连接，保证 G 和 Q

中间的距离恒等于罗兰圆直径 R。若将入射狭缝 P（光源）放在两条导轨的交点上，则保证了 P、G、Q 三者总在罗兰圆上。这种装置的特点是，照相干板 Q 总是位于光栅的曲率中心，当入射狭缝位置确定时，衍射角 β 的绝对值比较小。另一个突出的特点是：罗兰装置的色散具有线性性质。如图 3–38 所示，设波长为 λ 的光谱成分聚焦在干板上的 E 点，令 $D_{\mathrm{L}} = QE = R\sin\beta$，则光栅方程可以改写为

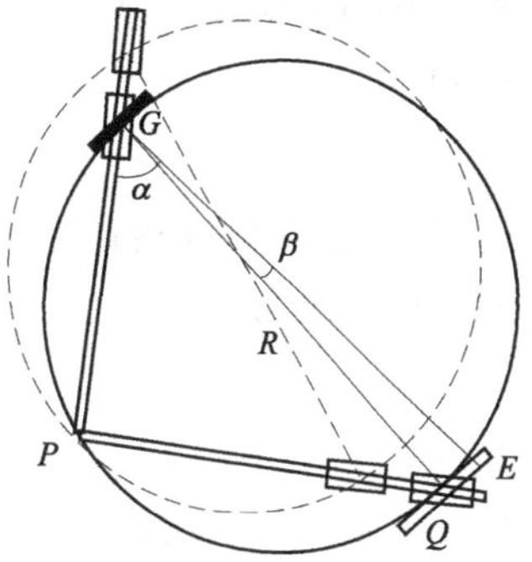

图 3–38　罗兰装置

$$\frac{D_{\mathrm{L}}}{R} = \frac{m\lambda}{d} - \sin\alpha \tag{3–193}$$

对上式两边微分，得出

$$\frac{\mathrm{d}D_{\mathrm{L}}}{\mathrm{d}\lambda} = \frac{mR}{d} = 常数 \tag{3–194}$$

上式表明，在罗兰装置中光谱的色散与波长无关，具有这种性质的光谱叫作标准光谱。只有在标准光谱的前提下，才能根据已知光谱的波长，通过线性插值来确定未知充谱的波长。罗兰正是应用这种方法正确地测定了许多未知光谱的波长。

罗兰装置的缺点是存在像散，且对导轨的角度及出射狭缝的位置十分敏感。后来进一步研究发现，罗兰圆条件只不过是凹面聚焦方程的一个特殊解，以后又陆续得出了一系列新的解，并构造了相应的分光装置，如帕辛伦格装置、伊戈尔装置、瓦刺奥维斯装置等。

3.2.3.4　位相光栅

前面介绍的振幅光栅存在诸多局限，例如，可用的衍射级 m 很小，因而分辨本领低；存在很强的零级衍射，加之吸收和反射损失，使得在有用的衍射级上衍射效率很低。

位相光栅是通过对入射光波的位相调制实现波面分割的，一方面避免了光的吸收损失，同时光栅本身的位相调制产生一定的初位相分布，因而可衰减或消除零级衍射，并提高衍射级 m，最终使光栅的分光性能得到提高。下面介绍几种典型的位相光栅。

1. 迈克尔逊阶梯光栅

阶梯光栅是用一系列厚度相同的平行平板玻璃（或石英）叠成台阶形状制成的，它分为透射式和反射式两种类型。这种光栅提高分辨本领的出发点是通过增大相邻光束的光程差以增大衍射级 m。

1）透射式阶梯光栅

如图 3–39 所示，设平板厚度为 e，折射率为 n，光栅缝距为 d，平板数（即光栅缝数）为 N。常用的阶梯光栅，e 值约为 1 cm，d 值约为 0.1 cm，缝数 N 在 10～40 之间。由图 3–39 看出，当用波长为 λ 的平面波正入射照明时，沿 θ 角衍射的相邻光束之间光程差可表示为

$$\Delta(\theta) = ne + d\sin\theta - e\cos\theta \tag{3–195}$$

由于阶梯光栅的缝宽 a 等于缝距 d，且远大于光波波长 λ，因此单缝衍射调制因子 $\mathrm{sinc}^2(df_\xi) = \mathrm{sinc}^2\left(d\dfrac{\sin\theta}{\lambda}\right)$ 衰减很快，衍射能量主要集

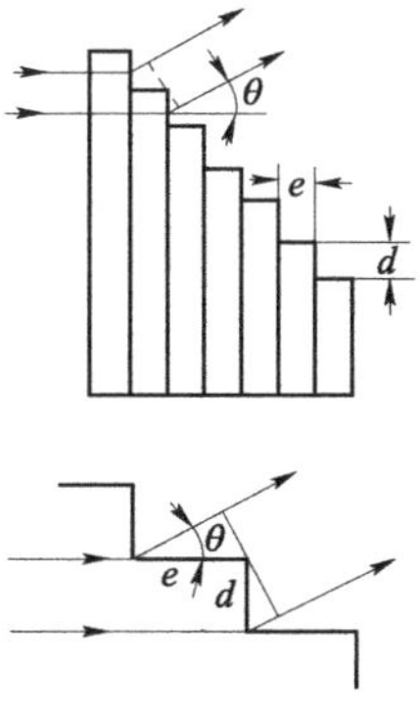

图 3–39　透射式阶梯光栅

中在$\theta=0$附近。因此可作近似$\sin\theta\approx\theta, \cos\theta\approx 1$，于是，透射式阶梯光栅的光栅方程可表示为

$$(n-1)e+\mathrm{d}\theta=m\lambda \tag{3-196}$$

迈克尔逊阶梯光栅的色散、分辨本领和色散范围的计算公式与振幅光栅相同。由于$\theta\approx 0$，最大衍射级为

$$M_0=(n-1)e/\lambda \tag{3-197}$$

利用式（3-167）、式（3-173）和式（3-175），可得迈克尔逊阶梯光栅的角色散、分辨本领和色散范围的表达式：

$$D_{\mathrm{A}}=(n-1)e/(\lambda d) \tag{3-198}$$

$$RP=N(n-1)e/\lambda \tag{3-199}$$

$$G=\Delta\lambda=\lambda^2/[(n-1)e] \tag{3-200}$$

计算表明，透射式阶梯光栅的最大衍射级m_0可达 10^4，分辨本领可达10^5～10^6，但色散范围很小，仅为左右0.05 nm，这些性能和法—珀干涉仪有些类似。

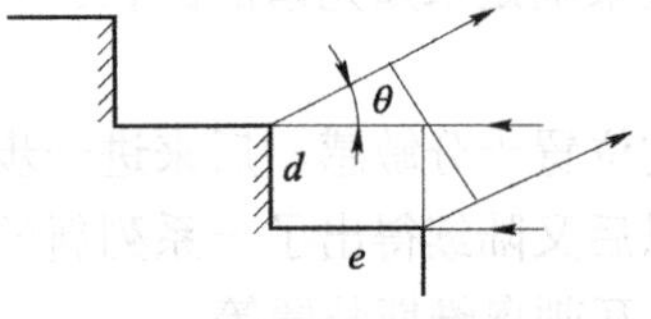

图 3-40　反射式阶梯光栅

2）反射式阶梯光栅

如图 3-40 所示，在透射式阶梯光栅的台阶表面镀以高反射膜，就成为反射式阶梯光栅。由图看出，相邻台阶上向θ角方向衍射的光波之间光程差为

$$\Delta(\theta)=e+e\cos\theta-d\sin\theta \tag{3-201}$$

同样，由于缝宽a等于缝距d，且$d\gg\lambda$，所以单缝衍射调制的结果使衍射光的能量集中在$\theta=0$的方向附近。故反射式阶梯光栅的光栅方程可简化为

$$2e-d\theta=m\lambda \tag{3-202}$$

上式说明，反射式阶梯光栅最大衍射级$m_0=2e/\lambda$，几乎是同样厚度透射式阶梯光栅的4倍，因此有更高的分辨本领和更小的色散范围。此外，由于光波不通过平板内部，避免了材料的吸收损失，因而具有更宽的适用波段和更高的衍射效率。

2. 闪耀光栅

闪耀光栅是一种反射型位相光栅，其结构如图 3-41 所示，它是在基底材料上刻制一系列相互平行的锯齿形沟槽，然后在表面上蒸镀一层高反射膜制成的。

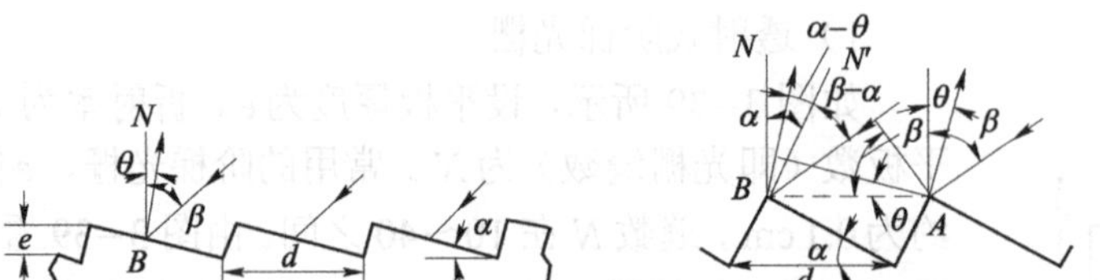

图 3-41　闪耀光栅

闪耀光栅的主要结构参数有：光栅常数、闪耀角、入射角和衍射角。

光栅常数d：其定义和阶梯光栅类似，且d和缝宽相等。但闪耀光栅的光栅常数d很小，

缝数 N 的值很大，这一点又和普通振幅光栅相似。

闪耀角 α：定义为光栅的倾斜反射面与宏观平面的夹角，通常设计为10°左右。

入射角 β：入射光波与光栅宏观平面 P 的法线 BN 之间的夹角。

衍射角 θ：衍射光波与光栅平面 P 的法线 BN 之间的夹角。

闪耀光栅多光束干涉和衍射原理与一维振幅光栅相同，衍射图形辐照度分布仍然是多光束干涉因子受单缝衍射因子的调制，参照式（3–146），可以表示为

$$L(p)=L_0\,\mathrm{sinc}^2\left(\frac{\Delta\psi}{\pi}\right)\left\{\sum_{m=-\infty}^{\infty}\mathrm{sinc}\left[N\left(\frac{\Delta\varphi}{2\pi}-m\right)\right]\right\}^2 \tag{3-203}$$

式中，$\Delta\varphi$ 为相邻沟槽对应点衍射光波之间的位相差，$\Delta\psi$ 为单缝中心和边缘点衍射光波之间的位相差，$L(p)$ 完全由 $\Delta\varphi$ 和 $\Delta\psi$ 决定。

由图 3–41（b）看出，当入射角为 β 时，相邻沟槽 A 和 B 向 θ 角方向衍射的光波之位相差可表示为

$$\Delta\varphi=\frac{2\pi}{\lambda}d(\sin\beta+\sin\theta) \tag{3-204}$$

于是由干涉主极大值条件可导出闪耀光栅的光栅方程：

$$d(\sin\beta+\sin\theta)=m\lambda \tag{3-205}$$

闪耀光栅的单缝衍射可以这样来考虑：这里，限制光波的“单缝”实际是沟槽的倾斜面，它的缝宽为 d，法线方向为 BN'，照射单缝的光波入射角为 $\beta-\alpha$，衍射角为 $\alpha-\theta$，于是，按照式（3–99），在不计复常数的情况下，闪耀光栅单缝夫琅和费衍射的复振幅和辐照度可表示为

$$\begin{aligned}E(p)&=\mathcal{F}\left\{\exp\left[2\mathrm{j}\pi\frac{\sin(\beta-\alpha)}{\lambda}\xi\right]\frac{1}{d}\mathrm{rect}\left(\frac{\xi}{d}\right)\right\}\\&=\mathrm{sinc}\left\{\frac{d}{\lambda}[\sin(\alpha-\theta)-\sin(\beta-\alpha)]\right\}\\&=\mathrm{sinc}(\Delta\varphi/\pi)\end{aligned} \tag{3-206}$$

$$L(p)=\mathrm{sinc}^2(\Delta\varphi/\pi) \tag{3-207}$$

其中

$$\Delta\varphi=\frac{\pi d}{\lambda}[\sin(\alpha-\theta)-\sin(\beta-\alpha)]$$

由上式看出，单缝衍射中央主极大值位置应满足

$$\beta-\alpha=\alpha-\theta\ \text{或}\ \theta=2\alpha-\beta \tag{3-208}$$

上式再次证明，单缝衍射的中央主极大值应出现在光波沿几何光学规律传播的方向上，本例中，即在沟槽斜面的镜面反射方向上。

根据式（3–160），单缝衍射中央亮区的主亮纹数 $N=\dfrac{2d}{a}-1$，在闪耀光栅的情形，由于 $d=a$，故单缝衍射中央亮区内只存在唯一的主亮纹，它的干涉级 $m=\dfrac{d}{\lambda}(\sin\beta+\sin\theta)$，其他

主亮纹均成为缺级。

由上面的分析可知，闪耀光栅的唯一主亮纹应同时满足式（3-205）和式（3-208），即

$$2d\sin\alpha\cos(\alpha-\beta)=m\lambda \tag{3-209}$$

当闪耀光栅的光栅常数 d、闪耀角 α 以及入射角 β 确定时，在某一衍射级 m 上，只能有一个波长满足上述条件，该波长称为闪耀波长。闪耀光栅通常使用 1 级和 2 级光谱，当 $m=1$ 时：

$$\lambda_{b1}=2d\sin\alpha\cos(\alpha-\beta) \tag{3-210}$$

对于正入射光路：　　$\beta=0,\lambda_{b1}=d\sin 2\alpha$

对于自准直光路：　　$\alpha=\beta,\lambda_{b1}=2d\sin\alpha$

由于 α 很小，所以在上述两种光路中，1 级闪耀波长均可表示为 $\lambda_{b1}\approx 2d\alpha$。同理，当 $m=2$ 时，2 级闪耀波长可近似表示为 $\lambda_{b2}=d\alpha$。

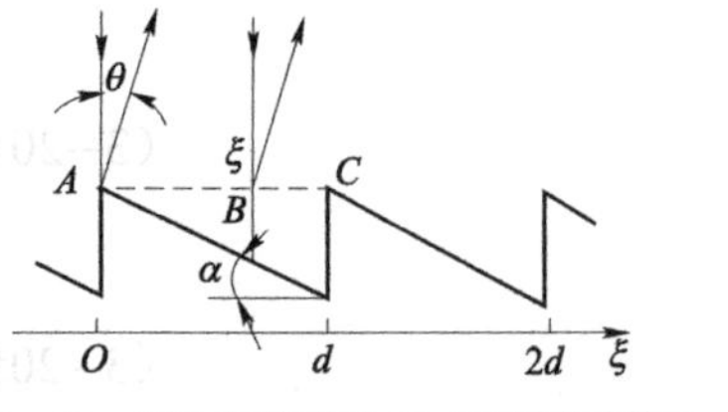

图 3-42 “锯齿单缝”的“透射系数”

对于闪耀光栅的衍射，也可以采用傅里叶分析的方法。为此可将闪耀光栅的“透射系数”表示为“锯齿单缝”与间隔为 d 的脉冲系列的卷积。“锯齿单缝”的“透射系数”可从图 3-42 导出。设光栅用单色平面波正入射照明，则射向 B 点（坐标为 ξ）的光线相对于射向 A 点（$\xi=0$）的光线有一个附加位相延迟：

$$\frac{4\pi}{\lambda}\xi\tan\alpha\approx\frac{4\pi}{\lambda}\xi\alpha \tag{3-211}$$

所以“锯齿单缝”的“透射系数”可表示为

$$f(\xi)=\begin{cases}\exp\left(\mathrm{j}\dfrac{4\pi}{\lambda}\xi\alpha\right) & 0<\xi\leqslant d\\ 0 & \text{其他}\end{cases} \tag{3-212}$$

闪耀光栅的透射系数即可用下式表示：

$$g(\xi)=\frac{1}{d}f(\xi)\otimes\mathrm{comb}\left(\frac{\xi}{d}\right) \tag{3-213}$$

上式未考虑常系数，且假定光栅缝数 N 为无限。求它的傅里叶变换：

$$G(f_\xi)=d\exp\left[\mathrm{j}\pi\left(\frac{2\alpha}{\lambda}-f_\xi\right)d\right]\mathrm{sinc}\left(\frac{2\alpha d}{\lambda}-df_\xi\right)\mathrm{comb}(df_\xi)$$

略去上式中不影响衍射辐照度分布的常数位相因子，并代入 $f_\xi=\dfrac{\sin\theta}{\lambda}$ 的关系，于是有

$$G\left(\frac{\sin\theta}{\lambda}\right)=d\mathrm{comb}\left(d\frac{\sin\theta}{\lambda}\right)\mathrm{sinc}\left(\frac{2\alpha d}{\lambda}-d\frac{\sin\theta}{\lambda}\right) \tag{3-214}$$

如果使用 1 级闪耀波长，$\lambda_{b1}=2\alpha d$，并令 $\psi=\sin\theta/(2\alpha d)$，则上式可改写为

$$G(\psi)=\sum_{-\infty}^{\infty}\delta\left(\psi-\frac{m}{d}\right)\mathrm{sinc}(1-d\psi) \tag{3-215}$$

其分布如图 3−43 所示，该图表明，在单缝衍射的中央亮区内，只存在唯一的干涉主亮纹，其他级的干涉主亮纹因与单缝衍射的零极小值重合而成为缺级。对于 2 级闪耀波长，也可作类似的分析。

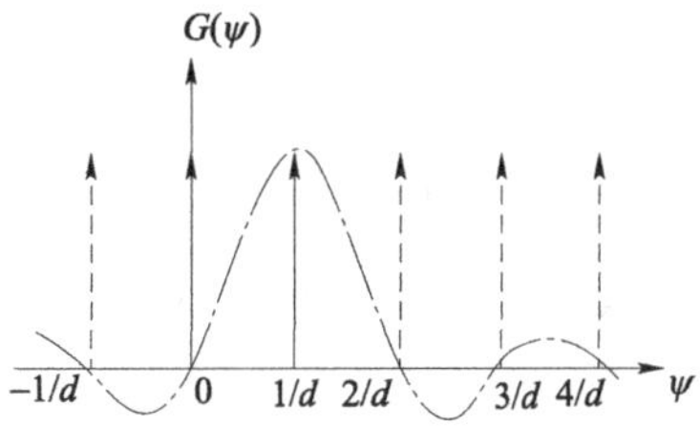

图 3−43　$G(\psi)$曲线

闪耀光栅的色散、分辨本领和色散范围均与普通振幅光栅相近，但衍射效率高得多。由于单缝衍射的调制作用，当入射光波波长偏离闪耀波长时，衍射效率会有所下降。设入射光波长对 1 级闪耀波长的偏离 $\delta\lambda = \lambda - \lambda_{b1}$，这一偏离将改变 1 级干涉主极大的位置。由闪耀光栅方程（3−205），可求出对应的 1 级衍射角的变化：

$$\delta\theta = \delta\lambda / (d\cos\theta)$$

利用 $\psi = \sin\theta / (2\alpha d)$ 的关系，即可求出由此引起的参数 ψ 的变化：

$$\delta\psi = \frac{\cos\theta}{2\alpha d} = \frac{\delta\lambda}{2\alpha d^2} = \frac{\delta\lambda}{\lambda_{b1}} \cdot \frac{1}{d} \tag{3-216}$$

最后代入式（3−215），立即可求出当波长偏离量 $\delta\lambda$ 引起参数 ψ 的偏差为 $\delta\psi$ 时，1 级衍射效率为

$$\eta_1 = |\operatorname{sinc}[1 - d(\varphi + \delta\varphi)]|^2 \tag{3-217}$$

对于 1 级闪耀条件，因 $\psi = \frac{1}{d}$，令 $\frac{\delta\psi}{\lambda_{b1}} = \pm 0.25$，代入上式，可求出

$$\eta_1 = \left|\operatorname{sinc}\left(\frac{\delta\lambda}{\lambda_{b1}}\right)\right|^2 = [\operatorname{sinc}(0.25)]^2 = 0.81$$

说明当入射光波波长对 1 级闪耀波长 λ_{b1} 的偏离量小于 25%时，衍射效率下降不大于 20%。

3. 余弦位相光栅和矩形波位相光栅

余弦位相光栅是通过折射率或光学厚度的周期性变化对入射光波按余弦（或正弦）规律进行位相调制的衍射光学元件，它本身透明，对入射光波不存在振幅调制。这种光栅可通过对银盐振幅光栅漂白处理，或利用位相型感光材料（如光致抗蚀剂、重铬酸明胶、光聚合物等）直接记录干涉条纹来制作。

一维余弦位相光栅的复振幅透射系数可表示为

$$g(\xi) = \exp\left[\mathrm{j}a\cos\left(2\pi\frac{\xi}{d}\right)\right] \tag{3-218}$$

式中，d 为光栅空间周期；a 为位相变化幅度，称为“位相调制深度”。利用贝塞尔函数的性质，可将 $g(\xi)$ 改写为级数形式：

$$g(\xi) = \sum_{m=-\infty}^{\infty} \mathrm{j}^m J_m(a)\exp\left(-2\mathrm{j}\pi\frac{\xi}{d}\right) \tag{3-219}$$

$g(\xi)$ 的傅里叶变换为

$$\begin{aligned} G(f_\xi) &= \sum_{m=-\infty}^{\infty} \mathrm{j}^m J_m(a)\int_{-\infty}^{\infty}\exp\left(-2\mathrm{j}\pi m\frac{\xi}{d}\right)\exp\left(-2\mathrm{j}\pi m\frac{\xi}{d}\right)\mathrm{d}\xi \\ &= \sum_{m=-\infty}^{\infty} \mathrm{j}^m J_m(a)\delta\left(f + \frac{m}{d}\right) \end{aligned} \tag{3-220}$$

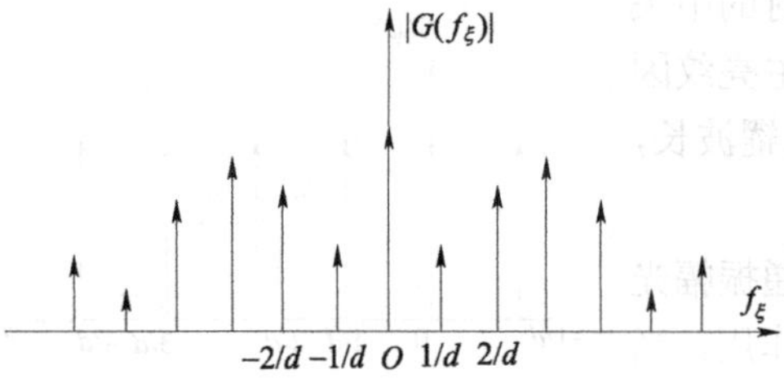

图 3-44 余弦位相光栅的衍射图形

余弦位相光栅衍射图形的辐照度分布正比于 $|G|^2$，其分布如图 3-44 所示，可以看出，衍射图形是由一系列等距离分布的主亮纹构成的，各级亮纹位置由

$$f_\xi = -m/d \text{ 或 } d\sin\theta = -m\lambda \tag{3-221}$$

给出，上式称为位相光栅的光栅方程。在前面的分析中，我们已假定光栅的缝数 N 为无穷大，所以各级主亮纹成为一系列“脉冲”；如果 N 有限，很容易证明，各级主亮纹的线形将成为 sinc 函数平方分布。

由式（3-220）可以看出，第 m 级主亮纹的强度可由系数 $[J_m(a)]^2$ 求出。如果忽略光栅因吸收等因素造成的能量损失，则 $[J_m(a)]^2$ 也表示第 m 衍射级的衍射效率。由此看出，可以通过改变光栅的位相调制深度 a 来控制各级衍射率的大小。例如，为了消除零级衍射，通过查贝塞尔函数表可知，只要控制 $a = 2.4\ \text{rad}$，就可实现 $[J_0(2.4)]^2 = 0$。又如，为了使 $m=1$ 级衍射效率最高，查表可知，当 $a = 1.84\ \text{rad}$ 时，$[J_1(1.84)]^2 = 0$ 为最大值，此时，1 级衍射效率 $\eta_1 = 0.582^2 = 34\%$，通常认为这是余弦位相光栅衍射效率的理论极限。

应用上述方法，还可以分析矩形波位相光栅的夫琅和费衍射。设矩形波位相光栅的空间周期为 d，缝宽为 $d/2$，其位相分布为

$$\psi(\xi) = \begin{cases} 0 & 0 \leqslant \xi \leqslant d/2 \\ \pi & -\dfrac{d}{2} \leqslant \xi < 0 \end{cases} \qquad \psi(\xi + d) = \psi(\xi) \tag{3-222}$$

于是，其复振幅透射系数可表示为

$$g(\xi) = \begin{cases} \tau_0 & 0 \leqslant \xi \leqslant \dfrac{d}{2} \\ -\tau_0 & -\dfrac{d}{2} \leqslant \xi < 0 \end{cases} \qquad g(\xi + d) = g(\xi) \tag{3-223}$$

式中，τ_0 为平均透射系数。将 $g(\xi)$ 展成傅里叶级数，有

$$\begin{aligned} g(\xi) &= \sum_{m=0}^{\infty} \frac{4\tau_0}{(2m+1)\pi} \sin\left[\frac{2\pi(2m+1)\xi}{d}\right] \\ &= \frac{4\tau_0}{\pi}\sin\left(2\pi\frac{\xi}{d}\right) + \frac{4\tau_0}{3\pi}\sin\left(2\pi\frac{3\xi}{d}\right) + \cdots \\ &= \frac{2\tau_0}{j\pi}\left[\exp\left(2j\pi\frac{\xi}{d}\right) - \exp\left(-2j\pi\frac{\xi}{d}\right)\right] + \\ &\quad \frac{2\tau_0}{3j\pi}\left[\exp\left(2j\pi\frac{3\xi}{d}\right) - \exp\left(-2j\pi\frac{3\xi}{d}\right)\right] + \cdots \end{aligned} \tag{3-224}$$

上式说明，矩形波位相光栅也存在无穷多个衍射级，各级衍射效率和相应傅里叶系数的模值平方成正比。在无吸收的情况下，有 $\tau_0 = 1$，±1 级衍射效率为

$$\eta_1 = \left|\frac{2}{\mathrm{j}\pi}\right|^2 = 40.5\% \tag{3-225}$$

这说明，矩形波位相光栅的衍射效率高于余弦波位相光栅的衍射效率。

4. 超声光栅和声光效应

声波是携带能量的机械弹性波，属于纵波，按频率可分为次声波（ν_H<20 Hz）、声波（20 Hz<ν_H<2×10^4 Hz）和超声波（2×10^4 Hz<ν_H<10^9 Hz）。当超声波在某些媒质（如硫化钾、钼酸铝等晶体）或水中传播时，媒质的光学常数（折射率）受到超声波的周期性调制，会形成折射率调制型位相光栅，当光波通过时，也会发生普通位相光栅那样的多光束干涉和衍射，这种现象称为“声光效应”。利用这种效应做成的光调制器称为“声光光栅”（或声光器件、布拉格池）。

声光光栅是一种可擦除的实时光栅，它的光栅常数 d 和位相调制深度 a 可以通过超声波的频率和振幅来控制。声光光栅可以是行波光栅，也可以是驻波光栅。利用行波光栅的衍射效应，可以改变入射光波的时间频率。利用固体声光器件的声光效应，还可以改变入射光的偏振态。一般来说，声光效应机理比较复杂，特别是涉及固体媒质中传播的情形。本节仅介绍液体媒质（水）中的声光效应。

图 3-45 所示为液体声光器件原理。其中 USS 为超声振荡电源，TR 为换能器，C 为液体容器。由于液体内部不存在切向应力，所以由 TR 产生的超声波在其中以压缩波的形式传播，使液体媒质的折射率受到周期性的调制，形成余弦型位相光栅。如果在媒质中的超声波是行波，形成的超声光栅为行波光栅，即整个光栅以超声波的位相速度移动，且光栅常数 d 等于超声波的空间周期 Λ。如果容器顶部安装有超声波反射镜，则会在媒质中形成驻波光栅，此时光栅常数 d 等于超声波的空间周期 Λ。如果容器 C 的厚度 l 与超声波的波长 Λ 在相同的数量级，则形成的行波光栅可以看成平面光栅，其折射率分布可表示为

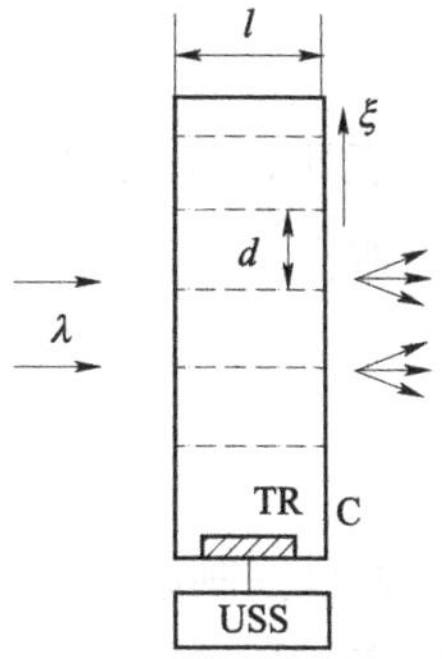

图 3-45　液体声光器件原理

$$n(\xi) = n_0 + \Delta n(\xi) = n_0 + \Delta n_0 \mathrm{coc}\left[\frac{2\pi}{\Lambda}(\xi - v_u t)\right] \tag{3-226}$$

式中，n_0 为媒质的平均折射率，Δn_0 为超声波引起的折射率变化幅度，v_u 为超声波的相速度，Λ 为超声波波长。在不考虑复常数的情况下，令调制深度 $a = \frac{2\pi}{\lambda} l \Delta n_0$，于是声光光栅的复振幅透射系数可表示为

$$g(\xi, t) = \exp\left\{\mathrm{j} a \cos\left[\frac{2\pi}{\Lambda}(\xi - v_u t)\right]\right\} \tag{3-227}$$

它的傅里叶变换为

$$\begin{aligned} G(f_\xi, t) &= \sum_{-\infty}^{\infty} J_m(a) \mathrm{j}^m \exp\left(2\mathrm{j}\pi \frac{m}{\Lambda} v_u t\right) \delta\left(f_\xi + \frac{m}{\Lambda}\right) \\ &= \exp(2\mathrm{j}\pi f_\xi v_u t) \sum_{-\infty}^{\infty} J_m(a) \mathrm{j}^m \delta\left(f_\xi + \frac{m}{\Lambda}\right) \end{aligned} \tag{3-228}$$

分析式（3–228），可得出如下结论：

（1）除去位相因子 $\exp(2\mathrm{j}\pi f_\xi \nu_u t)$，声光光栅的夫琅和费衍射与正弦位相光栅相同，仍由一系列等间隔的干涉主极大值构成，各主亮纹的位置满足

$$f_\xi = -\frac{m}{\Lambda} \text{或} \Lambda \sin\theta = -m\lambda \tag{3-229}$$

上式称为声光光栅的布拉格条件。各级主亮纹的强度正比于

$$J_m^2(a) = J_m^2\left(\frac{2\pi}{\lambda} l \Delta n_0\right) \tag{3-230}$$

式(3–229)说明，改变超声波的频率或波长 Λ，将改变各级衍射光波的方向 θ。式(3–230)说明，改变超声波的强度可改变 Δn_0，从而调节各级主亮纹的强度。利用上述原理，可以实现强度最大的衍射光束的空间扫描。

（2）如果考虑到入射光波的时间位相因子 $\exp(-2\mathrm{j}\pi\nu t)$，则可将第 m 级衍射波的波函数表示为

$$\begin{aligned} E_m &= \mathrm{j}^2 J_m(a)\exp\{\mathrm{j}[2\pi f_\xi \xi - 2\pi(\nu + f_\xi \nu_u)t]\} \\ &= \mathrm{j}^2 J_m(a)\exp\left\{\mathrm{j}\left[2\pi\frac{m}{\Lambda}\xi - 2\pi\left(\nu + \frac{m}{\Lambda}\nu_u\right)t\right]\right\} \end{aligned} \tag{3-231}$$

上式表明，当入射光波的频率为 ν 时，通过行波声光光栅的调制，$\pm m$ 级衍射波的频率为 $\left(\nu \mp \frac{m}{\Lambda}\nu_u\right)$，频率的改变量为

$$\Delta\nu = \mp m\frac{\upsilon_u}{\Lambda} = \mp m\upsilon_u \tag{3-232}$$

即，通过控制超声波的频率 ν_u，可以按需要改变衍射波的时间频率，这项技术称为多普勒移频技术，在外差干涉测量等许多领域得到了应用。

3.2.3.5 三维光栅

1. 三维光栅概述

三维光栅是指能在三维空间内对入射光波进行周期性调制的衍射光学元件，又称为体积光栅。由于它对入射光波的调制不仅发生在二维平面上，而且发生在不同的深度上，因此三维光栅必然具有位相光栅的特性。根据它对入射光波是否存在吸收，又可分为无吸收体积光栅和有吸收体积光栅。

有一类三维光栅是用厚的位相型记录材料对三维干涉场曝光制成的，它的结构是由一系列部分散射、部分透射的面层组成的。另一类三维光栅则是由三维空间中周期性排列的“散射中心”形成的，这种“散射中心”的尺寸与它们之间的间隔相比很小，入射光波可以大致均匀地射向每个“散射中心”。自然界存在着天然形成的具有三维光栅结构的物体，也就是各种晶体。晶体在生长过程中，形成了由晶胞规则排列的晶格结构，如果用一个晶胞表示一个散射中心，则整个晶胞就可看成如图 3–46 所示的三维光栅。

晶体的晶格周期大约为 0.1 nm，远小于可见光波长，因而晶体对可见光而言是均匀的，不存在光栅结构。但晶格周期和 X 射线波长（30～0.03 nm）相比，却处于大致相同的数量

级，所以对 X 射线来说是理想的三维光栅。对晶体三维光栅的研究，形成了一门专门的学科——X 射线晶体学。

2. 晶体三维光栅对 X 射线的衍射

如果把每个晶胞简化为一个散射中心，则晶体对 X 射线的衍射类似于细缝光栅，将形成一系列强度大致相同的主极大值。为便于分析，可将图 3-46 的晶体三维光栅分解成一系列平行等间距的面层，如 $AB//EF$ …和 $BG//DH$ …等不同方向的面层。下面以 $AB//CD$ …面层为例来研究三维光栅的衍射问题。

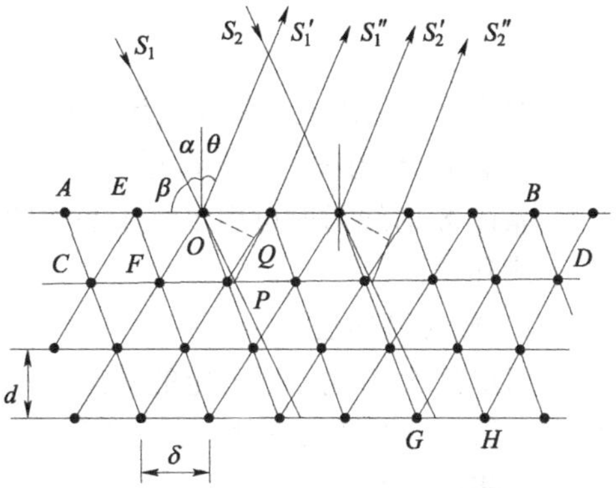

图 3-46　晶体三维光栅

对某一特定面层来说（如 AB 或 CD 面层），可以看作一个二维的细缝光栅，光栅常数为 δ，凡是满足平面光栅的光栅方程

$$\delta(\sin\alpha+\sin\theta)=m\lambda \tag{3-233}$$

的衍射光，均能形成强度主极大。式中 α 为入射角，m 为衍射级。但是，在众多的衍射级中，只有 $m=0$ 级主极大值与 δ、λ、α 等参数无关。也就是说，只有在 AB 面层的镜面反射方向（即 $\theta=-\alpha$ 方向）的主极大值是与 δ、λ、α 无关的。这一结论对别的面层也适用。

对于晶体中各个相互平行的平面（如 AB, CD …），其 $m=0$ 级衍射光也是相互平行的，如图 3-46 中的光线 $S_1'//S_2'$ 和 $S_1''//S_2''$，它们在夫琅和费衍射图上对应着同一个点。但是，由于相邻面层之间存在间隔 d，相邻面层的衍射光波之间有一个位相差 $\Delta\psi$，它直接影响各面层衍射光相干叠加的强度。为了保证整个三维光栅各面层的零级衍射光同相相加，必须满足 $\Delta\psi=2m\pi$ 的条件。由图 3-46 看出，由于光线 S_1' 和 S_2' 等光程，光线 S_1'' 和 S_2'' 等光程，因此 AB 和 CD 面层衍射光的光程差可用光线 S_1' 和 S_2' 之间的光程差表示。按图中的几何关系，应等于

$$\begin{aligned}\varDelta=[OP]+[PQ]&=\frac{d}{\sin\beta}+\frac{d}{\sin\beta}\sin(2\beta-90°)\\&=2d\sin\beta\end{aligned} \tag{3-234}$$

由此可得出晶体三维光栅形成衍射强度主极大值的条件是

$$2d\sin\beta=m\lambda \tag{3-235}$$

上式称为布拉格公式或布拉格条件。虽然它在形式上与一维光栅的光栅方程类似，但实质上存在差别。首先，公式中参数意义不同，在布拉格公式中，d 表示平行面层的间距，β 是入射光方向与光栅层面的夹角。其次，对三维光栅，当 d、β 确定之后，只有少数几个波长能在平行面层的镜面反射方向形成主极大，这些波长称为布拉格波长 λ_b：

$$\lambda_b=2d\sin\beta/m \tag{3-236}$$

不满足上式的光波将迅速衰减，因而三维光栅允许用宽光谱光源照明。这一特性称为三维光栅的波长选择性。同理，如果用单色扩展光源照明，在 d、λ 确定的情况下，只有入射角满足布拉格条件的光波能在平行面层的镜面反射方向形成主极大，这个角度称为布拉格角 θ_b，满足

$$\sin\theta_b = \frac{m\lambda}{2d} \tag{3-237}$$

上述性质称为三维光栅的角度选择性。

3. 晶体 X 射线衍射的应用

晶体 X 射线衍射可用于测量晶体的结构参数，并精确确定晶体的光轴方向。常用的方法有下述几种。

1）旋转晶体法

用单色 X 射线，以一定的角度射向晶体，通过旋转晶体，找出相应的主极大亮纹方向。根据入射方向和衍射主极大的方向，即可确定晶体相应的面层方向和 β 角，并利用布拉格条件计算相应的面层间距 d 。

继续旋转晶体，重复上述测量，找出所有可能的平行面层方向和相应的 d 值，即可确定晶体的三维晶格结构。

当然，在通过 λ 和 β 计算 d 时，还必须确定主亮纹的衍射级 m ，对此，可采用双波长测量或别的方法解决。

2）劳厄法

该方法的基本原理与上述相同，只是用宽带的 X 射线以某一确定的角度 β 照射晶体，对于某一套确定的晶格面层（d 确定），总有一个波长 λ_b 能满足布拉格条件，形成主极大。根据 β 和测得的 λ_b ，即可确定相应面层的方向和 d 。

劳厄法的最大优点是，晶体可以不必转动，或者只作少数几次转动。

3）粉末法

与旋转晶体法类似，只不过现在晶体粉末包含了各种可能的平行面层方向，当用单色 X 射线照射时，满足布拉格条件的各个衍射主极大同时出现，一次测量就可以分析出晶体的所有面层方向和相应的 d 值。

除此之外，晶体三维光栅的衍射特性还可用于 X 射线光谱学的研究，或者用来产生“单色”X 射线。

3.2.4 泰伯效应

1830 年，泰伯（Talbot）发现矩形波光栅具有自成像性质，即用单色平面波正入射照射一个矩形波光栅，在光栅的菲涅尔衍射区内可以观察到周期性出现的光栅自身的像（图 3-47），这一现象称为泰伯效应。1888 年，瑞利应用衍射理论对这一效应进行了分析，他认为，周期光栅的自成像只不过是复杂波的分解和叠加的结果。

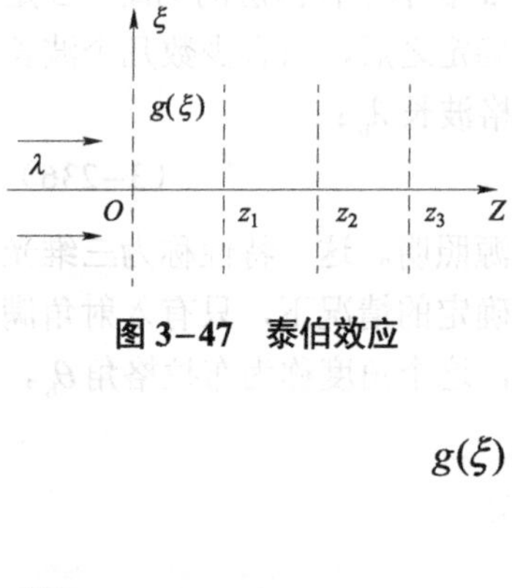

图 3-47　泰伯效应

20 世纪 70 年代以后，泰伯效应和莫阿技术相结合，在位相物体的测量等方向得到了应用。下面应用平面波的角谱理论，对泰伯效应的原理加以解释。

在图 3-47 中，设一维矩形波光栅的周期为 d ，用波长为 λ 的单色平面波正入射照明。光栅的振幅透射系数为 $g(\xi)$ ，用傅里叶级数展开，可一般地表示为

$$g(\xi) = \sum_{n=0}^{\infty} T_n \cos\left(2\pi \frac{N}{d}\xi\right) = \sum_{n=0}^{\infty} T_n \cos(2\pi f_N \xi) \tag{3-238}$$

式中，T_N 为第 N 级谐波的傅里叶系数，它可以通过对光栅在一个空间周期的振幅透射系数作傅里叶变换求出。由于泰伯效应是周期光栅的普遍特性，与光栅的具体线形无关，因此不必讨论 T_N 的具体分布形式。$f_N = N/d$ 是第 N 次的空间频率，$N=1$ 时，对应光栅的基频 $f_1 = 1/d$。用振幅为 1 的单色平面波正入射照明，透过光栅的光波复振幅为

$$\begin{aligned}A(\xi; z=0) &= A_0 g(\xi) = A_0 \sum_{n=0}^{\infty} T_N \cos(2\pi f_N \xi) \\ &= A_0 T_0 + \frac{A_0}{2}\sum_{n=1}^{\infty} T_N \left[\exp(2\mathrm{j}\pi f_N \xi) + \exp(-2\mathrm{j}\pi f_N \xi)\right]\end{aligned} \tag{3-239}$$

对上式作傅里叶变换，得出 $z=0$ 平面上衍射波的频谱：

$$a(f_\xi) = \frac{A_0}{2}\sum_{n=0}^{\infty} T_N [\delta(f_\xi - f_N) + \delta(f_\xi + f_N)] \tag{3-240}$$

按照角谱理论，衍射波在 $z=0$ 平面的角谱 $a(f_\xi)$ 和 z 平面的角谱 $e(f_\xi)$ 之间满足式(3-55)的关系，即

$$e(f_\xi) = a(f_\xi)\exp\left[\mathrm{j}kz\sqrt{1-\lambda^2 f_\xi^2}\right] \tag{3-241}$$

对于低频周期光栅，衍射波的主要角谱成分的空间频率很低，满足式（3-57）的条件，因此可按式（3-59）和式（3-60）对角谱传递函数作近似。于是，z 平面的角谱可表示为

$$\begin{aligned}e(f_\xi) &= \exp(\mathrm{j}kz)\exp(-\mathrm{j}\pi\lambda z f_\xi^{\,2}) a(f_\xi) \\ &= \frac{A_0}{2}\exp(\mathrm{j}kz)\sum_{n=0}^{\infty} T_N \exp(-\mathrm{j}\pi\lambda z f_N^2)\left[\delta(f_\xi - f_N) + \delta(f_\xi + f_N)\right]\end{aligned} \tag{3-242}$$

当角谱传播距离满足

$$z = 2md^2/\lambda \quad（m\ 为正整数） \tag{3-243}$$

时，式（3-242）中的角谱传递函数成为复常数，即

$$\begin{aligned}\exp(\mathrm{j}kz)\exp(-\mathrm{j}\pi\lambda z f_N^2) &= \exp(\mathrm{j}kz)\exp(-2\mathrm{j}mN^2\pi) \\ &= \exp(\mathrm{j}kz)\end{aligned} \tag{3-244}$$

于是式（3-242）成为

$$e(f_\xi) = \exp(\mathrm{j}kz) a(f_\xi) \tag{3-245}$$

对 $e(f_\xi)$ 作傅里叶变换，即可求出 z 平面上衍射图形的复振幅。其实，从式（3-245）直接可以看出，除了一个复常数之外，z 平面的角谱和 $z=0$ 平面的角谱完全相同，因此 z 平面衍射图形的复振幅分布和辐照度也和 $z=0$ 平面相同。即，在满足式（3-243）的一系列平面上可观察到周期光栅的自成像。

周期光栅的自成像，其原理仍然是复杂波的傅里叶分解和综合的过程。从式（3-243）和式（3-244）看出，在满足式（3-243）的一系列泰伯距离上，各平面波角谱分量的位相延迟都等于 2π 的整数倍，它们同相叠加，因而综合得出输入平面上物体的自成像。

例 3.1 如图 3-48 所示，一束单色平行光以 β 角射向宽度为 a 的单缝，并在屏 Π 上形成夫琅和费衍射图形。

（1）试求屏 Π 上的辐照度表达式。

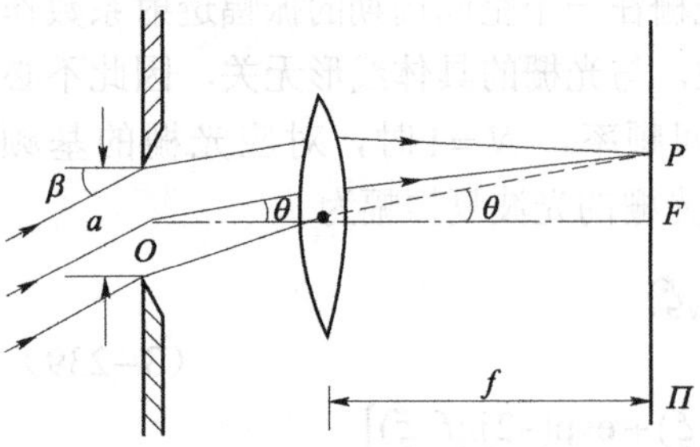

图 3-48 例 3.1 图

（2）试问衍射图形中心应在何处？

（3）证明中央亮斑的半角宽度 $\Delta\theta \approx \dfrac{\lambda}{a\cos\beta}$。

（4）如果题中其他条件不变，只是衍射屏左右两侧媒质不同，折射率分别为 n_1 和 n_2。试证明此时衍射图形中央亮斑半角宽度为

$$\Delta\theta \approx \frac{\lambda_0}{a\sqrt{n_2^2 - n_1^2\sin^2\beta}}$$

式中，λ_0 为光在真空中的波长。

解：（1）$L(x,y) = L(0,0)\mathrm{sinc}^2\left[\dfrac{a}{\lambda_0}(\sin\theta - \sin\beta)\right]$。

（2）衍射图形中心在 $x = f\sin\beta$ 处。

（3）由第一极小条件 $\dfrac{a(\sin\theta - \sin\beta)}{\lambda} = 1$ 和 $\theta = \Delta\theta + \beta$ 有

$$a(\sin\Delta\theta\cos\beta + \cos\Delta\theta\sin\beta - \sin\beta) = \lambda$$

且由于 $\Delta\theta$ 很小，有 $\sin\Delta\theta \approx \Delta\theta, \cos\Delta\theta \approx 1$，代入上式，有 $a\Delta\theta\cos\beta = \lambda$，所以中央亮斑的半角宽度 $\Delta\theta \approx \dfrac{\lambda}{a\cos\beta}$。

（4）由 $n_1\sin\beta = n_2\sin\beta_2$，有 $\sin\beta_2 = \dfrac{n_1}{n_2}\sin\beta$，此时第一极小条件为 $\dfrac{a(\sin\theta - \sin\beta_2)}{\lambda_2} = 1$，且有 $\theta = \Delta\theta + \beta_2$，故

$$\Delta\theta \approx \frac{\lambda_2}{a\cos\beta_2} = \frac{\lambda_2}{a\sqrt{1-\sin\beta_2{}^2}} = \frac{\lambda_2}{a\sqrt{1-\left(\dfrac{n_1}{n_2}\right)^2\sin\beta^2}} = \frac{\lambda_2 n_2}{a\sqrt{n_2^2 - n_1^2\sin\beta^2}}$$

且 $\lambda_2 n_2 = \lambda_0$，所以 $\Delta\theta = \dfrac{\lambda_0}{a\sqrt{n_2^2 - n_1^2\sin\beta^2}}$。

例 3.2 望远镜的有效放大率。望远镜物镜直径 $D = 500\ \mathrm{mm}$，光波波长 $\lambda = 0.55\ \mu\mathrm{m}$。求：

（1）望远镜的视角分辨本领 α。

（2）此望远镜的放大率设计多大为宜？

解：（1）$\alpha = 1.22\dfrac{\lambda}{D} = 1.22\dfrac{0.55\times10^{-3}}{500} = 1.3\times10^{-6}$（rad）。

（2）$M = \dfrac{\alpha'}{\alpha} = \dfrac{\alpha_e}{\alpha} = \dfrac{3.4\times10^{-4}}{1.3\times10^{-6}} = 262$。

此望远镜的放大率应大于 262 倍。

例 3.3 显微镜的有效放大率。一台光学显微镜采用数值孔径 NA=1.5 的油浸物镜，针对人眼设计，光波波长 $\lambda = 0.55\ \mu\mathrm{m}$。求：

（1）显微镜的分辨本领。

（2）计算此显微镜的有效放大率。

解：（1）$\varepsilon = 0.61\dfrac{\lambda}{NA} = 0.61\dfrac{0.55\times10^{-3}}{1.5} = 0.22$（μm）。

（2）要求人眼在 $l' = 250$ mm 的明视距离观察，所以，人眼的最小可分辨距离为

$$\varepsilon' = l' \cdot a_e = 250\times3.4\times10^{-4} = 0.085\text{（mm）}$$

显微镜的有效放大率为

$$M = \frac{\varepsilon'}{\varepsilon} = \frac{0.085}{0.22\times10^{-3}} = 367$$

例 3.4　计算光栅常数是缝宽 5 倍的光栅的第 0，1，2，3，4，5 级亮纹的相对强度，并对 N=5 的情形画出光栅衍射的强度分布曲线。

解：（1）第 0，1，2，3，4，5 级亮纹的位置分别对应

$$d\sin\theta = 0, \pm\lambda, \pm2\lambda, \pm3\lambda, \pm4\lambda, \pm5\lambda$$

即

$$\delta = \frac{2\pi}{\lambda}d\sin\theta = 0, \pm2\pi, \pm4\pi, \pm6\pi, \pm8\pi, \pm10\pi$$

由于 d=5a，所以与上述亮纹位置对应有

$$a\sin\theta = 0, \pm\frac{1}{5}\lambda, \pm\frac{2}{5}\lambda, \pm\frac{3}{5}\lambda, \pm\frac{4}{5}\lambda, \lambda$$

故 0 级亮纹强度 $I = N^2 I_0$，则其他各级亮纹相对 0 级的强度为

$$\frac{I_1}{N^2 I_0} = \left(\frac{\sin\alpha_1}{\alpha_1}\right)^2 = \left(\frac{\sin\dfrac{\pi a\sin\theta_1}{\lambda}}{\dfrac{\pi a\sin\theta_1}{\lambda}}\right)^2 = \left(\frac{\sin\dfrac{\pi}{5}}{\dfrac{\pi}{5}}\right)^2 = 0.875$$

$$\frac{I_2}{N^2 I_0} = \left(\frac{\sin\alpha_2}{\alpha_2}\right)^2 = \left(\frac{\sin\dfrac{2\pi}{5}}{\dfrac{2\pi}{5}}\right)^2 = 0.573$$

$$\frac{I_3}{N^2 I_0} = \left(\frac{\sin\alpha_3}{\alpha_3}\right)^2 = \left(\frac{\sin\dfrac{3\pi}{5}}{\dfrac{3\pi}{5}}\right)^2 = 0.255$$

$$\frac{I_4}{N^2 I_0} = \left(\frac{\sin\dfrac{4\pi}{5}}{\dfrac{4\pi}{5}}\right)^2 = 0.055$$

由于缺级，故 $\dfrac{I_5}{N^2 I_0} = 0$。

（2）当 $N = 5$，$d = 5a$ 时，光栅衍射的强度为

$$I = I_0\left(\frac{\sin\alpha}{\alpha}\right)^2\left(\frac{\sin 25\alpha}{\sin 5\alpha}\right)^2$$

强度分布曲线如图 3–49 所示。

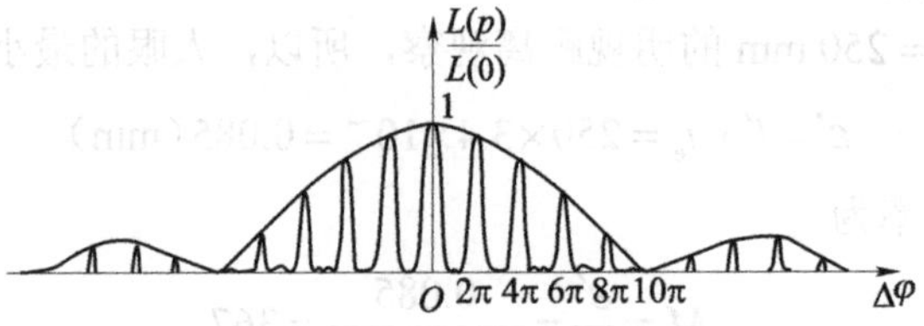

图 3–49　例 3.4 答图

例 3.5　波长为500 nm 的平行光垂直照射在宽度为0.025 mm 的单缝上，以焦距为50 cm 的会聚透镜将衍射光聚焦于焦平面上进行观察，求单缝衍射中央亮纹的半宽度。

解：单缝衍射场中央亮纹的角半宽度为

$$\theta = \frac{\lambda}{a} = \frac{500\times10^{-6}}{0.025} = 0.02\text{（rad）}$$

因此，亮纹的半宽度为

$$q = \theta f = 0.02\times500 = 20\text{（mm）}$$

例 3.6　例 3.5 中第一亮纹和第二亮纹到衍射场中心的距离分别是多少？假设场中心的光强为 I_0，它们的强度又是多少？

解：（1）第一亮纹的位置对应于 $\beta = \pm1.43\pi$，即

$$\frac{ka}{2}\sin\theta = \pm1.43\pi$$

故

$$\sin\theta = \frac{\pm1.43\lambda}{a} = \frac{\pm1.43\times5\times10^{-6}}{0.025} = \pm0.028\,6$$

或者 $\theta \approx \pm0.028\,6$ rad。因此第一亮纹到场中心的距离为

$$q_1 = \theta f = \pm0.028\,6\times500 = \pm14.3\text{（mm）}$$

第二亮纹对应于 $\beta = \pm2.46\pi$，因而

$$\sin\theta = \frac{\pm2.46\lambda}{a} = \frac{\pm2.46\times5\times10^{-6}}{0.025} = \pm0.049\,2$$

它到场中心的距离为

$$q_2 = \theta f = \pm0.049\,2\times500 = \pm24.6\text{（mm）}$$

（2）第一亮纹的强度为

$$I = I_0\left(\frac{\sin\beta}{\beta}\right)^2 = I_0\left(\frac{\sin1.43\pi}{1.43\pi}\right)^2 = (-0.213)^2 = 0.047I_0$$

第二亮纹的强度为

$$I = I_0\left(\frac{\sin\beta}{\beta}\right)^2 = I_0\left(\frac{\sin2.46\pi}{2.46\pi}\right)^2 = I_0(0.128)^2 = 0.016I_0$$

例 3.7　图 3–50 所示的夫琅和费衍射装置中，衍射孔径是不透明屏上的两个平行等宽的狭缝，称为双缝衍射屏，缝宽为 a，缝间隔为 d，单色线光源 S 照明。

（1）试求衍射场光强分布。

（2）当狭缝无限长，且 $b \gg a$ 时，试分析明暗条纹产生的条件。

（3）当 $a \ll d$ 时，试分析衍射场光强分布的特点。

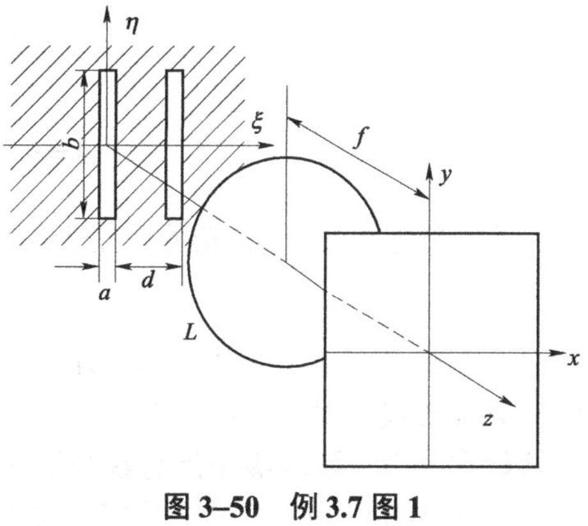

图 3–50　例 3.7 图 1

解：（1）观察屏上 P 点的衍射场为

$$E(x,y)=C\iint_{\Sigma}\exp[-\mathrm{j}k(l\xi+w\eta)]\,\mathrm{d}\xi\mathrm{d}\eta$$

$$=C\int_{-a/2}^{a/2}\exp(-\mathrm{j}kl\xi)\mathrm{d}\xi\left[\int_{-b/2}^{b/2}\exp(-\mathrm{j}kw\eta)+\right.$$

$$\left.C\int_{d-a/2}^{d+a/2}\exp(-\mathrm{j}kl\xi)\mathrm{d}\xi\right]\int_{-b/2}^{b/2}\exp(-\mathrm{j}kw\eta)$$

$$=Cab\frac{\sin(kla/2)}{kls/2}\cdot\frac{\sin(kwb/2)}{kwb/2}[1+\exp(-\mathrm{j}kld)]$$

令 $\alpha=kla/2$，$\beta=kwb/2$，$\Delta\varphi=kld=2\pi d\sin\theta/\lambda$，$P$ 点的复振幅为

$$E(x,y)=Cab\frac{\sin\alpha}{\alpha}\cdot\frac{\sin\beta}{\beta}[1+\exp(-\mathrm{j}\delta)]$$

光强为

$$I(x,y)=4I_0\left(\frac{\sin\alpha}{\alpha}\right)^2\left(\frac{\sin\beta}{\beta}\right)^2\cos^2\left(\frac{\Delta\varphi}{2}\right) \qquad \text{（例 3.7–1）}$$

式中，$I_0=|abC|^2$ 是单缝衍射在轴上点的光强。

（2）当狭缝很长，$b \gg a$ 时，y 方向上的衍射可忽略，上式成为

$$I(x,y)=4I_0\left(\frac{\sin\alpha}{\alpha}\right)^2\cos^2\left(\frac{\Delta\varphi}{2}\right) \qquad \text{（例 3.7–2）}$$

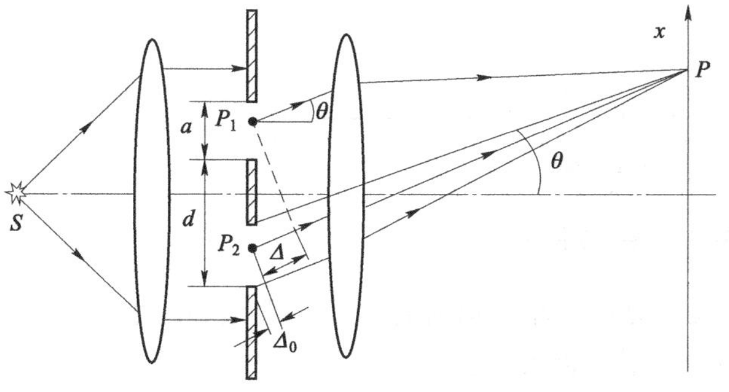

图 3–51　例 3.7 图 2

式中，$I_0=|aC|^2$。

上式中的因子 $(\sin\alpha/\alpha)^2$ 代表矩孔或单缝衍射光强，其中 $\alpha=kla/2=k\varDelta_0$，而 $\varDelta_0=(a/2)\sin\theta$ 是分别从单缝中心和单缝边缘发出、沿 θ 方向传播的两条光线的光程差。令一方面，图 3–51 中，取某单缝中任意一点 P_1，必能在另一个单缝中找到对应点 P_2，使得 $P_1P_2=d$，这对对应点沿 θ 发出的平行光线会聚于观察面 P 点，两条光线所经历的光程差 $\varDelta=d\sin\theta$，相应的位相差正是 $\Delta\varphi=k\varDelta=2\pi d\sin\theta/\lambda$。于是，可以把式（例 3.7–2）分解为两部分，一是单缝因子 $(\sin\alpha/\alpha)^2$，表示宽度为 a 的单缝夫琅和费衍射强度分布；二是 $4\cos^2(\Delta\varphi/2)$，表示单位强度、位相差为 $\Delta\varphi$ 的两束光干涉光强分布。因此，双缝夫琅和费衍射是单缝衍射和双缝干涉两个因素共同作用的结果。

为分析双缝衍射图样，先看干涉因子。两光束干涉理论中，干涉的极大和极小（亮纹和暗纹）发生的位相条件是

$$\Delta\varphi=\begin{cases}2m\pi\\2(m+1/2)\pi\end{cases}$$

$$\Delta=d\sin\theta=\begin{cases}m\lambda\\(m+1/2)\lambda\end{cases}\qquad\text{（例 3.7–3）}$$

再看单缝衍射因子，前面已经学过单缝衍射光强在$\theta=0$的中心位置最大，极小值的位置为

$$a\sin\theta=n\lambda\qquad n=0,\pm1,\pm2\cdots\qquad\text{（例 3.7–4）}$$

其光强分布如图 3–52（a）所示。双缝干涉因子和单缝衍射因子相乘，得到图 3–52（c）的总光强曲线。对于观察屏上的确定点，式（例 3.7–3）和式（例 3.7–4）中的θ是相等的，若恰好在该点，第m级干涉亮纹与第n级衍射极小值重合，有$d/a=m/n=K$，总光强为零，第m级干涉亮纹消失，称为缺级。K为整数时，消失的干涉级次为$m=nK$，即$\pm K,\pm2K\cdots$。图 3–52 表述的是$K=3$的情景。

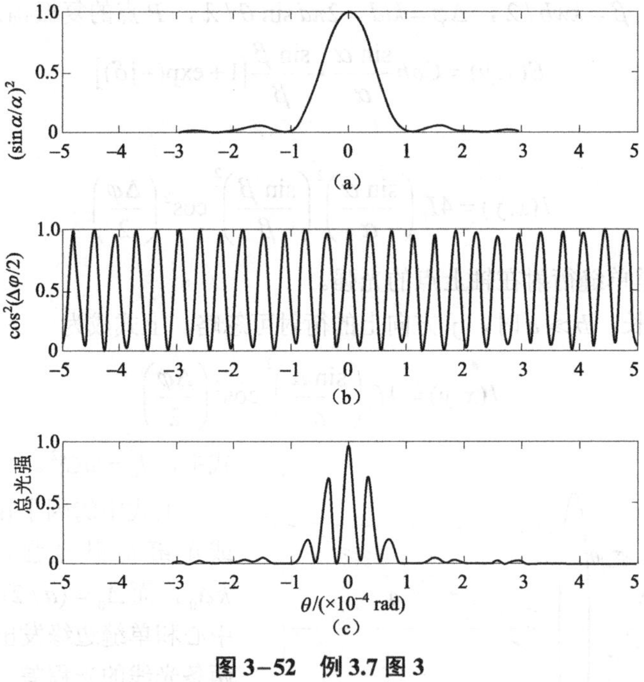

图 3–52　例 3.7 图 3

（3）当单缝宽度远小于双缝间隔，即$a\ll d$时，单缝衍射的中心亮斑范围很大，在这个范围内，干涉条纹强度变化很小，这时双缝衍射与杨氏干涉相似。

3.3　特殊物体的夫琅和费衍射

3.3.1　随机颗粒的夫琅和费衍射

从圆孔衍射可知，爱里斑的半径r_A和圆孔半径ε之间存在反比关系，因此，根据对夫琅

和费衍射图形的观测，可以求出圆孔直径的大小。特别是应用巴比内原理，还可以测量散射小颗粒或细丝的直径大小。

众所周知，在天气多云时太阳或月亮周围有时会出现亮的光环，称作日华或月华，光环的视角半径通常在2°～5°，这种天气现象是由高空大气中的雾珠或冰晶夫琅和费衍射的一级亮环形成的。按照巴比内原理，这种散射小颗粒的夫琅和费衍射图形，和同样尺寸的小孔衍射在中心以外的各点完全相同。处理由大量形状、尺寸相同但位置随机的小孔组成的阵列的夫琅和费衍射，可以应用傅里叶变换的平移不变定理。

设位于光轴上的小孔的振幅透射系数为$T_0(\xi,\eta)$，随机孔阵列的振幅透射系数可以表示为

$$T(\xi,\eta)=\sum_{n=1}^{N}T_0(\xi-\xi_0,\eta-\eta_0) \tag{3-246}$$

设单元小孔$T_0(\xi,\eta)$的傅里叶变换为$t_0(f_\xi,f_\eta)$，应用傅里叶变换的平移定理，可得出随机小孔阵列振幅透射系数的傅里叶变换为

$$t(f_\xi,f_\eta)=\sum_{n=1}^{N}\exp\left[-2\mathrm{j}\pi(f_\xi\xi_n+f_\eta\eta_n)\right]t_0(f_\xi,f_\eta) \tag{3-247}$$

如果对小孔阵列的照明是非相干的（本例即属于这种情形），则它的夫琅和费衍射的辐照度应等于阵列中各个小孔衍射的辐照度相加，在不考虑常系数情况下应等于：

$$L(x,y)=\sum_{n=1}^{N}\left|\exp[-2\mathrm{j}\pi(f_\xi\xi_n+f_\eta\eta_n)]t_0(f_\xi,f_\eta)\right|^2$$

$$=\sum_{n=1}^{N}\left|t_0\left(\frac{x}{\lambda z},\frac{y}{\lambda z}\right)\right|^2=NI_0(x,y) \tag{3-248}$$

式中，z为夫琅和费衍射的观察距离，$I_0(x,y)$为单独一个小孔的夫琅和费衍射的辐照度。按照巴比内原理，上式也可用来描述随机散射颗粒阵列的夫琅和费衍射。上式表明，N个散射颗粒夫琅和费衍射的辐照度等于单个颗粒衍射图形辐照度的N倍。当小颗粒直径也是随机分布时，将引起衍射亮环的环宽度扩展，根据亮环的平均视角半径，利用式（3-117），即可计算出小颗粒的平均直径及直径的统计分布规律。

3.3.2　直边的夫琅和费衍射

从前面对各种物体夫琅和费衍射的讨论可知，衍射孔径边缘的形状对衍射图形的分布影响很大。半无限平面是只有一条直边的衍射物体，通过对它的分析，可以很好地了解孔径边缘对衍射图形的影响。

直边半无限平面的复振幅透射系数可表示为阶跃函数。当用单位振幅的单色平面波正入射照明时，透射光的复振幅：

$$A(\xi)=\mathrm{step}(\xi)$$

应用阶跃函数的傅里叶变换及式（3-43）～式（3-45），立即可以求出直边的夫琅和费衍射的复振幅和辐照度分布：

$$E(x,y)=\frac{1}{\mathrm{j}\lambda f}\exp\left[\mathrm{j}k\left(f+\frac{x^2+y^2}{2f}\right)\right]\left[\frac{1}{2\mathrm{j}\pi f_\xi}+\frac{1}{2}\delta(f_\xi)\right]\delta(f_\eta)$$

$$=\frac{1}{\mathrm{j}\lambda f}\exp\left[\mathrm{j}k\left(f+\frac{x^2+y^2}{2f}\right)\right]\left[\frac{\lambda f}{2\mathrm{j}\pi x}+\frac{1}{2}\delta\left(\frac{x}{\lambda f}\right)\right]\delta\left(\frac{y}{\lambda f}\right) \tag{3-249}$$

$$L(x,y)=\begin{cases}\dfrac{1}{4\pi^2x^2} & (x\neq 0, y\neq 0)\\ \delta(x,y) & (x=y=0)\end{cases} \tag{3-250}$$

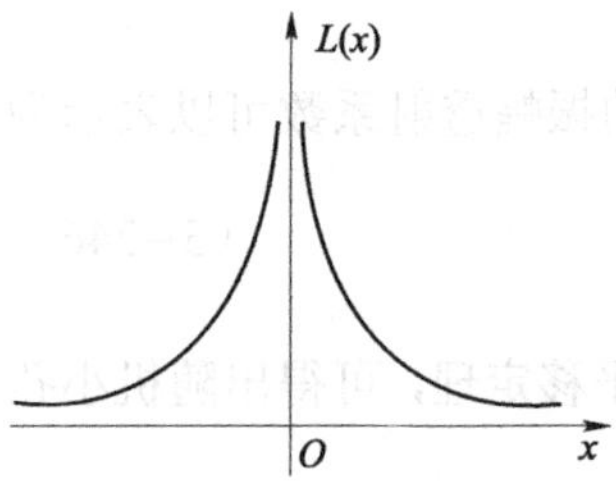

图 3-53　直边夫琅和费衍射

图 3-53 所示为直边夫琅和费衍射图形的衍射分布。式（3-250）和图 3-53 均表明，在 $x>0$ 的“光照区”和 $x<0$ 的“阴影区”，衍射图形具有完全相同的辐照度分布。这似乎违背了“光照区亮于阴影区”的常识，但只要考虑到夫琅和费衍射需要在无穷远的平面上观察的事实，上述现象就不难理解。

还有一个特点应当注意，由于半无限平面只存在一条边缘，是没有干涉的衍射现象，所以衍射图形是均匀衰减的图形，而不是像大多数衍射那样形成条纹。

3.3.3　位相物体的衍射

位相物体对光波不仅产生振幅调制，还产生位相调制。但位相物体的衍射，除了少数简单情形，很难得出解析解。作为例子，本节讨论具有二值位相分布的矩形物体的夫琅和费衍射，应用更广泛的周期分布位相物体（位相光栅）的讨论将放在下一节。

图 3-54（a）所示的衍射物体是一个边长为 a_0、b_0 的矩形孔，沿 ξ 方向分为两半，右半部覆以一块具有 φ_0 位相延迟的位相板，用单位振幅的单色平面波正入射照明，衍射孔径出射面上的复振幅分布可表示为

$$A(\xi,\eta)=\left[\mathrm{rect}\left(\frac{\xi-a_0/4}{a_0/2}\right)\exp(\mathrm{j}\varphi_0)+\mathrm{rect}\left(\frac{\xi+a_0/4}{a_0/2}\right)\right]\mathrm{rect}\left(\frac{\eta}{b_0}\right) \tag{3-251}$$

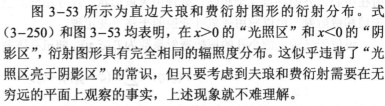

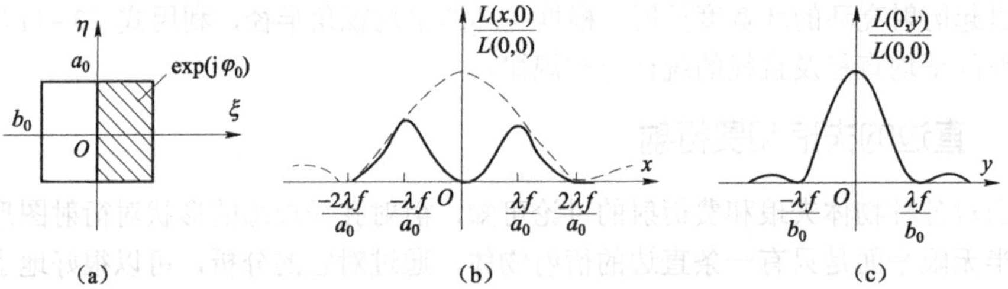

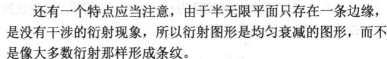

图 3-54　具有位相差的矩孔夫琅和费衍射

它的傅里叶变换为

$$a(f_\xi,f_\eta)=a_0b_0\exp\left(\mathrm{j}\frac{\varphi_0}{2}\right)\mathrm{sinc}\left(\frac{a_0f_\xi}{2}\right)\cos\left(\frac{\pi a_0 f_\xi}{2}-\frac{\varphi_0}{2}\right)\mathrm{sinc}(b_0f_\eta)$$

$$=a_0b_0\exp\left(\mathrm{j}\frac{\varphi_0}{2}\right)\mathrm{sinc}\left(\frac{a_0x}{\lambda f}\right)\cos\left(\frac{\pi a_0x}{2\lambda f}-\frac{\varphi_0}{2}\right)\mathrm{sinc}\left(\frac{b_0y}{\lambda f}\right) \tag{3-252}$$

式中，f 为观察透镜的焦距，利用式（3-43）～式（3-45）即可得出夫琅和费衍射的复振幅

和辐照度：

$$E(x,y)=\frac{a_0b_0}{\mathrm{j}\lambda f}\exp\left[\mathrm{j}\left(f+\frac{x^2+y^2}{2f}+\frac{\varphi_0}{2}\right)\right]\mathrm{sinc}\left(\frac{a_0x}{2\lambda f}\right)\cos\left(\frac{\pi a_0x}{2\lambda f}-\frac{\varphi_0}{2}\right)\mathrm{sinc}\left(\frac{b_0x}{\lambda f}\right) \tag{3-253}$$

$$L(x,y)=\frac{{a_0}^2{b_0}^2}{\lambda^2f^2}\mathrm{sinc}^2\left(\frac{a_0x}{2\lambda f}\right)\cos^2\left(\frac{\pi a_0x}{2\lambda f}-\frac{\varphi_0}{2}\right)\mathrm{sinc}^2\left(\frac{b_0x}{\lambda f}\right) \tag{3-254}$$

式（3−254）的辐照度分布有两种特殊情形：

（1）$\varphi_0=0$，式（3−254）化简为

$$\begin{aligned}L(x,y)&=\frac{{a_0}^2{b_0}^2}{\lambda^2f^2}\mathrm{sinc}^2\left(\frac{a_0x}{2\lambda f}\right)\cos^2\left(\frac{\pi a_0x}{2\lambda f}\right)\mathrm{sinc}^2\left(\frac{b_0x}{\lambda f}\right)\\&=\frac{{a_0}^2{b_0}^2}{\lambda^2f^2}\mathrm{sinc}^2\left(\frac{a_0x}{\lambda f}\right)\mathrm{sinc}^2\left(\frac{b_0x}{\lambda f}\right)\end{aligned}$$

这正是式（3−105）所示的矩孔夫琅和费衍射的辐照度。

（2）$\varphi_0=\pi$，式（3−254）化简为

$$L(x,y)=\frac{{a_0}^2{b_0}^2}{\lambda^2f^2}\mathrm{sinc}^2\left(\frac{a_0x}{2\lambda f}\right)\sin^2\left(\frac{\pi a_0x}{2\lambda f}\right)\mathrm{sinc}^2\left(\frac{b_0x}{\lambda f}\right) \tag{3-255}$$

图 3−54（b）和（c）分别画出了 $\varphi_0=\pi$ 时沿 x 和 y 方向的辐照度分布曲线。可以看出，沿 y 方向的辐照度分布仍然和宽度 b_0 的单缝相同，但是沿 x 方向的辐照度分布则是周期为 $2\lambda f/a_0$ 的双缝干涉条纹受宽度为 $a_0/2$ 的单缝夫琅和费衍射调制的结果，在单缝衍射中央亮斑内出现了两条平行于 y 轴的亮纹和一条暗纹。这条暗纹位于 $x=0$ 处，在精密测量中，有人利用这条细的暗纹作为光源像位置的精确标志。

3.4　菲涅尔衍射（Fresnel Diffraction）

根据 3.1.2 节的分析，菲涅尔衍射可直接在衍射孔径后方有限距离上进行观察，而无须像夫琅和费衍射那样借助成像透镜。但是，菲涅尔衍射复振幅和辐照度分布的计算却比夫琅和费衍射复杂得多。计算菲涅尔衍射可利用式（3−16），由于被积函数中包含一个与衍射孔径坐标 (ξ,η) 有关的二次位相因子，因此，即使对于简单的衍射孔径（如单缝、直边、圆孔等），也难以得出解析结果。对菲涅尔衍射的分析，在多数情况下只能采用半定量或数值计算的方法。

3.4.1　菲涅尔半波带法（Fresnel's Half-wave Zone Method）

菲涅尔半波带法的理论基础是惠更斯—菲涅尔的子波叠加原理，下面以圆孔菲涅尔衍射为例来介绍这一方法。

3.4.1.1　菲涅尔半波带

如图 3−55（a）所示，圆孔 Σ 由点光源 S 发出的球面波照明。按照惠更斯—菲涅尔原理，考察点 P 的复振幅是未受阻挡的波面 Ω 上各子波贡献量的相干叠加。为了避免复杂的积分，

可按子波源到 P 点距离的大小，将 Ω 划分为一系列环带，使同一个环带上全部子波对 P 点复振幅的贡献量可简单地用环带内一个子波源的贡献量乘以环带的面积 S_N 来表示；而相邻环带子波源对 P 点复振幅的贡献量则大小近似相等，位相相反。按上述规则划分的环带称为菲涅尔半波带，如图 3-55 所示。

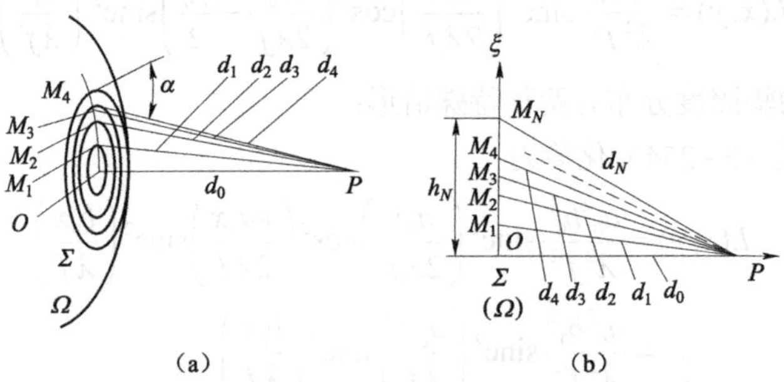

图 3-55　菲涅尔半波带

菲涅尔半波带的作法如下：为求 P 点的复振幅，连接光源 S（即 Ω 的球心）和 P，与波面 Ω 交于 O 点，以该点作为位相参考点。设 $OP = d_0$，以 P 点为球心，分别以

$$d_1 = d_0 + \frac{\lambda}{2}$$
$$d_2 = d_0 + \lambda$$
$$\vdots$$
$$d_N = d_0 + \frac{N\lambda}{2}$$

为半径在 Ω 上画圆，这样得到的一系列环带，即二维的菲涅尔半波带。当点光源 S 位于无穷远（即平面波照明）时，Ω 是与 Σ 重合的平面，此时可在平面 Σ 上划分菲涅尔半波带，如图 3-55（b）所示。

当衍射孔径具有一维分布特性时（如直边、单缝等），也可仿照上述法则，将未受阻挡的波面划分为一系列条带，使相邻条带对考察点 P 的复振幅贡献量大小近似相等，位相相反，这样形成的条带称为一维的菲涅尔半波带。图 3-55（b）也说明了一维菲涅尔半波带的划分方法。

3.4.1.2　一个半波带的贡献

为了计算 P 点的复振幅，首先讨论从 P 点对 Ω 所作的第 N 个半波带的贡献量。为简单起见，首先讨论用平面波照明的情形，菲涅尔半波带的划分如图 3-55（b）所示。第 N 个半波带对 P 点复振幅的贡献量可表示为

$$E_N = E_{N0}\exp(\mathrm{j}\varphi_N) \tag{3-256}$$

式中，E_{N0} 和 φ_N 分别表示振幅和位相。根据菲涅尔对子波贡献量的假定，E_{N0} 可以表示为

$$E_{N0} = K'\frac{S_N}{d_N}q_N \tag{3-257}$$

式中，K' 为一个复常数；S_N 为第 N 个半波带的面积；d_N 为 P 点到第 N 个半波带外缘的距

离；q_N 为倾斜因子，随着 N 从零变化到无穷大，q_N 从1缓慢减小到零。由图 3−55（b）可求出：

$$d_N = d_0 + \frac{N\lambda}{2} = d_0\left(1+\frac{N\lambda}{2d_0}\right) \tag{3-258}$$

$$h_N = \sqrt{d_N^2 - d_0^2}, \quad h_{N-1} = \sqrt{d_{N-1}^2 - d_0^2}$$

$$\begin{aligned} S_N &= \pi h_N^2 - \pi h_{N-1}^2 = \pi(d_N^2 - d_{N-1}^2) \\ &= \pi\lambda d_0\left(1+\frac{N\lambda}{2d_0}-\frac{\lambda}{4d_0}\right) \approx \pi\lambda d_0\left(1+\frac{N\lambda}{2d_0}\right) \end{aligned} \tag{3-259}$$

上式最后一步忽略了 $\lambda/4d_0$ 项。将式（3−258）和式（3−259）代入式（3−257），得出

$$E_{N0} = K'\pi\lambda q_N \tag{3-260}$$

上式表明，当 N 不太大时，由于 q_N 变化很小，因此 E_{N0} 近似为复常数。至于 φ_N，由于相邻半波带到 P 点的光程差为 $\lambda/2$，或者说位相差为 π，因此如果规定中心第一个半波带（$N=1$）位相为零（参考位相），则凡是奇数半波带的位相皆为 2π，偶数半波带的位相皆为 π，于是有

$$\varphi_N = (N-1)\pi \tag{3-261}$$

将 E_{N0} 和 φ_N 代入式（3−256），最后得出

$$\begin{aligned} E_N &= K'\pi\lambda q_N \exp[\mathrm{j}(N-1)\pi] \\ &= (-1)^{N-1}K'\pi\lambda q_N \quad (N=1,2,3\cdots) \end{aligned} \tag{3-262}$$

3.4.1.3　P 点的复振幅

假定衍射物体是半径为 ε 的圆孔，从观察点 P 向圆孔上暴露的波面 Ω 恰好可作 M 个半波带，按照惠更斯—菲涅尔原理和半波带的性质，P 点的复振幅为

$$\begin{aligned} E(P) &= \sum_{N=1}^{M} E_N = \frac{1}{2}E_1 + \frac{1}{2}(E_1+E_2) + \frac{1}{2}(E_2+E_3) + \cdots + \\ &\quad \frac{1}{2}(E_{M-1}+E_M) + \frac{1}{2}E_M \\ &= \frac{1}{2}E_1 + \frac{1}{2}E_M \end{aligned} \tag{3-263}$$

应用式（3−263），可以很方便地求出轴上观察点 P 的复振幅和辐照度。例如，用波长为 λ 的单色平面波正入射照明一个半径为 ε 的圆孔，观察点 P 到圆孔的距离为 d_0，利用关系式 $\left(d_0+\dfrac{M\lambda}{2}\right)^2 = d_0^2+\varepsilon^2$，可求出圆孔所包含的半波带数 M：

$$M = \frac{\varepsilon^2}{\lambda d_0} \tag{3-264}$$

按照式（3−263），当 M 为偶数时，$E(p) = \dfrac{1}{2}(|E_1|-|E_M|)$，$P$ 点成为暗点；当 M 为奇数时，$E(p) = \dfrac{1}{2}(|E_1|+|E_M|)$，$P$ 点成为亮点。但是，当衍射孔径不是圆孔、考察点 P 不在轴上或者孔

径内包含的半波带数不是整数时，半波带法就难以给出精确的计算结果。

3.4.1.4 半波带法的相辐矢量图

相辐矢量法是研究光波叠加的有效方法。当衍射孔径包含整数个半波带时，每个半波带的复振幅贡献量可用一个相辐矢量来表示，所有相辐矢量相加即可求出 P 点的复振幅 $E(P)$。这一过程可用图 3–56 所示的相辐矢量图表示。图中，奇数半波带的相辐矢量方向向上，偶数半波带的相辐矢量方向向下，且随着半波带的序号增大，相辐矢量长度逐渐减小，合矢量为从基线（E_1 的起点）到 E_M 终点的矢量。由相辐矢量图可以直观地得出式（3–263）的结论。

为了分析非圆形孔径和非整数半波带的情形，可将每个半波带再细分为 l 个子波带，每个子波带的面积为 S_N/l，所以各子波带对 P 点贡献量的振幅相等，用子波带相辐矢量的长度 $|\Delta E|=|E_N|/l$ 表示，同时，相邻子波带之间的位相差为 π/l。按照相辐矢量相加的多边形法则，将各子波带相辐矢量首尾相接，可画出合成相辐矢量图。由于同一个半波带中的第一个子波带与最后一个子波带的位相相差 π，当 $l\to\infty$ 时，各子波带相辐矢量相加成为一个半圆，下一个半波带的子波又叠加成为另一个半径稍小的半圆，图 3–57（a）画出了前两个半波带相辐矢量 E_1 和 E_2 合成的情形。当圆孔半径 $\varepsilon\to\infty$，半波带数 $M\to\infty$ 时，各半波带的相辐矢量构成一条平滑的螺旋形，该螺旋线终止于中心点 A（图 3–57（b））。矢量 $\overrightarrow{OA}$ 对应于光波不受限制时 P 点的复振幅，表示为 $E_\infty(P)=|OA|=E_1/2$。利用这一方法，当 M 为小数时，也可求出对应的 $E(P)$，例如图中矢量 $\overrightarrow{OB}$ 就表示圆孔包含 7.5 个半波带时 P 点的复振幅。

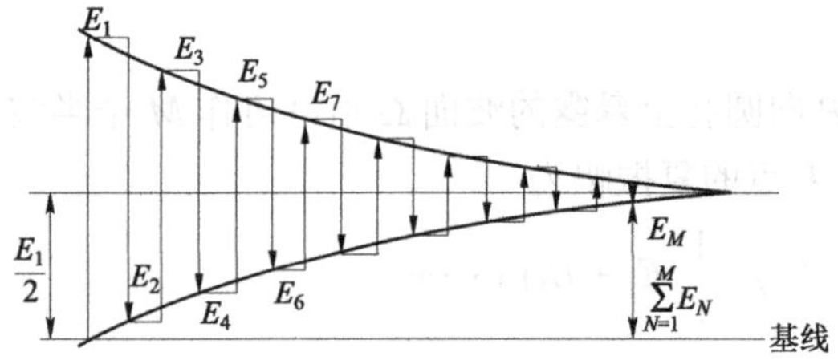

图 3–56 半波带法的相辐矢量图

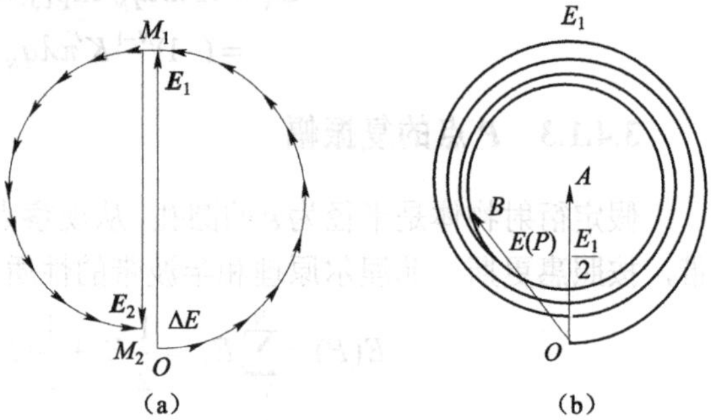

图 3–57 细分半波带的相辐矢量图

3.4.1.5 圆对称物体的菲涅尔衍射

应用菲涅尔半波带法，可以定性地分析圆对称物体的菲涅尔衍射。

1. 圆孔衍射

首先讨论圆孔衍射轴上点的复振幅和辐照度。按照式（3–264），当圆孔半径 ε 和光波波长 λ 确定时，从轴向距离 d_0 不同的考察点 P 向圆孔所作的半波带数 M 不同，使 M 为奇数的轴上点成为亮点，使 M 为偶数的轴上点成为暗点，亮点和暗点的距离可分别表示为

$$\begin{cases} d_{0M}=\dfrac{\varepsilon^2}{(2N+1)\lambda} \\ d_{0m}=\dfrac{\varepsilon^2}{2N\lambda} \end{cases} \quad (N=0,1,2\cdots) \tag{3–265}$$

图 3–58 中的几幅衍射图即不同 d_0 位置观察到的圆孔菲涅尔衍射图，不难看出，通过改变 d_0，轴上点出现了亮暗交替变化。

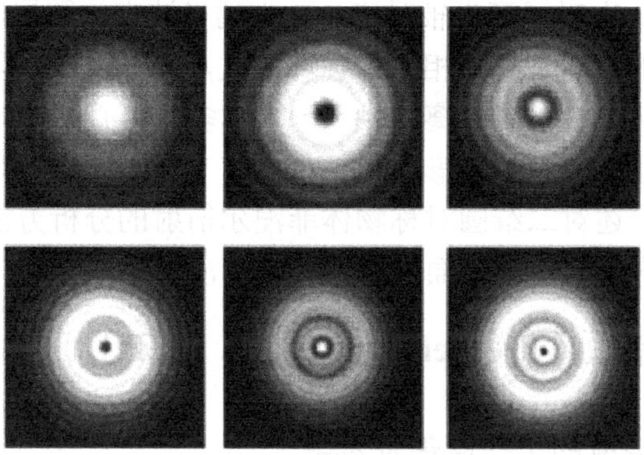

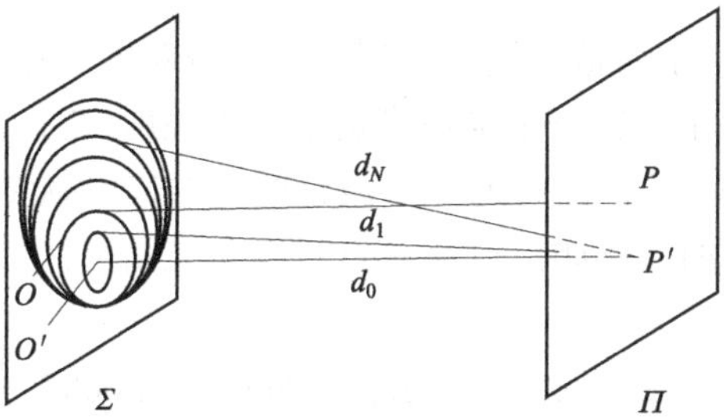

图 3–58 “轴外”点的半波带

值得注意的是，当 d_0 固定，通过改变 ε 或 λ 也能改变 M 值，使轴上点 P 出现亮暗交替变化。但是，当 M 在小于1的范围内变化时，由图 3–58 可知，P 点的辐照度只会出现单调的变化，而不会呈现亮暗交替。不难证明，在这种情况下，菲涅尔衍射已经过渡为夫琅和费衍射。

对于轴外点 P'，可以连接光源 S 和 P' 点，交圆孔平面于 O'，以 P' 为球心向圆孔作半波带，O' 成为第一半波带的中心，如图 3–58 所示。实际上，可以认为，当考察点由轴上点 P 移到 P' 时，相当于整套半波带由中心点 O 移到了 O'，这时序号较大的半波带会被圆孔部分切割。当 P' 点向下连续移动时，M 和切割情况同时发生变化，P' 点的辐照度也发生相应的明暗变化。随着 P' 远离 P 点，中心半波带越来越多被切割，辐照度迅速减弱。由于系统是圆对称的，P' 向别的方向平移的结果与此基本相同，因此衍射图成为圆对称分布，即成为以 P 为圆心的亮暗交替的同心圆环，如图 3–58 所示。

2. 圆屏衍射

巴比内原理不仅可用于分析屏的夫琅和费衍射，而且也适用于屏的菲涅尔衍射。利用式（3–242），可以将圆屏和圆孔的菲涅尔衍射联系起来。

首先考虑轴上点 P 的复振幅和辐照度。由于有 $E_\infty(P)=E_1/2$，所以

$$E_{\Sigma'}(P)=E_\infty(P)-E_\Sigma(P)=\frac{1}{2}E_1-\left(\frac{1}{2}E_1+\frac{1}{2}E_M\right)=-\frac{1}{2}E_M \tag{3–266}$$

上式表明，无论圆屏所包含的半波带数目 M 是整数还是分数，圆屏菲涅尔衍射的轴上点 P 始终是亮点，这和圆孔衍射时 P 点随 M 变化呈明暗交替的现象截然不同，这个亮点称为“泊松”

亮点。不难想到，随着圆屏直径增大，半波带数M相应增大，$|E_M|$将逐渐减小，使得“泊松”亮点的亮度逐渐减弱。

对于轴外考察点P'，由于$E_\infty(P')$不定，因而难以用巴比内原理来定量计算$E_\Sigma(P')$。但是考虑到系统圆对称性，以及P'远离光轴时序号较大的半波带被圆屏渐次切割的情形，可以想象，圆屏菲涅尔衍射图形仍然是亮暗相间的圆环条纹，只不过在圆屏的阴影区内亮纹的辐照度较小，而在阴影区之外，随着P'远离光轴，越来越多的中心半波带不受圆屏切割，P'点的辐照度将逐渐接近不存在圆屏时的情形。

最后，顺便指出，上述对二维圆对称物体菲涅尔衍射的分析方法完全适用于狭缝、直边等一维物体，只不过将未受阻挡的波面划分为一维菲涅尔半波带即可。

3.4.2 菲涅尔波带板（Fresnel Zone Plate，FZP）

3.4.2.1 菲涅尔波带板的工作原理及参数

对于圆孔菲涅尔衍射，由于奇数半波带和偶数半波带对轴上点复振幅的贡献量位相相反，所以轴上点P的辐照度甚至小于第一个半波带贡献的辐照度$|E_1|^2$。不难设想，如果把圆孔内所有奇数（或偶数）半波带挡住，使各通光半波带的复振幅贡献量在P点同相相加，P点的振幅和辐照度将会大幅度增加。例如，设从P点对圆孔光阑可作1 000个半波带，挡住全部偶数半波带后，P点的复振幅为

$$E_1+E_3+E_5+\cdots+E_{999}\approx 500E_1=1\,000E_\infty$$

式中，已假设E_{999}不明显小于E_1。这样P点将成为一个十分明亮的点，其辐照度近似等于10^6L_∞。

这种挡住了全部偶数（或奇数）半波带的特殊光阑称为菲涅尔波带板，简称为波带板。图3–59（a）和（b）分别给出了挡住奇数半波带和偶数半波带的二维菲涅尔波带板的照片。

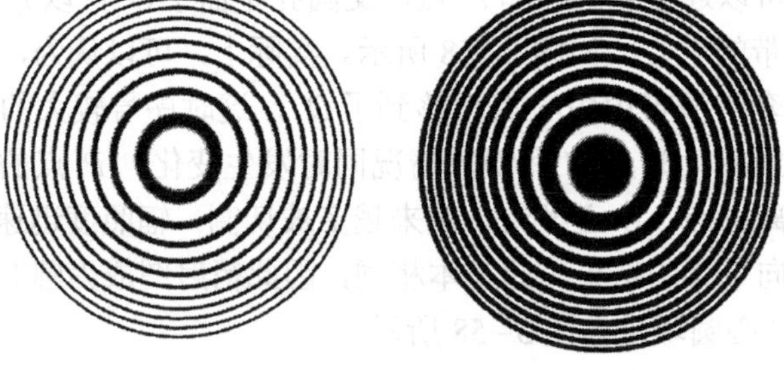

（a）　　　　（b）

图3–59　菲涅尔波带板

按照图3–59（b），波带板自中心向外第N个环的外圆半径为

$$h_N=\sqrt{d_N^2-d_0^2}=\sqrt{d_0N\lambda}\left(1+\frac{N\lambda}{4d_0}\right)^{1/2}$$

忽略$\dfrac{N\lambda}{4d_0}$，于是有

$$h_N = \sqrt{d_0 N \lambda} = \sqrt{N} h_1 \tag{3-267}$$

$$h_1 = \sqrt{d_0 \lambda} \tag{3-268}$$

上式为波带板环带半径的基本关系式。据此可知，如果某个环形光阑的环半径满足上述关系式，则必然是一个菲涅尔波带板。当用波长为 λ 的平面波正入射照明时，距离 d_0 的轴上点将成为一个亮点，该亮点称为菲涅尔波带板主焦点，d_0 值称为波带板的焦距，可由式（3-268）求出：

$$d_0 = h_1^2 / \lambda \tag{3-269}$$

仿照圆环形菲涅尔波带板的原理，还可将波带板作为条形（一维菲涅尔波带板）或矩形，其波带划分的原则及参数与圆环形波带板完全相同。图 3-60 所示为是这两种波带板的示意图。条形波带板将平面波聚焦为一条焦线；矩形波带板将平面波聚焦为明亮十字线，将其用于激光准直仪可以提高对准精度。

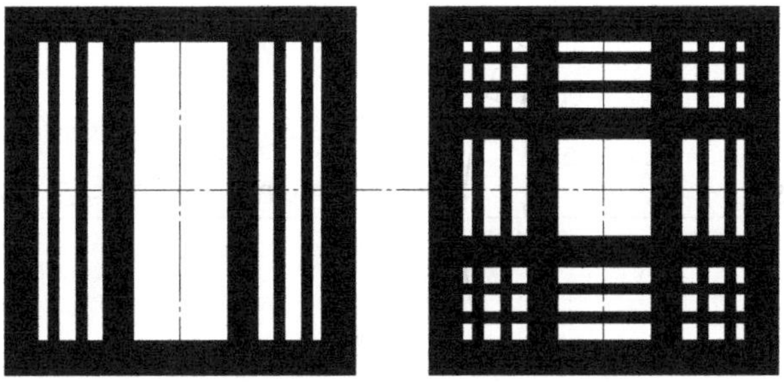

图 3-60　条形和矩形波带板

3.4.2.2　波带板成像性质

如上所述，菲涅尔波带板像透镜一样，能够将平面波会聚到轴上主焦点 P。不仅如此，它对有限远的轴上点光源，也同样具有普通折射透镜那样的“成像”功能，下面分析其原理。

在图 3-61 中，P 是菲涅尔波带板的焦点，即无穷远点光源的像。现在用距离为 l 的轴上点光源 S 发出的球面波照射波带板，由于各环带的子波不再具有相同的初位相，因此到达 P 点的各环带的复振幅贡献量不再同位相，于是 P 点不再成为一个亮点。但是当距离为 l' 的轴上点 S' 满足

$$\Delta = [\overline{SQ} + \overline{QS'}] - [\overline{S\theta} + \overline{\theta S'}] = \frac{N\lambda}{2} \quad (N\text{为任意正整数}) \tag{3-270}$$

时，S' 将成为亮点。这是因为式中 Q 点为第 N 个半波带的外缘，θ 是波带板中心，Δ 为通过第 N 个半波带的衍射光波和通过波带板中心 θ 的光波之间的光程差。由于通过各半波带的衍射光波的光程均是以各环带外缘作为对应点来计算的，所以式（3-270）实际表明，第 N 个半波带和第一个半波带（即中心半波带）衍射光波的光程差 $\Delta' = (N-1)\lambda/2$，或位相差 $\Delta\varphi' = (N-1)\pi$。所以，无论 N 是奇数还是偶数，都可以得出相同的结论：所有奇数半波带都和第 1 半波带对 S' 的复振幅贡献量位相相同，所有偶数半波带都和第 1 半波带对 S' 的复振幅贡献量位相相反。这就是说，无论该波带板是挡住奇数半波带还是挡住偶数半波带，剩余半波带对 S' 点的复振幅的贡献量都是同相相加，因此 S' 成为亮点，即光源 S 的像点。利用

图 3-61 的几何关系：

$$\overline{SQ}=(l^2+h_N^2)^{\frac{1}{2}},\ \overline{QS'}=(l^2+h_N^2)^{\frac{1}{2}}$$

由于$l\gg h_N, l'\gg h_N$，可对上面两式做二项式展开，并保留前两项，得到

$$\overline{SQ}=l\left(1+\frac{h_N^2}{2l^2}\right),\ \overline{QS'}=l'\left(1+\frac{h_N^2}{2l'^2}\right)$$

代入式（3-270），考虑到$\overline{S\theta}=l$，$\overline{\theta S'}=l'$，并利用关系式$h_N=\sqrt{d_0\lambda N}$，最后可得出，S'成为S的像点应满足的关系式为

$$\frac{1}{l}+\frac{1}{l'}=\frac{1}{d_0} \tag{3-271}$$

这个关系式与普通折射透镜的成像公式完全相同。

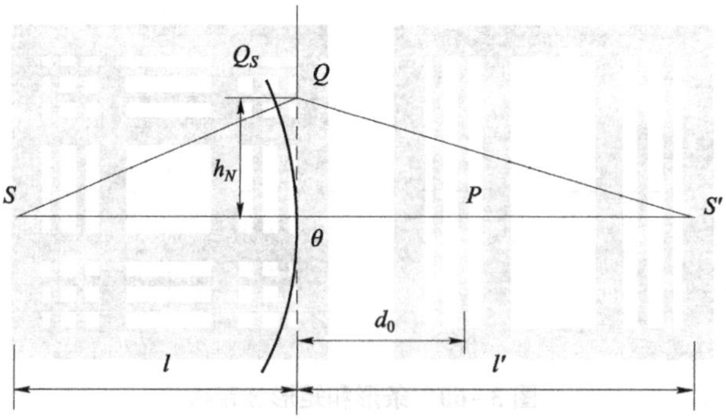

图 3-61　菲涅尔波带板的成像原理

菲涅尔波带板成像的突出优点是，它是基于光的衍射原理，而不依靠介质的折射，因此适用波段很宽。例如用金属薄片制作的波带板，可以在紫外到 X 射线波段作透镜使用。除此之外，还制成了波带板型的微波透镜和声波透镜。

菲涅尔波带板作为成像透镜的最大缺点是具有严重的色差。因为波带板的焦距与光波长λ成反比，色差远大于折射透镜，但和折射透镜的纵向色差方向相反，因此只能用于准单色辐射的成像系统。另一缺点是成像时的多"焦点"性质，除了前述的主焦点P之外，还有与P点对称的虚焦点P^*，P^*和P在波带板平面上可以划分出完全相同的半波带。此外，在P和P^*内侧，在距波带板$d_0/3, d_0/5$等处，还存在一系列减弱的次级焦点。其成因待读者自己分析。

3.4.2.3　菲涅尔波带板的傅里叶分析

前面应用半波带法和菲涅尔子波叠加原理分析了波带板的成像性质，这些性质也可以应用傅里叶分析方法得出。不仅如此，通过对菲涅尔波带板的傅里叶分析，还可以得出菲涅尔波带板在任意考察平面上的衍射图形分布，这对于与菲涅尔波带板有关的衍射光学元件的设计和应用具有十分重要的意义。

首先分析一维菲涅尔波带板，图 3-62（a）画出了该波带板的归一化复振幅透射系数$T(h_N/h_1)$曲线。对波长为λ的光波，其主焦距为d_0，第 1 和第N个半波带的半径分别为

$h_1=\sqrt{d_0\lambda}$，$h_N=\sqrt{N}h_1$。对 $T(h_N/h_1)$ 作变量代换，令 $N=(2M-1)/2$，于是

$$h_M=\xi_0=\sqrt{\frac{\lambda d_0}{2}}\sqrt{2M-1}\qquad (M=1,2\cdots)$$

图 3-62（b）画出了用自变量 $\sqrt{\dfrac{2}{\lambda d_0}}\xi_0$ 表示的一维菲涅尔波带板复振幅透射系数的分布曲线。最后令

$$\xi=\left(\sqrt{\frac{2}{\lambda d_0}}\xi_0\right)^2=\frac{2}{\lambda d_0}\xi_0^2 \tag{3-272}$$

于是上述波带板的复振幅透射系数成为图 3-62（c）所示的周期函数 $T(\xi)$，其周期 $T=4$。将 $T(\xi)$ 展成傅里叶级数，由于其频谱

$$c_n=\frac{1}{4}\int_{-2}^{2}T(\xi)\exp\left(-2\mathrm{j}\pi\frac{n\xi}{4}\right)\mathrm{d}\xi=\frac{1}{2}\mathrm{sinc}\left(\frac{n}{2}\right) \tag{3-273}$$

所以 $T(\xi)$ 可用傅里叶级数表示为

$$T(\xi)=\sum_{n=-\infty}^{\infty}c_n\exp\left(2\mathrm{j}\pi\frac{n}{4}\xi\right)=\sum_{n=-\infty}^{\infty}\frac{1}{2}\mathrm{sinc}\left(\frac{n}{2}\right)\exp\left(\mathrm{j}\frac{n\pi}{2}\xi\right) \tag{3-274}$$

代入式（3-272），波带板的复振幅透射系统仍用 ξ_0 来表示：

$$T(\xi_0)=\sum_{n=-\infty}^{\infty}\frac{1}{2}\mathrm{sinc}\left(\frac{n}{2}\right)\exp\left(\mathrm{j}\frac{n\pi}{\lambda d_0}\xi_0{}^2\right) \tag{3-275}$$

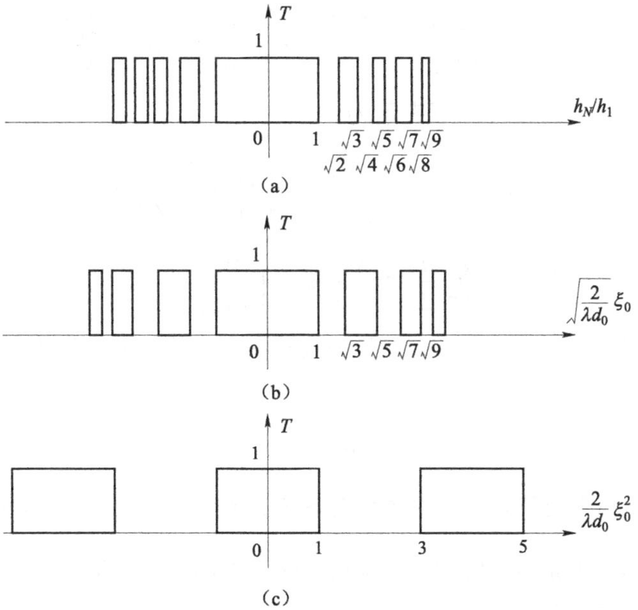

图 3-62　一维菲涅尔波带板的复振幅透射系数

设一维菲涅尔波带板的尺寸为无穷大，应用一维孔径菲涅尔衍射积分公式（4-25），可以得出用单位振幅单色平面波正入射照明时，距波带板 $z=z_i$ 处的菲涅尔衍射的复振幅分布为

$$E(x_i,y_i)=\frac{1}{\sqrt{\lambda z_i}}\exp\left[\mathrm{j}\left(kz_i-\frac{\pi}{4}\right)\right]\exp\left(\mathrm{j}\frac{\pi}{\lambda z_i}x_i^2\right)\cdot$$

$$\int_{-\infty}^{\infty}T(\xi_0)\exp\left(\mathrm{j}\frac{\pi}{\lambda z_i}\xi_0^2\right)\exp(-2\mathrm{j}\pi f_\xi\xi_0)\mathrm{d}\xi_0$$

$$=\frac{1}{\sqrt{\lambda z_i}}\exp\left[\mathrm{j}\left(kz_i-\frac{\pi}{4}\right)\right]\exp\left(\mathrm{j}\frac{\pi}{\lambda z_i}x_i^2\right)\sum_{-\infty}^{\infty}\frac{1}{2}\mathrm{sinc}\left(\frac{n}{2}\right)\cdot$$

$$\int_{-\infty}^{\infty}\exp\left[\mathrm{j}\frac{\pi}{\lambda}\left(\frac{1}{z_i}+\frac{n}{d_0}\right)\xi_0^2\right]\exp(-2\mathrm{j}\pi\, f_\xi\xi_0)\mathrm{d}\xi_0 \tag{3-276}$$

上式表明，$z=z_i$ 平面上的复振幅分布是 n 的级数，且与 y_i 无关。特别是当 n 满足

$$\frac{1}{z_i}+\frac{n}{d_0}=0 \tag{3-277}$$

时，积分

$$\int_{-\infty}^{\infty}\exp\left[\mathrm{j}\frac{\pi}{\lambda}\left(\frac{1}{z_i}+\frac{n}{d_0}\right)\xi_0^2\right]\exp(-2\mathrm{j}\pi\, f_\xi\xi_0)\mathrm{d}\xi_0$$

$$=\delta(f_\xi)=\delta\left(\frac{x_i}{\lambda z_i}\right)=\lambda z_i\delta(x_i) \tag{3-278}$$

于是，在满足式（3-277）的 z_i 平面上形成一条平行于 y_i 轴的焦线。当一维菲涅尔波带板具有有限的宽度 a 时，其振幅透射系数可改写为

$$T(\xi_0)=\sum_{n=-\infty}^{\infty}\frac{1}{2}\mathrm{sinc}\left(\frac{n}{2}\right)\exp\left(\mathrm{j}\frac{n\pi}{\lambda d_0}\xi_0^2\right)\mathrm{rect}\left(\frac{\xi_0}{a}\right) \tag{3-279}$$

于是，z_i 平面衍射场的复振幅分布可表示为

$$E(x_i)=\sqrt{\lambda z_i}\exp\left[\mathrm{j}\left(kz_i-\frac{\pi}{4}\right)\right]\exp\left(\mathrm{j}\frac{\pi}{\lambda z_i}x_i^2\right)\cdot$$

$$\sum_{n=-\infty}^{\infty}\frac{a}{2}\mathrm{sinc}\left(\frac{n}{2}\right)\mathrm{sinc}\left(\frac{ax_i}{\lambda z_i}\right) \tag{3-280}$$

上式清楚地表明，当 $n=-1$ 时，在 $z_i=d_0$ 处形成一条主焦线，其辐照度分布为

$$L(d_0)=\frac{\lambda d_0a^2}{\pi^2}\mathrm{sinc}^2\left(\frac{ax_i}{\lambda d_0}\right) \tag{3-281}$$

此外，在满足式（3-277）且 n 为奇数的各个 z_i 平面上$\left(\text{如 } z_i=\pm\frac{d_0}{3},\pm\frac{d_0}{5},\pm\frac{d_0}{7}\cdots\right)$，也将得到一系列次级焦线。当 n 为负值时，得到实焦线 $(z_i>0)$；n 为正值时，得到虚焦线 $(z_i<0)$。各次级焦线的辐照度表示为

$$L\left(\frac{d_0}{n}\right)=\frac{\lambda d_0a^2}{4|n|}\mathrm{sinc}^2\left(\frac{n}{2}\right)\mathrm{sinc}^2\left(\frac{nax_i}{\lambda d_0}\right)\quad (n=\pm3,\pm5,\pm7\cdots) \tag{3-282}$$

可见各个次级焦线的辐照度将随着 n 值增大而减弱。这些结果和前节的分析完全相同。

上面的分析很容易推广到二维的情形。由于二维波带板具有圆对称性质，因而可以在极坐标系统中进行分析。在极坐标系统中，二维菲涅尔波带板的复振幅透射系数可以表示为

$$T(r)=\sum_{n=-\infty}^{\infty}\frac{1}{2}\mathrm{sinc}\left(\frac{n}{2}\right)\exp\left(\mathrm{j}\frac{n\pi}{\lambda d_0}r^2\right)P(r) \tag{3-283}$$

式中，$r=\sqrt{\xi_0^2+\eta_0^2}$，为波带板孔径平面极坐标；$P(r)$ 为瞳函数。用单位振幅单色平面波正入射照明，在距波带板 $z=z_i$ 的平面上，菲涅尔衍射的复振幅可表示为

$$E(\rho)=\frac{2\pi}{\mathrm{j}\lambda z_i}\exp\left[\mathrm{j}k\left(z_i+\frac{\rho^2}{2z_i}\right)\right]\int_0^{\infty}rT(r)\exp\left(\mathrm{j}k\frac{r^2}{2z_i}\right)J_0(2\pi f_\rho r)\,\mathrm{d}r \tag{3-284}$$

式中，$\rho=\sqrt{x_i^2+y_i^2}$，$f_\rho=\rho/(\lambda z_i)$，$J_0$ 为第一类零阶贝塞尔函数。将式（3–283）代入式（3–284）可得

$$E(\rho)=\frac{\pi}{\mathrm{j}\lambda z_i}\exp\left[\mathrm{j}k\left(z_i+\frac{\rho^2}{2z_i}\right)\right]\sum_{n=-\infty}^{\infty}\mathrm{sinc}\left(\frac{n}{2}\right)\cdot$$

$$\int_0^{\infty}rP(r)\exp\left[\mathrm{j}\frac{\pi}{\lambda}\left(\frac{1}{z_i}+\frac{n}{d_0}\right)r^2\right]J_0(2\pi f_\rho r)\,\mathrm{d}r \tag{3-285}$$

当距离 z_i 满足

$$\frac{1}{z_i}+\frac{n}{d_0}=0 \quad (n=\pm 1,\pm 3,\pm 5\cdots) \tag{3-286}$$

时，式（3–285）的积分将取极大值，即在 $z_i=\pm d_0/n$，且 n 为奇数的平面上，得到一系列焦点，其中 n 取负值为实焦点，n 取正值为虚焦点。特别是 $n=-1$ 时，$\mathrm{sinc}\left(\frac{n}{2}\right)=\frac{2}{\pi}$，为强度最大的主焦点，其辐照度分布可表示为

$$L(\rho)=\frac{4}{\lambda^2 d_0^2}\left|\int_0^{\infty}rP(r)J_0(2\pi f_\rho r)\,\mathrm{d}r\right|^2=\frac{4}{\lambda^2 d_0^2}\left|B[P(r)]\right|^2 \tag{3-287}$$

式中，$B[P(r)]$ 为瞳函数 $P(r)$ 的傅里叶—贝塞尔变换或零阶汉克尔变换。正如 3.2.1.3 节所分析的，当二维菲涅尔波带板具有圆形瞳孔时，主焦点成为图 3–20 所示的爱里图形。

式（3–271）和式（3–277）都说明，无论是一维还是二维的菲涅尔波带板，在 $z=d_0$ 平面上都能形成衍射能量非常集中的图形，该衍射图形的辐照度分布正比于瞳函数的功率谱。由此不难想到，利用精确设计的瞳函数 $P(r)$ 对菲涅尔波带板进行调制（包括振幅和位相调制），可以在焦面上衍射出需要的强度分布图形。这种利用瞳函数进行调制的菲涅尔波带板又称为调制带板（MZP），这是一种具有重要实用价值的衍射光学元件。如果用大功率二氧化碳激光束照射 MZP，可利用其衍射聚焦的图形实现激光加工或金属热处理。

3.4.2.4　X 射线显微镜

根据式（3–133），显微镜的分辨本领 $\varepsilon=\frac{0.61\lambda}{NA}$，人们很容易想到，利用 X 射线成像可以大大提高成像系统的分辨本领。20 世纪 80 年代，随着微细加工技术的进步，利用菲涅尔

波带板作为成像元件的高分辨 X 射线显微镜终于研制成功。

制造 X 射线菲涅尔波带板的材料是镀金的氮化硅片，对于 X 射线来说，金膜是不透明的，而氮化硅片基是透明的，利用先进的电子束直写技术，可以直接在氮化硅片基的金膜上加工出 X 射线菲涅尔波带板图形。

设 X 射线波长 $\lambda = 5\,\text{nm}$，波带板焦距 $d_0 = 1\,\text{mm}$，环带数 $N = 500$，根据式（3–267）和式（3–268）可算出：$h_1 = \sqrt{5}\,\mu\text{m}$，$h_{500} = 50\,\mu\text{m}$，最外环间距 $\delta h_{500} = 50\,\text{nm}$。按照瑞利判据，可得出此 X 射线波带板的最小可分辨距离 $\delta x = 61\,\text{nm}$。上面的计算表明，δx 与 $\sqrt{N}$ 成反比，也就是说，应用菲涅尔波带板的 X 射线显微镜的分辨本领在根本上取决于微细加工水平。

3.4.3 菲涅尔积分法

对于矩孔之类可分离变量的衍射物体，式（3–16）的菲涅尔衍射积分可以化为两个一维的积分式，即菲涅尔积分。通常，从菲涅尔积分很难得出解析形式的结果，但是可以通过数值计算和绘制曲线来求出菲涅尔衍射区的复振幅分布。这种方法在分析简单孔径（如狭缝、直边、矩孔等）的菲涅尔衍射时是十分有效的，下面以矩孔衍射为例来介绍这种方法。

3.4.3.1 菲涅尔积分

设矩形孔径边长为 $2a$，用单位振幅的单色平面波正入射照明，计算和孔径相距 z 的平面 (x, y) 上的复振幅分布 $E(x, y)$。从孔径透射的光波复振幅可表示为

$$A(\xi,\eta) = \mathrm{rect}\left(\frac{\xi}{2a}, \frac{\eta}{2a}\right)$$

代入式（3–16）得

$$\begin{aligned} E(x,y) &= \frac{1}{\mathrm{j}\lambda z}\exp(\mathrm{j}kz)\iint_{-\infty}^{\infty}\mathrm{rect}\left(\frac{\xi}{2a},\frac{\eta}{2a}\right)\exp\left\{\mathrm{j}\frac{k}{2z}[(x-\xi)^2+(y-\eta)^2]\right\}\mathrm{d}\xi\mathrm{d}\eta \\ &= \frac{1}{\mathrm{j}\lambda z}\exp(\mathrm{j}kz)\int_{-a}^{a}\exp\left[\mathrm{j}\frac{\pi}{\lambda z}(x-\xi)^2\right]\mathrm{d}\xi\int_{-a}^{a}\exp\left[\mathrm{j}\frac{\pi}{\lambda z}(y-\eta)^2\right]\mathrm{d}\eta \end{aligned} \tag{3–288}$$

作变量代换，令

$$u_1 = \sqrt{\frac{2}{\lambda z}}(x-\xi),\ u_2 = \sqrt{\frac{2}{\lambda z}}(y-\eta) \tag{3–289}$$

于是式（3–288）可改写为

$$\begin{aligned} E(x,y) = \frac{1}{2\mathrm{j}}\exp(\mathrm{j}kz)\int_{\sqrt{\frac{2}{\lambda z}}(x-a)}^{\sqrt{\frac{2}{\lambda z}}(x+a)}\exp\left[\mathrm{j}\frac{\pi}{2}u_1^{\,2}\right]\mathrm{d}u_1\,\cdot \\ \int_{\sqrt{\frac{2}{\lambda z}}(y-a)}^{\sqrt{\frac{2}{\lambda z}}(y+a)}\exp\left[\mathrm{j}\frac{\pi}{2}u_2^2\right]\mathrm{d}u_2 \end{aligned} \tag{3–290}$$

式中，对 u_1 和 u_2 的积分具有完全相同的形式，这种形式的积分成为菲涅尔积分，可以一般地表示为

$$F(\alpha)=\int_0^{\alpha}\exp\left(\mathrm{j}\frac{\pi}{2}u^2\right)\mathrm{d}u=\int_0^{\alpha}\cos\left(\frac{\pi}{2}u^2\right)\mathrm{d}u+\mathrm{j}\int_0^{\alpha}\sin\left(\frac{\pi}{2}u^2\right)\mathrm{d}u$$
$$=C(\alpha)+\mathrm{j}S(\alpha) \tag{3-291}$$

菲涅尔积分的实部 $C(\alpha)$ 和虚部 $S(\alpha)$ 分别称为菲涅尔余弦积分和菲涅尔正弦积分。$F(\alpha)$、$C(\alpha)$ 和 $S(\alpha)$ 均不能得出以 α 为变量的解析结果，但是可以通过查 $F(\alpha)$ 数表或利用图解方式求出积分值。图 3-63 所示为计算菲涅尔积分的考纽蜷线，图中以 $C(\alpha)$ 为实数轴，以 $S(\alpha)$ 为虚数轴，变量 α 用自原点算起的弧长表示。当 $\alpha>0$ 时，蜷线在第一象限；当 $\alpha<0$ 时，蜷线在第三象限；当 $\alpha=0$ 时，蜷线通过坐标原点。当 α 从 $-\infty$ 到 ∞ 变化时，考纽蜷线从点 $(-0.5,-0.5)$ 沿螺旋蜷线趋向于点 $(0.5,0.5)$。曲线上已经注明了一些特殊点的 α 值，例如，要想求出 $F(0.8)$ 值，首先在蜷线上找到 $\alpha=0.8$ 的 A 点，A 点的横坐标为 $C(0.8)$，纵坐标为 $S(0.8)$，矢量 $\overrightarrow{OA}$ 则代表 $F(0.8)$。当积分的上、下限均不为零时，可以一般地表示为

$$\int_{\alpha_1}^{\alpha_2}\exp\left(\mathrm{j}\frac{\pi}{2}u^2\right)\mathrm{d}u=F(\alpha_2)-F(\alpha_1) \tag{3-292}$$

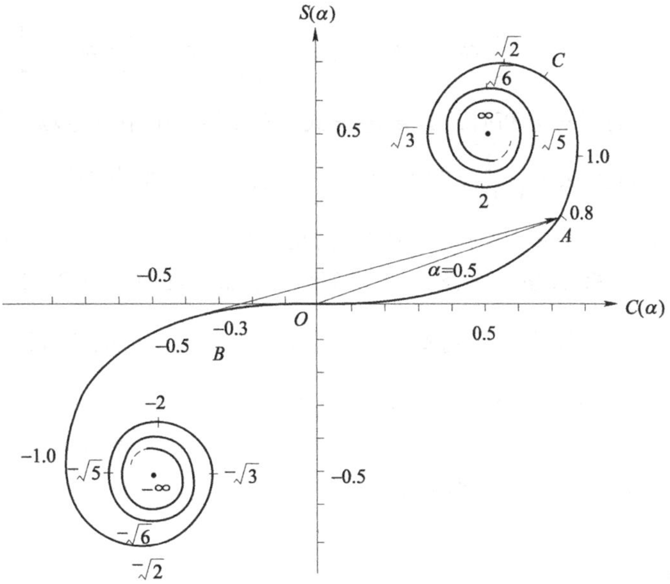

图 3-63　考纽蜷线

例如，当 $\alpha_2=0.8$，$\alpha_1=-0.3$ 时，积分值由图 3-63 中矢量 $\overrightarrow{BA}$ 表示。下面应用菲涅尔积分和考纽蜷线定性地分析直边和矩孔的菲涅尔衍射。

3.4.3.2　直边衍射

图 3-64（a）表示边缘与 η 轴重合的无穷大半平面，$\xi>0$ 的区域透光。用单位振幅的单色平面波正入射照明，观察屏 Π 的距离为 d。应用菲涅尔衍射式（3-16），直边衍射的复振幅为

$$E(x)=\frac{1}{\sqrt{\lambda d}}\exp\left[\mathrm{j}\left(kd-\frac{\pi}{4}\right)\right]\exp\left(\mathrm{j}\frac{\pi}{\lambda d}x^2\right)\cdot$$

$$\int_0^{\infty}\exp\left(\mathrm{j}\frac{\pi}{\lambda d}\xi^2\right)\exp\left(-2\mathrm{j}\pi\frac{x}{\lambda d}\xi\right)\mathrm{d}\xi$$

$$=\frac{1}{\sqrt{\lambda d}}\exp\left[\mathrm{j}\left(kd-\frac{\pi}{4}\right)\right]\int_0^{\infty}\exp\left[\mathrm{j}\frac{\pi}{\lambda d}(x-\xi)^2\right]\mathrm{d}\xi \qquad (3-293)$$

作变量代换，令

$$u=\sqrt{\frac{2}{\lambda d}}(x-\xi)$$

于是式（3-293）改写为

$$E(x)=\frac{\sqrt{2}}{2}\exp\left[\mathrm{j}\left(kd-\frac{\pi}{4}\right)\right]\int_{-\infty}^{\sqrt{\frac{2}{\lambda d}}x}\exp\left(\mathrm{j}\frac{\pi}{2}u^2\right)\mathrm{d}u$$

$$=\frac{\sqrt{2}}{2}\exp\left[\mathrm{j}\left(kd-\frac{\pi}{4}\right)\right]\left[F\left(\sqrt{\frac{2}{\lambda d}}x\right)-F(-\infty)\right]$$

$$=\frac{\sqrt{2}}{2}\exp\left[\mathrm{j}\left(kd-\frac{\pi}{4}\right)\right]\left[F\left(\sqrt{\frac{2}{\lambda d}}x\right)+\frac{\sqrt{2}}{2}\exp\left(\mathrm{j}\frac{\pi}{4}\right)\right] \qquad (3-294)$$

计算衍射图形辐照度的相对分布时，只需考虑式（3-294）中中括号项的模值，它等于考纽蜷线上从 $\alpha_1=-\infty$ 的点到 $\alpha_2=\sqrt{\frac{2}{\lambda d}}x$ 的点的矢量长度 l。当考察点坐标 x 从 $-\infty$（衍射屏的阴影深处）逐渐增大时，矢量终点始终在蜷线上滑动，l 值单调增大，当 $x=0$ 时（对应图 3-64（a）中的 P_0 点），矢量终点移动到图 3-63 的坐标原点，此时 $l=\sqrt{2}/2$ 。x 继续增大，当 $\alpha_2=\sqrt{\frac{2}{\lambda d}}x=1.3$ 时，矢量端点移动到图 3-63 蜷线上的 C 点，此时 l 达到极大值，$l\approx 2.64$ 。此后，x 继续增大，矢量端点围绕着点 $(0.5, 0.5)$ 转动，矢量长度 l 将在平均值 $\sqrt{2}$ 上下振动，最后趋向于 $l=\sqrt{2}$（对应的辐照度与屏不存在时相同）。图 3-64（b）画出了 l 随着 x 变化的关系曲线，图 3-65 给出了典型的直边衍射图形的照片。

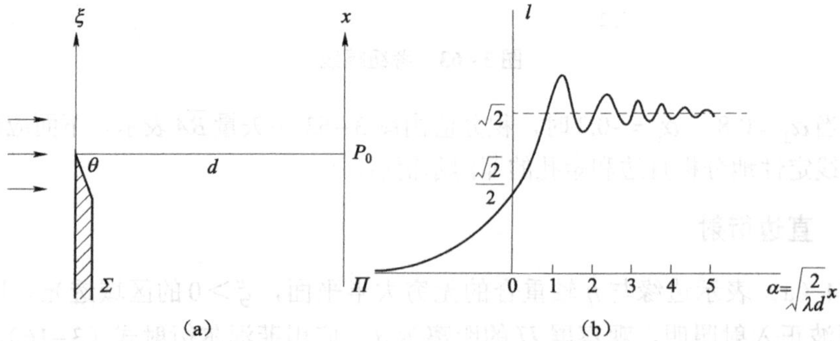

图 3-64　直边衍射

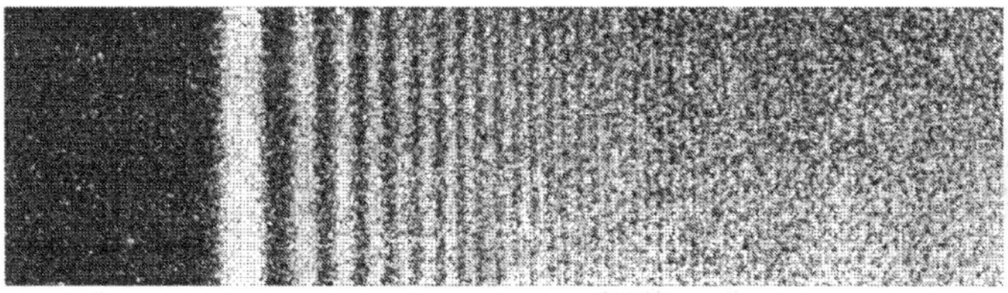

图 3-65 直边衍射图形的照片

3.4.3.3 矩孔衍射

对于 $2a \times 2b$ 的矩形孔，观察屏距离为 d，应用式（3-290）和式（3-291），菲涅尔衍射的复振幅可以表示为

$$E(x,y)=\frac{1}{2\mathrm{j}}\exp(\mathrm{j}kd)\int_{\sqrt{\frac{2}{\lambda d}}(x-a)}^{\sqrt{\frac{2}{\lambda d}}(x+a)}\exp\left(\mathrm{j}\frac{\pi}{2}u_1^2\right)\mathrm{d}u_1\int_{\sqrt{\frac{2}{\lambda d}}(y-b)}^{\sqrt{\frac{2}{\lambda d}}(y+b)}\exp\left(\mathrm{j}\frac{\pi}{2}u_2^2\right)\mathrm{d}u_2$$

$$=\frac{1}{2\mathrm{j}}\exp(\mathrm{j}kd)\left\{F\left[\sqrt{\frac{2}{\lambda d}}(x+a)\right]-F\left[\sqrt{\frac{2}{\lambda d}}(x-a)\right]\right\}\cdot$$

$$\left\{F\left[\sqrt{\frac{2}{\lambda d}}(x+b)\right]-F\left[\sqrt{\frac{2}{\lambda d}}(x-b)\right]\right\} \quad (3-295)$$

下面利用式（3-295）来讨论矩孔衍射的辐照度分布特性。

（1）从公式看出，沿 x 和 y 方向的衍射具有相同的形式，也就是说，矩孔衍射的辐照度可看作两个正交的单缝衍射辐照度相乘，因此只需讨论沿 x 方向（或 y 方向）的分布即可。并且在仅对相对辐照度感兴趣时，只需讨论大括号项的模值。

（2）设 $\left|F\left[\sqrt{\frac{2}{\lambda d}}(x+a)\right]-F\left[\sqrt{\frac{2}{\lambda d}}(x-a)\right]\right|=l$，由于 $F(\alpha)$ 是 α 的奇函数（见式（3-291）），所以 l 是 x 的偶函数，因此 x 方向单缝衍射图形是由与 y 轴对称且平行的一系列亮暗条纹组成的。

（3）设 $\alpha_1=\sqrt{\frac{2}{\lambda d}}(x+a)$，对应蜷线上 A_1 点；$\alpha_2=\sqrt{\frac{2}{\lambda d}}(x-a)$，对应蜷线上 A_2 点，l 值等于 A_1A_2 连线长度。又因 A_1 和 A_2 点之间沿蜷线的曲线长度为 $\Delta\alpha=\alpha_1-\alpha_2=2\sqrt{\frac{2}{\lambda d}}a$，这是与 x 无关的常数，所以无论考察点取在何处，A_1 和 A_2 之间沿蜷线的曲线长度 $\Delta\alpha$ 不变。因此，当 x 取值使得这一段蜷线位于曲率半径较大的区段时，l 值就较大；反之，对应的 l 值就较小。

（4）当矩孔宽度 $2a$ 值较小，使得对应的 $\Delta\alpha \leqslant 2.5$ 时，l 在 $x=0$ 处最大。当 $|x|$ 增大时，A_1A_2 曲线沿着蜷线单方向滑动，一端进入螺旋区，虽然 l 的大小会有波动，但总的趋势是不断减小，最后趋于零。图 3-66（a）画出了 $\Delta\alpha=1.5$ 时 l 与 x 的关系曲线，说明单缝的菲涅尔衍射图形是由明亮的中央亮纹和几个亮暗相间的条纹组成的，可以认为这种情况与夫琅和费衍射对应。

（5）当矩孔宽度 $2a$ 增大，使得 $\Delta\alpha \geqslant 2.5$ 时，与 $x=0$ 对应的 A_1 和 A_2 点均已进入了蜷线的螺旋区，因此对应的 l 并非最大。当 $|x|$ 增大时，曲线 A_1A_2 一端深入螺旋区，另一端退出螺旋

区，在此过程中，I将出现一个以上最大值和一系列逐渐减小的次极大值，最后趋于零。

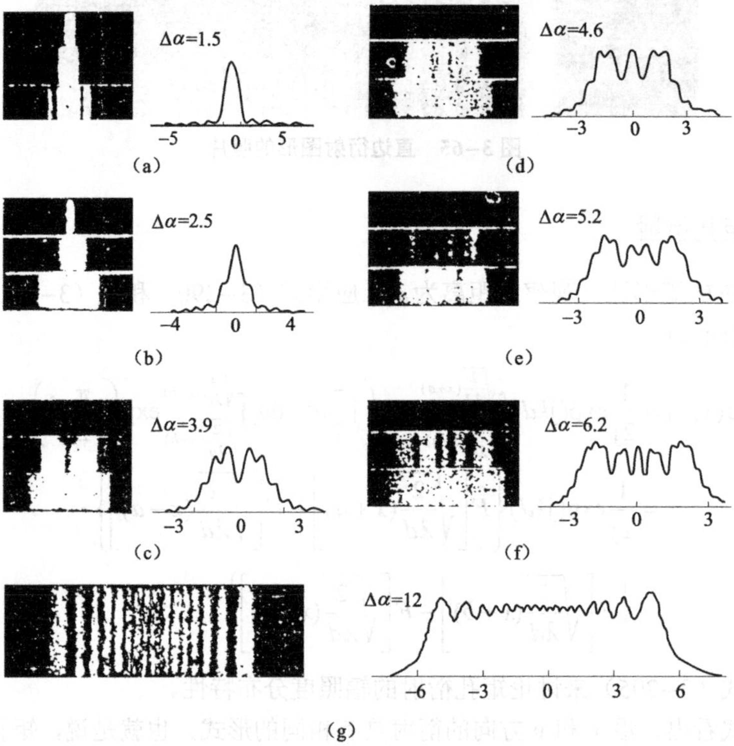

图 3-66 矩孔菲涅尔衍射沿 x 方向的分布

（6）当$\Delta\alpha$继续增大，曲线A_1A_2两端都已深入到蜷线的螺旋区，考察点在原点附近移动时，I值将出现波动，使得衍射图形中心出现亮暗变化。图 3-62（c）到（g）分别给出了$\Delta\alpha$从3.9增大到12时的$I-x$曲线和衍射图形。

（7）应用相同的方法，可以分析矩孔菲涅尔衍射沿y方向的分布。最后，根据矩孔菲涅尔衍射辐照度分布是x方向宽度为$2a$的单缝与y方向宽度为$2b$的单缝衍射辐照度乘积的观点，即可得出矩孔菲涅尔衍射图形的整体印象。

最后，值得注意的是，前面介绍的菲涅尔半波带法和菲涅尔积分法，通常只能解决平面波正入射照明条件下简单二元孔径的衍射问题，对于用任意复杂波照明复杂孔径的菲涅尔衍射问题，则必须通过数值计算才能得出对衍射图形精确且全面的描述。

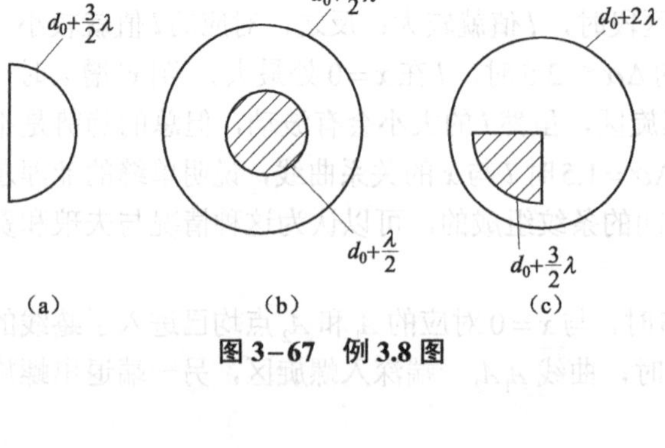

图 3-67 例 3.8 图

例 3.8 用一束振幅为E_0、波长为λ的单色平行光垂直照明图 3-67（a）（b）（c）所示形状的衍射孔。设轴上考察点P_0与衍射屏的距离为d_0，试分别求出图示各情形下P_0点的光强$I(P_0)$与入射光强I_0的比值（图中标出的是自该处至考察点P_0的距离）。

解：（a）$E(P_0)=\frac{1}{2}\left[\frac{1}{2}(E_1+E_3)\right]\approx\frac{1}{2}E_1=E_0$

故
$$\frac{I(P_0)}{I_0}=\frac{E_0^2}{E_0^2}=1$$

（b）$E(P_0)=E_{\Sigma}(P_0)-E_{\Sigma'}(P_0)=\frac{1}{2}(E_1+E_5)-E_1=-\frac{1}{2}(E_1-E_5)\approx 0$

故
$$\frac{I(P_0)}{I_0}=\frac{E(P_0)^2}{E_0^2}=0$$

（c）$E(P_0)=E_{\Sigma}(P_0)-E_{\Sigma'}(P_0)=\frac{1}{2}E_1+\frac{1}{2}E_4-\frac{1}{4}\left(\frac{1}{2}E_1+\frac{1}{2}E_3\right)\approx-\frac{1}{4}E_1=-\frac{1}{2}E_0$

故
$$\frac{I(P_0)}{I_0}=\frac{E(P_0)^2}{E_0^2}=\frac{1}{4}$$

例 3.9　如图 3-68 所示，单色点光源（波长 $\lambda=500\ \text{nm}$）安放在离光阑 1 m 远的地方，光阑上有一个内、外半径分别为 0.5 nm 和 1 nm 的同光圆环。考察点 P 离光阑 1 cm（SP 连线通过圆环中心并垂直于圆环平面），问在 P 点的光强度和没有光阑时的光强度之比是多少？

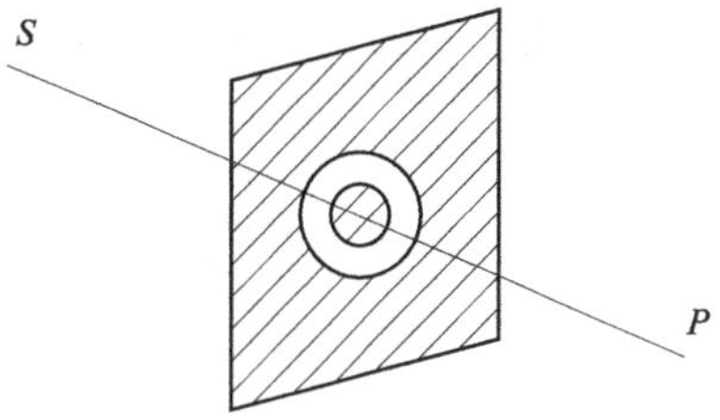

图 3-68　例 3.9 图

解：因为
$$k\frac{(x_1^2+y_1^2)_{\max}}{2z_1}=\frac{2\pi}{500\times10^{-6}}\cdot\frac{\pi\times1^2}{2\times10^2}=20\pi^2\gg\pi$$
故应为菲涅尔衍射，得内圆和外圆对应的半波带数分别为
$$n_{内}=\frac{a_{内}^2}{z\lambda}\left(1+\frac{z}{L}\right)=\frac{0.5^2}{10\times500\times10^{-6}}\left(1+\frac{1}{100}\right)=55$$
$$n_{外}=\frac{a_{外}^2}{z\lambda}\left(1+\frac{z}{L}\right)=\frac{1^2}{10\times500\times10^{-6}}\left(1+\frac{1}{100}\right)=220$$
因此，通光圆环包含的半波带数为 165，点 P 的光强为
$$I=\left(\frac{E_1}{2}+\frac{E_{165}}{2}\right)^2\approx E_1^2$$
而自由传播时 P 点的光强为
$$I'=\frac{1}{4}E_1^2$$
所以有光阑时的光强度约是没有光阑时光强度的 4 倍。

3.5　衍射光学元件

3.5.1　衍射光学元件的设计原理

衍射光学元件（Diffractive Optical Elements，DOE）指在光学材料基底的薄层表面上，刻蚀出特定的深浅不一的三维结构图案。衍射光学元件具有质量和体积小、可大量复制、价格便宜等优点，同时还具有很多优秀的光学特性，如极高的衍射效率、独特的色散性能、更多的设计自由度、宽广的材料可选性、特殊的光学功能以及聚多功能于一体等。当光束入射到该衍射光学元件上时（透射式或者反射式），波前的振幅和位相分别被独立调制或者同时被调制，可灵活实现各种光学功能，因此在使光学系统和器件走向轻型化、微型化和集成化方面得到了广泛的应用。例如，衍射光学元件可广泛应用于激光波面校正、光束剖面成型、光束阵列发生器、光学互连、平行光计算、微型光通信、三维显示、轻型波导成像等方面。

衍射光学元件的设计理论通常分为两类：标量衍射理论和矢量衍射理论。当衍射光学元件上精细结构的特征尺寸可与光波波长相比拟时，或衍射光学元件的刻蚀深度比刻蚀宽度大得多时，由于光场的偏振性质和不同偏振光之间相互作用对光衍射结果起重要作用，需采用矢量衍射理论进行设计，即求解麦克斯韦方程并考虑边界条件。目前一般采取穷举法，需要进行复杂和费时的数值计算。当衍射元件的特征尺寸大于光波波长时，光波的偏振特性变得不那么重要了，此时，传统的标量衍射理论能够满足衍射光学元件的设计精度。这种基于标量衍射理论的衍射光学元件设计方法主要有 GS 算法、YG 算法、模拟退火算法、共轭梯度算法、遗传算法等。本章将描述后一种情况。

衍射光学元件的基本设计问题可由图 3-69 描述。

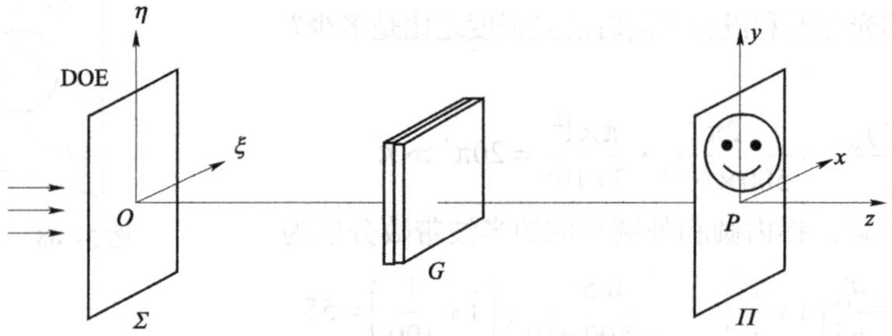

图 3-69　衍射光学元件设计示意图

Σ 和 Π 分别表示输入和输出平面，一束照明光波 $E_0(\xi,\eta)\exp[\mathrm{j}\Phi(\xi,\eta)]$ 入射到输入平面 Σ 上，假设 Σ 上有衍射光学元件，其振幅和位相分布分别为 $F(\xi,\eta)$ 和 $\Gamma(\xi,\eta)$，欲在输出平面获得理想振幅分布 $f(x,y)$，则

$$\left|G\{E_0(\xi,\eta)\exp[\mathrm{j}\Phi(\xi,\eta)]F(\xi,\eta)\exp[\mathrm{j}\Gamma(\xi,\eta)]\}\right| \to f(x,y) \qquad (3-296)$$

式中，G 表示衍射光波传递过程。一般地，衍射光学元件的设计可归结为求一个输入平面的位相分布 $\Gamma(\xi,\eta)$，使得输出平面的衍射图样的强度分布达到或者接近预定图案的光强分布 $\left[f(x,y)\right]^2$。一般地，通过对预定图案的振幅分布 $f(x,y)$ 及任意相位 θ 进行一次逆传输可以得到

$$G^{-1}\{f(x,y)\exp[\mathrm{j}\theta(x,y)]\} = W(\xi,\eta)\exp[\mathrm{j}\Psi(\xi,\eta)] = U(\xi,\eta) \qquad (3-297)$$

欲使 $W(\xi,\eta)\to E_0(\xi,\eta)F(\xi,\eta)$，$\Psi(\xi,\eta)\to\Phi(\xi,\eta)+\Gamma(\xi,\eta)$，一般需要在输入、输出平面上限制以下两个条件：限制 $\left|F(\xi,\eta)\right|_{\Sigma平面}$；用 $f(x,y)$ 来限制 $\left|G\{E_0(\xi,\eta)\exp\{\mathrm{j}[\Phi(\xi,\eta)+\Gamma(\xi,\eta)]\}\right|$。

总的来说，衍射光学元件的设计过程分为两步。第一步为编码，将连续振幅分布 $\left|F(\xi,\eta)\right|$ 所携带的信息尽可能多地编码到位相分布中，这个过程中会引进编码噪声 $c(\xi,\eta)$；第二步为优化设计，通过反复多次迭代，在输出平面位相不受约束的前提下，使实际输出光强逼近预

设理想光强。为了实现衍射位相元件的最佳设计方案，需要使总噪声越低越好，同时在有效信号区域之内生成的衍射图案强度分布与预设的分布图案成正相关。通常规定衍射光学元件的衍射效率为有效信号区域内的光能量与总衍射光能量之比，它可以作为衍射光学元件设计方法的衡量标准。

衍射光学元件光学再现如图 3–70 所示。下面介绍几种常见的有效设计衍射光学元件的方法。

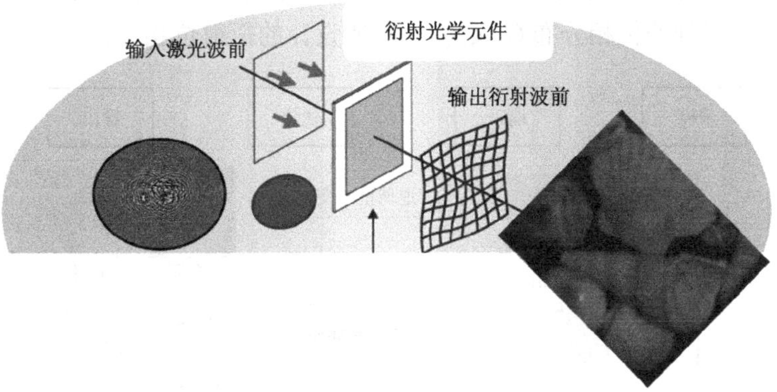

图 3–70 衍射光学元件光学再现示意图

3.5.2 基于标量衍射理论的衍射光学元件设计方法

一般地，衍射光学元件同时具有振幅与位相调制的能力。依据其调制功能，可分为振幅型衍射光学元件、位相型衍射光学元件和位相–振幅型衍射光学元件。对于基于石英或玻璃基底的一般透明光学元件，由于介质对光能的吸收很小，如果只调制光波的位相，我们称为纯位相衍射光学元件。本节主要讨论纯位相型衍射光学元件，统称为衍射光学元件。

基于标量衍射理论的衍射光学元件的设计算法模型，有 GS 算法、YG 算法和模拟退火算法、遗传算法、共轭梯度算法等。

在光学系统中，实现位相恢复的问题可以描述为：将输入面上的光场强度设定为特定的常数分布，将输出面上的光场强度设定为预设的理想分布，其数学形式分别为 $F(\xi,\eta)=1$ 和 $f^2(x,y)=I_{\text{ideal}}$，根据这两个振幅的条件设法优化输入面上的位相分布，使得式（3–296）得到最优结果，从而实现对预设强度分布的调制。下面介绍最简单的 GS 算法。

3.5.2.1 GS 算法

GS 算法是由 Gerchberg 和 Saxton 于 1972 年提出的一种局部迭代优化算法，该算法利用夫琅和费衍射及其逆传输输入输出面上光场分布的限制条件进行反复地迭代直至满足设计要求。GS 算法相对简单，但只适用于幺正变换系统的位相恢复问题。

图 3–71 所示为利用 GS 算法设计衍射光学元件的流程。具体步骤如下：首先，选择初始复振幅分布 $g_0(x,y)=|f(x,y)|\exp[\mathrm{j}\theta(x,y))]$，其中 $|f(x,y)|$ 为所预设的衍射图案的振幅分布，$\theta(x,y)$ 为 $[0,2\pi]$ 范围内随机分布的函数。在第 j 次迭代时，对分布 $g_j(x,y)$ 进行逆向傅里叶变换得到 $U_j(\xi,\eta)=\mathcal{F}^{-1}|g_j(x,y)|=W(\xi,\eta)\exp[\mathrm{j}\Psi(\xi,\eta)]$，$F_j(\xi,\eta)=\dfrac{W(\xi,\eta)}{E_0(\xi,\eta)}$，$\Gamma_j(\xi,\eta)=$

$\Psi_j(\xi,\eta)-\Phi_j(\xi,\eta)$，令振幅部分$\left|F_j(\xi,\eta)\right|=1$，同时得到$\Gamma_j(\xi,\eta)$，由此可得到新的分布函数$\bar{G}_j(\xi,\eta)=\exp[\,\mathrm{i}\,\Gamma_j(\xi,\eta)]$。之后再进行傅里叶变换，得到$\bar{g}_j(x,y)$，然后对$\bar{g}_j(x,y)$进行处理：在有效信号区域（即信号窗口）内令$\left|g_{j+1}(x,y)\right|=\left|f(x,y)\right|$，而在有效信号区域外不做变动，如此便得到了经过一次迭代后的值，同时将其作为下一次迭代的初始分布。重复上述迭代过程，直到设计的精度达到事先设定的迭代退出条件：迭代的结果达到设定的精度或者达到最大迭代次数。最后得到的位相分布$\bar{G}_j(\xi,\eta)$，即所设计的衍射位相元件分布。

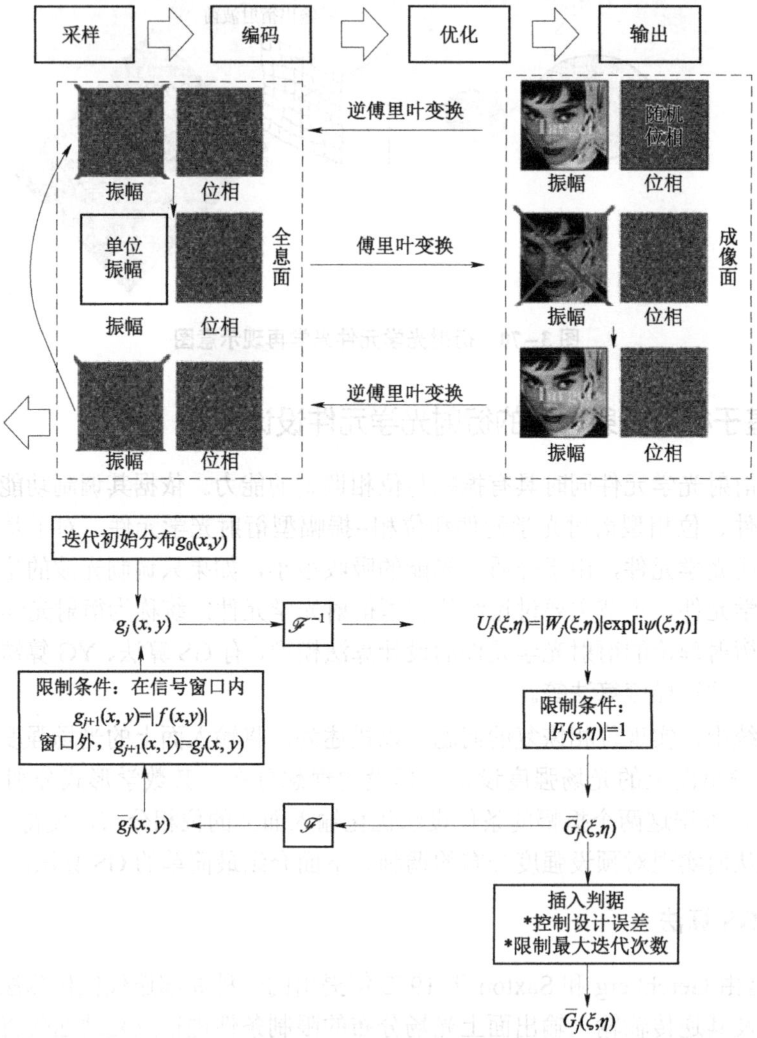

图 3-71　GS 算法流程

GS 算法编程简单，但是该算法迭代的收敛速度与精确度对初始条件的选取比较敏感，并且容易陷入局部最优的问题。因此，Fienup 等在 GS 算法的基础上提出了一种改进算法，这种算法在对重建的光场分布$\bar{g}_j(x,y)$进行处理时增加了反馈过程，从而达到加快收敛的目的。在图 3-71 的基础上，在第 j 次迭代时，定义$\bar{g}_j(x,y)'$为目标分布$\left|f(x,y)\right|$与实际重建的光分布$\bar{g}_j(x,y)$的差值，即$\bar{g}_j(x,y)'=\left|f(x,y)\right|-\bar{g}_j(x,y)$，然后引入反馈参量$k\in[0,1]$，将下一次迭

代的初始振幅分布设为 $\left|f(x,y)\right|+\bar{g}_j(x,y)'k$。这样做的优点是在迭代过程中，无论第 j 次迭代后重建的光场分布与预设目标分布的误差如何，都能够使最终重建的光场分布快速收敛于预设值。

随后，科学家们提出了 Fidoc 算法，它是 Fienup 算法的一种特殊情况，即在初始的图像分布上加入无关区域（don’t-care areas），在初始分布的图像面上补零。图 3-72 所示为 Fidoc 算法的主要流程，对于第 j 次迭代，引入一个操作函数 M 和另一个反馈参数 γ。操作函数 M 的作用为使无关区域的分布为零，使有效区域的光场分布不变，而 $1-M$ 的操作即相反。$\gamma\in[0,1]$ 称为噪声抑制参数，其作用是对无关区域进行操作。第 j 次迭代时重建得到的光场分布 $\bar{g}_j(x,y)$ 进行如下处理，得到第 $j+1$ 次迭代初始振幅分布 $\left|g_{j+1}(x,y)\right|$ 为 $M(|f(x,y)|+(|f(x,y)|-\bar{g}_j(x,y))k)+\gamma(1-M)\bar{g}_j(x,y)$。Fidoc 算法相较于 Fienup 算法，最重要的区别是引入了无关区域这一概念。

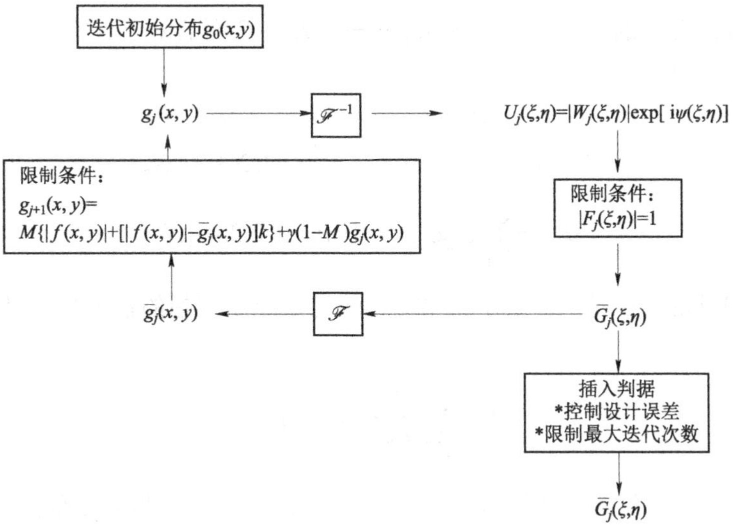

图 3-72　Fidoc 算法流程

3.5.2.2　YG 算法

YG 算法是由中国科学家杨国帧院士和顾本源研究员在 1982 年提出的，该算法可应用于一般光学变换系统中的振幅与位相恢复，是一种更普遍的优化算法，根据该算法设计出的衍射光学元件可以实现多种光学功能。图 3-73 所示为光学成像的一般过程，照明光源为单色平行光，P_1、P_2 面分别为输入与输出面，X_1 和 X_2 表示输入、输出平面上的坐标系，$X_1=(\xi,\eta)$，$X_2=(x,y)$，$G(X_1,X_2)$ 是具有实现光学变换功能的函数，设 $U_1=\rho_1(X_1)\exp[\mathrm{j}\phi_1(X_1)]$ 为输入面 P_1 的光场分布，经过元件 G 的变换后可以在输出面 P_2 上得到光场分布 $U_2=\rho_2(X_2)\exp[\mathrm{j}\phi_2(X_2)]$，输入、输出面光场分布的函数关系可以用公式表示：

$$U_2(X_2)=G(X_1,X_2)U_1(X_1) \tag{3-298}$$

假设传播过程中没有光能的损失，则成像系统可以看作幺正变换系统，其中 $G(X_1,X_2)$ 为幺正算子，有 $G^{+}G=A=I$，“+”表示厄米共轭运算，A 为厄米算子，I 为恒等变换。但是在大多数情况一定会有光能损失，所以 $G^{+}G=A\neq I$，称为非幺正变换系统。为了简单起见，以下基于一维情况进行理论推导，对于二维的情况也同样适用。

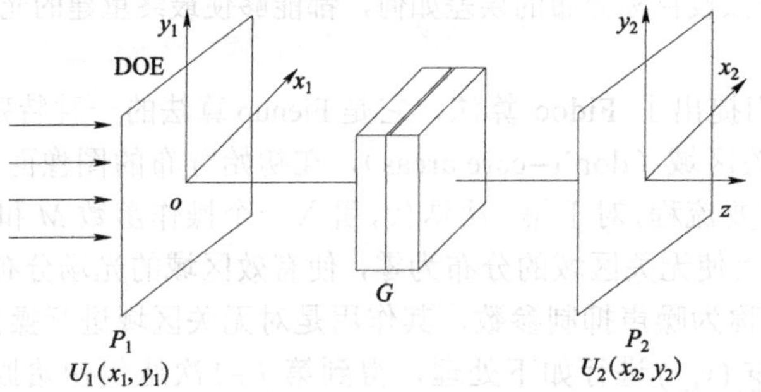

图 3-73 一般光学成像原理示意图

为了计算方便，假设实际光学系统中的光波函数是带限的，因此可以使用离散的取样矩阵来表示最初连续分布的函数。设 N_1 和 N_2 分别为 P_1、P_2 面的采样点数，则 G 的分布形式为 $N_2 \times N_1$ 的矩阵，则有

$$U_{1l} = \rho_{1l}\exp(\mathrm{i}\phi_{1l}) \qquad l = 1,2,3,\cdots,N_1 \tag{3-299}$$

$$U_{2m} = \rho_{2m}\exp(\mathrm{i}\phi_{2m}) \qquad m = 1,2,3,\cdots,N_2 \tag{3-300}$$

$$U_{2m} = \sum_{l=1}^{N_1} G_{ml}U_{1l} \qquad m = 1,2,3,\cdots,N_2 \tag{3-301}$$

进行位相设计的目标是求得 ϕ_{1l}，使得 U_{2m} 充分趋近于理想的输出 U_m。使用范数 D 来描述两者之间的差异程度：

$$D = \sum_{m=1}^{N_2}\left|\sum_{l=1}^{N_1} G_{ml}U_{1l} - U_m\right|^2 \tag{3-302}$$

因此，衍射光学元件的设计问题归结为已知输入、输出面的振幅分布 ρ_1 和 ρ_2，求得未知量 ϕ_1，使得 D 最小，即使得 GU_1 与 U_2 高度相似。

上述的范数 D 可进一步定义为

$$D(\rho_1,\phi_1,\rho_2,\phi_2) = \| U_2 - \hat{G}U_1 \| = \left[\int \mathrm{d}x_2\, | U_2(x_2) - \hat{G}U_1 |^2\right]^{1/2} \tag{3-303}$$

因此，位相恢复的问题可以转变为求解数学变分问题

$$\delta_{\phi 1}D^2 = 0,\ \delta_{\phi 2}D^2 = 0 \tag{3-304}$$

式中，$\delta_{\psi}D^2$ 表示 D^2 对函数变量 ψ 求变分。经过变分法进行求解，可得求 ϕ_1 和 ϕ_2 的公式如下：

$$\phi_{1k} = \arg\left[\sum_{j=1}^{N_2} G_{jk}^{*}\rho_{2j}\exp(\mathrm{i}\phi_{2j}) - \sum_{j=1}^{N_2} A_{jk}\rho_{1j}\exp(\mathrm{i}\phi_{1j})\right] \tag{3-305}$$

$$\phi_{2k} = \arg\left[\sum_{j=1}^{N_1} G_{kj}\rho_{1j}\exp(\mathrm{i}\phi_{1j})\right] \tag{3-306}$$

式中，$A = G^{+}G$，“+”表示厄米共轭运算；“*”表示复共轭。当系统为无损系统即幺正变换系统时，$A_{jk} = \delta_{jk}$，上式便简化为 GS 算法所得结果：

$$\phi_1 = \arg[\hat{G}^{+}U_2] \tag{3-307}$$

$$\phi_2 = \arg[\hat{G}U_1] \tag{3-308}$$

在数学上，式（3-305）和式（3-306）并没有精确的解析解，只能利用计算机按照公式通过迭代来计算满足精度要求的近似解。为了解决这个问题，杨国桢和顾本源提出了可以有效进行求解的迭代算法（YG 算法），其求解的具体迭代计算流程如图 3-74 所示。

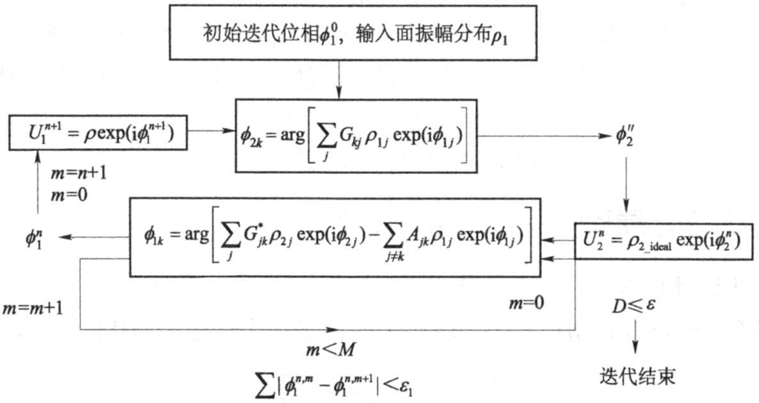

图 3-74　YG 算法流程

YG 算法在理论上可以解决任意光学系统中的振幅位相恢复问题，其应用领域非常广泛。在 DOE 设计方面，可以设计制作具有长焦深、横向高分辨率等功能的 DOE 等。但是，YG 算法同 GS 算法一样都是局部优化算法，所以存在一些缺点：算法的迭代收敛速度与精度对于初始值的选择比较敏感，容易陷入局部极值点或者所设计的 DOE 位相不够连续等。因此，科学家们也陆续提出了一些改进的 YG 算法，如 ST-YG 改进算法、加权 YG 算法等。

3.5.2.3　模拟退火算法

模拟退火（SA）算法借鉴了不可逆动力学的思想，它是一种基于蒙特卡洛迭代求解法的启发式随机优化算法。该算法能够以一定的概率选择领域中评价函数值最大的状态，因而从理论上来说，它是一种全局优化算法。其基本思想是将变量的可能值 $\phi(x,y)$ 看作某一物质体系的微观状态，将评价函数 $D(\phi)$ 看作该物质的内能，同时将控制参数 T 类比为温度。在某一状态下，不断降温并在全局解空间中随机搜索最优解。SA 算法主要包括抽样和退火两个过程，最终得到一个全局最优解。其主要流程如图 3-75 所示。

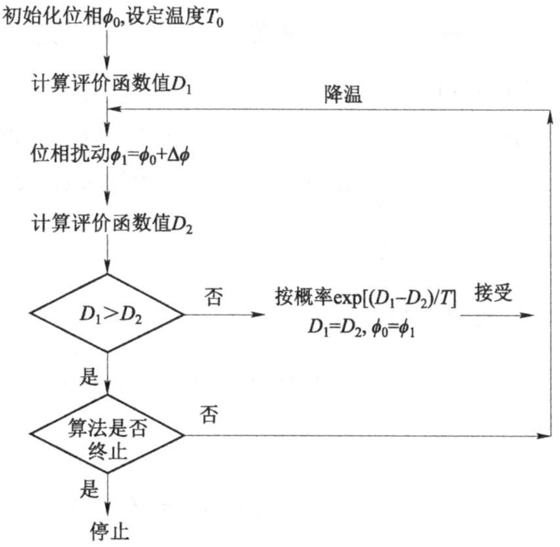

图 3-75　模拟退火算法流程示意图

3.5.2.4　其他算法

除了上述几种衍射光学元件设计算法之外，其他应用比较广泛的还有遗传算法（Genetic

Algorithm，GA）和混合优化算法等。

遗传算法的思想源于生物方面的进化论，其主要思想在于问题的求解表示为生物进化时“染色体”的适者生存过程。GA 通过与“染色体”不断遗传、变异最终通过优胜劣汰得出最优值这一过程相类似的过程不停迭代、优化，达到最适应环境的个体，从而得出问题的最优值。同时，GA 可以进行并行迭代计算，可以解决较为广泛的问题，受特殊信息的影响较小，但是 GA 存在进化缓慢或者早熟等现象而影响最优结果。

综上所述，全局优化算法（GA，SA）与局部优化算法（GS，YG）都有各自的优缺点，故常常将两种算法有机结合起来，形成混合优化算法，使其具有两者的共同优点：既具有一定的全局搜索能力，又能够挑出局部极值点，同时优化效率较高。混合优化算法是目前 DOE 设计时使用较多的算法，如 YG–模拟退火混合算法等。

3.5.3 基于干涉原理的衍射光学元件设计方法

另一种设计衍射光学元件的方法是干涉法。如图 3–76 所示装置，M_1、M_2 为具有位相分布的输入平面，坐标为 (ξ,η)，Π 为输出平面，坐标为 (x,y)，HM 为半反半透镜。

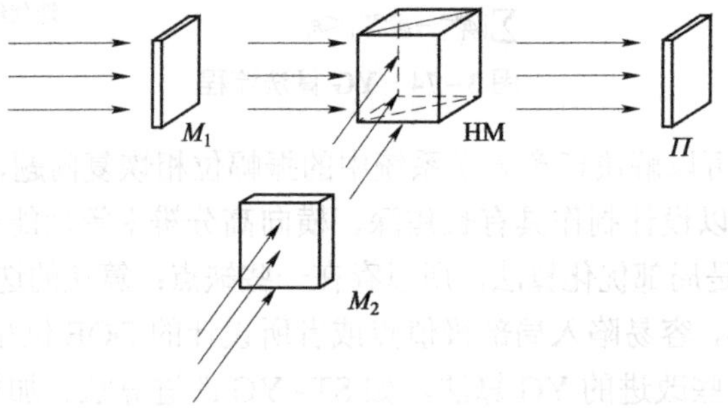

图 3–76　基于干涉理论的 DOE 设计光路图

设输出面的强度分布是 $u(x,y)$，可以通过加入一个随机位相 $2\pi\mathrm{rand}(x,y)$ 构建一个目标函数 $u'(x,y)$，其表达式为 $u'(x,y)=\sqrt{u(x,y)}\exp[2\mathrm{i}\pi\mathrm{rand}(x,y)]$。这个目标复振幅分布可通过位相板 M_1 和 M_2 上产生的位相 $\varphi_1(\xi,\eta)$ 和 $\varphi_2(\xi,\eta)$ 的菲涅尔衍射光场的干涉得到，即

$$u'(x,y)=\exp[\mathrm{j}\varphi_1(\xi,\eta)]*h(x,y;\xi,\eta,l)+\exp[\mathrm{j}\varphi_2(\xi,\eta)]*h(x,y;\xi,\eta,l) \tag{3-309}$$

其中，$h(x,y;\xi,\eta,l)=\dfrac{\exp(2\mathrm{i}\pi l/\lambda)}{\mathrm{i}l\lambda}\exp\left[\dfrac{\mathrm{i}\pi}{l\lambda}((\xi-x)^2+(\eta-y)^2)\right]$ 为点函数的菲涅尔变换，$*$ 表示卷积运算。经过简单的推导之后得到

$$\exp[\mathrm{j}\varphi_1(\xi,\eta)]+\exp[\mathrm{j}\varphi_2(\xi,\eta)]=\mathcal{F}^{-1}\left\{\frac{\mathcal{F}[u'(x,y)]}{\mathcal{F}[h(x,y;\xi,\eta,l)]}\right\} \tag{3-310}$$

其中 $\mathcal{F}$ 表示傅里叶变换，$\mathcal{F}^{-1}$ 表示逆傅里叶变换。为了表示简便，令

$$D(\xi,\eta)=\mathcal{F}^{-1}\{\mathcal{F}[u'(x,y)]/\mathcal{F}[h(x,y;\xi,\eta,l)]\}$$

则有

$$\exp[\mathrm{j}\varphi_2(\xi,\eta)]=D(\xi,\eta)-\exp[\mathrm{j}\varphi_1(\xi,\eta)]$$

又因为 M_1 和 M_2 是纯位相元件，因此

$$\left|D(\xi,\eta)-\exp[\mathrm{j}\varphi_1(\xi,\eta)]\right|^2=\{D(\xi,\eta)-\exp[\mathrm{j}\varphi_1(\xi,\eta)]\}\{D(\xi,\eta)-\exp[\mathrm{j}\varphi_1(\xi,\eta)]\}^*=1$$

最后可以解得两个位相板的位相分布分别为

$$\varphi_1(\xi,\eta)=\arg[D(\xi,\eta)]-\arccos[|D(\xi,\eta)|/2]$$
$$\varphi_2(\xi,\eta)=\arg\{D(\xi,\eta)-\exp[\mathrm{j}\varphi_1(\xi,\eta)]\} \tag{3-311}$$

其中，arg( ) 和$|\ |$分别表示取辐角和取模过程。

当输出面为曲面时，该方法同样适用，只是需要将脉冲响应函数取为式（3-309）即可。因此，可以用两个位相分布获得任意的复振幅分布，从而实现具有任意强度的光场调制。

在衍射光学元件加工制作过程中，连续的位相分布很难制作完成，因此通常对光学元件的位相分布进行分级量化处理，位相分布取 0 和 2π 之间的 2^L 个等级，即位相值取 $2\pi/(2^L)$ 的整数倍，其中 L 为整数，称为 L 等级量化；量化，将连续的位相分布进行 L 级量化处理，这个过程中又会引进位相量化噪声。这些噪声在最终的位相优化过程中均需考虑。

习　题

3.1　用波长 $\lambda=500$ nm 的单色平面波照明一个边长为 5 mm 的正方形孔，试求菲涅尔衍射区和夫琅和费衍射区距小孔的最近距离。

3.2　应用平面波角谱理论，从式（3-56）出发，通过菲涅尔近似，导出菲涅尔衍射公式（3-16）。

3.3　波长为 546 nm 的绿光垂直照射缝宽为 1 mm 的狭缝，在狭缝后面放置一个焦距为 1 m 的透镜，将衍射光聚焦在透镜后焦面的观察屏上。试求：

（1）衍射图形中央亮斑的宽度和角宽度；

（2）衍射图形中央两侧 2 mm 处辐照度与中央辐照度的比值。

3.4　一束单色平行光在空气—玻璃界面上反射和折射。如果在界面上放置一个宽度 a 为 10 mm 的狭缝光阑（图 3-77），并设 $n_1=1.0$，$n_2=1.5$，$\lambda_0=600$ nm，试分别求出 $\beta=0°,60°,89°$ 时，反射光束和折射光束的衍射中央亮斑角宽度（即"衍射发散角"）。

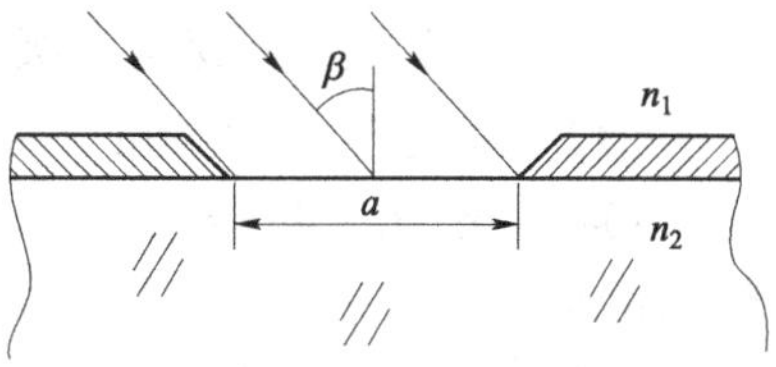

图 3-77　题 3.4 图

3.5　（1）试证明单缝夫琅和费衍射第 m 级次级大的辐照度可以近似地表示为

$$L_m=L_0\left[\frac{1}{(m+1/2)\pi}\right]^2$$

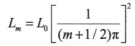

式中，L_0 为图形中心处的辐照度。

（2）以 $m=2$ 为例，分别计算近似值与实际值，问近似值的相对误差有多大？

3.6　试以单缝夫琅和费衍射装置（图 3-78）为例，讨论装置作如下变化时对衍射图形的影响。

（1）透镜 L_2：焦距变大。

（2）衍射屏 Σ：设为单缝。

① Σ 屏沿 ξ 轴平移，但不超出入射光照明范围；

② Σ 屏绕 z 轴旋转。

（3）光源 S：

① S 是点光源，但沿 x 方向有一移动；

② S 是平行于狭缝的线光源。

3.7 试求一根直径为 100 μm 的头发丝的夫琅和费衍射图案。(头发丝可近似看作无限长圆柱形)。讨论衍射图案变明显的条件。

3.8 （1）试求在正入射照明下，图 3-79 所示两种衍射屏的夫琅和费衍射图形的复振幅分布和辐照度分布。设波长为 λ，透镜焦距为 f。

（2）假设 $l = L/2$，试求方环衍射与边长为 L 的方孔衍射的中央辐照度之比。

（3）假设 $R_2 = R_1/2$，试求圆环衍射与半径为 R_1 的圆孔衍射的中央辐照度之比。

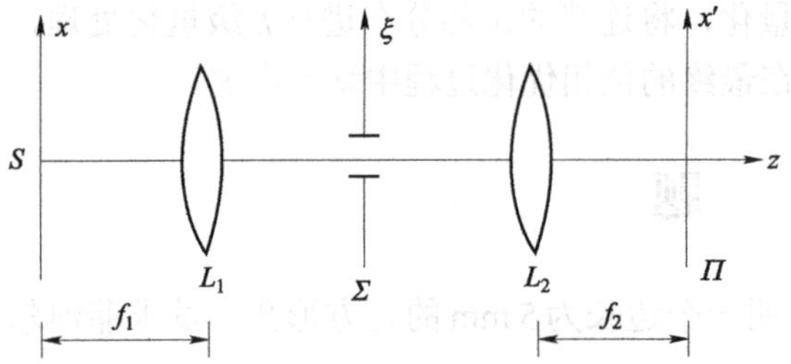

图 3-78 题 3.6 图

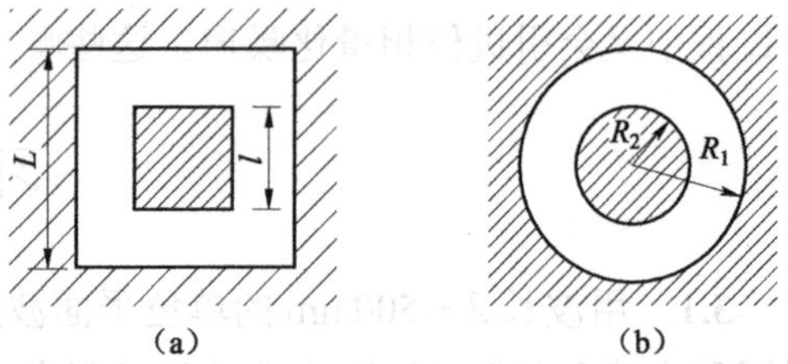

图 3-79 题 3.8 图

(a) 方环；(b) 圆环

3.9 一台天文望远镜物镜的入射光瞳直径 $D = 2.5\ \text{m}$，设光波波长 $\lambda = 0.55\ \mu\text{m}$，求该望远镜的分辨本领。若人眼瞳孔直径 $D_e = 3\ \text{mm}$，为了充分利用望远镜的分辨本领，望远镜的视角放大率应等于多少？

3.10 证明任意物体的夫琅和费衍射辐照度分布都具有中心对称性。

3.11 光谱范围为 400～700 nm 的可见光经光栅衍射后被展成光谱。

（1）若光栅常数 $d = 2\ \mu\text{m}$，试求一级光谱的衍射角范围。

（2）欲使一级光谱的线范围为 50 mm，试问应选用多大焦距的透镜？

（3）问可见光的一级与二级光谱、二级与三级光谱会不会重叠？

3.12 用宽度为 50 mm，每毫米有 500 条刻线的光栅分析汞光谱。已知汞的谱线有 $\lambda_1 = 404.7\ \text{nm}$, $\lambda_2 = 435.8\ \text{nm}$, $\lambda_3 = 491.6\ \text{nm}$, $\lambda_4 = 546.1\ \text{nm}$, $\lambda_5 = 577\ \text{nm}$, $\lambda_6 = 579\ \text{nm}$ 等，假设照明光正入射。

（1）试求一级光谱中上述各谱线的角距离。

（2）试求一级光谱中汞绿线（λ_4）附近的角色散。

（3）用此光栅能否分辨一级光谱的两条汞黄线（λ_5, λ_6）？

（4）用此光栅最多能观察到 λ_6 的几级光谱？

3.13 试用傅里叶变换法导出斜入射时光栅干涉图形的强度分布公式和光栅方程。

3.14 试证明斜入射时光栅的亮纹宽度及缺级条件与正入射时相同。

3.15 有一衍射光栅，缝数 $N = 6$，缝距与缝宽之比 $d/a = 2$。

（1）试求前四级主极大与零级主极大强度之比。

（2）试求主亮纹半宽度（以 $\sin\theta/\lambda$ 表示）。

（3）画出干涉图的强度分布曲线（横坐标取 $\sin\theta/\lambda$）。

3.16 在光栅衍射装置中，若将光栅狭缝隔缝遮盖，试问在某一观察方向上，光栅的分辨本领和色散范围与遮盖前相比有何变化？

3.17　有一透射式阶梯光栅由 30 块玻璃（$n=1.5$）平行平板组成。已知阶梯宽度 $e=10\ \mathrm{mm}$，阶梯高度 $d=1\ \mathrm{mm}$，并在波长 $\lambda=500\ \mathrm{nm}$ 附近使用，试求：

（1）在 $\theta=30°$ 衍射方向上的干涉级；

（2）该衍射方向能分辨的最小波长差和色散范围。

3.18　复色光垂直照射一闪耀光栅，如图 3–80 所示。设光栅常数 $d=4\ \mu\mathrm{m}$，闪耀角 $\alpha=10°$。

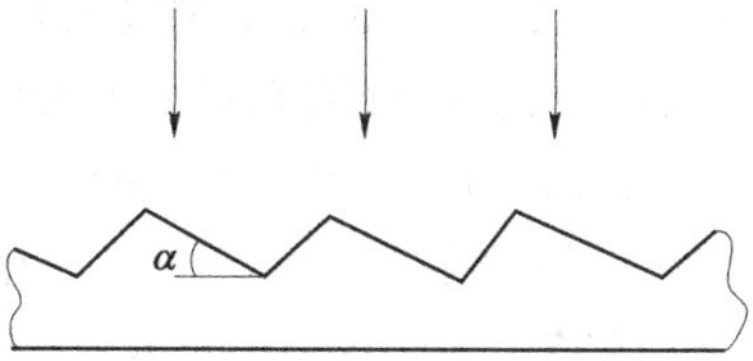

图 3–80　题 3.18 图

（1）试求干涉零级和衍射零级的方位角，并在图中大致画出它们的方向。

（2）问此光栅对什么波长的光波在二级光谱上闪耀？

3.19　用旋转晶体法测量 NaCl 晶体晶面间距的装置简图如图 3–81 所示：R 是 X 射线管，S 是有一狭缝的铅质光阑，C 是可以绕 O 处轴线（垂直于图面）转动的待测晶体，P 是一圆弧状感光胶片，其圆心在 O 点。测量时，转动晶体 C，使 β 自零开始增大，发现在 $\beta=15°53'$ 对应的方向上第一次出现主亮纹。已知 X 射线波长 $\lambda=0.15\ \mathrm{nm}$，试求平行于晶体表面的晶面间距。

3.20　如图 3–82 所示，一束频率为 ω_0 的平面光波正入射到空间周期为 d 的正弦光栅上，在置于透镜后焦面处的屏 Π 上得到其频谱——三个亮点。现在，使光栅以速度 v 沿 ξ 方向匀速运动，并假设光栅足够长，试问：

（1）屏 Π 上的衍射图形有无变化？

（2）到达屏 Π 上各光波的时间频率为何值？

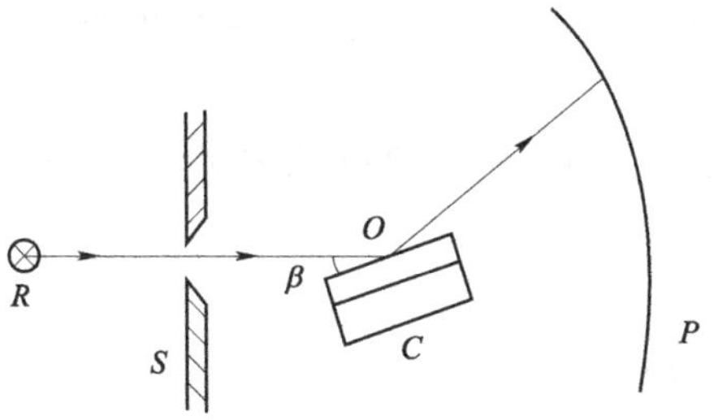

图 3–81　题 3.19 图

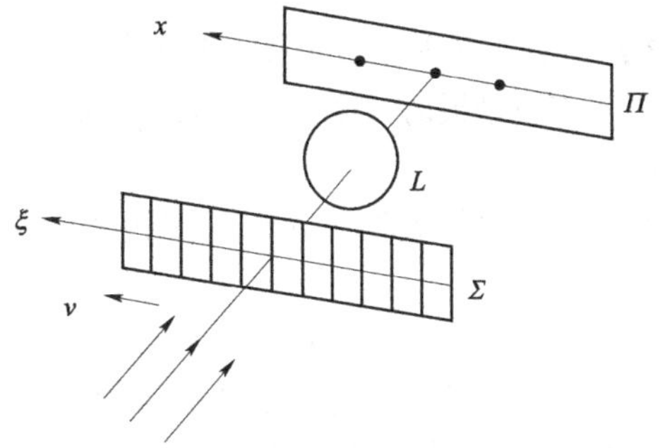

图 3–82　题 3.20 图

3.21　应用式（3–16），计算圆孔菲涅尔衍射沿轴上考察点的辐照度分布。（设圆孔半径为 ε，用波长为 λ 的平面波垂直照射。）

3.22　波长 $\lambda=625\ \mathrm{nm}$ 的单色平面波垂直照明半径 $\varepsilon=2.5\ \mathrm{mm}$ 的圆孔，设轴上考察点 P_0 至圆孔的距离 $d_0=500\ \mathrm{mm}$。

（1）试求圆孔内所包含的半波带数。

（2）试问这时 P_0 点的光强为何值？

3.23　如果对衍射场中的一点 P，有

$$|E_{\Sigma}(P)|=|E_{\infty}(P)|$$

试问这时 $|E_{\Sigma'}(P)|$ 是否一定为零？为什么？（Σ' 是 Σ 的互补屏）。

3.24 在菲涅尔圆孔衍射中，假设照明光是正入射的平面波。试问轴上观察点的辐照度是否与没有光阑时的辐照度相同？说明理由。求出这种情形的最小圆孔半径。（用d_0、λ表示）

3.25 如图 3–83 所示的衍射孔左右各为一个半圆，半径分别为$r_1 = 1.414$ mm 和$r_2 = 1$ mm。若用波长$\lambda = 500$ nm，强度$I_0 = 50\ \mathrm{W/m^2}$的单色平行光垂直照明该衍射孔，试问与其相距 2 m 远的轴上点P_0处的光强大小为何值？

3.26 有一半径为 2 mm 的小圆屏被强度为I_0，波长$\lambda = 500$ nm 的平面波垂直照明。试求与小圆屏相距 2 m 远的轴上点P_0处的光强大小。

3.27 如图 3–84 所示为两个球面波干涉装置，S_1和S_2是位于z轴上两个相距l的单色点光源，位置坐标分别为$(0,0,z_1)$和$(0,0,z_2)$，发射波长为λ，振幅为E_0的相干球面波，在xy平面记录。

（1）说明这样记录的干涉图形构成一个菲涅尔波带板，并求出此波带板的焦距。

（2）设波带板半径$\rho = 10$ mm，光波波长$\lambda = 0.5\ \mu\mathrm{m}$，$z_1 = -200$ mm 照相底片分辨率$f =$ 100 线/mm。为清晰记录全部环带，试求S_2的位置坐标$|z_2|$的最小值。

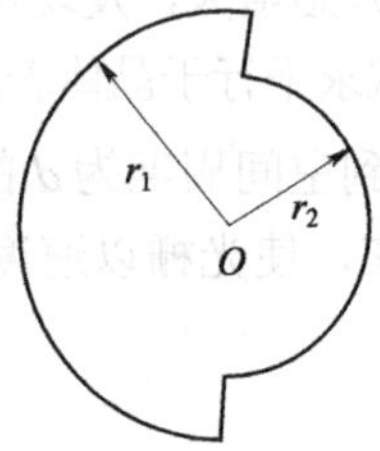

图 3–83　题 3.25 图

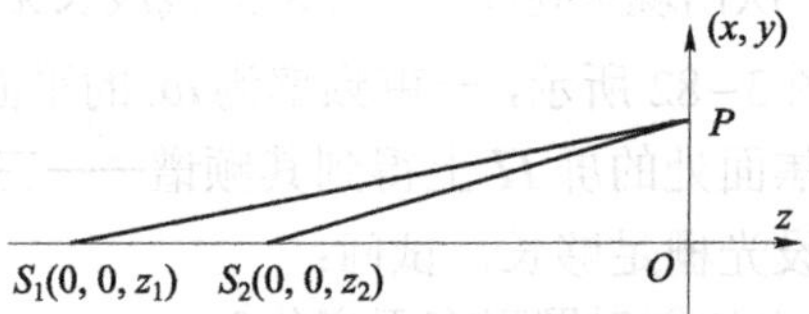

图 3–84　题 3.27 图

3.28 有一菲涅尔波带板，其上各环带的半径规律为：$h_N = \sqrt{N}h_1$。试证明当单色平面波垂直照明该波带板时，除了在轴上$d_0 = h_1^2/\lambda$处出现亮点外，在$d_0/3, d_0/5$等处也会出现强度较弱的亮点。

3.29 一波带板将正入射的单色平行光聚焦在与板相距为 1.2 m 的P_0点处。假设波长$\lambda = 630$ nm。

（1）试求第 10 个半波带的半径。

（2）若用此波带板对位于 2 m 远处的点光源成像，试问像位于何处？

3.30 用一波带板对无限远处的点光源成像。

（1）若要求像点的光强是光自由传播时的10^3倍，试问该波带板应包含多少个半波带？

（2）若光波波长$\lambda = 500$ nm，波带板焦距$d_0 = 1$ m，试问该波带板的有效半径应为多大？

第4章

光的偏振

4.1　光传播的各向异性过程及各向异性媒质

4.1.1　双折射现象及其启示

双折射现象（birefringence/double refraction）是1669年由巴塞林（Bartholin）发现的。他发现，当一单色光束（图4－1中的A）自空气中射到一块方解石（$CaCO_3$）晶体Q的表面时，会产生两束传播方向不同的折射光，折射光出方解石后成为两束在空间分开的光束，如图4－1中的B、C所示。

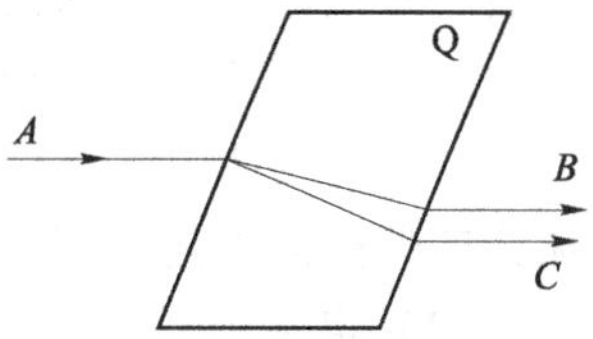

图4－1　双折射现象

这一现象给我们的第一个启示是，既然方解石能把具有确定传播方向和波长的一束光A分解成两束有区别的光，说明**光束A在射入方解石前就包含两种成分，才能使方解石有可能对它们予以“区别对待”。而且，两种成分的差别既不是传播方向，也不是波长，剩下的只能是光振动的方向**。由于只有横波才有可能在确定的传播方向上有不同的振动方向，于是双折射现象说明，光是横波。这是发现双折射现象的历史意义之一。再进一步，B、C光束有不同的振动方向，说明它们在振动方向上具有偏向性，所以后来被称为**“偏振光”**（也称“极化光”，英文为polarized light），A光束则同时包含这两个偏振成分。我们说，光束A、B、C具有不同的**“偏振状态”**（polarization）。

双折射现象的第二个启示是，既然方解石能区别对待不同振动方向的光，使它们有不同的折射角，说明方解石的光学性质（如折射率）与光振动的方向有关，因而它是**“光学各向异性”**（anisotropy）的。于是称之为“（光学）**各向异性媒质**”（anisotropic medium）。光在其界面上的折、反射以及在其内部的传播，都可称为是一种**“各向异性过程”**。

4.1.2　偏振光的应用价值

光的偏振性质和传播中的各向异性过程，使光增加了一个可被控制的自由度，即偏振状态。通过适当的光路安排，可进一步将偏振状态的改变按一定的规律转换成传播方向、位相、频率以及光强的改变。这样，在入射光的偏振状态、光路中的各向异性过程以及最后输出光参量（最常见的是光强或光强分布）这三个因素之间，存在着可计算的关系，知道其中的任意两个因素后即可求出第三个因素。利用设计的各向异性过程和测量得到的光强来确定入射光偏振状态的例子有太阳磁场的测量，其中的磁场便是在确定了太阳光的偏振状态后，再根据塞曼（Zeeman）效应计算而得的。根据已知的入射光偏振和指定的或测得的输出光参量，来推求光波经历的各向异性过程，有着较广泛的应用。例如，光通信中用于加载信息的调制光路设计就可以是一项根据所要求的调制来推求应有的各向异性过程的工作。又如，通过分析光路中的各向异性过程，进而推算光学玻璃的不均匀性或机械结构受力时的应力分布，也是这类应用的例子。至于根据已知的入射光偏振状态和各向异性过程来计算输入光的各种参数，则是本章讨论的主要内容，也是各种具体应用的基础。以上例子说明了在当前光学工程中如此广泛地应用光偏振性质的原因所在。

4.1.3 偏振的描述和分类

“偏振状态”有两种含义，其一是描述一束光是属于**“完全偏振光”**（polarized light）、**“自然光”**（unpolarized light）或**“部分偏振光”**（partially polarized light）中的哪一种；其二是对这三种光中的完全偏振光作进一步分类，即分类为**“线偏振光”**（或平面偏振光）、**“椭圆偏振光”**和**“圆偏振光”**。为了便于区分，以下把前一分类称为**“偏振状态”**，把后一分类称为**“偏振态”**。

首先介绍完全偏振光及其偏振态。**偏振光的定义是，在空间任一点，其电场或磁场始终沿着一条确定的不随时间改变的直线方向振动**。说明四点：

（1）上述电磁场可以是 $\boldsymbol{E}$、$\boldsymbol{H}$、$\boldsymbol{D}$、$\boldsymbol{B}$ 中的任一个量，本书在多数情况下指 $\boldsymbol{D}$。

（2）$\boldsymbol{D}$ 与 $\boldsymbol{k}$（波矢）所确定的平面称为**“偏振面”**（plane of polarization）。由定义，线偏振光的偏振面不随时间改变，故又称为平面偏振光。

（3）定义中强调了场的方向不随时间改变，实际上除了后面描述的“旋光现象”外，在均匀媒质中场的方向也不随空间改变。

（4）线偏振光是完全偏振光中唯一不要求电磁场作简谐振动的光，因此唯有线偏振光可以是多频率或多波长且具有确定偏振态的光。

椭圆偏振光（elliptically polarized light）是这样一种光波，它在空间任一点，电（或磁）场矢量端点的运动轨迹在垂直于传播方向的平面内是一个椭圆，以沿+z 方向传播的简谐平面波为例，其电位移矢量 $\boldsymbol{D}$ 在 x、y 方向上的分量为

$$\begin{cases} D_x = D_{x0}\cos(kz-\omega t+\varphi_{x0}) \\ D_y = D_{y0}\cos(kz-\omega t+\varphi_{y0}) \end{cases} \tag{4-1}$$

$$\boldsymbol{D} = D_x\hat{\boldsymbol{e}}_x + D_y\hat{\boldsymbol{e}}_y \tag{4-2}$$

式中，D_{x0}、D_{y0} 分别是 D_x、D_y 的振幅，（不小于零的实数量）φ_{x0}、φ_{y0} 分别是 D_x、D_y 的初位相。需要说明的是，式（4-2）所隐含的 $D_z=0$ 来源于 $\boldsymbol{D}\perp\boldsymbol{k}$，即对于波面传播方向 $\boldsymbol{k}$，$\boldsymbol{D}$ 波总是横波。这样，在任意确定的时刻 t 和位置 z，$\boldsymbol{D}$ 始终在 xy 平面内，而且与 x 轴的夹角 α 满足

$$\tan\alpha(z,t) = \frac{D_y}{D_x} = \frac{D_{y0}\cos(kz-\omega t+\varphi_{y0})}{D_{x0}\cos(kz-\omega t+\varphi_{x0})} \tag{4-3}$$

随着 t（或 z）的变化，矢量的端点在 xy 平面上形成一个椭圆形轨迹。为证明这一点，只需利用式（4-1）中的两个等式，消去参量 $kz-\omega t$，便可得到一个椭圆方程：

$$\left(\frac{D_x}{D_{x0}}\right)^2 + \left(\frac{D_y}{D_{y0}}\right)^2 - \frac{2\cos\delta}{D_{x0}D_{y0}}D_xD_y = \sin^2\delta \tag{4-4}$$

式中

$$\delta=\varphi_{y0}-\varphi_{x0} \tag{4-5}$$

图 4－2（a）所示为这个椭圆轨迹，图 4－2（b）所示为当 δ 取不同值时的椭圆轨迹。下面针对图 4－2（a）作一些说明。椭圆可以有各种不同方位的外接矩形，图 4-2（a）所示为两直角边分别平行于 x、y 轴的外接矩形，其两个边长分别为 $2D_{x0}$ 和 $2D_{y0}$。图 4.2（b）中还画出了当 $kz-\omega t$ 取某一确定值时的 $\boldsymbol{D}$ 以及它与 x 轴的夹角 α。这个椭圆既可以理解为 $\boldsymbol{D}$ 端点随时间 t 变化的轨迹，也可以理解为 t 时 $\boldsymbol{D}$ 端点随空间变化的轨迹（一条空间螺旋线）在 xy 平面上的投影，如图 4－3 所示，其中的 H 即上述螺旋线轨迹，E 为其在 xy 平面上的投影。

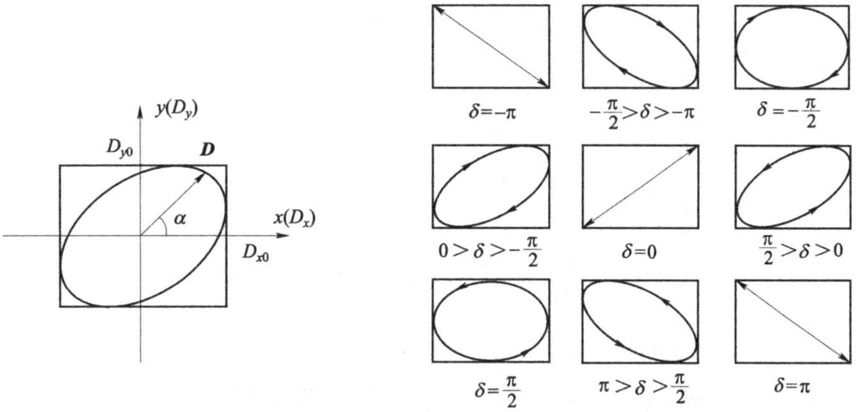

（a）　　　　（b）

图 4－2　椭圆偏振光

（a）$\boldsymbol{D}$ 端点的椭圆轨迹；（b）δ 取不同值时的椭圆偏振光

因为随着 $kz-\omega t$ 的变化，$\boldsymbol{D}$ 矢量与 x 轴的夹角 α 也在变化，即 $\boldsymbol{D}$ 的方向在 xy 平面上是旋转的，所以会产生旋转的方向问题。本书规定，当 z 固定时，随着 t 的逐渐增大，若图 4－2 中的 $\boldsymbol{D}$ 沿顺时针方向旋转，则称该椭圆偏振光是 **“右旋”**（right-handed polarized）的；反之，则是 **“左旋”**（left-handed polarized）的①。在此定义下，不难通过式（4－3）求出 $\mathrm{d}\tan\alpha/\mathrm{d}t$，即可以证明，当 $\sin\delta>0$ 时，为左旋；当 $\sin\delta<0$ 时，则为右旋。可见，椭圆偏振光的椭圆形状和旋向除了取决于 D_{x0}、D_{y0} 之外，还取决于 δ 的值。图 4－2（b）清楚地表明了这一结论，其中的各个椭圆都有相同的 D_{x0} 和 D_{y0}，它们的形状和旋向的差异都是由 δ 取值不同造成的。

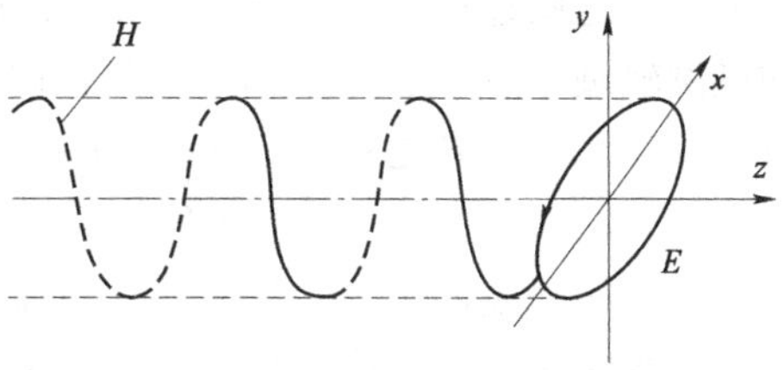

图 4－3　t 确定时 $\boldsymbol{D}$ 端点的空间螺旋线轨迹 H 及其投影 E

椭圆偏振光的一个重要特例是

$$\delta=m\pi+\pi/2\quad(m=0,\pm1\cdots) \tag{4-6}$$

此时因 $\cos\delta=0$ 和 $\sin^2\delta=1$，式（4－4）变成一个正椭圆方程：

① 这一定义是因循多数文献的规定做出的，其依据是右旋螺线偏振光的螺旋线（见图 4－3）对应于右旋螺丝的沟槽线。但若从 $\boldsymbol{D}$ 矢量的旋转方向与光波的传播方向 $\boldsymbol{k}$ 的关系来说，右旋椭圆偏振光所服从的却是“左手法则”。因此近年文献中有采用相反定义的趋势，只是尚不普及。

$$\left(\frac{D_x}{D_{x0}}\right)^2+\left(\frac{D_y}{D_{y0}}\right)^2=1 \tag{4-7}$$

这种椭圆长、短轴分别平行于 x、y 轴的椭圆偏振光称为**“正椭圆偏振光”**，容易证明，正椭圆偏振光与式（4–7）互为充要条件。

圆偏振光（circularly polarized light）又是正椭圆偏振光的一个特例，可定义 $D_{x0}=D_{y0}$ 的正椭圆偏振光，这时式（4–7）退化为圆方程。**同椭圆偏振光一样，正椭圆偏振光和圆偏振光也有左、右旋之分。**

椭圆偏振光另一个重要特例是

$$\delta=m\pi,\quad m=0,\pm1\cdots \tag{4-8}$$

此时式（4–4）变为直线方程：

$$\frac{D_x}{D_{x0}}=\pm\frac{D_y}{D_{y0}} \tag{4-9}$$

设直线与 x 轴的夹角为θ，则有

$$\tan\theta=\frac{D_y}{D_x}=\pm\frac{D_{y0}}{D_{x0}}\quad(-\pi/2<\theta\leqslant\pi/2) \tag{4-10}$$

不难证明，当 $m=0$ 或偶数时，式（4–10）右端取“+”，直线位于 xy 坐标系的一、三象限；当 m=奇数时，直线位于二、四象限；$D_{y0}=0$ 时，直线平行于 x 轴；$D_{x0}=0$ 时，直线平行于 y 轴。

应该说明，虽然以上对椭圆偏振光的定义并没有限制其不可以同时包含多个波长或频率成分，但实际上除了线偏振光之外，椭圆偏振光都是通过光源处或传播中的各向异性过程产生的，而这些过程都具有色散性质，即所产生的后果与光波频率有关。因而要产生具有相同的椭圆轨迹，特别是具有相同的δ，同时又包含许多频率成分的椭圆偏振光是非常困难的。所以，除了线偏振光之外，实际得到的椭圆偏振光总是准单色的。对于包含了多个频率成分的线偏振光，其每个频率成分都应该满足式（4–9）和式（4–10）。

上述的线偏振光、椭圆偏振光和圆偏振光都是完全偏振光，不过，完全偏振光的偏振态不仅是指它是这三种偏振光中的哪一种，而且，凡是具有不同 δ 值或不同 D_{y0}/D_{x0} 值的偏振光，都被认为具有不同的偏振态。

需要说明的是，两束 D_{x0}、D_{y0}、φ_{x0}、φ_{y0} 不相同，但 δ 和 D_{y0}/D_{x0} 值相同的椭圆偏振光（包括其特例情况），由于它们仅有初位相和光强的差别，而随时间和空间变化的图形（图 4–2（a）及图 4–3）是相似的，旋向也相同，因此通常仍认为它们具有相同的偏振态。

下面介绍按偏振状态分类的两类光：**自然光和部分偏振光**。

从微观角度看，任何光源发出的光都来自微观的发光粒子（原子、离子、分子等），而每个粒子每一次发出的光都是完全偏振的，对大多数光源来说，在一个可观察可测量的时间内，存在大量粒子的多次发光，所以只有当各个粒子的各次发光都具有相同的偏振态时，总的发光才可能是完全偏振的。例如，在一些激光器中，谐振腔能够把一部分前一时刻发出的光反馈给光源中的各个粒子，再通过“受激辐射”使后一时刻发光的粒子发射相同偏振态的光波，最后得到接近完全偏振的光。反之，对于像太阳、烧红的炭、电弧、火花、白炽灯和荧光灯

等这些“自然”光源，由于缺乏上述关联各个粒子及它们在各个时刻发光情况的机制，所以各个粒子在同一时刻及同一粒子在不同时刻发射光的偏振态都具有随机性，即使在准单色情况下，观察到的也是这些偏振态随机变化的光波的叠加，完全失去了前述偏振光的特性。这类光就是“自然光”。对自然光中一个角频率为ω的成分来说，它的x、y分量仍可以用式(4-1)表示，只是其中$D_{y0}=D_{x0}$，并且φ_{x0}和φ_{y0}是两个独立随时间随机变化的初位相，从而$\delta=\delta_{y0}-\delta_{x0}$是一个随机变量。正是这种随机性使自然光失去了$\boldsymbol{D}$矢量变化的规律性。

部分偏振光是同方向传播的自然光和完全偏振光互相叠加后生成的光。或者说，部分偏振光中包含了自然光和完全偏振光两个部分。可以用部分偏振光的**“偏振度”**来描述这两部分的比例关系。偏振度P的定义如下：

$$P=\frac{I_{\mathrm{P}}}{I_{\mathrm{P}}+I_{\mathrm{N}}} \tag{4-11}$$

式中，I_{P}代表完全偏振光成分的光强（光功率密度），I_{N}代表自然光成分的光强。由于这两个成分因无固定位相差而不相干，所以总光强

$$I=I_{\mathrm{P}}+I_{\mathrm{N}} \tag{4-12}$$

这样，对于完全偏振光，由于$I_{\mathrm{N}}=0$而有$P=1$；对于自然光，由于$I_{\mathrm{P}}=0$而有$P=0$；而对于部分偏振光，则有$0<P<1$。

根据电磁场的矢量性质，不仅是完全偏振光，自然光和部分偏振光也都可以被分解成两个偏振方向相互正交的线偏振光。所不同的是，完全偏振光的这两个分量成分之间有确定的位相差（见式（4-1）），而后两类光的两分量成分的位相差却不断地随机变化。不过，不论是哪种情况，光的总光强都等于两个分量光强之和。稍具体地说，如果取上述两个正交方向为x和y轴，两个分量的光强分别为I_x和I_y，则总光强为

$$I=I_x+I_y \tag{4-13}$$

特别地，当部分偏振光中的完全偏振成分是沿y方向的线偏振光时，则总有$I_y>I_x$，并且$I_{\mathrm{P}}=I_y-I_x$，$I_{\mathrm{N}}=I-I_{\mathrm{P}}=2I_x$，代入式（4-11）得到

$$P=\frac{I_y-I_x}{I_y+I_x} \tag{4-14}$$

注意，式（4-14）仅当完全偏振成分是线偏振光时才成立。

图 4-4 所示为上述几类光的$\boldsymbol{D}$矢量端点随时间变化的轨迹。

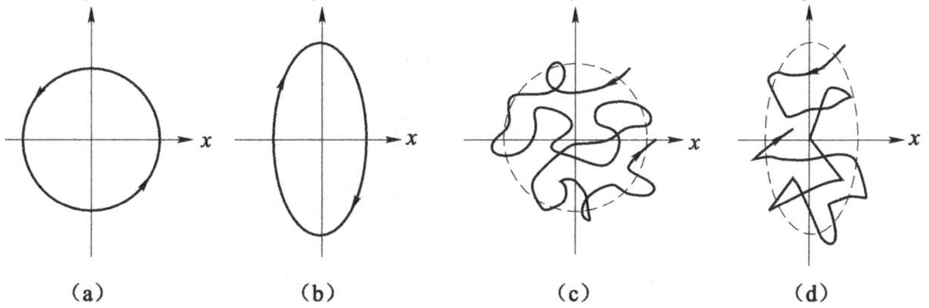

图 4-4　几种光波的 *D* 矢量端点轨迹

（a）圆偏振光（左旋）；（b）正椭圆偏振光（右旋）；（c）自然光；（d）部分偏振光

表征光的偏振状态，除了上述的矢量分解法，有时用**斯托克斯参量**（Stokes parameters）来表征偏振态更加方便。斯托克斯参量是斯托克斯于 1952 年提出的。下面对该参量作简单介绍。

对于一平面单色光波，斯托克斯参量由以下 4 个分量组成：

$$\left.\begin{aligned} s_0 &= D_x^2 + D_y^2 \\ s_1 &= D_x^2 - D_y^2 \\ s_2 &= 2D_xD_y\cos\delta \\ s_3 &= 2D_xD_y\sin\delta \end{aligned}\right\} \tag{4-15}$$

它们之间满足下列关系：

$$s_0^2 = s_1^2 + s_2^2 + s_3^2$$

因此，这四个分量中只有三个是独立的，且 s_0 正比于光波的光强。对于一个椭圆偏振光，可定义一个表征椭圆率和椭圆转向的 χ 为

$$\tan\chi = \mp\frac{D_{y0}}{D_{x0}}$$

其中 $-\pi/4 \leqslant \chi \leqslant \pi/4$，并设一 ψ 为椭圆长轴和 x 轴的夹角，用于表示椭圆取向（χ 和 ψ 如图 4-5（a）所示），则可以发现下述关系成立：

$$\left.\begin{aligned} s_1 &= s_0\cos(2\chi)\cos(2\psi) \\ s_2 &= s_0\cos(2\chi)\sin(2\psi) \\ s_3 &= s_0\sin(2\chi) \end{aligned}\right\} \tag{4-16}$$

式（4-16）同球坐标的表示式相同，表明光的各种完全偏振状态都可以用一**邦加球**（Poincaré sphere）表示。s_1、s_2 和 s_3 为该球的直角坐标系坐标，而 2χ 和 2ψ 为该球面角坐标（图 4-5（b））。因此，对于一平面单色波，当其强度给定时（s_0 = 常数），它可能的所有偏振状态，邦加球上都有一点与之对应。因为当偏振是右旋时 $\chi > 0$，左旋时 $\chi < 0$，所以右旋偏振由邦加球的北半球表示，左旋偏振可由邦加球的南半球表示。对于线偏振光，由于位相差 δ 是 0 或 π 的整数倍，按照斯托克斯参量的定义，可知 s_3=0，对应了赤道上的点。圆偏振则对应了南北两极的点。

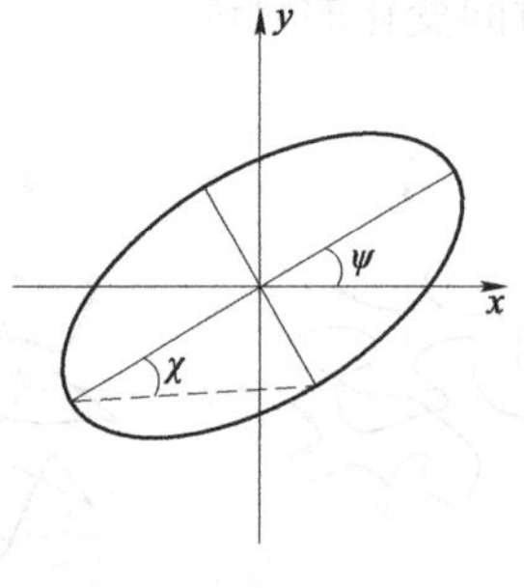

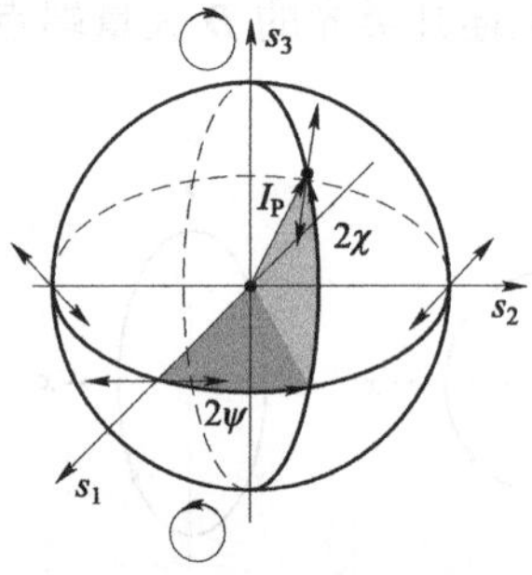

图 4-5 偏振光斯托克斯参量表示

（a）表示椭圆偏振光椭圆取向的 ψ 角和表征椭圆率的 χ 角；（b）邦加球

4.1.4　光波传播中的各向异性过程

前面提到，光波传播中的各向异性过程是偏振光应用中的一个基本环节。光在各向异性媒质中的传播是一种在实用上最重要的各向异性过程。这是因为该过程比较容易控制，从原理上说光能损失最小，过程中可能保持光的传播方向不变或基本不变。各向异性媒质的性质和光在其中的传播规律是本章的重点内容之一，后面将有较详细的讨论，这里暂且略去。

其他各向异性过程还有各向同性媒质界面处的折、反射，在具有各向异性吸收系数的媒质中传播，非均匀媒质中的散射，以及光栅衍射等。下面分别作简单说明。

界面处的折、反射系数可用菲涅尔公式描述（见 1.4.2 节）。由于界面对入射光 s 分量（垂直于入射面的线偏振成分）和 p 分量（平行于入射面的线偏振成分）有不同的折、反射系数（包括大小和位相），使入射的自然光经折、反射后变成部分偏振光或完全偏振光，或者使入射的准单色椭圆偏振光改变其偏振态。一个特殊的例子是，当入射的自然光以布儒斯特角入射时，因 p 分量反射系数为零，反射光只有 s 分量成分，而成为线偏振光。这种各向异性过程的起因可做如下解释：折、反射光的产生是界面两侧媒介对入射光共同作用的结果，当入射角不为零时，这一作用虽然具有关于入射面的面对称性质，但因为 s 分量和 p 分量分别垂直于这个面和位于这个面内，故它们受界面两侧媒质作用的情况不同。

光波在具有各向异性吸收系数的媒质中传播时，其两个特定方向的正交线偏振成分将受到不同程度的吸收。产生这一各向异性过程的原因是，这种媒介分子中的电子较易与沿某一方向振动的光波电场发生共振，从而吸收较多的光能，而对正交方向上的光波电场则吸收较少。所以当媒质的大部分分子取向一致或基本一致时，总体上将呈现吸收系数的各向异性。又因为不仅吸收系数本身，而且两个方向上的吸收系数差别一般都与光波频率有关，所以具有不同线偏振方向的白光通过这种媒质后，除了光强吸收不同外，还将呈现不同的颜色，因此通常把这种媒质称为“二向色性”(dichroism) 媒质。天然的二向色性媒质有电气石晶体（掺有金属原子的硅酸硼）等，现在人们可以用拉伸聚乙烯乙醇塑料薄膜的方法来制作人造的二向色性媒质，用于把自然光转变成近似的线偏振光，其优点是可以获得较大的通光面积而成本较低，但白光入射时，出射光仍难免带有一定的颜色。

光波在非均匀媒质中传播时将发生散射，即除了入射方向外，还产生了沿其他各个方向传播的光，总称为散射光。散射光的产生可以笼统地归因于媒质折射率有波长尺度的变化，从而形成了许多散射中心。理论和实践均表明，各个方向的散射光有不同的光强和偏振状态。图 4-6 所示为当一束自然光被散射后，不同方向散射光的不同偏振状态。光源 N 发出一束沿 z 轴方向传播的自然光（图中用两个分别平行于 x、y 轴的等长的双箭头表示），被一个位于坐标原点附近的散射中心 S 散射。图中只画出了一些位于 xy、yz 和 zx 平面的第一象限中的散射方向，其他散射方向，包括具有 $-z$ 方向分量的“后向”散射方向，都可以利用下述的分析方法导出。

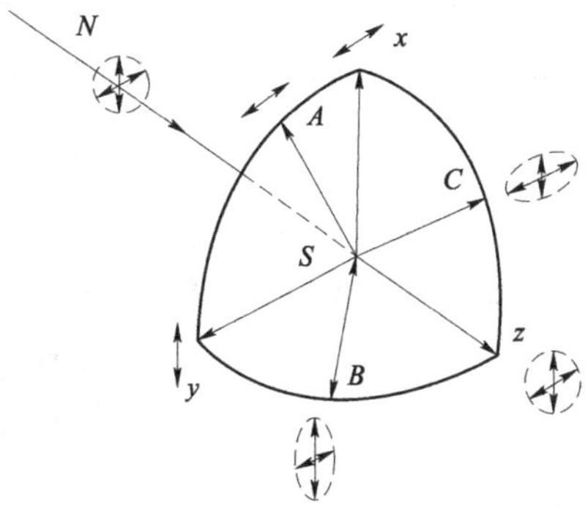

图 4-6　不同方向散射光的偏振状态

定性地说，散射光的产生过程是：入射光的电场振动在散射中心的分子中感生出一些振动电极矩，而振动电极矩所产生的电磁场就是散射光。其中，电极矩的振动方向和散射光的电场方向都与入射光的电场方向相同，这样，由于图 4-6 中的入射光只含有 x 和 y 方向的电场，所以所有散射光只能有这两个方向的电场分量，不可能含有 z 方向的分量。另一方面，光的横波性质决定了其电场分量必须位于垂直于传播方向的平面内。综合以上两个方面，某一方向上的散射光的偏振状态可以这样确定：把入射光电场振动的 x、y 分量（入射光为自然光时，这两个分量没有固定的位相差，但有相同的平均振幅）分别投影到该方向上散射光的波面上，所以得到了两个电场振动分量，从而决定了散射光的偏振状态。例如，在图 4-6 中，沿 z 轴方向散射（或者说未被散射）的光因其波面平行于 xy 平面，x、y 振动分量的相对关系与入射光相同，因而仍是自然光（图中用被虚线圆包围的两个双箭头表示）。沿 x 方向散射的光因其波面平行于 yz 平面，x 振动分量的投影为零，所以该散射光是沿 y 方向的线偏振光（见图中双箭头），对于沿图中 A 方向散射的光，虽然入射光的 x、y 振动分量都在其波面上有投影，但两个投影方向都相同，均平行于 xy 平面与波面的交线，所以它也是线偏振光。对于沿 B 方向散射的光，因其波面平行于 x 轴而与 y 轴有一个夹角，所以 x 振动的投影大小大于 y 振动的投影大小，形成了 x 振动分量较大的部分偏振光，图中用被虚线椭圆包围的两个不同长度的双箭头表示。

光栅衍射对于光波电场方向的各向异性在一般情形（光栅材料为电介质，光栅周期大于波长）中并不明显。但是不难理解，当光栅周期接近或者小于波长时，由两种透射系数不同的线条相间重复排列所组成的“二维”光栅，对于平行于线条方向的电场和垂直于线条方向的电场应该有不同的作用，一个极端的例子是，如果光栅线条是交替排列的空气线条和细金属丝线条，则金属的导电性将使光栅更多地吸收平行于线条方向的电场，于是除了衍射作用外，光栅还会呈现类似于二向色性媒介的性质。

上述各种各向异性过程都可以用来改变和控制光的偏振状态，但如前所述，实际中使用最多的还是光在各向异性媒质中的传播。最常见的各向异性媒质是晶体，包括自然晶体和近年来发展的人造晶体。尽管各向异性媒质并不局限于晶体，而且也不是所有晶体都是各向异性的，但本章仅讨论晶体的光学各向异性，有时甚至把各向异性媒质简称为晶体。

4.1.5 偏振光的琼斯矢量表示

1. 琼斯矢量（Jones vector）表示

除了个别特例外，琼斯矢量仅用于表示完全偏振光的偏振态，为了简单起见，以下把完全偏振光简称为偏振光。根据 4.1 节的式（4-1）、式（4-2），当采用复数表示时，一束沿 z 方向传播的单色平面偏振光波的 $\boldsymbol{D}$ 矢量可以写成

$$\boldsymbol{D}(z,t)=D_{x0}\exp[\mathrm{j}(kz-\omega t+\varphi_{x0})]\hat{\boldsymbol{e}}_x+D_{y0}\exp[\mathrm{j}(kz-\omega t+\varphi_{y0})]\hat{\boldsymbol{e}}_y=\boldsymbol{D}_0\exp[\mathrm{j}(kz-\omega t)] \quad (4-17)$$

其中

$$\boldsymbol{D}_0=D_{x0}\exp(\mathrm{j}\varphi_{x0})\hat{\boldsymbol{e}}_x+D_{y0}\exp(\mathrm{j}\varphi_{y0})\hat{\boldsymbol{e}}_y \quad (4-18)$$

称为该光波电位移矢量的**“复振幅矢量”**，它完全反映了光波的偏振态。

式（4-18）中的 $\boldsymbol{D}_0$ 可以像一般矢量那样，用一个 2×1 的列矩阵表示：

$$\boldsymbol{D}_0=\begin{bmatrix}D_{x0}\exp(\mathrm{j}\varphi_{x0})\\D_{y0}\exp(\mathrm{j}\varphi_{y0})\end{bmatrix}=\exp(\mathrm{j}\varphi_{x0})\begin{bmatrix}D_{x0}\\D_{y0}\exp(\mathrm{j}\delta)\end{bmatrix} \quad (4-19)$$

式中，$\delta=\varphi_{y0}-\varphi_{x0}$（见式（4-5）），表示 D_y 振动分量与 D_x 振动分量的位相差。

式（4－19）中的两个列矩阵都可以称为**“琼斯矢量”**，在讨论常位相无关紧要的问题时，右端的列矩阵形式较为简单。

上述偏振光的光强仅取决于 D_{x0} 和 D_{y0}：

$$I = D_{x0}^2 + D_{y0}^2 \tag{4-20}$$

用琼斯矢量表示时可写作

$$I = \boldsymbol{D}_0^+ \cdot \boldsymbol{D}_0 \tag{4-21}$$

其中的 $\boldsymbol{D}_0^+$ 是 $\boldsymbol{D}_0$ 的厄米共轭，或者说 $\boldsymbol{D}_0^+$ 是 $\boldsymbol{D}_0$ 的转置加共轭，即

$$\boldsymbol{D}_0^+ = \left[D_{x0} \exp(-\mathrm{j}\varphi_{x0}), D_{y0} \exp(-\mathrm{j}\varphi_{y0}) \right] \tag{4-22}$$

与上述偏振光有相同偏振态但光强 $I = 1$ 的光称为归一化的光波或单位（光强）偏振光，用 $\hat{\boldsymbol{D}}_0$ 表示：

$$\hat{\boldsymbol{D}}_0 = \frac{\boldsymbol{D}_0}{\sqrt{I}} = \exp(\mathrm{j}\varphi_{x0})(D_{x0}^2 + D_{y0}^2)^{-\frac{1}{2}} \begin{bmatrix} D_{x0} \\ D_{y0} \exp(\mathrm{j}\delta) \end{bmatrix} \tag{4-23}$$

作为例子，下面列出前述一些特殊偏振光的归一化琼斯矢量。

（1）**正椭圆偏振光**（$\delta = \pm\pi/2$）：

$$\hat{\boldsymbol{D}}_0 = \exp(\mathrm{j}\varphi_{x0})(D_{x0}^2 + D_{y0}^2)^{-\frac{1}{2}} \begin{bmatrix} D_{x0} \\ \pm\mathrm{j}D_{y0} \end{bmatrix} \tag{4-24}$$

（2）**线偏振光**（$\delta = 0$ 或 π）：

$$\hat{\boldsymbol{D}}_0 = \exp(\mathrm{j}\varphi_{x0}) \begin{bmatrix} \cos\theta \\ \sin\theta \end{bmatrix} \tag{4-25}$$

其中 θ 的取值范围为 $(-\pi/2, \pi/2]$，且 $\cos\theta = D_{x0}(D_{x0}^2 + D_{x0}^2)^{-1/2}$，$\sin\theta = \pm D_{y0}(D_{x0}^2 + D_{x0}^2)^{-1/2}$。

（3）**圆偏振光**（$\delta = \pm\pi/2, D_{x0} = D_{y0}$）：

$$\hat{\boldsymbol{D}}_0 = \frac{\sqrt{2}}{2} \exp(\mathrm{j}\varphi_{x0}) \begin{bmatrix} 1 \\ \pm j \end{bmatrix} \tag{4-26}$$

2. 偏振态的投影，正交偏振态

与空间矢量的投影类似，对于两同向传播的同频偏振光 $\boldsymbol{D}_1$ 和 $\boldsymbol{D}_2$，定义 $\boldsymbol{D}_1$ 在 $\boldsymbol{D}_2$ 上的投影为

$$\boldsymbol{D}_1(\boldsymbol{D}_2) = \boldsymbol{D}_1^{\mathrm{T}} \cdot \hat{\boldsymbol{D}}_2^* \tag{4-27}$$

式中，上标 T、*分别代表转置和取共轭。类似地，$\boldsymbol{D}_2$ 在 $\boldsymbol{D}_1$ 上的投影为

$$\boldsymbol{D}_2(\boldsymbol{D}_1) = \boldsymbol{D}_2^{\mathrm{T}} \cdot \hat{\boldsymbol{D}}_1^* \tag{4-28}$$

投影的意义将在下一小节加以说明。

若两束沿 z 方向传播的同频偏振光 $\boldsymbol{D}_1$ 和 $\boldsymbol{D}_2$ 满足

$$\boldsymbol{D}_1^{\mathrm{T}} \cdot \hat{\boldsymbol{D}}_2^* = 0\text{，即 } \boldsymbol{D}_2^{\mathrm{T}} \cdot \hat{\boldsymbol{D}}_1^* = 0 \tag{4-29}$$

则称这两束偏振光的偏振态是相互**“正交”**（orthogonal）的，或简称这两束光相互正交。因为式（4－29）的第一个等式表明 $\boldsymbol{D}_1(\boldsymbol{D}_2) = 0$，第二个等式表明 $\boldsymbol{D}_2(\boldsymbol{D}_1) = 0$，“即”则表示两个

等式中任一等式成立便可证明另一等式也成立（只要对一个等式取转置及共轭便可得到另一等式），所以两束光正交意味着它们的相互投影都是零，又因为式（4−29）右端为零，所以 $\boldsymbol{D}_1$ 与 $\boldsymbol{D}_2$ 是否正交与它们的光强无关。

易证明，当两线偏振光正交时，它们的振动方向必定相互垂直，这是“正交”一词最直观的解释。同样不难证明，左、右旋圆偏振光也是相互正交的。

3. 同向传播偏振光的叠加及偏振光的正交分解

由波的叠加原理易知，两束同向传播的同频偏振光 $\boldsymbol{D}_1$ 和 $\boldsymbol{D}_2$ 将叠加成一束新的合成偏振光，合成偏振光的电位移矢量为

$$\boldsymbol{D}_{\mathrm{c}}=\boldsymbol{D}_{\mathrm{c}0}\exp[\mathrm{j}(kz-\omega t)]=(\boldsymbol{D}_{10}+\boldsymbol{D}_{20})\exp[\mathrm{j}(kz-\omega t)] \tag{4-30}$$

或

$$\boldsymbol{D}_{\mathrm{c}0}=\boldsymbol{D}_{10}+\boldsymbol{D}_{20} \tag{4-31}$$

相应地，类似于一个二维空间矢量可分解成任意直角坐标系的两个分量，一束偏振光也可以分解成任意两束互相正交的同向、同频偏振光，这种分解称作**“正交分解”**。具体地说，任选一对相互正交的单位偏振光 $\hat{\boldsymbol{D}}_1$ 和 $\hat{\boldsymbol{D}}_2$（它们的复偏振矢量为 $\hat{\boldsymbol{D}}_{10}$ 和 $\hat{\boldsymbol{D}}_{20}$），并设某一偏振光 $\boldsymbol{D}$ 的复振幅矢量 $\boldsymbol{D}_0$ 可以分解成

$$\boldsymbol{D}_0=a\hat{\boldsymbol{D}}_{10}+b\hat{\boldsymbol{D}}_{20} \tag{4-32}$$

用 $\hat{\boldsymbol{D}}_{10}^{+}$ 左点乘上式，并考虑到 $\hat{\boldsymbol{D}}_{10}^{+}\cdot\hat{\boldsymbol{D}}_{10}=1$ 以及 $\hat{\boldsymbol{D}}_{10}^{+}\cdot\hat{\boldsymbol{D}}_{20}=\hat{\boldsymbol{D}}_{10}^{\mathrm{T}}\cdot\hat{\boldsymbol{D}}_{20}^{*}=0$，可得 $a=\hat{\boldsymbol{D}}_{10}^{+}\cdot\boldsymbol{D}_0$。另外，由于 $\hat{\boldsymbol{D}}_{10}^{+}\cdot\boldsymbol{D}_0$ 和 $\boldsymbol{D}_0^{\mathrm{T}}\cdot\hat{\boldsymbol{D}}_{10}^{*}$ 都等于 $D_{0z}D_{10x}^{*}+D_{0y}D_{10y}^{*}$，所以 $a=\boldsymbol{D}_0^{\mathrm{T}}\cdot\hat{\boldsymbol{D}}_{10}^{*}$，即 a 等于 $\boldsymbol{D}_0$ 在 $\hat{\boldsymbol{D}}_{10}$ 上的投影，类似地有 $b=\boldsymbol{D}_0^{\mathrm{T}}\cdot\hat{\boldsymbol{D}}_{20}^{*}$，于是

$$\boldsymbol{D}_0=(\boldsymbol{D}_0^{\mathrm{T}}\cdot\hat{\boldsymbol{D}}_{10}^{*})\hat{\boldsymbol{D}}_{10}+(\boldsymbol{D}_0^{\mathrm{T}}\cdot\hat{\boldsymbol{D}}_{20}^{*})\hat{\boldsymbol{D}}_{20} \tag{4-33}$$

该式便是偏振光分解成两个正交分量的公式。可以注意到它与二维空间矢量的分解公式

$$\boldsymbol{r}=(\boldsymbol{r}\cdot\hat{\boldsymbol{e}}_x)\hat{\boldsymbol{e}}_x+(\boldsymbol{r}\cdot\hat{\boldsymbol{e}}_y)\hat{\boldsymbol{e}}_y \tag{4-34}$$

类似。

偏振光正交分解的一个常见例子是，把一个线偏振光 $[\cos\theta,\sin\theta]^{\mathrm{T}}$ 分解成左旋和右旋圆偏振光。按照式（4−33），有

$$\begin{aligned}\begin{bmatrix}\cos\theta\\ \sin\theta\end{bmatrix}&=\frac{\sqrt{2}}{2}(\cos\theta-\mathrm{j}\sin\theta)\left[\frac{\sqrt{2}}{2}\begin{bmatrix}1\\ \mathrm{j}\end{bmatrix}\right]+\frac{\sqrt{2}}{2}(\cos\theta+\mathrm{j}\sin\theta)\left[\frac{\sqrt{2}}{2}\begin{bmatrix}1\\ -\mathrm{j}\end{bmatrix}\right]\\ &=\frac{1}{2}\exp(-\mathrm{j}\theta)\begin{bmatrix}1\\ \mathrm{j}\end{bmatrix}+\frac{1}{2}\exp(\mathrm{j}\theta)\begin{bmatrix}1\\ -\mathrm{j}\end{bmatrix}\end{aligned} \tag{4-35}$$

4.2 晶体光学基础

晶体光学是光学的一个分支，它从麦克斯韦方程和物质方程出发，利用多种数学工具，定量讨论晶体的各种光学性质以及光在晶体中的传播规律和在界面上的折、反射规律，从而解释与晶体有关的各种光学图现象，并为利用晶体实现光的控制和进行光学测量奠定基础。本节只介绍晶体光学的一些常用结论，一般不作论证和推导，目的是建立一些基本概念并为以下几节的讨论做准备。由于描述晶体光学性质的参量一般都有色散性质，即它们的值与光波频率 ω（或波长）有关，所以在以下讨论中，如果不另作说明，将假定涉及的光波是单色的，

以突出参量的各向异性特点。

4.2.1　晶体的光学各向异性及其描述

1. 物质方程

物质方程给出光波在媒质中传播时两个电场矢量 $\boldsymbol{E}$、$\boldsymbol{D}$ 之间和两个磁场矢量 $\boldsymbol{H}$、$\boldsymbol{B}$ 之间的关系。在晶体中，$\boldsymbol{E}$、$\boldsymbol{D}$ 之间的关系是

$$\boldsymbol{D}=\varepsilon_0\boldsymbol{E}+\boldsymbol{P} \tag{4-36}$$

其中

$$\boldsymbol{P}=[\chi]\cdot\boldsymbol{E} \tag{4-37}$$

式中，ε_0 为真空介电常数，$\boldsymbol{P}$ 为光波在媒质中感生的电偶极矩（矢量）密度，$[\chi]$ 为媒质的**电极化系数张量**。在本书中，"张量"可理解为一个 3×3 或 2×2 的矩阵，"$[\chi]$"是一个 3×3 矩阵的简写符号，以区别于标量和矢量。因而，$[\chi]\cdot\boldsymbol{E}$ 表示一个矩阵与一个写成列矩阵形式的矢量相乘。将式（4-37）代入式（4-36）并作简单运算后，可得

$$\boldsymbol{D}=[\varepsilon]\cdot\boldsymbol{E} \tag{4-38}$$

其中

$$[\varepsilon]=\varepsilon_0[I]+[\chi] \tag{4-39}$$

式中，$[\varepsilon]$ 为晶体的**介电常数张量**（dielectric tensor）；$[I]$ 为单位张量，即单位矩阵（这里也是 3×3 矩阵）。把式（4-38）写成矩阵形式，有

$$\begin{bmatrix}D_x\\D_y\\D_z\end{bmatrix}=\begin{pmatrix}\varepsilon_{xx} & \varepsilon_{xy} & \varepsilon_{xz}\\ \varepsilon_{yx} & \varepsilon_{yy} & \varepsilon_{yz}\\ \varepsilon_{zx} & \varepsilon_{zy} & \varepsilon_{zz}\end{pmatrix}\begin{bmatrix}E_x\\E_y\\E_z\end{bmatrix} \tag{4-40}$$

按照矩阵运算规则，式（4-40）等价于

$$\begin{cases}D_x=\varepsilon_{xx}E_x+\varepsilon_{xy}E_y+\varepsilon_{xz}E_z\\ D_y=\varepsilon_{yx}E_x+\varepsilon_{yy}E_y+\varepsilon_{yz}E_z\\ D_z=\varepsilon_{zx}E_x+\varepsilon_{zy}E_y+\varepsilon_{zz}E_z\end{cases} \tag{4-41}$$

三个等式。

可以证明，$[\chi]$ 和 $[\varepsilon]$ 都是对称矩阵，即有 $\chi_{xy}=\chi_{yx}$，$\varepsilon_{xy}=\varepsilon_{yx}$，等等，或者说，$[\varepsilon]$ 的 9 个分量只有 6 个是独立的。

不难理解，如果在两个不同的直角坐标系（相互之间有一个转动）中来描述同一个光波的 $\boldsymbol{D}$ 和 $\boldsymbol{E}$，它们的分量值将会不同，从而式（4-40）中 $[\varepsilon]$ 的 9 个分量值也将不同。换言之，晶体的 $[\varepsilon]$ 与坐标的选择有关。可以证明，任何对称矩阵都可以通过适当的坐标转动变换成一个对角矩阵，这时 $[\varepsilon]$ 的 9 个分量中只有主对角线上的 3 个分量不为零，其余 6 个分量都为零。这样的坐标系称为晶体的主轴坐标系，简称为主轴系。在主轴系中，电场物质方程（4-40）变为

$$\begin{bmatrix}D_x\\D_y\\D_z\end{bmatrix}=\begin{bmatrix}\varepsilon_x & 0 & 0\\ 0 & \varepsilon_y & 0\\ 0 & 0 & \varepsilon_z\end{bmatrix}\begin{bmatrix}E_x\\E_y\\E_z\end{bmatrix} \tag{4-42}$$

式中，ε_x、ε_y、ε_z 是 ε_{xx}、ε_{yy}、ε_{zz} 的简写，称为晶体的三个**主介电常数**（principle dielectric constant）。相应地，式（4-41）变为

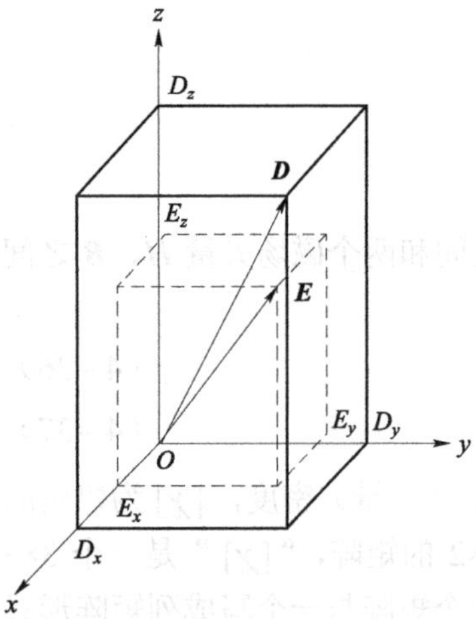

图 4-7　晶体内 $\boldsymbol{D}$ 与 $\boldsymbol{E}$ 的关系

$$D_x=\varepsilon_x E_x,\ D_y=\varepsilon_y E_y,\ D_z=\varepsilon_z E_z \tag{4-43}$$

该式具体而又形象地说明了晶体的各向异性：虽然在每个坐标主轴方向上，$\boldsymbol{D}$ 分量与 $\boldsymbol{E}$ 分量之间的关系均与各向同性的媒质关系相同，但由于晶体的 ε_x、ε_y、ε_z 一般互不相等，所以晶体内光波的 $\boldsymbol{D}$、$\boldsymbol{E}$ 关系与 $\boldsymbol{E}$ 的方向有关，或者说，晶体对不同方向的 $\boldsymbol{E}$ 会作出不同的“反应”。

如果 $\boldsymbol{E}$ 取一般的方向，则可以借助矢量合成原理求出 $\boldsymbol{D}$ 的方向和大小，如图 4-7 所示，可见，**一般情形下 $\boldsymbol{D}$ 不再与 $\boldsymbol{E}$ 同方向。**

由于透明的自然晶体都是非磁的，故其中**光波 $\boldsymbol{B}$ 与 $\boldsymbol{H}$ 的关系与各向同性媒质的相同**，即仍有

$$\boldsymbol{B}=\mu\boldsymbol{H}=\mu_0\boldsymbol{H} \tag{4-44}$$

下面讨论的内容大多属于这种情况，即认为晶体的各向异性主要表现在对光波电场的作用上。

2. 折射率椭球和晶体的分类

第 1 章中对折射率的定义 $n=c/v$ 可以推广到晶体的情形，只是在晶体中光波位相速度 v 与 $\boldsymbol{D}$ 的方向有关，不是一个常量，相应地，折射率 n 也与 $\boldsymbol{D}$ 的方向有关。如果用几何曲面来描述这一关系，可表示为

$$\boldsymbol{r}=n\hat{\boldsymbol{D}} \tag{4-45}$$

式中，$\boldsymbol{r}$ 为球坐标系中的空间位置矢量，$\hat{\boldsymbol{D}}$ 为 $\boldsymbol{D}$ 方向上的单位矢量，当 $\hat{\boldsymbol{D}}$ 取各种空间方向时，$\boldsymbol{r}$ 的端点将在空间描出一个曲面，即如果取曲面上某一个 $\boldsymbol{D}$ 方向的点，则该点至原点的距离 $|\boldsymbol{r}|$ 将等于对应于该 $\boldsymbol{D}$ 方向的折射率。

可以证明，上述曲面是一个椭球面，因此该曲面被称作晶体的**“折射率椭球”**（index ellipsoid）。在一般坐标系中，该椭球是倾斜的，但在主轴系中，它是正椭球，如图 4-8 所示。其方程为

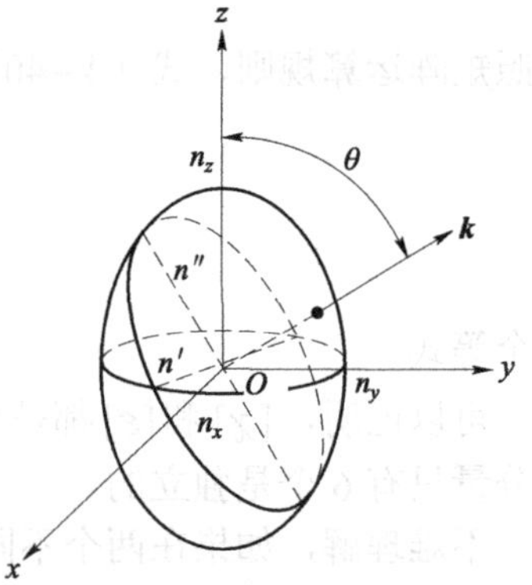

图 4-8　晶体主轴系中的折射率椭球

$$\frac{x^2}{\varepsilon_x/\varepsilon_0}+\frac{y^2}{\varepsilon_y/\varepsilon_0}+\frac{x^2}{\varepsilon_z/\varepsilon_0}=1 \tag{4-46}$$

如果定义

$$n_x=\sqrt{\varepsilon_x/\varepsilon_0},\ n_y=\sqrt{\varepsilon_y/\varepsilon_0},\ n_z=\sqrt{\varepsilon_z/\varepsilon_0} \tag{4-47}$$

则式（4-39）又可写成

$$\frac{x^2}{n_x^2}+\frac{y^2}{n_y^2}+\frac{z^2}{n_z^2}=1 \tag{4-48}$$

显然，n_x、n_y、n_z 的几何意义是折射率椭球的三个半轴长度。

下面说明折射率椭球的物理意义。由于 $\boldsymbol{r}$ 方向代表 $\boldsymbol{D}$ 的方向，所以当 $\boldsymbol{D}$ 平行于 x 轴时，$y=z=0$，$\boldsymbol{r}$ 的长度即 x 的大小，也是此方向上的折射率大小。由式（4-48）立即得到，n_x 就

是 $\boldsymbol{D}$ 平行于 x 轴时所对应的晶体折射率。类似地，n_y、n_z 分别是 $\boldsymbol{D}$ 平行于 y 轴、z 轴时的晶体折射率。因此，通常把 n_x、n_y、n_z 称为晶体的三个 **"主折射率"**（principle index）。

折射率椭球的直接用途是，如果已知光波 $\boldsymbol{D}$ 矢量的方向，则晶体对光波的折射率 n 便可由式（4–48）求得。具体地说，由于 $\boldsymbol{r}=\boldsymbol{D}$，$\boldsymbol{r}$ 的长度 r 等于 n，若 $\boldsymbol{D}$ 在主轴系中的方向余弦为 l_x、l_y、l_z，则有 $x=rl_x=nl_x$，y 和 z 与此类似。于是从式（4–48）得到

$$n=\left(\frac{l_x^2}{n_x^2}+\frac{l_y^2}{n_y^2}+\frac{l_z^2}{n_z^2}\right)^{-1/2} \tag{4-49}$$

折射率椭球的第二个用途是，如果已知光波 $\boldsymbol{D}$ 场矢量的方向，则可求得该光波 $\boldsymbol{E}$ 场的方向。具体来说，上述 $\boldsymbol{E}$ 方向是折射率椭球面在 $\boldsymbol{D}$ 方向上的某一点处的法线方向。证明如下：一方面，根据椭球面方程（4–48）和立体几何原理，上述法线 $\boldsymbol{F}$ 的三个分量 F_x、F_y、F_z 应该满足如下关系：

$$F_x:F_y:F_z=\frac{D_x}{n_x^2}:\frac{D_y}{n_y^2}:\frac{D_z}{n_z^2} \tag{4-50}$$

另一方面，由式（4–43）和主折射率的定义式（4–47）可知，$\boldsymbol{E}$ 的三个分量应满足

$$E_x:E_y:E_z=\frac{D_x}{n_x^2}:\frac{D_y}{n_y^2}:\frac{D_z}{n_z^2} \tag{4-51}$$

比较以上两式便证明了 $\boldsymbol{E}\,/\!/\,\boldsymbol{F}$。根据 $\boldsymbol{D}$ 和 $\boldsymbol{E}$ 的这种方向关系，还可以求得它们之间的夹角 ξ，这个夹角称为 **"离散角"**。各种晶体的离散角都在 0 与一个较小的量之间变化，这个较小的量一般不会超过 $6°$。

折射率椭球的第三个用途是，利用它可以帮助确定晶体中沿 $\boldsymbol{k}$ 方向传播的光波的 $\boldsymbol{D}$ 方向。理论和实验都已经证明，晶体中沿某一 $\boldsymbol{k}$ 方向传播的平面光波一般只能是线偏振的，而且只允许有两个确定的偏振方向。借助于折射率椭球来确定这两个偏振方向的具体方法如下：

第一步，在 xyz 坐标系中画出 $\boldsymbol{k}$ 方向；第二步，过原点画出一个垂直于 $\boldsymbol{k}$ 的平面，得到该平面与折射率椭球（面）的椭圆形交迹，称之为 $\boldsymbol{k}$ 的交迹椭圆；第三步，$\boldsymbol{k}$ 交迹椭圆的长、短轴方向即这两个可能的 $\boldsymbol{D}$ 方向，同时该长、短轴的半长度确定了两个对应的折射率 n_1、n_2 的大小。

从上述方法可以看出，虽然根据光的横波性质，在各向同性媒质中 $\boldsymbol{D}$ 可以取垂直于 $\boldsymbol{k}$ 的任何方向，但是在晶体中 $\boldsymbol{D}$ 只能取其中的两个方向，而且在这两个方向上对应的折射率 n 或者是极大值，或者是极小值，也就是交迹椭圆的长、短轴的半长度。这两个方向称为 $\boldsymbol{k}$ 光波的 **"本征 $\boldsymbol{D}$ 方向"** 或 **"本征偏振方向"**，相应的折射率 n_1 和 n_2 称为 **"本征折射率"**。

根据晶体的三个主折射率 n_x、n_y、n_z 之间大小关系的不同，可以把所有晶体分成三类，其中 $n_x=n_y=n_z$ 的晶体，因其折射率椭球退化为一个球，其光学性质与光波 $\boldsymbol{D}$ 方向无关，所以是各向同性的，称为各向同性晶体；$n_x=n_y\neq n_z$ 或 $n_x\neq n_y=n_z$ 的晶体，以及 $n_x\neq n_y\neq n_z$ 的晶体，因为它们的光学性质与光波 $\boldsymbol{D}$ 方向有关而是各向异性的，前者称为单轴晶体，后者称为双轴晶体。单轴晶体的折射率椭球具有旋转对称性。

3. 折射率面

除了折射率椭球外，折射率面通常也用来描述晶体的各向异性。它描述的是本征折射率

随光波波矢方向变化的关系，该关系可表示成

$$\boldsymbol{r}=n\hat{\boldsymbol{k}} \tag{4-52}$$

式中，$\hat{\boldsymbol{k}}$ 为波矢 $\boldsymbol{k}$ 方向上的单位矢量。式中 $\boldsymbol{r}$ 的长度与折射率椭球情形（参见式（4-45））相同，仍代表折射率的大小；$\boldsymbol{r}$ 的方向则与上面不同，代表了波矢方向，因此折射率面与折射率椭球有很大的不同。首先，已经知道，一个 $\boldsymbol{k}$ 方向的光波可能对应两个不同的本征 $\boldsymbol{D}$ 方向，从而对应两个本征折射率，所以折射率面必定是“双层”的。其次，虽然 n 与 $\boldsymbol{D}$ 方向的关系呈椭球面形状，但经过上述 $\boldsymbol{k}\to\boldsymbol{D}\to n$ 的传递后，双层曲面的每一层一般都不再是椭球面。

从折射率椭球出发，经过上述 $\boldsymbol{k}\to n$ 的传递后，可以对每个 $\boldsymbol{k}$ 方向确定两个 n 值，这两个 n 值的轨迹便构成了图 4-9（a）所示的折射率面，其中已除去了第一象限中的外层，但该外层的形状仍大致可以从图中看出。折射率椭球具有对三个主轴系坐标平面（x=0，y=0 和 z=0 平面）的镜面对称性，折射率面也具有此对称性，所以其他象限的情况也可据此来推断。形象地说，折射率面的外层好像是一个含有 4 个凹坑的苹果，而其内层却像是一个含有 4 个尖顶的榛子。为了更清楚地看出其形状，图 4-9（b）（c）（d）分别画出了它与三个坐标平面的交迹。可以看出，每个坐标平面上的交迹都包含一个圆和一个椭圆，而且仅在 y=0 平面上圆与椭圆相交，共有 4 个交点 N_1、N_2、N_3 和 N_4。实际上，这 4 个交点也是折射率面内外层之间仅有的交点，即上述苹果凹坑的坑底点。交点的存在说明对于沿 $\overline{ON_i}(i=1,2,3,4)$ 方向的 $\boldsymbol{k}$，只对应一个本征折射率。这意味着，这时的 $\boldsymbol{k}$ 交迹椭圆是一个圆（长短轴相等的椭圆），从而光波可能的线偏振方向（本征 $\boldsymbol{D}$ 方向）不再只有两个，而可以是任何垂直于 $\boldsymbol{k}$ 的方向。由于对称性，$\overline{ON_1}$ 与 $\overline{ON_3}$ 具有相同的方位 $\overline{N_1N_3}$，$\overline{ON_2}$ 与 $\overline{ON_4}$ 具有相同的方位 $\overline{N_2N_4}$，而且 $\overline{N_1N_3}$ 与 $\overline{N_2N_4}$ 相对于 x 轴和 z 轴都是对称的。这两个方位定义为晶体的“光轴”（注意，光轴只表示一个空间方位，没有指向的含义），沿光轴方位传播的光波（共有 2 组 $\pm k$ 方向）只对应着一个相同的折射率。由于存在两个光轴，故将这种晶体称为双轴晶体。

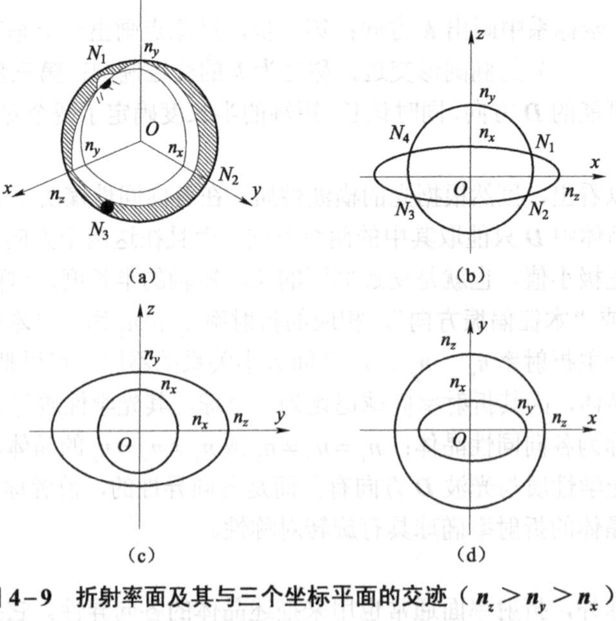

图 4-9　折射率面及其与三个坐标平面的交迹（$n_z>n_y>n_x$）

不难看出，对于任何不沿光轴方向传播的光波，其 $\boldsymbol{k}$ 方向与两层折射率面各有一个交点。可以证明，交点处折射率面的法线方向平行于该光波的能流方向 $\boldsymbol{S}$，所以一个 $\boldsymbol{k}$ 方向一般对应两个 $\boldsymbol{S}$ 方向。但当 $\boldsymbol{k}$ 平行于任一主轴系坐标轴时，由于两个 $\boldsymbol{S}$ 方向也平行于该坐标轴而合成为同一个方向。

除折射率椭球和折射率面之外，还有光线速度面、光线椭球、位相速度面等可以独立描述晶体各向异性的曲面，在这里就不做介绍了。

4.2.2　晶体中的光波

1. 晶体中的平面波及其特点

晶体中电磁波的波函数必须满足麦克斯韦方程。上一小节已经提及，与各向同性媒质相比，晶体中的平面光波有以下三个特点：

（1）当 $\boldsymbol{k}$ 方向指定时，除了 $\boldsymbol{k}$ 平行于光轴等特殊情况之外，光波必定是线偏振的，而且 $\boldsymbol{D}$ 的可能方向只有两个。

（2）不同 $\boldsymbol{D}$ 方向的光波对应不同的折射率。

（3）$\boldsymbol{D}$ 与 $\boldsymbol{E}$ 的方向一般不平行。这样，对于某一允许 $\boldsymbol{D}$ 方向的光波，其各个矢量参数 $\boldsymbol{D}$、$\boldsymbol{E}$、$\boldsymbol{H}$、$\boldsymbol{B}$、$\boldsymbol{k}$、$\boldsymbol{S}$ 之间有图 4-10 所示的方向关系。其中 $\boldsymbol{D}$、$\boldsymbol{E}$、$\boldsymbol{k}$、$\boldsymbol{S}$ 共面（即前述的偏振面）且 $\boldsymbol{D}\perp\boldsymbol{k}$，$\boldsymbol{E}\perp\boldsymbol{S}$，$\boldsymbol{D}$、$\boldsymbol{E}$ 间夹角和 $\boldsymbol{k}$、$\boldsymbol{S}$ 间夹角=离散角 ξ，并且 $\boldsymbol{H}$（由于假定 $\boldsymbol{B}=\mu\boldsymbol{H}$，$\boldsymbol{B}$ 与 $\boldsymbol{H}$ 总是同向的）垂直于偏振面，从而同时垂直于 $\boldsymbol{D}$、$\boldsymbol{E}$、$\boldsymbol{k}$、$\boldsymbol{S}$。

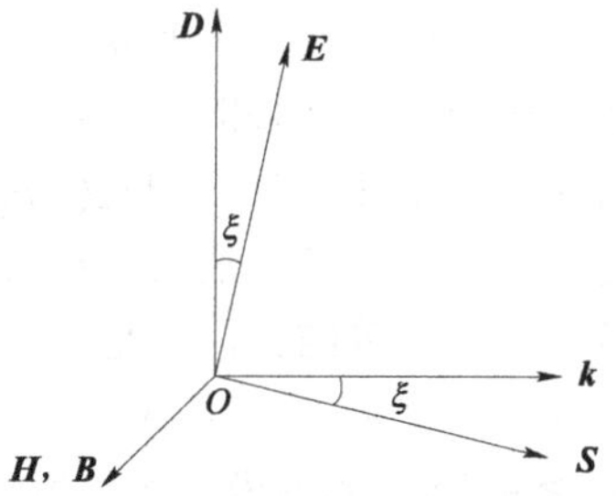

图 4-10　晶体中光波各个矢量参数之间的方向关系

2. 平面光波在晶体中传播时的光程变化

平面光波在晶体中传播时，若对应于折射率 n，则传播距离 d 后的光程改变（增加）量为 nd。已知当传播方向确定时，平面光波的 $\boldsymbol{D}$ 只能取两个本征 $\boldsymbol{D}$ 方向，对应着两个不同的本征折射率 n_1 和 n_2。如果设法使这两个光波同时在晶体中沿相同路径传播距离 d 后，各自的光程增加量并不相同，分别为 $n_1 d$ 和 $n_2 d$，或者说它们获得了一个附加的光程差 $(n_2-n_1)d$ 或附加的位相差 $\dfrac{\omega}{c}(n_2-n_1)d$，这样，如果它们在起始端存在一个位相差 δ，则经过距离 d 后，它们的位相差成为 $\delta+\dfrac{w}{c}(n_2-n_1)d$。如果分别取两个 $\boldsymbol{D}$ 方向为 x、y 轴，那么根据式（4-1），这两个光波所合成的偏振态将因位相差的变化而发生改变，如图 4-2（b）所示。这一现象是利用晶体来控制光偏振态的主要根据。

3. 晶体内点光源发出的光波

虽然很难在均匀连续的晶体内设置一个点光源，但我们可以将在晶体内光波波前的惠更斯子波源当作点光源，或者把由晶体外部在晶体表面或内部产生的一个聚焦点当作点光源，所以本小节的讨论还是有意义的。

从点光源发出的光，其能量将在晶体内沿各个 $\boldsymbol{S}$ 方向传播，由于晶体的各向异性，不同 $\boldsymbol{S}$ 方向的光有不同的光线速度 v_r，所以光波波前的形状应该与光线速度面的形状相同，也具有双层结构，而且每个 $\boldsymbol{S}$ 方向上的两个光波都是线偏振的，它们的 $\boldsymbol{E}$ 场方向互相正交，每个线偏振光本身的各个矢量参数仍具有图 4-10 所示的方向关系。

4.2.3 平面光波在单轴晶体中的传播

上一小节讨论了光波在一般晶体即双轴晶体中的传播情况。单轴晶体因具有较高的对称性而使平面光波在其中的传播规律较为简单，因而获得了更多的应用。

1. 单轴晶体的折射率椭球和折射率面

已经指出，单轴晶体的三个主折射率中有两个相等，若仍假定$n_z \geqslant n_y \geqslant n_x$，则单轴晶体的三个主折射率之间可能有两种关系：$n_z = n_y > n_x$或$n_z > n_y = n_x$。由式（4-48），在前一种情况下，折射率椭球方程为

$$\frac{1}{n_x^2}x^2 + \frac{1}{n_y^2}(y^2 + z^2) = 1 \tag{4-53}$$

这是一个关于x轴的旋转对称椭球面。另一方面，从图4-9（b）可以看出，若保持n_x、n_z不变，让n_y逐渐增大到n_z，则两条光轴$\overline{N_1N_3}$和$\overline{N_2N_4}$与x轴的夹角将逐渐减小到零，最后合成一条平行于x轴的光轴。或者说，这个单晶体的光轴沿x轴方向。同时，图中的圆与椭圆将相切于x轴上的$x = \pm n_z (= n_y)$这两个点上，前面所说的4个交点退化为2个交点（切点），而“凹坑”也随之消失。对后一种情况可作类似分析，同样可以得到两条光轴合并成一条以及凹坑消失等结论，只是这时的光轴将沿z轴方向。然而习惯上常采用的坐标系是，不论两个相等的主折射率是大于还是小于第三个主折射率，都取z轴为光轴。为此，只能放弃$n_z \geqslant n_y \geqslant n_x$的假设，始终取$n_y = n_x$，但它们既可能小于$n_z$，也可能大于$n_z$。在这样的坐标选取下，折射率椭球总有关于$z$轴旋转对称的形式：

$$\frac{1}{n_x^2}(x^2 + y^2) + \frac{1}{n_z^2}z^2 = 1 \tag{4-54}$$

折射率面与折射率椭球一样，也具有关于z轴的旋转对称性。虽然折射率面与任一个包含z轴平面的交迹仍为一个圆和一个椭圆，但两者总是在z轴上相切。图4-11所示为在$n_x = n_y < n_z$和$n_x = n_y > n_z$两种情况下，单轴晶体折射率椭球和折射率面与任一个含z轴平面的交迹。它们的三维空间形状可由这些交迹绕z轴旋转得到。

图中已把n_x和n_y写成n_o，称为**“寻常折射率”**（下标“o”代表ordinary），把n_z写成为n_e，称为**“主异常折射率”**（下标“e”代表extraordinary）。按照惯例，把$n_o < n_e$的晶体称为**正单轴晶体**（positive uniaxial crystal）；把$n_o > n_e$的晶体称为**负单轴晶体**（negative uniaxial crystal）。表4-1列出了一些单轴晶体的折射率。

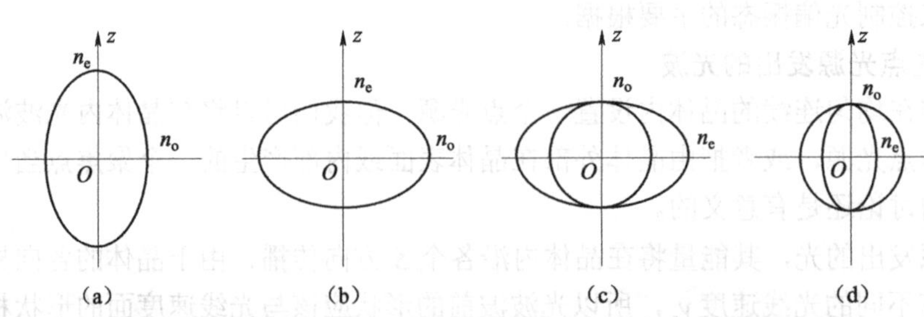

图4-11 单轴晶体折射率椭球和折射率面与含z轴平面的交迹

（a）正单轴晶体的折射率椭球；（b）负单轴晶体的折射率椭球；

（c）正单轴晶体的折射率面；（d）负单轴晶体的折射率面

表 4-1 一些单轴晶体的折射率

光性	名称	化学成分	波长/nm	n_o	n_e	n_e-n_o
负晶	方解石	$CaCO_3$	589.3	1.658 4	1.486 4	−0.172 0
	方解石	$CaCO_3$	486.1	1.667 9	1.490 8	−0.177 1
	硝酸钠	$NaNO_3$	589.3	1.587 0	1.336 0	−0.251 0
	电气石	硼铝硅酸盐	589.3	1.669 0	1.638 0	−0.031 0
	绿柱石	$Ba_3Al_2[Si_6O_{18}]$	589.3	1.598 0	1.590 0	−0.008 0
正晶	石英	SiO_2	589.3	1.544 2	1.553 3	0.009 1
	石英	SiO_2	486.1	1.549 7	1.559 0	0.009 3
	石英	SiO_2	200.0	1.640 0	1.653 0	0.013 0
	金红石	TiO_2	589.3	2.613 1	2.908 9	0.295 8
	金红石	TiO_2	486.1	2.734 6	3.063 1	0.328 5
	冰	H_2O	589.3	1.309 0	1.310 0	0.001 0

单轴晶体的折射率面有比较简单的形状，其内外两层分别是一个球面和一个旋转对称椭球面，可分别表示成

$$x^2+y^2+z^2=n_o^2 \tag{4-55}$$

$$\frac{1}{n_e^2}(x^2+y^2)+\frac{1}{n_o^2}z^2=1 \tag{4-56}$$

2. 单轴晶体中的平面光波

考虑沿任意 $\boldsymbol{k}$ 方向在单轴晶体内传播的平面光波，分析当 $\boldsymbol{k}$ 方向确定时，该平面光波的本征偏振方向和相应的本征折射率。4.2.1 节中曾经指出，这些参量可借助于折射率椭球和 $\boldsymbol{k}$ 交迹椭圆求得。下面分两种情况讨论。

（1）$\boldsymbol{k}$ 平行于光轴。

这时 $\boldsymbol{k}$ 交迹椭圆是折射率椭球与 z=0 平面的交迹，故令式（4-54）中的 z=0 即可得到位于 xy 平面内的 $\boldsymbol{k}$ 交迹椭圆方程：

$$x^2+y^2=n_o^2 \tag{4-57}$$

其中已用 n_o 代替了 n_x。这个椭圆实际上是一个圆，其“长短轴”可以是任意两条互相垂直的直径，因此在该特殊情况下，本征 $\boldsymbol{D}$ 方向不再是两个，而可以是垂直于 $\boldsymbol{k}$ 的任意方向，而且不论 $\boldsymbol{D}$ 是哪个方向，对应的折射率都是 n_o。这表明，当 $\boldsymbol{k}$ 平行于光轴时，光的传播无异于在各向同性媒质中的传播。

（2）$\boldsymbol{k}$ 不平行于光轴。

通常把 $\boldsymbol{k}$ 与光轴（这里是 z 轴）组成的平面称为**“主平面”**（principle plane）。由于旋转对称性，不妨令 y 轴位于主平面内，如图 4-12 所示。因 $\boldsymbol{k}$ 在主平面内，它在 x 轴上的分量为零。假定 $\boldsymbol{k}$ 与 z 轴的夹角为 γ，则 $\boldsymbol{k}$ 的三个方向余弦为 $(0,\sin\gamma,\cos\gamma)$，从而通过原点 O 并垂直于 $\boldsymbol{k}$ 的平面方程为

$$y\sin\gamma + z\cos\gamma = 0 \tag{4-58}$$

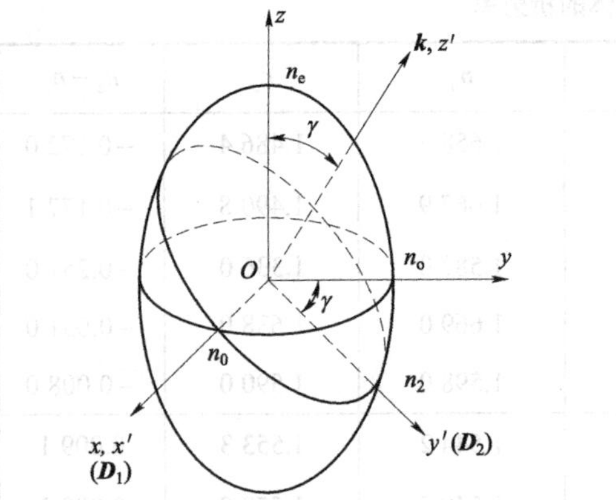

图 4-12　单轴晶体的折射率椭球及 k 交迹椭圆

该方程与折射率椭球方程（4-54）联立便可确定 $\boldsymbol{k}$ 交迹椭圆在主轴系中的表达式。但因该椭圆是主轴系中的一条空间曲线，不易直观地看出它的长短轴方向和大小。为此，如图 4-12 所示，将 z、y 轴绕 x 轴转动角度 γ，得到一个新的坐标系 $Ox'y'z'$，其中 x' 轴等于 x 轴；z' 轴与 $\boldsymbol{k}$ 方向重合，而 y' 轴虽然仍在主平面内，但与 y 轴有一夹角 γ。这时 $\boldsymbol{k}$ 交迹椭圆将位于 $x'y'$ 平面（即 $z'=0$ 平面）内，其方程可以将坐标转动公式

$$x = x',\ y = y'\cos\gamma + z'\sin\gamma,\ z = z'\cos\gamma - y'\sin\gamma$$

代入式（4-54）、式（4-58）联立方程组得到：

$$\frac{x'^2}{n_o^2} + y'^2\left[\frac{\cos^2\gamma}{n_o^2} + \frac{\sin^2\gamma}{n_e^2}\right] = 1 \tag{4-59}$$

可见 $\boldsymbol{k}$ 交迹椭圆是 $x'y'$ 平面内的一个正椭圆，其长短轴方向分别平行于 x' 轴（即 x 轴）和 y' 轴，于是两个本征 $\boldsymbol{D}$ 方向及相应的折射率（参见式（4-59））分别为

$$\begin{cases} \boldsymbol{D}_1 /\!/ x'\text{轴，垂直于主平面，对应折射率} n_1 = n_o \\ \boldsymbol{D}_2 /\!/ y'\text{轴，位于主平面内，对应折射率} n_2 = \left(\dfrac{\cos^2\gamma}{n_o^2} + \dfrac{\sin^2\gamma}{n_e^2}\right)^{-1/2} \end{cases} \tag{4-60}$$

由此可见，在单轴晶体中，不论 $\boldsymbol{k}$ 方向如何，垂直于主平面的 $\boldsymbol{D}_1$ 方向总是一个 $\boldsymbol{D}$ 本征方向，而且对应的折射率 $n_1 = n_o$，与 $\boldsymbol{k}$ 方向无关。后一性质类同于各向同性媒质，因此 n_o 被称作寻常折射率。相应地，沿 $\boldsymbol{D}_1$ 方向线偏振的光被称为 **“寻常光”**。另一个本征方向 $\boldsymbol{D}_2$ 位于主平面内，当然还必须垂直于 $\boldsymbol{k}$。这个线偏振光被称为 **“异常光”**，因为其对应的折射率 n_2 随 $\boldsymbol{k}$ 方向改变，是“异常”的。当 $\gamma = 0$ 时，n_2 也等于 n_o，这正是 $\boldsymbol{k}$ 平行于光轴的情况，在该 $\boldsymbol{k}$ 方向上由于主平面不确定，不存在异常光与寻常光的区别。当 $\gamma = 90°$，即 $\boldsymbol{k}$ 垂直于光轴时，$n_2 = n_e$。在一般的 γ 下，n_2 处于 n_o 与 n_e 之间。所以若称 n_2 为异常折射率，则 n_e 自然地被称作主异常折射率。在实际计算 n_2 时，考虑到通常晶体的 n_e 都十分接近于 n_o，所以式（4-60）中关于 n_2 的等式可近似写成

$$n_2 \approx n_o + (n_e - n_o)\sin^2\gamma \tag{4-61}$$

以上讨论对于正、负单轴晶体都适用。

4.2.4　光波在晶体界面上的折射和反射

晶体内的光波一般是从外部媒质（如空气）通过媒质与晶体间的界面射入的，同样，晶体内的光波也需要通过界面才能自晶体射出。本节主要讨论平面光波在平面界面上的折射和反射。

1. 折射定律和反射定律

假定媒质 1 中一个单色平面波沿 $\boldsymbol{k}_i$ 方向射向媒质 1、2 的界面，界面的法线方向单位矢量

为 $\hat{\boldsymbol{u}}$（自媒质 1 指向媒质 2），入射角（$\boldsymbol{k}_i$ 与 $\hat{\boldsymbol{u}}$ 的夹角）为 θ_i。$\boldsymbol{k}_i$ 与 $\hat{\boldsymbol{u}}$ 构成的平面通常称为“入射面”。这时由于入射光波的电磁场对界面两侧媒质的激励作用，将产生折射光波和反射光波。图 4–13 所示就是这一情况，其中下标 t 和 r 分别代表折射和反射，例如 θ_t、θ_r 分别代表折射角和反射角。入射平面波的复数形式波函数可以写成

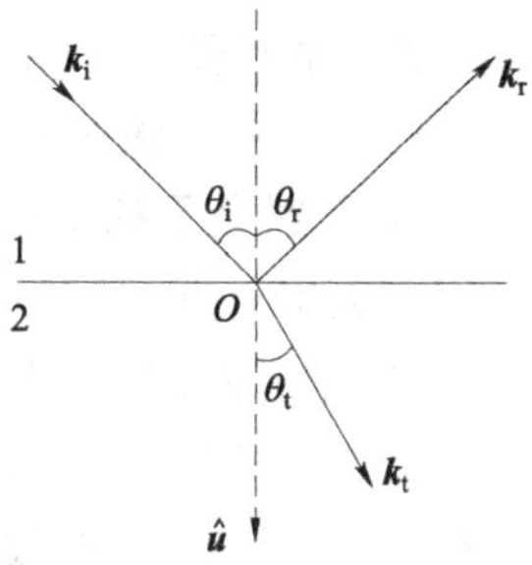

图 4–13　光波在界面上的折射和反射

$$\boldsymbol{D}_i = \boldsymbol{D}_{i0}\exp[j(\boldsymbol{k}_i \cdot \boldsymbol{r} - \omega t)] \tag{4–62}$$

式中，$\boldsymbol{D}_{i0}$ 是一个描述入射光偏振态和复振幅的复数常矢量。

根据单色平面波在平面界面上的位相分布正比于 $\boldsymbol{k}\cdot\boldsymbol{r}$ 和惠更斯子波假设，可以论证，只要界面足够大，折射光和反射光都可当作单色平面波处理，且与入射光有相同的频率。因此折、反射光可分别写成

$$\boldsymbol{D}_t = \boldsymbol{D}_{i0}\exp[j(\boldsymbol{k}_t \cdot \boldsymbol{r} - \omega t)] \tag{4–63}$$

$$\boldsymbol{D}_r = \boldsymbol{D}_{i0}\exp[j(\boldsymbol{k}_r \cdot \boldsymbol{r} - \omega t)] \tag{4–64}$$

由于对于界面上任一点 $\boldsymbol{r}$ 都必须满足第 1 章中的边界条件

$$\hat{\boldsymbol{u}}\cdot\boldsymbol{D}_i + \hat{\boldsymbol{u}}\cdot\boldsymbol{D}_r = \hat{\boldsymbol{u}}\cdot\boldsymbol{D}_t \tag{4–65}$$

容易证明，当 $\boldsymbol{r}$ 的起始点（坐标原点）也取在界面上时，下列方程成立：

$$\boldsymbol{k}_i\cdot\boldsymbol{r} = \boldsymbol{k}_t\cdot\boldsymbol{r} = \boldsymbol{k}_r\cdot\boldsymbol{r} \tag{4–66}$$

这意味着 $\boldsymbol{k}_i$、$\boldsymbol{k}_t$、$\boldsymbol{k}_r$ 三者在界面上的投影相等，进而便可得到形式上与各向同性媒质界面情况相同的折射定律和反射定律。

由式（4–66）可以写出：

$$(\boldsymbol{k}_t - \boldsymbol{k}_i)\cdot\boldsymbol{r} = 0 \text{（对于端点在界面上的所有的 } \boldsymbol{r}\text{）} \tag{4–67}$$

由于上式对界面上所有的 $\boldsymbol{r}$ 矢量都成立，故 $(\boldsymbol{k}_t - \boldsymbol{k}_i)$ 垂直于界面，从而平行于 $\hat{\boldsymbol{u}}$，于是 $\boldsymbol{k}_t$、$\boldsymbol{k}_i$、$\hat{\boldsymbol{u}}$ 三者共面。换言之，$\boldsymbol{k}_t$ 必定位于 $\boldsymbol{k}_i$、$\hat{\boldsymbol{u}}$ 组成的平面即入射面内，而且 $\boldsymbol{k}_t$ 和 $\boldsymbol{k}_i$ 在界面上的投影大小相等（图 4–14）。又由平面波的 ω、k 关系

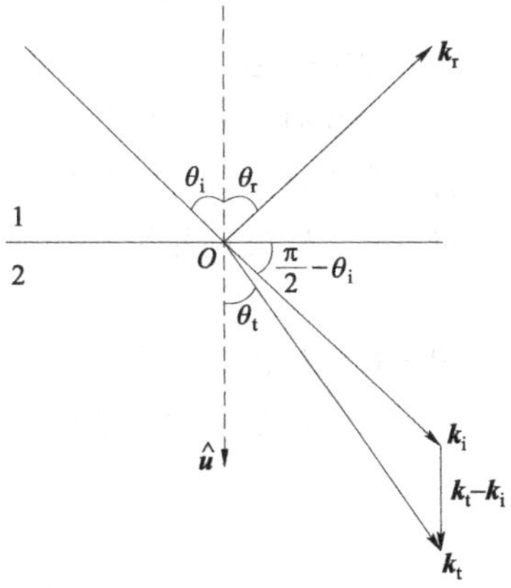

图 4–14　折射定律和反射定律

$$k = \frac{\omega}{v} = n\frac{\omega}{c} \tag{4–68}$$

可知，当利用入射角 θ_i 和折射角 θ_t 以及与 $\boldsymbol{k}_i$、$\boldsymbol{k}_t$ 对应的折射率 n_i、n_t 来描述 $\boldsymbol{k}_t$、$\boldsymbol{k}_i$ 投影大小相等时，可以写成 $n_t\sin\theta_t = n_i\sin\theta_i$。

综合以上分析，可得到折射定律：

$$\begin{cases} \boldsymbol{k}_t \text{位于入射面内} \\ n_t\sin\theta_t = n_i\sin\theta_i \end{cases} \tag{4–69}$$

类似地可得到反射定律：

$$\begin{cases} \boldsymbol{k}_r \text{位于入射面内} \\ n_r\sin\theta_r = n_i\sin\theta_i \end{cases} \tag{4–70}$$

虽然晶体界面处的折、反射定律与各向同性媒质界面处的折、反射定律有相同的形式，但因晶体内不同的 $\boldsymbol{k}$ 方向（θ_i、θ_t、θ_r）可能对应不同的折射率，故一般情况下 $n\sin\theta$ 项中

的n和θ都不是常量，互相间还存在非一一对应的关系，于是折、反射现象将变得复杂。通过下一小节的讨论，将对此有更具体的了解。

2. 不同入射角下的折射和反射，折射率面作图法

（1）正入射（$\theta_i=0$）情形：由于折射率总不为零，所以此时必定有$\theta_t=\theta_r=0$。

① 媒质 1 各向同性、媒质 2 各向异性时的折射。这时$\boldsymbol{k}_i$光波可以有任意偏振态，而$\boldsymbol{k}_t$光波虽然传播方向确定，但除非媒质 2 的光轴垂直于界面，否则其偏振态只能是前述两个本征$\boldsymbol{D}$方向（$\boldsymbol{D}_1$、$\boldsymbol{D}_2$方向）上的线偏振态，分别对应着折射率n_1、n_2。这些参量可按前两小节所述，由媒质 2 的折射率椭球和$\boldsymbol{k}$交迹椭圆确定。需要强调的是，尽管这时只有一个$\boldsymbol{k}_t$方向，但实际上存在着两个对应于不同折射率的光波，而且它们的光线方向一般也不相同，因此应该说仍然发生了双折射。如果需要计算透射系数，可首先把$\boldsymbol{k}_i$光波的偏振态分解成$\boldsymbol{D}_1$和$\boldsymbol{D}_2$方向上的两个线偏振成分，然后利用正入射时的菲涅尔透射系数公式$t_0=2n_i/(n_i+n_t)$分别予以计算。其中的n_t应分别取媒质 2 对$\boldsymbol{D}_1$、$\boldsymbol{D}_2$线偏振光的折射率n_1、n_2。

当媒质 2 为单轴晶体时，上述n_1、n_2可用式（4−56）计算得到，该式中的γ应取晶体光轴与界面法线（即正入射时的$\boldsymbol{k}_t$方向）之间的夹角。

② 媒质 1 各向同性、媒质 2 各向异性时的反射，这时有$\theta_r=\theta_t=0$。由于反射光在各向同性媒质内传播，其偏振态除了与入射偏振态有关外，不受其他限制。不过，反射光的偏振态与入射光的偏振态是有差别的：一方面，虽然入射光的两个偏振成分在反射时一般受到相同的位相跃变（包括零位相跃变），但因$\boldsymbol{k}_t$与$\boldsymbol{k}_i$方向相反，故按定义两偏振态的旋向也相反（这一差别也存在于两各向同性媒质界面的反射）；另一方面，根据菲涅尔反射系数公式$r_0=(n_i-n_t)/(n_i+n_t)$，因为对于$\boldsymbol{D}_1$、$\boldsymbol{D}_2$两线偏振成分有不同的值n_1、n_2，所以反射光两偏振成分的振幅比将不同于入射光的振幅比，造成偏振态椭圆形状或线偏振方向的差异。

③ 媒质 1 各向异性、媒质 2 各向同性时的折射。这时尽管媒质 2 中只存在一束具有确定$\boldsymbol{k}_t$方向和确定折射率的光波，但因入射光可能包含两个对应着不同折射的线偏振成分，它们对应着不同的界面透射系数，所以折射光的偏振态将不同于入射光的偏振态。

④ 媒质 1 各向异性、媒质 2 各向同性时的反射。这时由于$\theta_r=\theta_i=0$和$\boldsymbol{k}_r$与$\boldsymbol{k}_i$的反向，在媒质 1 中的入射光和反射光对应着同样的交迹椭圆，从而它们的两个本征方向分别相同。这样，正入射时反射光与入射光偏振态的差别情况类似于上述②的情况，即旋向相反及椭圆形状或合成线偏振的方向有差异。

媒质 1 和 2 均为各向异性时的折、反射。这时仍然有$\theta_t=\theta_r=\theta_i=0$，$\boldsymbol{k}_t$和$\boldsymbol{k}_r$的方向都唯一确定。但是因入射光的两个本征方向一般不同于折射光的两个本征方向，求取透射系数和反射系数时都比较复杂。这里不再具体讨论。

（2）斜入射（$\theta_i\neq0$）情形。

已经指出由于光波在晶体内的折射率与传播方向$\boldsymbol{k}$有关，因此仅利用折、反射定律尚不能确定$\boldsymbol{k}_t$和$\boldsymbol{k}_r$的方向，也无法确定各自相应的两个本征折射率，所以原则上应结合折、反射定律和折射率面方程或折射率椭球方程才可求解。但折射率面方程形式一般比较复杂，而折射率椭球又不直接与$\boldsymbol{k}$方向发生关系，故一般情形下不易实现解析求解。所以通常借助作图法首先找出$\boldsymbol{k}_t$、$\boldsymbol{k}_r$的方向，然后再利用 4.2.2 节和 4.2.3 节中所述方法求取本征方向$\boldsymbol{D}$和相应折射率。

常用的作图法有两种，第一种是推广的惠更斯作图法，采用惠更斯子波原理，把各向同性媒质的单层球面形光线速度面用各向异性媒质的双层非球面形光线速度面来替换。具体的作图方法这里不再介绍。第二种方法称为折射率面作图法，它利用折、反射定律和折射率面，借助作图来确定 $\boldsymbol{k}_t$ 和 $\boldsymbol{k}_r$ 的方向。下面介绍该作图法。

媒质 1 各向同性、媒质 2 各向异性时的折射率面作图法：该作图法假定的已知信息是媒质 1 与 2 的界面与法线方向 $\hat{\boldsymbol{u}}$，$\boldsymbol{k}_i$ 方向（含入射角 θ_i），以及媒质 1 和 2 的折射率面与入射面（含 $\hat{\boldsymbol{u}}$ 和 $\boldsymbol{k}_i$ 的平面）的交迹曲线。在本情形中，媒质 1 折射率面交迹曲线（图中用“n_i 交迹”表示）是一个半径为 n_i 的圆；媒质 2 的交迹曲线有两条，一般都不是圆形，需要由其折射率面方程与入射面方程联立求得，图中仅画出其中一条交迹，标注为“n_{t1} 交迹”。

下面首先介绍求取 $\boldsymbol{k}_r$、$\boldsymbol{k}_t$ 方向的作图法，然后证明该作图法满足折、反射定律。作图法的步骤如下：

a. 取入射面为作图平面，画出 $\boldsymbol{k}_i$ 和 $\hat{\boldsymbol{u}}$，令它们交于界面上 O 点，同时画出光轴 C。然后以 O 点为中心分别画出媒质 1、2 的折射率面与入射面的交迹曲线，如图 4－15 中的 n_i 交迹和 n_{t1} 交迹和 n_{t2} 交迹。

b. 延长 $\boldsymbol{k}_i$ 使之与 n_i 交迹相交于 A 点。

c. 过 A 点作平行于 $\hat{\boldsymbol{u}}$ 的虚线，分别与 n_i 交迹曲线交于 A 点和 D 点。

d. 连接 OD，$\overrightarrow{OD}$ 方向即 $\boldsymbol{k}_r$ 方向；连接 OB_1，$\overrightarrow{OB_1}$ 方向即 $\boldsymbol{D}_1$ 的波矢 $\boldsymbol{k}_{t1}$ 的方向，同时得到 $\boldsymbol{D}_1$ 折射角 θ_{t1}；连接 OB_2，$\overrightarrow{OB_2}$ 方向即 $\boldsymbol{D}_2$ 的波矢 $\boldsymbol{k}_{t2}$ 方向，同时得到 $\boldsymbol{D}_2$ 的折射角 θ_{t2}。

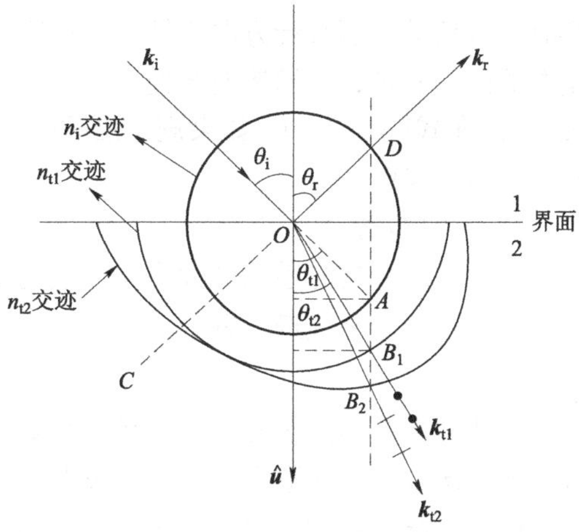

图 4－15　折射率面作图法

上述作图法的正确性证明如下：首先，上述作图过程全部在入射面内进行，故 $\boldsymbol{k}_{t1}$、$\boldsymbol{k}_{t2}$ 和 $\boldsymbol{k}_r$ 必定位于入射面内，满足折、反射定律的第一个要求；其次，由于图中线段 $\overline{CA}$ 的长度为 n_i（简写成 $\overline{CA}=n_i$），并且根据折射率面性质有 $\overline{CB}=n_{t1}$，故由图中的几何关系易得 $n_i\sin\theta_i = n_{t1}\sin\theta_{t1}$，类似可证 $n_i\sin\theta_i = n_{t2}\sin\theta_{t2}$；此外，注意到 $\overline{CD}=n_i$，可证 $n_i\sin\theta_i = n_r\sin\theta_r$，即 $\theta_i=\theta_r$。所以该作图法也满足折、反射定律的第二个要求。

4.2.5　旋光

1. 旋光现象

前面的讨论中认为，当光波在单轴晶体内沿光轴方向传播时不发生双折射，这对于方解石等晶体是正确的。但是人们发现，当线偏振平面波在石英晶体中沿光轴方向传播时，偏振方向随着光波的传播而旋转，也即虽然在任何地点的振动方向不随时间改变，但在传播途中的不同地点却有不同的振动方向。图 4－16 画出了这种情况。这种现象称为**旋光**。能产生旋光的物质称为**旋光物质**，或者说该物质具有**旋光性**。除了石英等单轴晶体外，某些立方晶体（如岩盐）和双轴晶体（如酒石酸）也有旋光性。此外，一些有机物质的溶液，如蔗糖溶液和松节油也具有旋光性。

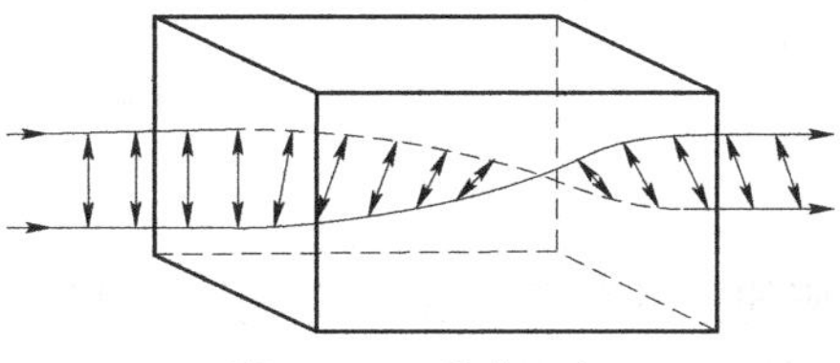

图 4－16　旋光现象

2. 旋光的一些特性

1）旋光系数

实验发现，单色光振动方向的旋转角度与光在旋光物质中经过的距离成正比。比例系数表示单位距离引起的旋转角，称为**旋光系数**。对于确定的物质和确定的光波波长，旋光系数是一个常数：

$$\rho = \alpha / d \tag{4-71}$$

对于钠黄光（$\lambda = 589.3\ \mathrm{nm}$），石英的 ρ 值为 $21.7°/\mathrm{mm}$，松节油的 ρ 值为 $0.37°/\mathrm{mm}$。旋光溶液的 ρ 值和旋光溶质的浓度有关。

2）右旋和左旋

线偏振光在不同的旋光物质中传播时，振动的旋转方向可能不同。迎着光波传播方向观察时，若振动沿顺时针方向旋转，则称物质是右旋的；若振动沿逆时针方向旋转，则称物质是左旋的。石英、蔗糖溶液等旋光物质，本身都可以分为右旋和左旋两类，如右旋石英和左旋石英。在式（4－71）中，如果规定沿顺时针方向旋转角度为正，反之为负，则右旋物质 $\rho > 0$，左旋物质 $\rho < 0$。

3）旋光色散

实验发现，旋光系数的大小与光波的波长有关，这个现象称为**旋光色散**。ρ 与 λ 的关系可以由下述经验公式近似表示：

$$\rho = \pm (A + B / \lambda^2) \tag{4-72}$$

上式右端前的正负号由右旋或是左旋确定，A 和 B 是两个大于零的物质常数。这个关系式表明，ρ 的绝对值随 λ 的增大而减小。在同样的传播过程中，红光振动方向的旋转角度比蓝光的小。表 4－2 列出了右旋石英对于几个波长的旋光系数。左旋石英的旋光系数分别与表中列出的数值大小相同，但均为负值。

表 4－2　右旋石英的旋光系数

λ/nm	226.5	404.7	436.8	486.1	546.1	589.3	643.8
ρ/[(°)·mm^{-1}]	201.9	48.95	41.55	32.76	25.54	21.72	18.02

3. 旋光现象的菲涅尔解释

菲涅尔对产生旋光的原因作了解释，其基本观点可以归结为以下两条：

（1）线偏振光射入旋光物质后如果沿光轴方向传播，将分解成一对振幅相同的左旋和右旋圆偏振光，如图 4－17（a）所示。图中 OP_1 是入射线偏振方向，振幅为 D_0。分解后的圆偏振光振幅都是 $\frac{1}{2}D_0$，它们的振动矢量以相同的角速度 ω（即光波的圆频率）分别沿逆时针和顺时针方向旋转。利用式（4－35）（$\theta = 0$），上述分解过程可以写成

$$D_0 \begin{bmatrix} 1 \\ 0 \end{bmatrix} = \frac{D_0}{2} \begin{bmatrix} 1 \\ \mathrm{j} \end{bmatrix} + \frac{D_0}{2} \begin{bmatrix} 1 \\ -\mathrm{j} \end{bmatrix} \tag{4-73}$$

其中已经取 OP_1 为 x 轴，传播方向为 z 轴。

（2）这两个圆偏振光在旋光物质中的传播速度和对应的折射率都不相同。分别用 v_R 和 v_L 表示右旋和左旋光的位相速度，用 n_R 和 n_L 表示相应的折射率，则对于旋光物质有

$$v_R \neq v_L, \ n_R \neq n_L$$

根据以上两个观点，不难解释旋光现象。右、左旋圆偏振光在旋光物质中传播同一距离 d 所需时间不同，可以分别写成

$$t_R = \frac{d}{v_R} = \frac{d_{n_R}}{c}, \ t_L = \frac{d}{v_L} = \frac{d_{n_L}}{c}$$

如果 $v_R > v_L$，即 $n_R < n_L$，左旋光比右旋光需要的时间多 Δt：

$$\Delta t = t_L - t_R = \frac{d}{c}(n_L - n_R) \qquad (4-74)$$

假定在时刻 $t=0$ 入射界面上一点的两个圆振动都处在振动方向沿 x 轴的状态，并且在时刻 $t=t_L$，左旋圆振动的这个状态传播到距界面为 d 的地点，如图 4－17（b）所示。但是右旋圆振动的这个状态已经在 Δt 时间之前到达了 d 地点，因而在 $t=t_L$ 时刻右旋圆振动方向已向顺时针方向转动了一个角度 $\Delta\varphi$：

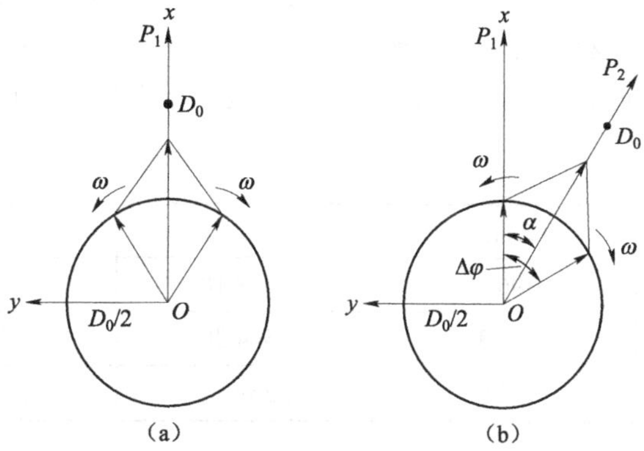

图 4－17　旋光现象的菲涅尔解释

$$\Delta\varphi = \omega\Delta t = \frac{\omega d}{c}(n_L - n_R) = \frac{2\pi}{\lambda_0}d(n_L - n_R) \qquad (4-75)$$

这个方向也已在图 4－17（b）中画出。显然，这时左、右旋圆振动的合振动方向是 OP_2，它与 x 轴的夹角为 $\Delta\varphi/2$。随着时间的增大，两个振动以同一角速度分别以逆时针和顺时针方向旋转，保持合振动方向 OP_2 不变。因此，在光波传播途中的任意地点都得到线偏振光，但振动方向却转过了 $\Delta\varphi/2$ 的角度。这样，菲涅尔解释了旋光现象的存在，并且得到关系式：

$$\alpha = \frac{\Delta\varphi}{2} = \frac{\pi}{\lambda_0}d(n_L - n_R) \qquad (4-76)$$

$$\rho = \frac{\alpha}{d} = \frac{\pi}{\lambda_0}(n_L - n_R)(\mathrm{rad/mm}) = \frac{180}{\lambda_0}(n_L - n_R)[(^\circ)/\mathrm{mm}] \qquad (4-77)$$

式（4－77）不仅说明了旋光系数是有色散的物质常数，而且还给出了 ρ 与 n_L、n_R 的关系。这样，人们不仅可以通过测量 α 和 d 来求得 ρ 值，而且可以通过测量媒质对右、左旋圆偏振光的折射率来计算 ρ 值。实验证明，由这两个方法获得的 ρ 值是符合的。只是因为差值 $n_L - n_R$ 很小，因而由后一方法获得的 ρ 值往往只有少数几位有效数字，精度稍差。

利用琼斯矢量可以方便地获得式（4－76）。根据光波传播过程中的位相推迟规律，式（4－73）右端的两个成分传播距离 d 后变为

$$\begin{aligned}&\frac{D_0}{2}\begin{bmatrix}1\\ \mathrm{j}\end{bmatrix}\exp\left[\mathrm{j}\frac{2\pi}{\lambda_0}n_L d\right] + \frac{D_0}{2}\begin{bmatrix}1\\ -\mathrm{j}\end{bmatrix}\exp\left[\mathrm{j}\frac{2\pi}{\lambda_0}n_R d\right]\\ &= D_0\exp\left[\mathrm{j}\frac{\pi}{\lambda_0}d(n_L + n_R)\right]\begin{bmatrix}\cos\left[-\frac{\pi}{\lambda_0}d(n_L - n_R)\right]\\ \sin\left[-\frac{\pi}{\lambda_0}d(n_L - n_R)\right]\end{bmatrix}\end{aligned} \qquad (4-78)$$

上式右端是线偏振光的典型形式，说明任何地点的合振动都是线偏振的，偏振方向与 x 轴的夹角大小由式（4–76）表示，角度值前面的负号表示 α 应该自 x 轴起始按顺时针方向计算。

图 4–17 以及式（4–76）、式（4–77）还说明，在 $v_R > v_L$ 或 $n_R < n_L$ 的假定下，随着 d 的增大，振动方向顺时针旋转，对应着右旋物质：反之，$v_R > v_L$ 或 $n_R < n_L$ 对应的物质是左旋的。

表 4–3 列出了右旋石英对于三种波长的 n_R 和 n_L 值（左旋石英，n_R 等于表中的 n_L，n_L 等于表中的 n_R），表中再次列出了寻常和异常折射率，以便比较。从该表可以看出，n_0 是 n_R 和 n_L 的平均值，差值 $|n_L - n_R|$ 远小于差值 $|n_e - n_o|$。

表 4–3　右旋石英的 n_R 和 n_L

λ/nm	n_R	n_L	n_o	n_e
396.8	1.558 10	1.558 21	1.558 15	1.567 71
589.3	1.544 20	1.544 27	1.544 24	1.553 34
762.0	1.539 14	1.539 20	1.539 17	1.548 11

为了直接证明线偏振光在旋光物质内分解成一对圆偏振光，菲涅尔设计了如图 4–18 所示的棱镜组。棱镜组内的各块棱镜分别由右旋石英和左旋石英制成。相邻棱镜材料的左右旋不同，但所有材料的光轴方向都相同，垂直于入射表面和出射表面。当线偏振光自左端垂直射入右旋的棱镜Ⅰ后，分解成传播方向相同的一对圆偏振光，它们分别对应着折射率 $n_{R\text{I}}$ 和 $n_{L\text{I}}$（$n_{R\text{I}} < n_{L\text{I}}$）。在棱镜Ⅰ和棱镜Ⅱ（左旋）的界面上，右、左旋偏振光都发生折射。对右旋偏振光而言，界面两侧的折射率分别为 $n_{R\text{I}}$ 和 $n_{R\text{II}}$，其中的 $n_{R\text{II}}$ 等于 $n_{L\text{I}}$，因而大于 $n_{R\text{I}}$，所以是由光疏媒质进入光密媒质的折射，结果折射光向下偏折。该光束在棱镜Ⅰ、Ⅱ界面上的折射使传播方向又一次向下偏折。如此经过多次折射后，右旋偏振光的偏折角将累计到一个可明显察觉的程度，如图 4–18 中标有 R 的出射光所示。为了表示清楚，图中的折射角已被夸大。反之，左旋圆偏振光将发生一系列向上的偏折，最后得到图 4–18 中标有 L 的出射光束。至于两束出射光的传播方向有不太小的差别，可以在足够远的地方对它们分别检验（具体方法见 4.3.3 节）。结果表明，它们确实分别是右旋和左旋圆偏振光。虽然原则上用一个棱镜也可以进行上述实验，但因为两束出射光夹角太小，很难对它们分别检验。

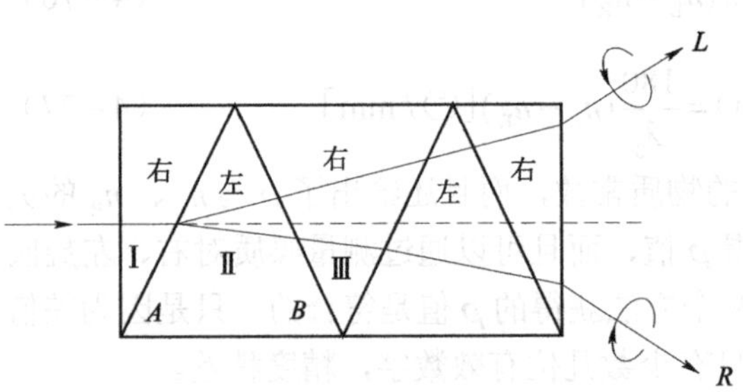

图 4–18　菲涅尔棱镜组

有些光谱仪用石英棱镜作为分光元件，上述右、左旋圆偏振光的分离是一个有害现象。因此这种分光棱镜最好由两块棱镜拼接而成，一块的材料是右旋石英，另一块的材料是左旋石英，并且两块棱镜的顶部或底部都在同一侧。这样可以抵消由于 n_R 和 n_L 不同所引起的光束分离，同时保持是不同波长光束分离的色散功能。

4. 溶液旋光现象的特点和应用

溶液的旋光系数和其中旋光溶质的质量成正比，也即与溶液的浓度成正比：

$$\rho = \alpha C \tag{4-79}$$

式中，C为溶液浓度，α为溶质的有色散的物质常数。对于钠黄光，蔗糖的$\alpha=60°/(g\cdot cm^3)$。根据式（4-79），由已知的α和测量的ρ可以计算溶液浓度C。这就是“量糖计”的原理。

4.3 偏振光的产生、转换和检验

前两节的讨论表明，光因其横波性质可以具有各种偏振状态，而且随着光波经历的各向异性过程，偏振状态将按一定规律发生变化。这样，不仅有可能从光波偏振态的变化推断它经历了怎样的各向异性过程，而且也可能利用偏振态使光波携带给定的信息。为了利用光波偏振态这个自由度，首先需要具备产生、转换和检验偏振态的手段，本节将讨论这个内容。

4.3.1 线偏振光的产生和检验

1. 线偏振光的产生

1）线偏器

只让具有一定振动方向的光波通过的光学元件称为**“线偏器”**（polarizer）。这个振动方向称为该元件的主方向或“透射方向”。

线偏器的一个重要用途就是把自然光变为振动方向平行于主方向的线偏振光。起这个作用的线偏器称为起偏振器，简称**“起偏器”**。

线偏器的质量指标有偏振度、消光比、光能利用率、通光口径、光谱范围、色散、稳定度、质量、价格等，这里仅对前几种指标作简单说明。

（1）**偏振度**。自然光经过实际的起偏器后不一定变成纯粹的线偏振光，换言之，透射光中不仅含有平行于主方向的偏振成分，而且含有少量的垂直偏振成分。因为这两个成分是不相干的，所以透射光是部分偏振光。通常把这个部分偏振光的偏振度称为这个偏振器的“偏振度”。如果元件对沿主方向（y轴）振动的成分的透过率为T_y，对沿垂直于主方向振动的成分的透过率为T_x，则根据式（4-14），元件的偏振度为P_p：

$$P_p=(T_y-T_x)/(T_y+T_x) \tag{4-80}$$

理想线偏器的$T_x=0$，即$P_p=1$。

（2）**消光比和光能利用率**。线偏器的“消光比”ρ定义为

$$\rho=T_x/T_y \tag{4-81}$$

理想线偏器的$\rho=0$。P_p与ρ有一一对应关系：

$$P_p=(1-\rho)/(1+\rho) \tag{4-82}$$

因为T_y表示透射光中的有用光能与入射光中沿主方向振动成分的光能比，有人把T_y称为元件的“光能利用率”。理想情形下$T_y=1$，但如考虑到入射自然光的全部光能，则光能利用率只有$T_y/2$。

（3）**通光口径**。线偏器的“通光口径”有两种含义：其一是指透射线偏振光的最大可能光束截面，对于圆形截面，往往用直径表示通光口径；其二是指在确保元件性能的情况下，允许的入射光束最大孔径角。该指标往往取决于元件的工作原理。

（4）**光谱范围和色散**。光谱范围指线偏器能适用的光波光谱范围，主要取决于元件的工作原理和材料性质。当白光通过某些线偏器后，透射光的传播方向甚至振动方向都有可能因

波长而异，该现象称为元件的“色散”。

（5）**稳定度**。这是一个能影响元件实用性的指标，反映了元件是否容易因光照、湿度、温度不当和机械冲击而变质。

应该指出，线偏器除了能把自然光变成线偏光之外，也能把任何偏振态的偏振光变为振动方向平行于元件主方向的线偏光。

2）各种线偏器

利用光波经历各向异性过程后偏振态的变化规律，人们设计了各种类型的线偏器。

（1）**反射式起偏器**。重新列出关于反射系数的两个菲涅尔公式：

$$r_s=-\frac{\sin(\theta_i-\theta_t)}{\sin(\theta_i+\theta_t)}$$

$$r_p=-\frac{\tan(\theta_i-\theta_t)}{\tan(\theta_i+\theta_t)}$$

可以看出，当自然光以布儒斯特角

$$\theta_B=\arctan(n_2/n_1)$$

射向界面时，反射光束中只含有 s 分量成分，不含有 p 分量成分。于是，适当取向的反射镜可以用作线偏器，其主方向垂直于入射面。这种元件的“透射光”实际上是反射光，因而称为“反射式起偏器”。

对于严格以布儒斯特角入射的单色平面波，反射式起偏器的偏振度等于 1。但是当入射角偏离布儒斯特角时，反射光束中将出现 p 分量成分。根据容许的最小偏振度值，可以计算该元件的孔径角。元件的 T_y 值可以从式（1-124）计算，得到

$$T_y=\sin^2(\theta_i-\theta_t)=\cos^2(2\theta_B)$$

当 $n_2/n_1=1.5$ 时，T_y 约为 0.15，光能利用率很低，增大比值 n_2/n_1 可以使利用率提高。因为光波不通过镜面材料 n_2 的内部，反射式起偏器适用的光谱范围很宽，但是由于折射率色散，对不同波长的光应该有略微不同的入射角。反射式起偏器还有装置简单、成本低廉等优点。

（2）**折射式起偏器（玻璃堆）**。自然光以布儒斯特角射向界面时，s 分量只有一部分能射入媒质 n_2，而 p 分量能全部进入媒质 n_2（忽略吸收），因此透射光成为部分偏振光。如果使光束以布儒斯特角连续多次射向多个界面，则最后的出射光将十分接近于线偏振光。把多块平行平板玻璃相互平行地叠在一起，如图 4-19（a）所示，可以实现上述设想，这是因为在第 1 章中曾经证明，当光波在平板表面处以布儒斯特角入射时，在下表面的入射角也必定是布儒斯特角。这种起偏器称为“折射式起偏器”，俗称“玻璃堆”。与反射式起偏器相比，玻璃堆的主要优点是光能利用率比较高，出射光束与入射光束平行；主要缺点是偏振度稍差和光谱范围受到玻璃透射性能的限制。由 10 块 $n_2=1.5$ 的玻璃平板组成的玻璃堆在空气中使用，偏振度才达到 0.635 左右。

如果把玻璃堆中的玻璃板和空气层换成高低折射率交替排列的多层介质膜，并把它夹在两块直角玻璃棱镜之间，便构成了图 4-19（b）所示的“干涉型偏振分束棱镜”。当入射自然光束正入射到一个棱镜的侧面时，即使它在介质膜上的入射角（45°）不是布儒斯特角，只要适当选择截止折射率和膜层厚度，利用多层膜的多光束干涉效果，仍可使大部分 s 分量

成分被反射，大部分 p 分量成分被透射，得到两束高偏振度的出射光。

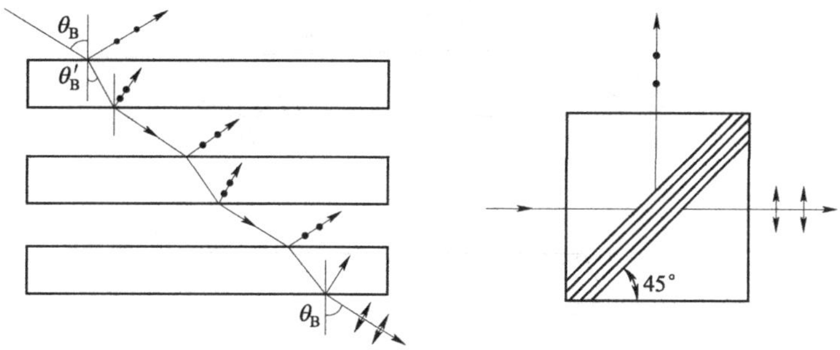

（a）　　　　（b）

图 4－19　折射式起偏器

（3）**二向色性起偏器（人造偏振片）**。利用二向色性晶体可以产生偏振度较高的偏振光。但是天然的二向色性晶体如电石等均带有颜色，影响了光能利用率和光谱范围，实际上很少使用。实验室常用的是人造二向色性材料，称为“人造偏振片”。早期人们用有机化合物硫酸碘奎宁制作人造偏振片，因为它在强光的照射下会逐渐分解，失去二向色性，稳定度不好，所以后来改用拉伸聚乙烯乙醇薄膜的方法使大分子定向排列，再用碘蒸气熏制，使碘原子渗入其中并形成沿大分子方向排列的原子链，得到了称为“H 偏振片”的另一种人造偏振片。近来人们又在氯化氢气氛中加热拉伸过的聚乙烯乙醇，得到呈强烈二向色性的薄膜，称为“K 偏振片”。如果加上碘蒸气熏制，则效果更佳。这种偏振片的稳定度优于其他各种人造偏振片。

人造偏振片的主要优点是通光口径可以很大而且质量很小。在偏振度和光能利用率方面也可以达到实用的要求，只是很难同时使两者达到理想程度。

（4）**晶体线偏器**。晶体中的两束“折射”光波都是纯粹的线偏振光，设法只让其中的一束光射出晶体或者使两束光沿不同方向传播，都可以获得偏振度接近于 1 的线偏振光。各类“晶体线偏器”都是根据这个原理设计制作的。

① 尼科耳（Nicol）棱镜。尼科耳棱镜获得线偏振光的方法是使一束“折射”光受到全反射，只让另一束光自出射面射出。其结构如图 4－20 所示，图（a）为一块方解石晶体，其端面已经研磨，使 $\angle ABD$ 和 $\angle ACD$ 由天然解理形态的 71° 变为 68°，同时使 $\angle BAD$ 和 $\angle ADC$ 都等于 90°，晶体光轴平行于平面 $ABCD$。通过 AD 并垂直于平面 $ACDB$ 把晶体切割成两半，再用加拿大树胶把它们黏合，便得到尼科耳棱镜。图中的 $AEDF$ 表示切割面的形状。

尼科耳棱镜的工作原理可以在 $ACDB$ 截面中分析，如图 4－20（b）所示。图中的点画线表示光轴方向，当入射光方向是平行于棱边 $\overline{AC}$ 的 HK 时，入射面是 $ACDB$ 面，同时也是两束“折射”光的主平面。这两束光又各自以不同的入射角射向棱镜与加拿大树胶的界面 AD。可以算出，寻常光的入射角为 77°，超过了全反射临界角 69°（n_0 和加拿大树胶折射率分别为 1.658 和 1.55）。于是寻常光在界面 AD 上发生全反射，被涂在棱镜侧面的黑漆所吸收。另一方面，异常光的折射率约为 1.52，不发生全反射，可以部分地通过界面进入后半棱镜，最后射向空气。这样，尼科耳棱镜的出射光束由晶体内的异常光产生，因而主方向位于主平面内。

理想情形下尼科耳棱镜的偏振度为 1，但光能利用率不高。此外，它的成本比较高，通光面积不易做大，仅适用于对偏振度要求很高的场合。

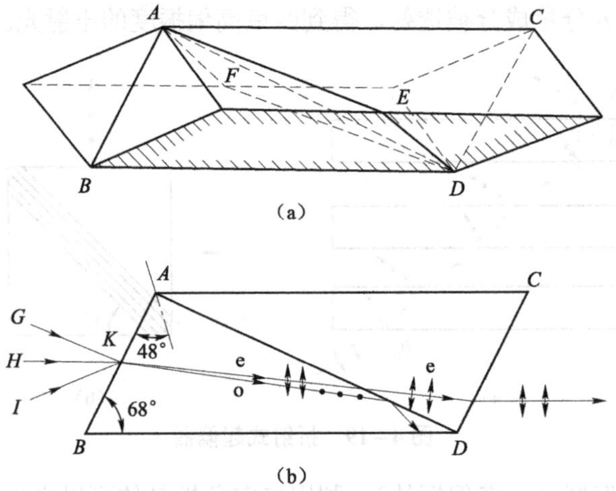

图 4－20　尼科耳棱镜

尼科耳棱镜对入射光束孔径角范围的要求起源于它的工作原理。当入射光自 *HK* 方向向下倾斜时，异常光在 *AD* 界面上的入射角增大，同时对应的折射率 n_e' 也因变得接近于 n_o 而增大，有可能在 *AD* 界面上发生全反射。计算表明，当图 4－20 中的 $\angle GKH=14°$ 时，异常光束将被全反射。另一方面，当入射光束自 *HK* 开始向上倾斜时，寻常光在 *AD* 面上的入射角减小，使得寻常光的全反射条件可能被破坏。计算表明，当图中的 $\angle IKH=14°$ 时，寻常光在 *AD* 面上的入射角刚好等于临界角 69°。因此尼科耳棱镜的极限孔径角是 28°。

② 格兰（Glan）棱镜。格兰棱镜由两块方解石直角三棱柱组成，图 4－21 画出了垂直于侧棱的截面。两个棱柱的光轴的方向一致，都平行于侧棱，垂直于图平面，图中以⊙表示。两个棱柱可以用甘油等材料胶合，也可以由空气隙隔离（这时称为“格兰－空气棱镜”）。格兰棱镜产生线偏振光的原理与尼科耳棱镜类似，也是使寻常光波全反射。容易证明，当用 n_g 表示两三棱柱之间的媒质的折射率时，只要使图示的棱镜顶角 α 满足下述关系：

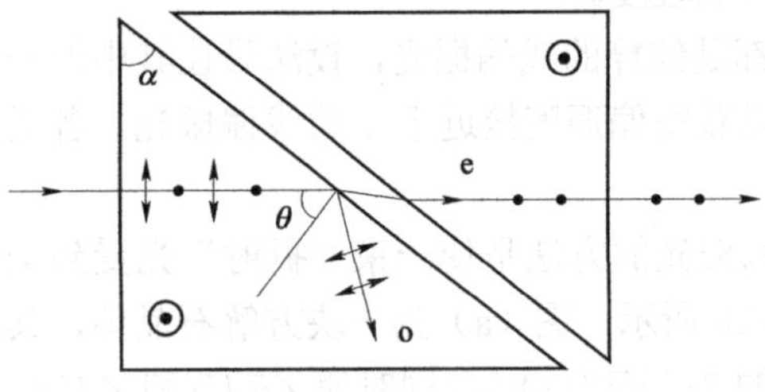

图 4－21　格兰棱镜

$$n_e < \frac{n_g}{\sin\alpha} < n_o$$

便能使寻常波被全反射，而异常光能部分地透过界面。

由于格兰－空气棱镜不使用胶合剂，光谱范围仅受方解石性质的限制，适用波长为 230～5 000 nm。不使用胶合剂也避免了强光照射时胶合剂变质问题，可以耐受100 W / cm^2 的功率密度。

③ 渥拉斯顿（Wollaston）棱镜和罗雄（Rochon）棱镜。这两种棱镜都由两块光轴互相正交的直角三棱柱晶体（通常是方解石）光胶而成。图 4－22（a）（b）分别画出了渥拉斯顿棱镜和罗雄棱镜的截面图。它们的工作原理是，利用界面两侧晶体光轴取向的不同，使一定振动方向的光在经过胶合面时经历了自寻常光到异常光的变化或者自异常光到寻常光的变化，从而让不同振动方向的光发生不同的折射。

对于渥拉斯顿棱镜，正入射到棱镜表面 AB 上的自然光进入左棱镜 ABD 后分解成寻常光和异常光，它们的振动方向分别垂直于和平行于图平面。因此尽管它们的传播方向一致，对应的折射率却不相同，分别为 n_o 和 n_e。进入右棱镜 ACD 后，垂直于图平面的振动成分变为异常光波，折射率由 n_o 变为 n_e。当晶体是方解石时，这束光将向下偏折，偏折角由下式决定：

$$n_o \sin\alpha = n_e \sin(\alpha+\delta_1) \tag{4-83}$$

该光波经过 CD 面进入空气时，再次向下偏折，累计偏折角 δ_2 由下式决定：

$$n_e \sin\delta_1 = \sin\delta_2 \tag{4-84}$$

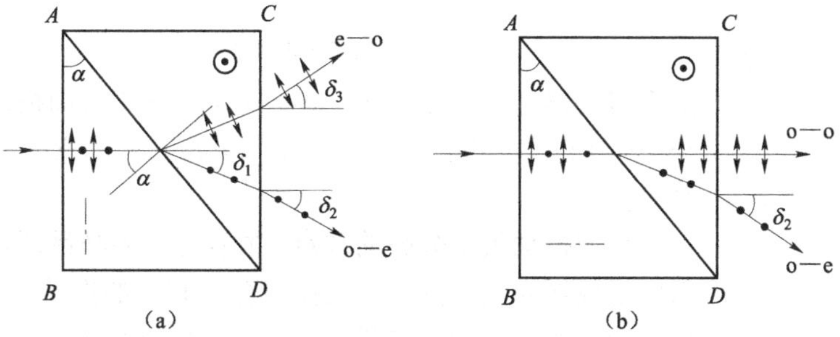

图 4-22 渥拉斯顿棱镜和罗雄棱镜

（a）渥拉斯顿棱镜；（b）罗雄棱镜

由于 n_e 和 n_o 相差不多，δ_1 和 δ_2 都是小角，有

$$\sin\delta_1 \approx \delta_1,\quad \sin\delta_2 \approx \delta_2,\quad \cos\delta_2 \approx 1$$

从而

$$\delta_2 \approx (n_o - n_e)\tan\alpha \tag{4-85}$$

这束光的传播方向由图 4-22（a）中带有小黑点（表示振动方向垂直于图平面）的径迹表示。

出射处标出的“o—e”表示该光束曾经经历了自寻常光到异常光的转换。类似地，振动方向平行于图平面的光束经历了自异常光到寻常光的转变，因而发生了向上的偏折，如图 4-22（a）中带有短箭头并在出射处标有“e—o”的光束径迹所示。该光束的累计偏折角 δ_3 为

$$\delta_3 \approx (n_o - n_e)\tan\alpha \tag{4-86}$$

由式（4-85）和式（4-86）两式可知，两出射光束之间的夹角 δ_W 为

$$\delta_W \approx \delta_2 + \delta_3 = 2(n_o - n_e)\tan\alpha \tag{4-87}$$

这样，渥拉斯顿棱镜产生了两束在空间分离 δ_W 角的偏振态相互正交的线偏振光。

进入罗雄棱镜左半部分的光束沿光轴方向传播，不论光振动方向如何，对应的折射率都是 n_o。该光束射入右半部分 ACD 后，振动方向平行于图平面的成分为寻常光，对应的折射率仍为 n_o，不发生偏折。该成分最后自出射面 CD 垂直射出，与入射光束同方向。这是图 4-22（b）中标有“o—o”的光束的路径。振动方向垂直于图平面的成分在 ACD 中变为异常光，对应的折射率为 n_e。它在光胶面上向下偏折，并在出射面上进一步下折，累计偏折角 δ_2 也可以由式（4-85）近似表示。于是，罗雄棱镜的两束出射光之间的夹角 δ_R 为

$$\delta_R = \delta_2 = (n_o - n_e)\tan\alpha \tag{4-88}$$

当棱镜顶角 α 相同时，罗雄棱镜实施两束线偏振光分离的能力只有渥拉斯顿棱镜的一半。但是，由于“o—o”光经过罗雄棱镜时没有发生折射，即使入射光是含有多种频率成分的白

光，它的出射方向也是唯一的，不会因为n_o和n_e的色散而分散。这是罗雄棱镜的一个优点。

2. 线偏振光检验

1）马吕斯（Malus）定律

线偏振光射向线偏器时，投射光的强度与入射光振动方向和元件主方向之间的夹角有关。“马吕斯定律”给出了具体的规律。

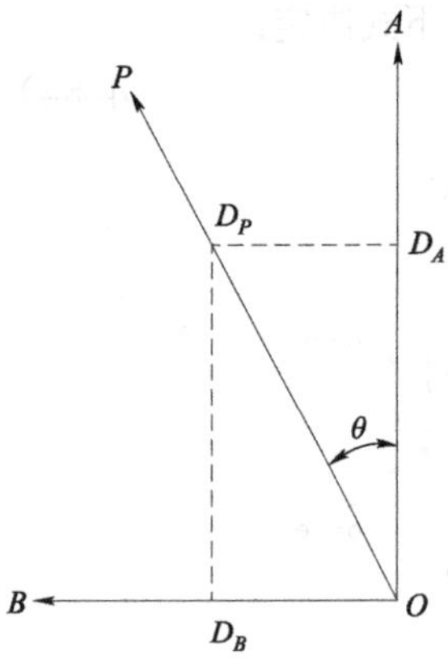

图 4–23　马吕斯定律

图 4–23 中OP表示入射光振动方向，OA表示元件的主方向，两者的夹角为θ。如果分别用I_P和I_A表示入射光和透射光的光强，则马吕斯定律指出，对于理想的线偏器有

$$I_A = I_P\cos^2\theta \tag{4–89}$$

如果线偏器的偏振度为 1，但是对平行于主方向振动的透过率T_y小于 1，则上式中的I_P应该改为$I_0 = T_y I_P$，I_0的意义是$\theta = 0$时的透射光光强。

运用振动矢量分解的观点，很容易解释马吕斯定律。可以认为，入射线偏振光包含两个线偏振成分，它们的振动方向分别平行和垂直于元件的主方向，如图 4–23 中的OA和OB所示。当入射光振幅为D_P时，其分量的振幅为

$$D_A = D_P\cos\theta \tag{4–90}$$

由理想线偏器的性质，OB分量D_B不能通过元件，而OA成分可以全部通过元件，因此得到式（4–89）。

2）线偏振光的检验

线偏振光的检验有两重含义：确定被检光是否是线偏振光和测定线偏振光的振动方向。

根据马吕斯定律，如果被检光是线偏振光，则令它通过一个主方向已知的偏振器后，应该观察到透射光光强随元件主方向旋转而变化的现象，并且当元件主方向位于某个方位时，透射光的强度为零。

反之，如果被检光不是线偏振光，即使有可能观察到光强随主方向方位变化的现象，但因为不论主方向如何入射光在该方向上总有一个不为零的分量，所以不可能获得零光强输出。

据此，使用一个线偏器就可进行线偏振光的检验。检验方法是，在旋转线偏器的同时，观察待检光透射后的光强。如果不能观察到零强度，则待检光不是线偏振光；如果当主方向位于某个方位时出现零强度，则被检光是线偏振光，并且其振动方向与这时的主方向垂直（$\theta = \pi/2$）。

用于这种目的的线偏器称为检偏振器或检偏器。它和起偏器一样，只是线偏器用于某种特定目的时的名称，具体器件与起偏器并没有什么不同。

3）半影式检偏器

测定线偏振光的振动方向时，需旋转检偏器以寻找零光强位置（当被检线偏振光和检偏器不理想时，寻找最小光强位置），但式（4–89）表明，在零光强（$\theta = \pi/2$）附近，$\mathrm{d}I_A = \mathrm{d}\theta = 0$，即$I_A$对$\theta$的变化不敏感。加上不同$\theta$角下的光强$I_A$不能在同一时刻测量，结果$\theta$角的测量误差较大。“半影式检偏器”就是为了解决这个困难而设计的。它把检测光强的视场分为两半，用比较两半视场在同一时刻的光强的方法判断被检光的振动方向。半影式检偏器有不同的

结构形式，但工作原理大同小异。这里介绍如图 4－24（a）所示的一种基本结构。图中的圆形表示检测视场，在视场中 $\overrightarrow{OM}$ 的两侧各放置一块检偏器，它们的主方向分别为 $\overrightarrow{OA_1}$ 和 $\overrightarrow{OA_2}$，两者的夹角为 2ψ，与中线的夹角都是 ψ（通常为几度）。图 4－24（b）画出了被检线偏振光通过半影式检偏器时的情形。其中 $\overrightarrow{OP}$ 表示被检光的振动方向，假设它与中线 $\overrightarrow{OM}$ 的夹角为 δ。这时左半视场的光强为 $I_P\cos^2(\delta+\psi)$，右半视场的光强为 $I_P\cos^2(\delta-\psi)$。因此，仅当 $\delta=0$ 或 $\pi/2$ 时，两半视场的光强才会相等。这样，旋转检偏器，找到使两半视场等光强的 $\overrightarrow{OM}$ 方位，便能确定 $\overrightarrow{OP}$ 方向。其中 $\delta=0$ 和 $\delta=\pi/2$ 两种情况都很容易区分，因为前一情况下两半视场的光强都接近于最大值（ψ 很小），后一情况下两半视场的光强都很小。在实际测量中，通常寻找使 $\delta=\pi/2$ 的主方向位置。

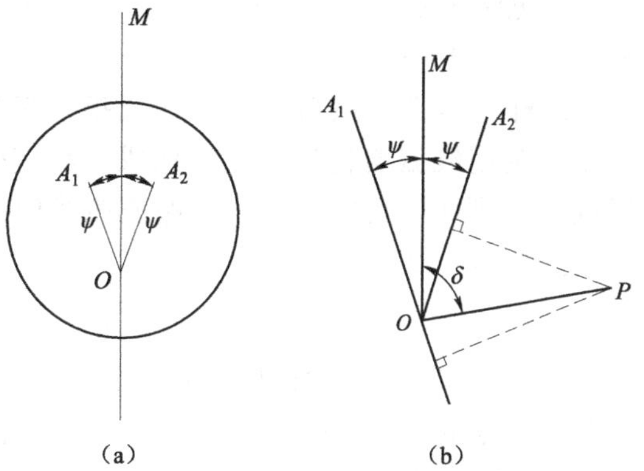

图 4－24　半影式检偏器

此外，容易导出，在 $\delta=\pi/2$ 附近旋转检偏器时，两半视场的光强变化率 $\mathrm{d}I_A/\mathrm{d}\delta$ 分别为 $\pm I_P\sin(2\psi)$，它们不仅不再等于零，而且当一个半视场的光强增大时另一个半视场的光强减小，有利于提高测量精度。

4.3.2　椭圆偏振光的产生和波片

1. 椭圆偏振光产生的途径分析

虽然有些光源可以直接发射椭圆偏振光，但欲使光源发射具有指定偏振态的光波并不容易。由于一般光源发射自然光，所以这里首先分析把自然光转换成指定偏振态椭圆偏振光应采取的步骤，其具体实施方法待稍后讨论。

为了方便，再次列出椭圆偏振光的复振幅表达式（见式（4－5）、式（4－17）、式（4－5）和式（4－18））：

$$\boldsymbol{D}(z,t)=\boldsymbol{D}_0\exp\left[\mathrm{j}(kz-\omega t)\right]$$

$$\boldsymbol{D}_0=\begin{bmatrix}D_{x0}\exp(\mathrm{j}\varphi_{x0})\\ D_{y0}\exp(\mathrm{j}\varphi_{y0})\end{bmatrix}=\exp(\mathrm{j}\varphi_{x0})\begin{bmatrix}D_{x0}\\ D_{y0}\exp(\mathrm{j}\delta)\end{bmatrix}$$

$$\delta=\varphi_{y0}-\varphi_{x0}$$

$$I=D_{x0}^2+D_{y0}^2$$

这些公式表明，椭圆偏振光 $\boldsymbol{D}(z,t)$ 由两个振动方向相互垂直的线偏光分量组成，这两个分量的振幅分别为 D_{x0} 和 D_{y0}，初位相分别为 φ_{x0} 和 φ_{y0}。所谓产生偏振态为 $\boldsymbol{D}(z,t)$ 的椭圆偏振光，并不要求其分量的振幅和位相一定要等于 D_{x0}、D_{y0} 和 φ_{x0}、φ_{y0}，只要求两个分量的振幅比等于 D_{y0}/D_{x0}，位相差等于 δ 即可。这是因为，式（4－17）还可写成

$$\boldsymbol{D}_0=D_{x0}\exp(\mathrm{j}\varphi_{x0})\begin{bmatrix}1\\ \dfrac{D_{y0}}{D_{x0}}\exp(\mathrm{j}\delta)\end{bmatrix}\tag{4-91}$$

可见满足 D_{y0}/D_{x0} 和 δ 要求的椭圆偏振光与 $\boldsymbol{D}(z,t)$ 只有初位相和光强不同，而偏振态是相同的（见 4.1.3 节）。

这样，欲把一束自然光转化成指定偏振态的椭圆偏振光，原则上需要两个步骤。第一步，利用线偏器将自然光转化成在给定坐标系（x,y）中有特定偏振方向角的线偏光，以同时达到两个目的：其一，保证该线偏振光的 y、x 分量振幅比为 D_{y0}/D_{x0}，为此需有（参见式（4−22））

$$\theta=\arctan(D_{y0}/D_{x0})$$

其二，使原先没有固定位相差的两个自然光线偏振分量变成两个具有固定位相差（0 或 π）的线偏振分量。第二步，让上述偏振光经历一个在其 x、y 分量之间加上一个位相差 δ 的各向异性过程，从而获得具有指定偏振态的椭圆偏振光。为了充分利用光能，该各向异性过程原则上应该是无光能损失的，例如全反射过程，这时，s、p 分量的不同位相跃变可以导入一个附加位相差（见 1.4.4 节）。但是全反射不仅会造成因光路拐折带来的不便，要控制位相差恰好等于 δ 也很困难，比较实用且相对方便的方法是利用下面将介绍的晶体波片来引入位相差。

此外，在偏振光控制光路中，往往需要把一个椭圆偏振光转变成另一个指定偏振态的椭圆偏振光。这种转变也可作为一种椭圆偏振光的产生过程，但这时不再需要上述第一个步骤，而可以仅利用一个特定设计的波片或几个常用波片的组合来实现。

2. 波片

1）波片的概念

波片（wave plate）是除了线偏器之外的又一种重要偏振元件，其基本功能是，在已知的两个正交偏振方向上，为入射的偏振光引入特定的附加位相差。

实际的波片大多是一块光轴平行于表面的单轴晶体薄板，近年来人们还开发了由有机材料做成的波片，这里以前一情况为例进行讨论。正入射到波片表面的偏振光，进入波片后将分解成对应不同折射率的寻常光和异常光，它们在波片内传播相同的距离（等于波片的厚度）后将发生不同的位相延迟，从而在射出波片时便获得了附加位相差。

具体地说，如波片材料的寻常和异常折射率分别为 n_{o} 和 n_{e}，波片厚度为 d，则寻常光（振动方向垂直于光轴的线偏振光）和异常光（振动方向平行于光轴的线偏振光）在波片内经历的光程分别为

$$L_{\mathrm{o}}=dn_{\mathrm{o}},L_{\mathrm{e}}=dn_{\mathrm{e}} \tag{4-92}$$

两者的光程差 ΔL 为

$$\Delta L=L_{\mathrm{e}}-L_{\mathrm{o}}=d(n_{\mathrm{e}}-n_{\mathrm{o}}) \tag{4-93}$$

引入的附加位相差 $\Delta\varphi$ 为

$$\Delta\varphi=k_0\Delta L=k_0 d(n_{\mathrm{e}}-n_{\mathrm{o}})=\frac{2\pi}{\lambda_0}d(n_{\mathrm{e}}-n_{\mathrm{o}}) \tag{4-94}$$

式中，k_0 为光波的真空波矢值，λ_0 为真空波长。

由于光波位相的 2π 周期性，通常可以通过加减 2π 整数（包括零）倍把式（4−94）计算得到的 $\Delta\varphi$“移”至 $-\pi$ 到 π 的范围内。如果 n_{o} 和 n_{e} 的色散可以忽略，则 ΔL 与波长无关，但 $\Delta\varphi$ 却因其中含有 λ_0 项而具有明显的色散，其色散值

$$\left|\frac{d\Delta\varphi}{d\lambda_0}\right| = \frac{2\pi}{\lambda_0^2} d\left|n_e - n_o\right| \tag{4-95}$$

因此，当人们说某一波片引入的位相差为$\pi/2$时，必须同时指明这是对哪一个波长而言的。

但是，在有些应用场合，要求波片对多种波长产生相同的$\Delta\varphi$，为此人们利用类似于消色差透镜的设计方法，成功地设计了多个波片组合而成的“消色差波片”，不过这里将主要介绍单色光波的情形，因此不展开消色差问题讨论。只是顺便指出，前述由全反射产生附加位相差的方法，由于它没有利用光程差而是利用s、p分量的不同位相跃变，因而其色散是很小的。

2）几种常用的单块式波片

式（4－93）和式（4－94）描述的光程差和附加位相差公式仅适用于单块式波片，这种波片因有确定的n_e、n_o值和厚度d，引入的光程差是固定不变的。并且对于给定的波长，引入的位相差也是固定不变的。不过，在实际应用情形中，使用较多的正是这种最简单的波片。

常用的单块波片有四分之一波长波片（简称为$\lambda/4$波片）、半波长波片（简称为$\lambda/2$波片）和全波片等，它们的ΔL和$\Delta\varphi$为：

（1）$\lambda/4$波片：

$$\Delta L = d(n_e - n_o) = N\lambda_0 + \frac{\lambda_0}{4} \tag{4-96}$$

$$\Delta\varphi = 2N\pi + \frac{\pi}{2} \tag{4-97}$$

（2）$\lambda/2$波片：

$$\Delta L = d(n_e - n_o) = (2N+1)\frac{1}{2}\lambda_0 \tag{4-98}$$

$$\Delta\varphi = (2N+1)\pi \tag{4-99}$$

（3）全波片：

$$\Delta L = d(n_e - n_o) = \pm\lambda_0 \tag{4-100}$$

$$\Delta\varphi = \pm 2\pi \tag{4-101}$$

以上各式中的$N = 0, \pm 1, \pm 2\cdots$，这些波片名称的由来可以从它们在$N = 0$时看出。式中整数$N$的出现，一方面是因为光波位相的$2\pi$周期性允许附加位相差有$2N\pi$的改变而不影响其实际效果，另一方面是较大的$|N|$值对应较大的厚度$d$，而较方便于加工，并使波片有较好的机械强度。不过由于式（4－95），色散与厚度d成正比，所以还是应该尽量制作和选用$|N|$值较小的波片。

除了附加位相差$\Delta\varphi$和适用波长λ_0之外，使用波片时还应知道这个$\Delta\varphi$是加在哪两个正交方向上的，又如何从$\Delta\varphi$的正负号来判断其中哪一个方向受到了较多的位相延迟。为此需要在波片上标注出两正交方向中的一个方向（另一方向自然与其垂直），例如波片晶体的光轴方向（即异常光振动方向），但这时还必须用正的或负的$\Delta\varphi$值来表明光轴方向的位相延迟比其垂直方向上的位相延迟是多还是少。所以在实际情形中，往往在波片上标注“快轴”或“慢轴”方向。并且规定：当把$\Delta\varphi$移至（$-\pi, \pi$）区间内后，慢轴方向的位相延迟比与其垂直的快轴

方向延迟多 $\Delta\varphi$ 的绝对值 $|\Delta\varphi|$。这样，波片上只需标注一个方向（说明是快轴还是慢轴）和一个代表 $|\Delta\varphi|$ 的符号（如“$\frac{\pi}{2}$”或“$\frac{\pi}{4}$”）就可以了。

3）附加位相差可调节的波片

在有些应用中，例如为了产生前述的 $\boldsymbol{D}(z,t)$ 椭圆偏振光，需要一个 $|\Delta\varphi|=|\delta|$ 的波片（当 $\delta>0$ 时，应使波片中的快轴对准 x 轴；当 $\delta<0$ 时，应使波片中的慢轴对准 x 轴），由于 $|\delta|$ 可能是（$-\pi,\pi$）区间内的任意值，最好能设计一种 $\Delta\varphi$ 值连续可调的波片。这种波片又被称作“补偿器”。本小节介绍其中比较常用的巴比内补偿器和索列尔补偿器。

（1）巴比内（Babinet）补偿器。图 4－25（a）所示为巴比内补偿器的一个截面，它由两块光轴方向互相垂直的小角度楔形晶板组成。因为楔角小，由双折射造成的光束偏折可以忽略。当细光束沿图中路径 KK' 传播时，垂直于图平面的振动分量成分在补偿器两部分内的累计光程是（$h_1\cdot n_e+h_2\cdot n_o$），平行于图平面的分量成分所经历的光程是（$h_1\cdot n_o+h_2\cdot n_e$）。两者的差为

$$\Delta L=(h_2-h_1)(n_e-n_o) \tag{4-102}$$

因为补偿器的不同部分（如图中的 A、B、C、D 等点）有不同的（h_1-h_2）值，故可产生不同的光程差。这些光程差或某给定波长下的位相差可以标注在各个位置处。此外，补偿器的慢（快）轴方向也可标出。这样利用巴比内补偿器的不同部分便可提供不同的指定位相差。

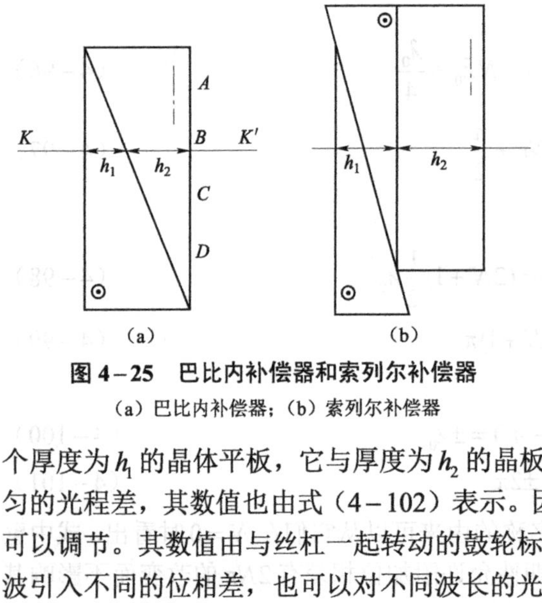

图 4－25　巴比内补偿器和索列尔补偿器

（a）巴比内补偿器；（b）索列尔补偿器

（2）索列尔（Soleil）补偿器。图 4－25（b）所示为索列尔（Soleil）补偿器，它由两块光轴方向相同的晶楔和一块光轴方向垂直于前者的晶体平板组成，其中晶板和一块晶楔固定在一起，另一块晶楔可由精密丝杠带动滑移。在两块晶楔的重叠部分，合成了一个厚度为 h_1 的晶体平板，它与厚度为 h_2 的晶板一起，对入射光束的两个分量成分引入一个均匀的光程差，其数值也由式（4－102）表示。因为 h_1 可以随丝杠的转动变化，所以光程差 ΔL 可以调节。其数值由与丝杠一起转动的鼓轮标出。这样，索列尔补偿器可以对同一波长的光波引入不同的位相差，也可以对不同波长的光波引入某个指定的位相差，而且在整个通光口径内引入的位相差是均匀的。

3. 琼斯矢量波片对偏振光作用的矩阵表示——琼斯矩阵

1）波片的琼斯矩阵

设椭圆偏振光沿 z 轴方向传播，偏振态用 xy 坐标系中的琼斯矢量表示（见式（4－17）），今有一椭圆偏振光

$$\boldsymbol{D}=\begin{bmatrix}D_x\\D_y\end{bmatrix} \tag{4-103}$$

射向一波片，该波片的快慢轴 u、v 均在 xy 平面内，但分别与 x、y 轴有一夹角，如图 4－26 所

示，其中规定当 x 轴逆时针转向 u 轴时 α 为正，且 $\alpha \in \left[0, \pm\dfrac{\pi}{2}\right]$。

这是因为波片的“快轴”只是一个方位，没有指向性，所以总可令 u 指向 xy 坐标系的一、四象限。同时令 v 在垂直于 u 的同时指向 xy 坐标系的二、一象限。波片在 u、v 方向之间引入的附加位相差用 $\Delta\varphi$ 表示。由于这里的 $\Delta\varphi$ 是指慢轴 v 方向比快轴方向多延迟的位相差，故不会小于零，等于式（4－94）中 $\Delta\varphi$ 的绝对值，其取值范围为 $[0, \pi]$。

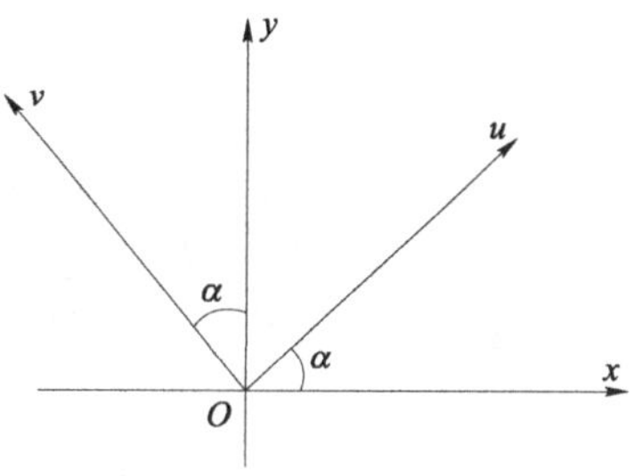

图 4－26　u、v 与 x、y 的关系

为了求得 $\boldsymbol{D}$ 光波通过该波片后的偏振态 $\boldsymbol{D}'$，可作如下操作：

（1）将 $\boldsymbol{D}$ 转换成 uv 坐标系中的琼斯矢量形式 $\boldsymbol{D}_{uv}$：

$$\boldsymbol{D}_{uv}=\begin{bmatrix}\cos\alpha & \sin\alpha\\ -\sin\alpha & \cos\alpha\end{bmatrix}\begin{bmatrix}D_x\\ D_y\end{bmatrix}=\begin{bmatrix}D_x\cos\alpha+D_y\sin\alpha\\ -D_x\sin\alpha+D_y\cos\alpha\end{bmatrix}=\begin{bmatrix}D_u\\ D_v\end{bmatrix}$$

（2）令 $\boldsymbol{D}_{uv}$ 通过波片，得到 $\boldsymbol{D}$ 在 uv 坐标系中的琼斯矢量形式 $\boldsymbol{D}_{uv}$：

$$\boldsymbol{D}_{uv}=\begin{bmatrix}D_u\\ D_v\exp(\mathrm{j}\Delta\varphi)\end{bmatrix}=\begin{bmatrix}D_u\\ D_v\end{bmatrix}$$

（3）将 $\boldsymbol{D}'_{uv}$ 转回到坐标系 xy 中：

$$\begin{aligned}\boldsymbol{D}'_{xy}&=\begin{bmatrix}\cos\alpha & -\sin\alpha\\ \sin\alpha & \cos\alpha\end{bmatrix}\begin{bmatrix}\boldsymbol{D}'_u\\ \boldsymbol{D}'_v\end{bmatrix}\\ &=\begin{bmatrix}D_x\left[\cos^2\alpha+\sin^2\alpha\exp(\mathrm{j}\Delta\varphi)\right]+D_y[\sin\alpha\cos\alpha-\sin\alpha\cos\alpha\exp(\mathrm{j}\Delta\varphi)]\\ D_x\left[\sin\alpha\cos\alpha-\sin\alpha\cos\alpha\exp(\mathrm{j}\Delta\varphi)\right]+D_y[\sin^2\alpha+\cos^2\alpha\exp(\mathrm{j}\Delta\varphi)]\end{bmatrix}\end{aligned}$$

由此可见，在 xy 坐标系中，$\boldsymbol{D}'_{xy}$ 可以写成一个 2×2 矩阵与 $\boldsymbol{D}_{xy}$ 的乘积：

$$\begin{bmatrix}\boldsymbol{D}'_x\\ \boldsymbol{D}'_y\end{bmatrix}=[\boldsymbol{M}]\begin{bmatrix}D_x\\ D_y\end{bmatrix} \tag{4-104}$$

其中

$$[\boldsymbol{M}]=\begin{bmatrix}\cos^2\alpha+\sin^2\alpha\exp(\mathrm{j}\Delta\varphi) & \sin\alpha\cos\alpha[1-\exp(\mathrm{j}\Delta\varphi)]\\ \sin\alpha\cos\alpha[1-\exp(\mathrm{j}\Delta\varphi)] & \sin^2\alpha+\cos^2\alpha\exp(\mathrm{j}\Delta\varphi)\end{bmatrix} \tag{4-105}$$

$[\boldsymbol{M}]$ 即波片对偏振光作用的矩阵表示，称为波片的琼斯矩阵①，其中包含了描述其相对于 x 轴的快轴方位角 α 和附加位相差 $\Delta\varphi$ 两个参量。从式（4－104）、式（4－105）出发不难证明，不论 α 和 $\Delta\varphi$ 为何值，总有

① 由于给 $[\boldsymbol{M}]$ 乘上系数 $\exp(\mathrm{j}\alpha)$（α 为任意实数）不会影响 $\boldsymbol{D}'$ 的偏振态和光强，所以写出 $\boldsymbol{D}'_{uv}$ 时，略去了波片对 u 分量的位相延迟。同样，$[\boldsymbol{M}']=[\boldsymbol{M}]\exp(\mathrm{j}\alpha)$ 也可以认为是波片的琼斯矩阵，特别地，当 $\alpha=-\Delta\varphi/2$ 时，有 $[\boldsymbol{M}]'=\begin{bmatrix}\cos\left(\dfrac{\Delta\varphi}{2}\right)-\mathrm{j}\sin\left(\dfrac{\Delta\varphi}{2}\right)\cos(2\alpha) & -\mathrm{j}\sin\left(\dfrac{\Delta\varphi}{2}\right)\sin(2\alpha)\\ -\mathrm{j}\sin\left(\dfrac{\Delta\varphi}{2}\right)\sin(2\alpha) & \cos\left(\dfrac{\Delta\varphi}{2}\right)+\mathrm{j}\sin\left(\dfrac{\Delta\varphi}{2}\right)\cos(2\alpha)\end{bmatrix}$。

$$|D_x'|^2+|D_y'|^2=|D_x|^2+|D_y|^2$$

说明光波在通过波片（理想的）之后，光强不发生变化。

2）$\lambda/4$波片和$\lambda/2$波片的琼斯矩阵及其典型应用

（1）$\lambda/4$波片。$\lambda/4$波片的$\Delta\varphi$为$\pi/4$，因此琼斯矩阵为

$$[\boldsymbol{M}]_{\lambda/4}=\begin{bmatrix}\cos^2\alpha+\mathrm{j}\sin^2\alpha & \sin\alpha\cos\alpha(1-\mathrm{j})\\ \sin\alpha\cos\alpha(1-\mathrm{j}) & \sin^2\alpha+\mathrm{j}\cos^2\alpha\end{bmatrix} \tag{4-106}$$

$\lambda/4$波片的典型应用是使线偏振光与椭圆偏振光互相转变。

例如，当入射光$\boldsymbol{D}$为振动方向与x轴有夹角θ的线偏光（设强度为1）时（参见式（4-24）、式（4-25）和式（4-26））

$$\begin{aligned}\boldsymbol{D}'=[\boldsymbol{M}]_{\lambda/4}\begin{bmatrix}\cos\theta\\ \sin\theta\end{bmatrix}&=\begin{bmatrix}\cos\alpha(\cos\theta+\sin\alpha\sin\theta)-\mathrm{j}\sin\alpha(\sin\theta\cos\alpha-\cos\theta\sin\alpha)\\ \sin\alpha(\cos\theta+\sin\alpha\sin\theta)+\mathrm{j}\cos\alpha(\sin\theta\cos\alpha-\cos\theta\sin\alpha)\end{bmatrix}\\ &=\begin{bmatrix}\cos\alpha\cos(\theta-\alpha)-\mathrm{j}\sin\alpha\sin(\theta-a)\\ \sin\alpha\cos(\theta-\alpha)+\mathrm{j}\cos\alpha\sin(\theta-a)\end{bmatrix}\\ &=\begin{bmatrix}\cos\alpha & -\sin\alpha\\ \sin\alpha & \cos\alpha\end{bmatrix}\begin{bmatrix}\cos(\theta-\alpha)\\ \mathrm{j}\sin(\theta-\alpha)\end{bmatrix}\end{aligned} \tag{4-107}$$

上式是在xy坐标系中写出的，从计算过程中的$\boldsymbol{D}'$表达式不易直观看出该椭圆偏振光的偏振态特征。然而注意到式（4-107）最后一个表达式中的2×2矩阵是一个从uv坐标系转换到xy坐标系的坐标转换矩阵，可见$\boldsymbol{D}'$是uv坐标系中的一个正椭圆偏振光，其半长、短轴分别等于$|\cos(\theta-\alpha)|$和$|\sin(\theta-\alpha)|$。而图4-27又表明，这两个长度正是$\boldsymbol{D}$在u、v轴上的投影长度。这一事实可以作如下直观解释：$\boldsymbol{D}$进入$\lambda/4$波片后即分解成u、v两个同位相（或位相差为π）的线偏振光分量，由于$\lambda/4$波片的$\pi/2$附加位相差，出射时这两个分量的位相差变为$\pi/2$（或$-\pi/2$），由它们合成的$\boldsymbol{D}'$将是uv坐标系中的正椭圆偏振光。

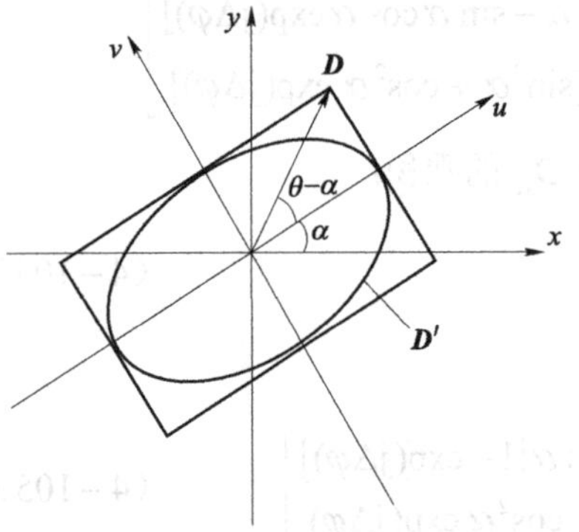

图4-27　$\lambda/4$波片将线偏光转变成椭圆偏振光

总之，不论式（4-107）还是上述直观解释都表明，$\lambda/4$波片可把任一线偏振光转变成其快慢轴坐标系中的正椭圆偏振光。特别地，当$\lambda/4$波片的快慢轴与入射光线偏振方向的夹角$\theta-\alpha$为$\pm\pi/4$时，所转换成的椭圆偏振光由于长短轴相等而成为圆偏振光。且可以证明，当$\tan(\theta-\alpha)>0$时为左旋圆偏振光，反之为右旋圆偏振光。

反之，$\lambda/4$波片也可以把一个椭圆偏振光变成线偏振光。此时需令$\lambda/4$波片的u、v轴与椭圆偏振光的长短轴分别重合，因为只有这样才能使原先有$\pm\pi/2$位相差的两个分量变成同位相或反位相。具体地，设椭圆偏振光$\boldsymbol{D}$在uv坐标系中的表达为$\begin{bmatrix}a\\ \mathrm{j}b\end{bmatrix}$，其中$a$、$b$均为实数，则在$xy$坐标系中$\boldsymbol{D}$可表达为

$$\boldsymbol{D}=\begin{bmatrix}\cos\alpha & -\sin\alpha\\ \sin\alpha & \cos\alpha\end{bmatrix}\begin{bmatrix}a\\ \mathrm{j}b\end{bmatrix}=\begin{bmatrix}a\cos\alpha-\mathrm{j}b\sin\alpha\\ a\sin\alpha+\mathrm{j}b\cos\alpha\end{bmatrix}$$

于是 xy 坐标系中的输出光

$$\begin{aligned}\boldsymbol{D}=[\boldsymbol{M}]_{\lambda/4}\cdot\boldsymbol{D}&=\begin{bmatrix}\alpha\cos\alpha(\cos^2\alpha+\sin^2\alpha)+b\sin\alpha(\cos^2\alpha+\sin^2\alpha)\\ \alpha\sin\alpha(\cos^2\alpha+\sin^2\alpha)-b\cos\alpha(\cos^2\alpha+\sin^2\alpha)\end{bmatrix}\\ &=\begin{bmatrix}\cos\alpha & -\sin\alpha\\ \sin\alpha & \cos\alpha\end{bmatrix}\begin{bmatrix}a\\ -b\end{bmatrix}\end{aligned}\qquad(4-108)$$

显然，$\boldsymbol{D}$ 是一个线偏光，其在 u、v 轴上的投影分别为 a 和 $-b$，其振动方向平行于椭圆 $\boldsymbol{D}$ 在 uv 坐标系中的"正"外接矩形（矩形的边平行于椭圆长短轴）的一条对角线方向，如图 4－28 所示。

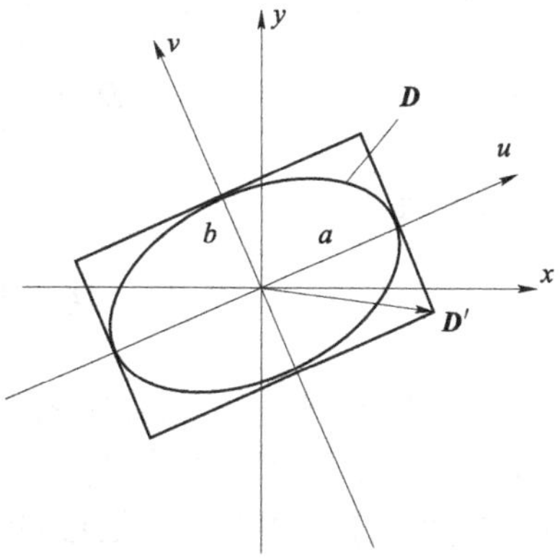

图 4－28　$\lambda/4$ 波片将椭圆偏振光转变成线偏振光

这里的一个特例是，当 $\boldsymbol{D}$ 为圆偏振光（$a=b$）时，由于 uv 坐标系的任意取向（α 为任意取值）都可以认为与 $\boldsymbol{D}$ 的"长短轴"相符，从而总能把圆偏振光转变成线偏光，且其偏振方向分别与 u、v 轴有 $\pm\pi/4$ 的夹角。

从图 4－27、图 4－28 及上述说明可以看出，无论是利用 $\lambda/4$ 波片把线偏光转换成椭圆偏振光，还是把椭圆偏振光转换成线偏光，其中线偏光的振动方向总是在椭圆的"正"外接矩形的某一条对角线上，从而波片的 u、v 轴总是与椭圆的长短轴重合。

（2）$\lambda/2$ 波片。$\lambda/2$ 波片的 $\Delta\varphi$ 等于 π，因此其琼斯矩阵为

$$[\boldsymbol{M}]_{\lambda/2}=\begin{bmatrix}\cos 2\alpha & \sin 2\alpha\\ \sin 2\alpha & -\cos 2\alpha\end{bmatrix}\qquad(4-109)$$

$\lambda/2$ 波片的基本应用有两个：其一是使一个入射线偏振光转变成另一个具有指定偏振方向的线偏振光；其二是改变椭圆偏振光的旋向。

① 改变线偏振光振动方向。

设入射线偏振光 $\boldsymbol{D}=\begin{bmatrix}\cos\theta\\ \sin\theta\end{bmatrix}$，则通过 $\lambda/2$ 波片后出射光 $\boldsymbol{D}'$ 为

$$\boldsymbol{D}'=[\boldsymbol{M}]_{\lambda/2}\begin{bmatrix}\cos\theta\\ \sin\theta\end{bmatrix}=\begin{bmatrix}\cos(2\alpha)\cos\theta+\sin(2\alpha)\sin\theta\\ \sin(2\alpha)\cos\theta-\cos(2\alpha)\sin\theta\end{bmatrix}=\begin{bmatrix}\cos(2\alpha-\theta)\\ \sin(2\alpha-\theta)\end{bmatrix}\qquad(4-110)$$

上式清楚表明 $\boldsymbol{D}'$ 仍为线偏振光，其偏振方向与 x 轴夹角 $\angle\boldsymbol{D}'Ox=2\alpha-\theta$。如果指定 $\angle\boldsymbol{D}'Ox=\theta'$，则有

$$\alpha=\frac{1}{2}(\theta+\theta')$$

换言之，根据已知的 $\boldsymbol{D}$ 偏振方向 θ 和指定的 $\boldsymbol{D}'$ 偏振方向 θ'，立即可以确定 $\lambda/2$ 波片的快轴方向 u 应位于 $\boldsymbol{D}$ 与 $\boldsymbol{D}'$ 角平分线方向处，或者说 $\boldsymbol{D}$、$\boldsymbol{D}'$ 与 u 方向的夹角都是 $\alpha-\theta$，它们相对于 u 轴是对称的。类似地，容易证明，$-\boldsymbol{D}$、$\boldsymbol{D}'$ 与 v 方向的夹角都是 $\pi/2-(\alpha-\theta)$，亦

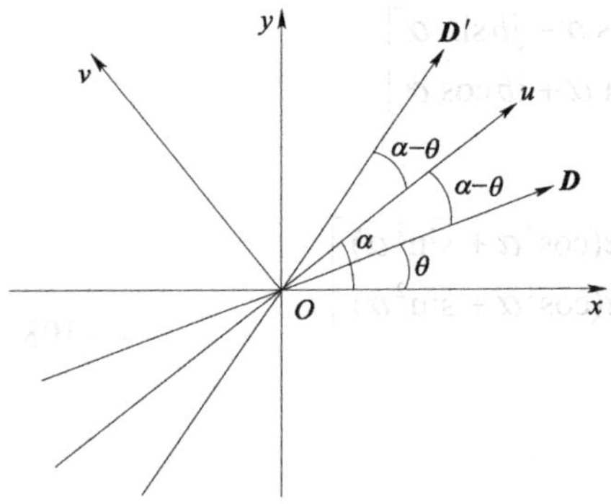

图 4–29　λ/2 波片改变线偏振光振动方向

即 $-\boldsymbol{D}$ 、$\boldsymbol{D}'$ 相对于 v 轴也是对称的。上述方向关系如图 4–29 所示。

② 改变椭圆偏振光旋向。椭圆偏振光的旋向不会因坐标系的转动而转动，故可以在 uv 坐标系中分析。在 uv 坐标系中，$[\boldsymbol{M}]$ 可表达为式(4–105)取 $\alpha=0$ 时的形式，此时：

$$[\boldsymbol{M}]_{\frac{\lambda}{2}uv}=\begin{bmatrix}1 & 0\\ 0 & -1\end{bmatrix}$$

不失一般性，椭圆偏振光可以写成（见式（4–91））

$$\boldsymbol{D}_{uv}=\begin{bmatrix}1\\ A\exp(\mathrm{j}\delta)\end{bmatrix}\text{（其中 }A\text{ 为正实数）}$$

所以出射光为

$$\boldsymbol{D}'_{uv}=[\boldsymbol{M}]_{\frac{\lambda}{2}uv}\cdot\boldsymbol{D}_{uv}=\begin{bmatrix}1\\ A\exp[\mathrm{j}(\delta+\pi)]\end{bmatrix}\tag{4–111}$$

由本章 4.1.3 节知，椭圆偏振光的旋向取决于 $\sin\delta$ 的正负号，由于 $\sin\delta$ 与 $\sin(\delta+\pi)$ 总有相反的正负号，所以 $\boldsymbol{D}'_{uv}$ 与 $\boldsymbol{D}_{uv}$ 一定有相反的旋向。不过应该注意 $\boldsymbol{D}'_{uv}$ 的长短轴大小虽然仍分别与 $\boldsymbol{D}_{uv}$ 的长短轴相同，但是它们的方向却发生了转动，并且转动前后的方向对称于 u、v 轴。

改变旋向的两个常用特例是：当 $\boldsymbol{D}_{uv}$ 为圆偏振光时，$\boldsymbol{D}'_{uv}$ 为相反旋向的圆偏振光；当 $\boldsymbol{D}_{uv}$ 为正椭圆偏振光时，$\boldsymbol{D}'_{uv}$ 为与 $\boldsymbol{D}_{uv}$ 旋向相反但形状相同的椭圆偏振光。上述结论都不难通过计算证明。

3）多个波片级联时的琼斯矩阵

当一个椭圆偏振光相机通过多个（如 N 个）波片后，最后的出射光既可以多次利用式（4–105）逐步计算得到，也可以根据矩阵连乘的结合律，先计算出 N 个琼斯矩阵的乘积，然后将该乘积矩阵作用于入射光。具体地说，乘积矩阵 $[\boldsymbol{M}]$ 可表达为

$$[\boldsymbol{M}]=[\boldsymbol{M}]_N[\boldsymbol{M}]_{N-1}\cdots[\boldsymbol{M}]_1\tag{4–112}$$

其中 $[\boldsymbol{M}]_i$（$i=1,2,\cdots,N$）代表第 i 个波片的琼斯矩阵。出射光 $\boldsymbol{D}_{\text{output}}$ 与入射光 $\boldsymbol{D}_{\text{input}}$ 的关系为

$$\boldsymbol{D}_{\text{output}}=[\boldsymbol{M}]\boldsymbol{D}_{\text{input}}\tag{4–113}$$

应该指出，由于矩阵连乘不符合交换律，所以式（4–112）右端的次序不可随意更改。

4. 理想线偏器对入射光作用的琼斯矩阵表示

由 4.3.1 节的讨论可知，理想线偏器的作用应该是：当线偏器的主方向与 x 轴的夹角（称为线偏器的主方向角）为 α 时，它既能让线偏振光 $\begin{bmatrix}\cos\alpha\\ \sin\alpha\end{bmatrix}$ 无能量损失地通过并保持偏振态不变，又能完全阻挡与 $\begin{bmatrix}\cos\alpha\\ \sin\alpha\end{bmatrix}$ 正交的线偏振光 $\begin{bmatrix}-\sin\alpha\\ \cos\alpha\end{bmatrix}$。

这样，如果用一个 2×2 的矩阵

$$[\boldsymbol{M}]_{\mathrm{P}}=\begin{bmatrix}P_{11} & P_{12}\\ P_{21} & P_{22}\end{bmatrix}$$

来描述理想线偏器的作用，则按其定义有

$$\begin{bmatrix}\cos\alpha\\ \sin\alpha\end{bmatrix}=[\boldsymbol{M}]_{\mathrm{P}}\begin{bmatrix}\cos\alpha\\ \sin\alpha\end{bmatrix}\text{和}\ 0=[\boldsymbol{M}]_{\mathrm{P}}\begin{bmatrix}-\sin\alpha\\ \cos\alpha\end{bmatrix}$$

由此可得

$$[\boldsymbol{M}]_{\mathrm{P}}=\begin{bmatrix}\cos^2\alpha & \sin\alpha\cos\alpha\\ \sin\alpha\cos\alpha & \sin^2\alpha\end{bmatrix} \tag{4-114}$$

这就是理想线偏器作用的矩阵表示形式，有时也称为线偏器的琼斯矩阵。当入射到线偏器上的是椭圆偏振光 $\boldsymbol{D}=(D_x,\ D_y)^{\mathrm{T}}$ 时，出射光

$$\boldsymbol{D}'=[\boldsymbol{M}]_{\mathrm{P}}\cdot\begin{bmatrix}D_x\\ D_y\end{bmatrix}=(D_x\cos\alpha+D_y\sin\alpha)\begin{bmatrix}\cos\alpha\\ \sin\alpha\end{bmatrix} \tag{4-115}$$

特别地，当 $\boldsymbol{D}$ 为偏振方向为 θ 角的偏振光（$D_x=\sqrt{I_P}\cos\theta$，$D_y=\sqrt{I_P}\sin\theta$，其中 I_P 为入射光光强）时，出射光成为

$$\boldsymbol{D}'=\sqrt{I_P}\cos(\theta-\alpha)\begin{bmatrix}\cos\alpha\\ \sin\alpha\end{bmatrix}$$

如果用 $I_A=\boldsymbol{D}'^{\mathrm{T}}\cdot\boldsymbol{D}'^{*}$ 表示出射光光强，则有

$$I_A=I_P\cos^2(\theta-\alpha) \tag{4-116}$$

这是马吕斯定律式（4－89）的推广形式，式中 $\theta-\alpha$ 是入射光偏振方向与线偏振器主方向之间的夹角。

作为特例，线偏器琼斯矩阵 $[\boldsymbol{M}]_{\mathrm{P}}$ 也用于入射光为自然光的情形。如前所述，自然光两个分量（用 $D_{\mathrm{N}x}$ 和 $D_{\mathrm{N}y}$ 表示）的位相差（δ_{N}）随时间随机变化，于是若采用琼斯矢量表示自然光 $\boldsymbol{D}_{\mathrm{N}}$，可以写成

$$\boldsymbol{D}_{\mathrm{N}}=\begin{bmatrix}D_{\mathrm{N}x}\\ D_{\mathrm{N}y}\end{bmatrix}=\sqrt{\frac{I_{\mathrm{N}}}{2}}\begin{bmatrix}1\\ \exp(\mathrm{j}\delta_{\mathrm{N}})\end{bmatrix} \tag{4-117}$$

式中，$I_{\mathrm{N}}=\boldsymbol{D}_{\mathrm{N}}^{\mathrm{T}}\cdot\boldsymbol{D}_{\mathrm{N}}^{*}$ 为自然光光强。

当 $\boldsymbol{D}_{\mathrm{N}}$ 通过主方向角为 α 的理想偏振器时，出射光

$$\begin{aligned}\boldsymbol{D}'&=\begin{bmatrix}\cos^2\alpha & \sin\alpha\cos\alpha\\ \sin\alpha\cos\alpha & \sin^2\alpha\end{bmatrix}\sqrt{\frac{I_N}{2}}\begin{bmatrix}1\\ \exp(\mathrm{j}\delta_{\mathrm{N}})\end{bmatrix}\\ &=\sqrt{\frac{I_{\mathrm{N}}}{2}}[\cos\alpha+\sin\alpha\cdot\exp(\mathrm{j}\delta_{\mathrm{N}})]\begin{bmatrix}\cos\alpha\\ \sin\alpha\end{bmatrix}\end{aligned} \tag{4-118}$$

显然，$\boldsymbol{D}'$ 是电场沿 α 方向振动的线偏振光，其光强

$$\begin{aligned}I'&=\left\{\frac{I_{\mathrm{N}}}{2}[\cos\alpha+\sin\alpha\cdot\exp(\mathrm{j}\delta_{\mathrm{N}})][\cos\alpha+\sin\alpha\cdot\exp(\mathrm{j}\delta_{\mathrm{N}})]\right\}\\ &=\frac{I_{\mathrm{N}}}{2}(1+\sin 2\alpha\langle\cos\delta_{\mathrm{N}}\rangle)=\frac{I_{\mathrm{N}}}{2}\end{aligned} \tag{4-119}$$

式中，$\langle\rangle$ 表示时间平均，推导中利用了 δ_{N} 的随机性所导致的 $\langle\cos\delta_{\mathrm{N}}\rangle=0$。式（4－118）和

式（4－119）两式说明，自然光通过线偏器后成为线偏振光，且光强降为一半。

线偏器琼斯矩阵$[\boldsymbol{M}]_P$也可应用于由多个波片和线偏器组成的级联系统，也就是说，可以认为式（4－112）右端的$[\boldsymbol{M}]_i$既可以是波片的琼斯矩阵，也可以是线偏器的琼斯矩阵。

表 4－4 列出线偏器和常用波片在一些特殊α情形下的琼斯矩阵。

表 4－4　线偏器和波片的琼斯矩阵

u 轴与 x 轴夹角 α	0°	45°	–45°	90°
线偏振器	$\begin{bmatrix}1&0\\0&0\end{bmatrix}$	$\frac{1}{2}\begin{bmatrix}1&1\\1&1\end{bmatrix}$	$\frac{1}{2}\begin{bmatrix}1&-1\\-1&1\end{bmatrix}$	$\begin{bmatrix}0&0\\0&1\end{bmatrix}$
$\frac{\lambda}{4}$ 波片	$\begin{bmatrix}1&0\\0&\mathrm{j}\end{bmatrix}$	$\frac{1}{2}(i+\mathrm{j})\begin{bmatrix}1&-\mathrm{j}\\-\mathrm{j}&1\end{bmatrix}$	$\frac{1}{2}(1+\mathrm{j})\begin{bmatrix}1&\mathrm{j}\\\mathrm{j}&1\end{bmatrix}$	$\begin{bmatrix}\mathrm{j}&0\\0&1\end{bmatrix}$
$\frac{\lambda}{2}$ 波片	$\begin{bmatrix}1&0\\0&-1\end{bmatrix}$	$\begin{bmatrix}0&1\\1&0\end{bmatrix}$	$\begin{bmatrix}0&-1\\-1&0\end{bmatrix}$	$\begin{bmatrix}-1&0\\0&1\end{bmatrix}$

5. 指定偏振态椭圆偏振光的产生

本节 4.3.2 开始即讨论了从自然光产生指定偏振态椭圆偏振光的方法，但当时因尚未介绍波片，故讨论不够具体。这里将比较系统地介绍产生指定偏振态椭圆偏振光的方法，其中一种方法是已讨论过的方法的具体化。

1）线偏器加位相差调节波片方法

该方法适用于入射光为自然光的情形，设指定椭圆偏振光为

$$\boldsymbol{D}=\left[D_{x0}\exp(\mathrm{j}\varphi_{x0}),D_{y0}\exp(\mathrm{j}\varphi_{y0})\right]^{\mathrm{T}}$$

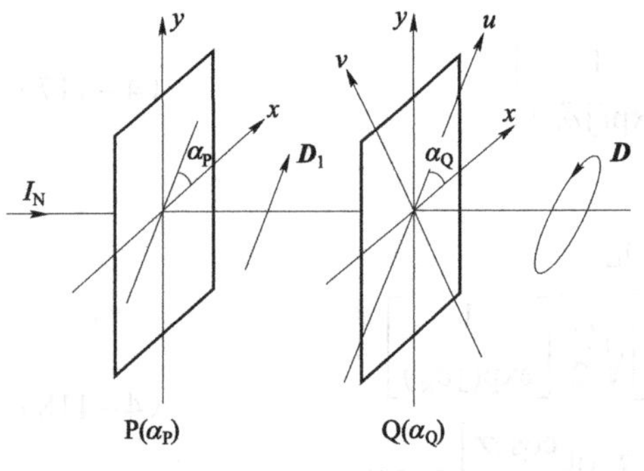

图 4－30　产生指定椭圆偏振光的方法之一

则该方法的光路布置如图 4－30 所示，图中 P 为线偏器，主方向角$\alpha_P=\theta$，且$\theta=\arctan\ (D_{x0}/D_{y0})$，Q 为位相差可调波片，其位相延迟$\Delta\varphi=|\varphi_{y0}-\varphi_{x0}|=|\delta|$；快轴 u 的方向角$\alpha_Q=0(\delta>0)$或$\alpha_Q=\frac{\pi}{2}(\delta<0)$。光强为$I_N$的自然光自左方入射到 P 上，由上节讨论可知，自 P 出射的光为

$$\boldsymbol{D}_1=\sqrt{\frac{I_N}{2}}(\cos\theta,\sin\theta)^{\mathrm{T}}$$

再由式（4－105）取$\alpha=0$或$\pi/2$可算得，自 Q 出射的光为

$$\sqrt{\frac{I_N}{2}}\begin{bmatrix}\cos\theta\\\sin\theta\exp(\mathrm{j}\Delta\varphi)\end{bmatrix}=\sqrt{\frac{I_N}{2}}\cos\theta\begin{bmatrix}1\\\tan\theta\exp(\mathrm{j}\delta)\end{bmatrix}=\sqrt{\frac{I_N}{2}}\cos\theta\begin{bmatrix}1\\D_{y0}/D_{x0}\exp(\mathrm{j}\delta)\end{bmatrix}\quad(\delta>0)$$

或

$$\sqrt{\frac{I_N}{2}}\begin{bmatrix}\cos\theta\exp(\mathrm{j}\Delta\varphi)\\\sin\theta\end{bmatrix}=\sqrt{\frac{I_N}{2}}\exp(\mathrm{j}\Delta\varphi)\cos\theta\begin{bmatrix}1\\D_{y0}/D_{x0}\exp(\mathrm{j}\delta)\end{bmatrix}\quad(\delta<0)$$

显然，该出射光与$\boldsymbol{D}$虽然光强可能不同，但偏振形态是相同的。

2）线偏器加 $\lambda/4$ 波片方法

该方法适用于自然光入射的情形。在没有位相差可调节波片的情况下，也可以用线偏器加 $\lambda/4$ 波片的方法从自然光产生指定椭圆偏振光。虽然这时采用的光路与图 4-30 所示类似，但两个器件的取向需另行计算。

在前面讨论 $\lambda/4$ 波片的应用时曾提出，它能实现从线偏振光到椭圆偏振光的转换，其特点是该线偏振光的偏振方向必须沿椭圆偏振光椭圆的正外接矩形对角线，$\lambda/4$ 波片的 u、v 轴必须沿椭圆的长短轴方向。所有在图 4-30 中，Q 将是一个 $\lambda/4$ 波片，而 α_P、α_Q 则需根据要产生的偏振态 $\boldsymbol{D}$ 来计算。在一般情况下，

$$\begin{aligned}\boldsymbol{D}&=\left[D_{x0}\exp(\mathrm{j}\varphi_{x0}),D_{y0}\exp(\mathrm{j}\varphi_{y0})\right]^{\mathrm{T}}\\&=\exp(\mathrm{j}\varphi_{x0})\left[D_{x0},D_{y0}\exp(\mathrm{j}\delta)\right]^{\mathrm{T}}\end{aligned}$$

的轨迹在 xy 坐标系中是一个倾斜的椭圆，其长、短轴方向与 x、y 轴有一个夹角，如图 4-31（a）（b）所示。图中 γ 角是椭圆长、短轴之一与 x 轴的夹角 $(-\pi/4\leqslant\gamma\leqslant\pi/4)$，$\beta$ 角是一条正外接矩形对角线与上述长、短轴之一之间的夹角 $(0\leqslant\beta\leqslant\pi/2)$。显然，$\tan\beta$ 等于椭圆两主轴长度的比值，当 $\beta<\pi/4$ 时为短、长轴之比，当 $\beta>\pi/4$ 时为长、短轴之比。计算表明，这两个角与 D_{x0}、D_{y0} 之间有如下关系：

$$\gamma=\begin{cases}\dfrac{1}{2}\arctan\left(\dfrac{2D_{x0}D_{y0}\cos\delta}{D^2_{x0}-D^2_{y0}}\right) & (D_{x0}\neq D_{y0})\\ \dfrac{\pi}{4}(\cos\delta>0),-\dfrac{\pi}{4}(\cos\delta<0),\text{任意}(\cos\delta=0) & (D_{x0}=D_{y0})\end{cases}\tag{4-120}$$

$$\beta=\begin{cases}\dfrac{1}{2}\arcsin\left(\dfrac{2D_{x0}D_{y0}\left|\sin\delta\right|}{D^2_{x0}+D^2_{y0}}\right) & (D_{x0}\geqslant D_{y0})\\ \dfrac{\pi}{2}-\dfrac{1}{2}\arcsin\left(\dfrac{2D_{x0}D_{y0}\left|\sin\delta\right|}{D^2_{x0}+D^2_{y0}}\right) & (D_{x0}<D_{y0})\end{cases}\tag{4-121}$$

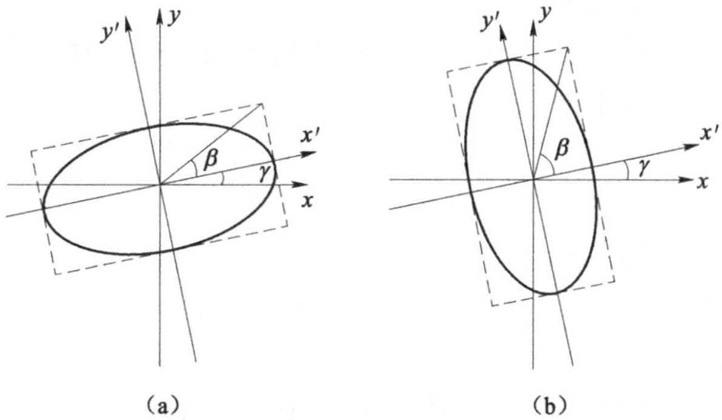

图 4-31 倾斜椭圆的两个方向角

（a）$D_{x0}>D_{y0}$；（b）$D_{x0}<D_{y0}$

由已知参数计算得出 γ 和 β 后，即可用如下公式获得图 4-30 中的线偏器主方向角 α_P 和 $\lambda/4$ 波片 u 轴的方向角 α_Q：

$$\begin{cases}\alpha_{\mathrm{P}}=\beta+\gamma \\ \alpha_{\mathrm{Q}}=\begin{cases}\gamma & (\text{当}\boldsymbol{D}\text{为左旋时}) \\ \gamma-\pi/2 & (\text{当}\boldsymbol{D}\text{为右旋时})\end{cases}\end{cases} \tag{4-122}$$

作为例子，设 $\boldsymbol{D}=\frac{1}{2}[\sqrt{13}, \sqrt{7}\exp(-0.995\mathrm{j})]^{\mathrm{T}}$，则由式（4－120）、式（4－121）两式可得到

$$\gamma=0.523\,5\ \mathrm{rad}=30^{\circ}, \beta=0.463\,8\ \mathrm{rad}=26.57^{\circ}$$

因 $\boldsymbol{D}$ 中的 δ 使 $\sin\delta<0$，为右旋，所以由式（4－122）得到

$$\alpha_{\mathrm{P}}=56.57^{\circ}, \alpha_{\mathrm{Q}}=-60^{\circ}$$

该结果的正确性不难利用图 4－30 的光路和琼斯矩阵计算得到验证。

3）椭圆偏振光之间的转换

本部分讨论的是如何将一直的入射椭圆偏振光 $\boldsymbol{D}_1=[D_{1x0}, D_{1y0}\exp(\mathrm{j}\delta_1)]^{\mathrm{T}}$ 转换成指定椭圆偏振光 $\boldsymbol{D}_2=[D_{2x0}, D_{2y0}\exp(\mathrm{j}\delta_2)]^{\mathrm{T}}$。为解决这一问题，可以利用前面讨论的 $\lambda/4$ 波片的椭圆偏振光与线偏振光互相转换功能以及 $\lambda/2$ 波片的改变线偏振光偏振方向功能，使用两个 $\lambda/4$ 波片和一个 $\lambda/2$ 波片来实现转换。

具体地说，首先利用第一个 $\lambda/4$ 波片把 $\boldsymbol{D}_1$ 转换成线偏振光，然后利用 $\lambda/2$ 波片将该线偏振光方向改变成 $\boldsymbol{D}_2$ 的正外接矩形对角线方向，最后按上一个小节所述，用第二个 $\lambda/4$ 波片将对角线方向的线偏振光转换成椭圆偏振光 $\boldsymbol{D}_2$。

4.3.3 椭圆偏振光的检验

椭圆偏振光的检验包括判断被检光是否是椭圆偏振光以及当被检光是椭圆偏振光时探测椭圆的长短轴方向、大小和旋向。下面介绍一种常用的检验方法，它在假定被检光是椭圆偏振光的情况下按步骤进行，如果在某一步骤中发现不能得到预期结果，则可认为被检光不是椭圆偏振光，而是部分偏振光或者自然光。

该方法利用一个线偏器和一个 $\lambda/4$ 波片，包含两个步骤。

1. 用线偏器测定椭圆长短轴

式（4－115）右端的系数表明，对于一定的入射椭圆偏振光 $\boldsymbol{D}$，当线偏器具有不同主方向角 α 时，出射光 $\boldsymbol{D}'$ 的光强不同，或者说，当线偏器主方向在垂直于光传播方向的平面内旋转时，出射光光强随之变化。为了便于说明如何根据出射光强的变化找到入射椭圆偏振光的长短轴方向，这里设它们为 x'、y' 坐标方向，参见图 4－31。如前所述，在该坐标系中，入射光可表示为 $\boldsymbol{D}'=(a, \mathrm{j}b)^{\mathrm{T}}$，其中 a、b 均为实数，$|a|$ 为 x' 轴方向的椭圆半轴长，$|b|$ 为 y' 轴方向的椭圆半轴长。这时式（4－115）中的 α 是线偏器主方向与 x' 轴的夹角，且 $D_x=a, D_y=\mathrm{j}b$。这样，出射光 $\boldsymbol{D}'$ 的光强

$$I''(\alpha)=|a\cos\alpha+\mathrm{j}b\sin\alpha|^2=(a^2-b^2)\cos^2\alpha+b^2 \tag{4-123}$$

上式表明，只要入射光是偏振光，则除了 a=b 的情况外，改变 α（即旋转线偏器）将使 $I''(\alpha)$ 在 a^2 和 b^2 之间发生周期为 π 的变化，并且分别在 $\alpha=0^{\circ}$ 和 $\alpha=90^{\circ}$ 时达到极值 a^2 和 b^2。若 $I''(\alpha=0)=a^2$ 对应极大值，则 x' 方向（即线偏器主方向）为椭圆长轴方向；若 $I''(\alpha=90^{\circ})=b^2$ 对应极大值，则 y' 方向（即线偏器主方向）为椭圆长轴方向。于是，在旋转线偏器的过程中，

出现I''极大值或极小值时，便代表了x'或y'方向。为了确定，这里规定两个方向中与x轴的夹角绝对值不大于45°者为x'方向，该方向可能是长轴方向，也可能是短轴方向，如图 4－31（a）（b）所示。当然，γ的值（$-45°\leqslant\gamma\leqslant 45°$）也随之确定。如果线偏器旋转过程中$I''$保持恒定，则说明$I''$与$\alpha$无关。由式（4－123）立即可知$a=b$，入射光是圆偏振光。

当然，若入射光是部分偏振光或者自然光，在旋转线偏器时也可能观察到出射光光强周期性变化或保持恒定的现象。所以，仅根据步骤 1 结果尚不能判定入射光是否为偏振光。

2. 用$\lambda/4$波片和线偏器确定β角和旋向

虽然根据式（4－123）可以确定$I''(\alpha)$的极大值和极小值来获得a^2和b^2，进而求出图中的β ($\beta=\arctan|b/a|$)，但这要求光强或相对光强能被准确测量。为了避免这一要求，这里介绍用$\lambda/4$波片加线偏器来测定β和旋向的方法。由前一步骤测出图 4－31 中的x'、y'轴方向（γ角）后，在线偏器的前方插入一个快轴方向沿x'轴的$\lambda/4$波片。因为在$x'y'$坐标系中，该波片的$\alpha=0°$，当被检光$\boldsymbol{D}=(a,\mathrm{j}b)^{\mathrm{T}}$通过该$\lambda/4$波片后，出射光在$x'y'$坐标系的表达式为

$$\boldsymbol{D}'''=\begin{bmatrix}1 & 0\\ 0 & \mathrm{j}\end{bmatrix}\begin{bmatrix}a\\ b\mathrm{j}\end{bmatrix}=\begin{bmatrix}a\\ -b\end{bmatrix} \tag{4-124}$$

考虑到a、b均为实数，故$\boldsymbol{D}'''$为线偏振光，并且其偏振方向与x'轴夹角$\beta=\arctan|b/a|$，再有，当a、b同号时，该线偏振光的振动方向在$x'y'$坐标系中的二、四象限内；当a、b异号时，振动方向在一、三象限内。于是，利用位于$\lambda/4$波片后面的可选线偏器测出$\boldsymbol{D}'''$振动方向与x'轴的夹角β以及该振动方向所在的象限，便可同时确定β和旋向，如图 4－32 所示。具体地说，如果测得$\boldsymbol{D}'''$振动方向为图中$\overrightarrow{OA}$方向（$x'y'$系的二、四象限），则除了获得β外还得知a、b同号，即入射椭圆偏振光$\boldsymbol{D}$是左旋的。如果测得$\boldsymbol{D}'''$振动方向为$\overrightarrow{OB}$方向（$x'y'$系的一、三象限），则同样可以获得β，并得知a、b异号，即入射椭圆偏振光$\boldsymbol{D}$是右旋的。

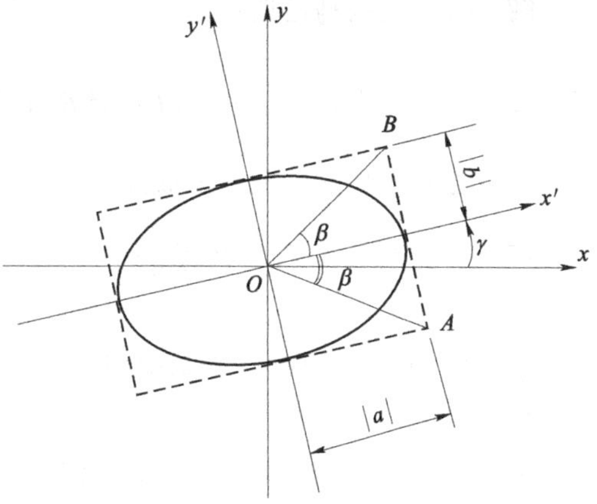

图 4－32 椭圆偏振光的检验

例如，当被检光是上一小节的$\boldsymbol{D}=\dfrac{1}{2}[\sqrt{13},\sqrt{7}\exp(-0.995\mathrm{j})]^{\mathrm{T}}$时，在步骤 1 中将得到$\gamma=30°$，而在步骤 2 中将得到$\beta=26.57°$，即$|b/a|=\tan\beta=1/2$，并且$\boldsymbol{D}'''$振动在$x'y'$坐标系中的一、三象限内，即$a$、$b$异号，$\boldsymbol{D}$右旋。

作为验证，下面把测得的γ、β和旋向表示成xy坐标系中的偏振光琼斯矢量。首先根据步骤 2 的测量可知，被检光在$x'y'$坐标系中的表达式$\boldsymbol{D}'=(a,\mathrm{j}b)^{\mathrm{T}}=a(1,\mathrm{j}b/a)^{\mathrm{T}}=a(1,-\mathrm{j}\tan\beta)^{\mathrm{T}}$，其中因一侧的$a$、$b$异号（右旋），且$\tan\beta>0$，故取已知$b/a=-\tan\beta$。然后，通过将坐标系旋转$\gamma$，把$\boldsymbol{D}'$表示成$xy$坐标系中的琼斯矢量$\boldsymbol{D}_M$：

$$\boldsymbol{D}_M=\begin{bmatrix}D_{Mx}\\ D_{My}\end{bmatrix}=\alpha\begin{bmatrix}\cos\gamma & -\sin\gamma\\ \sin\gamma & \cos\gamma\end{bmatrix}\begin{bmatrix}1\\ -\mathrm{j}\tan\beta\end{bmatrix}=\alpha\begin{bmatrix}\cos\gamma+\mathrm{j}\sin\gamma\tan\beta\\ \sin\gamma-\mathrm{j}\cos\gamma\tan\beta\end{bmatrix}$$

再把$\gamma=30°$和$\tan\beta=1/2$代入上式，即可得

$$\frac{D_{My}}{D_{Mx}}=\sqrt{\frac{7}{13}}\exp(-0.995j)$$

显然，在不考虑光强时，测得的椭圆偏振光偏振态正是被检光$\boldsymbol{D}$的偏振态。

上述椭圆偏振光检验方法的一个缺点是，在步骤1用线偏器确定椭圆长短轴方向角的过程中，由于光强$I''(\alpha)$在极值附近随α的变化缓慢，影响了γ值的测定精度。为此需反复执行步骤1和步骤2，用逐步逼近的方法确定γ值。其中所利用的原理是，当步骤2中的$\lambda/4$波片快慢轴和椭圆长短轴不重合时，透射光不再是线偏振光，从而在旋转其后的偏振器时将找不到能产生零光强的位置，而逐步逼近的过程是通过小角度地改变$\lambda/4$波片的α，直到其后线偏器能在旋转过程中探测到零光强。这时$\lambda/4$波片的α对应着γ，同时也完成了步骤2中的β测量。如果被检光是部分偏振光，则无论如何转动$\lambda/4$波片和检偏器，都不能探测到零光强。

例 4.1 三个理想的线偏器相叠合，每片透过方向相对前一片顺时针旋转30°，自然光强度为I_0，入射并穿过线偏器堆后，光强变为多少？若将最后的线偏器换为一个$\lambda/4$波片（快轴方向与原线偏器主方向相同），出射光强变为多少？

解：（1）根据马吕斯定律，自然光波通过第一片偏振片，光强衰减为$I_1=\frac{I_0}{2}$，再通过后面两块偏振片，出射光强$I_{out}=I_1\cos^2\theta_1\cos^2\theta_2=\frac{I_0}{2}\cos^4 30°=\frac{9}{32}I_0$。

（2）若将最后的偏振片换成波片，由于波片仅改变偏振光波偏振态而不改变其光强，因此$I_{out}=I_1\cos^2\theta_1=\frac{I_0}{2}\cos^2 30°=\frac{3}{8}I_0$。

例 4.2 如何区分部分椭圆偏振光和部分线偏振光？请列出所需光学元件，画出光路图，并分析说明。

解：使用线偏器和$\lambda/4$波片实现检验区分，分两步。先用线偏器找出其光强最大、最小位置。对于部分线偏振光，其光强最大值处为其中线偏振光成分振动方向；对于部分椭圆偏振光，光强最大值处为其椭圆偏振光成分长轴处。第二步再借助$\lambda/4$波片区分。光路如图4-33所示。

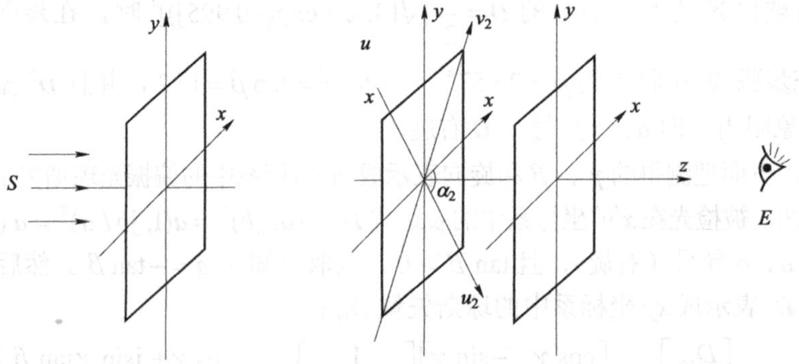

图 4-33 例 4.2 图

对于部分线偏振光：第一步线偏器旋转，光强明暗变化，但无消光，其光强最大值处为其中线偏振光成分振动方向；加入 $\lambda/4$ 波片并令其快慢轴对准光强最大、最小处，此时不管是线偏振光成分还是自然光成分都无变化，再用线偏器检验，输出光强明暗变化，无消光，且输出光强最大、最小值方向无变化。

对于部分椭圆偏振光：线偏器旋转，光强明暗变化，但无消光，光强最大值处为其椭圆偏振光成分长轴处；加入 $\lambda/4$ 波片并令其快慢轴对准光强最大、最小处，此时其中自然光成分无变化，椭圆偏振光成分转化为其外接矩形对角线方向的线偏振光。再用线偏器检验，输出光强明暗变化，无消光，且输出光强最大、最小值方向有变化。

4.4　偏振光的干涉

4.4.1　概述

偏振光干涉是一种特殊的双光束干涉，其特殊性在于：

（1）双光束干涉由两束光的叠加产生，而偏振光干涉则由同一束光的两个正交线偏振成分在某一方向上的分量叠加产生。

（2）双光束干涉两束光之间的位相差（或光程差）由各自的光路不同造成，而偏振光两个干涉成分之间的位相差由同一束光经历的各向异性过程（例如通过一个各向异性晶体平板或者在两各向同性媒质界面处的全反射等）造成。

由于上述特点，偏振光干涉的两个干涉成分基本上甚至完全是共光路的，因而其干涉效果（输出光强或光强分布）不容易受振动和气流等环境因素的干扰；此外，它不需要一般双光束干涉装置中的分束和合束器件，但需要以偏振光作为输入（必要时用起偏器产生），而且为了使经过各向异性过程后的两个正交分量投影到同一个方向上，还需要在最后输出之前设置线偏器。

同双光束干涉相似，偏振光干涉也含有三个要素，即输入光特征（偏振态）、各向异性过程引入的位相差（光程差），以及输出干涉场的光强分布。相应地，其各种应用也都可以归结为由其中两个要素来求或控制第三个要素。前一节用 $\lambda/4$ 波片和线偏器检验椭圆偏振光的步骤 2 即可认为是偏振光干涉的一个应用例子，其中被检光是输入，各向异性过程由 $\lambda/4$ 波片产生（已知），最后输出的干涉场光强（该例中要求为零）也是已知的。所以这是一个由已知位相差和干涉场光强求取输入光偏振态的特定例子。在下一节（4.5 节）中，将看到通过调节已知输入光的各向异性过程来控制干涉场光强的应用例子。

本节将集中讨论如何由已知的输入光和测得的干涉场强度（及其分布）来推断各向异性过程的参量，例如光路中一个波片的快慢轴方向和位相延迟差，其实用例子可参见后面的 4.5.1 节。

偏振光干涉可按输入光是平行光束还是会聚光束而分成平行偏振光干涉和会聚偏振光干涉，前者主要用于测定波片（光轴平行于表面的单轴晶体平板）的光学参数，后者主要用于测定光轴基本垂直于表面的单轴晶体平板的参数。

4.4.2 平行偏振光干涉

1. 基本装置及其分布

平行偏振光干涉的基本装置如图 4－34 所示。该装置主要用于测定待测波片 Q 的快轴方向角 α 和慢、快轴方向上的位相差延迟 $\Delta\varphi$。图中 S 是入射平行光，P_1 是主方向角为 0° 的线偏器（起偏器），P_2 是主方向角为 90° 的线偏器（检偏器）。观察者位于 E 处，一般应对焦于 Q 所在的平面，观看其上的干涉场。若需定量记录干涉场光强，则在 E 处应代之以一个光学系统，把 P_2 射出的光聚焦到一个光电探测器上，或者，当 Q 表面各处的光强不同时，应使用一个光学成像系统，使 Q 成像在一个面阵探测器上，实现“全场”测量。

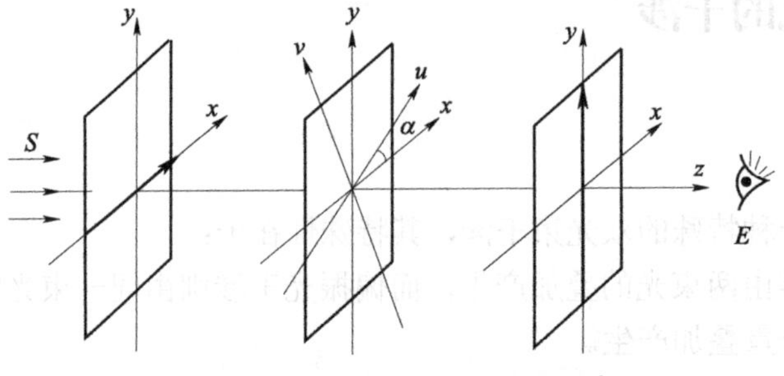

图 4－34 平行偏振光干涉的基本装置

该装置的输入光是自 P_1 出射的线偏振平面光波，设其为 $\boldsymbol{D}_1 = D_{10}(1,0)^{\mathrm{T}}$，输出光 $\boldsymbol{D}_2$ 应为

$$\begin{aligned}\boldsymbol{D}_2 &= [\boldsymbol{M}]_{P_2} \cdot [\boldsymbol{M}]_{Q} \cdot \boldsymbol{D}_1 \\ &= \begin{bmatrix} 0 & 0 \\ 0 & 1 \end{bmatrix} \cdot \begin{bmatrix} \cos^2\alpha + \sin^2\alpha\exp(\mathrm{j}\Delta\varphi) & \sin\alpha\cos\alpha[1-\exp(\mathrm{j}\Delta\varphi)] \\ \sin\alpha\cos\alpha[1-\exp(\mathrm{j}\Delta\varphi)] & \sin^2\alpha + \cos^2\alpha\exp(\mathrm{j}\Delta\varphi) \end{bmatrix} \\ &= -\mathrm{j}D_{10}\sin\frac{\Delta\varphi}{2}\sin(2\alpha)\exp\mathrm{j}\frac{\Delta\varphi}{2}\begin{bmatrix} 0 \\ 1 \end{bmatrix}\end{aligned} \tag{4-125}$$

输出光光强为

$$I_2 = I_1\sin^2\frac{\Delta\varphi}{2}\sin^2(2\alpha) \tag{4-126}$$

式中，$I_1 = D_{10}^2$ 为输出光光强。可以看出，如果测得 I_2/I_1 便可求得 $\sin^2\dfrac{\Delta\varphi}{2}\sin^2 2\alpha$ 的值，但无法分别获得 $\Delta\varphi$ 和 α 的信息。为了将这两个信息分离，可以绕 z 轴旋转 Q 直到 I_2 达到极大值，此时必然有 $\alpha = 45^\circ$ 或 -45°，$\sin^2\dfrac{\Delta\varphi}{2} = I_2/I_1$，由此便同时获得了 Q 的 u、v 轴方向的 $\Delta\varphi$ 的信息。但因 α 值的正负号位置而不能区分 u 轴和 v 轴，不过在规定了 u 轴为快轴的前提下，$\Delta\varphi$ 的取值范围为 $[0,\pi]$，其值便可由 $\sin^2\dfrac{\Delta\varphi}{2}$ 唯一确定。

图 4－34 所示装置中的 P_1 和 P_2 主方向相互正交，常称作“正交尼科耳”装置。如果把 P_2 的主方向角从 90° 变为 0°，变成与 P_1 主方向平行，则称作“平行尼科耳”装置，这时的输出 I_2' 应该与 I_2 有“互补”关系，即 $I_2 + I_2' = I_1$，或者

$$I_2' = I_1\left(1-\sin^2\frac{\Delta\varphi}{2}\sin^2 2\alpha\right) \tag{4-127}$$

当$\alpha=\pm45°$时，I_2'达极小值。由此也可获得 Q 的 u、v 轴方向和$\Delta\varphi$的信息。

如前所述，定量测定输出光光强需要一套适合的探测装备，比较麻烦。为此有时使用白光光源来产生入射光 S，利用$\Delta\varphi$对波长的强烈依赖关系（晶体各向异性对$\boldsymbol{D}_1$两个分量直接引入的是光程差ΔL，即使不考虑晶体的折射率色散，也会因$\Delta\varphi=\frac{2\pi}{\lambda_0}|\Delta L|$而使同样的$\Delta L$对于不同的波长产生不同的$\Delta\varphi$），使从 E 处看上去波片 Q 上的干涉场呈现彩色。具体地说，将上述$\Delta\varphi$代入式（4－126）和式（4－127），并通过旋转 Q 使得$\alpha=45°$或$-45°$，得到

$$I_2 = I_1\sin^2\left(\frac{\pi}{\lambda}\Delta L\right)=\frac{1}{2}I_1\left[1-\cos\left(\frac{2\pi}{\lambda}\Delta L\right)\right]$$

$$I_2' = I_1\left[1-\sin^2\left(\frac{\pi}{\lambda}\Delta L\right)\right]=\frac{1}{2}I_1\left[1+\cos\left(\frac{2\pi}{\lambda}\Delta L\right)\right] \tag{4-128}$$

注意到式（4－128）与第 3 章 3.3.3 节中I_B、I_A的表达式一致，不难发现白光偏振光干涉场的颜色与白光双光束薄膜干涉时产生的颜色相同，正交尼科耳装置干涉场颜色随光程差的变化遵从“黑色中心牛顿色序”（B 型干涉光）规律；平行尼科耳装置干涉场颜色随光程差的变化遵从“白色中心牛顿色序”（A 型干涉光）规律。这一现象称为“色偏振”，利用它即可借助用眼睛观察到的干涉场颜色直接半定量地判断光程差ΔL。

由上述讨论可见，采用图 4－34 的基本装置测量波片 Q 的特性参数时，若使用单色光源，则需要旋转 Q 以找到输出光强极大或极小位置，这对于快慢轴方向“均匀”（α不随 Q 表面上的位置改变）的波片 Q 来说比较容易实现，但对于不同位置处有不同快慢轴方向的非均匀波片来说，只能逐个位置地找出快慢轴方向并测量$\Delta\varphi$，不能同时实现“全场”测量，这是很不方便的。若使用白光光源，即使α不等于$\pm45°$，也不会改变各个波长成分的相对强度关系，但不同位置处可能因α不同而使干涉场的绝对强度有所不同（起因于I_2、I_2'表达式中的系数$\sin^2(2\alpha)$），这将严重影响颜色的判断，造成很大的光程差测量误差。所以，这种基本装置不适用于波片快慢轴方向不均匀的情形。

不过，从式（4－126）也可以发现，如果$\alpha=0°$或$90°$，则不论$\Delta\varphi$如何，也不论是单色光入射还是白光入射，都有$I_2=0$。所以当 Q 的快慢轴不均匀时，在正交尼科耳装置的干涉场中可能出现一些光强为零的轨迹线，只要能判断它们并非因$\Delta\varphi=0$造成，那么必定是因为 Q 的快慢轴方向之一平行于P_1的主方向（即$\alpha=0°$或$90°$）。直观地看，这时P_1产生的线偏振光通过波片 Q 后不会改变偏振态，于是不能通过其主方向与P_1正交的线偏器P_2，出射光光强为零。上述零光强轨迹线一般称作“等倾线”（指 Q 快轴的倾角相同的轨迹）或“主同消色线”。等倾线可以用来判断 Q 快慢轴去向的不均匀情况；等倾线处$\alpha=0°$或$90°$，其形状大致说明了波片各处α的变化情况，干涉场中出现多条等倾线时，相邻等倾线之间的距离表明了α的变化剧烈程度。

2. 平行圆偏振光干涉

由上面的讨论可知，当波片 Q 的快轴方向角α不均匀分布，即随干涉场中位置的不同而

不同时，不能同时对 Q 的 $\Delta\varphi$ 分布进行全场测定。其原因在于，式（4-126）和式（4-127）所示的输出光光强 I_2、I_2' 同时包含了 $\Delta\varphi$ 和 α 两个参量。可以认为 I_2、I_2' 与 α 有关是因为输入光是线偏振光造成的，线偏振光振动方向与波片快慢轴方向之间的特定夹角必定将反映到输出光光强中。所以，如果能设计一个令输入光与波片快慢轴之间没有特定夹角关系的偏振光干涉装置，便可期望输出光光强只与 $\Delta\varphi$ 有关而与 α 无关。

圆偏振光干涉装置就是根据上述考虑设计的，其中使射入波片的输入光不再是线偏振而是圆偏振的，从而排除了上述的特定夹角关系。该装置如图 4-35 所示，其中 P_1、Q、P_2、E 的布局与图 4-34 的基本装置布局（正交尼科耳）完全相同，不同之处在于在 P_1 与 Q 之间插入了一个 $\alpha_1=45^\circ$ 的 $\lambda/4$ 波片 Q_1，在 Q 与 P_2 之间插入了一个 $\alpha=-45^\circ$ 的 $\lambda/4$ 波片 Q_2。这样，入射到 Q 上的将是一个圆偏振光（右旋）：

$$[\boldsymbol{M}]_{Q_1}\cdot D_{10}\begin{bmatrix}1\\0\end{bmatrix}=\frac{1+j}{2}\begin{bmatrix}1 & -j\\-j & j\end{bmatrix}D_{10}\begin{bmatrix}1\\0\end{bmatrix}=D_{10}\frac{1+j}{2}\begin{bmatrix}1\\-j\end{bmatrix}$$

从 P_2 出射的最后输出光 D_3 为

$$\begin{aligned}D_3&=[\boldsymbol{M}]_{P_2}\cdot[\boldsymbol{M}]_{Q_2}\cdot[\boldsymbol{M}]_{Q}\cdot D_{10}\frac{1+j}{2}\begin{bmatrix}1\\-j\end{bmatrix}\\&=jD_{10}\sin\frac{\Delta\varphi}{2}\exp[j(\Delta\varphi/2-2\alpha)]\begin{bmatrix}0\\1\end{bmatrix}\end{aligned}$$

输出光光强为

$$I_3=I_1\sin^2\left(\frac{\Delta\varphi}{2}\right)\tag{4-129}$$

正如所料，在图 4-35 所示的圆偏振光干涉布局下，输出光光强不再与 α 有关，从而不必对 Q 做任何旋转，便可实现 $\Delta\varphi$ 的全场测量。当然，也正是因为 I_3 与 α 无关，图 4-35 装置不能测定 Q 的快慢轴方向，但在测得 $\Delta\varphi$ 后，不难利用图 4-34 基本装置由式（4-126）求出 α 的分布。

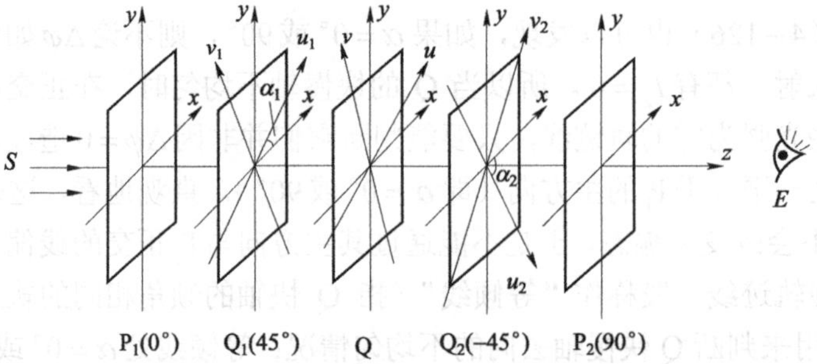

图 4-35　平行圆偏振光干涉的装置

如果波片具有均匀的厚度 d，则获知 $\Delta\varphi$ 后便可由 $\Delta\varphi=\frac{2\pi}{\lambda_0}|n_e-n_o|d$ 求出波片晶体的 $|n_e-n_o|$ 分布。

4.5　人为双折射

非晶体媒质的分子结构是无规律的，呈现光学的各向同性。可以设想，如果对它们施加具有方向性的外界作用，例如加上定向的机械力或电磁场，可能使其结构出现方向性，从而呈现光学各向异性。类似地，对各向同性晶体或各向异性晶体施加有方向性的外界作用，也可能产生或改变双折射性质。这些现象称为“人为双折射”或“感生双折射”。

4.3.1 节介绍的人造偏振片利用了人为双折射现象。机械力使塑料膜的长分子定向排列，对不同振动方向的光波呈现了不同的吸收性质。本节将讨论的人为双折射不产生明显的二向色性，主要产生折射率的各向异性。

显然，人为双折射产生的双折射或双折射性质变化与外界作用的性质和大小有密切关系，因此测定这种双折射的大小或变化可以推断外界作用的性质和大小。反之，通过控制外界作用，可以产生所需要的双折射，从而实现透射光束偏振态或光强的调节。这些功能使人为双折射获得了广泛应用。

下面分别介绍机械力、电场和磁场产生的人为双折射，并举例说明它们的用途。

4.5.1　应力双折射（光弹性效应）

由外加机械力产生双折射现象称为“应力双折射”或“光弹性效应”。

实验发现，在一块柱体玻璃的上、下表面施加均匀压力或拉力时，玻璃将呈现类似于单轴晶体的光学性质，光轴方向与外力方向平行，折射率差(n_e-n_o)与玻璃受到的应力成正比。若外力为 $\boldsymbol{F}$，规定施加拉力时 $F>0$，施加压力时 $F<0$，玻璃柱体的上、下表面都是面积为 $a\times d$ 的矩形（图 4－36），则有

$$n_e-n_o=C'_B\cdot\frac{F}{ad} \tag{4-130}$$

式中，C'_B 为一个大于零的物质常数，$\dfrac{F}{ad}$ 为玻璃的内应力。当单色平面波沿 z 方向通过该玻璃后，两个振动分量成分之间被引入位相差$\Delta\varphi$：

$$\Delta\varphi=\frac{2\pi}{\lambda_0}d(n_e-n_o)=2\pi\frac{C'_B}{\lambda_0}\cdot\frac{F}{a} \tag{4-131}$$

常常把 C'_B/λ_0 写成 C_B，称为媒质的“光弹性系数”或“布儒斯特常数”，它与波长 λ_0 有明显的关系。

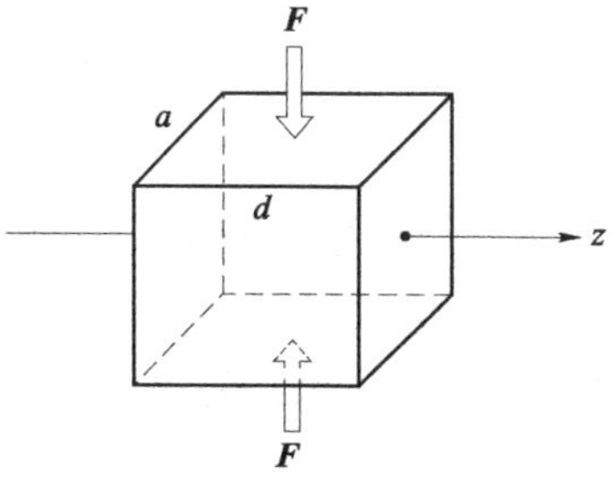

图 4－36　应力双折射

式（4－130）和式（4－131）说明，当玻璃受到拉力时，$n_e-n_o>0$，相当于正单轴晶体；当玻璃受到压力时，相当于负单轴晶体。

退火不均匀造成装夹不良的光学玻璃或元件内部存在应力，呈现不希望的双折射。例如对着普通光源观察夹在两块正交偏振片之间的塑料三角板，可以看到由应力产生的彩色干涉图形，说明该三角板存在内应力。应力双折射也有可以利用的方面。机械设备中的一些零部件在承受负荷时，将产生分布复杂的内应力，很难用一般方法测定。“光测弹性学”就是

研究利用应力双折射测定内应力的技术。其基本方法是，选用C_B比较大（可以比玻璃的C_B大10倍左右）的可塑性光学材料制作机械零部件的模型，并对它施加模拟的负荷，然后用偏振光干涉等方法测定内部的折射率差分，进而根据折射率差与应力关系推算内应力分布。

4.5.2 电致双折射（电光效应）

由电场产生的人为双折射称为“电致双折射”或“电光效应”。不少无机和有机的晶体能产生明显的电光效应。这里以单轴晶体的电光效应为例予以介绍。电光效应可分成一次电光效应和二次电光效应两大类。

1. 一次电光效应（普克尔斯（Pockels）效应）

沿某些单轴晶体的光轴方向施加外电场后，可以使沿光轴传播的光波获得两振动分量之间的位相差，这称作“纵向普克尔斯效应”。由于产生的折射率差与电场强度成正比关系，故又称“一次电光效应”或“线性电光效应”。所有能发生压电效应的晶体都显示较明显的普克尔斯效应。除表4-5中列出的一些晶体外，钽酸锂、铌酸钡等也有明显的普克尔斯效应。

表4-5　几种晶体的电光系数和半压电波（$\lambda_0=546.1\ \text{nm}$）

物　质	r_{63}/（$\times10^{-12}\ \text{mV}^{-1}$）	n_0	$V_{\lambda/2}$/kV
磷酸二氢铵（ADP）	8.5	1.526	9.2
磷酸二氢钾（KDP）	10.5	1.51	7.6
砷酸二氢钾（KDA）	～10.9	1.57	～6.2
磷酸二氘钾（KD*P）	～26.4	1.52	～3.4

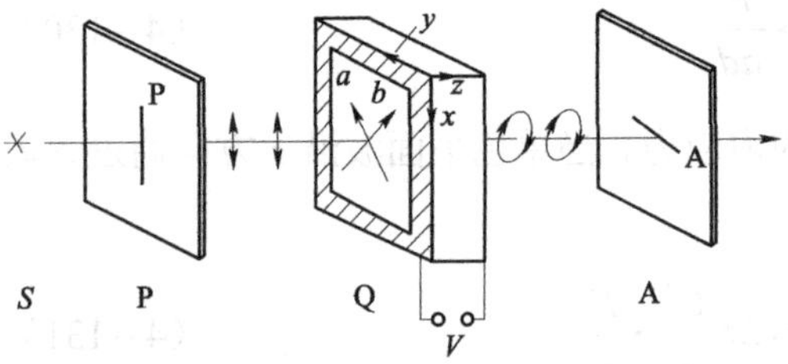

图4-37　纵向普克尔斯效应

图4-37所示为观察该效应的简单装置。图中的晶体Q有三个互相正交的主轴方向x、y、z，其中x是光轴，通过晶体面端面的透明电极，加上纵向的外界电场$\boldsymbol{E}$。理论和实验都表明，这时晶体对沿a方向和b方向振动的光波分量呈现不同的折射率。其中a与b共面，并且分别与x、y轴成45°。折射率差为n_a-n_b，与电场强度的关系可以表示为

$$n_a-n_b=n_o^3r_{63}E \tag{4-132}$$

式中，n_o为未加电场时的寻常折射率；r_{63}为一个有色散的物质常数，称作“线性电光系数”。集中晶体的r_{63}值（对$\lambda_0=546.1\ \text{nm}$的汞绿线的测定值）列在表4-5中。由式（4-137）可求得，单色平面波通过厚度为d的晶体后，两个振动分量获得的位相差为

$$\Delta\varphi=\frac{2\pi}{\lambda_0}(n_a-n_b)d=\frac{2\pi}{\lambda_0}n_o^3r_{63}V \tag{4-133}$$

式中，V是为产生电场$\boldsymbol{E}$而加在晶体两端面的电压。能产生π位相差的电压称为“半波电压”，用$V_{\lambda/2}$表示，容易得到

$$V_{\lambda/2}=\frac{\lambda_0}{2n_o^3 r_{63}} \tag{4-134}$$

表 4－5 也列出了一些晶体的半波电压。$V_{\lambda/2}$ 值越小，表示晶体的普克尔斯效应越显著。为了以较小的电压产生较大的位相差，有时把几块晶体“串联”使用。当这些晶体的三个主轴互相平行时，各晶体产生的位相差将互相叠加。

图 4－38 画出了这种“串联”光路。

利用普克尔斯效应可以制作光开关，由电信号控制光能否通过开关。在图 4－37 中，令起偏器 P 和检偏器 A 的主方向分别与 x、y 轴平行，则当 $V=0$ 时入射光不能通过这个系统。但是当 $V=V_{\lambda/2}$ 时，晶体相当于一块主方向沿 a、b 轴的 $\lambda/2$ 波片，使入射偏振光的振动方向旋转 $90°$，恰好能无损耗地通过检偏器。磷酸二氘钾（KD*P）的开关响应时间为 $10^{-9}\sim10^{-8}$ s。

普克尔斯效应也可以用于电光调制。上述光开关光路还可以看作 $\alpha=45°$ 的平行偏振光干涉装置（正交尼科耳光路），因此透射光强为

$$I_2=I_1\sin^2\frac{\Delta\varphi}{2}=\frac{1}{2}I_1(1-\cos\Delta\varphi)=\frac{1}{2}I_1\left[1-\cos\left(\frac{2\pi}{\lambda_0}n_o^3 r_{63}V\right)\right] \tag{4-135}$$

于是 I_2 正比于 V 的余弦函数，如图 4－39 所示。在 $V=0$ 和 $V_{\lambda/2}(\Delta\varphi=0和\pi)$ 附近，ΔI_2 近似与 ΔV^2 成正比；在 $V=\frac{1}{2}V_{\lambda/2}(\Delta\varphi=\pi/2)$ 附近，ΔI_2 近似与 ΔV 成正比，如图 4–39 中 Q 点附近的情况。

因此，如果以 Q 点为偏置点，该装置可以把电压信号转化为波形相似的光强信号，实现线性电光调制。实现偏置点 Q 的方法有两种：其一是令信号电压叠加在一个固定的偏置电压 $\frac{1}{2}V_{\lambda/2}$ 之上；其二是利用比较简单的光学手段。由于 V 和 $\Delta\varphi$ 的对应关系，偏置电压可以被偏置为相差代替，为此在邻近晶体处放置一块主方向与 a、b 方向平行的 $\lambda/4$ 波片，它产生的 $\pi/2$ 位相差同样可以使工作点移向 Q 点。KDP 的调制频率可以达到 2.5×10^9 Hz。

图 4－39 的曲线也清楚地显示了该装置的开关作用，当 V 在零与 $V_{\lambda/2}$ 之间突变时，透射光强也在零与极大值间突变。

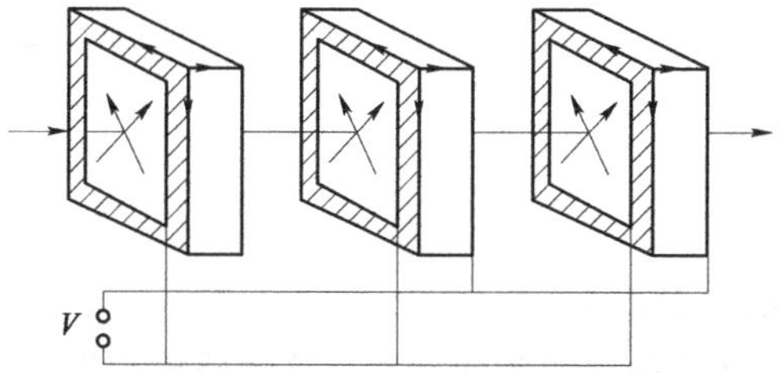

图 4－38　晶体的串联

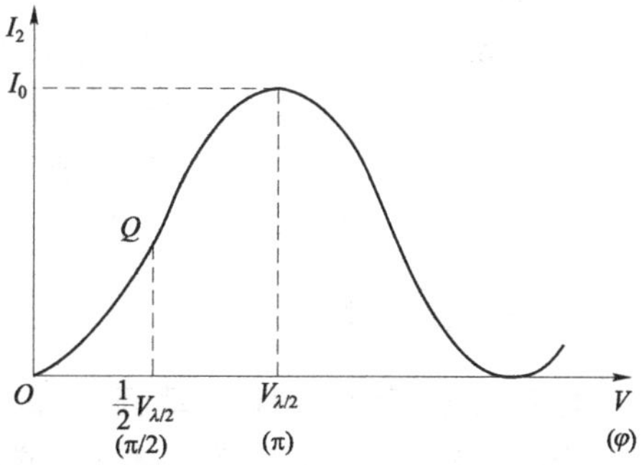

图 4－39　I_2-V 关系曲线

当外加电场方向与光束传播方向垂直时，也能产生一次电光效应，称为“横向普克尔斯效应”。

2. 二次电光效应（克尔（Kerr）效应）

在一些各向同性媒质，特别是某些液体内施加电场，可以使它们呈现单轴晶体的光学各向异性，光轴与电场方向平行，这称为“克尔效应”。因为这样产生的折射率差与电场平方成正比，所以又称为“二次电光效应”。

观察克尔效应的装置如图 4-40 所示。其中 K 是“克尔盒”，内盛有能产生克尔效应的媒质（如硝基苯溶液），并安装了一对形成电场的电极。媒质折射率差与所加电场的关系为

$$n_e - n_o = C'_K E^2$$

式中，C'_K 为一个物质常数，当光波在媒质内经过长度为 d 的均匀电场区域后，两个振动分量的位相差为

$$\Delta\varphi = \frac{2\pi}{\lambda_0} C'_K E^2 \Delta d = 2\pi d C_K E^2 \quad (4-136)$$

式中，$C_K = C'_K / \lambda_0$，称为克尔常数。表 4-6 列出了一些物质的克尔常数。

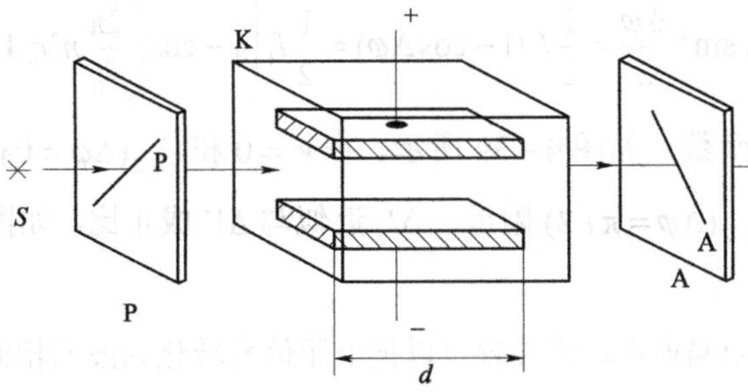

图 4-40　克尔效应装置

表 4-6　几种物质的克尔常数（λ_0=589 nm）

物质	硝基苯	硝基甲苯	水	二硫化碳	氦
C_K /（$m \cdot V^{-2}$）	2.44×10^{-12}	1.37×10^{-12}	5.10×10^{-14}	3.56×10^{-14}	4.40×10^{-16}

与普克尔斯效应类似，也可以把产生 π 位相差的电压称为半波电压，它不仅与物质性质、光波波长有关，还与两个电极板的间距和长度有关。如果硝基苯克尔盒的电极间距为 1 cm，长度为 5 cm，则对钠黄光的半波电压为 2×10^4 V。

在克尔盒前后加上起偏器和检偏器后，也可以用作电光开关和实验电光调制。其优点是响应时间短（10^{-10}～10^{-8} s），缺点是半波电压较高，而且硝基苯有毒易爆。现已发现一些固体的克尔媒质，如铌酸钽钾（KTN）和钛酸钡等。

4.5.3　磁光效应

1. 磁致双折射（柯顿—莫顿（Cotton-Mouton）效应）

当硝基苯、二硫化碳等液体在强磁场内时，也会呈现光学各向异性。这种现象称为“磁致双折射效应”，是“磁光效应”的一种。折射率差与磁场密度 H 的关系是

$$n_e - n_o = C'_C H^2$$

式中，C'_C 为一个物质常数，光波通过后得到的位相差是

$$\Delta\varphi=\frac{2\pi}{\lambda_0}dC_C'H^2=2\pi dC_CH^2 \tag{4-137}$$

式中，d 为光波经过加有磁场的媒质长度，$C_C(=C_C'/\lambda_0)$ 称为柯顿—莫顿系数。对于钠黄光、二硫化碳，C_C 值为 $5\times10^{-9}\ \mathrm{mA^{-2}}$。换言之，当 $H=10^4\ \mathrm{A/m}$，$d=0.1\ \mathrm{m}$ 时，$\Delta\varphi=0.1\pi$。

2. 磁致旋光（法拉第（Faraday）效应）

磁场可以使某些非旋光物质具有旋光性，该现象称为“法拉第效应”或“磁致旋光”，是磁光效应的另一种形式。当线偏振光在媒质中沿磁场方向传播距离 d 后，振动方向旋转的角度

$$\alpha=V_e dB \tag{4-138}$$

式中，B 为磁感应强度；V_e 为物质常数，称为费尔德（Verdet）常数。二硫化碳的 V_e 值约为 $750°/(\mathrm{T\cdot m})$，轻火石玻璃和水的 V_e 值分别为 $528°/(\mathrm{T\cdot m})$ 和 $218°/(\mathrm{T\cdot m})$。

法拉第效应产生的旋光与自然旋光物质产生的旋光有一个重大区别。自然旋光物质有确定的右旋或左旋性质，当光波沿某一方向通过物质时，若振动方向由 α 方向变为 β 方向，则当光波反向通过同一物质时，β 方向的振动将回复到 α 方向。磁致旋光的情况则不同。产生法拉第效应的原因是，外磁场是物质分子的磁矩定向排列，出现了定向旋转的磁矩电流，可以设想，顺着磁矩电流方向旋转的光波电场和逆向旋转的光波电场与物质的作用情况则不同，从而左右旋圆偏振光对应的折射率不同，出现了旋光。然而应该注意，上述作用情况仅仅取决于圆偏振光的电场旋转方向是否与磁矩电流一致，而不取决于它是右旋的还是左旋的，因为后者与光波的传播方向有关。因此，不论光波的传播方向如何，通过磁致旋光媒质时，偏振方向的旋转方向是确定的，它只和磁场方向有关。如果振动方向为 α 的光通过媒质后振动方向变为 β，则振动方向为 β 的光逆向通过该媒质后，振动方向将继续旋转一个角度（$\beta-\alpha$），并不回复到 α 方向。

利用磁致旋光的上述特性，能够制作“光隔离器”。它的功能和电子线路中的二极管相似，可以认为是“光学二极管”。当光波沿某一方向传播时可以通过隔离器，但反向传播的光波将被隔离器阻挡。图 4－41 画出了它的原理装置。其中 P_1 和 P_2 是主方向夹角为 $45°$ 的两个线偏器，M 是有法拉第效应的材料，线圈 L 在其中产生平行于光传播方向的磁场（实际上常常用电磁材料产生所需的强磁场，图中未画出）。当光波自左向右传播时，若磁场的方向和大小适当，可以使通过 P_1 的线偏振方向沿图中箭头旋转 $45°$，射向 P_2 时的偏振方向与 P_2 主方向一致，从而通过整个系统。当光波自右向左传播时，来自 P_2 的线偏振波振动方向仍将沿图中箭头方向旋转 $45°$，结果与 P_1 主方向垂直，光波不能通过该系统。改变加在线圈 L 上的电压极性，使磁场方向翻转，即可改变通光的反向性，即自左向右传播的光不能通过隔离器，而自右向左传播的光波可以通过隔离器。

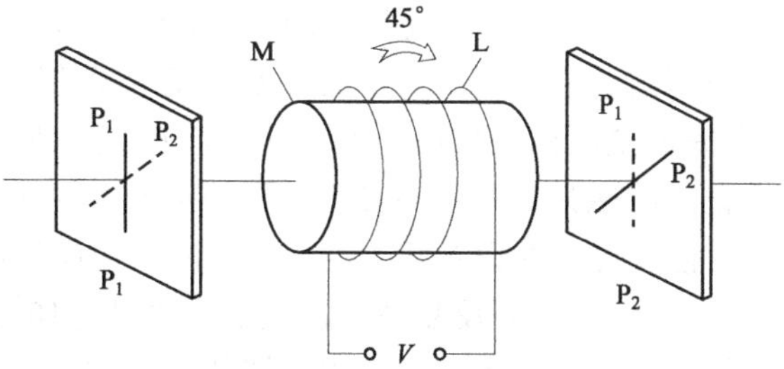

图 4－41　光隔离器

式（4-138）表明，在选定旋光材料后，欲用较小的磁场强度产生预定的旋转角，应该增加光波在材料中经过的长度 d，但这并不意味着一定要增加材料的长度。由于光振动旋转方向仅取决于磁场方向，利用反射镜使光波反复多次经过材料，同样可以达到增加 d 的目的。

3. 克尔磁光效应

克尔磁光效应是指，当一束光偏向一个具有剩余磁矩的媒质（如铁磁材料）表面上时，反射光将变成扁长的椭圆偏振光，椭圆的长轴相对于一般媒质反射光的线偏振方向有一偏转，而且偏转的方向与媒质磁矩的方向有关，如图 4-42 所示。图 4-42（a）中媒质 1 为各向同性材料（如空气或玻璃），媒质 2 为铁磁物质，其剩余磁矩 H_0 的方向向上或向下。当入射光 $\boldsymbol{k}_i$ 为振动方向在入射面内的线偏振光时，反射光 $\boldsymbol{k}_r$ 成为扁长的椭圆偏振光，且其长轴方向偏离入射面。图 4-42（b）所示为迎着 $\boldsymbol{k}_r$ 方向看去的视图，图中 $\boldsymbol{R}$ 位于入射面内，$\boldsymbol{R}_+$是 H_0 方向向上时的反射椭圆偏振光，R_-是 H_0 方向向下时的反射椭圆偏振光。$\boldsymbol{R}_+$和 R_-分别朝相反方向偏离入射面一个角度 θ，而且它们的椭圆偏振光旋向也相反。

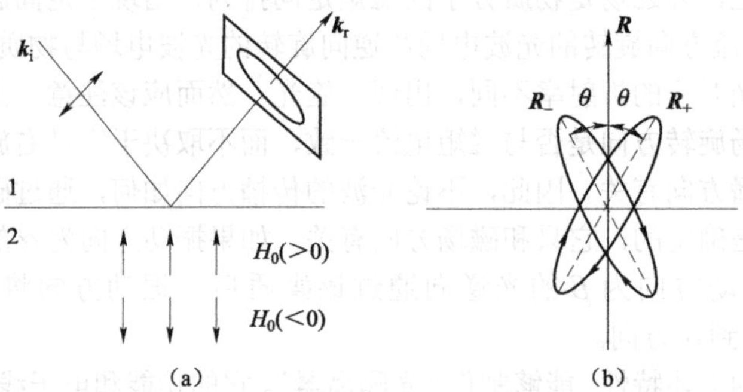

图 4-42　克尔磁光效应

（a）反射椭圆偏振光长轴偏转；（b）偏转方向随剩磁方向变化

克尔磁光效应的一个应用是二进制数字信息存储，如磁光盘。磁光盘由一层具有明显克尔效应的铁磁材料（如扎钴合金）薄膜及其下方的一个圆盘形基底组成。磁光盘的信息存储形式是薄膜上各个位置处的 H_0 有不同方向，例如，H_0 方向向上代表数字“1”，H_0 方向向下代表数字“0”。把数字信息写入（记录）磁光盘的方法是，首先利用方向向下的强外磁场使整个盘的 H_0 都向下，这一过程称为擦除。然后利用一束受开关控制的聚焦激光束沿着一组密集的同心圆轨迹或螺旋形轨迹扫描磁光盘的全部有效面积，同时对磁光盘施加方向向上的中等强度外磁场。其中，激光扫描实际上可像普通光盘或磁盘那样通过在磁光盘旋转的同时缓慢地平移激光束来实现；“中等强度”的外磁场是指，在室温下该磁场不足以使原来向下的 H_0 反向，但对于被聚焦激光束照射的点，由于局部的升温而使薄膜的矫顽磁场下降，从而外磁场将使当地的 H_0 反向。在完成全面积扫描后，磁光盘便以 H_0 方向向上或向下的形式记录了一系列二进制数据。这样记录的磁光盘只要不暴露在强外磁场中便能长期保持不变，但若再次对其进行上述擦除操作，便又可重新记录新的信息。若激光聚焦斑点直径为1 μm 量级，则上述记录密度可达每平方厘米10^8位，而反复擦除，记录次数可达10^5次甚至更多。

磁光盘信息的读出利用了克尔磁光效应。读出装置的机械结构与上述写入装置类似，只是无须施加任何外磁场，并且用于扫描的聚焦激光束也无须控制，在扫描过程中连续照射着磁光盘，只是其强度应稍弱一些，不致造成照射点的明显升温，只要起到图 4－42（a）中入射光的作用即可。读出装置中有一个带线偏器的光电探测器，其中线偏器的主方向与图 4－42（b）中的 $\boldsymbol{R}_{-}$方向正交，于是当扫描到存储了“1”的点时，$\boldsymbol{R}_{+}$可以透过线偏器，使光电探测器有一定的输出信号；但当扫描到存储了“0”的点时，反射的 $\boldsymbol{R}_{-}$光不能通过线偏器，光电探测器输出信号为零。

习　题

4.1　试说明以下几种光波的偏振态：

（1）$D_x=-\sqrt{2}\cos\left(kz-\omega t-\dfrac{\pi}{4}\right)$；$D_y=2\sin\left(kz-\omega t+\dfrac{\pi}{4}\right)$。

（2）$\boldsymbol{D}=\boldsymbol{e}_x D_0\cos(kz-\omega t)+\boldsymbol{e}_y D_0\sin(kz-\omega t)$。

（3）$\begin{cases}\boldsymbol{D}_1=D_0\left[\boldsymbol{e}_x\sin(kz-\omega t)+\boldsymbol{e}_y\cos(kz-\omega t)\right]\\ \boldsymbol{D}_2=D_0\left[\boldsymbol{e}_x\cos(kz-\omega t)+\boldsymbol{e}_y\sin(kz-\omega t)\right]\end{cases}$及 $\boldsymbol{D}_1$、$\boldsymbol{D}_2$ 的合成波。

4.2（1）试分别写出沿 z 方向传播的左、右旋圆偏振波的波函数表达式。假设两波的频率均为 ω，振幅分别为 $D_{L0}=D_0, D_{R0}=2D_0$。

（2）试用琼斯矢量说明上述两圆偏振波叠加后合成波的偏振态，并画图表示。

4.3　一束振动方向与图平面成 45° 的线偏振光波垂直入射到菲涅尔菱形镜（n=1.51）的端面上，如图 4－43 所示。试问经过菱形镜两个斜面反射后，出射光的偏振态如何？

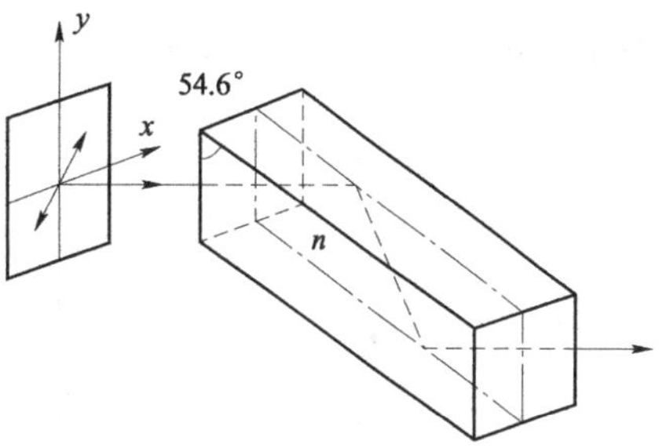

图 4－43　题 4.3 图

4.4　有一椭圆偏振波，其琼斯矩阵为$\left[2, 3\exp(\mathrm{j}\pi/4)\right]^{\mathrm{T}}$。试求与之正交且能量相同的椭圆偏振波的琼斯矩阵，并画图表示这两个波的 $\boldsymbol{D}$ 矢量端点轨迹及旋向。

4.5　试把椭圆偏振波$\begin{bmatrix}3+2\mathrm{j}\\11-3\mathrm{j}\end{bmatrix}$分解成：

（1）两个与 x 轴成 45° 而且相互垂直的线偏振波；

（2）两个旋转方向相反的圆偏振波。

4.6　一束自然光射入空气—玻璃（$n_2=1.54$）界面上。

（1）试讨论在 $0°\leqslant\theta_i\leqslant 90°$ 范围内折、反射光的偏振态；

（2）如果入射角为 57°，试求反射光和折射光的偏振度。

4.7　如图 4－44 所示，一细束平行自然光 B_1 以布儒斯特角 θ_B 射向反射镜 M_1，反射光 B_2 再经反射镜 $M_2(M_2 /\!/ M_1)$ 反射，得到出射光 B_3。如果将 M_2 镜自图示位置开始绕 AA' 轴旋转一周，试问 B_3 的光强将如何变化？何时最强？何时最弱？

4.8　一线偏振平行光细光束 B 垂直入射到平面平行晶板 Q 上，由于双折射，将在屏 $\mathit{\Pi}$ 上形成两个光斑 S_o 和 S_e，如图 4－45 所示。假设入射光强度为 I，偏振方向平行于图平面，晶板的光轴在图平面内，相对晶板表面倾斜一个角度（见图 4－45）。试问：

（1）若将 Q 绕入射光束旋转，两光斑 S_o、S_e 的位置和强度将如何变化？

（2）若 B 是自然光，情况又如何？

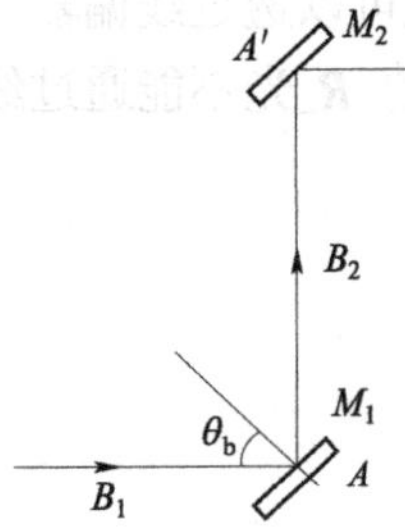

图 4－44　题 4.7 图

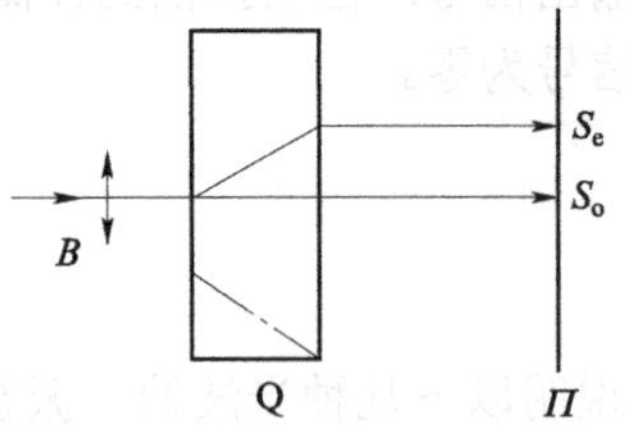

图 4－45　题 4.8 图

4.9　一束平行钠黄光以45°自空气射向方解石晶体（$n_0 = 1.658$，$n_e = 1.486$），假定晶体光轴平行于界面并且垂直于入射面，如图 4－46 所示。

（1）试用折射率面作图法画出晶体内 o 光和 e 光的波矢方向和振动方向。

（2）试求两波矢方向的夹角。

4.10　有一束平行光自空气射向石英晶体。若入射光方向与晶体光轴方向平行，如图 4－47 所示，试问这时是否会发生双折射？

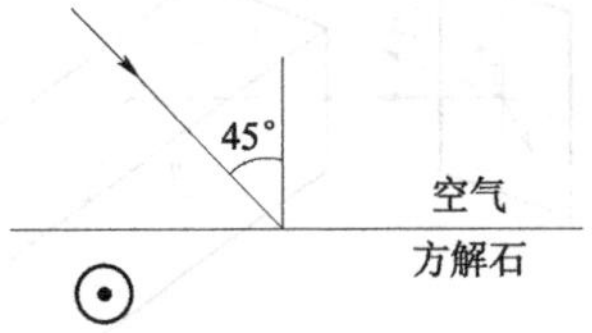

图 4－46　题 4.9 图

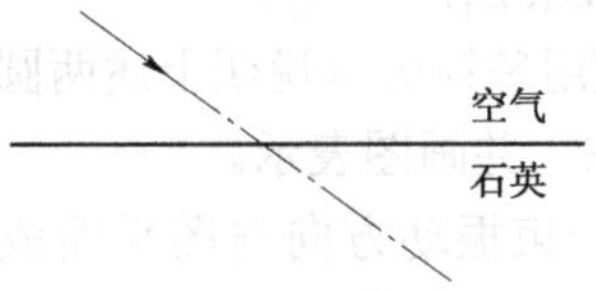

图 4－47　题 4.10 图

4.11　一束细的钠黄光以80°射向一平面平行石英晶板。设晶板光轴垂直于入射面，厚度 d=3 mm。试求：

（1）两束出射光的距离；

（2）o 光与 e 光通过晶板后的位相差。

4.12　图 4－48 所示等腰棱镜由某种单轴晶体制成。假设该棱镜的光轴垂直于图面，顶角 $\alpha = 50°$。测得 o 光和 e 光的最小偏向角分别为：$\delta_o = 30.22°$，$\delta_e = 27.40°$。试求棱镜晶体的 o 光折射率 n_o 和 e 光折射率 n_e。

4.13　在一对主方向相互平行的线偏器 P_1、P_2 之间放一块光轴垂直于界面的石英晶 Q，以一束白光垂直入射到该系统，如图 4－49 所示。要使出射光中缺少 $\lambda = 546.1$ nm 的成分，试问石英晶片厚度 d 最小应为多少？

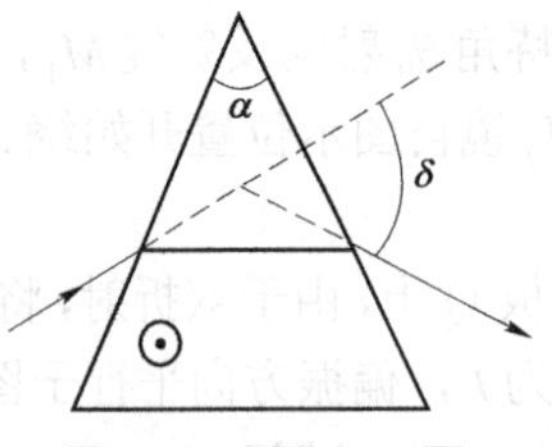

图 4－48　题 4.12 图

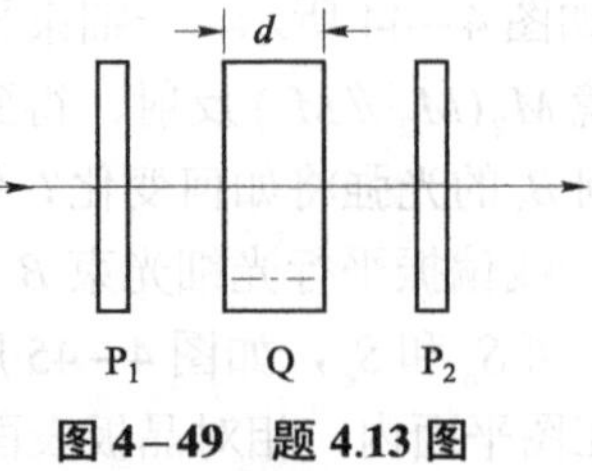

图 4－49　题 4.13 图

4.14　试对尼科耳棱镜（参见图 4－20）计算能使 o 光在胶合面上发生全反射的最大入射角 $\angle IKH$ 以及保证 e 光不发生全反射的最大入射角 $\angle GKH$ 的大小。设入射光为钠黄光。

4.15　若格兰棱镜由方解石制成，其间用甘油（$n_g=1.474$）胶合，棱镜角 $\alpha=70°$，如图 4－50 所示。试求格兰棱镜的通光孔径角 β。

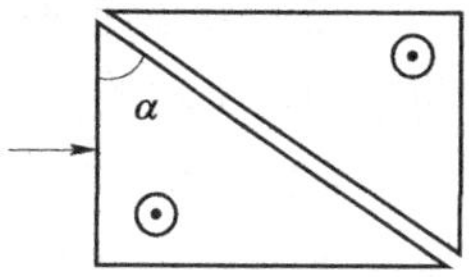

图 4－50　题 4.15 图

4.16　将两块线偏器叠起来使用，通过改变它们主方向之间的夹角 θ 可以控制透射光的强度 I。假设 $\theta=0°$ 时透射光的强度为 I_0，试问：

（1）欲使 $I=0.1I_0$，θ 应为多少度？

（2）若要求 I 的精度在 2% 以内，θ 的最大允许误差为多少？

4.17　欲用 $\lambda/4$ 波片沿 x 轴振动的线偏振光变成（1）右旋圆偏振光；（2）左旋圆偏振光，试问 $\lambda/4$ 波片的快轴方向应如何放置？并画图加以说明。

4.18　一束线偏振光（$\lambda=589.3\ \text{nm}$）正入射到光轴平行于表面的方解石片上，设入射光振动方向与光轴成 30°。试问：

（1）o 光与 e 光的相对强度为何值？

（2）若要使出射光成为正椭圆偏振光（相对晶片光轴方向而言），晶片的最小厚度为多大？

4.19　一束光强度为 I_0 的左旋圆偏振光先垂直通过一块快轴方向沿 y 轴的 $\lambda/4$ 波片，再通过一个线偏器。假设线偏器的主方向 A 相对于 y 轴左旋了 15°，如图 4－51 所示，试求出射光的强度。

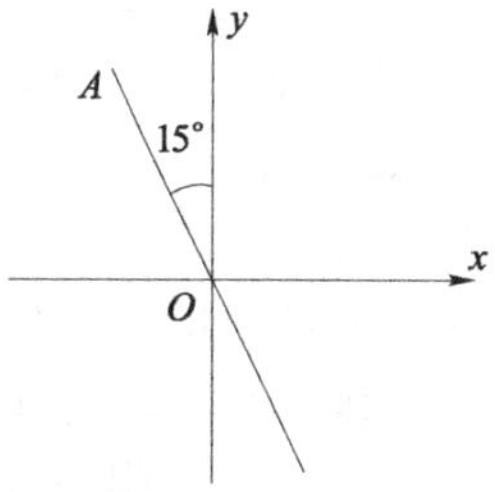

图 4－51　题 4.19 图

4.20　一束圆偏振光与自然光的混合光先后垂直通过一个 $\lambda/4$ 波片和一个线偏器。当以光束方向为轴旋转线偏器时，会发现光强大小有变化。若测得最大光强是最小光强的 2 倍，试问圆偏振光与自然光的强度之比 I_C/I_N 为何值？

4.21　在晶片 Q 后面放置一块 $\lambda/4$ 波片，构成一个"Q－$\lambda/4$ 波片复合系统"，如图 4－52 所示。设 Q 的两个主轴方向平行于表面并分别取为 x、y 轴，在 y 方向引入的位相延迟较 x 方向多 $\Delta\varphi$。将 $\lambda/4$ 波片的主轴方向取为 u、v 轴，其中 u 轴为快轴方向，它与 x 轴的夹角为 45°。

（1）写出该复合系统的琼斯矩阵。

（2）若一束振动方向沿 u 轴的线偏振光垂直入射该系统，试分别用琼斯矩阵法和振动矢量分解法证明出射光是线偏振光。

（3）试求出射光振动方向与 x 轴的夹角 θ。（因此，可以利用该复合系统通过测定 θ 来求取 $\Delta\varphi$。）

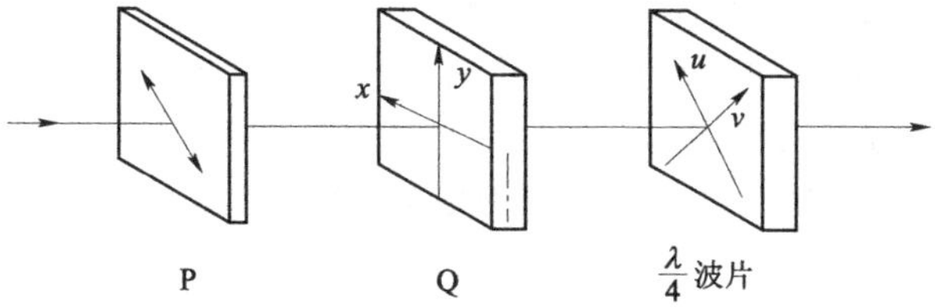

图 4－52　题 4.21 图

4.22　利用两个已知主方向的线偏器 P 和 A，以及一个已知快、慢轴方向的 $\lambda/4$ 波片，如何确定另一个 $\lambda/4$ 波片的快、慢轴方向？

4.23　一束振动方向沿 x 轴的线偏振光射向一块 $\lambda/2$ 的波片。假设 $\lambda/2$ 波片的一个主方

向与 x 轴的夹角为 α。

（1）试证明出射光仍是线偏振光，并求其振动方向与 x 轴的夹角。

（2）今按逆时针方向（迎着光线观察）旋转 $\lambda/2$ 波片，使 α 逐渐增大。试问出射光的振动方向与 x 轴的夹角如何变化？

4.24 设当用线偏振器加入 $\lambda/4$ 波片方法检验光波 $\boldsymbol{D}$ 的偏振态时，在步骤①中发现线偏振器主方向角 $\alpha=80°$ 时出现最大透射光光强，在步骤②中发现插入 $\lambda/4$ 波片后当线偏振器的 $\alpha=20°$ 时出现零光强。试求椭圆偏振光 $\boldsymbol{D}$ 的 γ、β 及旋向，并作示意图表示。

4.25 一束时间圆频率为 ω 的左旋圆偏振光射向一块 $\lambda/2$ 波片，令 $\lambda/2$ 波片以角速度 Ω 沿入射偏振光的旋转方向匀速旋转。试证明：

（1）从 $\lambda/2$ 波片出射的光为右旋圆偏振光。

（2）出射光的时间圆频率变成 $\omega-2\Omega$。（因此，本方法可以通过机械旋转实现光波的时间移频）。

4.26 将一巴比内补偿器（其两块光楔均由石英制成，楔角为2.75°）放在正交尼科耳光路中，构成一个系统。若用波长 $\lambda=589\ \text{nm}$ 的平行自然光照明该系统，试问：

（1）通过检偏器观察补偿器表面，所看到的干涉条纹形状如何？

（2）条纹间距为多大？

4.27 将一块厚度 $d=25\ \mu\text{m}$，光轴平行于表面的方解石晶片放在正交尼科耳光路中，若晶片主方向与起偏器方向成45°，试问当用平行白光（$\lambda=400\sim700\ \text{nm}$）照明时，出射光中缺少哪些波长的光？如果改用平行尼科耳光路，情况如何？

4.28 光学玻璃可按其内应力大小分为五类。为了便于测量，也可以按照由内应力双折射效应产生的光程差来分类。下表给出一个例子，假设对于 $\lambda=589\ \text{nm}$ 的光，玻璃的布儒斯特常数 $C_B=5\times10^{-7}\ \text{m/N}$，试求各类玻璃相应的内应力大小（取三位有效数字）。

类　别	Ⅰ	Ⅱ	Ⅲ	Ⅳ	Ⅴ
每厘米长度产生的误差	2 nm	6 nm	10 nm	20 nm	50 nm

4.29 一克尔盒如图 4－40 所示。已知其中盛有 CS_2 液体，其克尔常数 $C_K=3.56\times10^{-14}\ \text{m/V}^2$，假设图中 $d=200\ \text{mm}$，两电极间距 $h=4\ \text{mm}$，所加电压 $U=10^4\ \text{V}$。入射偏振光的振动方向与电场方向成45°，试求出射椭圆偏振光的短、长轴之比 b/a。

4.30 用图 4－37 所示的装置观察 KDP 晶体的普克尔斯效应。已知电光系数 $r_{63}=10.5\times10^{-12}\ \text{m/V}$，$n_0=1.51$。试求该晶体对波长为500 nm的光的半波电压。

4.31 一束偏振光通过一个盛有 CS_2 液体的管子，已知管子长为 d，其上绕有 5 000 匝线圈。欲使偏振光的振动方向旋转45°，试问线圈中的电流应多大？（提示：$B=\mu_0 NI/d$，国际单位制。其中 $\mu_0=1.26\times10^{-6}\ \text{H/m}$ 为真空磁导率，N 为匝数，I 为电流强度。CS_2 的费尔德常数 $V_e=750°/(\text{T}\cdot\text{m})$。）

第 5 章

量子光学基础

从严格意义上讲，量子光学是研究光场（电磁场）的量子统计特性，并采用全量子理论处理光与物质相互作用的学科。但考虑到本书读者的基础及实际需要，并受篇幅所限，这里不打算对理论作精确阐述，而只就量子光学的基础给以简单介绍。

5.1 节将首先回顾光量子概念的产生。因为光是由物质发射的，而且会被物质所吸收，所以，5.2 节拟描述物质原子激发与发光的量子理论。作为 20 世纪科学史上一项重大发明，并给人类社会各个领域带来极大影响的激光，本质上是辐射场（光）与物质分子、原子（离子）相干作用的结果，因此，有关激光的很多理论问题需要用量子光学才能透彻理解；另一方面，由于激光的出现，大量光量子效应才得以揭示，从而形成量子光学的众多研究课题。因此，本章 5.3 节简单介绍激光和激光器，其中将唯象地用到量子光学理论的结果。

5.1 光的量子性

大约 17 世纪中叶以前，人们普遍认为光是由微粒流组成的，这就是经典微粒说。1678 年，惠更斯用波动学说解释了光的反射与折射现象，光的波动说与微粒说之争就此拉开序幕，这种争论持续了 200 年左右。在此期间，波动说虽然得到更多的实验支持，但却长期未能占据主导地位，这与科学巨匠牛顿当时所持的态度有很大关系。

直至 1873 年，麦克斯韦通过计算证明，电磁波的传播速度与光速相等。1887 年，赫兹用小型振荡电路产生了微波，并证明其具有光波的所有特性。这样，微粒说与波动说之争，似乎以后者的胜利宣告结果。19 世纪末，电磁波的理论已经发展到看上去相当完美的地步，当时人们普遍认为，关于光本性的知识，以后将很少（如果有的话）需要加以补充。

然而不幸的是，或者毋宁说幸运的是，稍后出现了一系列实验现象令波动光学无法解释，从而推动了新的光学学说——光量子理论的诞生。5.1 节前三小节将主要回顾光量子论的产生及其在解释一些实验结果中的作用。但是，量子论的出现并不意味着应该完全摈弃波动学说，事实上，光具有波粒二象性，这将在最后一小节加以介绍。

5.1.1 辐射与能量子概念

1. 辐射的早期理论

最早动摇经典物理学的是黑体辐射体。根据热力学理论，物体会向外界辐射一定波长范围的电磁波，辐射能量及其按波长的分布由辐射体的温度决定。设物体的绝对温度为 T，通常定义单位时间内从物体表面单位面积上辐射的各种波长电磁波能量的总和为该物体的辐射出射度，表示为 $R(T)$。而其中波长处于 $\lambda \sim \lambda+\mathrm{d}\lambda$ 范围内的电磁波能量 $\mathrm{d}R(T)$ 与波长间隔 $\mathrm{d}\lambda$ 之比则称为波长 λ 处的单色辐射出射度，并用 $R(\lambda, T)$ 表示，即

$$R(\lambda, T)=\frac{\mathrm{d}R(T)}{\mathrm{d}\lambda} \tag{5-1}$$

与辐射过程相反，任何物体都对投射到它表面的电磁波具有一定的吸收作用。吸收的电磁波能量中波长范围处于 $\lambda \sim \lambda+\mathrm{d}\lambda$ 的部分与相同波长入射波能量之比称为物体在波长 λ 处的单色吸收度，它也是物体温度的函数，记为 $\alpha(\lambda, T)$ 。如果一个物体在任何温度下对任何波长的入射辐射能均满足

$$\alpha(\lambda, T) \equiv 1$$

则称该物体为绝对黑体，简称为黑体。倘若在单位时间内黑体辐射的能量恰好等于它吸收的入射能量，则该黑体处于热平衡状态。处于热平衡状态的黑体具有确定的温度 T，因而也具有确定的单色辐射出射度 $R_0(\lambda, T)$ 。

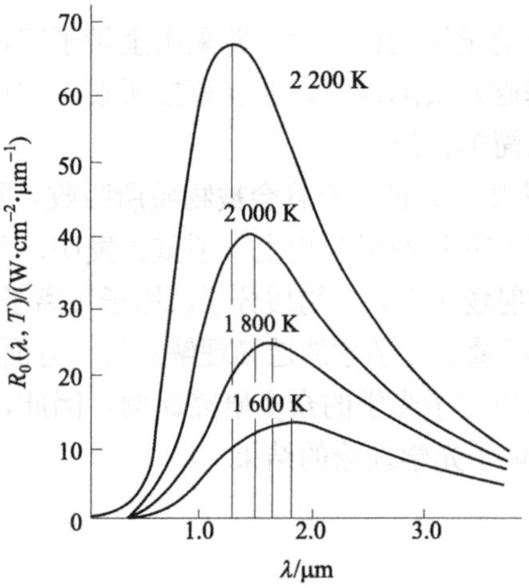

图 5-1　黑体单色辐射出射度按波长的分布

19 世纪末，人们通过实验测定了不同温度下黑体单色辐射出射度随波长变化的曲线（图 5-1），这样，如何从理论上导出 $R_0(\lambda, T)$ 的解析表达式便成为当时物理学界备受关注的一个问题。

最早提出 $R_0(\lambda, T)$ 解析表达式的是德国物理学家维恩（W. Wien）。1896 年，维恩基于热力学理论，在一定的假设条件下，给出半经验公式：

$$R_0(\lambda, T)=c_1 \lambda^{-5} \exp\left(\frac{c_2}{\lambda T}\right) \tag{5-2}$$

式中，c_1 和 c_2 为两个需要用实验确定的参量。式（5-2）所得的结果在波长较短的范围与实验曲线吻合较好，而在长波段则出现明显偏差。4 年后，瑞利（Rayleigh）和金斯（Jeans）将统计物理中能量按自由度均分的原则应用于电磁辐射，导出瑞利—金斯公式：

$$R_0(\lambda, T)=2\pi ckT\lambda^{-4} \tag{5-3}$$

式中，$k=1.380\,658\times10^{-23}\ \mathrm{J/K}$，为玻尔兹曼（Boltzmann）常数；$c$ 为真空光速。

与维恩公式相反，由瑞利—金斯公式给出的结果在长波段与实验曲线一致，而在短波段则相差甚远。

2. 普朗克的能量子概念

1900 年，普朗克将维恩公式和瑞利—金斯公式加以综合，给出：

$$R_0(\lambda, T)=c_1 \lambda^{-5} \frac{1}{\exp\left(\dfrac{c_2}{\lambda T}\right)-1} \tag{5-4}$$

由式（5-4）可以得到在任何波长上均与实验曲线相吻合的结果，但式中常数 c_1 和 c_2 尚需要由实验确定，因而该式仍属经验公式。为了从理论上导出方程（5-4），并确定其中的常数，普朗克于同年晚些时候提出假设：辐射体由带电的谐振子组成，这些谐振子只能处于某些特

殊的状态，在这些状态中，它们的能量是某一最小能量 ε 的整数倍。当辐射体向外界辐射时，其发射的电磁波能量也是 ε 的整数倍。这一最小能量即称为能量子。对于频率为 ν 的谐振子，相应能量子的能量

$$\varepsilon = h\nu \tag{5-5}$$

式中，$h = 6.626\,075\,5 \times 10^{-34}\ \mathrm{J \cdot s}$，称为普朗克常数。

在上述假设下，普朗克导出式（5-4）中的两个常数分别为 $c_1 = 2\pi hc^2$ 和 $c_2 = hc/k$。于是，最终得到

$$R_0(\lambda, T) = 2\pi hc^2 \lambda^{-5} \frac{1}{\exp\left(\dfrac{hc}{k\lambda T}\right) - 1} \tag{5-6}$$

这就是黑体辐射的普朗克公式。用该式计算的 $R_0(\lambda, T) - \lambda$ 曲线如图 5-2 所示，图中圆点表示实验值。由图 5-2 可见，式（5-6）的计算结果在所有波长上均与实验结果吻合。

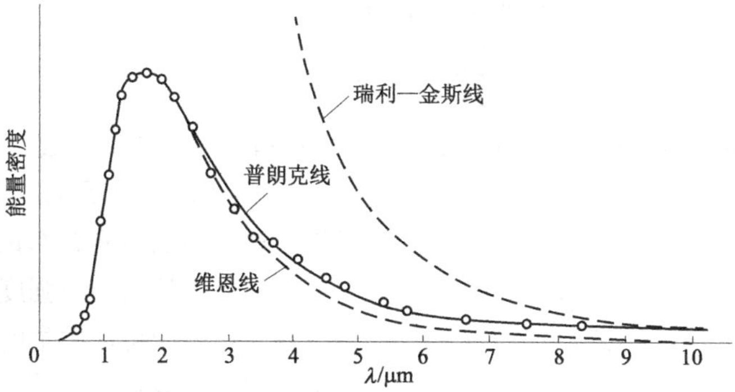

图 5-2　黑体辐射理论与实验结果比较

普朗克的能量子假设不仅圆满解释了黑体辐射的实验结果，更重要的是，提出一个按经典物理理论几乎无法想象的观点，从而叩开了新理论的大门。然而，正如前面所述，当时物理学界正为经典理论看上去近于完美而陶醉，以致普朗克的新理论并未立即引起应有的重视。直到后来有更多的实验现象使经典物理学面临困境，特别是在爱因斯坦用量子论成功解释光电效应以后，新的理论才开始逐渐被接受。

5.1.2　光电效应与光量子概念

1. 光电效应

当波长足够短的光（电磁波）照射到金属上时，其表面会发射具有一定动能的电子，这种现象便称为光电效应，而所发射的电子称为光电子。光电效应最早是由赫兹于 1887 年发现的。研究光电效应的一种简单实验装置如图 5-3 所示。其核心部分是一个密封的高真空管，里面装有作为阴极 K 的金属板和阳极 A 的金属板，二者分别与电源的负极和正极相接，其中阴极

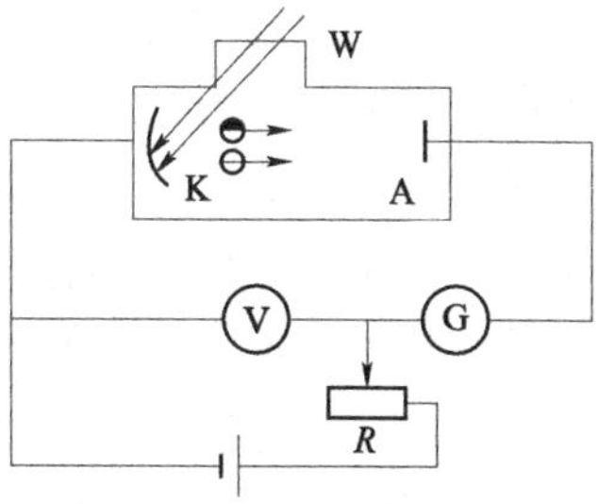

图 5-3　光电效应实验简图

K—阴极；A—阳极；W—石英窗口；Ⓥ—电压表；Ⓖ—电流计

K 的金属板即待研究光电效应的材料。回路中的滑动变阻器 R 用于改变加在 AK 两端的电压，该电压值 U 由电压表Ⓥ显示，而电流计Ⓖ用于检测回路中的光电流。

实验开始时，用一定波长的光通过真空管的石英窗口 W 照射阴极 K。当有光电效应发生时，K 发射的光电子被阳极 A 收集，并在回路中形成光电流，光电流的强弱由电流计Ⓖ的读数显示；而调节电压 U 的大小则可获得光电子动能的指示。实验的主要结果如下：

（1）光电效应的产生与照射光频率 ν 的关系。

对于一定的金属，光电效应能否发生完全取决于入射光的频率 ν，而与光的强度无关。也就是说，对每种金属，都存在一个临界频率 ν_0，如果 $\nu<\nu_0$，那么，无论照射光的强度有多高，都不会引起光电效应。反之，在 $\nu>\nu_0$ 的条件下，不管光多么微弱，总会有光电子产生。ν_0 即称为该种金属产生光电效应的截止频率，或称红限频率。

（2）光电子最大初动能与照射光频率的关系。

当光电效应发生时，光电子的最大初速度为 ν_M，因而最大初动能 $\frac{1}{2}m_e\nu_M^2$ 也是一个只取决于照射光频率 ν 而与光的强度无关的量，且可以证明

$$\frac{1}{2}m_e\nu_M^2=e\bar{h}(\nu-\nu_0) \tag{5-7}$$

式中，e 为电子电荷，m_e 为电子质量，$\bar{h}$ 为与阴极材料无关的普适常数。

图 5－4 表示金属 Na 发生光电效应时光电子最大动能随照射光频率 ν 线性变化的情况。

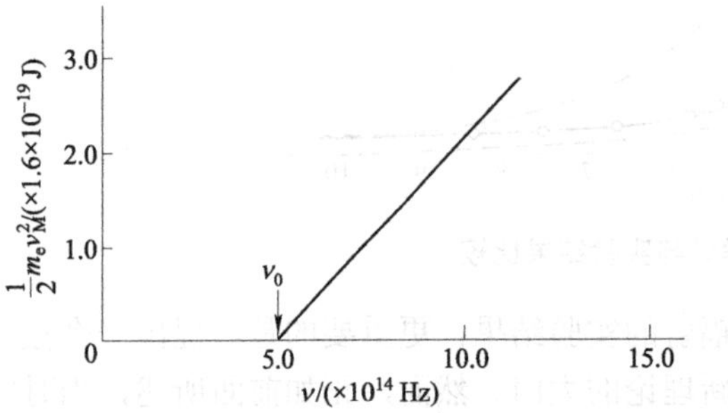

图 5－4　金属 Na 光电子最大初动能与频率的关系

（3）光电流与照射强度的关系。

在光电效应可以发生的条件下，产生的光电子数和光强成正比，因而光电流的大小与照射光的强度成正比。

（4）光电效应的时间行为。

实验表明，只要照射光的频率 $\nu>\nu_0$，无论其强度如何，从光开始照射阴极直到阴极释放出光电子，所需时间为 ns 量级，这在当时的时间测量精度内完全可以认为该过程是瞬间发生的。

光电效应的上述实验结果再次使经典物理学陷入困境。按照经典波动理论，在光的照射下，金属中的电子能否逸出及逸出时初动能的大小完全取决于电子从入射光波中吸收的能量，这一能量与频率无关，而是取决于入射光的强度，且需要一定的能量积累过程，即从光开始照射到产生光电子之间必然存在有限的延迟时间。这些推断显然与以上所列实验结果背道而驰，正是在这种情况下，当时尚未满而立之年的天才物理学家爱因斯坦发展了光量子学说，并成功地解释了光电效应。

2. 爱因斯坦的光量子理论

普朗克的量子论成功解释了黑体辐射的规律，但它仅仅假定了辐射能量的不连续性，而未涉及电磁波的吸收与传播问题。为了解释光电效应，爱因斯坦在普朗克理论的基础上于 1905 年提出，电磁波不仅在发射时，而且在被吸收以及在空间传播时也具有粒子性，这些粒

子就是光量子。光量子的能量ε与电磁波的频率ν之间的关系亦由式（5–5）表示。

用光量子理论可以圆满地解释光电效应：

（1）电子脱离金属表面需要一定的逸出功W，当电子吸收一个频率为ν的光量子而获得能量$h\nu$时，能否从金属表面逸出便取决于$h\nu$和W的大小，如果$h\nu > W$，则电子可以逸出；反之则不能逸出。而

$$\nu_0 = W / h \tag{5-8}$$

便给出产生光电效应的截止频率或红限频率。

（2）在$h\nu > W$的条件下，由能量守恒关系，电子不仅能从金属表面逸出，而且还具有一定动能：

$$\frac{1}{2} m_e v_M^2 = h\nu - W = h(\nu - \nu_0) \tag{5-9}$$

很显然，方程式（5–9）与式（5–7）等价，将二者比较可发现，普适常数$\bar{h}$与普朗克常数h的关系为$\bar{h} = h / e$。

（3）随着入射光强的增长，单位时间内到达金属表面的光子数增加，从而导致光电子数成比例增加。这就解释了光电流随照射光强增长的实验结果。

（4）在$\nu \geqslant \nu_0$的条件下，电子只要吸收一个光子，便可获得足够的能量从金属表面逸出，而无须能量的积累过程，因此，光电效应几乎是瞬间发生的。

根据爱因斯坦同年所创立的相对论中的质–能关系式，能量为虹的光量子具有质量

$$m_p = h\nu / c^2 \tag{5-10}$$

及动量

$$p = m_p c = h\nu / c = h / \lambda \tag{5-11}$$

式（5–11）和式（5–5）一起，通常被称为普朗克—爱因斯坦关系式。

至此，光的粒子性应该说已经是不容置疑的了。然而，它与根深蒂固的经典物理理论是如此相悖，以致直到密立根（Millikan）于 1916 年完成进一步的实验验证后，新理论才被更普遍接受。

5.1.3　康普顿散射光量子性的进一步证实

光的量子本性的另一个令人信服的验证是康普顿（A.Compton）散射。早在 1904 年，就有实验发现γ射线被物体散射后有波长变长的现象。1921 年，康普顿通过对γ射线和 X 射线散射的研究，测量了在不同散射方向上的波长，证明在散射光谱中既有波长不变的射线，也有向长波移动的射线，这种现象称为康普顿效应。

按照经典电磁波理论，电磁波作用于物体时，将引起物体内带电粒子的受迫振动，振子向外辐射的频率等于强迫力的频率，因而，光被散射后波长应保持不变。这样，经典理论无法解释散射波中存在红移的现象。

根据光量子理论，光的散射是由光子与散射物中的电子发生碰撞引起的。如果散射电子被原子束缚得很紧，则碰撞实际上发生在光子与整个原子之间。由于光子比原子质量小得多，按照碰撞理论，光子在碰撞中基本不损失能量（这就如同弹性小球撞到墙上弹回而不损失能量一样），因而波长保持不变。如果光子是和自由电子或原子中束缚很弱的电子发生碰撞，则

会将一部分能量传给电子，由此导致散射光的波长长于入射光波长。

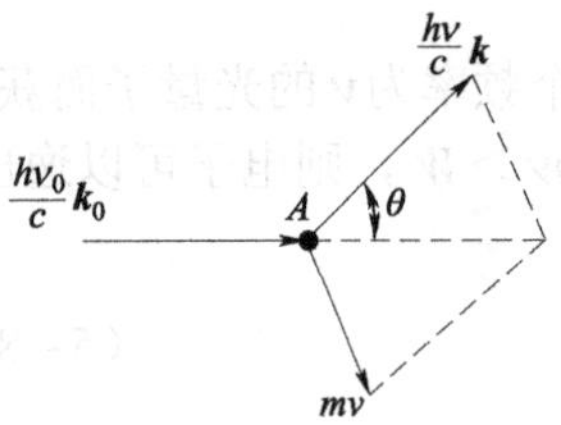

图 5-5　光子与自由电子的碰撞

光量子理论不仅可以定性地解释康普顿散射，而且可以定量计算波长偏移与散射角的关系。为此，考察如图 5-5 所示的单个光子与自由电子之间的碰撞。令入射光子沿图中所示方向朝向电子运动，假定光子相应的电磁波频率为ν_0，则光子的能量和动量分别为$h\nu_0$和$\frac{h\nu_0}{c}\boldsymbol{k}_0$，这里$\boldsymbol{k}_0$是光子运动方向的单位矢量。如果电子在碰撞前处于静止状态，质量为m_0，则在发生碰撞的瞬间，电子的初始能和初动量分别为m_0c^2和 0。

设碰撞后在与入射光成θ的方向上散射光波频率为ν，散射光方向的单位矢量为$\boldsymbol{k}$，则散射光子的能量和动量分别为$h\nu$和$\frac{h\nu}{c}\boldsymbol{k}$，碰撞后电子的速度为$v$，质量为$m_0$，根据相对论公式：

$$m=\frac{m_0}{\sqrt{1-v^2/c^2}} \tag{5-12}$$

于是，由碰撞前后的能量守恒和动量守恒得到

$$h\nu_0=h\nu+m_0c^2\left[\frac{1}{\sqrt{1-v^2/c^2}}-1\right]$$

和

$$\frac{k\nu_0}{c}k_0=\frac{h\nu}{c}k+\frac{m_0v}{\sqrt{1-v^2/c^2}} \tag{5-13}$$

解方程组（5-13）给出：

$$\Delta\nu=\nu_0-\nu=\frac{h\nu\nu_0}{m_0c^2}(1-\cos\theta)=2\frac{h}{m_0c^2}\nu_0\nu\sin^2\frac{\theta}{2}$$

或

$$\Delta\lambda=\lambda-\lambda_0=\frac{h}{m_0c}(1-\cos\theta)=2\frac{h}{m_0c}\sin^2\frac{\theta}{2} \tag{5-14}$$

式（5-14）首先由康普顿从理论上导出，此后由康普顿和吴有训通过实验验证。这就再一次证明了光量子具有动量的假定是正确的。此外，式（5-14）还提供一种计算普朗克常数的方法。为此，只需由实验测量出在给定方向θ上散射光相对于入射光的波长改变量$\Delta\lambda$，即可由式（5-14）求出h，下面是一个简单的例子。

例 5.1　在康普顿散射实验中，测得在$\theta=\frac{\pi}{6}$的方向上散射光相对于入射光的波长移动为1.95×10^{-4} nm，试估算h。

解：由式（5-14）

$$h=\frac{\Delta\lambda}{2}m_0c\frac{1}{1/4}=2\Delta\lambda m_0c$$

将已知的$\Delta\lambda$及常数m_0和c代入，即得$h\approx6.626\times10^{-34}$ J·s。

5.1.4　光的波粒二象性

本节前面三小节的讨论以无可辩驳的事实揭示了光的量子本性，但这并不意味着微粒说

已“彻底战胜”波动说而应将后者摈弃。因为光的波动性通过干涉和衍射等现象同样令人信服地得到了证实。所以，两种学说似乎达成一种“默契”：有关光的传播问题最好用电磁波理论来描述；而光与物质相互作用的问题则由量子理论去处理。但事情并不尽如人意，在有些现象中，光既表现出粒子性，又表现出波动性。这种看上去的矛盾直到 20 世纪 30 年代量子电动力学发展起来后才真正得到解决。量子电动力学是量子光学的理论基础，本章将在稍后面的 5.4 节予以简单介绍。本节下面则将基于“半经典”概念对光的经典电磁波理论及初等光量子理论对光的本性作一概括。

1. 光的电磁波理论

虽然光的波动现象早已被观察到并被广泛认可，但作为完整而系统的电磁波理论则是由麦克斯韦于 19 世纪中期创立的。1864 年，麦克斯韦在前期理论与实验研究的基础上，建立了电磁场方程组，即麦克斯韦方程组。从该方程组可以导出关于电场强度 E 和磁场强度 H 的波动方程，表明电磁场以波动的形式传播，而传播速度即光速 c，从而有力地证明了光就是电磁波。

电场强度与磁场强度通过波动方程相联系，在电磁波的传播过程中，电场与磁场彼此垂直，且均处于与传播方向垂直的平面内。为数学处理的方便，电磁场分量经常用复数表示，沿 z 方向传播的标量场电场分量复表示为

$$E = E_0 \exp\left[-\mathrm{j}(\omega t - kz)\right] \tag{5-15}$$

式中各量的意义已在前面有关章节指出。

根据电磁波理论，单色光在某一瞬间的能量密度为

$$\varepsilon = \frac{1}{8\pi}(\in E^2 + \mu H^2)$$

该能量密度在一个周期内的平均值为

$$\langle\varepsilon\rangle = \frac{1}{16\pi}(\in E^2 + \mu H^2) \tag{5-16}$$

而光的能流密度

$$S = \frac{c}{4\pi} E \times H \tag{5-17}$$

这表明光强与场振幅的平方成正比。

2. 光的量子理论

光的量子理论假定，光是由光子组成的。如果光的频率为 ν，则组成光的光子具有能量

$$\varepsilon = h\nu = hc/\lambda$$

式中，h 为普朗克常数，国际上 1986 年的推荐值为 $6.626\,075\,5\times10^{-34}\ \mathrm{J\cdot s}$。当光与物质相互作用而交换能量时，只能以 ε 的整数倍进行。

光子的静止质量为零，但它具有运动质量，根据相对论中的质－能关系式，光子的运动质量为

$$m = h\nu / c^2$$

因而其动量为

$$p = h\nu / c = h / \lambda$$

设光子数密度为 N，则光的能量密度为 $Nh\nu$，而能流密度为 $Nh\nu c$。

由于方程式（5−5）和式（5−6）的左边是描述光子的量，而右边则是描述波动的量，因而在本节的讨论中可以认为这两个方程体现了光的波粒二象性。

5.2 原子激发与发光的量子理论

上节的讨论表明，正是物体的辐射特性揭开了量子论的序幕。而物质是由原子（分子）组成的，因此，物体对光的吸收与发射的量子性必然反映出组成物质的微粒对光的吸收和发射是量子化的，这就是本节所要讨论的问题。而在此之前，首先要简单回顾一下原子的能级结构。

5.2.1 α 粒子散射和原子的核式结构

比 α 粒子散射实验早 10 多年，汤姆逊（J.J. Thomson）于 1897 年通过实验确认了原子中电子的存在。甚至还证实，除氢原子外，所有其他原子中都包含多个电子。在此基础上，汤姆逊提出一种模型，即原子是一个比较大的带正电的球体，而带负电的电子如同散布在布丁中的葡萄干一样嵌在原子中。

1910 年前后，卢瑟福（E. Rutherford）和他的两个学生盖革（H. Geiger）和马斯登（E. Mars-den）做了一系列 α 粒子被薄金箔散射的实验。所用 α 粒子束是从天然放射性物质中以 10^7 m/s 左右的速率发射出来的。实验发现，有些 α 粒子穿过金箔后偏转较大角度。由于 α 粒子的质量是电子质量的 7 400 倍左右，根据动量原理，电子不足以明显改变 α 粒子的运动方向，因此粒子的散射是由原子中质量较大的正电荷引起的。卢瑟福还根据汤姆逊模型进行了计算，计算结果表明，大角度散射的粒子数要比实验测得的少得多。为了解释所观察到的大角度散射，卢瑟福提出原子的核式结构，即在原子的中央存在一个核，核的体积只占原子的极小一部分，但它却集中了原子中的全部正电荷和几乎全部质量，带负电的电子则绕核做圆周运动。根据核式模型，当 α 粒子趋近原子核时，整个核的电荷对它施加一相当大的排斥力使之发生偏转，而其中非常接近原子核的 α 粒子则产生大的偏转。这就较好地解释了 α 粒子的散射现象。

5.2.2 氢原子光谱和玻尔原子模型

1. 氢原子光谱

炽热的固体或液体发射的光形成一条连续的色带，即波长可以在某一范围内任意取值。然而，如果光源是放电的气体，则发射的光只包括一组离散的谱线，称为线光谱或原子光谱。对不同的发光元素，线光谱的结构及位置均不同，因此，线光谱是研究原子结构的一种重要手段。

氢原子是最简单的原子，因而具有最简单的光谱结构，也最早得到研究。人们首先观察到氢原子光谱中可见光部分的几条谱线，波长分别为 656.3 nm、486.1 nm、434.1 nm 和 410.2 nm。但这些谱线乍看起来似乎没有任何规律可循，直到 1885 年，巴耳末（J.J.Balmer）发现这些谱线的波长可以由一个简单的公式

$$\lambda = B\frac{n^2}{n^2-4} \qquad (5-18a)$$

准确地给出。方程（5 – 18a）便称为巴耳末公式，B 为一常数，其值为 $364.6\ \text{nm}$，λ 是波长，n 可以取 3 及大于 3 的整数。用不同的 n 代入式（5 – 18a）所得到的光谱线系称为巴耳末系，前面提到的 4 条谱线分别对应 $n = 3$，4，5，6。不难看出，巴耳末系中的谱线随着 n 的增大而越来越密，波长越来越短，当 $n \to \infty$ 时，得到线系中的最短波长 $\lambda_m = B = 364.6\ \text{nm}$，称为线系限。

如果用频率代替波长，则式（5 – 18a）可以等价地写作

$$\nu = Rc\left(\frac{1}{2^2} - \frac{1}{n^2}\right) \tag{5-18b}$$

其中

$$R = \frac{4}{B} = 1.097 \times 10^7\ \text{m}^{-1}$$

称为里德伯（Rydberg）常数。

巴耳末还进一步指出，将式（5 – 18b）中的 2^2 换成其他整数 m 的平方，便给出氢原子光谱的不同线系，于是可以写出

$$\nu = Rc\left(\frac{1}{m^2} - \frac{1}{n^2}\right) \tag{5-18c}$$

这里 m=1，2，3…；而 n= m+ 1，m+2…。方程（5 – 18c）称为广义巴耳末公式，等式右边的分数称为光谱项。对其中 $m = 1, 3, 4, 5$ 的线系，根据其发现者的姓氏，依次释为赖曼（Ly-man）系、帕邢（Paschen）系、布喇开（Brackett）系和普丰德（Pfund）系。

广义巴耳末公式也可用于表示除氢原子外其他少数几种元素，如单电离氦、双电离锂等的光谱，而对较复杂的光谱则不能用该公式表示。但是，里兹（W.Ritz）于 1908 年发现，其他较复杂元素的光谱也可以分解为若干线系，把各线系中每一谱线的频率表示成两光谱项 T 之差，从而得到

$$\nu = T(m) - T(n) \tag{5-19}$$

就任一线系而言，$T(m)$ 为常数，$T(n)$ 随整数 n 的变化给出线系中不同谱线，而不同的 $T(m)$ 则对应不同线系。

方程（5 – 19）称为里兹组合原理。由这一原理容易看出，如果线系中存在频率为 ν_1 和 ν_2 的两条谱线，则一定也存在频率为 $\nu_1 + \nu_2$ 和 $|\nu_1 - \nu_2|$ 的谱线。当然，理论上进而也应存在着频率为 $k_1\nu_1 + k_2\nu_2$ 的谱线，其中 k_1 和 k_2 为整数。

2. 玻尔的量子理论

卢瑟福的核式结构认为原子中心是带正电的核，核的周围则是带负电的电子。为了解释尽管核对电子有静电吸引力，但电子并未被吸引到核上，而是与后者保持一有限距离这一事实，卢瑟福假定这些电子绕原子核旋转，核对它们的静电吸引力恰好提供这种旋转所需要的向心力。

按照经典理论，做圆周运动的电子会向外辐射电磁波，其频率即等于电子绕核转动的频率。随着电子不断向外界发出辐射，它绕核旋转的角速度将发生连续变化。所以，电子做圆周运动的频率，进而辐射电磁波的频率也将发生连续变化。因此，经典电磁波理论无法解释原子的线状光谱。

此外，电子的能量由于辐射而逐渐减小，绕核旋转的轨道也应越来越小，直至完全落到原子核上。这样，经典理论与原子的稳定性不相容。

为了解释原子的稳定结构和分立光谱，丹麦物理学家玻尔（N.Bohr）于 1913 年提出两个假设。第一个假设是：每个原子都有一些离散的稳定状态，称为定态；平衡时原子只能处于这些定态之一，而在每一可能的状态下，原子中的电子沿相应的轨道绕核做圆周运动，但却不向外界辐射能量。因而，处于每一定态的原子都有确定的能量。

玻尔的第二个假设是：原子只有当从能量较高（用 E_n 表示）的定态向能量较低（用 E_m 表示）的定态跃迁时，才会伴随辐射发生，而辐射电磁波的频率为

$$\nu = (E_n - E_m)/h \tag{5-20}$$

将式（5-20）和式（5-18c）比较立即发现，在玻尔的假定下，氧原子第 n 个定态的能量为

$$E_n = -Rch/n^2 \quad (n = 1, 2, 3\cdots) \tag{5-21}$$

而氧原子所有线系的光谱都可以用从一个能级 (E_n) 向另一个能级 (E_m) 的跃迁相应的辐射加以理解。

玻尔的量子理论成功地解释了原子的稳定结构和线状光谱，那么，如何来确定原子的可能状态或电子的可能轨道呢？玻尔发现，如果氢原子中的电子只能在角动量为 $\dfrac{h}{2\pi}$ 的整数倍的轨道上绕核旋转，则由式（5-21）算出的氢原子的允许能级便和观察结果相一致。这一条件实际上是上述第一个假设的补充，在此基础上，借助库仑定律和牛顿定律，即可得到氢原子定态能量：

$$E_n = -\frac{1}{\varepsilon_0^2}\frac{m_e e^4}{8n^2h^2} \tag{5-22}$$

而电子绕核做圆周运动的轨道半径

$$r = \varepsilon_0 \frac{n^2h^2}{\pi m_e e^2} = n^2 r_0 \tag{5-23}$$

式中，$\varepsilon_0 = 8.85\times10^{-12}\ \mathrm{C^2\cdot N^{-1}\cdot m^{-2}}$；$m_e = 9.11\times10^{-31}$ kg；$e = 1.60\times10^{-19}$ C。这里 C 和 N 分别是电量单位库仑和力的单位牛顿。将这些数值代入方程（5–23），当 $n = 1$ 时，得到

$$r_0 = 5.3\times10^{-11}\ \mathrm{m}$$

这就是玻尔第一轨道半径。代入方程（5-22）则给出

$$E_n = -\frac{2.18\times10^{-18}}{n^2}\ \mathrm{J} = -\frac{13.6}{n^2}\ \mathrm{eV}$$

上式表明，电子在 $n = 1$ 的轨道上绕核旋转时，原子的能量最小（绝对值最大），这时原子所处的状态称为基态，而将 $n>1$ 的状态统称为激发态。激发态中电子轨道半径随 n^2 增大，而原子的能量绝对值按 n^{-2} 的规律下降。原子可以从较高能态向较低能态跃迁，并伴随光的发射。与 $n\geqslant 2$ 的激发态向基态的跃迁相应的发射形成赖曼系，由 $n\geqslant 3$ 的激发态向 $n = 2$ 的跃迁相应的发射形成巴耳末系，如图 5-6 所示。

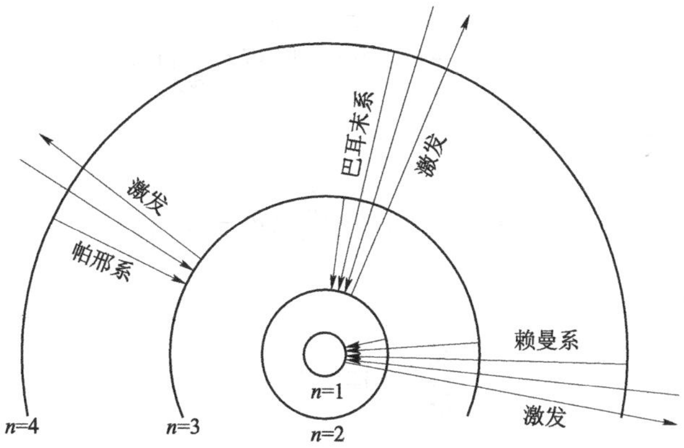

图 5–6 氢原子能级跃迁示意图

玻尔的开创性工作打开了人类认识原子结构的大门。而且，关于原子能量量子化、基态和激发态及量子跃迁等基本概念沿用至今。但是，玻尔的理论具有很大的局限性。首先，它是在经典电磁波理论和牛顿力学的基础上人为地加了一些假设条件，因而未能彻底突破经典物理学的框架；其次，这种假设是为了解释氢原子的线状光谱结构而提出的，并没有理论佐证，也不能赖以预言其他原子应具有怎样的能级结构。

原子结构理论发展的下一个突破出现在玻尔假设问世 10 年后。1923 年，法国物理学家德布罗意（de Broglie）首次提出实物粒子的波粒二象性。德布罗意认为，如果说经典物理学曾过分强调光的波动性而忽视它的粒子性，那么，对实物物质则犯了相反的错误——过分强调了它的粒子性而忽视其波动性。基于这一认识，在随后的几年里，经海森伯（W. Heisenberg）、薛定谔（E. Schrodinger）、狄拉克（P. Dirac）等人的共同努力，终于发展了一套完整的理论体系，这就是量子力学。量子力学不需要任何生硬的假设，原则上就可以得到复杂原子的能级结构。而真正能圆满解释迄今所发现的所有光学现象的理论，则是 1927—1929 年建立起来的量子电动力学或相对论量子力学。

5.2.3 量子力学和原子发光

上小节回顾了玻尔的量子理论，并用它解释了原子发光的线状谱问题。然而，依据玻尔理论只能计算氢原子发光的频率，而得不到谱线的相对强度，至于其他原子，甚至连辐射频率也无法确定，这些问题必须用量子力学来解决。受篇幅所限，这里只介绍量子力学中与原子发光直接有关的基本内容。

1. 波函数和薛定谔方程

在早期量子理论的启发下，德布罗意于 1923 年提出，实物粒子（静止质量不为 0）也应具有波粒二象性。而且，和光的情形类似，与能量为 E、动量为 p 的微观粒子相应的波的频率 ν 和波长 λ 分别由

$$\nu = E/h,\ \lambda = h/p \tag{5-24}$$

决定。方程（5–24）称为德布罗意关系。

自由粒子的动量和能量都是常数，因而，由方程（5–24），与其相联系的波应具有恒定的波长和频率，即一列平面波。假定其沿 x 方向传播，则可表示为

$$u(x,t)=a\exp\left[-2\mathrm{j}\pi\left(\nu t-\frac{x}{\lambda}\right)\right] \tag{5-25}$$

将方程（5–24）代入式（5–25）给出：

$$u(x,t)=a\exp\left[-\mathrm{j}\frac{2\pi}{h}(Et-px)\right] \tag{5-26}$$

方程（5–26）对 t 微分，得

$$\frac{\partial u}{\partial t}=-\mathrm{j}\frac{2\pi}{h}Eu(x,t)$$

而对 x 微分则有

$$\frac{\partial^2 u}{\partial x^2}=\left(\mathrm{j}\frac{2\pi}{h}\right)^2 p^2u(x,t)$$

利用关系 $E=p^2/(2m)$，最终得到

$$-\mathrm{j}\frac{\partial u}{\partial t}=\frac{h}{2m}\frac{\partial^2 u}{\partial x^2} \tag{5-27}$$

其中 $\hbar=h/(2\pi)$。式（5–27）实际上就是最简单的薛定谔方程，而未知函数 $u(x,t)$ 则是最简单的波函数。如果粒子是在势场 $U(r,t)$ 的作用下在三维空间运动，则

$$E=\frac{p^2}{2m}+U(r,t)$$

而方程（5–27）推广为

$$\mathrm{j}\hbar\frac{\partial}{\partial t}\psi(r,t)=\left[-\frac{\hbar}{2m}\nabla^2+U(r,t)\right]\psi(r,t) \tag{5-28}$$

式（5–28）就是一般形式的薛定谔方程。在得到方程（5–28）时，已将函数 u 用量子力学中惯用的 ψ 所代替，而式中的 ∇ 是三维空间的拉普拉斯（P. Laplace）算符。

这里波函数 ψ 的意义与传统波动有着本质的区别。按照玻恩（Born）于 1926 年给出的统计解释，它所表示的是一种概率波。即波函数在空间某点的强度（模的平方）与粒子在该点出现的概率成正比（坐标表象中，下同）。假定 t 时刻在空间一点 (x,y,z) 的波函数为 $\psi(x,y,z,t)$，则该时刻在 $x\sim x+\mathrm{d}x$，$y\sim y+\mathrm{d}y$ 和 $z\sim z+\mathrm{d}z$ 的无限小区域 $\nu\sim\nu+\mathrm{d}\nu$ 内找到粒子的概率为

$$\mathrm{d}w(x,y,z,t)=\left|\psi(x,y,z,t)\right|^2\mathrm{d}x\mathrm{d}y\mathrm{d}z=\left|\psi(x,y,z,t)\right|^2\mathrm{d}\nu$$

而单位体积内的概率为

$$w(x,y,z,t)=\left|\psi(x,y,z,t)\right|^2 \tag{5-29}$$

则称为 t 时刻在该点的概率密度。由于在全空间找到粒子的总概率为 1，故概率密度满足归一化条件，即

$$\int w(x,y,z,t)\mathrm{d}\nu=1 \tag{5-30}$$

波函数的基本特点之一是服从叠加原理，即如果体系能处在由 $\psi_i (i=1,2\cdots)$ 所表示的一系列态中，则它也一定能处在由

$$\psi = \sum_i c_i \psi_i \tag{5-31}$$

所表征的态中，此处 c_i 为常数。

量子力学从创立至今已有近 80 年的历史，在此期间，它在自然科学与技术领域取得了异常辉煌的成就。但在其哲学解释方面的争论始终没有停止过，以致有些顶级科学大师曾说过，量子力学新引发的问题绝不比它能解决的问题更少。而争论的焦点则是量子力学的含义和概率波诠释。科学大师们在这个问题上分成鲜明对立的两派，一派以玻尔、玻恩、海森伯等人为首，认为薛定谔方程是一个新力学理论的基础，玻恩的概率解释意味着原则上只能得到原子及亚原子层次的现象发生的概率，而不能准确地预言哪些现象一定会发生；另一派则由爱因斯坦领军，认为量子力学并不是真正基本的力学，只不过是对目前尚不完全了解的现象给以统计说明的一种方法，而在更深的层次上，这些现象是严格遵循决定论和因果律的。

耐人寻味的是，曾经对量子力学做出不可磨灭的贡献的德布罗意和薛定谔都对新理论持保留态度。在与玻尔的一次著名论战中，薛定愕说道："如果我们仍然不得不去建立这种该诅咒的量子跃迁，那我当初真不该和量子论打交道。"

几十年的争论似乎多数情况下都是第一种观点占上风。然而，近年来，越来越多的一流科学家对量子力学的基本原则提出疑问。这一状况与整整一个世纪以前的物理学界颇有相似之处。关于这一问题更深入的讨论远远超出本书的范围，幸运的是，争论的结果不会影响我们当前层次上对光的量子本性的认识。

2. 力学量和算符表示

由上一段的讨论可知，在用波函数 $\psi(x,y,z)$ 所描述的态中，量子力学不能确定粒子的准确位置，而是给出粒子出现于 (x,y,z) 点的概率密度为 $|\psi(x,y,z,t)|^2$。根据由概率求平均值的普遍定义，粒子坐标的任意函数 $F(x,y,z)$ 的平均值 $\overline{F(x,y,z)}$ 为

$$\overline{F(x,y,z)} = \int \psi^* F \psi \mathrm{d}v \tag{5-32}$$

然而，如果要求的是动量 p 的函数 $G(p_x, p_y, p_z)$ 的平均值，则不能得到任何类似于式（5-32）的简单结果。困难的实质是，由于测不准关系，动量和坐标同时有确定值的量子态是不存在的。

于是，量子力学必须采用不同于经典理论的数学工具——引进算符。所谓算符，就是一种运算符号，它作用于函数 ψ 使之变为 $\boldsymbol{\Phi}$，例如：

$$\boldsymbol{\Phi} = \hat{L}\psi \tag{5-33}$$

式中，$\hat{L}$ 表示算符。

将力学量用算符表示，则方程（5-32）将形式地保留下来。例如，如果用

$$\hat{p}_x = -\mathrm{j}\hbar\frac{\partial}{\partial x},\ \hat{p}_y = -\mathrm{j}\hbar\frac{\partial}{\partial y},\ \hat{p}_z = -\mathrm{j}\hbar\frac{\partial}{\partial z} \tag{5-34}$$

表示动量的 3 个分量，而动量的函数表示为 $\hat{G}$，则有

$$\overline{G(p_x,p_y,p_z)}=\int\psi^*(x,y,z)\hat{G}(\hat{p}_x,\hat{p}_y,\hat{p}_z)\psi(x,y,z)\mathrm{d}v \tag{5-35}$$

一般情况下，方程（5−33）中的$\varPhi$可以是与ψ相差甚远的函数。特殊情况下，二者可能具有完全相同的函数形式，彼此只差一个常数因子，例如：

$$\hat{L}\psi=L\psi \tag{5-36}$$

这种情况下称L为$\hat{L}$的本征值，ψ为$\hat{L}$属于本征值L的本征函数。而方程（5−36）称为算符$\hat{L}$的本征值方程。

量子力学将算符$\hat{L}$的本征值的集合与由L所表示的力学量的所有可能值的集合等同起来，从而提供了一个求力学量可能值的普遍方法，即将其转化为解形如式（5−36）的方程的问题。

算符适合加法交换律、结合律，乘法结合律及乘法对加法的分配律，但一般不适合乘法交换律，除非两算符所代表的物理量可同时有确定值。此外，量子力学中的算符尚需具备以下两个附加特性：

（1）线性，即算符作用于一组函数的和等于其分别作用于每个函数，并对结果求和，亦即

$$\hat{L}\sum_i c_iu_i=\sum_i c_i\hat{L}u_i$$

式中，c_i为常数。算符的这一特性是由态叠加原理所要求的。

（2）厄密性，即

$$\int\psi_1^*(x)\hat{L}\psi_2(x)=\int\psi_2(x)[\hat{L}\psi_1(x)]^*\mathrm{d}x$$

这是因为任何有意义的力学量都必须是实数，而只有厄密算符的本征值方为实数。

将这两条属性结合起来可以概括为，量子力学中所用的是线型自轭算符。

自轭算符的本征函数具有以下两个重要性质：

（1）属于$\hat{L}$的两个不同本征值L_n和L_m的本征函数ψ_n和ψ_m是相互正交的，且各自满足归一化条件，即

$$\int\psi_m^*\psi_n\mathrm{d}x=\delta_{mn} \tag{5-37}$$

这里δ_{mn}是克罗内克尔（Kronecker）符号。

（2）本征函数构成完全系，即任何函数$\psi(x)$如果与本征函数$\psi_n(x)$在相同的自变量区域内确定，并满足相同的边界条件，则有

$$\psi(x)=\sum_n c_n\psi_n(x) \tag{5-38}$$

其中

$$c_n=\int\psi_n^*(x)\psi(x)\mathrm{d}x$$

这就是说，用波函数$\psi(x)$所表征的任意态，总可表示为某种力学量L具有特定值L_n的一系列定态的叠加形式。

除坐标本身表示坐标算符 $(r=r)$ 及由式（5−34）所给出的动量算符外，另一个十分重要的算符是能量算符或哈密顿（Hamiltonian）算符：

$$\hat{H}=-\frac{\hbar^2}{2m}\nabla^2 U(r) \tag{5-39}$$

此外，量子力学中常用的还有角动量算符等，囿于篇幅，这里不再详细介绍。

3. 定态薛定谔方程

一般情况下，方程（5−28）中的势场 $U(r,t)$ 是时间的函数，方程的解 $\Psi(r,t)$ 通常不能分解为只含 r 的部分与只含 t 的部分之乘积。但有一类重要的特例，其中势场 $U(r)$ 不显含时间 t，这种情况下，薛定谔方程可以用分离变量法求解，即令

$$\Psi(r,t)=\psi(r)f(t)$$

将其代入方程（5−28），并用 E 表示变数分离常数，便给出

$$\mathrm{j}\hbar\frac{\mathrm{d}f}{\mathrm{d}t}=Ef(t) \tag{5-40}$$

和

$$-\frac{\hbar^2}{2m}\nabla^2\psi+U(r)\psi=E\psi \tag{5-41}$$

方程（5−40）显然有形如

$$f(t)=C\exp\left(-\mathrm{j}\frac{E}{\hbar}t\right)$$

的解，其中 C 为常数，于是，波函数

$$\Psi(r,t)=\psi(r)\exp\left(-\mathrm{j}\frac{E}{\hbar}t\right) \tag{5-42}$$

表示方程（5−28）的一个特解。当体系处于式（5−42）所描述的状态时，其能量不随时间变化，这样的态称为定态，式（5−42）所表示的波函数称为定态波函数。而具有定态波函数解的方程则称为定态薛定谔方程。

若将表示体系第 n 个定态的波函数写为

$$\Psi_n(r,t)=\psi_n(r)\exp\left(-\mathrm{j}\frac{E_n}{\hbar}t\right)$$

则薛定谔方程（5−28）的通解为这些定态波函数的线性叠加，即

$$\Psi(r,t)=\sum_n c_n\psi_n(r)\exp\left(-\mathrm{j}\frac{E_n}{\hbar}t\right)$$

式中，c_n 为常数系数，按照态叠原理，$|c_n|^2$ 即表示对体系进行测量时，发现其处于由 Ψ_n 所代表的定态的概率。

4. 含时微扰论和量子跃迁

1）含时微扰理论

前面曾讲到，原子及亚原子层次的问题原则上可以在量子力学范畴加以解决，但实际上，

真正能用量子力学严格求解的问题屈指可数。绝大多数问题的解决都要借助于各种近似方法。本章所关心的光发射问题就是一例。下面将首先介绍一种在量子力学中常用的近似方法——微扰论，然后在此基础上阐述光的吸收与发射问题。

本部分的目的是通过求解薛定谔方程

$$\mathrm{j}\hbar\frac{\partial\Psi}{\partial t}=\hat{H}(t)\Psi \tag{5-43}$$

而得到体系从一个量子态跃迁到另一个量子态的概率。与上面讨论过的定态薛定谔方程不同，这里的哈密顿算符 $\hat{H}(t)$ 显含时间。但假设 $\hat{H}(t)$ 可以分为两部分：

$$\hat{H}(t)=\hat{H}^{(0)}+\hat{H}'(t) \tag{5-44}$$

其中与时间无关的 $\hat{H}^{(0)}$ 包含 $\hat{H}(t)$ 的主要部分，且其本征值和本征函数已知或容易求得；而随时间变化的部分 $\hat{H}'(t)$ 是一个小量，它对体系的影响可作为微扰处理。利用关系式（5–44），可将方程（5–43）化为

$$\mathrm{j}\hbar\frac{\partial\Psi}{\partial t}=\left[\hat{H}^{(0)}+\hat{H}(t)\right]\Psi \tag{5-43a}$$

假定满足以上条件的 $\hat{H}^{(0)}$ 已经找到，其本征值的集合为 $\left\{E_n^{(0)}\right\}$，所属本征函数的集合为 $\left\{\psi_n^{(0)}\right\}$，即

$$\hat{H}^{(0)}\psi_n^{(0)}=E_n^{(0)}\psi_n^{(0)}\quad(n=1,2\cdots) \tag{5-45}$$

进一步假定体系在微扰作用之前（哈密顿算符为 $\hat{H}^{(0)}$）处于由波函数

$$\Psi_k=\psi_k^{(0)}\exp\left(-\frac{\mathrm{j}}{\hbar}E_k^{(0)}t\right)$$

所描述的定态，在微扰的作用下跃迁到 Ψ 态，后者不属于 $\left\{\psi_n^{(0)}\exp\left(-\frac{\mathrm{j}}{\hbar}E_n^{(0)}t\right)\right\}$ 集，但由本征函数的完备性，函数 Ψ 必然可以按 $\hat{H}^{(0)}$ 的定态波函数集展开为

$$\Psi=\sum_n c_n(t)\psi_n^{(0)}\exp\left(-\frac{\mathrm{j}}{\hbar}E_n^{(0)}t\right) \tag{5-46}$$

这样，只要求式（5–46）中的展开系数 $c_n(t)$，就可以得到体系受微扰作用后处于 Ψ_n 态的概率 $\left|c_n\right|^2$，也就是体系在微扰作用下由 Ψ_k 态向 Ψ_n 态跃迁的概率。因此，下面的任务就是由薛定谔方程求解 c_n。

将式（5–46）代入方程（5–43a），并注意到定态波函数满足

$$\mathrm{j}\hbar\frac{\partial\Psi_n}{\partial t}=\hat{H}^{(0)}\Psi_n$$

遂有

$$\mathrm{j}\hbar\sum_n\Psi_n\dot{c}_n(t)=\sum_n c_n(t)\hat{H}'(t)\Psi_n \tag{5-47}$$

其中 $\dot{c}_n(t)$ 的圆点表示对时间求导。

用 Ψ_m^* 左乘式（5−47）两边，在全空间积分，并利用 Ψ_n 的正交归一性得到

$$\mathrm{j}\hbar\dot{c}_m(t)=\sum_n c_n(t)H'_{mn}\exp\left(-\mathrm{j}\varpi_{mn}t\right) \tag{5-48}$$

其中

$$H'_{mn}=\int \Psi_m^{(0)*}\hat{H}'\Psi_n^{(0)}\mathrm{d}v \tag{5-48a}$$

是微扰算符的矩阵元，而

$$\omega_{mn}=\frac{E_m^{(0)}-E_n^{(0)}}{\hbar} \tag{5-49}$$

于是，现在的问题就归结为由方程（5−48）解出 $c_n(t)$，下面就用迭代法求出 $c_n(t)$ 的一级近似值。

假定微扰在 t=0 时刻开始起作用，则由式（5−46）有

$$c_n(0)=\delta_{nk} \tag{5-50}$$

将其作为 $c_n(t)$ 的 0 级近似值代入式（5−48），便可得到 $c_n(t)$ 的一级近似值

$$c_n^{(1)}(t)=-\frac{\mathrm{j}}{\hbar}\int_0^t H'_{nk}\exp\left(\mathrm{j}\omega_{nk}t'\right)\mathrm{d}t' \tag{5-51}$$

而在微扰作用下由初态 Ψ_k 跃迁到末态 Ψ_n 的概率的一级近似则为

$$W_{kn}=\left|c_n^{(1)}\right|^2=\frac{1}{\hbar^2}\left|\int_0^t H'_{nk}\exp\left(\mathrm{j}\omega_{nk}t'\right)\mathrm{d}t'\right|^2 \tag{5-52}$$

2）单色平面波引起的跃迁

由式（5−52）容易看出，进一步计算跃迁概率与微扰的具体形式有关。假定与原子系统相互作用的是单色平面波，且波长比原子尺寸大得多，那么，在原子范围内可以认为波是均匀的，可表示为

$$\varepsilon(t)=\frac{\varepsilon_0}{2}[\exp(\mathrm{j}\varpi t)+\exp(-\mathrm{j}\varpi t)] \tag{5-53}$$

这里 ε 与空间坐标无关。在偶极近似下，微扰项可写为

$$\hat{H}'=\varepsilon\bullet D \tag{5-54}$$

其中 $D=-er$ 是原子的电偶极矩。

由于 ε 与空间坐标无关而 D 与时间坐标无关，所以，对变量 v 与 t 的积分可分别进行。首先将关系式（5−54）代入式（5−48a）并对空间积分，给出

$$H'_{nk}=-e\varepsilon\int \Psi_n^{(0)*}\hat{r}\Psi_k^{(0)}\mathrm{d}v=-e\varepsilon\bullet r_{nk} \tag{5-55}$$

然后将式（5−55）代入式（5−51）并在时间域积分，得到

$$c_n^{(1)}(t)=\frac{\mathrm{j}}{2\hbar}e\varepsilon_0\bullet r_{nk}\int_0^t[\exp(\mathrm{j}\omega t')+\exp(-\mathrm{j}\omega t')]\exp(\mathrm{j}\omega_{nk}t')\mathrm{d}t'$$

$$=-\frac{e}{2\hbar}\boldsymbol{\varepsilon}\cdot\boldsymbol{r}_{nk}\left\{\frac{\exp[\mathrm{j}(\omega_{nk}+\omega)t]-1}{\omega_{nk}+\omega}+\frac{\exp[\mathrm{j}(\omega_{nk}-\omega)t]-1}{\omega_{nk}\omega}\right\}\tag{5-56}$$

而跃迁概率则由

$$W_{nk}=\frac{e^2}{4\hbar^2}\left|\boldsymbol{\varepsilon}_0\cdot\boldsymbol{r}_{nk}\right|^2\left|\frac{\exp[\mathrm{j}(\omega_{nk}+\omega)t]-1}{\omega_{nk}+\omega}+\frac{\exp[\mathrm{j}(\omega_{nk}-\omega)t]-1}{\omega_{nk}-\omega}\right|^2\tag{5-57}$$

给出。

5. 光的吸收与发射

现在由上面所得主要结果，即式（5-56）和式（5-57）出发，讨论光的发射与吸收问题。首先，如果$\omega\neq\pm\omega_{nk}$，则式（5-57）中右边两项分母量级为10^{15}，而分子具有10^0的量级，故是小量。这就是说，当光波频率明显偏离原子谐振频率时，光几乎不引起原子的能级跃迁，即不会引起原子对光的吸收或发射。

如果$\omega\approx\omega_{nk}=(E_n-E_k)/\hbar$，则$E_n-E_k=\hbar\omega$，这相应于光被吸收。根据与上面相同的理由，式（5-57）右边第一项可以忽略，而由第二项给出吸收概率：

$$W_{nk}=\frac{e^2}{4\hbar^2}\left|\boldsymbol{\varepsilon}_0\cdot\boldsymbol{r}_{nk}\right|^2\frac{\left|\exp[\mathrm{j}(\omega_{nk}-\omega)t]-1\right|^2}{(\omega_{nk}-\omega)^2}$$

$$=\frac{e^2}{\hbar^2}\left|\boldsymbol{\varepsilon}_0\cdot\boldsymbol{r}_{nk}\right|^2\frac{\sin^2\left[\frac{1}{2}(\omega_{nk}-\omega)t\right]}{(\omega_{nk}-\omega)^2}\tag{5-58}$$

利用δ函数的表达式

$$\delta(x)=\lim_{t\to\infty}\frac{t}{\pi}\left[\frac{\sin\,(xt)}{xt}\right]^2$$

可将式（5-58）改写为

$$W_{nk}=\frac{\pi e^2}{4\hbar^2}\left|\boldsymbol{\varepsilon}_0\cdot\boldsymbol{r}_{nk}\right|^2t\delta\left(\frac{\omega_{nk}-\omega}{2}\right)=\frac{\pi e^2}{2\hbar^2}\left|\boldsymbol{\varepsilon}_0\cdot\boldsymbol{r}_{nk}\right|^2t\delta(\omega_{nk}-\omega)$$

$$=\frac{\pi e^2}{4\hbar^2}\left|\boldsymbol{\varepsilon}_0\cdot\boldsymbol{r}_{nk}\right|^2t\delta(E_n-E_k-h\omega)\tag{5-59}$$

如果$\omega\approx-\omega_{nk}$，则$E_k-E_n=\hbar\omega$，这意味着原子从$\Psi_k$态向$\Psi_n$态跃迁时伴随有圆频率为$\omega=(E_k-E_n)/\hbar$的光发射。用和上面类似的推导方法可得发射概率为

$$W_{nk}=\frac{\pi e^2}{4\hbar^2}\left|\boldsymbol{\varepsilon}_0\cdot\boldsymbol{r}_{nk}\right|^2t\delta(E_n-E_k+\hbar\omega)\tag{5-60}$$

由式（5-59）和式（5-60）不难看出，与单色辐射场发生作用时，原子吸收跃迁和发射跃迁的概率是相等的。

为了描述原子系统在两能级之间的跃迁概率，爱因斯坦于1917年引进3个系数A_{nk}、B_{nk}和B_{kn}，依次称为自发发射系数、受激发射系数和受激吸收系数，并利用热力学体系的平衡条件建立了三者之间的关系，即

$$B_{nk}=B_{kn},A_{nk}=\frac{\hbar\omega_{nk}^{3}}{\pi^{2}c^{3}}B_{nk}$$

下面依据量子力学理论导出 B_{nk} 的表达式。

设光波在 $\omega\sim\omega+\mathrm{d}\omega$ 频率间隔的能量密度为 $I(\omega)\mathrm{d}\omega$，则按照爱因斯坦的解释，$B_{nk}I(\omega_{nk})$ 表示单位时间内原子吸收能量为 $h\omega_{nk}$ 的光子而由 Ψ_k 态跃迁到 Ψ_n 态的概率；而 $B_{nk}I(\omega_{nk})$ 则为单位时间内原子在外场作用下从 Ψ_n 态向 Ψ_k 态跃迁，并发射能量为 $h\omega_{nk}$ 的光子的概率。于是

$$B_{nk}I(\omega_{nk})=\frac{\pi e^{2}}{2\hbar^{2}}|\varepsilon_0|^2|r_{nk}|^2\cos\theta \tag{5-61}$$

式中，θ 为 ε_0 与 r 的夹角。

由于 ε_0 具有确定的方向，而原子的电偶极矩可任意取向，所以应对 $\cos^2\theta$ 取平均：

$$\overline{\cos^2\theta}=\frac{1}{4\pi}\iint\cos^2\theta\mathrm{d}\Omega=\frac{1}{4\pi}\int_0^{\pi}\cos^2\theta\sin\theta\mathrm{d}\theta\int_0^{2\pi}\mathrm{d}\varphi=\frac{1}{3}$$

而光强

$$I(\omega_{nk})=\frac{|\varepsilon|^2}{4\pi}=\frac{|\varepsilon_0|^2}{8\pi}$$

代入式（5-61）得到

$$B_{nk}=\frac{4\pi^2e^2}{3\hbar^2}|r_{nk}|^2 \tag{5-62}$$

由此可见，在偶极近似下，光谱线的强度与 $|r_{nk}|^2$ 成正比。特别是，当 $|r_{nk}|^2=0$ 时，相应跃迁的概率为 0，因此称之为禁戒跃迁。确定哪些跃迁属于禁戒跃迁的法则称为选择定则。由于

$$r_{nk}=\int\psi_n^{(0)*}r\psi_k^{(0)}\mathrm{d}v$$

进一步的计算需要知道波函数的具体形式，下面是一个简单的例子。

例 5.2　求氢原子第一激发态 $(n=2,l=1,m=1)$ 向基态 $(n=1,l=0,m=0)$ 跃迁所对应的发射强度。

解：由量子力学可知，氢原子第一激发态和基态的波函数依次为

$$\psi_{2,1,1}=\frac{1}{8\pi^{1/2}a_{\mathrm{H}}^{5/2}}r\exp[-r/(2a_{\mathrm{H}})]\sin\theta\exp(\mathrm{j}\varphi)$$

和

$$\psi_{1,0,0}=\frac{1}{\pi^{1/2}a_{\mathrm{H}}^{3/2}}\exp(-r/a_{\mathrm{H}})$$

其中，$a_{\mathrm{H}}=5.3\times10^{-11}\ \mathrm{m}$，为氢原子第一轨道半径。

引入极坐标 $x=r\sin\theta\cos\varphi$，$\mathrm{d}v=r^2\sin\theta\mathrm{d}r\mathrm{d}\theta\mathrm{d}\varphi$，则有

$$\int\psi_{2,1,1}^{*}x\psi_{1,0,0}\mathrm{d}v=\frac{1}{8\pi a_{\mathrm{H}}^{4}}\iiint r^4\exp\left(-\frac{3r}{2a_{\mathrm{H}}}\right)\mathrm{d}r\sin^3\theta\mathrm{d}\theta\cos\varphi\exp(-\mathrm{j}\varphi)\,\mathrm{d}\varphi=4\times\left(\frac{2}{3}\right)^5a_{\mathrm{H}}$$

类似地：

$$\int\psi_{2,1,1}^{*}y\psi_{1,0,0}\mathrm{d}\nu=-4\mathrm{j}\left(\frac{2}{3}\right)^{5}a_{\mathrm{H}}$$

$$\int\psi_{2,1,1}^{*}z\psi_{1,0,0}\mathrm{d}\nu=0$$

于是：

$$|r_{nk}|^{2}=\left|\int\psi_{2,1,1}^{*}x\psi_{1,0,0}\mathrm{d}\nu\right|^{2}+\left|\int\psi_{2,1,1}^{*}y\psi_{1,0,0}\mathrm{d}\nu\right|^{2}+\left|\int\psi_{2,1,1}^{*}z\psi_{1,0,0}\mathrm{d}\nu\right|^{2}=0.555a_{\mathrm{H}}^{2}$$

5.2.4 光谱线的展宽

1. 谱线展宽概念

5.2.2 节曾指出，旧量子论成功解决了计算氢原子发射谱线波长的问题，但无法计算其他原子发射谱线的波长。而且，即使对氢原子，对计算谱线的强度也无能为力。5.2.3 节则表明，后两个问题可以在量子力学范畴得到圆满解决。

根据量子力学的结果，当原子从具有能量 E_k 的初态受激跃迁到能量为 E_n 的末态时，伴随有频率为

$$\nu=\frac{|E_n-E_k|}{h} \tag{5-63a}$$

的光子被吸收 $(E_k<E_n)$ 或发射 $(E_k>E_n)$。到目前为止，假定 E_k、E_n 确定，因而 ν 均有精确值，而吸收或发射相应的能级跃迁如图 5-7 所示。

然而，实际光波的频率 ν 不可能严格地取精确值，总会有一定的弥散范围 $\Delta\nu$，这是由能级有一定的宽度决定的。图 5-8 表示能级的弥散和相应的光谱线展宽，图 5-7 中的能级在这里用具有有限宽度的能带表示。ΔE_k 和 ΔE_n 分别表示两能带宽度，相应于两能带之间最大间隔的和最小间距的光发射分别用 ν_+ 和 ν_- 表示，于是，发射谱线的展宽可写为

$$\Delta\nu=\nu_{+}-\nu_{-}=\frac{\Delta E_k+\Delta E_n}{h} \tag{5-63b}$$

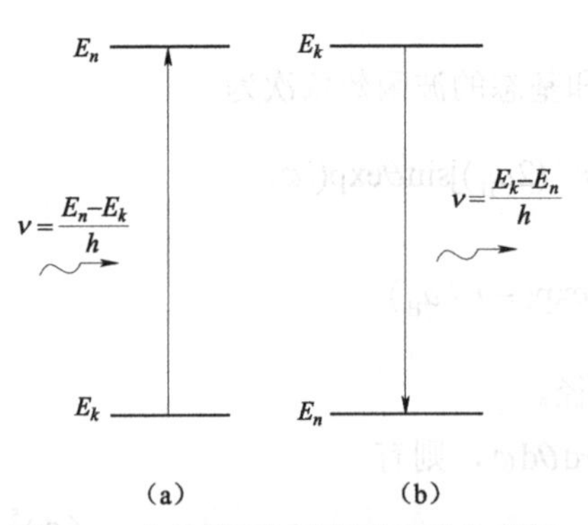

图 5-7　未计能级加宽的光吸收与发射

(a) 吸收；(b) 发射

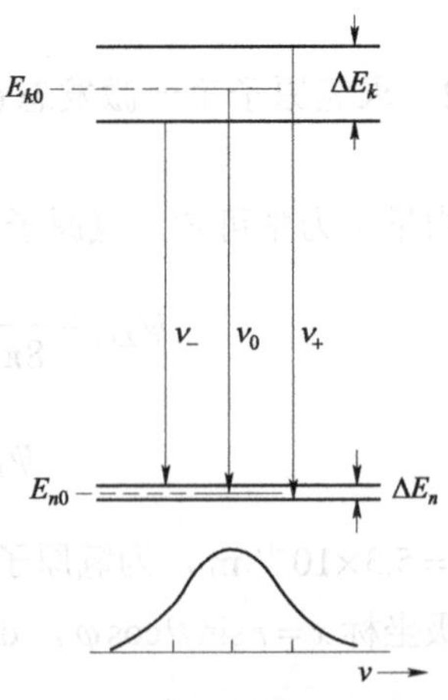

图 5-8　能级和谱线的展宽

早期的量子论对能级和谱线的展宽很难做出解释。而在量子力学看来，这种展宽完全是预料之中的。根据量子力学的不确定原理，一对互为“共轭”的可观察量不能同时具有确定值，对某个力学量测量得越准，其“共轭”量的不确定性就越大。既然原子在某一定态的寿命是有限的，那么，该定态上原子的能量作为时间的共轭量就不可能测得无限精确。

2. 谱线加宽机制

谱线加宽可分为两大类，即均匀加宽和非均匀加宽。在前一种情况下，导致加宽的机制对发光体的每个原子都是相同的，因而每个原子都对整本谱线有贡献；而对后一种情况，光源的每个原子只对谱线内与它的表观中心频率相应的部分有贡献。均匀加宽主要包括自然加宽、碰撞加宽和晶格振动加宽等；而常见的非均匀加宽则有气体发光物质中的多普勒（Doppler）加宽和固体发光体中的晶格缺陷加宽。下面对自然加宽、碰撞加宽和多普勒加宽予以简单介绍，在此之前首先引入线型函数的概念。

1）线型函数

设辐射是由原子从能级 E_2 向 $E_1(<E_1)$ 跃迁产生的。在不考虑能级宽度时，认为辐射是单色的，其全部功率集中在单一频率 $\nu_0=(E_2-E_1)/h$ 上。如果计及谱线的加宽，则辐射的功率不再集中在单一频率上，而是按频率有一定分布。用 $P(\nu)$ 表示辐射在频率 ν 处的功率，则其与总功率 P 之比即定义为谱线的线型函数，并用 $g(\nu,\nu_0)$ 表示，即

$$g(\nu,\nu_0)=P(\nu)/P \tag{5-64}$$

式中，ν_0 为谱线的中心频率。由式(5-64)易见，$g(\nu,\nu_0)$ 满足归一化条件，即 $\int_{-\infty}^{\infty}g(\nu,\nu_0)\mathrm{d}\nu=1$，$g(\nu,\nu_0)$ 在 $\nu=\nu_0$ 处取得最大值 $g(\nu_0,\nu_0)$，并在 $\nu=\nu_0\pm\Delta\nu/2$ 处下降为 $g(\nu_0,\nu_0)/2$，而将 $\Delta\nu$ 称为谱线宽度。

引入线型函数后，辐射分布在 $\nu\sim\nu+\mathrm{d}\nu$ 范围的功率可写为

$$P(\nu)\mathrm{d}\nu=g(\nu,\nu_0)P\mathrm{d}\nu$$

2）自然加宽

谱线的自然加宽是由相应的自发辐射能级寿命 τ_{N}（见 5.3.1）决定的，谱线宽度：

$$\Delta\nu_{\mathrm{N}}=\frac{1}{2\pi\tau_{\mathrm{N}}} \tag{5-65}$$

而线型函数为洛伦兹（Lorentz）型：

$$g_{\mathrm{N}}(\nu,\nu_0)=\frac{\Delta\nu_{\mathrm{N}}/(2\pi)}{(\nu-\nu_0)^2+(\Delta\nu_{\mathrm{N}}/2)^2} \tag{5-66a}$$

事实上，式（5-66a）也是所有均匀加宽谱线的函数型。若 $q_{\mathrm{N}}(\nu,\nu_0)$ 和 $\Delta\nu_{\mathrm{H}}$ 分别表示均匀加宽谱线线型函数和线宽，则有

$$g_{\mathrm{H}}(\nu,\nu_0)=\frac{\Delta\nu_{\mathrm{H}}/(2\pi)}{(\nu-\nu_0)^2+(\Delta\nu_{\mathrm{H}}/2)^2} \tag{5-66b}$$

3）碰撞加宽

另一种重要的均匀加宽是碰撞加宽。当发光物质中原子数密度很低，以致原子近乎孤立时，自然加宽是主要的均匀加宽机制；而当原子数密度达到一定值时，原子之间的碰撞会以以下两种方式引起谱线的加宽：

① 由于碰撞，处于高能态的原子在发生自发辐射之前已经跃迁到较低能态。这相当于能

级寿命变短，因而发射谱线变宽。气体中的电子碰撞及固体中的声子碰撞均属于这一类。由这类碰撞决定的衰减时间因能级而异。

② 另一类碰撞并不直接增加原子的衰减速率，而是通过干扰辐射原子的位相而影响能级的衰减。典型情况下，它对辐射上、下能级的影响是相同的。

对气体发光介质，碰撞加宽$\Delta\nu_L$与物质压强p成正比，即

$$\Delta\nu_L=\alpha p$$

其中比例系数α与原子间的碰撞截面及温度等因素有关，且可通过实验测得。

4）多普勒加宽

声学中读者所熟悉的多普勒效应在光学中也存在。为简单计且不失一般性，考虑一种情况，设静止时辐射频率为ν_0的原子（光源）以速度v朝向或背离观察者（接收器）运动，则被探测到的频率分别为

$$\nu\pm=\nu_0\sqrt{\frac{c\pm v}{c\mp v}}\approx\nu_0\left(1\pm\frac{v}{c}\right) \tag{5-67}$$

将方程（5-67）与麦克斯韦速度分布律联立可解多普勒加宽线型函数：

$$g_D(\nu,\nu_0)=\frac{2}{\Delta\nu_D}\sqrt{\frac{\ln 2}{\pi}}\exp\left[\frac{-4(\ln 2)(\nu-\nu_0)^2}{\Delta\nu_D^2}\right] \tag{5-68}$$

式中

$$\Delta\nu_D=2\nu_0\left[\frac{2(\ln 2KT)}{Mc^2}\right]^{\frac{1}{2}}$$

即多普勒加宽下的谱线宽度，这里M为原子质量，而其他各量的意义同前。式（5-68）表明，多普勒加宽谱线具有高斯（Gauss）函数的形式。

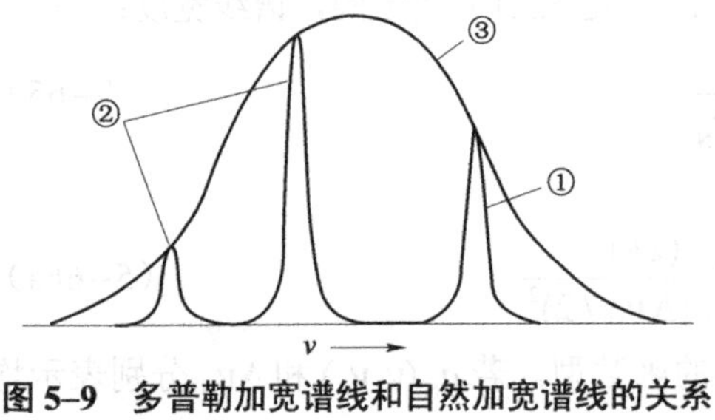

图 5-9　多普勒加宽谱线和自然加宽谱线的关系

① 朝向接收器运动的原子的自发发射谱；② 背离接收器运动的原子的自发发射谱；③ 多普勒发射谱

多普勒加宽与自然加宽之间的关系可概括如下：每个原子的辐射跃迁发射谱均具有用洛伦兹函数所描述的自然加宽特性，相对探测器以不同速度运动的原子被探测到的辐射中心频率不同，与这样中心频率相应的辐射强度的轨迹便形成由高斯函数所描述的总发射谱，即多普勒加宽型发射谱。图 5-9 示意地表示出两种加宽的关系。图中曲线①②分别表示以一定速率朝向和背离接收器运动的原子的自发发射谱，而③为合成的多普勒发射谱。

5.3　激光和激光器

激光本质上是相干辐射与分子、原子（离子）之间相互作用的结果，因而，对其工作原理的理解需要用光的量子特性；另一方面，属于量子光学领域的很多新现象的揭示及规律的

认识又都离不开具有普通光辐射无与伦比的特性的激光。因此，作为量子光学基础的一部分，本节简要介绍激光和激光器。

5.3.1 节将首先描述激活介质中的光放大，由此给出激光产生的必要条件；5.3.2 节介绍谐振腔中的光振荡，这里将引入激光产生的充分条件。通过以上两小节的学习，读者将对激光的产生有个总体了解，在此基础上，5.3.3 节讨论激光的模式。

激光的速率方程理论是量子理论的简化形式，该理论以量子化辐射场与原子的相互作用为出发点，但不考虑光子的位相特性和光子数起伏，因为具有非常简单的形式，本章最后一节对其加以介绍。

5.3.1　激活介质中的光放大

本节首先介绍原子能级的三种跃迁及其与辐射场之间的相互作用，在此基础上导出光放大的条件。实际原子的能级结构往往是非常复杂的，然而，与产生激光直接相关的主要是两个能级，因此，若没有特别说明，将假定所研究的原子只有两个能级，称为二能级系统，且不考虑能级加宽。

1. 辐射场与原子的相互作用

1）自发辐射

用 u 和 l 分别表示原子的较高能级和较低能级，相应的能量为 E_u 和 E_l。而光的辐射或吸收，正是由原子从能级 $u(l)$ 向能级 $l(u)$ 的跃迁引起的。因此，u 和 l 通常被称为激光的上、下能级。

根据物理学的最小能量原理，处于上能级 u 的原子在无外界作用的条件下会以概率 A_{ul} 自发地向下能级 l 跃迁，并伴随辐射一个频率为

$$\nu=(E_u-E_l)/h \tag{5-69}$$

的光子（图 5-10（a））。这种过程称为自发辐射跃迁，而 A_{ul} 称为自发辐射跃迁概率，或自发辐射爱因斯坦系数。因自发辐射引起的上能级粒子数 N_u 的时间变化率为

$$\left(\frac{\mathrm{d}N_u}{\mathrm{d}t}\right)_{\mathrm{sp}}=A_{ul}N_u \tag{5-70}$$

其中下标“sp”表示自发辐射。由方程（5-70）容易解得 t 时刻的 N_u 值为

$$N_u(t)=N_{uo}\exp(-Ault)=N_{uo}\exp[-t/(\tau N)] \tag{5-71}$$

这里 N_{uo} 为 N_u 在时刻 $t=0$ 时的值，而

$$\tau_{\mathrm{N}}=1/A_{ul} \tag{5-72a}$$

称为能级 u 的自发辐射寿命，它表示由于自发跃迁而导致的原子在能级 u 上滞留时间的有限性。由 τ_{N} 所引起的原子辐射谱线的加宽（见式（5-64））称为自然加宽，它决定该谱线的线宽极限。

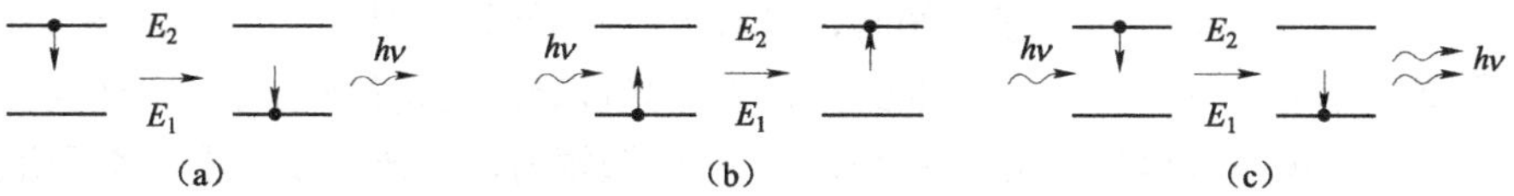

图 5-10　二能级原子的自发辐射、受激吸收和受激发射

（a）自发辐射；（b）受激吸收；（c）受激辐射

如果能级 u 同时向多条下能级进行自发跃迁，则

$$\tau_{\mathrm{N}}=1/\sum_{l} A_{ul} \tag{5-72b}$$

2）受激跃迁

当上述原子受到频率由式（5-69）给出的光场作用时，处于能级 l 的原子会以概率

$$W_{lu}=B_{lu}\rho \tag{5-73}$$

吸收入光子，并向能级 u 跃迁（图 5-10（b））；与此同时原来处于能级 u 的原子则会在光的激发下以概率

$$W_{ul}=B_{ul}\rho \tag{5-74}$$

向能级 l 跃迁，并发射一个与入射光子全同的光子（图 5-10（c））。这两种过程分别称为受激吸收和受激辐射，式中的 B_{lu} 称为受激吸收的爱因斯坦系数，B_{ul} 为受激发射的爱因斯坦系数，而 ρ 是与原子作用的光场的能量密度。

受激吸收引起上能级原子数密度 N_u 的增加和入射光子密度 n 的减少，变化速率与下能级原子数密度 N_l 成正比，且可写为

$$\left(\frac{\mathrm{d}N_u}{\mathrm{d}t}\right)_{\mathrm{ab}}=-\left(\frac{\mathrm{d}n}{\mathrm{d}t}\right)_{\mathrm{ab}}=W_{lu}N_l \tag{5-75}$$

而受激辐射跃迁则导致 N_u 的减少及 n 的增加，变化速率与 N_u 成正比且可写为

$$\left(\frac{\mathrm{d}N_u}{\mathrm{d}t}\right)_{\mathrm{st}}=-\left(\frac{\mathrm{d}n}{\mathrm{d}t}\right)_{\mathrm{st}}=-W_{ul}N_u \tag{5-76}$$

A_{ul}、B_{lu} 和 B_{ul} 都是只取决于原子性质而与辐射场无关的量，三者之间的关系为

$$B_{lu}=\frac{g_u}{g_l}B_{ul},\ A_{ul}=\frac{8\pi h\nu^3}{c^3}B_{ul} \tag{5-77}$$

式中，g_u 和 g_l 分别为能级 u 和 l 的简併度。

受激跃迁系数 B_{lu} 和 B_{ul} 可以通过 5.2.3 节中介绍的方法在量子力学范围求得（如式（5-62）），而 A_{ul} 的直接计算则只能用量子电动力学解决。

由以上讨论可以看出，自发辐射是在没有外界作用的条件下原子的自发行为，因而不同原子辐射的场互不相关，即非相干的。而受激辐射则不同，由于它是在入射辐射场的控制下发生的，所以，辐射场必然会与入射场有某种联系。在爱因斯坦 1917 年预言该过程后又过了整整十年，剑桥大学物理学教授狄拉克于 1927 年首先发现受激辐射与普通发光有很多不同的特点。到 20 世纪 50 年代，理论与实验进一步证明，受激辐射场与入射激发光具有相同的频率、位相和偏振态，并沿相同方向传播，因而具有很好的相干性。事实上，正是受激辐射的这些特性，决定了激光具有普通光发射无法比拟的特性。

2. 激活介质中的光放大

当具有适当频率的光通过原子系统时，受激吸收和受激辐射作为矛盾的两个方面总是同时存在，并始终贯穿于过程中。作用的结果是入射光被衰减还是得到放大完全取决于以上两个过程中哪一个占据主导地位。如果受激吸收超过受激辐射，则光子数的减少多于增加，即总的效果是入射光被衰减；反之，若受激辐射超过受激吸收，则总的效果是入射光得到放大。

考虑图 5-11 所示截面积为 dA 的工作物质中长度为 dz 的一段。设有强度为 $I(z)$ 的光从其

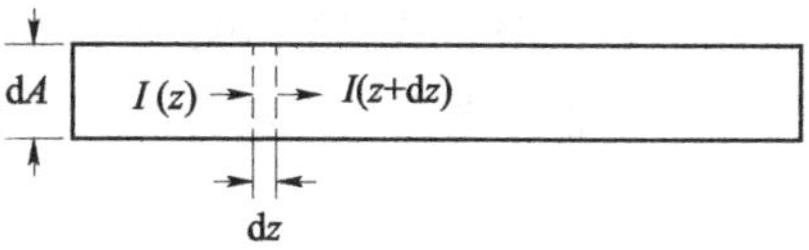

图 5-11 相干辐射在工作介质中传播

一端射入，受激过程将引起光强的变化，进行距离 dz 后，强度变为 $I(z+\mathrm{d}z)$。由于自发辐射发生在 4π 立体角的所有方向上，而对沿 z 轴定向传输的光束贡献甚小，因此可以忽略不计。于是光强的增长可以表示为由受激跃迁引起的光子数净增量与光子能量的乘积，即

$$[I(z+\mathrm{d}z)-I(z)]\mathrm{d}A = h\nu(N_u B_{ul} - N_l B_{lu})\rho \mathrm{d}A\mathrm{d}z$$

注意到 $\rho = I/c$，上式给出

$$\frac{\mathrm{d}I}{I\mathrm{d}z} = (N_u B_{ul} - N_l B_{lu})\frac{h\nu}{c} \tag{5-78}$$

利用关系式（5-77），方程（5-78）的解可写为

$$I = I_0 \exp(Gz) \tag{5-79}$$

其中 I_0 表示初始光强，而

$$G = \left(N_u - \frac{g_u}{g_l}N_1\right)B_{ul}\frac{h\nu}{c} \tag{5-80}$$

称为增益系数，在 MKS 单位制中，G 的量纲为 m^{-1}。

式（5-80）右边括号中的量表示 u、l 能级上粒子数之差，通常记为 ΔN_{ul}，即

$$\Delta N_{ul} = N_u - \frac{g_u}{g_l}N_l \tag{5-81}$$

由式（5-79）～式（5-81）可以看出，光放大的条件是

$$\Delta N_{ul} > 0 \tag{5-82}$$

在很多情况下，g_u/g_l 的取值范围为 0.5～2.0，因而可近似认为

$$\Delta N_{ul} \approx N_u - N_l$$

而光放大的条件简化为 $N_u > N_l$。然而，根据玻尔兹曼分布律，平衡态下处于两能级 E_u 和 E_l 的粒子数之比为

$$\frac{N_u}{N_l} = \exp\left(-\frac{E_u - E_l}{kT}\right)$$

由此可见，当 $E_u > E_l$ 时，必有 $N_u < N_l$，或 $\Delta N_{ul} < 0$。因此，称满足不等式（5-82）的状态为粒子数反转分布状态。处于粒子数反转分布状态的介质对在其中传播的相干辐射具有放大作用，因而在激光理论中常称为激活介质或增益介质，而其增益系数则由式（5-80）给出。显然，介质处于激活状态是产生激光的必要条件。

5.3.2 谐振腔中的光振荡

首先给出饱和光强的概念。根据式（5-79），只要 $G > 0$ 或 $\Delta N_{ul} > 0$，光强就将按指数规律增长。然而，稍加注意便不难发现，由方程（5-78）解得式（5-79）的条件是 G 为常数，因而 ΔN_{ul} 为常数。但事实上，光强的增长正是以 ΔN_{ul} 或 G 的减小为代价的。当光强增

长到一定值时，式（5−79）不再成立，即I不再按指数规律增长。通常定义使N_u减小为小信号值的1/2的光强为饱和光强，表示为I_s，可以导出：

$$I_s = \frac{h\nu}{\sigma_{ul}\tau_u} \tag{5-83}$$

其中

$$\sigma_{ul} = \frac{c^2}{8\pi\nu^2}A_{ul} \tag{5-84}$$

称为受激发射截面。用σ_{ul}可将式（5−80）改写为

$$G = \sigma_{ul}\Delta N_{ul} \tag{5-85}$$

研究表明，如果在增益介质的有效长度内光强可以从微小信号增长到由式（5−83）所定义的I_s，则对形成激光振荡来说是充分的。下面通过一个例子估算一下可满足上述条件的工作物质长度范围。

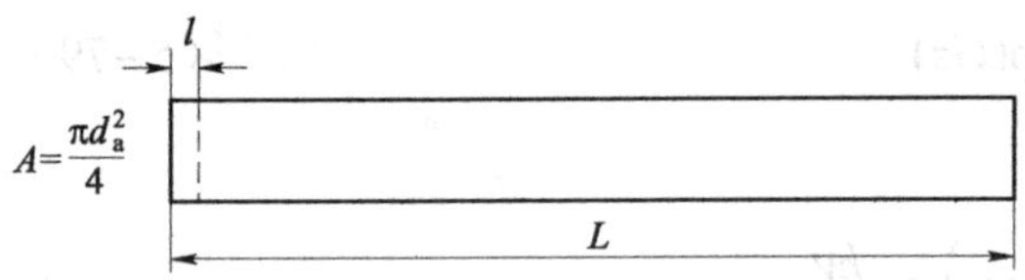

图 5−12　增益介质中光强增长示意图

考虑图 5−12 所示圆柱形增益介质，其长度为L，横截面半径为r。假定介质已实现粒子数反转，且反转程度足够高，以致N_l可以忽略而$\Delta N_{ul} \approx N_u$。

设光辐射起源于介质一段长度为l的区域，单位时间内由自发辐射产生的总辐射能为

$$E_t = (\pi r^2 l)N_u A_{ul} h\nu$$

该能量向4π立体角发射，其中能达到介质另一端的部分为

$$\frac{d\Omega}{4\pi}E_t = \frac{\pi r^2}{L^2}\frac{E_t}{4\pi}$$

而对产生激光起作用的初始光强为

$$I_0 = \frac{1}{4\pi L^2}\pi r^2 l N_u A_{ul} h\nu$$

因此光强经介质放大后可达到饱和光强，即

$$\frac{\pi r^2}{4\pi L^2} l N_u A_{ul} h\nu \exp(GL) = I_s$$

为简单记，且不失一般性，设

$$\frac{\pi r^2}{4\pi L^2} l N_u A_{ul} h\nu \exp(GL) = I_s$$

代入上式给出

$$\exp(GL) = \left(\frac{2L}{r}\right)^2 \tag{5-86}$$

由于大多数实际激光增益介质的增益系数都不足够大，以致为使微弱信号单次通过增益介质而达到饱和光强将需要很大的L。这往往是十分困难的，甚至是不可能的。因此大多数实际激光器一般都需要在工作物质的一端或者两端镀反射膜或加反射镜，以达到增加其有效长度L_{eff}的目的。只在一端加反射镜的情况下，有效长度为

$$L_{\text{eff}} = 2L$$

而如果两端均加反射镜，则信号可以在工作物质中多次往返，设往返次数为 m，则相当于

$$L_{\text{eff}} = 2mL$$

两块反射镜构成所谓开放式谐振腔，其作用之一是如上所述提供正反馈，以便使信号能够多次通过增益介质而被放大，并最终形成激光振荡。

应该指出的是，在以上讨论中没有考虑损耗。可能的损耗包括工作物质中的非共振吸收和散射，光束由谐振腔侧壁的逸出，反射镜的吸收及透射等。计及这些损耗，式（5–86）中的 G 应理解为净增益，即由式（5–85）给出的增益减去各种损耗后的值。

5.3.3　激光的速率方程理论

前面曾提到，随着光强的增长，介质中的反转粒子数密度或上能级粒子数密度会不断减少。激光能级上粒子数密度随时间的变化可以用一组微分方程描述，这组方程称为速率方程。速率方程理论是量子理论的简化形式，是一种简单实用而在有关文献中被广泛采用的激光理论。本小节将首先建立速率方程组，然后通过对其求解进一步研究各能级粒子数密度与光强的关系。

仍假定原子系统为只显含两个能级 u 和 l 的二能级系统。能级 u 和 l 之间的粒子转移依然用 N_{ul}，$B_{ul}(\nu)I/c$ 和 $B_{lu}(\nu)/c$ 表示，这些转移以外的所有激励源对能级 u 和 l 的激励强度分别用 W_u 和 W_l 表示，而能级的 l 所有可能弛豫衰减则用 A_l 概括。于是，能级粒子数的变化可用图 5–13 表示。

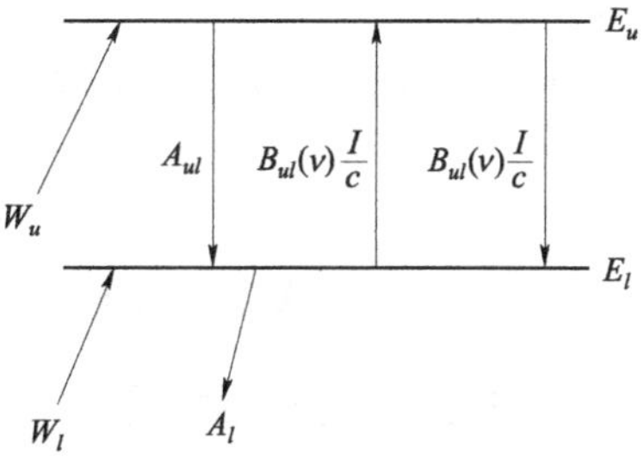

图 5–13　二能级系统的激发与衰减

按照上述约定，上、下能级粒子数密度变化速率为

$$\frac{\mathrm{d}N_u}{\mathrm{d}t} = W_u + N_l B_{lu}(\nu)\frac{I}{c} - N_u\left[A_{ul} + B_{ul}(\nu)\frac{I}{c}\right]$$

$$\frac{\mathrm{d}N_l}{\mathrm{d}t} = W_l - N_l\left[A_l + B_{ul}(\nu)\frac{I}{c}\right] + N_u\left[N_{ul} + B_{ul}(\nu)\frac{I}{c}\right] \qquad (5\text{–}87)$$

由定义，方程式（5–87）即上、下能级粒子数密度的速率方程。为求其稳态解，令方程右边为 0，在 $I \approx 0$ 的条件下解得小信号下上、下能级粒子数密度分别为

$$N_u^{(0)} = W_u / A_{ul},\ N_l^{(0)} = (W_u + W_l) / A_l \qquad (5\text{–}88)$$

另一方面，在普遍条件下容易求得方程（5–87）的稳态解：

$$N_l = \frac{W_u + W_l}{A_l} = N_l^{(0)} \qquad (5\text{–}89)$$

这就是说，下能级粒子数不随光强变化，而上能级粒子数密度：

$$N_u = \frac{W_u + B_{ul}(\nu)\frac{I}{c}N_l}{A_{ul} + B_{ul}(\nu)\frac{I}{c}} = \frac{N_u^{(0)} + \frac{g_u}{g_l}\frac{I}{I_{\text{s}}}}{1 + \frac{I}{I_{\text{s}}}} \qquad (5\text{–}90)$$

将方程（5–89）和式（5–90）联立给出：

$$\Delta N_{ul}=N_u-\left(\frac{g_u}{g_l}\right)N_l=\frac{\Delta N_{ul}^{(0)}}{1+I/I_s} \tag{5–91}$$

其中

$$\Delta N_{ul}^{(0)}=\Delta N_u^{(0)}-\frac{g_u}{g_l}N_l^{(0)} \tag{5–92}$$

为小信号下的反转粒子数密度。令 $I=I_s$，由方程（5–91）得到

$$\Delta N_s=\frac{1}{2}\Delta N_{ul}^{(0)}$$

即饱和状态下的反转粒子数密度下降为小信号时的一半。

将方程（5–91）代入式（5–85），即可得到增益系数随光强的变化规律为

$$G(\nu)=\frac{\sigma(\nu)\Delta N_{ul}^{(0)}}{1+I/I_s}=\frac{G^{(0)}(\nu)}{1+I/I_s} \tag{5–93}$$

式中

$$G^{(0)}(\nu)=\sigma(\nu)\Delta N_{ul}^{(0)} \tag{5–94}$$

为小信号时的增益系数。再次令 $I=I_s$，由方程（5–93）得到

$$G_s(\nu)=\frac{1}{2}G^0(\nu)$$

由此可见，饱和状态下的增益系数亦为小信号时的一半。

5.3.4 激光的模式

5.3.2 节曾经讲到，在增益介质的两端各放置一块反射镜，便形成一个最简单的开放式谐振腔。而谐振腔的作用之一就是提供正反馈，使光束得以在腔内反复传播多次通过增益介质，这相当于增加介质的有效长度。谐振腔的另一作用则是进行选模，本小节简单介绍模的概念。

1. 模的概念

被约束在空间一定范围的电磁场只能以分立状态存在，通常将光学谐振腔内可能存在的光场本征状态称为腔的模式。每个本征模式具有一定的振荡频率和一定的振幅空间分布。

腔内传播的波在谐振腔两端的镜面上反射时，反射波将和入射波发生干涉，为了能在腔内形成稳定振荡，要求满足相干相长条件，也就是沿腔的纵向（轴线方向）形成驻波的条件。第 q 个驻波的频率由

$$\nu_q=q\frac{c}{2L} \tag{5–95}$$

决定，其中 L 为腔的光学长度，这种由整数 q 所表征的腔内纵向场分布即称为激光的纵模。两相邻纵模之间的频率差

$$\Delta\nu_q=\frac{c}{2L} \tag{5–96}$$

通常称为纵模间隔。

为了实现一定的振幅空间分布，要求波在腔内往返一周后能再现出发时的场分布，即在考察面上，各点的场振幅按相同比例衰减。这种经一次往返能再现的稳态场分布称为横模。由于横向包括两个自由度，因而，一个横模需要用两个整数 m 和 n 来标志，并记为 TEM_{mn} 模。如果再计及模的纵向分布，则一个本征模共需要用三个整数，即 m 、n 和 q 完全标识，并记为 TEM_{mnq} ，而这些整数称为模序数。

以上讨论表明，模的谐振频率主要由 q 决定。然而，对一定的 q ，不同横模的频率仍有一定差别，且可写出

$$\Delta\nu_{mn} = \frac{c}{2\pi L}\Delta\varphi_{mn} \tag{5-97}$$

其中 $\Delta\varphi_{mn}$ 为 TEM_{mnq} 模往返一周的附加相移。当横模序数 m 和 n 及腔内损耗均不太大时，附加相移 $\Delta\varphi_{mn}$ 通常只有几度至几十度的量级。因此，可以认为属于同一纵模的各横模的差别主要不在于谐振频率，而在于横向场分布及模的传播方向。

有源腔的工作频率主要由腔内激活介质的特性决定，而且对一定的激光器可以认为是确定的。横向场分布则受多种因素影响，且往往具有复杂的结构。其中最简单的是两个横模序数均为 0，因而表示为 TEM_{mnq} 的基模。由于基模简单而重要，下面对其特性作进一步介绍。

2. 基模高斯光束

在与传播方向垂直的平面内，基模的场分布服从高斯规律，因而常称为基模高斯光束，其场分布为

$$\psi_{00}(x,y,z) = \frac{c}{\omega(z)}\exp\left[-\frac{x^2+y^2}{\omega^2(z)}\right]\exp\left\{-\mathrm{j}\left[\frac{2\pi}{\lambda}\left(z+\frac{x^2+y^2}{2R(z)}-\arctan\frac{z}{f}\right)\right]\right\} \tag{5-98}$$

这里 c 为常数，而

$$f = \pi W_0^2/\lambda \tag{5-99}$$

称为高斯光束的共焦参数；

$$R(z) = z + \frac{f^2}{z} \tag{5-100}$$

是与传播轴相交于 z 点的波面曲率半径；

$$\omega(z) = \omega_0\sqrt{1+\left(\frac{z}{f}\right)^2} \tag{5-101}$$

则为与传播轴相交于 z 点的等位相面上的光斑半径由振幅降落到中心值的点定义。很显然，光斑半径在 $z=0$ 处取得最小值：

$$\omega(0) = \omega_0 = \sqrt{\frac{\lambda f}{\pi}} \tag{5-102}$$

因此 ω_0 被称为基模高斯光束的耀斑半径。

由以上结果容易看出，高斯光束具有以下基本性质：

（1）在传播轴上 z 点处的横截面内，场振幅及光强于中心点（$x=y=0$）取最大值，并随离开中心点的距离平方 $r^2(=x^2+y^2)$ 按高斯函数 $\exp[-r^2/\omega^2(z)]$（振幅）或 $\exp[-2r^2/\omega^2(z)]$（光强）的规律下降。由光强下降为中心值的 $1/e^2$ 的点所定义的光斑半径由式（5-101）给出。

（2）光束的远场发散角定义为

$$\theta_{1/e^2}=\lim_{x\to 0}\frac{2\omega(z)}{z}=2\frac{\lambda}{\pi\omega_0}=2\sqrt{\frac{\lambda}{\pi f}} \tag{5-103}$$

（3）由式（5-100）可以看出，当 $z=0$ 或 $z\to\pm\infty$ 时，$|R(z)|\to\infty$，即在束腰处和距离束腰无穷远处的等位相面为平面。而对一般的 z，$R(z)$ 为有限常数，这表明高斯光束的等位相面为球面，但球面的曲率半径随 z 变化，并于 $z=|R(z)$ 取最小值 $2f$。

可以证明，高斯光束经薄透镜变换后仍得到高斯光束。而且，若设物方光束腰斑半径为 ω_0，与透镜的距离为 l；像方光束腰斑半径及与透镜的距离分别为 w_0' 和 l'，透镜的焦距为 F，则有

$$\begin{cases} l'=F+\dfrac{(l-F)F^2}{(l-F)^2+\dfrac{1}{F}\left(\dfrac{\pi\omega_0^2}{\lambda}\right)^2} \\ \dfrac{1}{\omega_0'^2}=\dfrac{1}{\omega_0^2}\left(1-\dfrac{1}{F}\right)+\dfrac{1}{F^2}\left(\dfrac{\pi\omega_0^2}{\lambda}\right)^2 \end{cases} \tag{5-104}$$

式（5-104）是高斯光束变换的基本结果。利用上述关系，可以十分方便地讨论高斯光束的聚焦（即使 $\omega_0'<\omega_0$）、准直（使 $\theta'<\theta$）以及模匹配问题。

5.3.5 几种典型的激光器

本小节将简单介绍几种典型的激光器件。由本章的性质决定，介绍的重点是产生激光的机理。前面的讨论一直假定系统只有两个能级，而这里会涉及较多的相关能级。

1. 气体激光器

1）He-Ne 激光器

He-Ne 激光器是发明较早和应用较广的激光器之一，其工作物质为原子态 He 和 Ne 的混合物。最常用的谱线是波长 632.8 nm 的红光，其他一些谱线如 543.5 nm 的绿光、594 nm 的黄光、612 nm 的橙光及 1.523 m 的近红外辐射近年来也得到应用。此外，He-Ne 激光器还可以发射大量红外谱线，但目前应用尚少。因而，这里的讨论主要针对 632.8 nm 的红光。值得一提的是，波长 3.39 m 的辐射与 632.8 nm 的辐射具有共同的激光上能级，因而竞争上能级粒子。

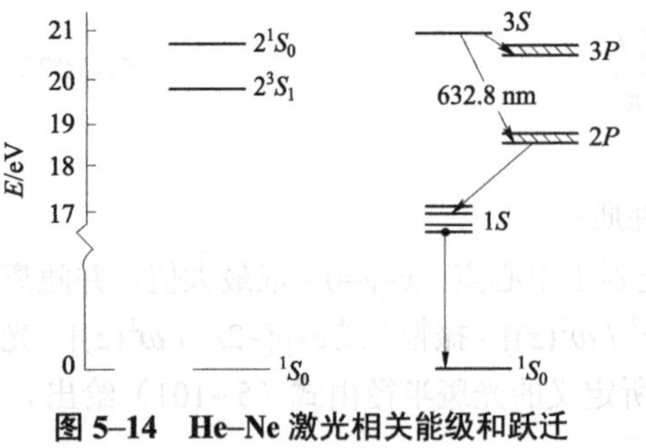

图 5-14　He-Ne 激光相关能级和跃迁

典型 He-Ne 激光器长 0.151 m，直径数十毫米，连续工作输出功率范围 0.510 0 mW，线宽 1.5 GHz，工作寿命可达 50 000 h。

He-Ne 激光介质的有关能级和跃迁过程如图 5-14 所示。在泵浦源作用下，基态 He 原子被激发到亚稳态 2^1S_0，激发的 He 原子（He^*）又通过非弹性碰撞将基态 Ne 原子激发到 $3S_2$ 能级向 $2P$ 能级跃迁时，便产生波长为 632.8 nm 的辐射。其他一些主要线谱也在图中标出。

2）CO_2 激光器

CO_2 激光器是功率最高的气体激光器之一，连续运转功率可高于 100 kW，而单脉冲能量在 10 kJ 以上，因而在工业加工及军事等领域得到广泛应用。激光工作物质为 CO_2 、N_2 和 He 的混合气体，其中前两种成分的比为 $CO_2 : N_2$ =0.8:1。工作波长为 10.6 μm 和 9.4 μm 的中红外，辐射跃迁发生在 CO_2 的两个振动能级之间，而 N_2 和 He 的作用分别为提高激光上能级的激励速率和下能级的抽空速率。

CO_2 分子为三原子线型分子，具有图 5–15 所示的三种振动模式，即对称振动、弯曲振动和反对称振动。相应的谐振频率依次为 ν_1 、ν_2 和 ν_3 ，振动量子数为 v_1、v_2 和 v_3。于是，总振动能为

$$E_v(v_1,v_2,v_3)=h\nu_1\left(v_1+\frac{1}{2}\right)+h\nu_2\left(v_2+\frac{1}{2}\right)+h\nu_3\left(v_3+\frac{1}{2}\right) \tag{5-105a}$$

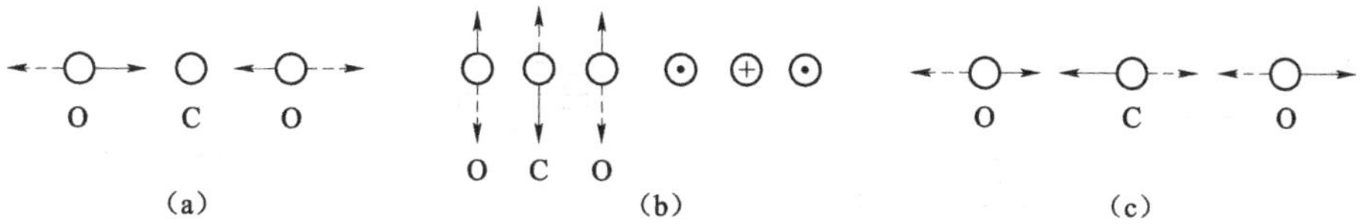

图 5–15　CO_2 的三种振动模式

（a）对称振动；（b）弯曲振动；（c）反对称振动

当三个振动量子数均为 0 时，式（5–105a）给出：

$$E_v(0,0,0)=\frac{1}{2}h(\nu_1+\nu_2+\nu_3)$$

这是 CO_2 的最低能级，并成为零点能。由于我们只关心能级之间的能量差，故在以下的讨论中将此零点能取为 0，则有

$$E_v(v_1,v_2,v_3)=h\nu_i v_i \quad (i=1,2,3) \tag{5-105b}$$

此处沿用了爱因斯坦惯例。

CO_2 模频率的典型值为

ν_1 =4.16× 10^{13} Hz，$\nu_2 \approx 2.00\times10^{13}$ Hz，$\nu_3 \approx 7.05\times10^{13}$ Hz

代入式（5–105a）得到

$$E_v=(1,0,0)=0.172\ \text{eV},$$
$$E_v(0,2,0)\approx 0.166\ \text{eV},$$
$$E_v(0,0,1)\approx 0.292\ \text{eV}$$

激光跃迁发生于 $(0,0,1)\to(1,0,0)$ 和 $(0,0,1)\to(0,2,0)$，相关的振动能级如图 5–16 所示。

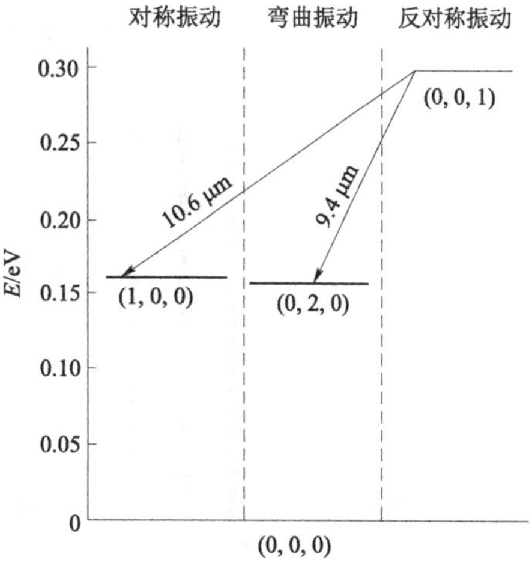

图 5–16　CO_2 激光相关振动能级和跃迁

2. 固体激光器

1）红宝石激光器

这是世界上最早发明的一种激光器，其工作物质是掺有少量 3 价铬离子 Cr^{3+}（质量比约为 0.05%）的

Al_2O_3 晶体。Cr^{3+} 属于 3 能级系统，其能级如图 5–17 所示，在 400 nm 和 550 nm 附近有两个吸收带 $^4F_2$ 和 $^4F_1$，二者均具有较宽的宽带（约 50 nm）和较短的能级寿命。Cr^{3+} 在泵浦光作用下由基态 $^4A_2$ 跃迁到 $^4F_2$ 和 $^4F_1$ 能带，随后通过无辐射跃迁迅速弛豫到激光上能级 ^2E，并由其中较低的一条 E 回到基态，同时产生波长为 694.3 nm 的辐射。

2）Nd:YGA 激光器

这是目前应用最广的固体激光器，其工作物质是掺有 3 价钕离子 Nd^{3+}（最高浓度为 1.0%～1.5%）的 YAG 晶体。Nd^{3+} 与激光产生有关的能级结构及跃迁如图 5–18 所示，在 750 nm 和 810 nm 处有两个带宽各 30 nm 左右的吸收带，在泵浦光作用下由基态 $^4I_{9/2}$ 跃迁到这里的 Nd^{3+} 离子经短暂停留后通过无辐射跃迁（碰撞）弛豫到激光上能级 $^4F_{3/2}$，后者的平均寿命 230 μm，与其对应的有 3 条可能的下能级，即 $^4I_{9/2}$，$^4I_{11/2}$ 和 $^4I_{13/2}$。其中以 $^4F_{3/2}\rightarrow{}^4I_{11/2}$ 的跃迁最强，相应的辐射波长为 1.064 μm。

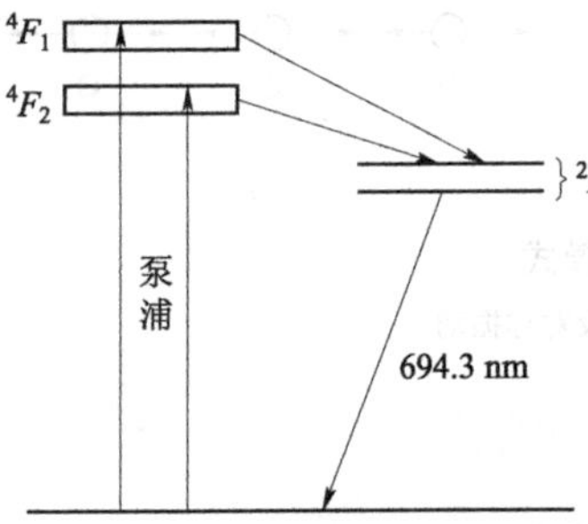

图 5–17　Cr^{3+}能级和跃迁图

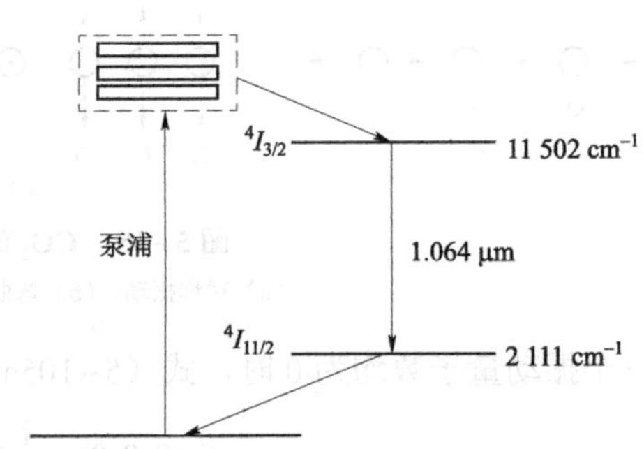

图 5–18　YAG 中 Nd^{3+} 的能级结构及跃迁图

由图 5–18 可以看出，对 $^4F_{3/2}\rightarrow{}^4I_{11/2}$ 来说，Nd^{3+} 为 4 能级系统，跃迁到 $^4I_{11/2}$ 的粒子迅速弛豫回到基态 $^4I_{9/2}$，因而容易实现粒子数反转。所以，Nd:YAG 激光器工作阈值远低于红宝石激光器。此外，YAG 晶体具有较高的热导率，使激光器可以高达 5 000 Hz 的重复频率工作。特别是最近若干年，随着半导体激光器件性能的提高和二极管泵浦技术的成熟，CaAs 激光泵浦 Nd:YAG 激光器取得极大成功，高效率、小型化、全固态、高可靠和长寿命的器件迅速发展并在众多领域得到广泛应用。

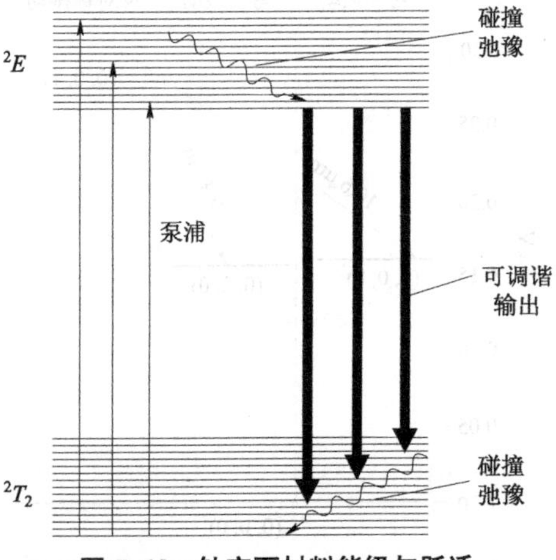

图 5–19　钛宝石材料能级与跃迁

3）固体可调谐激光器

工作波长在一定范围内可以连续调谐的激光器在很多应用领域具有特别重要的意义，因而成为固体激光器发展的重点方向之一。最早出现的有实用价值的固体可调谐激光器是翠绿宝石激光器，其工作物质为掺 Cr^{3+} 的 $BeAl_2O_4$ 晶体，波长调谐范围为 700～820 nm，迄今仍在很多场合应用。

1982 年发明的掺钛蓝宝石激光器是综合性能较好的可调谐激光器，输出波长在 660～1 180 nm 的带宽范围连续可调。激光工作物质为掺 3 价钛离子 Ti^{3+} 的 $A1_2O_3$ 晶体，其能级结构如图 5–19 所示。作为激

光下能级的基态 $^2T_2$ 和上能级的第一激发态 ^2E 各自由大量密集的振动能级组成，形成准连续能带。处于 $^2T_2$ 中最低能级的 Ti^{3+} 离子在泵浦光的作用下跃迁到 ^2E 中的较高能级，随后迅速弛豫到 ^2E 的最低能级，从这里向 $^2T_2$ 中的一系列能级跃迁即产生不同波长的辐射，而跃迁到 $^2T_2$ 以上能级的 Ti^{3+} 离子则通过快速声子弛豫过程返回 $^2T_2$ 的最低能级，由此可见，这种激光具有四能级系统的特征。

钛宝石激光具有宽调谐范围，可以获得 f_s 级超短脉冲和 TW（1 TW=10^{12} W）级峰值功率，因而有很多重要的应用领域。而它的缺点是激光上能级寿命很短，只有 3.8 μs，因而使闪光灯泵浦比较困难。近些年发展的 Cr:LiSAF 和 Cr:LiCaF，波长调谐范围分别为 780～1 010 nm 和 720～840 nm，激光上能级寿命分别为 67 μs 和 170 μs，既可用闪光灯泵浦，也可用二极管泵浦。

3. 半导体激光器

半导体激光器由于具有一系列独特优点而得到广泛应用。本部分拟借助能带概念简单阐述半导体激光器的发光机理。

1）能带结构和电子状态

量子力学阐明在孤立原子中电子只能取某些分子的能量值，对简单原子可精确求出其能级和波函数。考虑 N 个全同粒子组成的体系，如果这些原子彼此相距甚远，以致它们之间的相互作用可以忽略，则每个原子都可以看作是孤立的，且具有完全相同的能级结构，即每个电子能级都是 N 重简併的。当这些原子逐渐靠近并形成凝聚态物质时，相应于孤立原子的每个能级分裂成 N 条。由于 N 值通常很大（如 $10^{27}\ m^{-3}$ 左右），分裂出的能级十分密集，形成准连续的能带，称为允许能带。而由原子不同能级分裂成的允许能带之间则是禁戒能带，简称禁带。

这种能带论的基本思想是，对单个电子求解薛定谔方程，而将所有其他电子对该电子的作用视为叠加在原子实周期势场上的等效平均场。如此求出的能量本征值在 k 足够小的范围内可以表示为

$$E(k)=E(o)+\frac{\hbar k^2}{2m_{\text{eff}}} \tag{5-106a}$$

式中，k 为波数；m_{eff} 为电子的有效质量，既可以取正值，也可以取负值。

方程（5－106a）表明，对足够小的 k，$E(k)$ 按抛物线规律随 k 变化。抛物线的开口方向则由 m_{eff} 的符号决定，当 $m_{\text{eff}}>0$ 时，开口向上，相应的能带称为导带，式（5－106a）记为

$$E_c(k)=E_c(o)+\frac{\hbar k^2}{2m_{\text{eff}}^c} \tag{5-106b}$$

而当 $m_{\text{eff}}<0$ 时，抛物线的开口向下，相应的能带称为价带，式（5－106a）记为

$$E_v(k)=E_v(o)+\frac{\hbar k^2}{2m_{\text{eff}}^v} \tag{5-106c}$$

比较式（5－106b）和式（5－106c）可知，在所讨论的情况下，导带底和价带顶对应着相同的 k 值，即 k=0 点。这种导带和价带的极值位于 k 空间同一点（但不一定是 k=0 点）的半导体称为直接禁带半导体，$E(k)-k$ 关系曲线如图 5－20（a）所示，其中导带底和价带顶之间的能量间隔自称为禁带宽度。另有一类材料，导带和价带的极值不在 k 空间同一点，称为间接禁

带半导体，$E(k)-k$ 关系曲线如图 5-20（b）所示。由于只有前一类材料适合于半导体激光器，因而，若无特别说明，以下的讨论均指直接禁带材料。

2）态密度和电子的激发与辐射

电子自旋为 1/2，属于费米（Fermi）子，遵循费米—狄拉克统计，即能量为 E 的态被电子占据的概率或态密度为

$$P_e(E)=\frac{1}{1+\exp[(E-E_F)/(kT)]} \tag{5-107a}$$

被空穴占据的概率为

$$P_h(E)=1-P_e(E)=\frac{1}{1+\exp[(E_F-E)/(kT)]} \tag{5-107b}$$

其中 E_F 称为费米能级。在未掺杂的本征半导体中，E_F 处于价带之上、导带之下的禁带内，即满足 $E_c > E_F > E_v$，于是，方程（5-107a）和式（5-107b）可对导带和价带分别写出。其中导带能级被电子占据的概率为

$$P_{ce}(E)=\frac{1}{1+\exp[(E_c-E_F)/(kT)]} \tag{5-108a}$$

被空穴占据的概率为

$$P_{ch}(E)=\frac{1}{1+\exp[(E_F-E_c)/(kT)]} \tag{5-108b}$$

而价带中能级 E 被电子和空穴占据的概率则分别为

$$P_{he}(E)=\frac{1}{1+\exp[(E_v-E_F)/(kT)]} \tag{5-109a}$$

和

$$P_{vh}(E)=\frac{1}{1+\exp[(E_F-E_v)/(kT)]} \tag{5-109b}$$

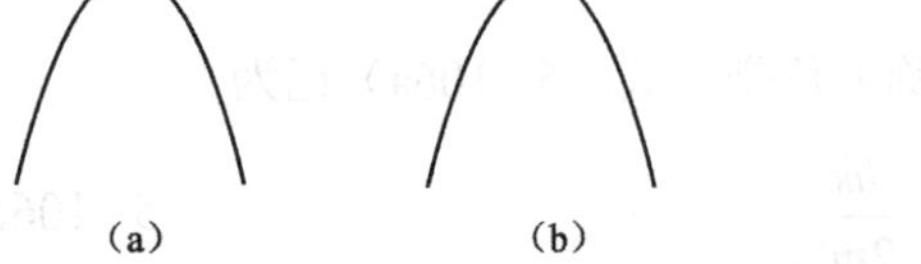

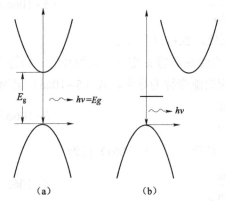

图 5-20　直接（a）和间接（b）禁带半导体能带

当温度 T=0 时，由式（5-108a）和式（5-108b）得 $P_{ce}(E)=0$，$P_{ch}(E)=1$。而式（5-109a）和式（5-109b）则给出 $P_{ve}(E)=1$，$P_{vh}(E)=0$。这就是说，在温度为 0 时，本征半导体中的电子全部集中在价带，导带中几乎没有电子。这时的半导体不具有导电性。

当 $T>0$ 时，由于 k 只有 10^{-4} eV · K 的量级，即使 T 达到 300 K，kT 也只有 10^{-2} eV 的量级，因此，一般仍可假定 $E_c-E_F \gg kT$，$E_F-E_v \gg kT$。于是，由式（5-108a）或式（5-108b）得

$$P_{ch}(E)\approx 1$$

$$P_{ce}(E)\approx \exp[-(E_c-E_F)/(kT)]\ll 1$$

即导带中只有少量电子，且服从玻尔兹曼分布定律，集中在相对靠近 E_F 的导带底部。而式

（5-109a）和式（5-109b）则给出

$$P_{ve}(E) \approx 1$$

$$P_{vh}(E) \approx \exp[-(E_F - E_v)/(kT)] \ll 1$$

即价带基本被电子占满，只有少量空穴，且按照玻尔兹曼分布律集中在相对靠近 E_F 的带顶附近的区域。

如果在半导体中掺入适当种类和数量的杂质，并形成 PN 结，则能带结构将发生明显的变化。当这样的半导体受到激发时，价带顶附近的部分电子较容易跃迁到导带底邻域，并在价带顶形成与激发电子等量的空穴。导带底的这些电子可以自发地，或受激地向下跃迁回到价带，并与那里的空穴复合导致复合发光。由此可见，半导体材料中的导带和价带分别相应于 2 能级原子系统中的激光上、下能级。这样，适当波长的辐射与材料发生作用时，也有受激吸收和受激发射两种过程同时发生，且由二者的相对强弱决定入射光被放大抑或衰减，下面具体讨论这一问题。

3）光的增益

如前所述，在受激吸收过程中，价带电子吸收光子跃迁到导带，并在价带留下相应的空穴；而在受激发射过程中，导带电子跃迁到价带，与那里的空穴发生复合，并辐射一个与入射光子全同的光子。显然，受激发射过程对入射光的增益 G_1 为正，且与导带被电子占据的概率及价带被空穴占据的概率成正比，即

$$G_1 = \alpha_0(h\nu)P_{ce}P_{vh}$$

而受激吸收过程对入射光的增益 G_2 则取负值（衰减），且与导带被空穴占据的概率及价带被电子占据的概率成正比，即

$$G_2 = -\alpha_0(h\nu)P_{ch}P_{ve}$$

二式中，α_0 为导带能级全部被电子占据（$P_{ce}=1$），价带能级全部被空穴占据（$P_{vh}=1$）时的增益；或者说是导带能级全部被空穴占据（$P_{ch}=1$），价带能级全部被电子占据（$P_{ve}=1$）时的本征吸收。

注意到 $P_{ce}+P_{ch}=P_{vh}+P_{ve}=1$，容易得到材料受激吸收和受激发射对光作用的总效果为

$$G = G_1 + G_2 = \alpha_0(h\nu)(P_{ce} - P_{ve})$$

而有净增益的条件为

$$P_{ce} - P_{ve} > 0 \tag{5-110a}$$

或

$$P_{ce} > P_{ve} \tag{5-110b}$$

即只有当导带能级被电子占据的概率大于价带能级被电子占据的概率时，材料方可对入射光产生净增益。然而，由前面的讨论已知，本征半导体平衡状态下电子几乎全部处于价带，导带基本全空，因而，满足式（5-110a）的分布属于反转分布状态，和二能级原子系统的反转分布条件（$N_u > g_u/g_l N_l$）相对应。反转分布状态属于非平衡状态，在这种状态下，导带和价带有各自的费米能级，分别称为导带和价带准费米能级，记为 E_F^c 和 E_F^v。

在受激吸收过程中，价带中能量为 $E_v = E$ 的电子只能吸收一个能量为 $h\nu$ 的光子，跃迁到导带中 $E_c = E_v + h\nu$ 且未被电子占据的空能级上；而在受激发射过程中，$E_c = E$ 能级上的电子，

也只能跃迁到价带中 $E_v = E - h\nu$ 且未被电子占据的能级上，同时辐射一个能量为 $h\nu$ 的光子。于是，式（5－110b）可写为

$$P_{ce}(E) > P_{ve}(E - h\nu)$$

或

$$\frac{1}{1+\exp[(E_c - E_F^c)/(kT)]} > \frac{1}{1+\exp[(E_v - h\nu - E_F^v)/(kT)]}$$

由此给出反转分布条件为

$$E_{\mathrm{F}}^c - E_{\mathrm{F}}^v > h\nu \approx E_{\mathrm{g}} \tag{5-111}$$

可见在非平衡态下，准费米能级不再位于禁带区，而是分别进入导带或价带内。

4）损耗和振荡阈值

和其他激光器一样，半导体激光器也包含一个光学谐振腔和有源介质。当光在腔中传播时，除以上所描述的增益和本征吸收外，还会经历自由载流子等对光的散射和非本征吸收，以及腔端面反射镜（膜）的吸收和不完全反射 R_1、R_2 等引起的损耗。用 α_i 概括所有这些损耗，则初始强度为 I_0 的光在光学长度为 L 的腔内一次往返后变为

$$I = I_0 R_1 R_2 \exp[(G - \alpha_i)2L]$$

由此可得阈值增益为

$$G_{th} = \alpha_i + \frac{1}{2L}\ln\frac{1}{R_1 R_2} \tag{5-112}$$

α_i 通常主要由自由载流子的吸收引起，且正比于载流子浓度 n（cm^{-3}）。室温下，对 GaAs 材料有经验公式 $\alpha_i \approx 0.5\times10^{-17} n(\mathrm{cm}^{-1})$，当 n 取典型值 $2\times10^{18}\ \mathrm{cm}^{-3}$ 时，$\alpha_i \approx 10\ \mathrm{cm}^{-1}$。

实际情况下，光场不可能完全被约束在有源区内，有源区外传播的光将导致传播损耗。如果引入光限制因子 Γ 表示有源区能量与有源区和无源区总能之比，则式（5–112）应改写为

$$G_{th} = \frac{1}{\Gamma}\left(\alpha_i + \frac{1}{2L}\ln\frac{1}{R_1 R_2}\right) \tag{5-113}$$

例 5.3 已知 GaAs 材料的带隙为 $E_{\mathrm{g}} \approx 1.85\ \mathrm{eV}$，求该激光的辐射波长。

解：设辐射相应于导带底向价带顶的跃迁，则有

$$\lambda = \frac{hc}{E_{\mathrm{g}}} = \frac{(6.625\times10^{-34}\ \mathrm{J\cdot s})(3\times10^{8}\ \mathrm{m\cdot s^{-1}})}{(1.85\ \mathrm{eV})(1.602\times10^{-9}\ \mathrm{J\cdot eV^{-1}})} \approx 670\ \mathrm{nm}$$

若考虑到电子在导带底上方，空穴在价带顶下方的有限分布，则以上求得的是该激光区发射谱中的最长波。

附录A
证明 $y(z\pm vt)$ 是波动方程的解

令 $u=z\pm vt$，则 $\dfrac{\partial u}{\partial z}=1$，$\dfrac{\partial u}{\partial t}=\pm v$。由

$$\frac{\partial\psi}{\partial z}=\frac{\partial\psi}{\partial u}\frac{\partial u}{\partial z},\quad \frac{\partial\psi}{\partial t}=\frac{\partial\psi}{\partial u}\frac{\partial u}{\partial t} \tag{A-1}$$

得

$$\frac{\partial\psi}{\partial z}=\frac{\partial\psi}{\partial u},\quad \frac{\partial^2\psi}{\partial z^2}=\frac{\partial^2\psi}{\partial u^2},\quad \frac{\partial\psi}{\partial t}=\pm v\frac{\partial\psi}{\partial u},\quad \frac{\partial^2\psi}{\partial t^2}=v^2\frac{\partial^2\psi}{\partial u^2} \tag{A-2}$$

代入波动方程得

$$\frac{\partial^2\psi}{\partial z^2}-\frac{1}{v^2}\frac{\partial^2\psi}{\partial t^2}=\frac{\partial^2\psi}{\partial u^2}-\frac{1}{v^2}\left(v^2\frac{\partial^2\psi}{\partial u^2}\right)=0 \tag{A-3}$$

此方程的通解为

$$\boldsymbol{E}(z,t)=\boldsymbol{E}_1\left(z-\frac{t}{\sqrt{\mu\varepsilon}}\right)+\boldsymbol{E}_2\left(z+\frac{t}{\sqrt{\mu\varepsilon}}\right) \tag{A-4}$$

其中特解 $\boldsymbol{E}_1$、$\boldsymbol{E}_2$ 分别是以 $\left(z-\dfrac{t}{\sqrt{\mu\varepsilon}}\right)$ 和 $\left(z+\dfrac{t}{\sqrt{\mu\varepsilon}}\right)$ 为变量的一元函数。

分析特解：

对于 $\boldsymbol{E}_1\left(z-\dfrac{t}{\sqrt{\mu\varepsilon}}\right)$，表明电磁波 $\boldsymbol{E}_1$ 是随空间坐标 z 和时间 t 变化的，是沿 z 的正向传播的电场波，传播速度 $v=\dfrac{1}{\sqrt{\varepsilon\mu}}$。

对于 $\boldsymbol{E}_2\left(z+\dfrac{t}{\sqrt{\mu\varepsilon}}\right)$，表明电磁波 $\boldsymbol{E}_2$ 是随空间坐标 z 和时间 t 变化的，是沿 z 的负向传播的电场波，传播速度 $v=\dfrac{1}{\sqrt{\varepsilon\mu}}$。

附录B

二阶常系数偏微分方程求解

二阶常系数齐次偏微分方程

$$y'' + py' + qy = 0 \tag{B-1}$$

写出特征方程

$$r^2 + pr + q = 0 \tag{B-2}$$

写出特征根r_1、r_2，根据特征根的不同情形写出微分方程通解：

（1）$r_1 \neq r_2$，$y = c_1 e^{r_1 x} + c_2 e^{r_2 x}$ （B-3）

（2）$r_1 = r_2 = r$，$y = c_1 e^{rx} + c_2 x e^{rx}$ （B-4）

（3）$r_{1,2} = \alpha \pm \beta i$，$y = c_1 e^{\alpha x} \cos \beta x + c_2 e^{\alpha x} \sin \beta x$ （B-5）

附录 C
常用函数及特殊函数

C.1 常用函数及其图形

1. 矩形函数

定义：

$$\mathrm{rect}(x)=\begin{cases}1 & |x|<1/2\\ 1/2 & |x|=1/2\\ 0 & |x|>1/2\end{cases} \tag{C-1}$$

矩形函数又称为门函数，记为 $\mathrm{rect}(x)$ 或 $\Pi(x)$。由图 C-1 看出，矩形函数曲线下面积为 1，即满足 $\int_{-\infty}^{\infty}\mathrm{rect}(x)\mathrm{d}x=1$。

在光学上，常用矩形函数表示狭缝衍射孔径和矩形光源等，且矩形函数的傅里叶变换为 sinc 函数。

2. 三角函数

定义：

$$\mathrm{tri}(x)=\begin{cases}1-|x| & |x|\leqslant 1\\ 0 & |x|>1\end{cases} \tag{C-2}$$

或者

$$\mathrm{tri}(x)=\begin{cases}1+x & -1\leqslant x\leqslant 0\\ 1-x & 0\leqslant x\leqslant 1\\ 0 & x<-1, x>1\end{cases} \tag{C-3}$$

三角函数记为 $\mathrm{tri}(x)$ 或 $\Lambda(x)$，由图 C-2 看出，三角函数也具有曲线下面积等于 1 的性质，即满足 $\int_{-\infty}^{\infty}\mathrm{tri}(x)\mathrm{d}x=1$。在光学上，三角函数与 sinc^2 函数互为傅里叶变换对。

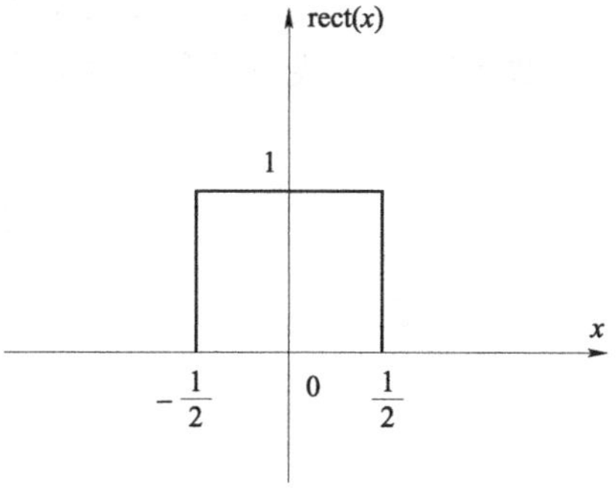

图 C-1 矩形函数

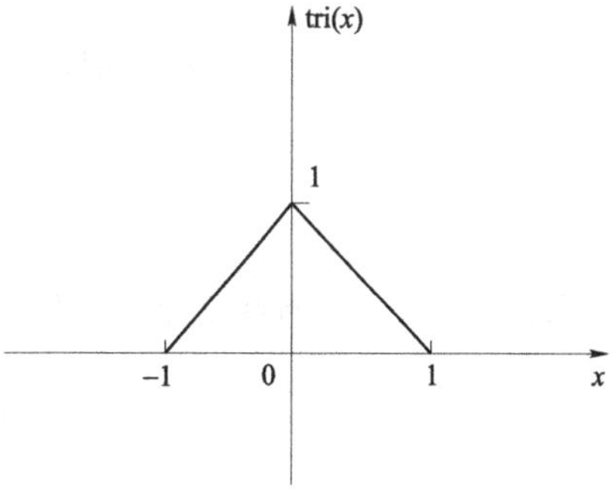

图 C-2 三角函数

3. 符号函数

定义：

$$\operatorname{sgn}(x)=\begin{cases}1 & x>0\\ 0 & x=0\\ -1 & x<0\end{cases} \tag{C-4}$$

符号函数又称为正负号函数，记为$\operatorname{sgn}(x)$，如图 C-3 所示。

4. 阶跃函数

阶路函数又称为海维塞德（Heaviside）函数，记为$\operatorname{step}(x)$或$H(x)$，如图 C-4 所示。

定义：

$$\operatorname{step}(x)=\begin{cases}1 & x>0\\ 1/2 & x=0\\ 0 & x<0\end{cases} \tag{C-5}$$

在光学上，常用阶跃函数表示刀口或直边衍射物体，也可用于表示折射率的突变；在电子学中，则经常用来表示一个开关信号。

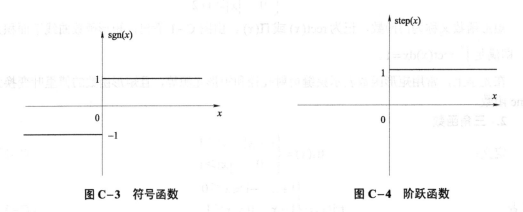

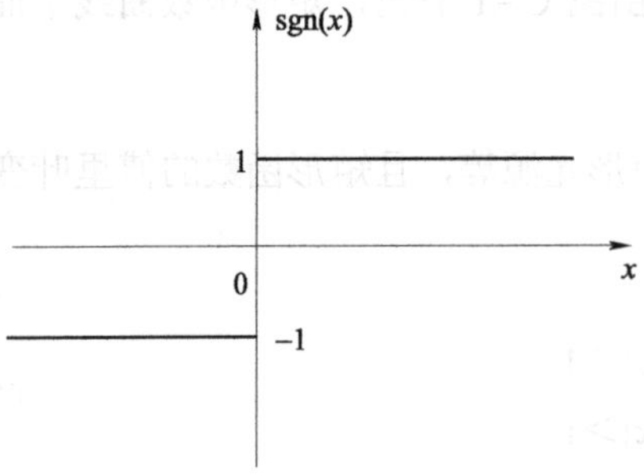

图 C-3　符号函数

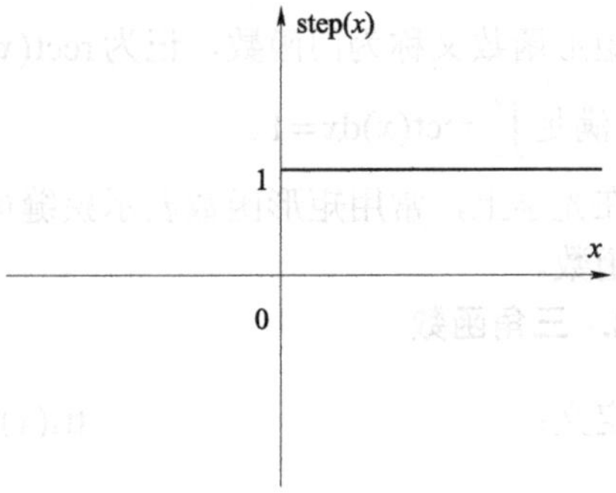

图 C-4　阶跃函数

5. sinc 函数

sinc 函数记为$\operatorname{sinc}(x)$。

定义：

$$\operatorname{sinc}(x)=\frac{\sin(\pi x)}{\pi x} \tag{C-6}$$

其图形如图 C-5 所示，它由宽度为 2 的中央主瓣和一系列宽度为 1 的旁瓣组成。在光学上，它表示单缝夫琅和费衍射的复振幅。sinc 函数也具有曲线下面积为 1 的性质，即满足

$$\int_{-\infty}^{\infty}\operatorname{sinc}(x)\mathrm{d}x=1 \tag{C-7}$$

值得注意的是，在有些文献中，给出了 sinc 函数的另一个定义：

$$\operatorname{sinc}(x)=\frac{\sin x}{x} \tag{C-8}$$

和式（C-6）比较，唯一的差别是，式（C-8）的定义式中自变量换成了角度。

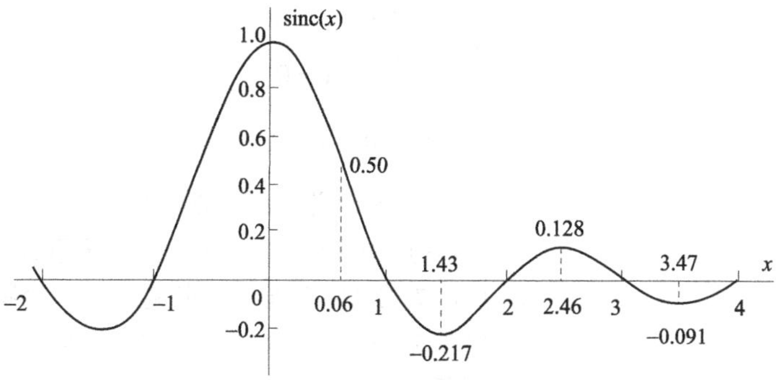

图 C−5　sinc 函数

6. sinc² 函数

它的定义直接由sinc 函数的定义得出：

$$\mathrm{sinc}^2(x)=\frac{\sin^2(\pi x)}{(\pi x)^2} \tag{C-9}$$

它的图形如图 C−6 所示，在光学上它表示单缝夫琅和费衍射的强度分布。

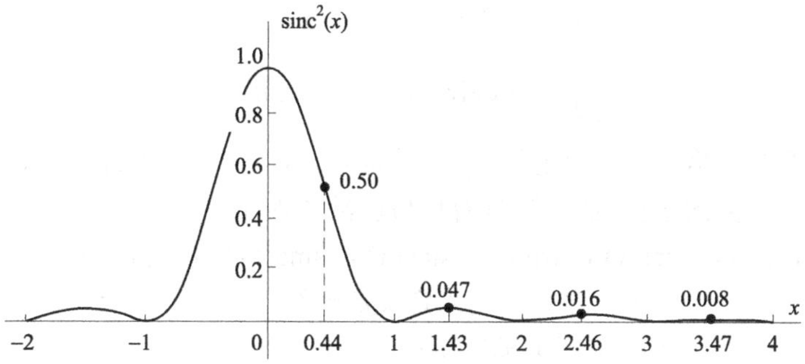

图 C−6　sinc²(x) 函数

7. 高斯函数

高斯函数记为Gaus(x)。

定义：

$$\mathrm{Gaus}(x)=\exp(-\pi x^2) \tag{C-10}$$

高斯函数的傅里叶变换仍为高斯函数，称为自傅里叶变换函数。

C.2　光学中常用的特殊函数

C.2.1　δ函数和梳状函数

1. δ函数的定义

δ函数的定义可有两种形式。

（1）分段函数形式的定义。

$$\begin{cases} \delta(x)=\begin{cases}0 & x\neq 0\\ \infty & x=0\end{cases} \\ \int_{-\infty}^{\infty}\delta(x)\mathrm{d}x=1 \end{cases} \tag{C-11}$$

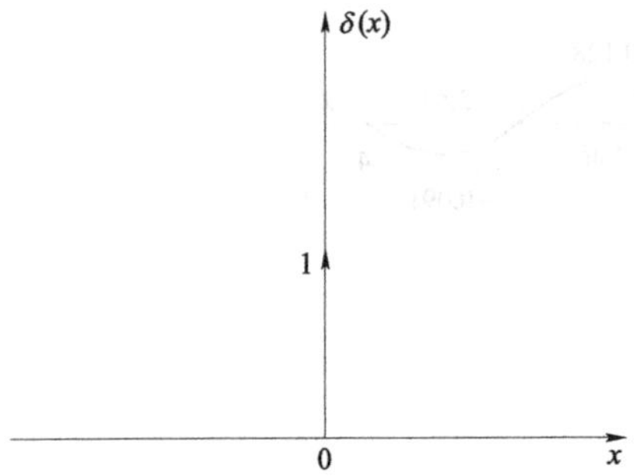

图 C-7　$\delta(x)$ 函数

上述定义表明，δ 函数是在 $x\neq 0$ 点处处为零，在 $x=0$ 点出现无穷大极值的奇异函数，x 点又称为奇异点，如图 C-7 所示。定义的另一个特点是，尽管 $\delta(0)$ 趋于无穷大，但对它的积分却等于 1，对应着 δ 函数的“面积”或“强度”等于 1，所以 $\delta(x)$ 又叫作单位脉冲函数。

（2）普通函数序列极限形式的定义。

设 $g_n(x)$ 是一个普通函数序列，$g_n(x)$ 在 $n\to\infty$ 时具有无穷大极值，且对于任意 $n=k$，均有 $g_k(x)$ 曲线下面积等于 1。于是 δ 函数的定义为

$$\begin{cases} \delta(x)=\lim\limits_{n\to\infty}g_n(x) & (n\text{为正整数}) \\ \lim\limits_{n\to\infty}g_n(x)=0 & x\neq 0 \\ \int_{-\infty}^{\infty}g_k(x)\mathrm{d}x=1 & k\in n \end{cases} \tag{C-12}$$

上述定义的第二、第三两式限定了 $g_n(x)$ 的特点。即它在 $x\neq 0$ 的点极值为零，在 $x=0$ 的点具有无穷大极限，因此 $g_n(x)$ 的极限具有单位脉冲的性质。

一般地，$\mathrm{Gaus}(x)$，$\mathrm{rect}(x)$，$\mathrm{tri}(x)$，$\mathrm{sinc}(x)$，$\mathrm{sinc}^2(x)$ 等函数都具有上述函数序列的性质，因此都可以构成适当的函数序列，用来定义 δ 函数。

在光学中，$\delta(x)$ 常用来表示位于坐标原点的具有单位光功率的点光源，由于光源所占面积趋于零，所以在 $x=0$ 点功率密度趋于无穷大。δ 函数与常数 1 互为傅里叶变换对。

2. δ 函数的性质

1）积分性质

（1）δ 函数的积分。

$$\int_{-\infty}^{\infty}\delta(x)\mathrm{d}x=1 \tag{C-13}$$

这是直接从定义得出的性质。上述积分又称为 δ 函数的“强度”。

推论：

$$\int_{-\infty}^{\infty}\delta(x\pm x_0)\mathrm{d}x=1 \tag{C-14}$$

（2）筛选性质。设 $f(x)$ 是定义在 $(-\infty,\infty)$ 区间的连续函数，则有

$$\int_{-\infty}^{\infty}\delta(x)f(x)\mathrm{d}x=f(0) \tag{C-15}$$

推论 1：

$$\int_{-\infty}^{\infty}\delta(x\pm x_0)f(x)\mathrm{d}x=f(\mp x_0) \tag{C-16}$$

推论 2：若 $f(x)$ 定义在 (a,b) 区间，则

$$\int_{-\infty}^{\infty}\delta(x-x_0)f(x)\mathrm{d}x=\begin{cases}f(x_0) & a<x_0<b\\ 0 & \text{其他}\end{cases} \tag{C-17}$$

2）δ 函数的乘法性质

设 $f(x)$ 在 x_0 点连续，则有

$$\delta(x-x_0)f(x)=\delta(x-x_0)f(x_0) \tag{C-18}$$

推论：

$$\delta(x)\delta(x-x_0)=\begin{cases}0 & x_0\neq 0\\ \text{无定义} & x_0=0\end{cases} \tag{C-19}$$

3）坐标缩放性质

设 a 为实常数，则有

$$\delta(ax)=\frac{1}{|a|}\delta(x) \tag{C-20}$$

推论 1：

$$\delta\left(\frac{x}{a}\right)=|a|\delta(x) \tag{C-21}$$

推论 2：

$$\delta(-x)=\delta(x) \tag{C-22}$$

推论表明，δ 函数具有偶对称性。

4）复合函数形式的 δ 函数 $\delta[h(x)]$

设方程 $h(x)$=0 有 n 个实根 $x_1, x_2, \cdots, x_n$，则在任一实根 x_i 附近足够小的邻域内有

$$h(x)=h'(x_i)(x-x_i)$$

其中 $h'(x_i)$ 是 $h(x)$ 在 $x=x_i$ 处的一阶导数。如果 $h'(x_i)\neq 0$，则在 x_i 附近可写出

$$\delta[h(x)]=\delta[h'(x_i)(x-x_i)]=\frac{\delta(x-x_i)}{|h'(x_i)|}$$

若 $h'(x)$ 在 n 个实根处皆不为零，则应该有

$$\delta[h(x)]=\sum_{i=1}^{n}\frac{\delta(x-x_i)}{|h'(x_i)|},\quad h'(x_i)\neq 0 \tag{C-23}$$

上式表明，$\delta[h(x)]$ 是由 n 个脉冲构成的脉冲序列，各脉冲位置由方程 $h(x)=0$ 的 n 个实根确定，各脉冲的强度则由系数 $|h'(x_i)|^{-1}$ 来确定。

3. 梳状函数 comb(*x*)

1）梳状函数的定义

$$\mathrm{comb}(x)=\sum_{m=-\infty}^{\infty}\delta(x-m) \tag{C-24}$$

comb(x) 的图形如图 C−8 所示。这是间隔为 1、强度为 1 的 δ 函数无穷序列，所以又称为单位脉冲序列或单位脉冲梳。在光学上，常用它来表示光栅常数 $d=1$ 的一维细缝光栅的振幅透射系数。

2）梳状函数的性质

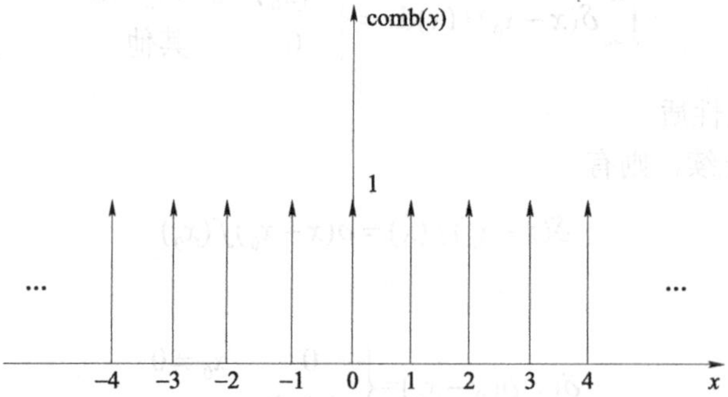

图 C−8　comb(x) 的图形

梳状函数的性质可由δ函数的定义和性质直接导出，下面不加证明地列出。

（1）筛选性质：设 $f(x)$ 是定义在 $(-\infty,\infty)$ 区间的连续函数，则有

$$\int_{-\infty}^{\infty}\text{comb}(x)f(x)\mathrm{d}x=\sum_{m=-\infty}^{\infty}f(m) \tag{C−25}$$

利用梳状函数的筛选性质，可求出连续函数 $f(x)$在脉冲所在位置的 m 个函数值之和。

（2）缩放性质：设 a 为实常数，则有

$$\text{comb}(ax)=\frac{1}{|a|}\sum_{m=-\infty}^{\infty}\delta\left(x-\frac{m}{a}\right) \tag{C−26}$$

这是强度为$\frac{1}{|a|}$、脉冲间隔为$\frac{1}{a}$的 δ 函数无穷序列。注意，当 $a>1$ 时，脉冲间隔压缩；当 $a<1$ 时，脉冲间隔放大。

（3）平移性质：设 a 和 x_0 皆为实常数，则有

$$\text{comb}(ax-x_0)=\frac{1}{|a|}\sum_{m=-\infty}^{\infty}\delta\left(x-\frac{m}{a}-\frac{x_0}{a}\right) \tag{C−27}$$

除了常数 a 的缩放作用之外，系统的坐标原点向左平移了 $\frac{x_0}{a}$ 。

（4）乘法性质：设 $f(x)$ 是定义在 $(-\infty,\infty)$ 的连续函数，则有

$$f(x)\text{comb}(x)=\sum_{m=-\infty}^{\infty}f(m)\delta(x-m)=f_s(x) \tag{C−28}$$

上述性质表明，连续函数 $f(x)$ 与 comb(x) 相乘，结果是一个强度为 $f(m)$ 的脉冲序列，这就将连续分布的函数 $f(x)$ 变成了离散分布的函数 $f_s(x)$，实现了对连续函数的抽样。因此，上述性质也可称为comb(x) 的抽样性质。图 C−9 画出了应用 comb(x) 对连续函数 $f(x)$ 抽样的示意图。

梳状函数 comb(x) 的傅里叶变换仍然是梳状函数，因此梳状函数也是自傅里叶变换函数。

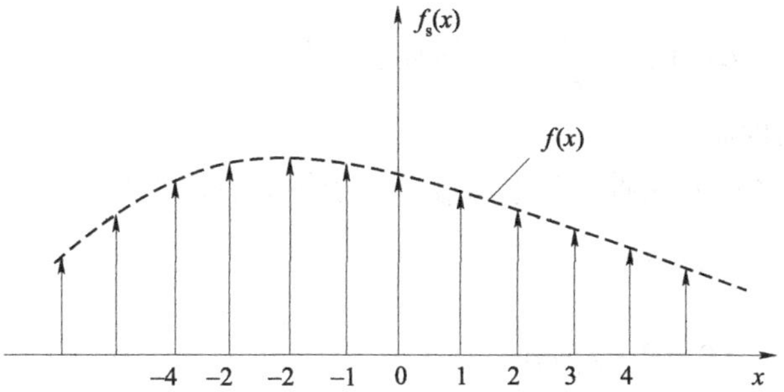

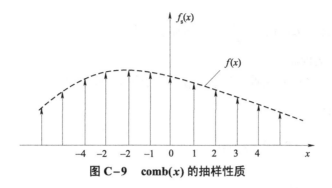

图 C−9 comb(x) 的抽样性质

C.2.2 贝塞尔函数

1. *n* 阶第一类贝塞尔函数的定义

n 阶第一类贝塞尔函数是贝塞尔微分方程的一个特解，记作 $J_n(x)$ 。

$$J_n(x)=\sum_{k=0}^{\infty}\frac{(-1)^k\left(\dfrac{x}{2}\right)^{n+2k}}{\Gamma(k+1)\Gamma(n+k+1)} \tag{C-29}$$

式中，n，k 为正整数。Γ函数的定义是：$\Gamma(p)=\int_0^{\infty}\exp(-x)x^{p-1}\mathrm{d}x$。

可以证明，Γ函数具有以下性质：

$$\Gamma(1)=1$$

$$\Gamma(p+1)=\begin{cases}p\Gamma(p) & \text{（当}p\text{为有限实数时）}\\ p! & \text{（当}p\text{为正整数时）}\end{cases}$$

所以当 p 为正整数时，$\Gamma(p)$ 又称为阶乘函数。

常用的贝塞尔函数有 $J_0(x)$，$J_1(x)$ 和 $J_2(x)$ 。从定义式可知，当 n 为偶数时，有 $J_n(-x)=J_n(x)$，$J_n(x)$ 为偶函数；当 n 为奇数时，有 $J_n(-x)=-J_n(x)$，$J_n(x)$ 为奇函数。所以，从图 C−10 可以知道 $J_n(x)$ 在 x＜0 时曲线的形状。各种数学手册中均列有贝塞尔函数表，可

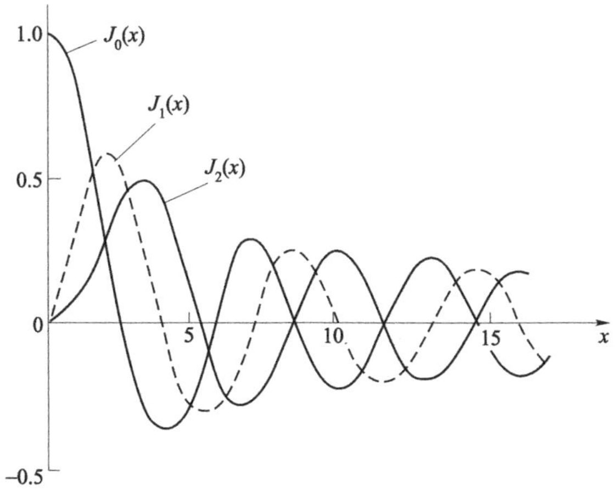

图 C−10 贝塞尔函数的图形

以查到$J_0(x)$，$J_1(x)$，$J_2(x)$及$\frac{J_1(x)}{x}$与x的数值关系。

2. 贝塞尔函数的性质

贝塞尔函数有许多重要性质，和本课程有关的性质有以下几条：

① $$\int_0^{\omega}\omega' J_0(\omega')\mathrm{d}\omega' = \omega J_1(\omega) \tag{C-30}$$

② $$\frac{1}{2\pi}\int_0^{2\pi}\exp(\mathrm{j}\omega\cos\theta)\,\mathrm{d}\theta = J_0(\omega) \tag{C-31}$$

③ $$\frac{\mathrm{d}[\omega J_1(\omega)]}{\mathrm{d}\omega} = \omega J_0(\omega) \tag{C-32}$$

④ $$\exp(\mathrm{j}\omega\cos\theta) = \sum_{m=-\infty}^{\infty} J_m(\omega)\mathrm{j}^m\exp(-\mathrm{j}m\theta) \tag{C-33}$$

附录 D
傅里叶变换

D.1 傅里叶变换的定义

设 $f(x)$ 是定义在实数域 x 上的一维函数，若 $f(x)$ 满足狄里赫利条件，即 $f(x)$ 分段连续，在任一有限区间内只存在有限个极值点和有限个第一类间断点，并且在 $(-\infty,\infty)$ 区间绝对可积，则下述积分变换成立：

$$F(\mu)=\int_{-\infty}^{\infty} f(x)\exp(-2\mathrm{j}\pi\mu x)\mathrm{d}x \tag{D-1}$$

$$f(x)=\int_{-\infty}^{\infty} F(\mu)\exp(2\mathrm{j}\pi\mu x)\mathrm{d}\mu \tag{D-2}$$

式（D−1）称作 $f(x)$ 的傅里叶变换，式（D−2）称作 $F(\mu)$ 的傅里叶逆变换，复指数 $\exp(\pm 2\mathrm{j}\pi\mu x)$ 函数称作傅里叶“核”，它表示一个频率为 μ 的谐波成分。上面两式表明，一个物理量既可在空间（或时间）域 x 中用函数 $f(x)$ 描述，也可以通过傅里叶变换，在频率域 μ 中用函数 $F(\mu)$ 来描述。将 $F(\mu)$ 称作 $f(x)$ 的频谱。

傅里叶变换和傅里叶逆变换常常可用运算符号表示如下：

$$F(\mu)=\mathcal{F}[f(x)] \tag{D-3}$$

$$f(x)=\mathcal{F}^{-1}[F(\mu)] \tag{D-4}$$

D.2 广义傅里叶变换

按照狄里赫利条件，将有一大批有用的函数不满足傅里叶变换存在条件，如 $\sin x$ ，$\cos x$ ，$\mathrm{step}(x)$ ，$\mathrm{sgn}(x)$ ，$\delta(x)$ ，$\mathrm{comb}(x)$ 等。但从物理学的角度考虑，这些函数的频谱又是客观存在的。为了解决上述问题，引入了广义傅里叶变换的概念。

D.2.1 广义傅里叶变换的定义

设 $f(x)$ 是一个不存在狭义傅里叶变换的函数，而 $g_N(x)$ 是一个存在狭义傅里叶变换的普通函数序列，即有

$$\mathcal{F}[g_N(x)]=G_N(\mu) \quad （N\text{ 为整数}） \tag{D-5}$$

如果 $f(x)$ 可以表示为 $g_N(x)$ 的极限，即

$$f(x)=\lim_{N\to\infty} g_N(x) \tag{D-6}$$

并且，当 $N\to\infty$ 时，$G_N(\mu)$ 的极限存在，于是可将 $f(x)$ 的广义傅里叶变换定义为

$$F(\mu)=\mathcal{F}[f(x)]=\lim_{N\to\infty}\mathcal{F}[g_N(x)]=\lim_{N\to\infty}G_N(\mu) \tag{D-7}$$

式（D-5）～式（D-7）不仅给出了 $f(x)$ 广义傅里叶变换的定义，而且给出了计算 $f(x)$ 的广义傅里叶变换的方法和步骤。

D.2.2 广义傅里叶变换运算对

1）$\delta(x)$ 的傅里叶变换为

$$\mathcal{F}[\delta(x)]=1 \tag{D-8}$$

$$\mathcal{F}^{-1}(1)=\delta(x) \tag{D-9}$$

即 $\delta(x)$ 和常数 1 构成了一个傅里叶变换对。

2）$\sin(\pi x)$ 和 $\cos(\pi x)$ 的傅里叶变换

对于这两个函数，仍然可应用计算广义傅里叶变换的一般方法。但为简单起见，现在可以直接利用 $\delta(x)$ 傅里叶变换的结论和性质来计算。

$$\mathcal{F}[\sin(\pi x)]=\frac{\mathrm{j}}{2}\left[\delta\left(\mu+\frac{1}{2}\right)-\delta\left(\mu-\frac{1}{2}\right)\right] \tag{D-10}$$

$$\mathcal{F}[\cos(\pi x)]=\frac{1}{2}\left[\delta\left(\mu+\frac{1}{2}\right)+\delta\left(\mu-\frac{1}{2}\right)\right] \tag{D-11}$$

3）$\mathrm{comb}(x)$ 的傅里叶变换

$$F(\mu)=\mathcal{F}[\mathrm{comb}(x)]=\mathrm{comb}(\mu) \tag{D-12}$$

$\mathrm{comb}(x)$ 也是一个自傅里叶变换函数。

D.3 极坐标系中的二维傅里叶变换

1）极坐标系中的二维傅里叶变换

利用直角坐标系与极坐标系的坐标变换公式，可直接从直角坐标系中的二维傅里叶变换导出极坐标系中二维傅里叶变换的定义式。设 (x, y) 平面的极坐标为 (r,θ)，频率平面 (μ, v) 的极坐标为 (ρ,φ)，坐标变换公式为

$$x=r\cos\theta,\ y=r\sin\theta,\ \mathrm{d}x\mathrm{d}y=r\mathrm{d}r\mathrm{d}\theta$$

$$\mu=\rho\cos\varphi,\ v=\rho\sin\varphi,\ \mathrm{d}\mu\mathrm{d}v=\rho\mathrm{d}\rho\mathrm{d}\varphi$$

于是极坐标系中二维傅里叶变换和傅里叶逆变换可表示为

$$G(\rho,\varphi)=\int_0^{2\pi}\int_0^{\infty}rg(r,\theta)\exp[-2\mathrm{j}\pi r\rho\cos(\theta-\varphi)]\mathrm{d}r\mathrm{d}\theta \tag{D-13}$$

$$g(r,\theta)=\int_0^{2\pi}\int_0^{\infty}\rho G(\rho,\varphi)\exp[2\mathrm{j}\pi r\rho\cos(\theta-\varphi)]\mathrm{d}\rho\mathrm{d}\varphi \tag{D-14}$$

2）圆对称函数的傅里叶变换

当二元函数具有圆对称性时，$g(r,\theta)=g_R(r)$，可得

$$G(\rho,\varphi)=\int_0^{\infty} rg_R(r)\left[\int_0^{2\pi}\exp[-2\mathrm{j}\pi r\rho\cos(\theta-\varphi)]\mathrm{d}\theta\right]\mathrm{d}r$$

令 $\omega=2\pi r\rho$ ，于是有

$$G(\rho,\varphi)=2\pi\int_0^{\infty} rg_R(r)J_0(2\pi r\rho)\mathrm{d}r$$

其中 J_0 为零阶贝塞尔函数。上式表明，圆对称函数的傅里叶变换仍然是圆对称的，即函数 $G(\rho,\varphi)$ 与 φ 无关，可写成 $G_p(\rho)$ ，于是得出

$$G_p(\rho)=2\pi\int_0^{\infty} rg_R(r)J_0(2\pi r\rho)\mathrm{d}r \tag{D-15}$$

类似地，可导出圆对称频谱分布 $G_P(\rho)$ 的傅里叶逆变换为

$$g_R(r)=2\pi\int_0^{\infty}\rho G_p(\rho)J_0(2\pi r\rho)\mathrm{d}\rho \tag{D-16}$$

式（D–15）和式（D–16）表示的圆对称函数的傅里叶变换又称为傅里叶–贝塞尔变换或零阶汉克尔变换。

D.4　傅里叶变换的性质

1）线性性

设 $\mathcal{F}[f(x)]=F(\mu)$ ， $\mathcal{F}[g(x)]=G(\mu)$ ， a ， b 为任意复常数，则

$$\mathcal{F}[af(x)+bg(x)]=aF(\mu)+bG(\mu) \tag{D-17}$$

2）对称性

若 $\mathcal{F}[f(x)]=F(\mu)$ ，则 $\mathcal{F}[F(x)]=f(-\mu)$ 。（D–18）

3）迭次傅里叶变换

若 $\mathcal{F}[f(x)]=F(\mu)$ ，则 $\mathcal{F}[F(\mu)]=f(-x)$ 。（D–19）

4）缩放性质

设 $\mathcal{F}[f(x)]=F(\mu)$ ， a 为不等于零的实常数，则有

$$\mathcal{F}[f(ax)]=\frac{1}{|a|}F\left(\frac{\mu}{a}\right) \tag{D-20}$$

5）平移性质

设 $\mathcal{F}[f(x)]=F(\mu)$ ， x_0 为任意实常数，则有

$$\mathcal{F}[f(x\pm x_0)]=\exp(\pm 2\mathrm{j}\pi\mu x_0)F(\mu) \tag{D-21}$$

6）相移性质

设 $\mathcal{F}[f(x)]=F(\mu)$ ， μ_0 为任意实常数，则有

$$\mathcal{F}[\exp(\pm 2\mathrm{j}\pi\mu x_0)f(x)]=F(\mu\mp\mu_0) \tag{D-22}$$

7）复共轭函数的傅里叶变换

设 $\mathcal{F}[f(x)]=F(\mu)$ ，则有

$$\mathcal{F}[f^*(x)]=F^*(-\mu),\mathcal{F}[f^*(-x)]=F^*(\mu) \tag{D-23}$$

8）面积对应关系

设 $\mathcal{F}[f(x)]=F(\mu)$，则有

$$F(0)=\int_{-\infty}^{\infty} f(x)\mathrm{d}x, f(0)=\int_{-\infty}^{\infty} F(\mu)\mathrm{d}\mu \tag{D-24}$$

上式表明，$F(0)$ 等于 $f(x)$ 的曲线下面积，$f(0)$ 则等于 $F(\mu)$ 的曲线下面积。

D.5 傅里叶变换定理

1. 卷积定理

1）卷积的定义

函数 $f(x)$ 和 $h(x)$ 的卷积是一个含参量的无穷积分，表示为

$$g(x)=f(x)\otimes h(x)=\int_{-\infty}^{\infty} f(\alpha)h(x-\alpha)\mathrm{d}\alpha \tag{D-25}$$

2）卷积的性质

从卷积的定义式出发，可导出卷积的如下性质。

（1）线性性。设 a,b 为任意常数，则有

$$\left[af_1(x)+bf_2(x)\right]\otimes h(x)=af_1(x)\otimes h(x)+bf_2(x)\otimes h(x) \tag{D-26}$$

（2）交换性。

$$g(x)=f(x)\otimes h(x)=h(x)\otimes f(x) \tag{D-27}$$

（3）平移不变性：若 $g(x)=f(x)\otimes h(x)$，则

$$f(x-x_1)\otimes h(x-x_2)=g[x-(x_1+x_2)] \tag{D-28}$$

（4）结合性。

$$f(x)\otimes h(x)\otimes g(x)=[f(x)\otimes h(x)]\otimes g(x)=f(x)\otimes[h(x)\otimes g(x)] \tag{D-29}$$

（5）缩放性。设 $g(x)=f(x)\otimes h(x)$，则

$$f(ax)\otimes h(ax)=\frac{1}{|a|}g(ax) \tag{D-30}$$

3）卷积定理。

设 $\mathcal{F}[f(x)]=F(\mu)$，$\mathcal{F}[g(x)]=G(\mu)$，则有

$$\mathcal{F}[f(x)\otimes g(x)]=F(\mu)G(\mu)\text{（卷积定理 1）} \tag{D-31}$$

$$\mathcal{F}[f(x)g(x)]=F(\mu)\otimes G(\mu)\text{（卷积定理 2）} \tag{D-32}$$

2. 相关定理

1）互相关函数和自相关函数的定义

一维函数 $f(x)$ 和 $g(x)$ 的互相关函数定义为如下带参量的无穷积分：

$$R_{f_g}(x)=f(x)*g^*(x)=\int_{-\infty}^{\infty} f(a)g^*(a-x)\mathrm{d}a \tag{D-33}$$

类似地，一维函数 $f(x)$ 的自相关函数的定义是

$$R_f(x) = f(x) * f^*(x) = \int_{-\infty}^{\infty} f(a) f^*(a-x) \mathrm{d}a \tag{D-34}$$

与卷积的定义式对比，容易看出，相关和卷积运算之间存在下述关系：

$$R_{f_g}(x) = f(x) * g^*(x) = f(x) \otimes g^*(-x) \tag{D-35}$$

2）互相关定理

设 $\mathcal{F}[f(x)] = F(\mu)$， $\mathcal{F}[g(x)] = G(\mu)$，则有

$$\mathcal{F}[f(x) * g^*(x)] = F(\mu) G^*(\mu) \text{（互相关定理 1）} \tag{D-36}$$

$$\mathcal{F}[f(x) g^*(x)] = F(\mu) * G^*(\mu) \text{（互相关定理 2）} \tag{D-37}$$

3）自相关定理

设 $\mathcal{F}[f(x)] = F(\mu)$，则有

$$\mathcal{F}[f(x) * f^*(x)] = |F(\mu)|^2 \tag{D-38}$$

$$\mathcal{F}[|f(x)|^2] = F(\mu) F^*(\mu) \tag{D-39}$$

3. 巴塞瓦定理

设 $\mathcal{F}[f(x)] = F(\mu)$，且积分 $\int_{-\infty}^{\infty} |f(x)|^2 \mathrm{d}x$ 和 $\int_{-\infty}^{\infty} |F(\mu)|^2 \mathrm{d}\mu$ 都收敛，于是有

$$\int_{-\infty}^{\infty} |f(x)|^2 \mathrm{d}x = \int_{-\infty}^{\infty} |F(\mu)|^2 \mathrm{d}\mu \tag{D-40}$$

4. 导数定理

设 $\mathcal{F}[f(x)] = F(\mu)$，且 $f'(x) = \dfrac{\mathrm{d}f(x)}{\mathrm{d}x}$ 存在，于是有

$$\mathcal{F}[f'(x)] = 2\mathrm{j}\pi\mu F(\mu) \tag{D-41}$$

参 考 文 献

[1] Max Born, Emil Wolf. Principles of Optics [M]. (7th edition). Combridge University Press, 1999.

[2] F. A. Jenikins, H. E. White. Fundamentals of Optics [M]. (4th edition). McGraw-Hill Kogakusha, LTD. 1976.

[3] J. D. Gaskill. Linear systems, Fourier transforms, and Optics [M]. John Wiley & Sons, 1978.

[4] G. O. Reynolds, J. B. Develis, G. B. Parrent, B J. Thompson. The new physical optics notebook; tutorials in Fourier optics [J]. SPIE Optical Engineering Press, 1989.

[5] R. O. Guenther. Modern Optics [M]. John Wiley & Sons, New York, 1990.

[6] S. G. Lipson & H. Lipson. Optical Physics [M]. Cambridge University Press, New york, 1981.

[7] M. C. Hutley. Diffraction Gratings [M]. Academic Press Inc (london) LTD, 1982.

[8]［美］J·W·顾德门. 傅里叶光学导论［M］. 詹达三，董经武，顾本源，译. 北京：科学出版社，1976.

[9]［美］F·赫克特，A. 赞斯·光学（上册）［M］. 秦克诚，等，译. 北京：人民教育出版社，1979.

[10]［美］F·赫克特，A. 赞斯·光学（下册）［M］. 秦克诚，等，译. 北京：人民教育出版社，1980.

[11]［日］久保田广. 波动光学［M］. 刘瑞祥，译. 北京：科学出版社，1983.

[12] R. J Collier, C. B. Burckhardt, L. H. Liu. Optical Holography [M]. Academic Press, New York, 1971.

[13] A. Ghatak, K. Thyagarajan. Contemporary Optics [M]. Plenum press, 1978.

[14]［印］A·加塔克. 光学［M］. 梁铨廷，胡宏章，译. 北京：机械工业出版社，1984.

[15] 赵达尊，张怀玉. 波动光学［M］. 北京：宇航出版社，1986.

[16] 母国光，战元令. 光学［M］. 北京：人民教育出版社，1978.

[17] 赵凯华，钟锡华. 光学（上、下册）［M］. 北京：北京大学出版社，1982.

[18] 梁铨廷. 物理光学［M］. 北京：机械工业出版社，1982.

[19] 虞祖良，金国藩. 计算机制全息图［M］. 北京：清华大学出版社，1984.

[20] 金国藩，严瑛白，邬敏贤，等. 二元光学［M］. 北京：国防工业出版社，1998.

[21] 于美文，张静云. 光学全息及信息处理［M］. 北京：国防工业出版社，1984.

[22] 宋菲君. 近代光学信息处理［M］. 北京：北京大学出版社，1998.

[23] 刘培森. 应用傅里叶变换［M］. 北京：北京理工大学出版社，1989.

[24] 麦伟麟. 光学传递函数及其数理基础［M］. 北京：国防工业出版社，1979.

[25]［德］H·P·赫尔齐克. 微光学［M］. 周海宪，等，译. 北京：国防工业出版社，2000.

[26] 美国国家研究理事会. 驾驭光——二十一世纪光科学与工程学［M］. 上海应用物理研究

中心，译. 上海：上海科学技术文献出版社，2000.
[27] 陆果. 基础物理学［M］. 北京：高等教育出版社，1997.
[28] 周仁忠，阎吉祥. 光电统计理论与技术［M］. 北京：北京理工大学出版社，1989.
[29]［美］F. W. Sears. 大学物理学［M］. 恽英，等，译. 北京：人民教育出版社，1980.
[30] R. J. Glauber. Quantum optics [M]. Eds Kyas M and Mailand, Landon and New York: Academ C Press, 1970.
[31] O. S. Marlan and M. S Zubairy. Quantum optics [M]. Cambridge University Press, 1997.
[32] A. Yariv. The Quantum Electronics [M]. (2th edition). New York, John Wiley & Sons Inc, 1975.
[33] R. Loudon. The Quantum Theory of Light [M]. Oxford Clarendon Press, 1973.
[34] W. T. Silfcast. Laser Fundamentals [M]. Cambridge University Press, 1996.
[35] 谢敬辉，赵达尊，阎吉祥. 物理光学［M］. 北京：北京理工大学出版社，2012.
[36] 顾本源，张岩，刘娟，等. 光学中的逆源问题［M］. 北京：科学出版社，2016.